生态学与生活

——故事背后的生态科学
（第5版）

Ecology, Fifth Edition

〔美〕William D. Bowman　Sally D. Hacker　著

王世岩　刘晓波　姜付仁　等译

電子工業出版社·
Publishing House of Electronics Industry
北京·BEIJING

内 容 简 介

生态学是研究生物与环境之间相互关系及作用机理的科学，在世界走向可持续发展的今天正发挥着越来越重要的作用。本书是经典的生态学教材与科普图书，共分 7 个单元：第 1 单元概述生物体及其环境，包括自然环境、生物圈、环境因子等内容；第 2 单元讲述进化生态学，包括进化与生态、生活史、行为生态学等；第 3 单元介绍种群，包括种群分布和丰度、种群动态、种群增长与调节等；第 4 单元简介物种相互作用，包括捕食、寄生、竞争、互利共生等；第 5 单元介绍群落，阐述群落的性质与动态、多样性等内容；第 6 单元介绍生态系统，包括物质生产、能量流动及食物网等；第 7 单元介绍应用和宏观生态学，讲述保护生物学、全球生态学。

本书内容翔实、图文并茂、案例丰富，既具有专业书籍的严谨性，又具有科普书籍的可读性，对生态保护教学、研究和决策等具有重要参考价值，可作为生态学、环境科学等相关专业学生的导论性教材，也可作为生态学工作者和爱好者的参考资料，还可作为中小学生拓展知识面的科普书籍。

版权贸易合同登记号　图字：01-2023-0314

图书在版编目（CIP）数据

生态学与生活：故事背后的生态科学：第 5 版 / （美）威廉·D. 鲍曼（William D. Bowman），（美）萨莉·D. 哈克（Sally D. Hacker）著；王世岩等译.
北京：电子工业出版社，2025. 7. -- ISBN 978-7-121-50342-9

Ⅰ．Q14-49
中国国家版本馆 CIP 数据核字第 20257NP349 号

审图号：GS 京（2025）0891 号（本书插图系原文原图）

责任编辑：谭海平
印　　刷：北京市大天乐投资管理有限公司
装　　订：北京市大天乐投资管理有限公司
出版发行：电子工业出版社
　　　　　北京市海淀区万寿路173信箱　　邮编：100036
开　　本：787×1092　1/16　印张：31.25　字数：924千字
版　　次：2025年7月第1版（原著第5版）
印　　次：2025年7月第1次印刷
定　　价：168.00元（全彩）

凡所购买电子工业出版社图书有缺损问题，请向购买书店调换。若书店售缺，请与本社发行部联系，联系及邮购电话：（010）88254888，88258888。

质量投诉请发邮件至zlts@phei.com.cn，盗版侵权举报请发邮件至dbqq@phei.com.cn。

本书咨询联系方式：（010）88254552，tan02@phei.com.cn。

译 者 序

进入 21 世纪以来,生态文明已成为当代人类社会发展与自然和谐共生的一个全球性的重要议题。随着工业化、城市化的加速推进,我们享受着前无古人的物质文明成果,却也面临着前所未有的生态环境挑战。水环境污染、水生态受损、生物多样性丧失、生态系统退化等诸多问题如同警钟,时刻提醒我们:生态保护行动已刻不容缓,社会持续发展需要攻坚克难。早在春秋时代,老子就认为"人法地,地法天,天法道,道法自然"(《道德经》第 25 章)。为了借鉴西方完整成熟的现代生态科学知识体系,我们完成了本书的翻译。本书中译本的出版,不仅是对原书作者的致敬,更为我国生态保护教学、科研、政策和决策提供了宝贵的参考资料。

1. 经典再现,生态智慧跨越国界

本书作为一部享誉国际的经典生态学教材,是鲍曼教授和哈克教授长期合作的重要成果。鲍曼教授于 1981 年获美国科罗拉多大学环境生态学学士学位,1984 年获圣迭戈大学生态学硕士学位,1987 年获杜克大学植物学博士学位,1989 年起入职科罗拉多大学终身教职,2003 年起任生态学和演化生物学教授,承担美国自然科学基金会项目等若干生态科研项目,从事生态教学近 30 年,公开发表生态论文 150 多篇。哈克教授于 1984 年获美国华盛顿大学动物学学士学位,1988 年获缅因大学动物学硕士学位,1996 年获布朗大学生态学和演化生物学博士学位,1996 年起入职华盛顿州立大学终身教职,2011 年起任俄勒冈州立大学综合生物学系教授,承担来自美国国家海洋和大气管理局和美国环境保护署等若干生态研究项目,有 20 多年的生态学教龄。鉴于两位教授在动物学和植物学等核心生态学领域科研成果丰富,生态领域教学时间长,因此本书影响力深远,不仅局限于学术领域,还成了全球生态学家、教育工作者和广大公众获取生态学知识的重要窗口。本书以简洁明快的语言、图文并茂的呈现方式,以及丰富的案例研究,深入浅出地阐述了生态学的基本概念、原理和应用,可让读者在轻松愉快的阅读中感受到生态学的魅力与力量。

2. 教学引领,助力生态保护修复

原书作者鲍曼教授和哈克教授在生态领域教学时间长,教龄均在 20 年以上,教学经验极为丰富,其中鲍曼教授的课堂听课学生常常有一两百人。两位教授在撰写本书的过程中,秉持"教学第一"和"少即是多"两大核心原则。他们深知,作为一本教材,其首要任务是为学生和读者提供易于理解、系统全面的知识框架,逐步构建起对生态学的整体认知。因此,书中巧妙地运用了图表、示意图、案例研究等多种教学手段,将复杂的生态学理论以直观、生动的方式展现出来。这种教学理念给译者留下了深刻印象。在翻译过程中,译校者力求既准确传达原著的信息,又符合中文读者的阅读习惯。两位教授从生物与环境的相互关系出发,深入探讨了进化生态学、种群生态学、物种相互作用、群落生态学等各个层面的内容,有助于读者准确理解生态系统的结构与功能,掌握其内在规律。国内读者可以结合实际情况,科学地制定退化生态系统的修复与治理方案,通过水环境治理、水生态修复、植物恢复、生物多样性保护等措施,逐步提升生态系统的质量和稳定性,实现人与自然的和谐共生。

3. 生态伦理,推进区域高质量发展

生态学不仅仅是一门研究生物与环境关系的学科,更是一门关乎人类未来命运的学科。在人

类生态文明建设的道路上，生态学发挥着举足轻重的作用。它引导我们重新审视人与自然的关系，强调在经济社会发展过程中必须尊重自然规律、保护生态环境，实现经济社会发展与生态环境保护的共赢。本书正是这样一本能够启迪人类思考、引导人类行动的重要著作。通过阅读本书，人们可以更加深刻地认识到生态保护的重要性与紧迫性，更加自觉地将生态伦理理念融入区域发展规划、产业布局、城市建设等各个方面，大力倡导绿色发展方式和生活方式，推进区域绿色发展、高质量发展、可持续发展。展望未来，相信在人类社会的共同努力下，人类定能应对生态环境问题带来的挑战，以生态伦理之光照亮可持续发展之路，共同绘制出一幅幅美丽的绿色画卷。

全书共分 7 个单元 24 章，第 1～3 章由王世岩、刘晓波、姜付仁翻译；第 4 章由王世岩、阳星、孙广义翻译；第 5 章由王世岩、张士杰、刘晓波翻译；第 6 章由韩祯、汪洁、王世岩翻译；第 7 章由韩祯、孙龙、王世岩翻译；第 8 章由刘晓波、汪洁、韩祯翻译；第 9 章由马旭、韩祯、王世岩、王光辉翻译；第 10 章由马旭、赵仕霖、杜飞翻译；第 11 章由刘晓波、王世岩、马旭翻译；第 12 章由刘伟、杜飞、王世岩翻译；第 13 章由刘伟、赵仕霖、马旭翻译；第 14 章由杜飞、刘伟、王世岩、谭羿鍼翻译；第 15 章由王世岩、杜飞、刘伟、张平翻译；第 16 章由赵仕霖、杜彦良、孙龙翻译；第 17 章由赵仕霖、柳春娜、杜飞翻译；第 18 章由杜彦良、孙广义、孙龙翻译；第 19 章由王世岩、刘伟、赵仕霖翻译；第 20 章由王亮、赵莹、李存武翻译；第 21 章由王世岩、王亮、姜志、朱蓓翻译；第 22 章由王世岩、刘伟、姜志翻译；第 23 章由刘畅、汪洁、李步东翻译；第 24 章由王世岩、刘畅、王光辉翻译。第 1 单元由王世岩、姜付仁统稿，第 2 单元由刘晓波、韩祯统稿，第 3 单元由赵仕霖、王亮统稿，第 4 单元由马旭、王世岩统稿，第 5 单元由韩祯、杜彦良统稿，第 6 单元由刘伟、马旭统稿，第 7 单元由刘畅、王世岩统稿，全书由王世岩、刘伟统稿。本书的翻译和出版得到了国家重点研发计划（2023YFC3209000、2023YFC3205600）项目的支持。

限于译者水平，书中难免存在瑕疵或不足之处，敬请各位读者批评指正。

前　言

生态学是理解世界的核心，它就像黏合剂一样，将众多截然不同学科的信息结合在一起，并以某种方式整合这些信息，告诉我们自然界是如何运作的。随着环境继续以惊人的速度发生变化，提高对气候变化、资源的不可持续开采、外来物种的扩散和污染等的认识变得日益重要。人类所需资源（食物、清洁水、清洁空气和其他资源）的管理最好从生态学的视角来理解。

在技术和计算突破以及创造性实验研究的推动下，生态学不断取得进步。这种持续的进步以及构成其基础的学科的多样性，使得生态学成为一个艰巨而复杂的教学课题。在一本书中充分涵盖生态学的广度需要谨慎，以免读者被大量内容淹没，而教师则需要拥有足够的内容来有效地吸引学生。

本书主要是为学习生态学导论课程的本科生编写的，目标是向读者介绍生态学的美丽和重要性，而不是向他们灌输冗长的内容，更不是用不必要的细节让他们感到枯燥。在编写过程中，我们始终专注于两个核心原则：**教学为先**和**少即是多**。

在本书中，实现有效的教学和学习是我们的主要目标与动力。章节的结构和内容主要是为使其成为良好的教学工具而设计的。例如，为了介绍内容并激发学生的兴趣，每章都以一个引人入胜的故事开始，讲述一个应用问题或有趣的自然史。一旦学生被案例研究吸引，所引发的"故事情节"就会贯穿该章的其余部分。

作为帮助我们实现教学这个主要目标的另一种方式，我们遵循了"少即是多"的规则；也就是说，即使涵盖的内容较少，但只要清晰而良好地呈现出来，学生就会学到更多。因此，各章节相对较短，且它们是围绕几个关键概念和学习目标构建的。这样做是为了让学生首先掌握主要概念，防止他们被冗长而烦杂的章节淹没。

就像生态学领域一样，本书并不由永恒不变的思想和固定的信息组成。相反，随着我们对新发现和新教学方式的响应，本书也会随着时间的推移而发展和变化。

感谢审阅本书的同仁，感谢牛津大学出版社的相关工作人员。

William D. Bowman

Sally D. Hacker

目　录

第 2 单元　进化生态学

第3单元　种群

第 4 单元　物种相互作用

第 5 单元　群落

第6单元　生态系统

第 7 单元 应用和宏观生态学

第1章　生命之网

两栖动物种群的畸形和数量下降：案例研究

在1995年夏天的一次实地考察中，一群来自明尼苏达州亨德森的中小学生在为一个夏季科学项目捕捉豹蛙时有了一个可怕的发现：22只豹蛙中有11只严重变形。有些豹蛙的四肢缺失或多出，有些豹蛙的腿太短或向奇怪的方向弯曲，还有一些豹蛙的背部长出了骨头（见图1.1）。学生向明尼苏达州污染控制管理局报告了他们的发现，该机构调查后发现，学生研究的池塘里有30%～40%的豹蛙是畸形的。

学生发现的消息传得很快，引起了公众的注意，并促使科学家开始检查美国其他地区和其他两栖动物的类似畸形。很快，科学家就发现这个问题很普遍——在美国46个州和60多种青蛙、火蜥蜴和蟾蜍中发现了畸形个体。在一些地方，90%以上的个体都是畸形的。在欧洲、亚洲和澳大利亚也发现了畸形的两栖动物。在世界范围内，两栖动物畸形的发生率很高且发生率还在增加。从20世纪80年代末开始，人们观察到另一个令人不安的趋势：全球两栖动物的数量似乎正在下降，这使得可怕的畸形现象更加令人担忧。到1993年，世界各地有500多种青蛙和火蜥蜴的数量正在减少，有些甚至正面临灭绝的威胁。在某些情况下，整个物种都处于危险中；在全球范围内，数百个物种灭绝、消失或极度濒危（见图1.2）。自1970年以来，估计有200种青蛙已经灭绝，且灭绝的速度还在增加。

图1.1　畸形豹蛙。图中豹蛙的肢体是畸形的，这在豹蛙和其他两栖动物中很常见

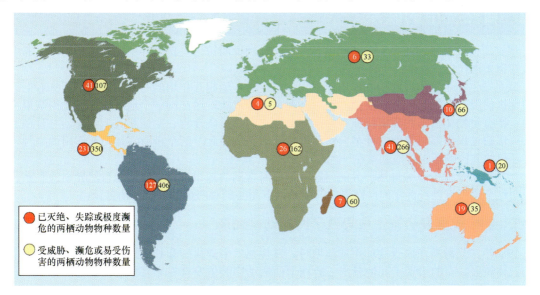

图1.2　两栖动物数量下降。两栖动物数量在世界上的许多地区正在减少，两栖动物物种正面临着越来越大的灭绝风险。每组编号的圆圈都与地图上的一个颜色编码区域相关联

图例：
- 已灭绝、失踪或极度濒危的两栖动物物种数量
- 受威胁、濒危或易受伤害的两栖动物物种数量

其他种类的生物也出现了数量下降的迹象，但科学家特别担心两栖动物的原因有三：第一，这种数量下降似乎是最近才在世界各地开始的。第二，一些数量下降的种群位于受保护地区或原始地区，似乎远离人类活动的影响。第三，一些科学家将两栖动物视为环境条件的"生物指标"。这些科学家持这种观点的部分原因是，两栖动物有可渗透的皮肤和卵，没有壳或其他保护性覆盖物，因此增加了它们对有毒污染物的敏感性。

此外，对大多数两栖动物而言，一生中的一部分时间生活在水中，另一部分时间生活在陆地上。因此，它们面临着广泛的潜在威胁，包括水和空气污染，以及环境中温度和紫外线的变化。此外，许多两栖动物一生都生活在离出生地很近的地方，因此当地种群数量的减少很可能表明当地环境条件的恶化。

由于世界范围内两栖动物的数量不断下降，畸形现象频繁发生，科学家最初试图找到一个或几个全球性的原因来解释这些问题。然而，如我们将在本章中看到的那样，事实比这更复杂：没有单一的确凿证据出现。那么是什么导致了全球两栖动物数量的减少呢？

1.1　引言

人类对地球有着巨大的影响。人类活动改变了地球一半以上的陆地表面，改变了大气组成，导致了全球气候变化。我们已将许多物种引进到新地区，但此举可能对当地物种和人类经济产生严重的负面影响。即使是看似广阔的海洋，也显示出了许多因人类活动而恶化的迹象，包括鱼类数量减少、珊瑚礁白化、酸化等。

当人类采取行动而未过多考虑行动如何影响环境时，就会发生上述的全球变化。在这种情况下，我们正不断地被我们的行为所带来的意想不到的有害副作用震惊。所幸的是，我们开始意识到更好地了解环境这个自然系统的工作方式，有助于我们预测行动的后果，进而解决已造成的问题。

我们越来越意识到我们必须了解自然系统是如何运作的，这就引出了本书的主题。自然系统由生物体之间的相互作用方式和生物体与自然环境的相互作用方式驱动。因此，要了解自然系统如何运作，就必须了解这些相互作用。生态学是一门研究生物如何影响其他生物及其环境或受其他生物及其环境影响的科学。

本章介绍生态学研究及其与人类的相关性，首先介绍自然界中的联系。

1.2　自然界中的联系

根据阅读或观察到的关于自然的内容，你能举例说明短语"自然界中的联系"吗？本书中使用该短语来指代自然界中的事件可以相互联系这一事实。

联系发生在生物体彼此相互作用及生物体与自然环境相互作用的时候。这并不意味着生活在特定地区的所有生物之间都有很强的联系。两个物种可能生活在同一个地区，但彼此影响很小。然而，所有生物体都与其环境特征有关。例如，它们都需要食物、空间和其他资源，并且在追求生存所需的过程中都与其他物种和自然环境相互作用。因此，两个没有直接相互作用的物种可通过其环境的共同特征间接地联系在一起。

当生态学家提出有关自然世界的问题并检验所学到的知识时，就会揭示自然界中的联系。为了说明这个过程可以告诉我们自然界中的联系，下面回到对两栖动物畸形的讨论。

1.2.1　早期观察表明寄生虫导致了两栖动物畸形

1986年，当鲁斯在调查北加州的池塘时，发现在太平洋树蛙和长趾蝾螈中，有的肢体多余，有的肢体缺失，有的出现了其他畸形。鲁斯请两栖动物肢体发育专家塞申斯检查他的标本。塞申斯发现这些畸形两栖动物中都含有一种寄生虫，现在称为**扁形虫**。塞申斯和鲁斯推测，这些寄生虫导致了畸形。作为对该假设的初步检验，他们在蝌蚪发育中的肢芽附近植入了小玻璃珠，以模仿扁形虫的作用：当蝌蚪变成蛙时，在四肢形成的区域附近将产生囊肿。在1990年发表的一篇论文中，塞申斯和鲁斯指出这些玻璃珠导致的畸形与鲁斯发现的畸形类似，只是没有那么严重。

1.2.2　实验室实验检验了寄生虫的作用

当鲁斯于20世纪80年代中期首次观察到变形的两栖动物时，他认为这只是一种孤立的局部现象。1996年，正在斯坦福大学读本科的约翰逊知道了明尼苏达州学生的发现以及塞申斯和鲁斯的论文。尽管塞申斯和鲁斯提供的间接证据表明扁形虫可能导致了两栖动物的畸形，但是他们并未用扁形虫感染太平洋树蛙或长趾蝾螈来表明畸形是由此造成的。此外，他们在实验中使用的两种两栖动物（太平洋树蛙和长趾蝾螈）在自然界中并无肢体畸形。在塞申斯和鲁斯所做工作的基础上，为检验扁形虫是否导致了两栖动物的肢体畸形，约翰逊及其同事开始着手提供更加直接的证据。

他们首先调查了加州圣克拉拉县的35个池塘。他们在被调查的13个池塘中发现了太平洋树蛙，其中的4个池塘中出现了畸形蛙。重点研究2个出现畸形蛙的池塘后，他们发现在经历畸变的蝌蚪中，15%～45%出现了多余的肢体或其他畸形。一个令人担忧的问题是，这些畸形可能是由杀虫剂、多氯联苯（PCB）或重金属等污染物导致的。然而，在2个池塘的水体中均未发现这些物质。

约翰逊及其同事随后将注意力转移到可能导致畸形的其他因素上。了解塞申斯和鲁斯的寄生虫成因后，约翰逊等人指出，在他们调查的35个池塘中，4个出现畸形蛙的池塘是唯一同时含有树蛙和水生蜗牛的池塘。如图1.3所示，这种蜗牛是扁形虫完成其生命周期并产生后代所需的两个中间宿主中的第一中间宿主。这种寄生虫还需要两栖动物或鱼类作为第二个中间宿主。此外，他们详细解剖了从这两个池塘中收集的异常蛙，发现所有肢体畸形的蛙都有扁形虫囊肿。

图1.3　扁形虫的生命周期。扁形虫有三种不同的宿主：蜗牛，鱼类或两栖幼体，鸟类或哺乳动物。许多其他寄生虫具有类似的复杂生命周期。一些寄生虫（如扁形虫）可以改变第二中间宿主的外观或行为，使其更容易被最终的宿主捕食

与塞申斯和鲁斯的发现一样，约翰逊的观察仅提供了扁形虫导致太平洋树蛙畸形的间接证据。接下来，约翰逊及其同事回到实验室，对这个想法做了更严格的检验。他们采用了一种标准的科学方法：将实验组（具有被检验的因素）与对照组（缺少被检验的因素）进行比较。约翰逊等人从不存在青蛙畸形的地区采集了太平洋树蛙的卵，在实验室中将由孵出的蝌蚪放到容量为1升的容器中，每个容器中放一只蝌蚪。然后，对每只蝌蚪随机做四种处理之一：在容器中放0只（对照组）、16只、32只或48只扁形虫。选取这些数量是为了与池塘中观察到的寄生虫数量相匹配。

约翰逊及其同事发现，随着寄生虫数量的增加，存活到变态的蝌蚪越来越少，越来越多的幸存者出现畸形（见图1.4）。在对照组（无扁形虫）中，88%的蝌蚪存活，没有一只出现畸形。于是，形成了如下联系：扁形虫可能导致了青蛙畸形。此外，因为接触扁形虫，高达60%的蝌蚪死亡，表明寄生虫可能导致了两栖动物数量的下降。

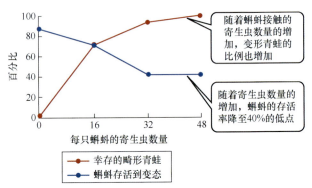

随着蝌蚪接触的寄生虫数量的增加，变形青蛙的比例也增加

随着寄生虫数量的增加，蝌蚪的存活率降至40%的低点

幸存的畸形青蛙
蝌蚪存活到变态

每只蝌蚪的寄生虫数量

图1.4 寄生虫导致了两栖动物畸形。图中显示了蝌蚪接触的扁形虫数量与其存活率和畸形率之间的关系。最初的蝌蚪数量在对照组中为35只（0只扁形虫），在其他三种处理中都为45只

1.2.3 野外实验表明多种因素会导致青蛙畸形

约翰逊及其同事发表他们的研究成果几年后，其他科学家的研究表明扁形虫还可能导致其他两栖动物物种的肢体畸形，包括西部蟾蜍、林蛙和豹蛙。虽然扁形虫是最重要的因素，但有些研究人员怀疑其他因素也可能发挥作用。例如，发现畸形青蛙的池塘还受到了杀虫剂的污染。为了检验寄生虫和杀虫剂可能的联合影响，基泽克在6个池塘中进行了野外实验，所有池塘中都含有扁形虫，部分池塘中含有杀虫剂。

基泽克研究的3个池塘靠近农田，水质测试表明这些池塘中都含有可检测的杀虫剂。另外3个池塘离农田稍远，它们中未检测到杀虫剂。在6个池塘中，基泽克分别将青蛙的蝌蚪放在滤网笼中：水可流过滤网笼，但蝌蚪无法从中逃脱。每个池塘中放6个滤网笼，其中3个滤网笼带有可让扁形虫通过的稀疏网眼，另外3个滤网笼带有寄生虫无法通过的密集网眼。因此，在每个池塘中，有3个滤网笼中的蝌蚪能够接触到扁形虫，而另外3个滤网笼中的蝌蚪则不能接触到扁形虫。

结果表明，扁形虫在野外导致了肢体畸形（见图1.5）。无论滤网笼在哪个池塘中，小网孔（75微米）滤网笼中的青蛙都未出现畸形，而大网孔（500微米）滤网笼中的有些青蛙出现了畸形。此外，解剖显示每只畸形青蛙都被扁形虫感染。然而，青蛙畸形的比例在有杀虫剂的池塘中要比在没有杀虫剂的池塘中高（29%：4%）。总体而言，该实验的结果表明：①接触到扁形虫是发生畸形的必要条件；②当青蛙接触到扁形虫时，畸形在有可检测杀虫剂的池塘中要比无杀虫剂的池塘中更常见。

基于这些结果，基泽克提出了一个假设——杀虫剂可能降低青蛙抵抗被扁形虫感染的能力。为了检验杀虫剂是否有这种影响，基泽克将林蛙的蝌蚪带入实验室后，将一些蝌蚪放在有杀虫剂的环境中，将另一些蝌蚪放在没有杀虫剂的环境中，然后让它们全部接触扁形虫。实验结果是，接触到杀虫剂的蝌蚪的嗜酸性粒细胞较少（表明免疫系统受到抑制），并且扁形虫囊肿形成率较高（见图1.6）。基泽克的野外调查和实验室的实验结果共同表明，接触杀虫剂会影响扁形虫导致两栖动物种群畸形的发生概率。这个结论后来得到了其他研究的证实。例如，罗尔等人的实地调查和实验室实验指出，接触杀虫剂会增加青蛙被扁形虫感染的数量并降低存活率。如基泽克研究的那样，被扁形虫感染的青蛙的数量增多的原因之一似乎是青蛙的免疫反应被杀虫剂抑制。

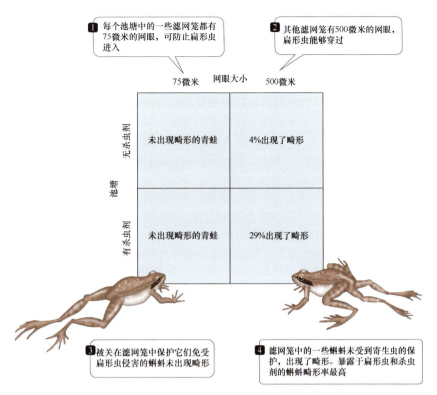

图1.5　**扁形虫和杀虫剂的影响在自然界中相互作用吗？** 为了检验扁形虫和杀虫剂对野外青蛙畸形的影响，在6个池塘中放置了滤网笼。在6个池塘中，只有3个池塘中含有可检测的杀虫剂

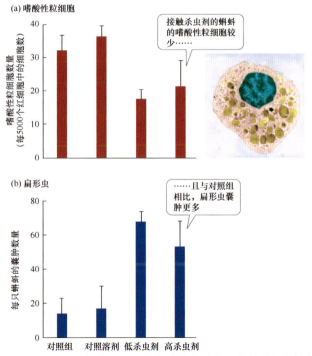

图1.6　**杀虫剂可能削弱蝌蚪的免疫系统。** 在实验室实验中，青蛙的蝌蚪接触低浓度或高浓度杀虫剂，并且接触50只扁形虫。然后，检查蝌蚪的(a)嗜酸性粒细胞（用于免疫反应的一种白细胞）和(b)扁形虫囊肿的数量。使用了两类对照：一类是在有蝌蚪的容器中只加入扁形虫，另一类是在有蝌蚪的容器中同时加入扁形虫和杀虫剂。误差条形图显示的是均值的标准差

1.2.4 自然界中的联系可能会导致意想不到的影响

如我们所见的那样，两栖动物畸形的直接原因通常是被扁形虫感染。然而，我们在案例研究中也注意到，两栖动物畸形现在比过去更频繁地发生。为什么两栖动物畸形的频率增加？

根据基泽克和罗尔等人的研究成果可知，一种可能的答案是，杀虫剂可能会降低两栖动物抵御寄生虫攻击的能力，因此在含有杀虫剂的环境中更容易出现畸形。第一种合成杀虫剂是在20世纪30年代后期推出的，从那时起，它们的用量就急剧上升。随着时间的推移，两栖动物接触杀虫剂的概率大大增加，因此这可能有助于解释最近两栖动物畸形发生概率的上升。

其他环境变化也可能导致两栖动物畸形的增加。例如，向天然池塘或人工池塘（用于为牲畜或农作物储存水）中添加营养物质可能会增大两栖动物被寄生虫感染而出现畸形的概率。当雨水或融雪将肥料从农田冲入池塘时，养分就会进入池塘。肥料的投入通常会刺激藻类的生长，而携带扁形虫会啃食藻类（寄生虫的生命周期见图1.3）。因此，随着藻类的增加，扁形虫的蜗牛宿主数量也在增加，而蜗牛数量的增加往往会增加池塘中的扁形虫数量。

从增加肥料的用量到扁形虫数量增加的事件导致畸形两栖动物的数量增加。如该例所说明的那样，自然界中的事件是相互关联的。因此，当人们改变环境的一个方面时，可能会引起其他方面的变化。我们使用杀虫剂和肥料并不是为了增加青蛙畸形的概率，但我们似乎已做到了这一点。

人类行为的间接和意外影响不仅仅包括青蛙畸形。事实上，我们对当地和全球环境所做的一些改变似乎扩大了人类的健康风险。例如，在非洲河流上筑坝为蜗牛创造了有利的栖息地，而蜗牛体内寄生着导致血吸虫病的寄生虫，因此加速了疾病的传播。过去几十年，在全球范围内，艾滋病、莱姆病、汉坦病毒肺综合征、埃博拉出血热和西尼罗河病毒等新疾病的出现和传播都有所增加。许多公共卫生专家认为，人类行为对环境的影响导致了这些疾病和其他新疾病的出现。

例如，由蚊子传播并感染鸟类与人类的西尼罗河病毒被认为是在1999年由人类传入北美的（见图1.7）。此外，西尼罗河病毒在人类中的发病率受人口规模、土地开发程度、蚊子与鸟类的数量以及温度和降水量的变化等因素影响。这些因素中的每个因素都可能受到人类行为的影响，要么是直接的（如城市或农业发展），要么是间接的（如气候变化）。

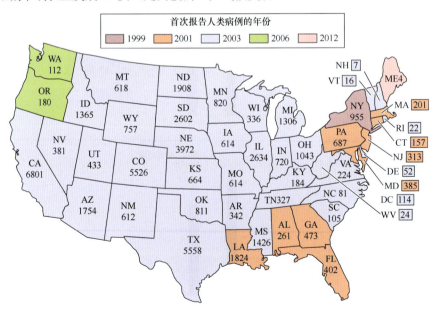

图1.7 致命疾病的快速传播。 在13年内，西尼罗河病毒已从北美入境点（纽约市）传播到美国本土的48个州。鸟类是西尼罗河病毒的主要宿主，因此有助于解释其快速传播的原因。蚊子将这种疾病从鸟类和其他动物宿主传播给人类。数字显示了截至2018年12月31日每个州的累计病例数。图中未显示的信息如下：阿拉斯加（2018年1例）、夏威夷（2014年1例）和波多黎各（2012年1例）

自然界中的联系会使得人类行为产生意想不到的副作用。此外，如果你住在城市中，那么你很容易忘记你所做的一切在多大程度上依赖于自然界。你的房子让你遮风挡雨，让你冬暖夏凉。同样，你从杂货店购买食物，从商店或百货公司购买衣服，从水龙头取水。然而，归根结底，这些物品中的每种（及你使用或拥有的其他一切）都来自或依赖于自然环境。无论我们的日常生活离自然界多远，人类和地球上的所有其他生物一样，都是相互关联的生命网络的一部分。下面研究这些联系，即研究生态学这门科学。

1.3 什么是生态学

在本书中，生态学被定义为研究生物与其环境之间的相互作用的科学，旨在包括生物有机体之间的相互作用，因为如我们所见，生物有机体是彼此的环境的重要组成部分。生态学也可以采用其他方式来定义，例如对决定生物体分布（地理位置）和数量的相互作用的科学研究。生态学的这些定义可以相互关联，且每种定义都强调该学科的不同方面。对我们的目的而言，生态学家使用的术语"生态学"指的是一种科学的努力。

我们强调这一点的原因是，"生态学"还有其他的含义。不是科学家的人可能认为"生态学家"是环保活动家。有些生态学家积极，有些则不是那么积极。此外，作为一门学科，生态学与环境学等其他学科相关但又不同。生态学是生物学的一个分支，而环境学是一个跨学科领域，融合了自然科学（包括生态学）和社会科学（如政治学、经济学、伦理学）的概念。与生态学相比，环境学侧重于人类如何影响环境及人类如何解决环境问题。生态学家可能会将污染作为影响湿地植物繁殖成功的几个因素之一来研究，而环境学家可能会关注如何利用经济和管理手段来减少污染。

1.3.1 公众和专业人士对生态的看法往往不同

调查表明，许多人认为存在一种"自然平衡"，即自然系统是稳定的，受到干扰后往往会恢复到原来的状态，且自然界中的每个物种在维持这种平衡方面都有独特的作用。这种关于生态系统的观点可能具有道德或伦理意义。例如，每个物种都有不同功能的观点会让人认为每个物种都是重要的和不可替代的，这反过来会让人觉得伤害其他物种是错误的。一位受访者在生态学意义的调查中总结道："自然界存在某种平衡，所有物种都有自己的一席之地。它们的存在是有原因的，我们不能随意消灭它们。"

许多生态学家曾经持有和公众一致的观点，认为自然界是平衡的、稳定的、有规律的系统。然而，生态学家现在认识到：①自然系统受到干扰后，不一定会恢复到原来的状态，②随机效应通常在自然界中发挥重要作用。例如，我们将在本书第5单元中看到，目前的证据表明，在相同的环境条件下，同一地区可以形成不同的群落。因此，除非提供详细的限定条件，否则今天很少有生态学家谈论自然的平衡。

随着时间的推移，一些生态概念仍保持不变。特别是，早期生态学家和现代生态学家都同意自然界中的事件是相互关联的（通过自然环境和物种间的相互作用）。因此，生态系统某部分的变化会改变生态系统的其他部分，包括那些控制生命支持过程的部分，如空气、水和土壤的净化与补给。

总体而言，尽管自然界可能不像早期生态学家所想的那样可以预测或者紧密交织，但物种之间是相互联系的。对有些人来说，自然界中的事件相互关联这一事实，提供了保护自然系统的道德义务。例如，一个觉得有道德义务保护人类生命的人，也可能觉得有道德义务保护人类生命所依赖的自然系统。

1.3.2　生态研究的尺度影响对事物的认识

　　无论是研究各个有机体还是研究地球上生物的多样性，生态学家总是围绕他们观察到的事物来划定界限。对青蛙畸形感兴趣的生态学家，可能会忽略上方迁徙的鸟类，而研究鸟类迁徙的生态学家可能会忽略下方池塘中发生的事情。同时研究所有事物是不可能的，也是不可取的。

　　当生态学家试图回答某个特定的问题时，必须在时间和空间上选择最合适的维度或尺度来收集观察结果。每项生态学研究都涉及某些尺度上的事件，但会忽略其他尺度上的事件。例如，针对土壤微生物活动的研究，可能在较小的空间尺度上进行（如可能在厘米到米的尺度上收集测量数据）。另一方面，针对解决大气污染物如何影响全球气候的研究，观测尺度确实很大，可能包括地球的整个大气层。生态研究涵盖的时间尺度也有很大的差异。有些研究（如记录叶子对短暂光照反应的研究）关注的是短时间尺度（几秒到几小时）的事件。其他研究（如利用化石数据来显示在特定区域发现的物种如何随时间变化的研究）的时间尺度要长得多（几百年到几千年，甚至更长）。

1.3.3　生态学的研究范围广泛

　　生态学家研究自然界中生物组织在多个层次上的相互作用。例如，一些生态学家对特定基因或蛋白质如何使生物体能够应对环境挑战感兴趣。有的生态学家研究激素如何影响动物的社会互动，或者专门的组织或器官系统如何让动物应对极端环境。然而，即使是在研究集中于较低层次的生物组织（如从分子到器官系统）的生态学家中，生态学研究通常也强调如下的一个或多个层次：个体、种群、群落、生态系统、景观或整个生物圈（见图1.8）。种群是生活在特定区域并相互影响的单一物种的个体数量。生态学中的许多核心问题都涉及种群的位置和数量如何及为何随时间变化。要回答这样的问题，了解其他物种发挥的作用通常是有帮助的。因此，许多生态学家在群落层面研究自然，群落是生活在同一地区的不同物种相互作用的种群的联合体。群落覆盖的区域或大或小，但物种的数量和类型方面可能有着很大的差异（见图1.9）。

　　种群和群落层面的生态学研究不仅考察自然系统的生物或生物组成方面的影响，还考察非生物或自然环境的影响。例如，种群或群落生态学家可能会问气候和土壤等非生物环境的特征是否会影响个体的生育能力或群落中不同物种的相对丰度。有的生态学家对生态系统的运作方式特别感兴趣。生态系统是生物群落（如植物、鸟类）及其生存的自然环境的集合。研究生态系统的生态学家可能想知道化学物质（如氮）进入特定群落的速率，以及生活在那里的物种如何影响该化学物质进入群落后的变化。例如，研究两栖动物畸形的生态系统的生态学家可能会记录肥料中的氮进入有无畸形两栖动物池塘的速率，或者可能会确定氮一旦进入池塘，藻类的存在与否如何影响氮的变化。

　　在更大的空间区域中，生态学家研究的是景观，景观是具有很大差异的空间区域，通常包括多个生态系统。最后研究的是空气和水循环的全球模式，其将世界上的各个生态系统与生物圈联系起来，生物圈由地球上的所有生物有机体及其生存环境组成。生物圈构成最高层次的生物组织。近几十年来，生态学家已拥有了提升研究全局（生物圈如何动作）能力的新工具。例如，生态学家现在可用卫星数据来回答不同生态系统对大气中二氧化碳（CO_2）的全球浓度持续变化有何贡献的问题。

图1.8 **生态层次结构。**对于珊瑚礁生态系统中的生命，我们可在从个体到生物圈的多个层次上进行研究。这些层次相互嵌套，即每个层次都由下个层次中的实体组成

图1.9 地球上众多群落的一部分。(a)坦桑尼亚的一个湿地群落；(b)哥斯达黎加蒙特维多茂密的热带雨林；(c)荷兰特塞尔岛沙丘上的石楠花；(d)墨西哥湾科苏梅尔的珊瑚礁

1.3.4 有助于研究自然界中的联系的一些关键术语

无论我们讨论的是个体、种群、群落还是生态系统，本书的所有章节都体现了自然界事件相互关联的原则。例如，在第3单元中，我们将看到外来物种（梳状水母）的种群数量激增是如何改变整个黑海生态系统的。我们在每章中都强调自然界的联系，因此可能会在有关生物的一章中讨论生态系统，反之亦然。下面介绍学习生态学时需要了解的一些关键术语，详见表1.1。

表1.1 研究自然联系的关键术语

术 语	定 义
适应	生物体的一种特征，它可提高生物体在环境中生存或繁殖的能力
自然选择	具有特定特征的个体生存或生存的进化过程，由于这些特征，生物体的繁殖速度要比其他的高
生产者	利用外部能源（如太阳）的能量来生产食物，而不必吃其他生物或其遗体的生物
消费者	食用其他生物或其残骸获取能量的生物
净初级生产力（NPP）	生产者通过光合作用或其他方式固定的能量（单位时间）减去它们在细胞呼吸中消耗的能量
营养循环	营养物质在生物体和自然环境之间的循环运动

生命系统的一个普遍特征是它们会随时间变化或进化。根据所关注的问题或时间尺度，进化可以定义为：①种群遗传特征随时间的变化；②进化后代，生物体逐渐积累与其祖先差异的过程。第6章中将全面讨论生态学背景下的进化，但这里只定义两个关键的进化术语：适应和自然选择。

适应是生物体基于遗传的特征，它可提高生物体在环境中生存或繁殖的能力。适应对于理解生物体如何发挥作用及如何相互作用至关重要。虽然几种机制会引起进化的变化，但只有自然选择才能持续地产生适应性。在自然选择的过程中，具有特定特征的个体往往会因为这些特征而比其他个体以更高的速度生存和繁殖。

如果被选择的特征是可遗传的，那么受自然选择青睐的个体的后代往往具有与父母相同的特征。因此，种群中出现这些特征的概率可能会随着时间的推移而增加。发生这种情况后，种群就会进化。

服用抗生素的人体内会发生什么？生活在人体内的一些细菌可能拥有对抗生素产生抗药性的基因。由于这些基因，这些细菌的存活率和繁殖率比没有抗药性细菌高（见图1.10）。因为自然选择作用的性状（抗生素抗性）是可遗传的，抗药性细菌的后代往往也具有抗药性。因此，人体内抗药性细菌的比例会随着时间的推移而增加，细菌种群会发生进化。

下面介绍其余4个与生态系统过程有关的关键术语。观察生态系统如何运作的一种方法是考虑能量和物质在群落中的流动。当植物或细菌等有机体从外部能源（如太阳）获取能量并使用该能量生产食物时，能量就进入了群落。能够从外部能源生产食物而不需要取食其他生物或其残骸的生物称为生产者（也称初级生产者或自养生物）。食用其他生物或其残骸获取能量的生物称为消费者（也称异养生物）。单位时间内生产者通过光合作用或其他方式获取的能量，减去它们在细胞呼吸中作为代谢热量损失的能量，称为净初级生产量，也称净初级生产力（NPP）。NPP的变化会对生态系统的功能产生巨大影响，且NPP在不同生态系统中差异很大。

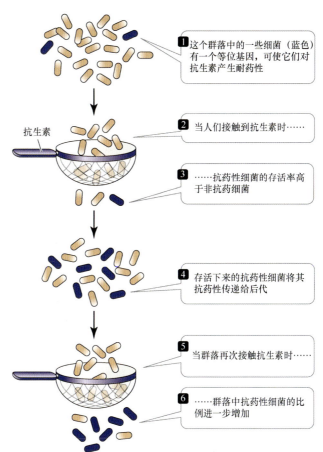

1 这个群落中的一些细菌（蓝色）有一个等位基因，可使它们对抗生素产生耐药性

抗生素

2 当人们接触到抗生素时……

3 ……抗药性细菌的存活率高于非抗药细菌

4 存活下来的抗药性细菌将其抗药性传递给后代

5 当群落再次接触抗生素时……

6 ……群落中抗药性细菌的比例进一步增加

图1.10　自然选择的作用。如图所示，筛子代表抗生素的选择作用，自然选择导致细菌抗药性的频率随时间增加

生产者获取的能量最终都以代谢热量的形式从生态系统中流失（见图1.11）。因此，能量只能沿单一方向在生态系统中流动——不能被循环利用。然而，营养物质会在自然环境和生物体之间循环流动。磷等营养物质在生物体和自然环境之间的循环运动称为营养循环。如果营养物质不循环，生命就会停止，因为生物体生长和繁殖所需的物质失去了获得的途径。

无论是研究适应性、NPP、种群还是研究生态系统，研究生态系统的科学家都没有形成一套固定的知识体系。相反，我们对生态学的了解会随着观点的检验而不断变化，并在必要时随着新信息的出现而修正或抛弃。如下一节所述，生态学与所有科学分支一样，是关于回答问题并寻求理解自然现象的根本原因。

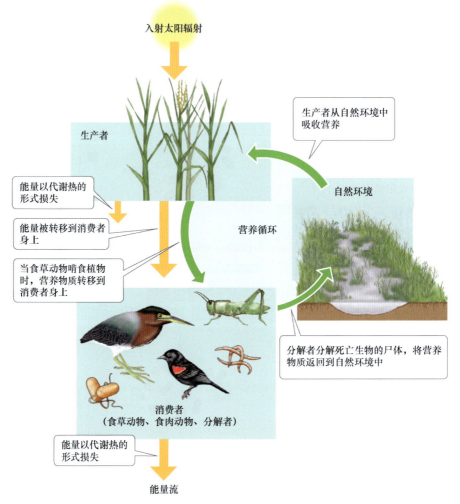

入射太阳辐射

生产者

生产者从自然环境中吸收营养

自然环境

能量以代谢热的形式损失

能量被转移到消费者身上

营养循环

当食草动物啃食植物时，营养物质转移到消费者身上

分解者分解死亡生物的尸体，将营养物质返回到自然环境中

消费者
（食草动物、食肉动物、分解者）

能量以代谢热的形式损失

能量流

图1.11 生态系统的运作方式。当一个生物体吃掉另一个生物体时，生产者最初获取的部分能量就以细胞呼吸对食物进行化学分解过程中释放出的热量的形式损失。因此，能量只能按单一方向流过生态系统，不能被循环利用。另一方面，碳和氮等营养物质会在生物体和自然环境之间循环

1.4 回答生态问题

前面介绍的两栖动物畸形研究，说明了生态学家寻求回答有关自然界问题的几种方式。例如，约翰逊及其同事的研究有两个关键组成部分：野外观察和实验室对照实验研究。在野外观察方面，研究人员调查了池塘，记录了存在的物种，且观察到只有在既有树蛙又有携带扁形虫的蜗牛的池塘中才出现畸形青蛙。这些观察表明扁形虫可能会导致畸形，因此约翰逊及其同事进行了一项实验室实验，以检验是否是这种情况（事实确实如此）。

基泽克在两个实验中拓展了这些结果：一个实验在野外进行，另一个实验在实验室中进行。为了研究杀虫剂对青蛙畸形的影响，基泽克比较了3个使用杀虫剂的池塘的结果与3个没有检测到杀虫剂的池塘的结果。虽然这种方法的优点是可以在不同的野外条件（有和无杀虫剂的池塘）下研究扁形虫的影响，但基泽克无法像他在实验室的实验中那样精确地控制条件。例如，野外工作的限制意味着他不能从6个相同的池塘开始，然后在其中的3个池塘中添加杀虫剂，而在另外3个池塘中不添加杀虫剂——这样的实验可以更加直接地检验杀虫剂是否是主因。正如该例所示，没有一种方法在所有情况下都能发挥出最佳效果，因此生态学家在回答生态问题时会使用多种方法。

1.4.1　生态学家使用实验、观察和模型来回答生态问题

在生态学实验中，研究人员会改变环境的一个或多个特征并观察这种变化的影响，这个过程可使科学家验证一个因素是否与另一个因素存在因果关系。在可能的情况下，此类实验包括对照组（未进行任何改变）和一个或多个实验组。进行实验时，生态学家有多种类型和规模可供选择，包括实验室研究、占地几平方米的小规模实地研究，以及操作整个生态系统（如湖泊或森林）的大规模实地研究（见图1.12）。

(a)

(b)

(c)

图 1.12　生态学实验。生态学实验的空间尺度范围从(a)实验室实验到(b)在自然或人工环境中进行的小规模野外实验，再到(c)改变生态系统主要组成部分的大规模实验，如可在图中看到的清晰的分水岭

然而，在某些情况下，可能很难或者不可能进行适当的实验。例如，当生态学家试图了解覆盖大片地理区域或长期发生的事件时，实验可以提供有用的信息，但无法为感兴趣的潜在问题提供令人信服的答案。作为一个例子，下面考虑全球变暖问题。

与气候变化的关系：研究全球变暖的方法

温度数据显示地球气候正在变暖，但全球变暖的未来幅度和影响仍然不确定。例如，我们不确定不同物种的地理分布范围将如何随着预估温度的升高而变化。地球只有一个，所以即使我们想这么做，也做不到将不同程度的全球变暖应用到另外一个复制的地球上，然后观察物种的范围在实验处理中如何变化。

因此，必须综合运用观察研究、实验和建模方法来解决此类问题。实地观察表明，许多物种的活动范围已向极地或山脉两侧移动，移动方式与已发生的全球变暖程度是一致的。野外观察也可用来总结物种所处的环境条件，实验可检验物种在不同环境条件下的具体表现。综合所有这些信息后，科学家就可利用观察研究和实验结果来开发定量模型，预测物种的地理范围如何按地球未来变暖的程度而变化。

全球变暖改变了物种的地理范围，这个观察结果将我们带到了本书的许多章节中讨论的主题：气候变化。气候变化是指在三十年或更长时间内发生的气候定向变化（如变暖）。如后所述，气候几乎影响到生态学的所有方面，如个体的生长和生存、不同物种之间的相互作用以及生物群落中物种的相对丰度。这些观察结果表明，气候变化可能会产生深远的影响。事实上，数百个物种的生理、生存、繁殖或地理分布范围已发生变化。

1.4.2 以一致的方式设计和分析实验

当生态学家进行实验时，通常会采取生态工具包1.1中描述的三个额外步骤：重复处理、随机分配处理、使用统计方法分析结果。

重复意味着每项处理（包括对照组）都要进行多次。**重复**的一个优点是，随着重复次数的增加，研究中不受控变量导致结果的可能性变小。例如，基泽克只在两个池塘中进行了野外实验：在一个池塘中可检测到杀虫剂，而在另一个池塘中检测不到杀虫剂。假设基泽克发现青蛙畸形在含有杀虫剂的那个池塘中更常见。虽然杀虫剂可能是导致这一结果的原因，但这两个池塘在许多其他方面也可能存在差异，其中的一个或多个方面可能是导致畸形的真正原因。通过使用3个有杀虫剂的池塘和3个没有杀虫剂的池塘，基泽克降低了每个有杀虫剂池塘中都含有其他物质（一些在实验中不受控变量）而增加青蛙畸形的可能性。在实验中，基泽克考虑了一些不受控的变量的可能影响。例如，在其研究的6个池塘中，蜗牛数量和它们被扁形虫感染的概率是相似的；因此，与不使用杀虫剂的池塘相比，使用杀虫剂的池塘中不太可能有更多的扁形虫。

生态学家还试图通过随机分配处理来限制不可测量变量的影响。假设一名调查员想要测试啃食植物的昆虫是否会减少植物产生的种子数量。检验该想法的一种方法是，将田地划分成一系列地块（见生态工具包1.1），其中一些地块定期喷洒杀虫剂（实验地块），而其他地块则不做处理（对照地块）。某个地块是否喷洒杀虫剂的决定将在实验开始时随机做出。随机分配处理将使得接受特定处理的地块不太可能具有其他可能影响种子生产的特征，如土壤养分的高低。最后，生态学家使用统计分析方法来确定结果是否"显著"。为此，我们再次回到基泽克的实验。如果基泽克发现有杀虫剂池塘中的青蛙畸形率与无杀虫剂池塘中的青蛙畸形率完全相同，那么这是令人惊讶的。但是，这些畸形率有多大的差异才能表明杀虫剂有效呢？不同实验处理的结果很少相同，因此研究人员必须清楚观察到的差异是否由实验处理而非偶然造成。统计分析方法常被视为帮助做出这一决定的标准化方法。

生态工具包1.1　设计生态实验

任何生态实验的关键步骤都在执行之前发生：必须仔细设计实验。在受控实验中，将具有被检验因素的实验组与无被检验因素的对照组进行比较。被检验因素的不同水平通常称为不同的处理。例如，在约翰逊等人的实验中，对照组接受每个容器中0只寄生虫的处理，而实验组的成员则被赋予其他三种处理之一（每个容器16只、32只或48只寄生虫）。

许多生态实验的设计包括三个额外的步骤：重复处理、随机分配处理和使用统计方法分析结果。重复处理和随机分配处理用于减少不受实验者控制的变量过度影响实验结果的机会。实验完成后，将使用统计分析来评估不同处理的结果之间的差异程度。

罗特及其康奈尔大学的同事在实地研究中使用的布局可以说明实验设计的几个特征。在一项此类研究中，卡森和罗特研究了食草（以植物为食的）昆虫是如何影响黄花科植物群落的。

第一步是确定研究问题：植物丰度、生长或繁殖在经过杀虫剂处理的地块和对照地

5米×5米地块

随机选择田地中的30个地块（15个杀虫剂组，15个对照组）

图A　卡森和罗特的野外实验。照片显示田地被分割成112个地块，每个地块的尺寸都是5米×5米。实验使用了其中的30个地块，其余地块则被用于其他实验

块之间是否存在差异？为了找出答案，他们划分了一块5米×5米大小的黄花地块，如图A所示。该实验进行了10年，且使用了两种处理方法：一种方法是对照，其中自然过程不受干扰；另一种方法是昆虫清除处理，每年使用一种杀虫剂来减少食草昆虫的数量。卡森和罗特为实验随机选择了30个地块，且随机选择一半地块进行杀虫剂处理，而其余的地块则作为对照。因此，每项处理重复了15次。统计结果分析表明，食草昆虫对该植物群落有重大影响，如图B所示。

与周围的对照地块相比，这个经过杀虫剂处理的地块中的黄花更高、更密集。

图B 卡森和罗特的实验结果。图中显示了一个喷洒了杀虫剂的地块（右），其周围环绕着几个对照地块

1.4.3 我们对生态学的了解一直在不断深入

本书中的信息不是静态的知识体系。相反，如自然界本身一样，我们对生态学的理解是不断变化的。像所有科学家那样，生态学家观察自然并提出有关自然如何运作的问题。例如，1995年，当两栖动物畸形的存在广为人知时，一些科学家开始着手回答有关这些畸形的系列问题。他们想知道很多事情：有多少物种出现了畸形？两栖动物畸形是发生在少数地理区域还是发生在多个地理区域？是什么导致了畸形？这些原因是否因物种或地理区域而存在差异？

发现两栖动物畸形所引发的问题，说明科学家了解关于自然界的四步过程的第一步。这个四步过程构成了科学方法，概括如下：

1. 观察自然，并针对观察结果提出一个合理的问题。
2. 使用以前的知识或直觉得出该问题的可能答案。在科学研究中，对一个精心设计的问题的这种可能解释称为假设。
3. 进行实验或者收集仔细选取的观察结果，评估相互竞争的假设。
4. 利用这些实验、观察或模型的结果修正一个或多个假设，提出新问题，或者得出关于自然界的结论。

这个四步过程是迭代的和自我修正的。新观察结果将引发新问题，进而促使生态学家形成并检验关于自然如何运作的新想法。这个过程可能会导致新的知识、更多的问题或者放弃无法解释结果的想法。尽管并非所有科学研究都严格遵循这个四步过程，但观察、问题和结果之间的反复转换反映了科学研究的本质。

我们已经了解科学研究过程的例子：找到一些关于两栖动物畸形的问题的答案后，就会出现新问题，进而得到新的发现。在分析数据1.1中，我们可以探索这样一个发现，它检验了所引进的物种是否会导致两栖动物种群数量下降。事实上，生态学的所有领域都有新发现，这表明我们对生态过程的理解永远是一项正在进行的工作。

分析数据1.1 外来捕食者是两栖动物数量下降的原因吗？

外来捕食者被认为是导致两栖动物数量下降的众多因素之一，但只有少数研究检验了这一假设。在一项这样的研究中，文登伯格评估了两种引进的鱼类——虹鳟鱼和溪鳟鱼对一种数量正在减少的山地黄腿青蛙的影响。在进行任何实验操作之前，文登伯格调查了39个湖泊。对每个湖泊，他都记录了是否存在引进的鳟鱼，然后估计青蛙的数量；他的调查数据包括以下内容：

湖泊现状	青蛙平均密度（每10米海岸线）
有鳟鱼	184.8
无鳟鱼	5.3

文登伯格随后进行了实验，在实验中，他比较了三类湖泊中的青蛙数量：移除湖（从中移除了引进的鳟鱼）、无鱼对照湖（从未有过鳟鱼）和有鱼对照湖（仍有鳟鱼）。从这些实验中获得的数据如下面的图表所示，其中的误差条表示均值的标准差。

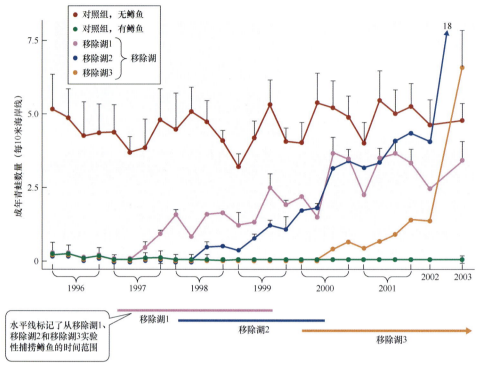

1. 根据调查数据生成条形图，显示有和没有鳟鱼的湖泊中青蛙的平均密度。从这些数据中能得出什么结论？回答时，要区分因果关系和相关性。

2. 解释为什么在实验中使用两类对照湖泊。

3. 考虑移除湖1、移除湖2和移除湖3的数据，对于每个这样的湖泊，计算：(a)移除鳟鱼前1年内的青蛙平均数量（每10米海岸线）；(b)移除鳟鱼后一年内的青蛙平均数量（每10米海岸线）。从这些计算中能得出什么结论？

4. 调查和实验结果说明(a)引进的鳟鱼对两栖动物种群的影响和(b)鳟鱼被移除后种群恢复的前景有何建议？

案例研究回顾：两栖动物种群的畸形和数量下降

两栖动物的畸形通常是由寄生虫引起的，但它们也可能受到其他因素的影响，如接触杀虫剂或肥料。研究还表明，多种因素会导致两栖动物数量下降，包括栖息地丧失、寄生虫和疾病、污染、气候变化、过度开发和引进物种等。

关于影响两栖动物数量下降的这些因素和其他因素的相对重要性，研究人员尚未达成共识。例如，斯图尔特等人分析了自1980年以来数量迅速下降的435种两栖动物的原因，指出导致物种（183种）数量减少的主要原因是栖息地丧失，次要原因是过度开发（50种），其余207个物种数量下降的原因则归为"神秘"：这些物种的数量正在迅速下降，原因尚不清楚。斯凯拉特等人认为，许多神秘的数量下降是由病原体引起的，如壶菌（一种引起致命皮肤病的真菌）。这一结论现已得到许多其他研究的证实。尽管这种真菌仍在迅速传播，并且导致了数百种两栖动物灭绝，但仍有希望查明真实的原因。例如，麦克马洪等人的研究表明，接触活真菌或死真菌时，一些两栖动物可获得对壶菌的抗性，而其他两栖动物则在野生种群中发现了抗性的证据。

其他研究人员强调了持续气候变化的重要性。例如，霍夫等人预计到2080年，气候变化对两栖动物的危害将超过壶菌。然而，疾病和气候变化等因素的影响并不是相互排斥的。事实上，罗尔和拉斐尔发现，虽然疾病通常会使得两栖动物数量减少，但气候变化也起关键作用，特别是温度升高的影响似乎降低了青蛙对壶菌的抵抗力。

总之，这些研究和其他关于两栖动物种群数量下降的研究表明，没有任何单一的因素能够解释其中的大部分原因。相反，这种数量下降似乎是由复杂的因素引起的，这些因素通常会共同作用，并且可能因地而异。例如，考虑杀虫剂的影响。尽管杀虫剂似乎会增大青蛙畸形的概率，但许多研究未能将杀虫剂与两栖动物种群数量的减少联系起来。然而，这些负面发现中有许多来自实验室研究，这些研究在其他因素不变的前提下，检验了杀虫剂单独对两栖动物生长或生存的影响。伦斯勒理工学院的雷利耶重复了这样的实验，但加入了一个变量：捕食者。在所研究的6种两栖动物中，当蝌蚪感觉到捕食者存在时，杀虫剂的致死率会提高46倍。捕食者通过滤网与蝌蚪隔开，但是蝌蚪仍能闻到它们的气味。

在雷利耶的实验中，一些蝌蚪应对杀虫剂的能力因捕食者的存在而降低。这两个因素共同作用的机制尚不清楚。总体来说，虽然我们知道有很多因素会导致青蛙畸形和数量下降（见图1.13），但对这些因素相互作用的程度及相互作用如何发挥其影响则知之甚少。在这个领域和生态学的许多其他领域，我们已学到足够多的知识来解开部分谜团。

图1.13　两栖动物畸形和数量下降的复杂原因。两栖动物畸形可能由寄生虫（如扁形虫）引起。然而，其他因素的相互作用也可能导致两栖动物畸形和数量下降

1.5　复习题

1. 描述短语"自然界中的联系"的含义，解释这种联系是如何导致意想不到的副作用的。用本章讨论的一个例子说明你的观点。
2. 什么是生态学？生态学家的研究内容是什么？如果一名生态学家正在研究一种特定基因的影响，请描述该生态学家的工作重点与遗传学家或细胞生物学家的重点有何不同。
3. 如何实施科学方法？答案中应包括对对照实验的描述。

第 1 单元　生物体及其环境

第2章 自然环境

气候变化和鲑鱼丰度：案例研究

太平洋西北地区的灰熊，会季节性地享用大量涌入该地区的溪流中产卵的鲑鱼（见图2.1）。鲑鱼是溯河产卵的；也就是说，它们在淡水溪流中出生，在海洋中度过成年期，然后返回到它们出生的淡水栖息地产卵。灰熊利用鲑鱼的这种繁殖习性尽情享用这一丰富的食物资源。这些具有攻击性的灰熊通常会放弃它们的领地意识，在捕捞鲑鱼时容忍其他熊的存在。

灰熊并不是以鲑鱼为食的唯一物种。几千年来，鲑鱼一直是太平洋西北地区人类经济的重要组成部分。这种鱼是该地区美洲原住民的主食，也是他们文化和精神生活的核心。如今，在北太平洋水域进行的鲑鱼商业性捕捞，为整个北太平洋的沿海地区提供了30亿美元的经济收入。然而，商业性鲑鱼捕捞是一种有风险的行为。鲑鱼的成功繁殖取决于它们产卵的溪流的健康状况。从美国加州海岸向北到加拿大不列颠哥伦比亚省，鲑鱼数量的减少主要是由于大坝建设、森林砍伐造成的河流沉积物增加、水体污染以及过度捕捞导致的。尽管当地正在努力缓解这种环境退化的影响，但在该地区南部，鲑鱼种群的恢复是微不足道的。

图2.1 季节性盛宴。鲑鱼在阿拉斯加的江河中逆流而上产卵繁殖，图中的灰熊正以鲑鱼为食。每年鲑鱼的数量变化部分取决于数千米外太平洋的自然条件

研究人员、环保人士和政府政策专家将鲑鱼数量减少的主要原因归咎于淡水栖息地的退化。然而，1994年，华盛顿大学的希尔和弗朗西斯提出，鲑鱼成年后的大部分时间都在海洋环境中度过，海洋环境的变化可能是导致鲑鱼数量减少的原因。他们特别指出，鱼类捕捞量低或高的数十年期反复出现，其间的捕捞量是突然变化而非逐渐变化的（见图2.2）。此外，曼图亚及其同事指出，阿拉斯加的鲑鱼高产期与鲑鱼分布区南端的低产期相对应，特别是在俄勒冈州和华盛顿州。他们在商业捕捞出版物中找到了一些有说服力的引文，讲述了同样的故事：当华盛顿州和俄勒冈州的捕鱼业不景气时，阿拉斯加州的捕鱼业却很好，反之亦然。

来自太平洋渔夫（1915年9月）：

"阿拉斯加布里斯托尔湾的鲑鱼包装工从未如此早地在本季作业后返回港口。"

"哥伦比亚河春季捕鱼季节于8月25日中午结束，这是多年来最好的捕鱼季节之一。"

摘自太平洋渔民1939年的年鉴：

"布里斯托尔湾红鲑的捕捞活动被认为是历史上最伟大的活动。"

"今年的鲑鱼捕捞量是哥伦比亚河历史上最低的捕捞量之一。"

希尔和弗朗西斯推测，鲑鱼捕捞量的突然变化与北太平洋的长期气候变化有关。然而，这些潜在气候变化的性质和原因尚不清楚。曼图亚及其同事的进一步研究发现，鲑鱼捕捞量的数十年变化与北太平洋海面温度的变化之间存在很好的一致性。

这种气候变化有多普遍？它对鲑鱼和相关海洋生态系统的影响有多大？如我们将在本章末尾看到的那样，对鲑鱼捕捞量变化的研究，发现了一种影响大范围区域的长期循环气候模式。

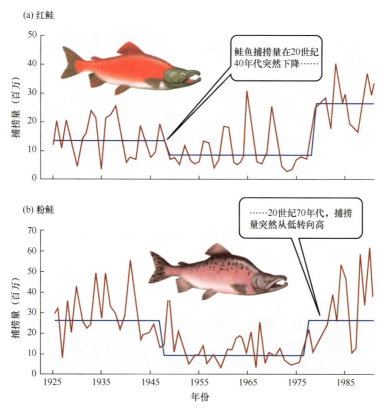

(a) 红鲑

鲑鱼捕捞量在20世纪40年代突然下降……

(b) 粉鲑

……20世纪70年代，捕捞量突然从低转向高

图2.2　鲑鱼捕捞量随时间的变化。65年来，阿拉斯加(a)红鲑和(b)粉鲑的商业捕捞记录显示捕捞量突然下降和增加。红线表示年度捕捞量，蓝线是对数据的统计拟合

2.1　引言

自然环境是决定生物生存位置、可利用资源及种群增长速度的最终因素。因此，了解自然环境是了解所有生态现象的关键——从土壤中细菌和真菌相互作用的结果，到生物圈与大气之间的二氧化碳交换。

自然环境包括气候，而气候由温度、风和降水的长期趋势组成。太阳辐射驱动着气候系统及生物能源的生产。自然环境的另一方面是空气和水的化学组成，包括盐度、酸度以及大气和溶解在水中的气体浓度。土壤也是自然环境的重要组成之一，因为它是微生物、植物和动物赖以生存的介质。土壤也会影响关键资源的可用性，尤其是水和养分。本章重点讨论气候和化学环境，第22章中将介绍土壤发育和养分供应。

本章从总体上以各种空间和时间尺度来表征自然环境，包括自然环境的可变性。首先探索从全球到区域尺度上形成的气候模式。

2.2　气候

我们每天都会体验周围的天气：当前的温度、湿度、降水、风和云层。天气是决定我们的行为的重要因素：我们穿什么？我们从事的活动是什么？我们的交通方式是什么？**气候**是根据几十年来测量的平均值和变化对给定地点天气的长期描述。气候变化包括与地球自转和公转时，与太阳辐射变化相关的日变化和季节变化。气候变化还包括数年或数十年的变化，如与大气和海洋变化相关的大规模周期性天气模式（本章稍后讨论的厄尔尼诺南方涛动就是一个例子）。到达地球表

面的太阳辐射强度和分布会发生变化，于是整体能量平衡发生变化，由此导致了长期气候变化。二氧化碳、甲烷及人类活动排放到大气中的一氧化二氮等气体会吸收能量并将能量辐射回地表，因此产生了温室效应。

2.2.1 气候控制生物体的生存位置和方式

生物体的生存位置、地理分布以及它们的功能均由气候决定。温度调节所有生物体的生物化学反应和生理活动的速率。降水是陆地生物必不可少的资源。淡水生物依赖于降水来维持栖息地及其质量。海洋生物依赖于洋流，因为洋流会影响它们生活的水域的温度和化学成分。

我们常用平均条件来描述给定位置的气候或自然环境的任何方面。然而，生物的地理分布受极端条件的影响大于平均条件，因为极端事件是死亡率的重要决定因素。极端温度和湿度甚至会影响森林、树木等长寿植物。例如，创纪录的高温及2000—2003年的严重干旱使得美国西南部地区松树大面积死亡（见图2.3）。这些长寿的植物再也无法在它们生存数百年的地区生存。因此，如果我们要了解自然环境的生态重要性，那么自然环境还必须由其随时间的变化来表征。极端温度事件发生的频率和严重程度会随着全球气候的变化而增加。气候变化增大了植物大规模死亡的概率，如松树的死亡。

(a)

(b)

图2.3 **松树大片死亡**。2000—2003年的极端高温和历史性干旱导致美国西南部地区的松树大面积死亡。(a)因缺水、温度升高和2002年10月的甲虫爆发，新墨西哥州杰梅兹山脉的松树开始大量死亡；(b)到2004年5月，大量松树已经死亡

自然环境变化的时机在生态学上也很重要。例如，降水的季节性在决定陆地生物的可用水量方面非常重要。在地中海型气候地区，大部分降水发生在冬季。虽然这些地区的降水量比大多数沙漠地区的多，但夏季却经常经历干旱。夏季缺水限制了植物的潜在生长，且可能引发火灾。相比之下，一些草原的年平均温度（全年测量的平均温度）和降水量与这些地中海型生态系统相同，但夏季降水量更多。气候也会影响生物体的非生物过程的速率，如岩石和土壤分解为植物/微生物养分的速率是由气候决定的。气候还会影响周期性扰动的发生频率，如火灾、洪水和雪崩。这些事件会杀死生物体并破坏生物群落，但它们随后会为新生物体和群落的建立与生长创造机会。

2.2.2 全球能量平衡驱动气候系统

驱动全球气候系统的能量主要来自太阳辐射。平均而言，地球大气层顶每年接收的太阳辐射为342瓦/平方米。约三分之一的入射太阳辐射被云层、气溶胶中的细小颗粒和地球表面反射回大气层，五分之一的入射太阳辐射被大气中的臭氧、云层和水蒸气吸收。剩下的入射太阳辐射则被地球表面的陆地和水体吸收（见图2.4）。

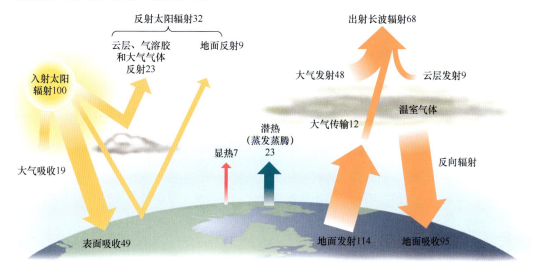

图2.4　地球的能量平衡。地球表面和大气的年平均能量平衡，包括来自太阳辐射、红外辐射、潜热通量和显热通量的损益。图上的数字表示能量的损益，用占地球大气层顶平均年入射太阳辐射的百分比表示（342瓦/平方米）

地球的温度要保持不变，从太阳辐射中获得的能量就必须通过能量损失来平衡。地球表面吸收的大部分太阳辐射以红外辐射（也称**长波辐射**）的形式发射到大气中。水体蒸发时，地球表面也会失去能量并变冷，因为从液态水到水蒸气的相变会吸收能量。蒸发引起的热损失称为**潜热通量**。能量也通过分子间的直接接触（**传导**）以及空气（风）和水体的运动（**对流**）进行动能交换来传递。通过对流和传导从地球表面上方的暖空气到较冷大气的能量传递称为**显热通量**。

大气层吸收地球表面（和云层）发射的大部分红外辐射，并将其重新辐射回地球表面。大气中含有几种称为**温室气体**的气体，它们可吸收和释放红外辐射。这些气体包括水蒸气（H_2O）、二氧化碳（CO_2）、甲烷（CH_4）和一氧化二氮（N_2O）。其中的一些温室气体是通过生物活动产生的（如CO_2、CH_4、N_2O），因此将生物圈与气候系统联系在一起。如果没有这些温室气体，那么地球的气候将比现在冷得多。如前所述，人类活动导致的大气中温室气体浓度的增加正在改变地球的能量平衡，改变气候系统，进而导致全球气候变化（见图2.5）。

对地球能量平衡的讨论主要集中于地球的年均能量传输。但是，并非地球上的每个地方都能从太阳接收到相同的能量。下面来看太阳辐射的这些差异是如何影响地球大气环流和海洋环流的。

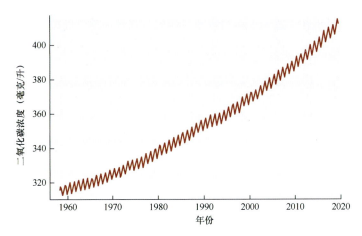

图2.5　大气中的二氧化碳浓度增加。图中所示为在莫纳罗亚天文台测得的每月大气中二氧化碳浓度的变化趋势。自1958年基林在莫纳罗亚天文台首次监测二氧化碳浓度以来，年平均二氧化碳浓度已上升30%。美国国家海洋和大气管理局目前正在全球范围内进行类似的测量

2.2.3　大气环流和海洋环流

　　赤道附近很热，而两极很冷。为什么会这样？它与全球气候模式有何关系？在赤道附近，阳光垂直照射地球表面。在南北两极，阳光照射的角度变得更陡，因此相同的能量逐渐分散到了地球表面上的更大区域（见图2.6）。此外，阳光穿过的大气层由赤道向两极不断增厚，更多的辐射在到达地球表面之前就被反射或吸收。因此，与靠近两极的地区相比，热带（23.5°N和23.5°S之间的地区）单位面积接收到的太阳能更多。这种太阳辐射的输入差异不仅产生了温度的纬度梯度，还是暖锋和冷锋以及大风暴（如飓风）等气候动力学的驱动力。此外，地球的公转和地轴的倾斜，导致一年中任何地点接收的太阳辐射量不断发生变化。这些变化是季节气候变化的原因：高纬度地区的冬、春、夏、秋变化和热带的干、湿变化。

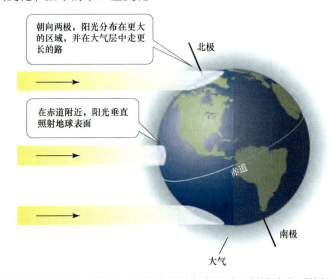

图2.6　地球表面太阳辐射的纬度差异。阳光的照射角度影响入射地球表面的辐射的强度

2.2.4　大气环流圈是以规则的纬度模式建立的

　　被太阳加热的地球表面会发出红外辐射，使上方的空气升温。如前所述，地球表面的热量随

纬度变化而变化，也随地形变化而变化。这种不同的升温会产生被冷空气包围的暖气团。暖气团的密度低于冷气团（单位体积内的分子数量较少），因此只要气团比周围的空气温暖，它就上升（该过程称为抬升，见图2.7）。气压是空气分子对空气及其下方表面施加的力。这种压力随着高度的增加而降低，因此暖气团上升时会膨胀。这种膨胀会冷却上升的空气。冷气团不像暖气团那样能容纳许多水蒸气，因此随着气团的继续上升和冷却，所含的水蒸气开始凝结成水滴并形成云。

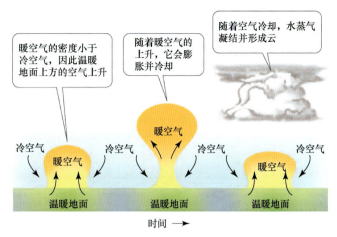

图2.7　地球表面加热和空气抬升。地球表面的不同加热导致最热地球表面上的气团上升

水凝结成云是一个升温过程（潜热通量的另一种形式），尽管它会因膨胀而冷却，但可能会使气团比周围的大气更热，并增强其抬升能力。在温暖的夏日，当气泡状积云形成雷暴时，你可能会观察到这个过程。当地球表面大幅升温而上方的大气逐渐变冷时，上升的空气将形成顶部呈楔形的云层，该云层可以到达对流层（地球表面上方的大气层）和平流层（对流层上方的大气层）之间的边界。

对流层的温度逐渐下降，而平流层的温度则逐渐升高。因此，气团温度一旦达到平流层边界的较高温度，就会停止上升。

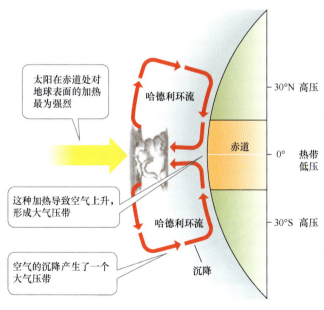

图2.8　热带加热和大气环流单元。热带地球表面加热导致空气上升并降水

不同的加热和风暴形成解释了为何热带的降水量是地球上最多的。热带接收到的太阳辐射最多，因此经历了最大的地表加热、空气抬升和云层形成。相对于北部和南部地区，热带的空气抬升形成了一个低气压带。当热带上空上升的空气到达对流层和平流层之间的边界时，就会流向两极（见图2.8）。最终，这种向极带移动的空气在与周围空气交换热量时冷却，并与从极带向赤道移动的较冷空气相遇。一旦空气达到与周围大气相似的温度，就会向地球表面下降，这个过程称为沉降。沉降在30°N和30°S附近形成高压带，抑制云的形成，且地球上的主要沙漠就在这些纬度上。

热带空气抬升在每个半球形成一种大规模的大气环流模式，称为哈德利环流，以首先发现其存在的18世纪英国气象学家和物理学家哈德利的名字命名。

在高纬度地区形成了其他大气环流单元（见图2.9）。极地环流，顾名思义，出现在北极和南极。寒冷、稠密的空气在两极下降，到达地球表面后向赤道移动。极地下降的空气被从低纬度地区移过高层大气的空气取代。

太阳辐射对地球表面的不同加热产生了大气环流单元，它决定了地球的主要气候带。两极的下沉空气形成一个高压带，因此尽管极带存在大量的冰雪，但实际上因降水量很少而称为极地沙漠。在哈德利环流环和极地环流之间的中纬度地区，有一个费雷尔环流（以美国气象学家费雷尔的名字命名），它由哈德利环流和极地环流的运动以及热带和极地气团在一个极地锋面区域内的能量交换驱动。

这三个大气环流单元构成了地球上的主要气候带。热带是30°N和30°S之间的地区，温带是30°N和60°S之间的地区，极带是60°N和60°N以上的地区（见图2.9）。

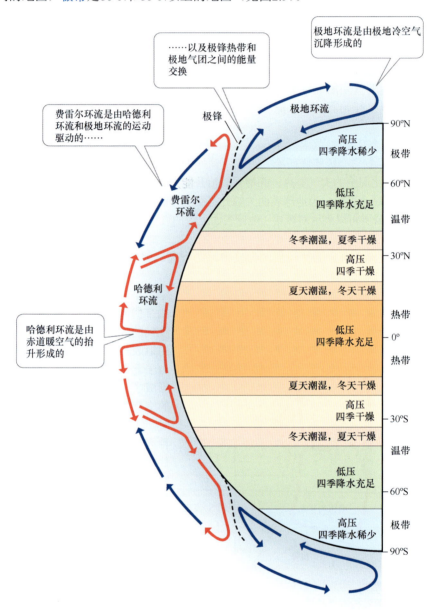

图2.9 全球大气环流单元和气候带。地球表面的加热导致空气上升并降水

2.2.5 大气环流单元产生不同类型的地表风

我们已经知道地球表面的不同受热程度导致了高压带和低压带。这些气压差对于解释冷暖气

团在地球表面的运动非常重要。

风从高压带流向低压带。因此，由大气环流单元形成的高压带和低压带在地球表面上形成一致的空气运动模式，称为盛行风。我们可能认为这些风将以直线形式从高压带吹向低压带。然而，从地球上的观察者角度看，盛行风在北半球似乎向右（顺时针方向）偏转，在南半球似乎向左（逆时针方向）偏转（见图2.10a）。这种明显的偏转与地球的自转有关：对地球表面绕地轴旋转的观察者来说，风的路径看起来是弯曲的（见图2.10b）。这种明显的偏转称为科里奥利效应。然而，对外层空间中固定位置的观察者来说，风向并无明显的偏转。

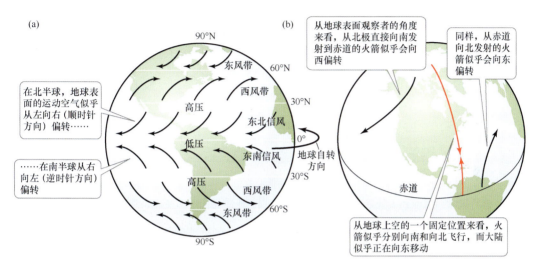

图2.10　科里奥利效应对全球风向的影响。(a)科里奥利效应源自地球的自转；(b)用火箭可视化科里奥利效应

由于科里奥利效应，从地球表面的角度看，从30°N和30°S的高压带吹向赤道的地表风向西偏转，称为信风，因为在15世纪到19世纪期间，它们对全球帆船贸易货物的全球运输非常重要。从高压带吹向两极的风称为西风，它们向东偏转。大陆陆块与海洋交错的存在，使得这种对盛行风向的理想化描述变得有些复杂（见图2.11）。

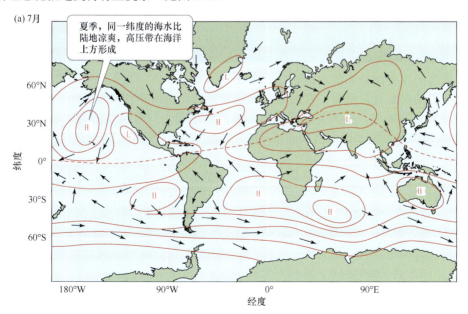

图2.11　盛行风向。海洋和大陆之间热容量的差异导致气压单元的季节变化，进而影响盛行风向

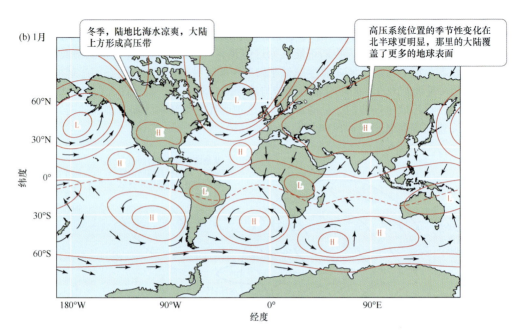

图2.11　**盛行风向**。海洋和大陆之间热容量的差异导致气压单元的季节变化，进而影响盛行风向（续）

　　水比陆地具有更高的**热容量**。因此，与陆地相比，在不改变温度的情况下，它能吸收和存储更多的能量。出于这个原因，陆地表面在夏季要比海水升温更快，但在冬季，海洋要比同纬度的陆地保留更多的热量，进而保持更高的温度。因此，海洋上的季节气温变化不像陆地上那么剧烈。夏季，海洋上空的空气比陆地上的空气更凉爽、密度更大，在海洋上空尤其是在30°N和30°S附近会形成半永久性高压带（高压气团）。在冬季，情况正好相反：陆地上空的空气更冷，密度更大，因此在大片陆地区域的温带会形成高压单元。由于风从高压带吹向低压带，这些气压单元的季节变化将影响盛行风的方向。陆地面积对半永久性气压环流发展的影响，在北半球比在南半球更明显，因为陆地面积在北半球地球表面上所占的比例更大。

2.3　洋流由表面风驱动

　　吹过海洋表面的风会推动表层水的运动。由于科里奥利效应，海水似乎与风成一定的角度运动。从地球上的观察者角度看，它在北半球向右偏转，在南半球向左偏转。因此，洋流的方向与盛行风的方向相似，但不完全相同。洋流的速度通常只有风速的2%～3%。因此，10米/秒的平均风速将产生移动速度为30厘米/秒的洋流。在北大西洋，洋流的速度可高达200厘米/秒。

　　就像大气中的空气一样，海洋中的水体既可以垂直移动，又可以水平移动。通常，由于温度和盐度的不同，表层海水和深层海水不会混合。与更深、更冷的海水相比，表层海水（75～200米以上的水）的温度更高、含盐量更低，因此密度更小。当温暖的热带表层洋流到达极带，尤其是南极洲和格陵兰岛的海岸时，会向周围环境散热，因此海水温度变得更冷、密度变得更大。海水最终会冷却到足以形成冰的程度，增大剩余未结冰海水的盐度。在冷却和盐度增大的共同作用下，海水的密度增大，下沉到更深的位置。这样产生的高密度下沉海水流向赤道方向，将极地的寒冷海水带向温暖的热带海洋。

　　深层洋流在上升流区与表层洋流再次相遇，在**上升流**区，深层海水上升到海面。上升流发生在盛行风几乎与海岸线平行的地方，如北美洲和南美洲的西海岸。风与科里奥利效应相结合，使表层海水流离海岸（见图2.12），更深、更冷的海水上升，取代表层海水。向西流动的赤道太平洋也会出现上升流。由于科里奥利效应，赤道北部和南部的海水略微偏离赤道，导致表层海水分流，形成上升流区。

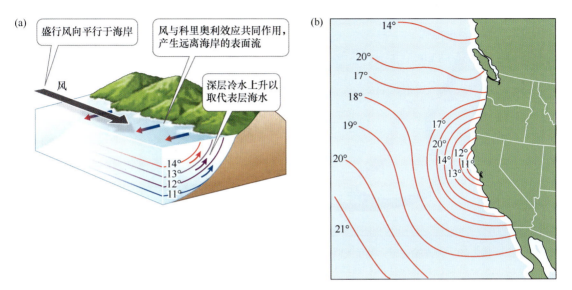

图2.12　沿海水域的上升流。(a)与海岸平行的风使得表层海水从海岸流走，拉动深层海水上升并取代之；(b)上升流影响北美洲西海岸的表层海水温度。海洋温度单位为摄氏度

上升流会对当地气候产生重要影响，导致更凉爽、更潮湿的环境。上升流对表层海水中的生物活动也有很大的影响。表层海水中的生物死亡后，尸体及其所含的营养物质会下沉。因此，营养物质往往会积聚在深水和海底沉积物中。上升流会将这些营养物质带回到透光区，即有足够光线支持光合作用的表层水域。上升流区是最具生产力的海洋生态系统之一，因为这些营养物质促进了浮游植物（自由漂浮的小型藻类和其他光合生物）的生长，而浮游植物又为浮游动物（自由漂浮的动物和原生生物）提供了食物，浮游动物反过来又支持了鱼类等消费者的生长。

洋流会影响其流经地区的气候。例如，墨西哥湾流和北大西洋漂流是从热带大西洋向北流向北大西洋的洋流系统（见图2.11），它使得斯堪的纳维亚半岛的冬季比北美洲同纬度地区的冬季更温暖。此外，从大西洋向东吹来的风从海洋中吸收热量，也使得北欧的气候变得温暖。斯堪的纳维亚西海岸的冬季气温要比拉布拉多海岸的冬季气温高约15℃。这种温差反映在植被上：落叶林在斯堪的纳维亚海岸很常见，而在拉布拉多海岸则主要是云杉和松树。墨西哥湾暖流也会使得北大西洋在冬季的大部分时间里保持无冰状态，而在北美洲海岸的同纬度带则会形成海冰。

热带和极带之间约40%的热量交换来自洋流。因此，洋流有时称为地球的"热泵"或"热输送机"。连接太平洋、印度洋和大西洋的大型表层洋流和深层洋流系统，有时也称大洋输送带，是向极带输送热量的重要途径（见图2.13）。

了解地球表面的热量差如何产生盛行风和洋流后，下面介绍大气和海洋环流模式对地球气候的影响，包括全球气温模式和降水模式。

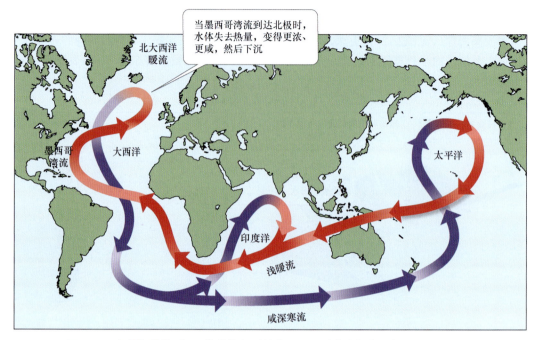

图2.13 **大洋输送带**。相互关联的表层洋流和深层洋流在热带和极带之间传递能量。红线代表表层洋流，蓝线代表深层洋流

2.4 全球气候模式

从热带温暖潮湿的气候到北极和南极寒冷干燥的气候，地球的气候反映了各种温度和降水特征。本节介绍这些全球温度和降水模式，探讨盛行风和洋流如何影响气候平均值与气候的变化。

2.4.1 海洋环流及大陆的分布和地形影响全球温度

太阳辐射的全球模式很大程度上解释了为何地球表面的温度从赤道到两极逐渐下降（见图2.14）。但要注意的是，这些温度变化并不完全与纬度变化平行。为何同一纬度的温度会不一样？洋流、水陆分布和海拔高度是三个改变全球气温模式的主要影响因素。如上节所述，洋流导致北欧的气候比同纬度的北美洲地区更温暖。同样，洪堡寒流的影响在南美洲西海岸也很明显，那里的温度比其他纬度类似的地区要低。

图2.14所示的年平均气温并未反映出海洋与陆地之间热容量的差异。为何会这样？因为该图中未描绘年温度变化。与海洋相比，陆地上的气温显示出更大的季节变化：夏季气温更高，冬季气温更低（见图2.15）。这种季节变化对生物体的分布有重大影响，详见后面的介绍。

海拔高度对陆地温度有重要影响。注意图2.14中印度次大陆和亚洲之间的巨大温差。该地区气温急剧变化的原因是受到了喜马拉雅山脉和青藏高原的影响。这里的海拔高度变化非常大，从印度恒河平原的约150米到喜马拉雅山脉最高峰的8000多米，而两者之间的平面距离仅为200千米。

为什么山区和高地比周围的低平原地区更冷？造成海拔较高地区气候寒冷的因素有两个。首先，在海拔较高的地方，吸收地球表面辐射的红外能量的空气分子较少。因此，尽管高地接收的太阳辐射可能与附近的低地一样多，但由于空气密度较低，地表对空气的加热效果较差。其次，高地能够与周围大气中较冷的空气更有效地交换能量。大气层主要由地球表面发出的红外辐射加热，因此大气层的温度会随着到地面距离的增加而降低。

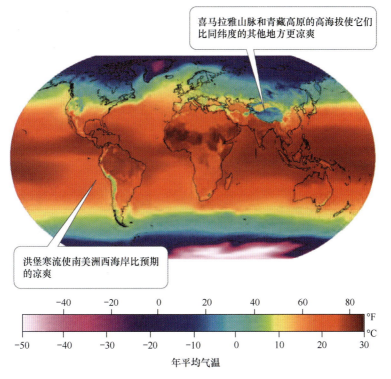

喜马拉雅山脉和青藏高原的高海拔使它们比同纬度的其他地方更凉爽

洪堡寒流使南美洲西海岸比预期的凉爽

年平均气温

图2.14　全球年平均气温。年平均气温往往随纬度变化，但海洋环流和地形改变了这种模式

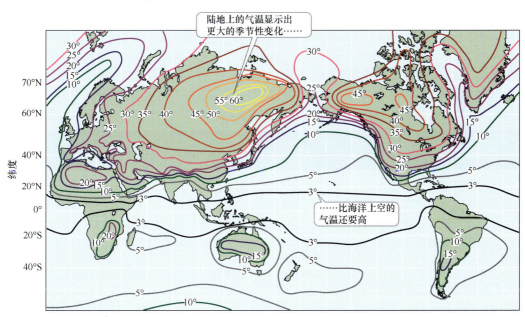

陆地上的气温显示出更大的季节性变化……

……比海洋上空的气温还要高

图2.15　年季节温度变化。季节温度变化表示为最热和最冷月份之间的月平均温差（单位为摄氏度）

　　这种随海拔高度的增加而降低的温度变化称为气温递减率。此外，由于与地面的摩擦力较小，风速会随着海拔的升高而增大，因此气温随海拔升高而降低的趋势与气温递减率一致。

2.4.2　气压和地形的模式影响降水

　　哈德利、费雷尔和极地环流单元的位置表明，23.5°N和23.5°S之间的热带以及60°N和60°S的地带降水量最大，而30°N和30°S的地带降水量最小。非洲大陆的降水分布模式最接近这种理想的降水分布模式。然而，其他地区（尤其是美洲）与预期的纬向降水模式有很大的偏差（见图2.16）。这些偏差与前面讨论的半永久性高压和低压环流及大型山脉分布有关。

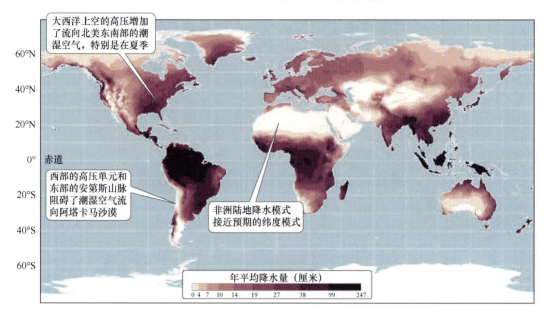

图2.16 **年平均陆地降水量分布**。降水的纬度分布与仅根据大气环流分布的预期不同（见图2.8）

气压单元影响潮湿空气从海洋到大陆的运动及云的形成。例如，南太平洋上空的高压气团会降低南美洲中西海岸的降水量。世界上最干旱的沙漠之一——智利太平洋沿岸的阿塔卡马沙漠，就与这一高压气团的存在及安第斯山脉对东移气团的阻挡有关。相比之下，大西洋上空的高压气团会促使潮湿气团向北美洲的东南部流动（尤其是在夏季），增大降水量。山脉还会迫使穿过山脉的空气上升来影响降水模式，进而增大当地的降水量。下一节将讨论山脉及海洋和植被对区域气候模式的影响。

2.5 区域气候影响

从沿海地区前往内陆地区时，我们发现气候会发生变化，而当穿越山脉时，我们发现这种气候是突变的。这时，气温的日变化增加，湿度降低，降水量减小。这些气候的差异源于海洋和大陆对区域能量平衡的影响，以及山脉对气流和温度的影响。植被往往反映了这些区域气候的差异，体现了气候对物种和生物群落分布的影响。同时，植被还通过影响能量和水平衡对气候产生重要影响。

2.5.1 靠近海洋会影响区域气候

前面指出，与陆地相比，水体改变温度需要更大的能量输入（水的热容量更大）。因此，海洋的季节温度变化要小于陆地区域。此外，海洋为云的形成和降水提供了水分来源。受邻近海洋影响的沿海陆地区域为**海洋性气候**。海洋性气候的特点是日温差和季节温差小，且湿度通常高于远离海岸的地区。相比之下，以大片陆块为中心的地区则为**大陆性气候**，其特点是日温差和季节温差要大得多。海洋性气候出现在从热带到极地的所有气候带。在温带，由于盛行风的影响，北半球西海岸和南半球东海岸的海洋气候对沿岸气候的影响往往更明显。大陆性气候仅限于中高纬度地区（主要在温带），在这些地区，太阳辐射的季节变化大，陆块的热容量小，因此其影响更明显。

通过比较西伯利亚类似纬度和海拔高度地区的季节气温变化，可以了解陆地和水体对气候的影响（见图2.17）。桑加尔镇是亚洲大陆中部勒拿河上的一个小镇，其季节温度变化是太平洋沿岸哈蒂尔卡镇的2倍多。注意，在海洋性气候（哈蒂尔卡镇）中，最高温度和最低温度出现在一年中稍晚的时间，这也反映了海洋的高热量及其对当地气候的影响。

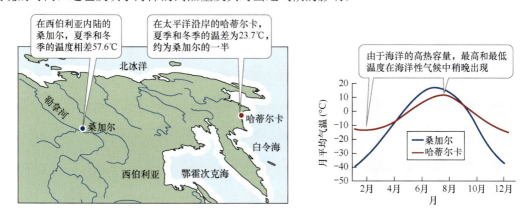

图2.17　大陆性和海洋性气候下的月平均气温。 西伯利亚两个同纬度和同海拔高度的小镇之间的季节温差说明了海水高热容量的影响

2.5.2　山脉影响风向以及温度和降水的梯度

山脉对气候的影响可从植被随海拔高度变化而变化的特征看出，尤其是在干旱地区。当我们爬山时，草原可能会突然变成森林，而在海拔更高的地区，森林可能会让位于高山草原。这些植被类型的突然变化反映了山区短距离内气候的快速变化，随着海拔的升高，出现了温度降低、降水量增加和风速增大。是什么导致了这些突然的变化？山区气候的影响因素包括地形和海拔高度对气温的影响、气团的性质以及气团产生的局部风向。

在地球表面移动的空气遇到山脉时会被迫上升。这些上升的空气在上升过程中冷却，水蒸气凝结形成云和降水。因此，降水量随海拔升高而增加。在南北走向的山脉中，面向盛行风的山坡（迎风坡）的降水量增加尤为明显。在温带，盛行风吹向东方，移动的空气遇到山脉（如内华达山脉和北美沿海山脉）的西坡时，大部分水分会在爬上山顶之前以降水的形式流失。水汽的流失以及空气沿东部斜坡移动时的升温会使气团变得干燥（见图2.18a）。这种雨影效应导致远离盛行风的山坡（背风坡）的降水量和土壤湿度较低，而迎风坡的降水量和土壤湿度较高。雨影效应影响高山植被的种类和数量：迎风坡上往往生长着郁郁葱葱的植物群落，而背风坡上的植被则较为稀疏和更加耐旱（见图2.18b）。

山脉还可产生局部风和降水模式。山坡朝向（称为坡向）的不同会导致山坡和周围平地接收到的太阳辐射量不同。如我们在产生哈德利环流的大规模环流模式中看到的那样，太阳对地表加热的差异会导致比周围空气温暖的气团上浮。清晨，朝东的斜坡从初升的太阳接收更多的太阳辐射，因此变得比周围的斜坡和低地更热。这种热量差会在山区产生局部上坡风。根据空气中的水分含量和高海拔处的盛行风，云可能会在山脉的东侧形成。这些云会产生局地雷暴，并且可能会从山上移动到周围的低地，增大局部降水量。

夜间，地表降温，上方的空气变得更加稠密。夜间降温在高海拔地区更明显，因为稀薄的大气吸收和再辐射的能量较少，使得更多的热量从地表散失。空气可像水一样流动，密度高的冷空气向下流动，并在低洼地区汇集。因此，在晴朗且平静的夜晚，山谷底部是山区中最冷的地方。低洼地区出现零度以下气温的频率较高，因此这种冷空气下移会影响温带的植被分布。每天的上坡风和夜间的下坡风是许多山区的共同特征，尤其是在夏季太阳辐射最强的时候。在大陆范围内，山脉会影响气团的运动、位置和性质，进而影响周围低地的气温模式。大型山脉可以引导气团的运动。例如，落基山脉可引导北极冷空气从北美洲中部向东移动，而抑制其从山间盆地向北移动。

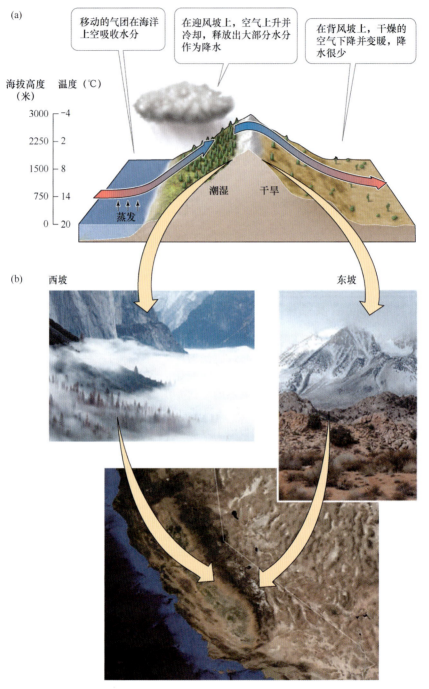

(a)

移动的气团在海洋上空吸收水分

在迎风坡上，空气上升并冷却，释放出大部分水分作为降水

在背风坡上，干燥的空气下降并变暖，降水很少

海拔高度（米）　温度（℃）

潮湿　干旱

蒸发

(b)　西坡　　　东坡

图2.18　雨影效应。(a)山脉迎风坡的降水量往往大于背风坡；(b)加州内华达山脉西坡和东坡的植被反映了雨影效应

2.5.3　植被通过地表能量交换影响气候

　　气候决定了生物体生存的地点和方式，而生物体反过来又以多种方式影响气候系统。首先，

植被的数量和类型会影响地表与太阳辐射和风的相互作用，以及流失到大气中的水分。地表反射的太阳辐射量，即反照率，受植被的存在和类型以及土壤和地形的影响。例如，针叶林的颜色比大多数裸露的土壤或草地更深，因此反照率更低，所以森林吸收的太阳能更多。

地球表面的纹理也受植被的影响。粗糙的表面，如草树混生的稀树草原，比草地等光滑的表面更容易通过风（对流）将能量传递到大气中。这是因为植被扰乱了地表的气流，形成湍流，进而将更多的地表空气带入大气。最后，植被可通过蒸腾作用（植物内部的水分通过叶子蒸发）冷却大气。蒸腾量随单位地表面积上叶面积的增加而增加。蒸腾和蒸发造成的水分损失总和称为蒸散。蒸散将能量（潜热）和水转移到大气中，进而降低空气温度和土壤湿度。

当植被的类型或数量发生变化时，气候会发生什么变化？这个问题很重要，因为目前热带的森林砍伐率很高：自1990年以来，约有1.29亿公顷的热带森林被砍伐。树木的消失增大了地表的反照率，因为裸露的土壤和部分被浅色草丛取代的树木会增大反照率（见图2.19）。较高的反照率会降低对太阳辐射的吸收，减少陆地表面获得的热量。然而，由于叶面积减小，蒸腾冷却降低（潜热通量降低），抵消了太阳辐射热量的减少。较低的蒸发、蒸腾率不仅会减少地表的降温，还会减少降水量，因为从地表返回大气的水分减少了。因此，热带森林砍伐的结果可能是区域气候更温暖、更干燥。大面积砍伐森林可能会导致气候变化，而气候变化的程度会抑制重新造林，进而导致热带生态系统的长期变化。将天然草地转为作物生产（人类的普遍做法）也会影响气候，详见分析数据2.1。

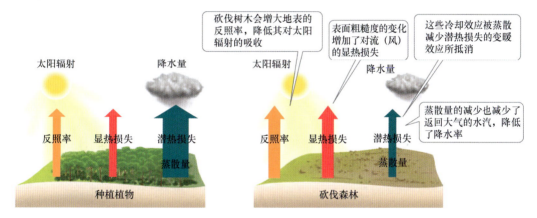

图2.19　森林砍伐的影响说明了植被对气候的影响。热带的森林转变为牧场将导致与大气的能量交换发生许多变化

第24章中将再次讨论人类活动对气候的影响，尤其是过去的两个世纪。

分析数据2.1　植被覆盖的变化如何影响气候？

植被的类型和数量会影响地球表面的能量交换。因此，人类对地表的改变，如热带雨林砍伐，可能会导致区域气候发生变化。要了解这种变化后的气候是变暖还是变冷，就要了解能量平衡成分变化的幅度和方向。

例如，当人类用耕地取代美国西部大平原特有的矮草草原时，会发生什么情况？这种植被变化发生在20世纪后期科罗拉多州东北部的南普拉特河沿岸，蔡斯及其同事对其影响进行了评估。下面以问题形式给出他们的一些数据。

1. 首先考虑反照率的变化。当稀疏的浅色草丛（反照率为0.26，即26%的太阳辐射被反射）被深绿色灌溉作物（反照率为0.18）取代时，对太阳辐射的吸收有何影响？如果入射太阳辐射为470瓦/平方米，那么植被变化导致的太阳辐射能量差是多少？反照率的变化导致气候是变暖还是变冷？

2. 接下来考虑由显热通量（包括对流）引起的热交换，这与表面粗糙度有关。旱地（非灌溉）作物的表面粗糙度约为短草草原的3倍。假设地表温度比大气温度高，耕地和矮草草原哪个表面由对流造成的热量损失更大？据估计，土地用途改变为旱地作物后，显热通量导致的热交换差约为40瓦/平方米。反照率（问题1）和地表粗糙度的综合变化导致气候是变冷、无变化还是变暖？

3. 用灌溉作物取代短草草原，灌溉作物的单位地面的叶面积更大，土壤湿度更高，这会改变蒸发散失的能量（潜热通量）。相对于短草草原，这种变化会导致更多或更少的热量散失到大气中吗？

科罗拉多州南普拉特河流域的卫星图像。落基山脉位于西部。绿色圆圈和长方形是沿南普拉特河分布的灌溉农田。周围地区是旱地作物和矮草草原的混合区域

4. 将显热通量和潜热通量都考虑在内，与土地用途改变为灌溉耕地相关的总热交换差约为60瓦/平方米。包括问题1中反照率的变化，与矮草草原相比，灌溉作物表面的温度是更低还是更高？

然而，人类活动不是造成长期气候变化的唯一原因。下面讨论地球历史上的自然气候变化。

2.6 气候随时间的变化

如本章开头所述，了解气候变化对了解生物分布等生态现象至关重要。从每天到数十年时间尺度的气候变异决定了生物所经历的环境条件范围，以及生物生存所需的资源和栖息地的可用性。数百年和数千年的长期气候变化影响着生物的进化史以及生物和生态系统的发展。如后所述，全球气候在地球历史进程中发生了巨大变化。本节回顾从季节到年代际时间尺度的气候变化。

2.6.1 地轴倾斜导致季节变化

随着地球围绕太阳运行365.25天，照射到地球表面上任何一点的阳光总量都会发生变化。地轴相对于太阳的直射光线倾斜23.5°（见图2.20），因此，随着地球围绕太阳公转，射向地球上任何一点的光线的角度和强度都会发生变化。地轴倾斜的这种影响超过了地球轨道略呈椭圆形而导致的地球和太阳之间距离的季节变化所带来的变化。1月地球距离太阳最近（近日点，2.37亿千米），7月地球离太阳最远（远日点，2.45亿千米）。然而，如稍后所述，地日距离对气候的影响在更长的时间尺度上是非常重要的。

温带和极带的气温会随着太阳辐射的变化而明显变化。北半球6月至9月为夏季，北半球向太阳倾斜；与此同时，南半球远离太阳，进入冬季。从热带向两极，夏季和冬季的太阳辐射量差异越来越大，因此温度变化也越来越大。太阳角度的季节变化不仅影响太阳辐射的强度，还影响一天的长短。在66.5°N和66.5°S以上的地区，夏季太阳数日、数周甚至数月不落。在相同纬度的冬季，太阳升起的高度不足以使地表变暖。温带和极带的冬季气温经常降至冰点以下，因此这些地区的季节变化是生物活动的重要决定因素，且对生物的分布有着很大的影响。

与温带和极带相比，热带太阳辐射的季节变化相对较小。因此，热带的季节变化主要表现为降水量变化而非温度变化。这些季节变化与最大空气抬升和降水带的移动有关，这个带称为**热带辐合带**（ITCZ）。这个最大上升区与太阳直接照射地球的热带相对应。因此，ITCZ会从6月的23.5°N移至12月的23.5°S，进而带来雨季（见图2.21）。

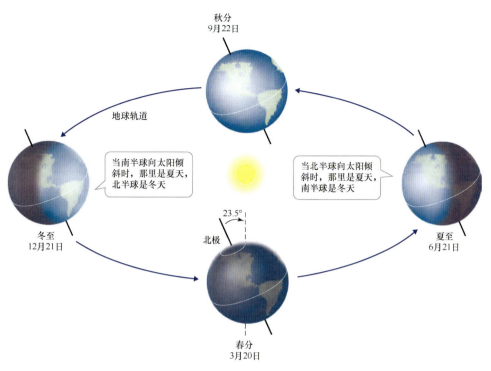

图2.20 地轴倾斜导致季节变化。在地球围绕太阳公转的一年内，由于转轴倾斜，其相对于太阳的方向发生变化。太阳辐射强度的最终变化导致了季节气候变化

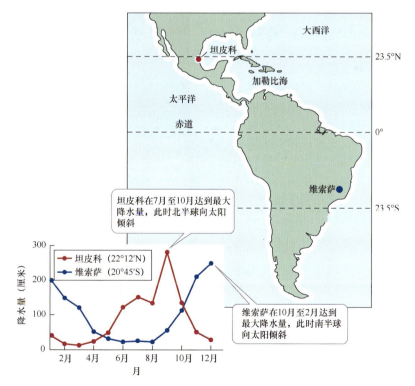

图2.21 雨季、旱季和ITCZ。热带降水的季节变化与南北半球热带之间的ITCZ的移动有关。因此，墨西哥坦皮科在7月至10月达到最大降水量，11月至4月为旱季，而巴西维索萨的雨季为10月至2月，旱季为4月至8月

2.6.2 水生环境的季节变化与水温和密度的变化有关

温带和极带的水生环境也经历温度的季节变化，但如我们所见，它们不像陆地上的水生环境那样极端。液态水越冷，密度就越大，且温度为4℃时密度最大。冰的密度低于液态水，因此冬季的水体表面会结冰。冰的反照率比开阔水域的高，因此湖泊或极带海洋表面的冰可有效地防止冰下的水域变暖。

水温（及水的密度）随深度的不同使得海洋和湖泊中水的分层对水生生物来说具有重要意义，因为它决定了营养物质和氧气的流动。湖泊和海洋中的表层水可自由混合，但其下层是较冷、密度较大的水层，不易与表层水混合。在海洋中，表层水很少与次表层水混合，例如在上升流区。在温带的湖泊中，水温和密度的季节变化会导致分层的季节变化（见图2.22）。夏季，表层或变温层的温度最高，浮游植物和浮游动物活跃。上表层下面是温度迅速下降的区域，称为温跃层。温跃层之下是湖泊中密度最大、温度最低的稳定水层，称为滞温层。夏季，来自表层的死亡生物下降到下层和底部（底栖）区域，将营养物质和能量从表层带走。秋季，水面上方的空气变冷，湖泊向大气散发热量。随着表层变冷，其密度增加，直到与下面的水层的密度相同。最终，湖泊所有深度的水体都有相同的温度和密度，吹向湖面的风导致表层水和深层水混合，这就是所谓的湖泊周转。这种混合对回收从表层流失的营养物质来说非常重要。此外，湖泊周转还将氧气带入深层水体和湖底沉积物。夏季，表层水体中的营养物质和底部好氧菌呼吸消耗的氧气得到补充，因此提高了整个湖泊的生物活性。春季，湖面冰雪消融，当湖水密度恢复一致时，又会发生湖泊周转。

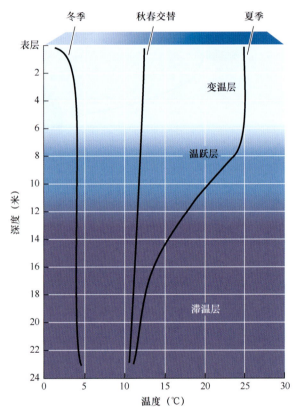

图2.22 湖泊分层。湖泊分层主要发生在夏季的温带和极带，是温度影响水的密度的结果

2.6.3 气压单元变化导致数年或数十年的气候变化

秘鲁渔民早就发现有时通常丰产的海域却很少有鱼，而天气却变得异常潮湿。他们称这种情况为"厄尔尼诺"，意为"基督的孩子"，因为这种情况通常始于圣诞节前后。厄尔尼诺现象与赤道太平洋上空高压和低压单元位置的转换（或振荡）有关，导致将暖水推向东南亚的东风减弱。气候学家将这种振荡和与之相关的气候变化称为厄尔尼诺南方涛动（ENSO），但其根本成因尚不清楚。ENSO的频率并不规则，但每隔3～8年就出现一次，一般持续18个月左右。在厄尔尼诺现象期间，随着东风减弱或在某些情况下转为西风，南美洲沿海深层海水的上升停止。ENSO还包括拉尼娜现象，这是强于正常平均气候模式的阶段，南美洲沿海气压较高，西太平洋气压较低。拉尼娜现象通常在厄尔尼诺现象之后发生，但频率往往较低。

ENSO与大气环流模式之间存在复杂的相互作用，因此ENSO与异常的气候条件有关，即使是在远离热带太平洋的地方（见图2.23）。厄尔尼诺现象与马来群岛、东南亚其他地区和澳大利亚异常干燥的条件有关。随着降水量减小和植被枯竭，这些地区的草原、灌木丛和森林发生火灾的概率增大。相比之下，在美国南部和墨西哥北部，厄尔尼诺事件可能会增大降水量，随之而来的拉尼娜事件则会带来干旱。与厄尔尼诺事件相关的植物生长速度加快，随后是干燥的拉尼娜现象，因此加剧了美国西南部的火灾。

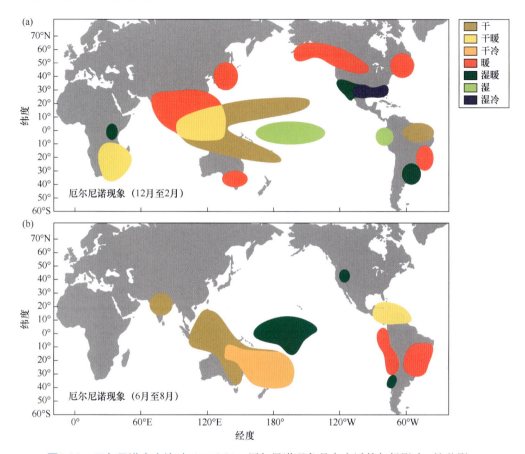

图2.23　厄尔尼诺南方涛动（ENSO）。厄尔尼诺现象具有广泛的气候影响，这些影响随季节变化，因此会改变全球范围内的温度和降水模式

北大西洋也有类似的气压-洋流振荡。北大西洋振荡影响欧洲、亚洲北部和北美洲东海岸的气候变化。海面温度和气压的另一种长期涛动称为太平洋十年涛动（PDO），本章在前面的"案例研究"中介绍涛动对鲑鱼数量的影响时，就描述了北太平洋的涛动。PDO以类似于ENSO的方式影响气候，并且能够缓和或加强ENSO的影响。PDO的影响地区主要是北美洲西北部，但北美洲南部、中美洲、亚洲和澳大利亚也可能受到影响。PDO和北大西洋涛动与美国的长期干旱有关（如20世纪30年代的美国沙尘暴）。"案例研究回顾"中将再次讨论PDO。

在地球历史上，气候曾发生过长期变化，包括冰期-间冰期及比现在温暖得多的长期气候。这些长期的气候波动与接收到的太阳辐射量和温室气体浓度的差异有关。

2.7　化学环境

所有生物体都沐浴在化学物质的基质中。水是水生环境的主要化学成分，当然其成分还包括数量不等的溶解盐和气体。这些溶解化学物质浓度的微小差异可能对水生生物以及依赖水和土壤中溶解化学物质的陆生植物和微生物的功能产生重要影响。陆生生物生存在相对不变的大气中，这种大气主要由氮气（78%）、氧气（20%）、水蒸气（1%）和氩气（0.9%）组成。大气中还含有痕量气体，包括在地球能量平衡中起关键作用的温室气体，以及人类活动产生的污染物，它们会对大气化学产生重要影响。第24章中将讨论空气污染物和温室气体的影响。下面简要介绍影响生物和生态功能的三个化学量：盐度、酸度和含氧量。

2.7.1 所有的水中都含有溶解的盐

盐度是指水中溶解盐的浓度。盐是离子化合物，由阳离子（带正电荷的离子）和阴离子（带负电荷的离子）组成。从生物学的角度看，溶解盐很重要，因为它们会影响水的性质，进而影响生物体吸收水的能力。盐作为营养物质，也对生物体产生直接影响，盐的浓度太高或太低都会抑制生物的新陈代谢活动。

尽管所有的水中都含有溶解盐，但我们通常从海洋的角度来考虑盐度，因为海洋占地球上水域的97%，且地球表面70%的水域都含有盐海洋水域之下。海洋的盐度范围为33‰～37‰，这种变化范围是由蒸发、降水以及海水冻结与融化导致的（见图2.24）。海洋表层水的盐度在赤道附近最高，在高纬度地区最低。

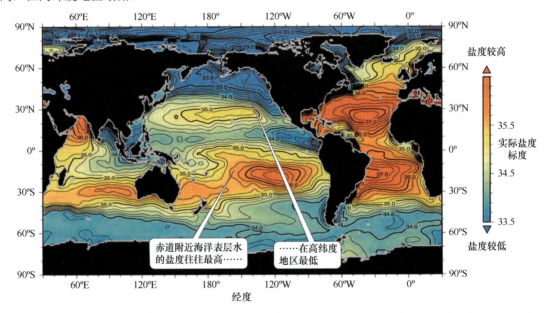

图2.24 海洋表面盐度的全球变化。 海洋表面水体盐度的变化反映了蒸发、海冰融化稀释与降水的集中效应

使水变咸的盐是什么，它们来自哪里？海盐主要由钠、氯化物、镁、钙、硫酸盐、碳酸氢盐和钾组成。这些盐来自地球历史早期地壳冷却时由火山喷出的气体，以及构成地壳的岩石中的矿物质的逐渐分解。

水体的盐度取决于盐和水的输入与损失的平衡。随着时间的推移，大多数内陆水体的盐度会越来越高，这反映了降水输入的水量、蒸发造成的水量损失以及盐分输入之间的平衡。当这些内陆"海"出现在干旱地区（如大盐湖和死海）时，由于高蒸发率及浓缩作用，盐度通常会超过海水的盐度。导致盐度升高的盐分类型各不相同，反映了构成其盆地的岩石中的矿物质的化学性质。尽管这些内陆湖泊的盐度很高，但仍有一些生物能在其水域中繁衍生息。

邻近海洋的积水土壤，如盐沼中的土壤，会自然地出现高盐度。在干旱地区，由于植物根系将深层土壤中的水带到地表，或通过抽取地下水进行灌溉，土壤的盐度也会升高。当这种输送的水蒸发时，会留下盐分。如果降水很少，无法将盐分淋洗到更深的土壤层，或者如果土壤下面的不透水层阻碍了水分的排出，那么高蒸发、蒸腾率将导致土壤表面盐分逐渐积累。这个过程称为**盐渍化**，这在一些沙漠土壤中会自然发生，在干旱地区的灌溉农业土壤中也很常见（见图2.25）。盐渍化导致了古代美索不达米亚（今伊拉克）农业的衰退，如今也是加州中央河谷、澳大利亚和其他地区的一个问题。

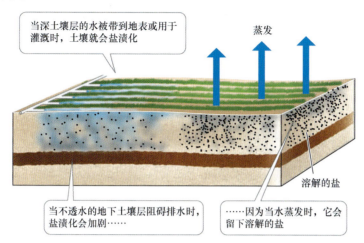

图2.25　**盐渍化**。土壤盐渍化正在破坏许多地区的农业生产，尤其是在干旱地区

2.7.2　生物对其环境的酸度敏感

酸度的反义词是**碱度**，它们衡量的是溶液作为酸或碱的能力。酸将质子（H^+）释放到水中的化合物，碱则吸收质子或释放氢氧根离子（OH^-）。常见的酸包括水果中的柠檬酸、单宁酸和抗坏血酸，常见的碱包括碳酸氢钠和岩石中的其他碳酸盐矿物。酸度和碱度用pH值（H^+浓度的对数的负数）来度量。因此，一个单位的pH值代表H^+浓度的10倍变化。纯水呈中性，其pH值为7.0，pH值高于7.0的溶液呈碱性，pH值低于7.0的溶液呈酸性。

水的pH值对生物体的功能有重要影响。pH值的变化会直接影响代谢活动。水的pH值还决定了营养物质的化学性质和有效性。生物体可以耐受的pH值范围有限。自然界的碱度（环境的pH值超过7）对生物体功能和分布的限制往往不如酸度重要。

在海洋中，pH值不会发生明显变化，因为海水的化学性质会缓冲pH值的变化，也就是说，海水中的盐会结合自由质子，以最大限度地减缓pH值的变化。因此，与海洋相比，陆地和淡水生态系统中的pH值往往更加易变。人类活动导致大气中CO_2的浓度增加，海洋的酸度上升，进而对海洋生态系统产生负面影响。使用碳酸钙建造贝壳的海洋动物在酸性条件下建造和维护贝壳的能力更差。

在陆地上，地表水和土壤的pH值会自然变化。是什么导致了这种变化？随着时间的推移，酸性物质的输入使得水的酸度增强，这些酸性物质来自多个方面，其中最主要的方面与土壤发育有关。土壤的两个主要成分是：岩石分解产生的矿物颗粒，以及死亡植物和其他生物分解产生的有机物。某些岩石类型（如花岗岩）会生成酸性盐，而其他岩石类型（如石灰岩）会生成碱性盐。随着时间的推移，土壤的酸度加大，因为碱性盐更易浸出，且植物的分解和浸出使土壤中的有机酸增多。燃烧化石燃料向大气排放酸性污染物，过度使用肥料都会增大土壤和水的酸度。

2.7.3　含氧量随海拔高度、扩散和消耗变化

当地球上的生命最初进化时，大气中没有氧气，氧气对最早的生命形式来说是有毒的，即使是在今天，仍有不耐氧的生物。

然而，除了一些古细菌、细菌和真菌，大多数生物都需要氧气来进行新陈代谢，因此无法在

缺氧（低氧）条件下生存。缺氧条件还会促进对许多生物体有毒的化学物质（如硫化氢）的形成。此外，含氧量对决定可用营养物质的化学反应也很重要。

在过去的6500万年里，大气中的含氧量一直稳定在21%左右，因此大多数陆地环境的含氧量保持不变。然而，大气中的含氧量随着海拔的升高而降低。空气的总密度随着海拔的升高而降低，因此在较高的海拔位置，给定体积空气中的氧分子较少。

含氧量在水体和土壤中的变化很大。氧气扩散到水中的速度很慢，可能跟不上生物消耗氧的速度。波浪和水流会将大气中的氧气混合到海洋表层水中，因此海洋表层水中的含氧量是稳定的。深海和海洋沉积物中的含氧量很低，生物吸收的氧气量大于地表水的氧气补给量。深层湖泊、湖泊沉积物和淹水土壤（如湿地）中的情况同样如此。在有流水（江河）的淡水生态系统中，含氧量最高，因为那里与大气的混合程度最大。

案例研究回顾：气候变化和鲑鱼丰度

希尔和弗朗西斯对北太平洋鲑鱼捕捞量的研究，有助于人们发现太平洋十年涛动（PDO）。如前所述，PDO是海面温度和气压单元的多年变化。对20世纪海洋表面温度记录的回顾表明，PDO 与北太平洋20～30年的暖冷温度交替期有关（见图2.26a）。PDO相位的时长有助于区分其他气候振荡，因为其他气候振荡的相位时长要短得多（如ENSO的相位时长为18个月至2年）。PDO的暖相和冷相影响太平洋鲑鱼赖以生存的海洋生态系统，进而使鲑鱼生产向北或向南转移，具体取决于是暖相还是冷相（见图2.26b）。

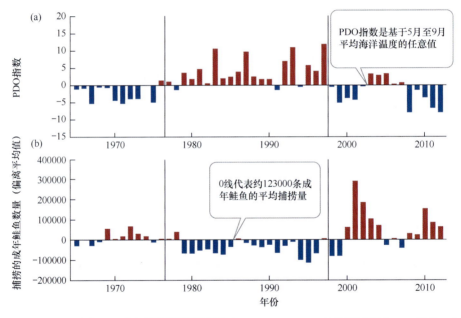

图2.26 PDO对美国西北部鲑鱼捕捞量的影响。(a)1965—2012年的夏季平均PDO指数。红色和蓝色条形分别表示海洋温度比平均温度高或低；(b)1965—2012年返回哥伦比亚河（华盛顿和俄勒冈）产卵的成年鲑鱼数量与平均值（123131条）的偏差

PDO的低温阶段对应的鲑鱼捕捞量高于平均水平的频率是多少？PDO的高温阶段对应的鲑鱼捕捞量低于平均水平的频率是多少？

PDO与许多海洋生物的丰度和分布变化有关，并且通过其气候效应与陆地生态系统功能的变化有关。PDO的影响地区主要是北美洲西部和东亚，还包括澳大利亚。因此，PDO对气候的影响遍及整个西半球。与PDO相关的气候变化存在的证据可追溯到19世纪50年代及17世纪的珊瑚和树木年轮信息。PDO的形成机制尚不明确，但它对气候的影响是显著且广泛的（见表2.1）。

表2.1　PDO的气候效应小结

气候效应	暖相PDO	冷相PDO
东北太平洋和热带太平洋的海洋表面温度	高于平均水平	低于平均水平
次年3月北美洲西北部的平均气温	高于平均水平	低于平均水平
10月至次年3月美国东南部气温	低于平均水平	高于平均水平
10月至次年3月美国南部/墨西哥北部降水量	高于平均水平	低于平均水平
10月至次年3月北美西北部和五大湖降水量	低于平均水平	高于平均水平
北美西北部春季积雪和水年（10月至次年9月的流量）	低于平均水平	高于平均水平
太平洋西北部的冬季和春季洪水风险	低于平均水平	高于平均水平

2.8　复习题

1. 为什么自然条件的变化作为生态模式（如物种分布）的决定因素可能要比平均条件更重要？
2. 描述决定主要纬度气候带（热带、温带和极带）的因素。
3. 为什么沙漠地区比降水较多的地区更容易因灌溉而发生盐渍化？

第3章 生物圈

北美洲大平原12个世纪的变迁：案例研究

如今，覆盖北美洲中部地区的大平原与非洲的塞伦盖蒂平原几乎毫无相似之处。在当前的景观中，许多地方的生物多样性都很低——那里有着大片千篇一律的农作物（基因上甚至完全相同）和少数几种驯化的食草动物（主要是牛）。而在塞伦盖蒂平原，一些世界上最大、最多样化的野生动物群则漫步在风景如画的大草原上（见图3.1）。然而，如果不是因为一系列重要的环境变化，那么这两个生态系统表面上看起来可能非常相似。

温带和极带的生物群落受到自然的、长期的气候变化的影响，导致它们的位置和物种组成发生纬度或海拔变化。1.8万年前，在更新世末次冰川盛期，冰原覆盖了北美洲北部。在接下来的1.2万年里，气候变暖，冰层消退。植被随着冰层向北退却，并在新露出的次冰层上生根发芽。大陆中部的草原扩大到以前的云杉和白杨林地。这些草原上生长着草类和低矮的草本植物，与今天的天然草原相似。

然而，那些早期草原上的动物却与今天的截然不同。北美洲存在多种多样的巨型动物群（质量大于45千克的动物），其多样性可与今天在塞伦盖蒂平原发现的动物相媲美（见图3.2）。距今1.3万年前（从进化的角度看，这段时间相对较短），北美洲的食草动物包括长毛猛犸象和乳齿象（大象的近亲），以及多种马、骆驼和巨型地懒。食肉动物包括长着18厘米长门牙的剑齿虎、猎豹、狮子，以及比灰熊体形更大、速率更快的短面熊。

图3.1 非洲的塞伦盖蒂平原。 成群的本地动物在塞伦盖蒂平原迁徙，寻找食物和水源

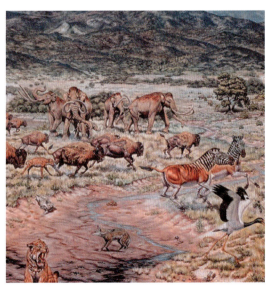

图3.2 大平原的更新世动物。 1.3万年前北美洲中部草原上的动物包括猛犸象、马和巨型野牛。许多大型哺乳动物在1.3万年前到1万年前的短时间内灭绝了

1.3万年前到1万年前，大平原草原正在扩展，但北美洲的许多大型哺乳动物突然灭绝。约28个属（40～70个物种）的快速消失使得这次灭绝不同于过去6500万年的任何灭绝事件。这次灭

绝的另一个不寻常的方面是，几乎所有灭绝的动物都属于大型哺乳动物。这次灭绝的原因至今仍是一个谜。

关于北美洲巨型动物消失的原因，人们提出了几种假说。一种假说是，灭绝期间气候变化迅速，可能导致栖息地或食物供应发生变化，进而对动物产生不利影响；另一种假说是人类进入北美洲加速了动物的灭绝。这一假说刚被提出时，就受到了广泛的质疑。虽然人类最早出现在北美洲中部地区是在约1.45万年前，但目前还不清楚携带石器和木器的猎人是如何将种类繁多的大型哺乳动物赶尽杀绝的。有什么证据支持人类参与了这次灭绝事件的假说？

3.1　引言

在一些特别的地方也可找到生物：乌鸦、欧亚秃鹫等鸟类在海拔8000多米的喜马拉雅山脉最高的山峰上飞翔；"尖牙鱼"等鱼类生活在海平面以下8000米的地方；细菌和古细菌在地球上几乎随处可见，如在温度达到生命极限的热硫黄泉中、在冰川下、在地球表面上方数千米的尘埃中、在数千米深处的海洋沉积物中都能找到它们的踪迹。然而，绝大多数生物都生活在地球表面上薄薄的一层栖息地中——从树顶到陆地环境中的表层土壤，以及海洋表面200米以内的范围。

生物圈（地球上的生命地带）夹在岩石圈、地壳、上地幔和对流层（大气层的底层）之间。生物群落可在复杂程度不同的多个尺度上进行研究。这里用生物群落概念来描述陆地生物惊人的多样性。水生生物的多样性不易分类，但这里也将描述几个淡水和海洋生物区，与陆地生物群落一样，它们反映了所在位置的自然条件。

3.2　陆地生物群落

生物群落是由它们所处的自然环境形成的。特别地，它们反映了第2章中描述的气候变化。生物群落按分布在大片地理区域内的植物的最常见生长形态来分类。生物群落的分类并不考虑生物之间的分类关系，而基于生物对自然环境的形态反应的相似性。生物群落包括遥远大陆上相似的生物组合，表明不同地点对相似气候条件的相似反应。生物群落概念除了为地球上生命的多样性提供有用的介绍，还为模拟环境变化对生物群落影响的建模人员以及模拟植被对气候系统影响的建模人员提供了方便的生物单元。不同资料来源所用的生物群落数量和类别各不相同，具体取决于作者的偏好和目标。这里使用9种生物群落系统：热带雨林、热带季节性雨林和热带草原、沙漠、温带草原、温带灌木丛和林地、温带落叶林、温带常绿林、北方森林、苔原。作为教学工具，该系统将生物系统与形成它们的环境联系起来了。

从温暖潮湿的热带到寒冷干燥的极带，陆地生物群落差异很大。热带森林分为多个层次，生长速度快，物种数量繁多。婆罗洲的低地热带森林中估计有1万种维管束植物，其他大多数热带森林群落大约有5000种。相比之下，极带只有零星的细小植物依附在地面上，反映了大风、低温和干燥土壤的恶劣气候。高纬度北极地区的维管束植物约有100种。热带雨林植被的高度可能超过75米，1公顷土地上的生物量超过40万千克。而极带的植物高度很少超过5厘米，1公顷土地上的生物量不足1000千克。

陆地生物群落按主要植物（如乔木、灌木或草）的生长形式（大小和形态）进行分类（见图3.3），还可按其叶子的特征［如落叶性（叶子的季节性脱落）、厚度和多汁性（肉质储水组织的发育）］来分类。为什么使用植物而非动物来对陆地生物群落进行分类？植物是不可移动的，因此为了长期成功地占据某个地方，它们必须能够应对极端环境和生物压力，如对水、养分和光的竞争。因此，植物生长形式是自然环境的良好指标。此外，动物是大多数大型景观中较不显眼的组成部分，它们的机动性使得它们能够避免暴露在不利环境中。微生物（古细菌、细菌和真菌）是生物群落的重要组成部分，微生物群落的组成与植物生长形态一样反映自然条件。然而，这些生物体的微小尺寸以及群落组成的时间和空间快速变化，使得它们无法用于生物群落分类。

图3.3　植物生长形态。植物的生长形态是对环境（尤其是气候和土壤肥力）的进化反应

自从约5亿年前从海洋中出现以来，植物为了应对陆地环境的选择压力呈现出了多种不同的形态（见图3.3）。这些选择压力包括干旱、高温、低温、强太阳辐射、土壤贫瘠、动物放牧和邻近植物的竞争。例如，落叶是应对季节性低温或长期干旱的一种方法。乔木和灌木将能量放入木质组织，以增加高度并增强吸收阳光的能力，保护组织免受风雪的伤害。与大多数其他植物不同，多年生草本植物可从叶片的根部生长，将营养和生殖芽保持在土壤表面以下，提高对放牧、火灾、亚低温和干燥土壤的耐受性。相似的植物生长形态出现在不同大陆相似的气候带中，尽管这些植物可能没有遗传相关性。为响应相似的选择压力，远亲物种之间相似生长形式的进化称为趋同。

3.2.1　陆地生物群落反映全球降水和温度模式

第2章中描述了地球的气候带及其与大气和海洋环流模式的关系，而大气和海洋环流模式是由太阳对地球表面的不同加热形成的。这些气候带是决定陆地生物群落分布的主要因素。

热带（23.5°N和23.5°S之间）的特点是降雨量大，温度恒定。在靠近热带的亚热带，降雨季节性增强，旱季和雨季更明显。世界上的主要沙漠与30°N和30°S左右的高压带及大山脉的雨影效应有关。冬季低于冰点的温度是温带和极带的一个重要特征。40°以北和以南的降水量因靠近海洋和山脉的影响而异。

陆地生物群落的位置与这些温度和降水的变化相关。温度通过其对植物生理机能的影响直接影响植物生长形态的分布。降水量和温度共同影响水的可用性和水分流失的速度。水的可用性和土壤温度对于土壤中的养分供应很重要，这也是控制植物生长形态的重要因素。

气候变化与陆地生物群落分布之间的关系，可以使用年平均降水量和温度的关系图来表示（见图3.4）。虽然年平均降水量和温度可以很好地预测生物群落分布，但这种方法未纳入温度和降水的季节性变化。在决定物种分布方面，极端气候有时比年平均条件更重要。例如，草原和灌木丛的全球分布比图3.4显示的更广泛，出现在年平均降水量相对较高但有定期

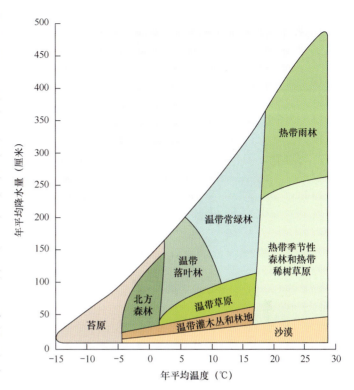

图3.4　生物群落随平均年降水量和温度变化。降水量和温度关系图上的9个主要陆地生物群落形成一个三角形

干旱期的地区（如地中海型灌丛、落叶林边缘的草原）。此外，土壤质地和化学性质以及靠近山脉和大面积水域等因素也会影响生物群落的分布。

3.2.2　陆地生物群落的潜在分布与实际分布存在差异

人类土地转换和资源开采的影响在地表上越来越明显。这些人为影响统称土地利用变化。人类对陆地生态系统的改变至少始于1万年前，当时人们用火来开垦荒地。最大的变化发生在过去150年，即机械化农业和伐木业出现及人口呈指数级增长以来。大约60%的地球陆地表面已被人类活动改变，主要是农业、林业和畜牧业；2%～3%的陆地表面因城市发展和交通建设而改变。由于这些人为因素的影响，生物群落的潜在分布和实际分布明显不同（见图3.5）。温带生物群落，尤其是草原，变化最大，但热带和亚热带生物群落也在经历快速变化。

以下各节将简要介绍9个陆地生物群落、它们的生物和自然特征，以及影响每个生物群落天然植被实际覆盖面积的人类活动。在介绍每个生物群落时，首先会提供其潜在的地理分布和气候图，显示该生物群落代表性地点的气温及降水的季节性特征（见生态工具包3.1）。此外，样本照片显示了构成生物群落的一些植被类型。记住，每个生物群落都包含不同的群落组合。生物群落之间的边界通常是渐进的，并且可能由于区域气候影响、土壤类型、地形和干扰模式的变化而变得复杂。因此，这里描述的生物群落边界仅是近似值。

热带雨林　热带雨林的名称很贴切，因为它们位于低纬度的热带（10°N和10°S之间），这里的年降水量通常超过2000毫米。热带雨林的气温温暖，季节变化不大。丰沛的降水可能全年均匀分布，或者出现在与热带辐合带（ITCZ）的移动相关的一两个主要主峰中。这种生物群落中的植物

全年不断生长。如前所述，热带雨林含有大量的生物量，是地球上最丰富的生态系统。据估计，热带雨林中的物种占地球物种总数的50%，仅占地球陆地植被覆盖面积的11%，却拥有陆地碳库（C）的37%。热带雨林分布在中美洲、南美洲、非洲、澳大利亚和东南亚。

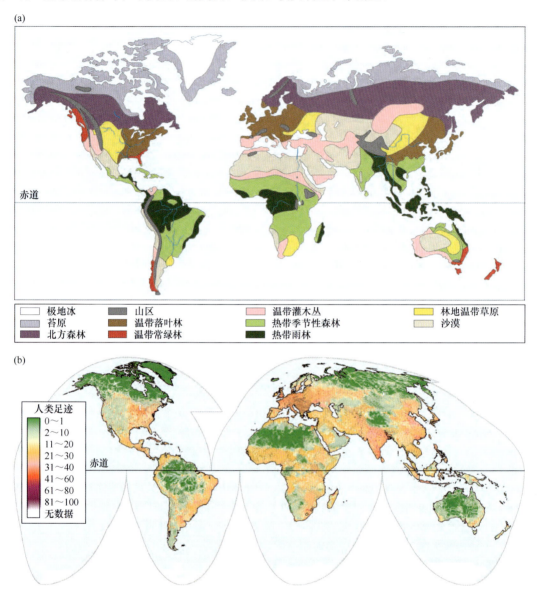

(a)

极地冰	山区	温带灌木丛	林地温带草原
苔原	温带落叶林	热带季节性森林	沙漠
北方森林	温带常绿林	热带雨林	

(b)

人类足迹
0~1
2~10
11~20
21~30
31~40
41~60
61~80
81~100
无数据

赤道

图3.5　全球受人类影响的生物群落分布。生物群落的潜在分布与其实际分布不同，因为人类活动改变了地球的大部分陆地表面。(a)生物群落的潜在全球分布；(b)人类活动对陆地生物群落的改变。"人类足迹"基于地理数据定量度量了人类对环境的总体影响（100为最大值），描述的是人口规模、土地开发和资源利用

生态工具包3.1　气候图

气候图是特定位置月平均温度和降水量的图形，用于描绘气候条件的季节性模式。特别地，它们提供了温度何时长时间低于冰点（见图中的紫色阴影区域）及降水何时不满足植物生长的需

要。当降水曲线低于温度曲线（图中的橙色阴影区域）时，水的可用性就会限制植物的生长。

气候图由沃尔特和利特开发，他们用气候图来显示不同地点相同生物群落内气候模式的一致性。沃尔特和利特证明，使用1℃相当于2毫米降水量的坐标轴，可粗略估算出水的可用性限制植物生长的时段（陆地生态系统的水分流失与温度有关，详见第4章）。例如，热带季节性森林及温带灌木林和林地生物群落显示出了明显的季节性缺水期，一些温带草原也存在可以预测的枯水季节（见右图）。气候图还显示了气温有利于植物生长的时间。显然，从纬度上看，气温低于冰点的时段有延长的趋势，极端低温的时段更长（紫色阴影区域更大）。

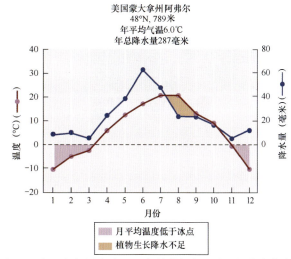

美国蒙大拿州阿弗尔
48°N, 789米
年平均气温6.0℃
年总降水量287毫米

月平均温度低于冰点
植物生长降水不足

气候图示例。气候图包含记录条件的气候站名（例中为蒙大拿州阿弗尔）、气候站地理位置的纬度及其海拔。在阿弗尔，从11月到次年3月（紫色区域）的气温长时间低于冰点。霜冻确实发生在该时间范围外，但这些孤立事件并未反映在月平均温度中。7月中旬至10月通常出现低降水量时期（橙色区域）

热带雨林生物群落由阔叶常绿和落叶乔木表征。光照是决定该生物群落植被结构的关键环境因素。有利于植物生长的气候条件也会施加选择压力，要求植物长得比邻近的植物高，或在生理上适应低光照水平。热带雨林中的植物多达5层。新生树木高于构成树冠的大多数其他树木。树冠主要由常绿树叶组成，它在离地面30～40米处形成连续的层次。在树冠下方，植物利用树木作为支撑，将其树叶抬高到地面以上，包括藤本植物（木质藤本植物）和附生植物（生长在树枝上的植物），它们垂挂或依附在树冠层和出露的树木上。林下植物生长在树冠的树荫下，进一步减少了最终到达森林地面的光照。灌木和草本植物（阔叶草本植物）占据森林地面，它们必须依靠白天穿过森林到达地面的光斑进行光合作用。

在全球范围内，由于砍伐及将森林转变为牧场和农田，热带雨林正在迅速消失（见图3.6）。约一半的热带雨林生物群落已因森林砍伐而改变。非洲和东南亚的雨林变化最大，这些地区的森林砍伐率仍然是最高的。在某些情况下，热带雨林已被牧场取代。在其他情况下，雨林正在重新生长，但之前雨林结构的恢复情况尚不确定。雨林土壤通常养分贫乏，养分供应的恢复可能需要很长时间，因此阻碍了森林的再生。

气候变化联系　热带森林与温室气体

热带森林因砍伐和焚烧而消失，不仅仅意味着生物多样性的丧失。如上所述，近40%的陆地碳存储在热带森林生物群落中。森林的消失意味着陆地生物圈从大气中吸收碳的能力降低，而土壤和腐烂植被则会向大气中排放更多的温室气体。一些国家正在开展恢复项目，以帮助解决与热带森林消失相关的多样性丧失和储碳能力下降的问题，但这些项目的成功率不如自然再生的高。热带森林恢复的速度有多快？一旦开始再生，碳库又能恢复多少？

对600多个地点的重新观察表明，土壤表面以上植物生物量的恢复发生在重新生长后的85年内，但土壤中植物生物量的恢复需要更长的时间。这项分析为扭转热带雨林砍伐对大气温室气体浓度的潜在影响提供了乐观的前景。然而，分析还发现，虽然树木多样性会在50年后恢复，但植物物种（包括藤本植物和附生植物）的全面恢复需要100多年。

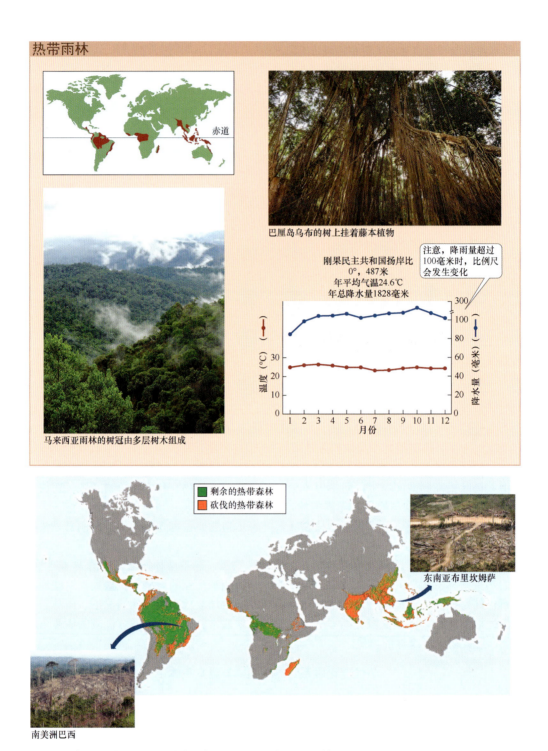

热带雨林

赤道

巴厘岛乌布的树上挂着藤本植物

马来西亚雨林的树冠由多层树木组成

刚果民主共和国扬岸比
0°，487米
年平均气温24.6℃
年总降水量1828毫米

注意，降雨量超过100毫米时，比例尺会发生变化

温度（℃）

降水量（毫米）

月份

剩余的热带森林
砍伐的热带森林

东南亚布里坎姆萨

南美洲巴西

图3.6　热带森林砍伐。在过去40年间，大面积的热带雨林和季节性森林被砍伐，主要用于农业和牧业。这些热带森林的消失对生物多样性、区域气候以及碳吸收和存储造成了重大影响

3.2.3　热带季节性森林和稀树草原

从潮湿的热带向北和向南分别移向北回归线（23.5°N）和南回归线（23.5°S），降雨会变成季节性的，且湿季和旱季与ITCZ（热带辐合带）的变化有关。这些地区的特点是气候梯度很大，这

主要与降雨的季节性有关。植被对更大的季节性变化的反应包括矮小、树木密度降低和落叶增加。此外，与热带雨林相比，这里的草和灌木更多，树木更少。

　　热带季节性生物群落包括几种不同的植被复合体，如热带干旱森林、荆棘林地和热带稀树草原。火灾发生的频率随着旱季的延长而增加，因此影响着植被的生长形态。经常发生的火灾（有时由人为引发）促进了稀树草原的形成，稀树草原是一种以草类为主，混合着乔木和灌木的群落。在非洲，成群结队的食草动物（如牛羚、斑马、大象、羚羊等）也影响着树木和草地的平衡，成为促进热带稀树草原形成的重要力量。在南美洲奥里诺科河的冲积平原上，由于树木不耐受长时间的土壤饱和，季节性洪水有助于热带稀树草原的形成。荆棘林地（以广泛分布的乔木和灌木为主的群落）得名于树木上的保护性荆棘，这些荆棘可阻止食草动物啃食植被。荆棘林地通常出现在气候介于热带干旱森林和热带稀树草原之间的地区。

　　热带季节性森林和稀树草原的面积曾经超过热带雨林，但如今只有不到一半的生物群落完好无损。人类对木材和农田的需求不断增加，导致热带季节性森林和热带稀树草原的消失速度大于或等于热带雨林的消失速度。热带干旱森林地区人口的大量增加也产生了很大的影响。亚洲、中美洲和南美洲的大片热带干旱森林已转变为耕地和牧场，以满足不断增长的人口对粮食的需求及粮食出口的需求。

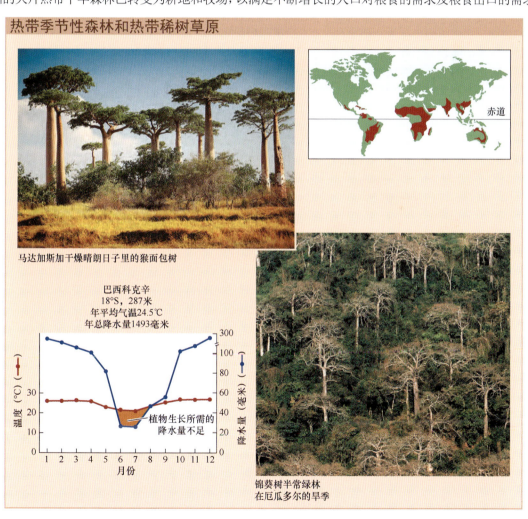

热带季节性森林和热带稀树草原

马达加斯加干燥晴朗日子里的猴面包树

巴西科克辛
18°S，287米
年平均气温24.5℃
年总降水量1493毫米

植物生长所需的降水量不足

锦葵树半常绿林
在厄瓜多尔的旱季

　　沙漠　与热带生态系统相反，荒漠中的动植物数量稀少，反映了持续的高温和水资源短缺。炎热沙漠的亚热带位置对应于哈德利环流的高压带，位于30°N和30°S左右的区域，抑制了风暴的形成及其相关的降水。降水量小，加上高温和高蒸散率，导致沙漠生物的水供应有限。主要的沙漠地带包括非洲的撒哈拉沙漠、亚洲的阿拉伯沙漠、亚洲的戈壁滩、智利和秘鲁的阿塔卡马沙漠、北美洲的奇瓦瓦沙漠、索诺兰沙漠和莫哈韦沙漠。

水供应不足是沙漠植物丰度的一个重要制约因素，也是影响其形态和功能的一个重要因素。植物形态趋同的最佳实例之一是沙漠植物中的茎肉质化。西半球的仙人掌和东半球的大戟都存在茎肉质化现象（见图3.7）。具有多汁茎的植物可在其组织中存储水分，以帮助植物度过干旱时期。沙漠生物群落的其他植物包括干旱落叶灌木和草。一些寿命较短的一年生植物仅在降水充足时才会活跃。这些一年生植物会在短短几周内完成从发芽到开花、结果的整个生命周期。尽管生物的丰度可能很低，但某些沙漠中的物种多样性可能很高。例如，索诺兰沙漠中存在超过4500种植物、1200种蜜蜂和500种鸟类。

(a) 蓝烛仙人掌   (b) 大戟

图3.7　沙漠植物形态的趋同。(a)蓝烛仙人掌原产于墨西哥奇瓦瓦沙漠；(b)多角大戟的特征类似于仙人掌。尽管是远亲，但这两个物种都具有多汁的茎、节水的光合作用、能够最大限度地减少正午阳光照射的直立茎，以及保护它们免受食草动物侵害的刺。这些特征在每个物种中都是独立进化的

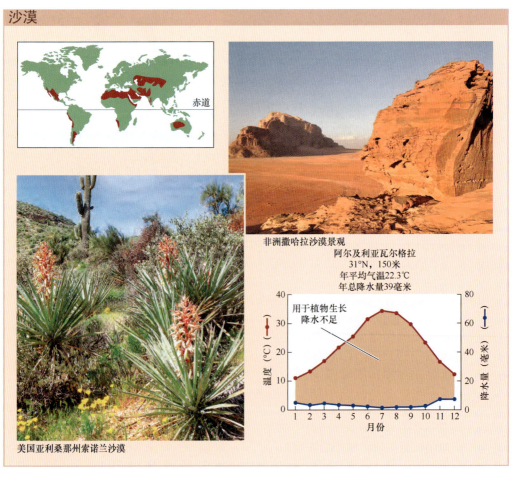

沙漠

赤道

非洲撒哈拉沙漠景观

美国亚利桑那州索诺兰沙漠

阿尔及利亚瓦尔格拉
31°N，150米
年平均气温22.3℃
年总降水量39毫米

用于植物生长
降水不足

温度（℃）

降水量（毫米）

月份

几个世纪以来，人类一直将荒漠用于牲畜放牧和农业。沙漠地区的农业发展依赖于灌溉，通常使用从远山流入或从地下深处抽取的水。遗憾的是，由于盐碱化，沙漠中的灌溉农业屡屡失败。在沙漠中放牧牲畜也是冒险的行为，因为支持食草动物植物生长所需的降水是不可预测的。长期干旱加上不可持续的放牧方式，会导致植被减少和水土流失，这一过程称为荒漠化。在沙漠边缘的人口稠密地区，如非洲撒哈拉沙漠南部的萨赫勒地区，荒漠化问题令人担忧。

温带草原　北美洲和欧亚大陆（大平原和中亚草原）曾经存在大片草原，其纬度在30°N和50°N之间。南半球草原位于南美洲、新西兰和非洲东海岸的相似纬度。这些以草类为主的起伏景观常被比作陆地海洋。

与热带气候相比，温带气候的季节性温度变化更大，且向两极延伸的低温期越来越长。在温带，草原通常夏季温暖湿润，冬季寒冷干燥。有些草原的降水量大到足以支持森林生长，如大平原的东部边缘。然而，频繁的火灾和大型食草动物（如野牛）阻止了树木的生长，维持了草在这些环境中的优势地位。用火来管理森林边缘的草地可能是人类最早对陆地生物群落产生广泛影响的活动之一。

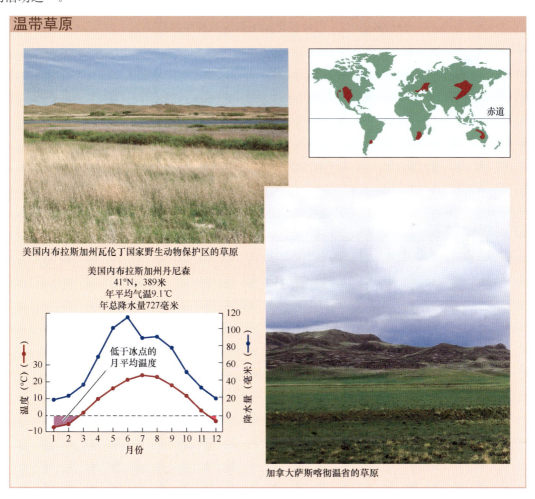

温带草原

美国内布拉斯加州瓦伦丁国家野生动物保护区的草原

美国内布拉斯加州丹尼森
41°N，389米
年平均气温9.1℃
年总降水量727毫米

低于冰点的
月平均温度

温度（℃）　降水量（毫米）

月份

加拿大萨斯喀彻温省的草原

世界上的草原一直是农牧业发展的重点地区。为了获得充足的水分和养分，草生长的根多于茎和叶。土壤中积累的丰富有机质提高了肥力，因此草地的土壤特别适合发展农业。北美洲中部和欧亚大陆的大部分肥沃草原已开垦为农业用地。在这些土地上种植的农作物多样性远低于被它们取代的草原的多样性。在更干旱的草原上，驯养动物的放牧可能超过植物的承载能力，导致草原退化，包括荒漠化。与在沙漠中一样，草原土壤的灌溉也导致盐碱化，使其肥力逐渐下降。在欧洲的部分地区，数百年来放牧方式的停止导致森林对草原的入侵增加。长期的农业和放牧使得草原成为地球上受人类影响最大的生物群落，详见分析数据3.1。

温带灌木丛和林地 降水的季节性是控制温带生物群落分布的一个重要因素。林地（以开阔的矮树树冠为特征）和灌木丛出现在冬季雨季的地区（与夏季雨季的草地相反）。出现在30°N和40°S之间的美洲、非洲、澳大利亚和欧洲西海岸地中海型气候，就是这种气候的一个例子。地中海型气候的特点是降水与夏季生长季节（温度适宜以支持生长的时段）之间的不同步。降水主要出现在冬季，整个春末、夏季和秋季都是炎热干燥的天气。地中海型气候的植被以常绿灌木和乔木为主。常绿的叶片让植物在寒冷、潮湿的时期保持活跃，同时降低它们对营养的需求，因为它们不必每年长出新叶。许多地中海型气候的植物都带有硬叶。这些植物能够很好地适应干燥的土壤，并且可能在炎热干燥的夏季继续进行光合作用，以较低的速度生长。硬叶植物的叶片还有助于阻止食草动物的消耗，防止水分流失而枯萎。硬叶灌木丛存在于以地中海型气候为特征的各个区域，包括澳大利亚的马利树、南非的芬布树、智利的常绿有刺灌木丛、地中海周围的灌木丛和北美洲的小灌木林。

分析数据3.1 气候变化如何影响草原生物群落？

每个陆地生物群落的气候图都体现了与之相关的气候模式（见生态工具包3.1）。特别地，这些气候图显示了由低降水量和低温造成的潜在植物压力期，这对特定地点植物的生长类型具有特别重要的影响。全球气候变化正在改变全球的温度和降水模式。因此，特定地点生物群落的物种组成最终将发生变化，就像上一个冰河时期结束后发生的情况一样。

世界上仅存的草原尤其会受到气候变化的威胁。由于农业和牧业活动的土地利用变化，大部分生物群落已经消失和支离破碎。目前，对美国中部高草草原的预测表明，到2050年，其年平均温度将升高2.3℃，年总降水量将保持不变。

1. 假设全年温度变化均匀，画出堪萨斯州埃尔斯沃思（大平原南部的一个草原地点）当前和2050年的气候图。当前气候的数据见下表

堪萨斯州埃尔斯沃思，北纬38°43′，西经98°14′，海拔466米

	1月	2月	3月	4月	5月	6月	7月	8月	9月	10月	11月	12月
月平均气温（℃）	−2.1	0.9	6.9	13.1	18.3	23.8	26.9	25.7	20.7	14.3	6.1	−0.2
月均降水量（毫米）	15.2	19.8	56.6	61.5	104.1	102.4	81.8	84.1	79.0	56.1	27.7	19.8

2. 重绘气候图，假设冬季（12月、1月、2月）的降水量增加20%，夏季（6月、7月和8月）的降水量减少20%，就如一些气候变化模型预测的那样。

3. 问2中的图形是否显示了可能的水和温度应力时期的变化？若显示了，则你认为这些变化将如何影响高草草原的植被组成？使用生态工具包3.1中的信息进行推理。

4. 在预测草原生物群落的未来命运时，除气候外还应考虑哪些因素？

地中海型灌木丛经常发生火灾。如在某些草原上一样，火灾会促进它们的持续存在。一些灌木会在火灾后重新发芽，其木质存储器官受到地表以下热量的保护。其他灌木的种子在火灾后会迅速发芽和生长。没有每隔30～40年定期发生的火灾，一些温带灌木丛可能被橡树林、松树林、杜松树林或桉树林取代。经常发生的火灾和温带灌木丛的独特气候被认为促进了物种多样性。

温带灌木丛和林地也分布在北美洲和欧亚大陆的内陆地区，它们与雨影效应和季节性寒冷气候有关。例如，大盆地位于北美洲内华达山脉和西部的喀斯喀特山脉以及东部的落基山脉之间。该地区遍布大片的艾蒿、滨藜、杂酚油灌木，以及松树和杜松。

人类已将一些温带灌木丛和林地转变为农田和葡萄园。然而，这些地区的气候和贫瘠的土壤

限制了农业和畜牧业的发展。地中海盆地曾尝试利用灌溉发展农业，但因土壤贫瘠而以失败告终。城市发展减少了有些地区（如南加州）的灌木林覆盖面积。当地人口的增多增加了火灾发生的频率，进而降低了灌木的恢复能力，并且可能导致灌木被入侵的一年生草本植物取代。

温带灌木丛和林地

赤道

南非豪特港盛开的帝王花

西班牙杰罗纳
41°N，70米
年平均气温16.7℃
年总降水量747毫米

用于植物生长的降水不足

美国加利福尼亚州蒙特利的沿海灌木丛

温度（℃）　降水量（毫米）

月份

温带落叶林　落叶是解决南美洲长期冰冻天气的一种方法。与其他植物组织相比，叶片对冰冻更敏感，因为叶片与光合作用相关的生理活动水平很高。温带落叶林分布在降水量足以支持树木生长的地区（每年的降水量为500～2500毫米），这些地区的土壤肥沃，足以补充秋季落叶流失的养分。温带落叶林主要局限于北半球，因为南半球的土地面积较小，且缺乏与落叶林生物群落相关的大陆性气候的广阔区域。

落叶林分布在30°N至50°N的欧亚大陆东部和西部边缘以及北美洲东部，向内陆延伸至大陆内部，但由于降水量不足以及在某些情况下火灾频发，落叶林逐渐减少。这些大陆上都有类似的物种，反映了共同的生物地理历史。例如，橡树、枫树和山毛榉是各个大陆上森林生物群落的组成部分。森林的垂直结构包括冠层树木，以及冠层下方的矮树、灌木和杂草。物种多样性低于热带森林，但植物种数高达3000种（如北美洲东部）。火灾和食草昆虫爆发等在决定温带落叶林的发展和持续性方面不起主要作用，但会影响其边界，且食草昆虫的周期性爆发确实时有发生。

几个世纪以来，温带落叶林生物群落一直是农业发展的重点。肥沃的土壤和有利的气候有利于农作物的生长。历史上，为农作物和木材生产而砍伐森林在这个生物群落中很普遍。在各大洲，古老的温带落叶林已所剩无几。然而，自20世纪初以来，农业逐渐从温带森林转向温带草原和热带，尤其是在美洲。在欧洲和北美洲的一些地区，农田的废弃导致了森林的恢复。然而，次生林的物种组成通常不同于农业发展之前的物种组成。造成这种差异的原因之一是长期的农业用途造成土壤养分流失。另一个原因是入侵物种的引进导致一些物种消失。例如，从亚洲引进的栗枯病菌在20世纪初几乎消灭了北美洲的栗树。因此，与农业发展之前相比，橡树的分布更为广泛。

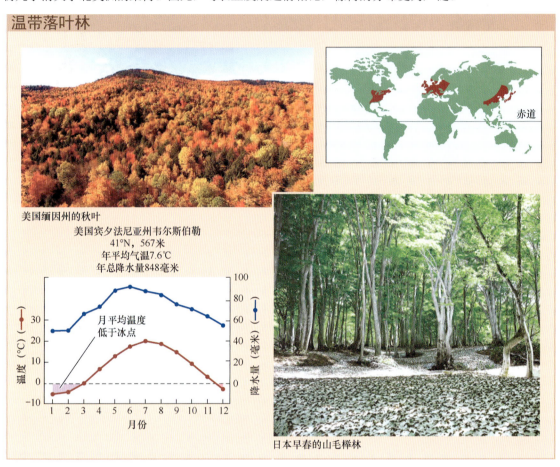

温带落叶林

美国缅因州的秋叶

美国宾夕法尼亚州韦尔斯伯勒
41°N，567米
年平均气温7.6℃
年总降水量848毫米

月平均温度低于冰点

温度（℃）

降水量（毫米）

月份

赤道

日本早春的山毛榉林

温带常绿林 从温暖的沿海地区到凉爽的大陆，常绿林涵盖的温带范围广泛。这些森林区域的降水量也有很大差异：500～4000毫米。一些降水量较高的温带常绿林通常位于45°N和50°N之间的西海岸，称为温带雨林（见图3.8）。温带常绿林常见于营养贫瘠的土壤，其状况部分与常绿树木的叶片呈酸性有关。一些常绿森林每隔30～200年就遭受一次火灾，这可能促进常绿林的持续存在。

在北半球和南半球纬度30°和50°之间，都分布有温带常绿林，其多样性通常低于落叶林和热带雨林。在北半球，树种包括针叶树，如松树、桧树和道格拉斯冷杉等。在南半球、智利和塔斯马尼亚的西海岸、澳大利亚东南部和西南部以及新西兰，树种的多样性更丰富，包括南方山毛榉、桉树、智利雪松和罗汉松。

针叶树为造纸提供了优质木材和纸浆。温带常绿林生物群落已被大面积砍伐，几乎没有原始森林的遗迹。一些林业实践倾向于促进这些森林的可持续利用，但在一些地区种植非本土树种（如新西兰的蒙特利松）、树木年龄和密度的统一以及以前优势物种的消失，已造成森林的生态与采伐前的状况大相径庭。北美洲西部对自然发生的火灾的抑制增大了一些林木的密度，而这会使得火灾更猛烈，增加了害虫（如松甲虫）和病原体的传播。在工业化国家，空气污染的影响破坏了一些温带常绿林。

温带常绿林

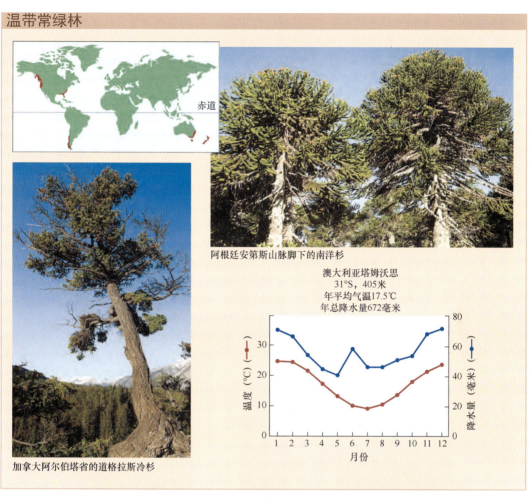

阿根廷安第斯山脉脚下的南洋杉

加拿大阿尔伯塔省的道格拉斯冷杉

澳大利亚塔姆沃思
31°S，405米
年平均气温17.5℃
年总降水量672毫米

图3.8　温带雨林。雨林出现在降水量高（超过5000毫米）、冬季气候相对温和的温带。在澳大利亚塔斯马尼亚西部的马蹄瀑布区，蕨类植物生长在树冠下

北方森林 高于50°N的地区，冬季的严酷程度加剧。在西伯利亚等大陆地区，最低气温可达零下50℃，持续的低温可能持续6个月。这些亚北极地区的极端天气是植被结构的重要决定因素。植物不仅必须应对低温，土壤还可能定期冻结，导致永久冻土层的形成。永久冻土层是指全年保持冰冻状态至少3年的地下土层。虽然降水量很少，但是永久冻土阻碍了排水，因此土壤处于潮湿至饱和状态。

占据50°N和65°N之间区域的生物群落是北方（极北）森林。它主要由针叶树种组成，包括云杉、松树和落叶松（落叶针叶树），也包括沿海地区（尤其是斯堪的纳维亚半岛）广泛的落叶白桦林。尽管全年保持绿叶，但针叶树往往比被子植物更能抵抗冬季冰冻的损害。虽然北方森林只存在于北半球，但其是面积最大的生物群落，占地球森林面积的三分之一。

北方森林土壤寒冷潮湿，限制了叶片、木材和根等的分解。因此，植物生长速度超过了分解速度，导致土壤中含有大量有机物。在大范围的夏季干旱期间，森林更易受到闪电引发的火灾的影响。这些火灾可能烧毁树木和土壤（见图3.9）。土壤火灾可能持续缓慢燃烧数年，即使是在寒冷的冬天。在没有火灾的情况下，森林的生长会降低土壤表面吸收的太阳辐射，进而促进永久冻土的形成。在低洼地区，土壤变得饱和，树木枯死，形成大面积泥炭沼泽。

与其他森林生物群落相比，北方森林受人类活动的影响较小。一些地区存在伐木活动、石油和天然气开发（包括开采油砂）。随着对木材和能源需求的增加，这些活动对北方森林构成了越来越大的威胁。此外，土壤中有机质的大量存储使得北方森林是全球碳循环的重要组成部分。气候变暖可能导致分解速度加快，进而导致北方森林土壤中的碳释放速度加快，增大大气中温室气体的含量，导致气候进一步变暖。

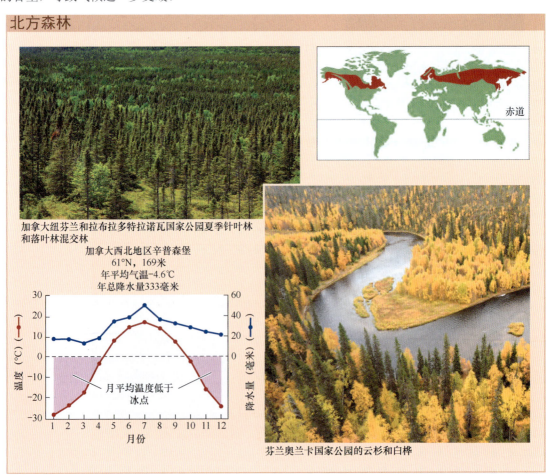

北方森林

加拿大组芬兰和拉布拉多特拉诺瓦国家公园夏季针叶林和落叶林混交林

加拿大大西北地区辛普森堡
61°N，169米
年平均气温-4.6℃
年总降水量333毫米

月平均温度低于冰点

芬兰奥兰卡国家公园的云杉和白桦

赤道

图3.9　北方森林中的火灾。尽管北方森林气候寒冷，但火灾是其环境的重要组成部分

　　苔原　在纬度约65°以内，树木不再是主要植被。从北方森林过渡到苔原的树线与生长季节的低温有关，但这种过渡的原因很复杂，还可能包括其他气候和土壤条件。苔原生物群落主要出现在北极，但也可在南极半岛的边缘和南大洋的一些岛屿上找到。整个苔原生物群落的温度和降水量向极地下降，这与极地大气环流单元产生的高压带有关。

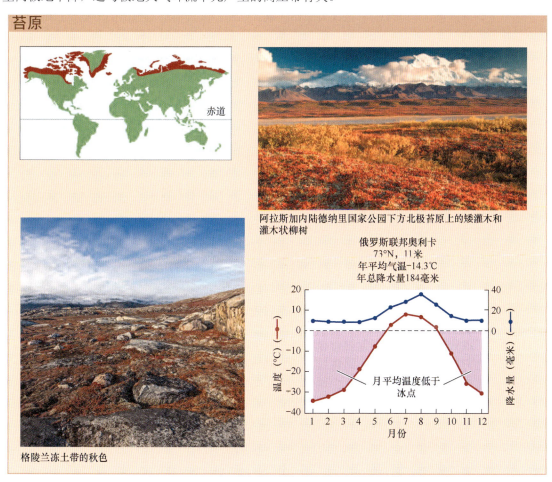

阿拉斯加内陆德纳里国家公园下方北极苔原上的矮灌木和灌木状柳树

俄罗斯联邦奥利卡
73°N，11米
年平均气温-14.3℃
年总降水量184毫米

月平均温度低于冰点

格陵兰冻土带的秋色

苔原生物群落的特征是莎草、草本植物、禾本科植物和低矮灌木，如石楠、柳树和桦树。地衣和苔藓也是该生物群落的重要组成。夏季生长季节虽然很短，但白昼很长，夏季有一两个月的连续光照。植物和地衣通过休眠来度过漫长的冬天，在雪或土壤下维持着生命组织，与寒冷气温隔绝。

苔原和北方森林有一些相似之处：气温低、降水量少、永久冻土分布广泛。尽管降水量少，但许多苔原地区却很潮湿，因为永久冻土层阻止了降水渗入更深的土壤层。几十年来地表土壤层的反复冻结和解冻，导致土壤物质按其质地分类。这个过程在表面形成了边缘凸起、中心凹陷的土壤多边形（见图3.10）。在土壤较粗或未形成永久冻土的地方，土壤可能比较干燥，植物必须能够应对水分供应不足的问题。这种极地荒漠常见于苔原生物群落的高纬度界限。

图3.10　**土壤多边形和冰核丘**。冰核丘是在北极发现的小山丘，由水的侵入形成，水在地下的永久冻土带中冻结，上推其上方的土壤。冰核丘外围的多边形由土壤冻结和融化造成，这个过程将粗糙的土壤推向多边形边缘，将较细的土壤推向多边形的中间

成群的驯鹿和麝牛以及狼和棕熊等食肉动物栖息在苔原上。许多种类的候鸟夏季在苔原上筑巢。人类居民分散在稀疏的定居点。因此，这个生物群落包含地球上的一些最大原始区域。然而，人类活动对苔原的影响正在增加。目前，能源资源勘探开发步伐正在加快。限制能源开发影响的一个关键是防止永久冻土遭到破坏，因为永久冻土层会造成长期侵蚀。20世纪末和21世纪初，北极经历的气候变暖几乎是全球平均水平的2倍。永久冻土损失增加、灾难性湖泊排水和土壤中储碳量减少都与气候变化有关。

下面介绍沼泽地对生物群落局部造成的影响。在一些山区，海拔高度的变化会导致生物群落的纬度分布缩小。

3.2.4　山区的生物群落按海拔带分布

约四分之一的地球陆地表面是山地。山脉形成的气候梯度在给定距离内的变化速度比与纬度变化相关的气候梯度更快。温度随海拔升高而降低；例如，温带大陆山脉的温度每升高1000米就下降约6.4℃，相当于纬度变化约13°或1400千米的距离。与生物群落相似的粗略生物组合，出现在山脉的海拔带中。更细的生物差异和坡向、与溪流的接近度及斜波相对于盛行风的方向有关。

温带山脉从山脚到山顶的生物群落，与沿纬度梯度到高纬度地区的生物群落相似。例如，在科罗拉多州洛基山脉南部东坡的一个海拔横截面上，当海拔高度上升到2200米时，植被从草地过渡到高山（见图3.11）。从科罗拉多州到加拿大西北地区，纬度上升27°，草地和植被就向冻原过渡。草原出现在山脚下，但最初的山坡（低山地带）则让位于松树稀树草原。火灾在决定山地草原和稀树草原的植被结构方面起重要作用。随着海拔的升高，松树稀树草原被更密集的松树-白杨混合林（山地带）取代，后者类似于温带常绿和落叶林生物群落。云杉和冷杉构成了亚高山地带的森林，类似于北方森林生物群落。山地树线与北方森林到苔原的过渡相似，不过地形会对积雪分布和雪崩产生重要影响。树线以上的高山地带包括一些矮小的植物，如莎草、禾本科植物和草本植物，其中包括一些与北极苔原相同的物种。虽然高寒地带与苔原相似，但其物理环境不同，如风速更高、太阳辐射更强、大气中的O_2和CO_2分压更低（气体的分压是指气体混合物中特定成分所施加的压力。CO_2和O_2的浓度在高海拔地区与在海平面相同，但分压较低，因为总大气压较低。生物体与大气之间的气体交换取决于其分压而非浓度）。

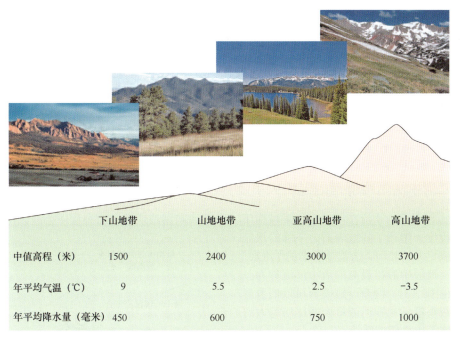

	下山地带	山地地带	亚高山地带	高山地带
中值高程（米）	1500	2400	3000	3700
年平均气温（℃）	9	5.5	2.5	−3.5
年平均降水量（毫米）	450	600	750	1000

图3.11　山地生物区。南落基山脉东坡的高程横截面经历的气候条件和生物群落，类似于科罗拉多州和加拿大北部之间纬度梯度上的气候条件和生物群落

　　各大洲和各个纬度都有山脉。如上例所示，随着海拔高度的变化，气候也发生变化，进而改变当地的植被组成。然而，并非所有出现在山区的植被组合都与主要的陆地生物群落相似。一些受山区影响的生物群落并没有类似的生物群落。例如，热带高海拔地区（如乞力马扎罗山和热带安第斯山脉）的日温度变化大于季节性温度变化。热带高山地区大多数夜晚的气温都在零度以下。由于这些独特的气候条件，热带高山植被与温带高山地区或北极苔原不同（见图3.12）。

图3.12　热带高山植物。安第斯菊生长在厄瓜多尔安第斯山脉的高山草原上，其特征是以莲座丛的形式生长，而这是南美洲和非洲热带高山地区植物的典型特征。成叶可以保护植株顶端正在发育的叶片，使茎免受夜间霜冻的影响。这种巨型莲座仅出现在热带高山地区

3.3　淡水生物区

淡水溪流、河流和湖泊虽然只占陆地表面的一小部分，却是联系陆地和海洋生态系统的关键组成部分。河流和湖泊处理来自陆地生态系统的化学元素，并将它们输送到海洋中。这些淡水生态系统中的生物群落反映了水的物理特性，包括水流速度、水温、透光度，以及水的化学性质（盐度、含氧量、营养状况和pH值）。

本节探讨淡水生态系统中的生物群落及相关的物理条件。陆地生物群落仅以植物为特征，淡水生态系统的生物群落则同时以植物和动物为特征，表明动物在水生生态系统中的比例更大。

3.3.1　江河中的生物群落因溪流大小及其在河道中的位置而异

在重力作用下，水流在陆地表面顺坡而下。水在流向湖泊或海洋的过程中会冲蚀出山谷，因此在一定程度上塑造了陆地表面。下降的水流逐渐汇聚成更大的江河，这就是所谓的"流水"生态系统。地貌中海拔最高的最小溪流称为一级溪流（见图3.13）。两个一级溪流可以汇聚形成一个二级溪流。尼罗河或密西西比河等大河具有大于或等于六级的溪流。

个别溪流往往沿其路径形成重复的浅滩和深潭。浅滩处是溪流中流速较快的部分，流经河床的粗颗粒会增加水中的氧气输入。深潭是溪流的较深部分，水流越过细小沉积床的速度较慢。流域生态系统中的生物群落与河流中的不同物理位置及其相关环境有关（见图3.14）。生活在主河道流水中的生物一般都是游泳生物，如鱼类。溪流底部称为底栖区，是无脊椎动物的家园，其中一些无脊椎动物（如蜉蝣和苍蝇幼虫）以碎屑为食，另一些无脊椎动物（如笛蝇和甲壳类）则捕食其他生物。一些生物（如轮虫、桡足类和昆虫）生活在溪流下方和附近的底质中，溪流中的水或流入溪流的地下水仍在流

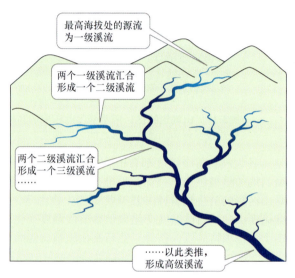

图3.13　河流级别。河流级别影响环境条件、群落组成，以及河流中群落的能量和营养关系

最高海拔处的源流为一级溪流

两个一级溪流汇合形成一个二级溪流

两个二级溪流汇合形成一个三级溪流……

……以此类推，形成高级溪流

淌。这一区域称为潜流区。

江河中生物群落的组成随河流级别（见图3.13）和河道大小变化。为了描述河流物理和生物特征的这些变化，人们提出了河流连续体概念。这个概念认为，随着河流向下流动并增大，河流附近植被（称为河岸植被）的碎屑输入量相对于水量减少，河床中的颗粒尺寸减小，从高处的巨石和粗石到低处的细沙，有利于水生植物向下游方向生长。因此，陆地植被作为河流生物的食物来源的重要性在下游方向降低。溪流源头附近的粗陆生碎屑最重要，而细小有机物、藻类以及根生和漂浮的水生维管束植物的重要性则向下游增加。生物的一般摄食方式随着河流向下游流动而相应地发生变化。能够撕碎和咀嚼树叶的碎叶类生物（如某些种类的笛蝇幼虫）在河流的上游最丰富，而从水中收集细小颗粒的收集类生物（如某些双翅目幼虫）在河流的下游最丰富。河流连续体概念适用于温带河流系统，但不适用于北方、北极或热带的河流，也不适用于湿地溶解有机物（包括单宁酸和腐殖酸）浓度较高的河流。尽管如此，该概念为研究江河系统中的生物组织奠定了基础。

人类对流水生态系统的影响广泛，大多数四级和更高级的溪流已受到人类活动的影响，包括污染、沉积物输入的增加和外来物种的引进。在人类居住的大部分地区，江河都被用作排放污水

和工业废物的通道。这些污染物的浓度通常会达到对许多水生生物有毒的水平。向农田过度施肥会导致径流进入溪流，营养物质渗入地下水，最终流入较大的河流。来自肥料的氮和磷会改变水生群落的组成。森林砍伐会增加溪流沉积物的输入，降低水的透明度，改变底栖生物的栖息地，抑制许多水生生物的鳃的功能。引进非本地物种（如鲈鱼和鳟鱼）会降低溪流和湖泊生态系统中本地物种的多样性。在江河上建造水坝，会极大地改变它们的物理和生物特性。

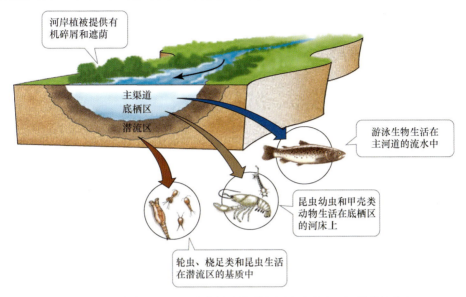

图3.14 河流的空间分区。河流中的生物群落因水流速度、河岸植被输入、河床颗粒大小和河流深度而异

3.3.2 湖泊中的生物群落随水深和透光度的不同而变化

湖泊和其他静水（称为**静水生态系统**）主要出现在自然洼地充满水或人类筑坝河流形成水库的地方。当冰川刨出洼地并留下天然的岩石碎屑坝（冰碛）时，或者当大块的冰川冰块断裂、被冰川碎屑覆盖并融化时，就会形成湖泊和池塘。大多数温带和极地湖泊都由冰川过程形成。当蜿蜒的河流不再流经以前的河道时，也可能形成湖泊——牛轭湖。地质现象（如死火山口和落水洞）可能形成充满水的自然洼地。除水库外，生物起源的湖泊和池塘还包括海狸水坝和动物泥坑。

湖泊的大小千差万别，小到昙花一现的池塘，大到西伯利亚深达1600米、面积达31000平方千米的贝加尔湖。湖泊的大小对其营养和能量状况及其生物群落的组成具有重要影响。与表面积大的浅湖相比，表面积小的深湖往往营养贫乏。

湖泊生物群落与深度和透光度有关。开阔水域或**浮游区**栖息着**浮游生物**：悬浮在水中的微生物（见图3.15）。光合浮游生物（称为**浮游植物**）仅限于水的表层，那里有足够的光进行光合作用，称为**透光区**。**浮游动物**（微小的动物和非光合作用的原生生物）遍布整个浮游区，细菌和真菌等其他消费者同样如此，它们以落入水中的碎屑为食。鱼类在浮游区巡逻，寻找食物和可能吃掉它们的捕食者。

透光区到达湖底的近岸区域称为**河岸带**。在这里，大型植物与漂浮的底栖浮游植物一起通过光合作用产生能量。鱼类和浮游动物也出现在河岸带。

在底栖带中，来自沿岸带和远洋带的碎屑是动物、真菌和细菌的能量来源。底栖生物区通常是湖泊中最冷的部分，其氧浓度往往较低。

下面从淡水生物区转移到海洋生物区，其中一些区域的名称和特征与淡水湖泊中的相似，但空间覆盖范围更大。与淡水群落一样，物理特征也被用于区分海洋生物区。

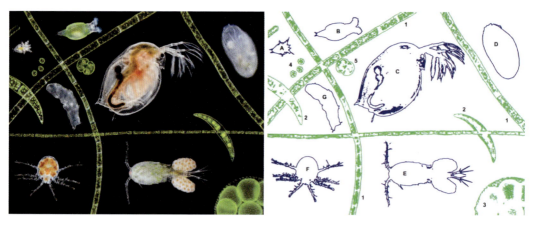

图3.15 池塘浮游生物。 在这幅池塘浮游生物的合成图像中，浮游植物（绿色）包括丝状藻类（1）、新月藻属（2）、团藻属（3）和其他绿藻类（4,5）。浮游动物（蓝色）包括桡足类幼虫（A）、轮虫（B）、水蚤（C）、带纤毛的原生生物（D）、带卵囊的成年桡足类（E）、螨（F）和水熊虫（G）

3.4 海洋生物区

海洋面积占地球表面积的71%，蕴藏着丰富的生物多样性。海洋面积广阔，体积巨大，环境均匀，因此在生物组成方面与陆地生态系统大不相同。海洋生物分布更广，海洋生物群落不像陆地生物群落那样容易划分成广泛的生物单元。相反，海洋生物区根据它们相对于海岸线和海底的物理位置进行粗略分类（见图3.16）。如我们在陆地生物群落中看到的那样，栖息在这些区域的生物体的分布反映了温度差异和其他重要因素，包括光可用性、水深、基质的稳定性，以及与其他生物体的相互作用。

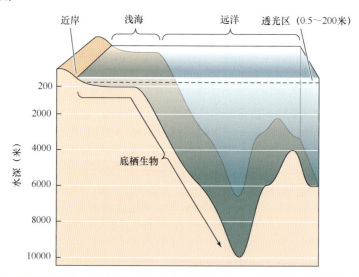

图3.16 海洋生物区。 海洋生物区按水深及其相对于海岸线和海底的位置进行分类

本节介绍海洋生物区——从陆地边缘到深邃、黑暗、寒冷的海底，研究表征不同区域的物理和生物因素，以及其中发现的主要生物。

3.4.1 近岸带反映潮汐和基质稳定性的影响

与大陆相邻的海洋生物区受当地气候、与潮汐相关的海水涨落、波浪作用以及河流淡水和陆

地沉积物输入的影响。潮汐是由地球与月球和太阳之间的引力产生的。大多数近岸带的海水每天涨落两次。由于潮汐与海岸线形态和海底结构有关，不同地点的潮汐范围差异很大。潮汐在陆地和海洋环境之间产生独特的过渡带，并影响这些近岸栖息地的盐度和养分。

河口　河流与海洋的交汇处称为河口（见图3.17）。河口的特点是其盐度是变化的，这与淡河水流入海洋以及潮汐上涨时咸水从海洋流入内陆有关。河流将含有养分和有机质的陆地沉积物带到海洋，潮汐和河流的相互作用将这些沉积物困在河口，因此提高了它们的生产力。河口不同的盐度是决定河口生物种类的重要因素。许多具有商业价值的鱼类都在河口度过其幼鱼阶段，以躲避对盐度变化耐受力较差的鱼类捕食者。河口的其他居民还包括贝类（如蛤蜊和牡蛎）、螃蟹、海生蠕虫和海草。河口正日益受到河流水污染的威胁。来自上游农业的养分会导致局部死区和生物多样性的丧失。

盐沼　陆地沉积物被河流带到海岸线形成浅水沼泽区（见图3.18），这些浅水沼泽区主要由浮出水面的维管束植物组成，包括禾本科植物、芦苇和阔叶草本植物。在这些盐沼中，如它们经常与河口接壤一样，来自河流的营养物质将提高生产力。涨潮时沼泽的周期性洪水导致盐度梯度：沼泽最高的部分盐度可能最高，因为频繁的泛滥和土壤中水分的蒸发导致盐分逐渐积累。盐沼植物生长在反映这种盐度梯度的不同区域，最耐盐的物种生长在沼泽的最高部分。盐沼为鱼类、蟹类、鸟类和哺乳动物等提供食物和保护，使其免遭捕食。盐沼沉积物中的有机质可作为附近海洋生态系统的营养和能量来源。

图3.17　河口是河流与海洋的交汇处。淡水和咸水混合使得河口成为具有不同盐度的独特环境。河流从陆地生态系统带来能量和养分

图3.18　盐沼的特征是耐盐维管束植物。水生维管束植物在近岸浅水区形成盐沼

红树林　热带和亚热带的浅海河口和附近的泥滩上生长着耐盐的常绿乔木和灌木（见图3.19），这些木本植物统称红树林，但红树林包括来自16个不同植物科的物种。红树林的根部吸附水流携带的泥浆和沉积物，而这些泥浆和沉积物会堆积并改变海岸线。与盐沼一样，红树林为其他海洋生态系统和众多海洋和陆地动物的栖息地提供养分。与红树林有关的独特动物包括海牛、食蟹猴、渔猫和巨蜥。人类对沿海地区的开发，特别是养虾场的开发，以及水污染、内陆淡水资源的减少和砍伐森林作为木材，都威胁着红树林。

岩石潮间带　多岩石的海岸线提供稳定的基质，各种各样的藻类和动物可将自己固定在其上，以免被汹涌的海浪冲走（见图3.20）。潮间带（受潮汐涨落影响的海岸线部分）的物理环境介于海洋和陆地之间。在涨潮和落潮之间，许多生物都位于耐受温度变化、盐度、波浪作用的区域中。藤壶、贻贝和海藻等固着（附着）生物必须应对这些压力才能生存。可移动生物（如海星和海胆）可能移动到潮汐池中，以尽量减少这些压力的影响。

沙滩　除了一些匆匆忙忙的螃蟹和海岸鸟类以及偶尔被冲上岸的海藻，沙滩上似乎没有生命。与多岩石的海岸不同，沙质基质并不提供稳定的固定表面，且因缺乏附着的海藻而限制了食草动物的进入。潮汐波动和波浪作用进一步限制了生物群落发展的潜力。然而，在沙子下面，无脊椎

动物如蛤蜊、海虫和鼹鼠蟹找到了合适的栖息地（见图3.21）。较小的生物，如多毛类蠕虫、水螅虫（与水母有关的小动物）和桡足类动物（小型甲壳类动物），生活在沙粒上或沙粒中。这些生物在退潮时不受温度变化和干燥的影响，在涨潮时不受湍急海水的影响。当沙子浸入海水时，其中一些生物将浮出水面，以碎屑或其他生物为食；而另一些生物则继续埋在沙粒中，过滤水中的碎屑和浮游生物。

图3.19 耐盐的常绿乔木和灌木形成河口红树林。红树林的根系可捕获泥浆和沉积物，为其他海洋生物提供栖息地

图3.20 岩石潮间带：稳定的基质和不断变化的条件。岩石海岸线提供了稳定的基质，生物体可在其上固定，但必须应对潮汐及波浪作用时从陆地到海洋的条件转变。固着生物必须能抵抗温度变化和干燥。可移动生物通常躲在潮汐池中，以免暴露于陆地环境

浅海区域多样且丰产 在海岸线附近，光线可能到达海底，形成固着的光合生物。与陆生植物一样，这些光合生物提供支持动物和微生物群落的能量，以及为这些生物创造栖息地的物理结构，包括它们可以固定的表面和可以躲避捕食者的场所。光合作用者提供的栖息地的多样性和复杂性支持了这些浅海环境中相当高的生物多样性。

珊瑚礁 在温暖的浅海水域中，珊瑚（与水母有关的动物）与藻类伙伴（共生互惠关系）紧密结合，形成大型珊瑚群。珊瑚的大部分能量来自生活在其体内的藻类，而藻类则从珊瑚那里得到食肉动物的保护和一些营养物质。许多珊瑚从海水中提取碳酸钙，形成类似骨架的结构。随着时间的推移，这些珊瑚骨架堆积成巨大的结构，称为珊瑚礁（见图3.22）。珊瑚礁的

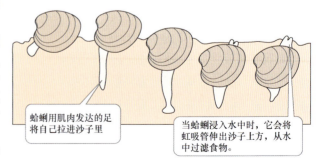

蛤蜊用肌肉发达的足将自己拉进沙子里

当蛤蜊浸入水中时，它会将虹吸管伸出沙子上方，从水中过滤食物。

图3.21 穴居蛤蜊。与大多数沙质海岸线的动物一样，蛤蜊生活在沙质基质中

形成得益于从海水中提取其他矿物质的生物，如沉淀二氧化硅的海绵。这些造礁生物的独特组合形成了结构复杂的栖息地，支持着丰富的海洋群落。

珊瑚礁每年仅增长几毫米，但它们塑造了地球的面貌。数百万年来，珊瑚已建造数千千米的海岸线和众多岛屿（见图3.23）。珊瑚礁中生物量的生产率是地球上最高的。在某些地方，珊瑚骨骼的堆积物厚达1300米，目前覆盖的表面积为60万平方千米，约占海洋表面积的0.2%。

图3.22　珊瑚礁。珊瑚，如印度尼西亚北苏拉威西岛附近的珊瑚，为各种海洋生物创造了栖息地

图3.23　从外太空看到的珊瑚礁。巴哈马的长岛由珊瑚礁形成，在卫星图像中，可在岛的边缘看到珊瑚礁

全世界珊瑚礁中的物种多达100万种，其中包括4000多种鱼类。许多具有重要经济意义的鱼类都依赖珊瑚礁作为栖息地，而珊瑚礁鱼类为开阔海域的鱼类（如鲹鱼和金枪鱼）提供食物来源。珊瑚礁中动物的分类和形态多样性比地球上任何其他生态环境都要丰富。然而，珊瑚礁的全部多样性还有待探索和描述。从珊瑚礁生物体中开发药物的潜力巨大，以至于美国国家卫生研究院在密克罗尼西亚建立了一个实验室来探索它。

人类活动以多种方式威胁着珊瑚礁的健康。河流携带的沉积物会覆盖并杀死珊瑚，过量的营养物质会促使珊瑚表面藻类的生长，进而增大珊瑚的死亡率。与气候变化相关的海洋温度变化可能导致珊瑚的藻类伙伴消失，这种情况称为白化。大气中二氧化碳的增加会加剧海洋酸化，进而抑制珊瑚形成骨骼的能力。另一个威胁是真菌感染的概率增大，这可能与环境压力增加有关。

海草床　虽然我们通常将开花植物与陆地环境联系起来，但有些开花植物却是浅水（小于5米）水下群落的重要组成部分。这些水下开花植物被称为海草，但它们与草科植物的关系并不密切。形态上，它们与陆地上的亲戚相似，有根、茎、叶和花，在水下授粉。海草床存在于由泥或细沙组成的潮下海洋沉积物中。这些植物主要通过营养生长进行繁殖，但也会产生种子。海藻和动物在植物表面生长，一些生物（如贻贝）的幼虫依赖海草提供栖息地。上游农业活动输入的营养物质会增加海水中和海草表面的藻类密度，进而对海草床造成危害。海草还容易受到真菌疾病周期性爆发的影响。

海带床　在温带清澈的浅海（小于15米）海域，大片海藻被称为海带床或海带林（见图3.24），它们孕育着丰富而充满活力的海洋生物。在没有放牧的情况下，海带床会变得非常密集，以至于到达冠层底部的

图3.24　海带床。巨型海带是褐藻，它们附着在浅海底部，为其他海洋生物提供食物和栖息地

光线不足以支持光合作用。

3.4.2 开阔海洋和底栖带取决于透光区和接近底部的程度

在大陆架之外，广阔而深邃的开阔海洋难以区分不同的生物群落。光照决定了光合生物的生存环境，而光合生物的生存环境又决定了动物和微生物获得食物的能力。因此，有足够光照支持光合作用的表层水域（透光区）的生物密度最高（见图3.16）。透光区从海洋表面向下延伸约200米，具体取决于水的透明度。在透光区以下，主要以从透光区掉落的碎屑形式存在的能量供应要低得多，生物的数量也要少得多。

海带是几个不同属的大型褐藻，它们有专门的组织，如叶、茎（叶柄）和根（固着体）。海带生长在有坚实基底的地方。海带床的生物包括海胆、龙虾、贻贝、鲍鱼、其他海藻和海獭。这些生物之间直接或间接的相互作用影响着海带的丰度。

中上层生物的多样性差异很大。游泳生物（能够克服洋流的游泳生物）包括乌贼和章鱼等头足类动物、鱼类、海龟，以及鲸鱼和鼠海豚等哺乳动物。浮游生物包括绿藻、硅藻、甲藻和蓝藻（见图3.25a）。

(a) 海洋浮游植物

(b) 海洋浮游动物

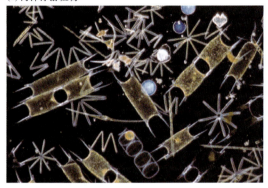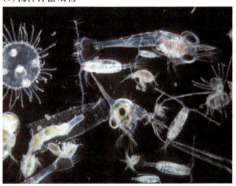

图3.25　中上层的浮游生物。(a)这个海洋浮游植物样本包含几种硅藻，如中华盒形藻（具有凹端的矩形细胞）和海丝虫；(b)这些海洋浮游动物包括成年桡足类动物和各种生物的幼虫阶段，如螃蟹的蚤状（球形）幼体

浮游动物包括纤毛虫等原生生物、桡足类、磷虾等甲壳动物及水母（见图3.25b）。许多远洋海鸟，包括信天翁、海燕、管鼻鹱和鲣鸟，一生中的大部分时间都在开阔的海洋水域上空飞行，以海洋猎物（鱼类和浮游动物）和海洋表面的碎屑为食。生活在远洋地带的生物必须克服重力和水流的影响，这些影响可能迫使它们逐渐下潜到更深的地方。光合生物及那些直接捕食它们的生物，必须停留在阳光足以维持光合作用、生长和繁殖的透光区。鱼类和鱿鱼等生物显然可以利用游泳来解决这一问题。马尾藻等海藻和一些鱼类的气囊能够保持浮力。大片马尾藻有时会形成"浮岛"，承载丰富多样的生物群落。一些浮游生物通过降低它们相对于海水的密度或改变形状来延缓下沉。

在透光区下方，能量的可用性降低，且随着温度的下降和水压的升高，自然环境变得更加苛刻，因此生物很少。甲壳动物（如桡足类）会在透光区的碎屑雨中觅食。甲壳类、头足类和鱼类是深海的掠食者。有些鱼类的外形很吓人（见图3.26）。大多数深海鱼类的骨骼结构较弱，无法减轻体重，且缺乏大多数鱼类的气囊，因为高压会使气囊塌陷。海底（底栖生物区）的生物也非常稀少。温度接近冰点，压力大到足以压碎任何陆地生物。相反，若将适应这些高压的深海生物带到海面，它们的身体就会膨胀并爆裂。底栖带的沉积物中富含有机质，栖息着细菌、原生生物和海虫。海星和海参在海底觅食，消耗沉积物中的有机物或生物，或从水中过滤食物。底栖捕食者和深海水层区的捕食者一样，利用生物发光来引诱猎物。与火山活动有关的热液喷口散布在海底区域，在那里可以发现独特的生物群落。经岩浆化学变化的海水提供化学能，支持着这些相对丰富多样的群落。在过去的20年里，海底区域受到越来越多的关注，但仍然是探索最少的海洋生物区域之一。

图3.26 远洋深海区的居民。琵琶鱼因其独特的捕猎策略而得名。在无光的深处，鱼头上的生物发光器官将猎物吸引到一个位置，在那里它们很容易被长满牙齿的巨大嘴巴吞没

3.4.3 海洋生物区受到人类活动的影响

我们对海洋生物区的讨论提到了它们为人类提供的几种服务，包括粮食生产（如近岸和开阔海域的渔业）、保护沿海地区免受侵蚀（如红树林）、吸收和稳定污染物与养分（如河口和沼泽）等。这些服务和海洋生物多样性越来越受到人类活动的威胁。尽管海洋广阔无垠，但人类活动对其大部分区域都产生了不同程度的影响（见图3.27）。这些活动包括向河流排放养分和污染物的陆上活动、商业捕鱼等海洋活动以及温室气体排放。这些活动造成的影响包括：温室气体增加导致水温变化和海洋酸化；平流层臭氧保护层消失导致紫外线辐射增加；污染物输入；过度捕捞海洋生物，尤其是鱼类和鲸鱼。这些影响可能影响人类赖以生存的服务，以及栖息在不同海洋生物区的生物群的组成和数量。据估计，影响最大的是作为污染物和营养物质来源的陆地区域附近的近岸海洋生态系统（河口、岩石潮间带和沙质海岸），如毗邻北欧和东亚的区域。人们越来越关注废弃塑料在海洋环境中的作用，几乎所有海洋区域都发现了塑料垃圾，它们极有可能对海洋生物产生不利影响。尽管人类造成的影响十分广泛，但大片海域仍然只受到轻微影响，进一步认识这些影响可加强对海洋资源的保护和可持续利用。

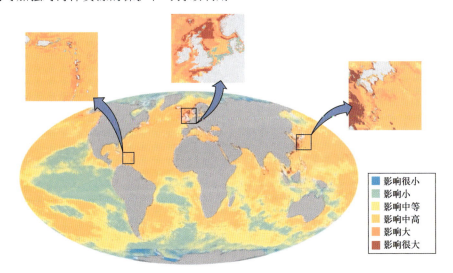

影响很小
影响小
影响中等
影响中高
影响大
影响很大

图3.27 人类对海洋的影响。温室气体排放、污染物输入和过度捕捞的影响在海洋的不同区域各不相同。颜色代表影响程度，通过专家对17种不同环境影响因素的判断进行量化。加勒比海的扩大区域海洋（左）、北大西洋（中）和西太平洋（右）显示了严重受影响区域的细节。注意图3.5中相邻陆地区域中影响大和影响很大区域与人类影响显著区域之间的对应关系

案例研究回顾：北美洲大平原十二个世纪的变迁

人类与世界草原的几次重大生物变化有着千丝万缕的联系。最早的事件之一是更新世晚期北美洲大型哺乳动物的消失。马丁是这一假说的早期支持者，他指出几个大陆的灭绝事件与人类到达这些大陆（主要是欧洲、北美洲、南美洲和澳大利亚）之间存在很强的对应关系。马丁认为，灭绝的速度之快及大型动物消失的比例之高反映了早期人类的狩猎效率。体形较大动物的繁殖率低于体形较小的动物，导致它们无法尽快从捕食的增加中恢复。因此，马丁的假说被贴上了"过度杀戮假说"的标签。

自首次提出以来，过度杀戮假说就得到了越来越多的支持。考古研究发现了许多包含已灭绝动物遗骸的屠宰场。在骨头中发现了矛头，一些骨头上有工具留下的刮痕。其他强有力的证据表明，由于人类及其捕食，人类到达孤立的小海岛后导致了大量物种灭绝。虽然大多数科学家现在承认人类猎杀巨型动物在更新世晚期的一些大陆灭绝中发挥了作用，但也提出了其他原因。这些原因包括人类携带的疾病的传播，也可能是与人类相伴的驯化狗的传播。另一个假设表明，其他物种赖以生存的一些动物（如乳齿象）的消失导致了更大范围的灭绝。然而，没有一种假说可以解释大陆上所有巨型动物的灭绝。气候变化和人类的到来可能共同导致了它们的灭绝。

尽管在更新世之后大平原上的大型哺乳动物的多样性大大减少，但大型哺乳动物仍然很丰富。野牛的数量可能高达3000万头，大量麋鹿和长角鹿在平原上漫步。这些动物继续被人类猎杀，并开始在大平原东部边缘使用火来管理猎物的栖息地及小规模农业。19世纪早期前往大平原的旅行者的著作表明，东部落叶林的西部边缘比现在的东部边缘更远，这可能是因为人类放火的影响。

1700—1900年，大平原的生态发生了变化，植物和动物都发生了深刻的变化。西班牙探险家将马重新引进北美洲，促进了以狩猎野牛为中心的美洲原住民文化的发展。欧裔美国人的到来及他们随后与美洲原住民的冲突，导致野牛和其他大型平原动物在19世纪晚期几乎灭绝（见图3.28）。1850年后，随着牛群和机械化农业的到来，大平原变成了一片驯化的景观。潮湿的东部高草草原变成了玉米、小麦、大豆和其他农作物的单一种植地；今天，那片草原只剩下4%。西部很大一部分杂草和短草草原仍然完好无损，但在20世纪30年代的沙尘暴期间，过度放牧和不可持续的农业生产方式导致其中一些地区严重退化，干旱和大风导致肥沃的表层土大量流失。

图3.28　野牛狩猎。19世纪，大量欧裔美国人抵达大平原，导致大规模屠杀野牛，铁路的建设和大功率步枪的使用助长了这一事件

3.5　复习题

1. 为什么陆地生物群落是以其主要植物的生长形态为特征的？
2. 描述生物群落的分布与第2章所述主要气候带之间的密切联系。
3. 当溪流从源头流向海洋时，会发生哪些影响其生物群落分布的物理变化？
4. 为什么海洋深度和底质的稳定性在决定海洋生物群落的组成方面起重要作用？

第4章　应对环境变化：温度和水

冷冻林蛙：案例研究

人体冷冻（生命被暂时搁置）激发了人们的想象力和希望，他们开始等待医学开发出治愈无法治愈的疾病或逆转衰老的方法。人体冷冻法是指在低于冰点的温度下保存死者的尸体，目的是最终使他们起死回生并恢复健康。人体冷冻技术的支持者遍布世界各地，其中一些人比其他人更引人注目。在科罗拉多州的尼德兰，每年都会举办"冷冻死人日"，且被认为是"人体冷冻学的狂欢节"。这个节日是为了纪念一位前居民所做的努力，他的祖父在心力衰竭去世后立即被冷冻，希望有一天能起死回生并接受心脏移植手术。

对某些人来说，冷冻技术似乎有些牵强，是科幻小说和喜剧的产物。让生命停止，随后在长时间静止后重启似乎是不合理的。然而，来自自然界的奇怪故事提供了生命显然是从死亡中涌现出来的例子。1769—1772年，英国探险家赫恩在加拿大北部和北极地区寻找西北航道时，于冬季"冻得像冰一样坚硬，且在这种状态下腿部无法移动"的浅层树叶和苔藓下发现了林蛙（见图4.1）。赫恩用兽皮包起了林蛙并放到篝火旁。几小时后，这些坚如磐石的两栖动物活了过来，开始四处跳跃。冬天，美国博物学家巴勒斯在纽约的一片森林里，于一层浅薄的枯叶下发现了冻蛙。在几个月的时间里对相同地点的回访表明林蛙没有移动，但到了春天它们就消失了。像林蛙这样具有复杂循环系统和神经系统的复杂生物体，能否实现冷冻保存作为对严酷冬季气候的进化反应？

图4.1　一只冰冻的林蛙。林蛙在部分冰冻状态下过冬，没有呼吸，也没有血液循环或心跳

温带和极带的生物体面临季节气候带来的巨大挑战，包括冬季零度以下的温度。两栖动物不太可能通过让身体部分冻结来解决这一挑战。除了前面提到的复杂器官和组织系统，两栖动物是冷血动物（内部产生的热量很少），并且作为一个群体，首先在热带和亚热带生物群落中进化。然而，有两种青蛙——林蛙和北方紫鹃蛙生活在苔原生物群落中（见图4.2）。这些青蛙在半冰冻状态下的浅洞穴中长期处于低于冰点的气温下，没有心跳，没有血液循环和呼吸。在脊椎动物中，只有少数几种两栖动物（四种青蛙和一种蝾螈）和一种龟类能够在半冻状态下度过漫长的冬季。由于冰晶会穿透细胞膜和细胞器，大多数生物体的冷冻都会对组织造成重大损害。这些脊椎动物在春天解冻并重新开始血液循环和呼吸时，是如何在冰冻状态下存活而不变成糊状的？

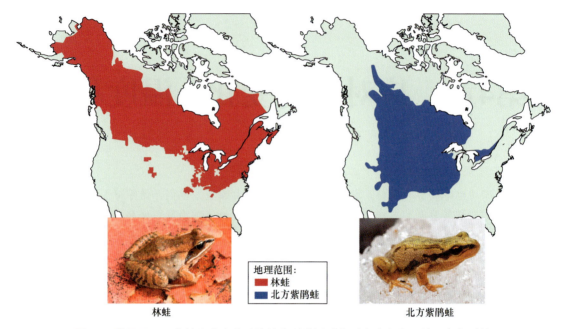

地理范围：
■ 林蛙
■ 北方紫鹃蛙

林蛙

北方紫鹃蛙

图4.2　北国风云。林蛙和北方紫鹃蛙的地理范围延伸到北方森林和苔原生物群落

4.1　引言

　　西伯利亚的云杉经历了大陆性气候特有的极端季节温度范围。在西伯利亚的北方森林中，冬季气温通常低于–50℃，夏季则达到30℃。作为不动的树，西伯利亚云杉无法选择在冬天搬到佛罗里达或在夏天前往海岸避暑。云杉必须耐受这些极端温度，在其体温80℃的季节变化中幸存。其他生物可通过一些行为或生理变化来避免这些极端情况。这两种应对环境变化的选择——耐受和回避，为思考生物体如何应对它们所面临的极端环境提供了有用的框架。第2章中介绍的自然环境条件范围确立了第3章中描述的生物群落和海洋生物带的变化。本章和下一章研究生物体与影响其生存和持久性并因此影响其地理范围的自然环境之间的相互作用。对这些相互作用的研究称为生理生态学。

4.2　对环境变化的反应

　　生态学的一个基本原则是物种的地理范围与物理和生物环境施加的限制有关。本节讨论有机体对自然环境做出反应的一般原则。

4.2.1　物种分布反映环境对能量获取和生理耐受性的影响

　　一个物种的潜在地理范围最终由自然环境决定，它以两种重要方式影响生物体的生态成功（生存和繁殖）。首先，自然环境会影响生物体获得维持其代谢功能所需的能量和资源的能力，进而影响其生长和繁殖。例如，光合作用的速率和猎物的丰度受环境条件的控制。因此，一个物种维持可存活种群的能力受其潜在地理范围的限制。其次，有机体的生存受极端环境条件的影响。如果温度、供水、化学浓度或其他物理条件超过生物体所能承受的范围，生物体就会死亡。这两种影响（能源和资源的可用性及物理耐受极限）并不相互排斥，因为能量供应影响生物体耐受极端环境的能力。记住，由于其他因素，如扩散能力、干扰（如火灾）和相互作用，物种的实际地理分布与其潜在分布不同于其他生物，例如竞争（见图4.3）。

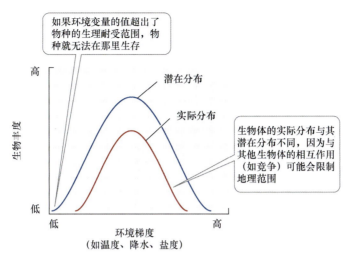

图4.3 丰度因环境梯度而异。生物体的丰度在整个环境梯度的某个最佳值处达到理论上的最大值，并在任意一端下降为限制生物体潜在地理分布的值。由于生物的相互作用，实际丰度曲线可能与潜在丰度曲线不同

　　植物的不动性使得它们成为自然环境的良好指标。农民敏锐地意识到了极端事件对农作物生长的影响，这些农作物通常生长在它们进化的地理范围内。霜冻或极端干旱可能导致灾难性的农作物损失。白杨是本地物种的一个很好的例子，其地理范围与其气候耐受性有关。白杨出现在整个北美洲的北方森林和山区。根据观察到的气候对其生存和繁殖的影响，可以相当准确地预测其地理分布（见图4.4a）。限制其分布的气候因素包括低温对其繁殖成功率的影响以及干旱和低温对其生存的影响（见图4.4b）。一个物种出现的气候范围是预测其对气候变化的反应的有用工具。

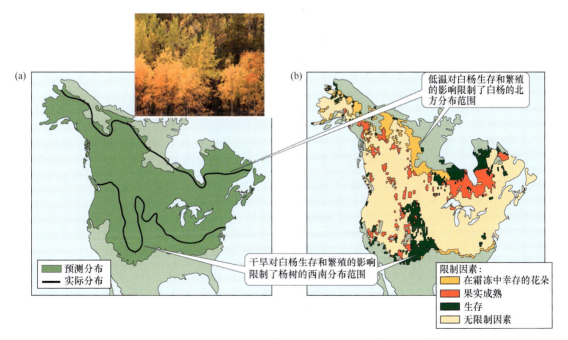

图4.4 气候和白杨分布。白杨的地理分布与气候有关。(a)白杨的预测分布，根据气候因素对在自然种群中观察到的生存和繁殖影响绘制成实际分布图；(b)根据对自然种群的观察，限制白杨分布的气候因素

4.2.2　个体通过适应来应对环境变化

任何生理过程，如生长或光合作用，都有一组最有利于其运作的最佳环境条件。偏离这些最佳条件，将导致过程速率降低（见图4.5）。应激是环境变化导致重要生理过程速率下降的情况，它会降低生物体生存、生长或繁殖的潜力。例如，当你前往高海拔地区（通常高于2400米）时，大气中较低的氧气分压将导致循环系统向身体组织输送较少的氧气。这种情况称为缺氧，即血液中血红蛋白分子吸收的氧气减少。缺氧将导致高原反应。

许多生物体有能力调整自身的生理、形态或行为，以减轻环境变化的影响并将相关压力降至最低。称为适应环境（动物生理学家使用术语**驯化**来指代动物在野外条件下对自然环境变化的短期反应，并使用术语**驯化**来指代受控实验室条件下的短期反应）的这种调整通常是一个短期的可逆过程。如果在高海拔地区停留数周（仅低于5500米），身体就会适应高海拔地区。适应高海拔涉及更高的呼吸频率、更多的红细胞和相关血红蛋白的产生，以及肺动脉中更高的压力，以将血液循环到在低海拔地区不用的肺部区域。因此，这些生理变化会向身体组织输送更多的氧气。返回低海拔地区后，适应过程正好相反。

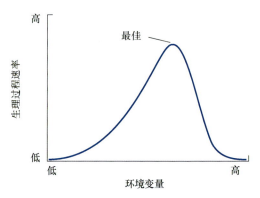

图4.5　生理过程的环境控制。生理过程速率在一组最佳环境条件（如最佳温度、最佳水可用性）最大。偏离最佳状态将导致生理过程速率下降

4.2.3　种群通过适应对环境变化做出反应

在一个物种的地理范围内，特定种群出现在独特的环境中（如气候凉爽的盐碱地），这些环境可能在生物体首次占据它们时对它们产生压力。这些种群中的个体在生理、形态或行为方面的遗传变异，将影响它们在新环境中的生存、功能和繁殖，导致自然选择有利于那些特征使它们最能应对新条件的个体。这些性状的潜在遗传基础会随着具有有利性状的个体的数量增加而导致种群遗传构成的世代变化。这些特征被称为**适应**。经过多代后，这些基于基因的独特环境压力解决方案在种群中会变得更加频繁。

适应不同于适应环境，因为它是种群对环境压力的长期遗传反应，可在压力条件下提高其生态成功率（见图4.6）。适应独特环境的种群称为**生态型**。生态型可能代表对非生物环境因素（如温度、水可用性、土壤类型、盐度）和生物环境因素（如竞争、捕食）的反应。随着不同种群中个体的生理和形态发生差异以及种群最终变得生殖隔离，生态型最终将成为独立的物种。

下面回到前面关于在高海拔地区承受压力的例子。人们已在安第斯山脉连续生活了至少1万年。当西班牙探险家在16世纪和17世纪首次与当地人一起定居于安第斯山脉时，他们的出生率比当地人低两到三代，原因可能是发育中的胎儿氧气供应不足。他们带来的家畜同样出现了这种情况。这种比较表明，安第斯山脉原住民已适应高海拔地区的低氧条件。20世纪的研究表明，安第斯山脉原住民对高海拔地区的适应包括更高的红细胞数量和更大的肺活量。

不同人群对环境压力的适应可能是不同的。换句话说，对每个人来说，解决特定环境问题的方法可能并不相同，就如对安第斯山脉和西藏高原居民的比较所证明的那样。安第斯山脉的人群对高海拔的适应（高红细胞浓度和大肺活量）与西藏高原的人群不同。西藏高原人群的红细胞浓度与海平面人群的相似，血氧浓度低于海平面人群，但呼吸频率更高，因此增强了与血液系统的氧气交换，改善了血液将氧气输送到大脑等重要器官。因此，人类至少有两种不同的方式来适应生活在高海拔地区所带来的缺氧压力。

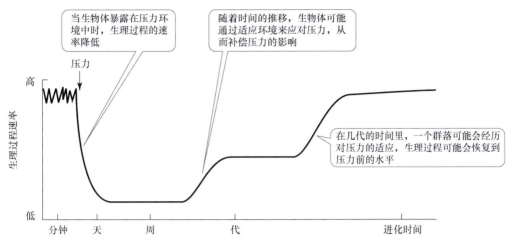

图4.6 **生物体对压力的反应**。生物体在不同时间尺度上对压力做出反应

适应不是免费的，需要有机体投入能量和资源，并且是与生物体其他功能（这些功能也可能影响其生存和繁殖）的权衡。因此，适应必须提高生物体在特定环境条件下的生存和繁殖成功率。剩下的两节将研究决定生物体温度、含水量和水吸收的因素，考虑允许生物体在不同温度和水可用性下发挥作用的适应例子。

4.3 温度变化

如第2章所述，整个生物圈的环境温度差异很大。一方面，西伯利亚北方森林的温度代表了季节变化的一个极端——从夏季到冬季的温差高达80℃。另一方面，热带森林的温度季节变化要小得多——约为15℃。土壤环境是许多微生物、植物根系和动物的家园，可以缓冲地上环境的极端温度，但土壤表面温度的变化更大。水生环境也经历季节和日时间尺度的温度变化。由于海洋的巨大体积和热容量，开阔海洋环境的温度往往随时间变化很小。相比之下，随着潮汐涨落，潮汐池的水温变化很大——5小时内变化高达20℃。

生物体的生存和功能与其内部温度密切相关。代谢活跃的多细胞植物和动物的极端上限约为50℃（见图4.7）。一些生活在温泉中的古细菌和细菌可在 90℃的温度下发挥作用。机体功能的极低限与细胞中水冻结的温度有关，通常在–2℃和–5℃之间。一些生物体可通过进入休眠状态而在极热或极冷的时期生存，在这种状态下，很少有或没有新陈代谢活动发生。

生物体的内部温度取决于其从外部环境中获得的能量和其从外部环境中损失的能量之间的平衡。因此，生物体要么耐受其内部温度随外部环境温度的变化而变化，要么使用一些生理、形态或行为手段来调整这些得失，进而改变其内部温度。于是，如第2章和第3章讨论的生物群落与全球气候模式之间的关系所证明的那样，环境温度（尤其是极端温度）是生物体分布的重要决定因素。

4.3.1 温度控制生理活动

对维持生命非常重要的关键生化反应对温度是敏感的。每个反应都有一个最佳温度，该温度与酶的活性有关，酶是催化生化反应的蛋白质基分子。酶在有限的温度范围内结构稳定。在高温下，组成蛋白质失去结构完整性，或者随着键断裂而变性。大多数酶会在40℃至70℃的温度内变性，但栖息在温泉内的细菌中的酶可在高达100℃的温度下保持稳定。大多数生物体的致死温度上限低于其酶变性的温度，因为在这些温度下生化途径之间的代谢协调会丧失。

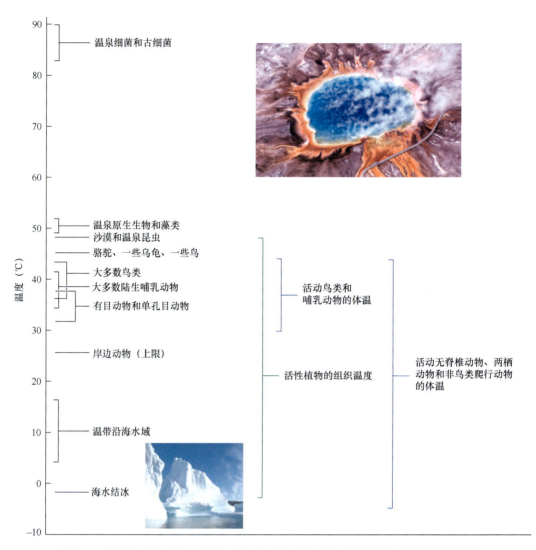

图4.7　地球上生命的温度范围。已知生物生活在从温泉到冰冻海洋的极端环境中

酶活性的极端温度下限约为–5℃。南极鱼类和甲壳类动物的内部温度可达–2℃，因为它们生活的海水中的盐度降低了冰点。有些土壤微生物在低至–5℃的温度下仍然活跃。

一些物种可以产生具有不同最适合温度的不同形式的酶（称为同工酶），以作为适应环境温度变化的一种手段。例如，一些鱼类（如鳟鱼、鲤鱼、金鱼）和树木（如火炬松）可以产生同工酶以响应季节温度变化。然而，使用同工酶适应温度变化似乎不是动物的常见反应。

温度还通过影响膜的特性来决定生理过程的速率，尤其是在低温下。细胞和细胞器膜由两层脂质分子组成。在低温下，这些层会凝固；蛋白质和酶嵌入其中的物质可能失去功能，影响线粒体呼吸和光合作用等过程，而细胞膜可能失去过滤功能，泄漏细胞代谢物。热带植物在高达10℃的温度下可能因膜破坏而丧失功能，而高山植物在接近冰点的温度下仍可发挥功能。膜功能对低温的敏感性与膜脂分子的化学组成有关。较冷气候下的植物比较暖气候下的植物具有更高比例的不饱和膜脂（碳分子之间的双键数量更多）。

最后，温度通过影响水的可用性来影响陆生生物的生理过程。空气越暖和，其能容纳的水蒸气就越多。因此，随着温度的升高，陆生生物从体内流失水分的速度加快。

4.3.2 生物体通过改变能量平衡来影响其温度

在炎热的天气里，跳进游泳池，然后坐在阴凉处，吹着微风，可以缓解酷暑。大象遵循类似的惯例，涉水进入池塘，用鼻子将水喷到背上。这种行为促进了热量以几种方式损失。首先，温暖皮肤与凉水的接触会导致热量通过传导从身体中流失：能量直接从温暖、运动速率更快的分子转移到温度更低、运动更慢的分子。当冷水和空气在较暖的物体表面上移动时，热量会被对流带走。此外，当水在皮肤表面蒸发时，会因从液态变为气态而吸收热量（潜热传递）。最后，进入阴凉处会降低你从太阳辐射中接收到的能量。

能量输入和能量输出之间的平衡决定了任何物体的温度是升高还是降低。当环境温度发生变化时，古细菌、细菌、真菌、原生生物和藻类无法避免自身温度的变化。它们必须通过生化调节来耐受温度变化。例如，当温度超过其耐受范围时，微生物通常以休眠孢子的形式存活。植物和动物也可通过调整与环境的能量交换来影响体温，进而影响生理过程。植物和动物通常能够通过能量平衡的行为和形态改变来避免内部温度过高。下面来看一些例子。

植物对能量平衡的改变　在植物中，温度胁迫主要发生在陆地环境中。海洋和水生植物通常会经历有利于其生理功能的温度范围，但近岸生境中的植物可能经历致命的温度。陆生植物能量平衡中涉及的因素如图4.8所示。使植物变暖的能量输入包括阳光和来自周围物体的红外辐射。如果地面或空气温度比植物高，那么能量输入还包括传导和对流。植物的能量损失包括向周围环境发射红外辐射，如果地面或空气温度比植物低，那么还包括传导和对流。热损失也通过蒸腾作用（植物内部水分的蒸发）和表面蒸发发生，这两种作用统称蒸发蒸腾作用。

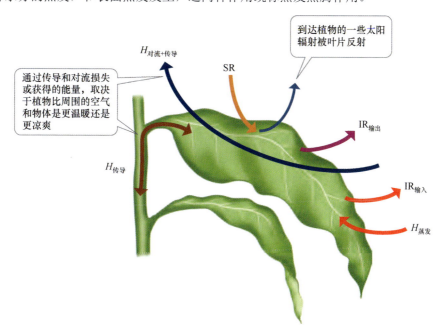

图4.8　陆生植物的能量交换。植物的温度取决于环境能量输入和能量输出之间的平衡

组合这些输入和输出后，可以确定植物的温度是否变化：

$$\Delta H_{植物} = \mathrm{SR} + \mathrm{IR}_{输入} - \mathrm{IR}_{输出} \pm H_{对流} \pm H_{传导} - H_{蒸发} \tag{4.1}$$

式中，$\Delta H_{植物}$表示植物的热能变化，SR表示太阳辐射，$\mathrm{IR}_{输入}$表示红外辐射输入，$\mathrm{IR}_{输出}$表示红外辐射输出，$H_{对流}$表示对流传热，$H_{传导}$表示传导传热，$H_{蒸发}$表示蒸发传热。当植物利用太阳辐射进行光合作用时，能量损失可以忽略不计。若植物温度比周围空气高，则$H_{对流}$和$H_{传导}$为负值。若能量输入的总和超过输出的总和，则$\Delta H_{植物}$为正，表明植物的温度正在升高。相反，若损失的热量多于获得的热量，则$\Delta H_{植物}$为负，表明植物的温度正在下降。

植物可通过调整这些能量输入和输出来改变它们的能量平衡，进而控制它们的温度。叶片通常与这些调整有关，因为它们是植物的主要光合作用器官，也是对温度最敏感的组织。最重要和最常见的调整包括改变蒸腾失水率。此外，改变叶片表面的反射特性（颜色）或者叶片朝向太阳的方向可以改变植物吸收的太阳辐射量。最后，对流传热的改变可通过改变表面粗糙度来实现。

蒸腾作用是叶片重要的蒸发冷却机制。如第2章所述，它的有效性在热带森林的树冠中尤其明显。这些树冠会受到温暖的气温和高强度的太阳辐射，如果没有蒸腾冷却，热带冠层植物的叶片温度可能超过45℃，而这是致命的。蒸腾速率由毛孔周围的特殊保卫细胞（称为气孔）控制，它们通向叶片的内部。气孔是蒸腾失水和吸收二氧化碳进行光合作用的途径。气孔打开程度的变化及气孔数量的变化控制着蒸腾速率，因此对叶片温度具有重要的控制作用（见图4.9）。

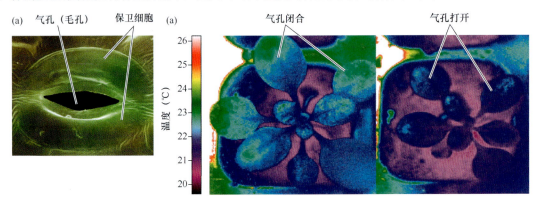

图4.9　气孔通过控制蒸腾作用来控制叶片温度。(a)特殊保卫细胞控制气孔的打开程度。打开的气孔允许CO_2扩散进入后进行光合作用，且允许将水蒸腾出来以冷却叶片；(b)叶片温度随气孔的打开程度而变化。右侧植物的气孔打开，可以自由蒸腾；而在相同条件下，左侧植物的气孔关闭，蒸腾速率较低，温度高1℃～2℃，如热红外图像所示

蒸腾需要稳定的水供应。在土壤中水量有限的地方，蒸腾不是一种可靠的冷却机制。一些植物会在旱季落叶，以避免温度和水分胁迫。然而，更换落叶所需的资源（如土壤养分）可能有利于保护现有的叶片而非让它们脱落。在长时间干旱期间保持叶片的植物需要蒸腾以外的机制来消散热量。一种选择是用短柔毛改变叶片的反射特性，即叶片表面出现浅色或白色毛发，降低叶片表面吸收的太阳辐射量。短柔毛也可降低对流热损失，因此是两种相反的热交换机制的权衡。

在探讨叶片绒毛对温度调节的适应意义方面，其中一项最佳研究聚集于扁果菊。埃勒林格及其同事描述了不同地理范围内扁果菊的短柔毛在叶片温度调节中的作用。相对于潮湿、凉爽环境中的本土灌木而言，索诺兰沙漠和莫哈韦沙漠的本土植物沙漠毒菊具有大量的叶片柔毛。埃勒林格及其同事库克针对沙漠毒菊和其他两个非短柔毛物种，评估了短柔毛和蒸腾对冷却叶片的作用：沙漠冲沟中的灌木菊和加州潮湿沿海的加州菊。为了控制可能影响植物形态和生理的环境变化，他们在索诺兰沙漠和加州海岸的试验田中种植了这些植物。他们对一半实验植物浇水，而对另一半实验植物则不闻不问。他们测量了叶片温度、气孔打开程度和吸收的太阳辐射。

当生长在凉爽且潮湿的加州沿海花园时，三种扁果菊在叶片温度和气孔打开程度方面几乎没有差异。但在沙漠花园中，加州菊和灌木菊在炎热的夏季落叶，但沙漠毒菊不落叶。浇水后的扁果菊不落叶，因此叶片通过蒸腾得到了冷却。沙漠毒菊叶片反射的太阳辐射是其他两个物种的2倍（见图4.10a），因此有助于保持叶片温度低于气温。

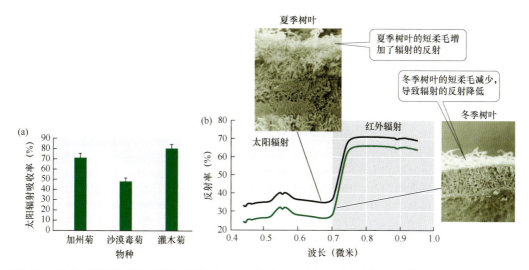

图4.10 阳光、季节变化和叶片的短柔毛。(a)叶片的太阳能加热随其上短柔毛的数量变化。沙漠毒菊的短柔毛叶片的太阳辐射吸收率低于两种非短柔毛物种的叶片：加州菊和灌木菊。因此，与其他两个物种相比，沙漠毒菊对叶片蒸腾作用的依赖性较小。误差条显示的是平均值的标准差。(b)与冬季相比，夏季沙漠毒菊的叶片产生更多的短柔毛，这表明它适应了炎热的夏季。照片是叶片横截面的扫描电子显微照片

埃勒林格和库克的田间实验表明了在炎热的沙漠条件下，叶片短柔毛对沙漠毒菊的适应性价值。桑奎斯特和埃勒林格的其他工作支持了它的适应性价值，表明自然选择对沙漠毒菊生态型之间的短柔毛变化产生了影响。与潮湿环境中的种群相比，干燥环境中的种群具有更多的叶片短柔毛，并且能够反射更多的太阳辐射。

除了物种和种群之间的差异，叶片的短柔毛还随季节变化，而这体现了对环境条件的适应。沙漠毒菊的叶片在夏季产生更小、更多的短柔毛，而在冬季产生更大、更少的短柔毛（见图4.10b）。当温度较低或者土壤水分充足时，沙漠毒菊叶片上的短柔毛较少。

当空气温度低于叶片温度时，通过对流从叶片上散热。对流散热的有效性与空气穿过叶片表面的速度有关。移动空气靠近物体表面时受到更多的摩擦，气流变成湍流而形成旋涡（见图4.11）。这个湍流区域被称为边界层，可降低对流热损失。叶片周围边界层的厚度与其大小和表面粗糙度有关。小且光滑的叶片的边界层较薄，与大或粗糙的叶片相比能更有效地散热。边界层与对流热损失之间的这种关系是沙漠生态系统中大树叶稀有的原因之一。

在寒冷多风的环境中，如山区的高寒地带，对流造成的过多热量损失可能成为植物（和动物）的一个问题。在温带的高山环境中，对流是地表热量损失的最大来源，强风甚至会撕碎裸露地点的树叶。大多数高山植物生长在靠近地面的地方，以避开高风速。一些高山植物会在其表面上产生一层隔热绒毛来降低对流热损失。例如，喜马拉雅山脉上的雪莲在花朵周围会长出带浓密短柔毛的叶片（见图4.12）。虽然它们高出地面且比地面植物暴露在更多的风中，但雪莲的花朵通过吸收和保留太阳

图4.11 叶片边界层。靠近叶片表面的气流受到摩擦而变成湍流，降低了从叶片到周围空气的对流热损失

辐射，可让其温度比气温高20℃。这种植物不仅能保持其光合组织温暖，还能为潜在的传粉者提供温暖的环境。

动物对能量平衡的改变 动物的能量输入和输出与针对植物的式（4.1）基本相同，但有一个关键区别：有些动物（尤其是鸟类和哺乳动物）具有在内部产生热量的能力。因此，能量平衡方程中需要有一项来表示这种代谢热的产生：

$$\Delta H_{动物} = SR + IR_{输入} - IR_{输出} \pm H_{对流} \pm H_{传导} - H_{蒸发} + H_{代谢} \tag{4.2}$$

式中，$\Delta H_{动物}$表示动物的热能变化，SR表示太阳辐射，$IR_{输入}$表示红外辐射输入，$IR_{输出}$表示红外辐射输出，$H_{代谢}$表示对流传热，$H_{传导}$表示传导传热，$H_{蒸发}$表示蒸发传热，$H_{代谢}$表示代谢生热。与植物相反，蒸发热损失在动物中并不普遍。动物蒸发冷却的著名例子包括人类出汗、狗和其他动物大口喘气，以及一些有袋动物在极热的条件下舔身体。

图4.12　喜马拉雅山脉的一种绒毛植物。雪莲的花茎周围有起隔热作用的浓密短柔毛

一些动物体内产生的热量代表了一项重大的生态学进步。能够产生代谢热的动物可在广泛的外部温度下保持相对恒定的内部温度，接近生理功能的最佳值，因此可以扩大其地理范围。整个动物王国都存在不同程度的对内部热量生成的依赖。主要通过与外部环境进行能量交换来调节体温的动物（包括大多数动物物种）被称为变温动物，主要依靠内部热量产生的动物（称为吸热动物）包括但不限于鸟类和哺乳动物。一些鱼类（如金枪鱼）、昆虫（如蜜蜂，产生热量用于代谢功能和防御，见图4.13）甚至一些植物（如臭鼬甘蓝）也存在内部发热现象。

(a)

(b)

图4.13　内部发热作为防御。蜜蜂可通过收缩飞行肌来产生热量。蜜蜂利用内部发热来防御攻击蜂群的大黄蜂。(a)大黄蜂进入巢穴后，蜜蜂蜂拥而至；(b)围绕入侵大黄蜂的防御性蜂球会产生足够的热量，使中心温度超过大黄蜂的致死温度上限（约47℃），进而杀死入侵者

变温动物的体温调节和耐受性 一般来说，变温动物比恒温动物更能耐受体温变化，原因可能是它们调节体温的能力不如恒温动物。动物与环境之间的热交换，无论是冷却还是加热，都取决于相对于动物体积的表面积。相对于体积而言，表面积越大，热交换就越大，但在面对不断变化的外部温度时更难保持恒定的内部温度。相对于体积较小的表面积会降低动物获得更多能量的能力或失去热量。表面积和体积之间的这种关系对变温动物的体形和形状施加了限制。一般来说，表面积体积比随着体形的增大而减小，动物与环境进行热交换的能力也会降低。因此，大型变温动物被认为是不可能的。

小型水生变温动物（如大多数无脊椎动物和鱼类）通常保持与周围水体相同的温度。然而，一些较大的水生动物可以保持比周围水体温度更高的体温（见图4.14）。例如，金枪鱼利用肌肉活动和血管之间的热交换来将体温维持为14℃。其他大型海洋鱼类也用类似的循环热交换机制来保持肌肉

温暖。这种机制对依赖于快速加速捕捉猎物的掠食性物种尤为重要，而这得益于温暖的肌肉。

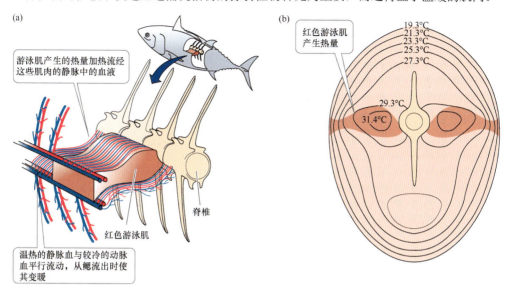

图4.14　金枪鱼内部发热。(a)金枪鱼红色肌肉产生的热量使流过的血液变暖，并通过静脉流向体表。静脉与动脉平行，从鳃中输送寒冷的含氧血液，在血液到达游泳肌之前对其进行加热。(b)金枪鱼截面表明其内部温度仍比周围的水温高

　　许多陆地变温动物能够通过移动到更温暖或更凉爽的地方来调节体温。晒太阳或移到阴凉处可让这些动物通过太阳辐射、传导和红外辐射来调整能量的得失。例如，凉爽的夜晚从藏身处出现的爬行动物和昆虫会在开始日常活动之前晒太阳以温暖身体（见图4.15）。然而，这种晒太阳的行为增大了它们被捕食者发现的风险。这些动物中的许多依靠伪装（也称隐匿）在晒太阳时避免被发现。除了在不同温度的地点之间移动，爬行动物还可通过改变颜色和面向太阳的方向来调节体温。

　　变温动物依赖外部环境进行温度调节，因此其活动被限制在一定的温度范围内。当温度温暖时，阳光充足环境（如沙漠）中的变温动物可能从环境中获得足够的能量，将体温推高至致命的水平。

图4.15　会移动的动物可用行为来调节体温。这些海鬣蜥已移至阳光充足的地方，以将体温提高到适合进行日常活动的范围

　　在温带和极带，温度会长时间降至冰点以下。居住在这些地区的变温动物必须回避或耐受暴露在冰点以下的温度中。回避方式是季节迁徙（如移至较低的纬度），或者移至温度高于冰点的微生境（在土壤中挖洞）中。零度以下温度的耐受性涉及将与细胞和组织中导致的相关损害降至最低。冰形成晶体后就会刺破细胞膜，破坏新陈代谢功能。一些栖息在寒冷气候中的昆虫含有高浓度的甘油，这种化合物可最大限度地减少冰晶的形成并降低体液的冰点。这些昆虫在半冻状态下过冬，在温度更有利于生理活动的春季出现。脊椎变温动物通常不能像无脊椎变温动物那样耐受冷冻，因为它们体形较大且生理复杂性更大。然而，如本章开头的案例研究所述，能在部分冷冻的情况下存活的两栖动物很少。

　　内温动物的温度调节和耐受性　内温动物耐受的体温范围更窄（30℃～45℃）。然而，吸热动物在体内产生热量的能力可使它们极大地扩展地理范围和活动时间。吸热动物可在低于冰点的环

境温度下保持活跃，而这是大多数变温动物做不到的。吸热的代价是对食物的高需求，以提供能量来产生代谢热量。吸热动物的代谢率与外部温度和热损失率有关。反过来，热损失率与体形有关，因为它会影响表面积与体积之比。与大型吸热动物相比，小型吸热动物具有更高的代谢率，需要更多的能量，且具有更高的进食率。

吸热动物在称为热中性区的环境温度范围内保持恒定的基础（静息）代谢率。在热中性区内，微小的行为或形态调整足以维持最佳体温。当环境温度下降到热损失大于代谢热量产生的点时，体温开始下降，导致代谢热量的产生增加。这一点称为下临界温度（见图4.16a）。哺乳动物物种的热中性区和下临界温度不同（见图4.16b）。不出所料，北极哺乳动物的临界温度低于热带动物的临界温度。注意，当低于较低的临界温度时，与北极哺乳动物相比，热带哺乳动物的代谢率（直线斜率）增加得更快。是什么导致了不同生物群落吸热之间代谢调整的这些差异？为了使吸热有效地发挥作用，动物必须能够保留其新陈代谢产生的热量。因此，鸟类和哺乳动物的吸热进化需要隔热层：羽毛、毛皮或脂肪。这些隔热层提供了限制传导（或对流）热损失的屏障。毛皮和羽毛主要通过在皮肤附近提供一层静止空气来隔热，类似于边界层。隔热差异有助于解释图4.16b中吸热曲线之间的差异。北极哺乳动物通常有着厚厚的毛皮。然而，在温暖的气候中，通过传导和对流冷却的能力受到隔热的抑制，厚厚的毛皮可能阻碍保持最佳体温。一些吸热动物通过在冬天长出更厚的毛皮并在气候变暖时脱去毛皮来适应季节温度变化（见分析数据4.1）。人类祖先进化于非洲炎热的热带地区，并在约200万年前失去了大部分毛茸茸的隔热层。

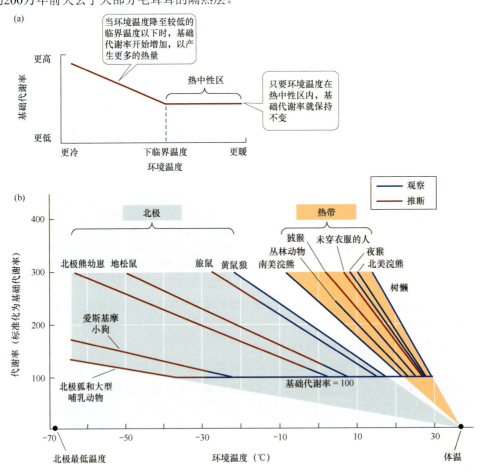

图4.16　吸热动物的代谢率随着环境温度的变化而变化。(a)吸热动物的静息或基础代谢率在热中性区内保持恒定。当环境温度达到下限（下临界温度）时，吸热的代谢率增大以产生额外的热量。(b)吸热动物的热中性区和较低的临界温度随其栖息地变化。北极吸热动物的较低临界温度低于热带吸热动物的临界温度，且它们的代谢率在较低的临界温度以下增加得很慢，如曲线的斜率所示

寒冷的气候对小吸热动物来说是艰难的。小型哺乳动物必然有薄毛，因为厚毛会限制它们的活动能力。在较低的临界温度下对代谢能量的高需求、毛皮的低隔热值及存储能量的低能力，使得小型哺乳动物不太可能成为极地、高山和温带栖息地的居民。然而，寒冷气候下的动物种群中包含许多小型吸热动物。如何解释这种明显的差异？小型恒温动物（如啮齿动物和蜂鸟）可通过进入一种被称为蛰伏的休眠状态，在寒冷时期改变较低的临界温度。蛰伏动物的体温可能要比正常体温低20℃。处于蛰伏状态的动物的代谢率要比其基础代谢率低50%～90%，因此可节省大量能量。然而，仍需要能量将动物从蛰伏状态中唤醒，并将其体温恢复到正常值。因此，动物可以保持蛰伏状态的时长受到其热量储备的限制。小型吸热动物可能经历每日的蛰伏状态，以最大限度地减少寒冷夜晚所需的能量。获得足够食物且有足够能量储备的动物才有可能在冬季持续数周的蛰伏（有时称为冬眠），如土拨鼠（见图4.17）。冬眠在极地气候中很少见，因为很少有动物能够获得足够的食物来提供能量储备，进而度过冬天。一些大型动物（如熊）会进入冬眠状态而非蛰伏状态，在此状态下其体温仅略有下降。

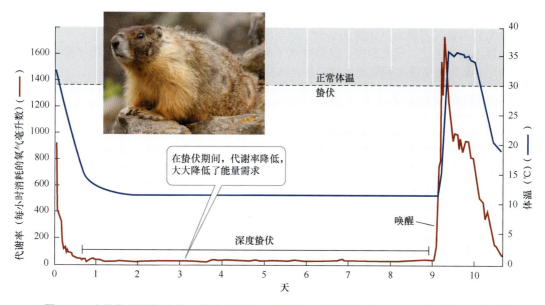

图4.17　**土拨鼠的长期蛰伏**。蛰伏让黄腹土拨鼠在冬季保存能量，此时食物稀缺且对代谢能量的需求很高。规律的周期唤醒和恢复蛰伏的发生原因不明

分析数据4.1　毛皮厚度如何影响吸热动物的代谢活动？

一些吸热动物的毛皮厚度会出现季节变化，而这有助于它们在夏季增大热量散失而在冬季保留身体产生的热量。动物毛皮厚度的这种季节变化是适应温度变化的一个例子。

右图显示了北方森林生物群落中两种动物即红松鼠和狼的隔热值（热量的保留程度）与毛皮厚度的关系。这两种动物都是恒温动物，它们通过毛皮厚度的变化来适应季节温度变化。

1. 每种动物都用一种颜色（蓝色或红色）表示。你认为哪种颜色属于哪种动物，为什么？

2. 圆圈代表哪个季节（夏季或冬季），三角形代表哪个季节？哪种动物毛皮厚度经历了更大的季节适应性变化？毛皮厚度变化较小的动物还可通过其他哪些方式应对严冬？

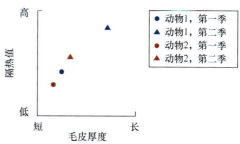

就如生物体必须平衡能量输入和输出以维持最佳温度一样，它们也必须平衡水进出身体的运动，进而维持生理功能的最佳条件。

4.4 水资源可用性的变化

水是生命所必需的。水是发生生理功能所需的所有生化反应的介质。水具有独特的特性，因此是具有重要生物学意义的溶质（溶解在水中的化合物）的通用溶剂。有利于生理功能的机体含水量范围相对较窄——在体重的60%和90%之间。将含水量保持在这个范围内，对淡水和陆地环境中的生物体来说是一个挑战。海洋生物很少获得或失去太多的水分，因为它们生活在有利于维持水平衡的海洋中。

除了保持适当的水平衡，生物体还要平衡溶质（主要是盐）的吸收和损失。盐平衡与水平衡密切相关，因为水和盐的运动相互影响。与生物体细胞或血液中的含盐量相比，水生环境的含盐量要么更高，要么相等，要么更低。大多数海洋无脊椎动物很少面临水和溶质平衡的问题，因为它们往往是等渗的。

陆地生物可能向干燥大气中流失水分，而淡水生物可能向环境中流失溶质并从中获取水分。淡水和陆地生物的进化，很大程度上是维持水平衡的过程。本节回顾与水和溶质平衡相关的一些基本原理，并举例说明淡水和陆地生物是如何维持有利于生理功能的水平衡的。

4.4.1 水沿能量梯度流动

水沿能量梯度流动，即从高能量条件到低能量条件。什么是水的能量梯度？重力是一个直观的例子：液态水沿势能梯度向下流动。另一种影响水运动的能量是压力。当大象鼻子喷水时，水从鼻子内部能量较高的状态（肌肉对其施加压力）流向鼻子外部能量较低的状态（无肌肉压力）。

其他不太明显的影响水流的因素对有机体水平衡很重要。当溶质溶解到水中时，溶液会失去能量。因此，如果细胞中的水比周围的水含有更多的溶质，水就流入细胞以平衡能量差。或者，溶质可能流入周围介质，但大多数生物膜会选择性地阻止许多溶质的流动。在生物系统中，与溶解的溶质相关的能量称为渗透势，与重力相关的能量称为重力势，与施加压力相关的能量称为压力（或膨胀）势，与细胞内大分子表面或土壤颗粒表面上的吸引力相关的能量称为基质势。

水系统中这些能量之和决定了系统的整体水能量状态或水势。系统的水势数学上定义为

$$\Psi = \Psi_o + \Psi_p + \Psi_m \tag{4.3}$$

式中，Ψ是系统的总水势（单位通常为MPa），Ψ_o是渗透势（为负值，因为它降低了水的能量状态），Ψ_p是压力势（对系统施加压力时为正值，系统处于张力下时为负值），Ψ_m是基质势（负值）。水总按照能量梯度从Ψ较高的系统移动到Ψ较低的系统。该术语常用于植物、微生物和土壤系统，但也适用于动物系统。

大气中的水势与湿度有关。从生物学的角度看，相对湿度小于98%的空气的水势很低，因此大多数陆地生物与大气之间的水势梯度很高。如果水的运动不存在障碍，那么陆地生物体内的水会迅速流失到大气中。任何阻碍水（或其他物质，如二氧化碳）沿能量梯度运动的力都称为阻力[许多生理学家更喜欢使用电导（电阻的倒数）而非电阻来表达障碍物对生物体与其环境之间水或气体运动的影响]。增加生物体抵抗失水的障碍物包括植物和昆虫的角质层，以及两栖动物、爬行动物、鸟类和哺乳动物的皮肤。

4.4.2 必须补偿水损失和溶质损失

陆生植物和土壤微生物依靠从土壤中吸收水分来补充流失到大气中的水分。土壤是支持多种生态功能的水的重要储库。土壤可存储的水量与水输入/输出、土质和地形之间的平衡有关（见

图4.18）。水输入包括渗入土壤的降水和地表水流。水流失包括水渗透到植物根区下方的深层和蒸发蒸腾。

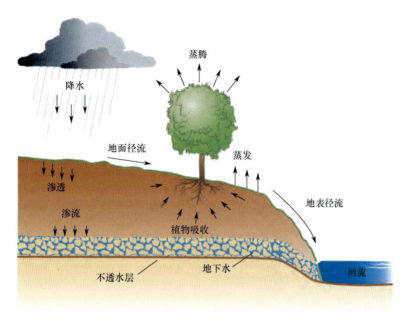

图4.18 什么决定了土壤的含水量？ 土壤的含水量取决于水输入（降水的渗透和地面径流）和输出（渗透到更深层、蒸发蒸腾）之间的平衡，以及土壤储水能力。土壤储水能力和渗透率取决于土质

大多数土壤的储水能力受其孔隙空间和基质势支配，而这与土壤颗粒表面的吸引力有关。粗粒土壤比细粒土壤存储的水少，但细粒土壤具有更高的基质势，更能保持水分。混合有粗粒和细粒的土壤通常能够最有效地存储水分及为植物和土壤生物提供水分。当土壤中的水量下降到某个值（细粒土壤占总土壤质量的25%，粗粒土壤占总土壤质量的5%）时，基质力很强，大部分剩余的水对生物体来说是不可利用的。某些土壤的渗透势也很重要，尤其是在发现溶解盐的地方，如海洋环境附近的土壤或发生盐渍化的地方。

微生物中的水平衡 单细胞微生物（包括古细菌、细菌、藻类和原生生物）主要活跃于水环境中。它们的水平衡取决于周围环境的水势，而水势主要取决于其渗透势。在大多数海洋和淡水生态系统中，环境的渗透势随时间变化不大。然而，有些环境（如河口、潮汐池、咸水湖和土壤）因淡水和咸水的蒸发量或流入量的变化，渗透压经常发生变化。这些环境中的微生物要维持适合生理功能的水平衡，就必须改变它们的细胞渗透压来应对这些变化。它们通过调节渗透压来实现这个功能，因此是一种适应环境的反应，包括改变溶质的浓度来改变渗透压。有些微生物通过合成有机溶质来调节渗透压，而有些生物则使用来自周围介质的无机盐来调节渗透压。调整渗透压来响应外部水势变化的能力在微生物之间有着很大的差异：有些生物完全缺乏这种能力，而其他生物（如嗜盐杆菌属）甚至能够适应内陆盐湖中极端的盐度条件。

如上所述，对任何无法限制细胞水分流失到大气中的生物体来说，陆地环境都太干燥。许多微生物通过形成休眠的抗性孢子，将自身包裹在防止水分流失到环境的保护性涂层中来避免暴露在干燥条件下。一些丝状微生物（如真菌和酵母）对低水势具有很强的耐受性，可在干燥环境中生长。然而，大多数陆地微生物都生活在土壤中，因为土壤的含水量和湿度高于其上方的空气。

植物中的水平衡 植物的显著特征之一是，它具有由纤维素组成的坚硬细胞壁。细菌和真菌也有细胞壁，它们由几丁质（真菌）或肽聚糖和脂多糖（细菌）等物质组成。细胞壁对水平衡很重要，因为它们会促进正膨胀压力的发展。当水沿水势梯度进入植物细胞时，会导致细胞膨胀并挤压细胞壁，而刚性细胞壁则会抵抗压力（见图4.19）。膨胀压力是植物的重要结构组成部分，

也是生长、促进细胞分裂的重要力量。非木本植物因脱水而失去膨胀压力就会枯萎。枯萎通常表明植物正在经历水分胁迫。

植物从水势高于自身的水源中吸收水分。水生植物的水源是周围的水。在淡水环境中，植物细胞中的溶质会产生从周围水到植物的水势梯度。在海洋环境中，植物必须将其水势降低到海水以下才能吸收水。海洋植物以及盐沼和盐渍陆生植物通过合成溶质及从环境中吸收无机盐，以类似于微生物的方式调节渗透势。然而，必须选择性地吸收无机盐，因为某些高浓度的无机盐可能有毒。植物的细胞膜充当溶质过滤器，决定进出植物的溶质数量和类型。

陆生植物通过其根及从土壤长入其根的共生真菌（称为菌根）从土壤中获

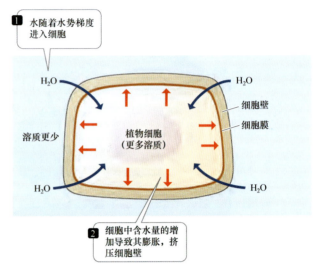

图4.19　植物细胞中的膨胀压力。当植物细胞被溶质浓度低于自身浓度的水包围时，水进入细胞，而细胞膜则阻止细胞中溶质的移出。细胞中的水量增加导致细胞膨胀，挤压细胞壁

取水分。最早的陆生植物还没有长出根，只能利用菌根从土壤中吸收水分和养分。大多数现代陆生植物利用根和菌根来吸收水分。只有最好的根才能从土壤中吸收水分，因为较老、较粗的根会形成防水蜡质层，限制它们吸收水分及将水分流失到土壤中的能力。菌根为植物吸收水分和养分提供了更大的表面积，且允许更多地探索土壤来获取资源。反过来，菌根从植物中获取能量。当植物气孔打开以允许大气中的CO_2扩散到叶片中时，植物会通过蒸腾作用失去水分。叶片内（100%相对湿度）的水通过气孔流到空气中。如上节所述，蒸腾作用是叶片的重要降温机制。然而，要避免水分胁迫，植物就必须补充蒸腾作用损失的水分。叶片失去水分后，其细胞的水势降低，在叶片及茎的木质部之间产生水势梯度，因此水通过木质部进入叶片。于是，当植物蒸腾时，就会产生从土壤通过根和茎到叶片的水势递减的梯度（见图4.20）。

因此，水从具有最高水势的土壤流入根、木质部，最终进入叶片，然后通过蒸腾作用散失到大气中。水分进入根和通过木质部的阻力大于通过气孔的阻力，因此土壤中的水分供应跟不上蒸腾作用导致的水分损失。于是，植物的含水量白天减小，晚上则因为气孔关闭而接近土壤的水势。如果土壤的含水量充足，那么这种白天脱水、夜间复水的循环就会无限地进行下去。当降水量不足以补充土壤通过蒸腾和蒸发损失的水分时，可用的水量就会减少。植物的含水量随后降低，其膨胀压力随着细胞的脱水而降低（见图4.21）。为避免出现有害甚至致命的低含水量，植物必须限制其蒸腾失水。当叶片细胞脱水到膨胀消失时，气孔就会关闭。这种程度的水分胁迫会对植物造成伤害，导致光合作用等生理功能受损。极度干燥的条件会导致木质部的功能丧失。

季节干燥环境中的一些植物在长时间干燥期间会落叶，以避免蒸腾失水。其他植物带有一个防止缺水的信号系统。当土壤变干时，植物的根会向保卫细胞发送激素信号（脱落酸），以便关闭气孔，降低失水的速度。与湿润植物相比，沙漠、草原和地中海型生态系统中的植物通常能够更好地控制气孔的打开。干燥环境中植物的叶片上也有厚厚的蜡质层（角质层），以防止水分通过叶片的无孔区域流失。此外，与潮湿环境中的植物相比，干燥环境中的植物根系生物量与茎叶生物量的比例更高，因此能够提高蒸腾组织的供水率（见图4.22）。有些植物能够通过改变环境来适应环境，它们的根系生长与土壤中水分和养分的可用性相匹配。

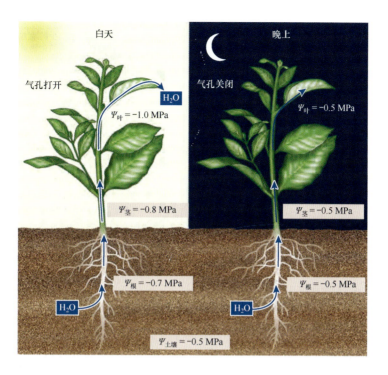

图4.20　脱水和复水的日常循环。白天，气孔打开，蒸腾作用导致从叶到茎、从茎到根、从根到土壤的水势梯度。晚上，气孔关闭，水势随着植物的复水而达到平衡

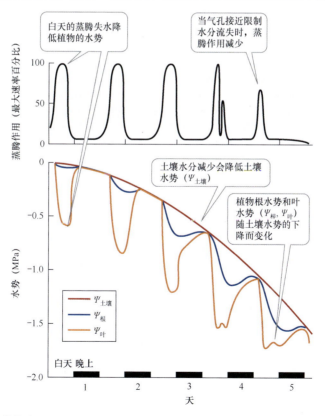

图4.21　植物应对土壤水分枯竭的方式。如果土壤水分未得到补充，蒸腾作用就会耗尽水分，导致土壤逐渐干燥及土壤水势下降

植物会不会有太多的水？技术上讲不会有，但饱和会抑制氧气的扩散，导致植物的根缺氧。因此，浸水土壤会抑制根的有氧呼吸。潮湿土壤还会促进损害根系的有害真菌的生长。这些因素会导致植物的根死亡，进而切断植物的水分供应，最终导致植物枯萎。对潮湿土壤中低氧浓度的适应，包括含有空气通道的根组织（称为通气组织）及垂直延伸到水面或涝渍土壤上方的特殊根。

动物体内的水平衡 多细胞动物在维持水平衡方面所面临的挑战与植物和微生物的相同，但与植物和微生物相比，动物的水分损失和增加受一组多样化的交换控制（见图4.23）。许多动物具有用于气体交换、摄取和消化、排泄和循环的特殊器官，因此会产生局部水和溶质交换的区域，以及动物体内水和溶质的梯度。大多数动物都是移动的，能够找到维持有利水和溶质平衡的环境，而这是植物或大多数微生物所不具备的选择。

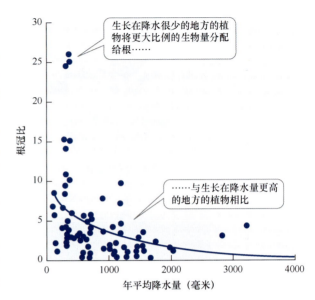

图4.22 **根与芽的生长分配与降水量相关。**将更多的生物量分配给干燥土壤中的根可提供更大的吸水能力来支持叶片功能

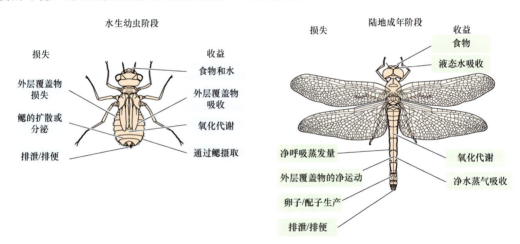

图4.23 **以蜻蜓不同生命阶段为例的水生和陆生动物中，水和溶质的得失**

许多动物必须在不同的盐度下保持有利的水和溶质平衡。缺乏这种能力的海洋动物如果转移到咸水或淡水中，就会死亡。虽然大多数海洋无脊椎动物与海水是等渗的，但其体内溶质的类型可能有所不同。许多无脊椎动物能够通过与周围海水交换溶质来适应环境中溶质浓度的变化。像植物一样，这些动物必须选择性地控制特定溶质的交换，因为一些外部溶质在海水浓度下是有毒的，且生化反应需要一些内部溶质。例如，水母、鱿鱼和螃蟹中的钠和氯化物浓度与海水中的相似，但它们的硫酸盐浓度可能是海水的四分之一到二分之一。

海洋脊椎动物包括对海水等渗和低渗的动物。软骨鱼类（包括鲨鱼和鳐鱼）血液中的溶质浓度与海水中的相似，但与无脊椎动物一样，它们的溶质浓度与海水中的不同。相比之下，海洋硬骨鱼和哺乳动物在淡水中进化后进入海洋环境，它们的血液对海水来说是低渗的。鱼类通过饮水、进食及用鳃与环境交换水和盐分，鳃也是交换氧气和二氧化碳的器官（见图4.24a）。

扩散到海洋硬骨鱼中或被海洋硬骨鱼摄取的盐分要通过尿液和鳃按逆渗透梯度的方向排出，而这需要消耗能量。通过鳃流失的水分必须通过饮海水用来补充。海洋哺乳动物（如鲸鱼和鼠海豚）会产生对海水高渗的尿液，以避免饮用海水而尽量减少对盐分的吸收。

淡水动物对其环境具有高渗性，因此往往会吸收水分而失去盐分。大多数盐交换发生在气体交换表面，包括一些无脊椎动物（如淡水蠕虫）的皮肤和许多脊椎动物和无脊椎动物的鳃。这些动物必须通过吸收食物中的溶质来补偿盐分损失，而一些种群（如硬骨鱼）则必须通过鳃对抗渗透梯度来主动吸收溶质（见图4.24b）。多余的水以稀释尿液的形式排出体外，排泄系统会主动清除其中的溶质，以尽量减少它们的流失。

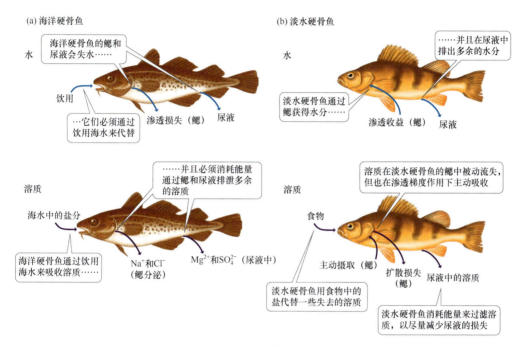

图4.24 海洋硬骨鱼和淡水硬骨鱼的水盐平衡。海洋硬骨鱼和淡水硬骨鱼在维持水和溶质平衡方面面临着相反的挑战。(a)海洋硬骨鱼对环境来说是低渗的，即它们往往失去水分并获得溶质；(b)淡水硬骨鱼对环境来说是高渗的，即它们往往获取水分并失去溶质

陆生动物面临着在水势极低的干燥环境中交换气体（O_2和CO_2）的挑战。这些动物通过以下方式降低蒸发失水：要么拥有高抗失水性的皮肤，要么生活在可通过高水分摄入来补偿高失水的环境中。然而，这两种方式都涉及风险和权衡。对失水的高抵抗力可能损害动物与大气交换气体的能力。如果水源出现问题（如在严重干旱期间），那么对稳定供水的依赖会使得动物处于危险之中。陆生动物群体对失水的耐受性差异很大。通常，无脊椎动物比脊椎动物对失水具有更高的耐受性。在脊椎动物中，两栖动物比哺乳动物和鸟类对失水具有更高的耐受性，但对失水的抵抗力更低（见表4.1）。

两栖动物（包括青蛙、蟾蜍和蜥蜴）主要依靠稳定的供水来维持水平衡。从热带雨林到沙漠，只要有可靠的水源，

表 4.1 部分动物群体失水的容差范围

动物群体	体重减轻（%）
无脊椎动物	
软体动物	35～80
螃蟹	15～18
昆虫	25～75
脊椎动物	
青蛙	28～48
鸟类	4～8
啮齿动物	12～15
人类	10～12
骆驼	30

它们就可在各种各样的生物群落中找到。两栖动物比其他陆生脊椎动物更依赖于通过皮肤进行气体交换。因此，两栖动物的皮肤通常很薄，对失水的抵抗力较低（见图4.25）。然而，一些成年两栖动物物种已发育出具有更高抗失水能力的特殊皮肤来适应干燥环境。例如，分布在整个非洲的

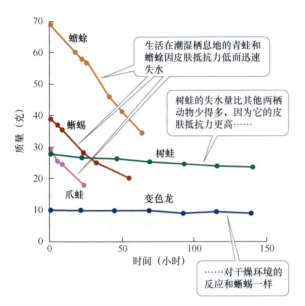

图4.25　**青蛙和蟾蜍对失水的抵抗力不同。** 两栖动物被置于统一的干燥环境条件（温度为25℃，相对湿度为20%～30%）下，以检验它们的失水率，失水率通过测量体重损失来确定。为进行比较，还对变色龙进行了检验

南部泡沫巢树蛙的皮肤以类似于蜥蜴的方式来抵抗失水。为了补偿通过皮肤减少的气体交换，它有更高的呼吸频率。作为群体，树蛙比地面蛙具有更高的皮肤抗失水能力，表明出它们的栖息地更干燥。一些生活在季节干燥环境中的地面蛙，如澳大利亚的北方鳄蛙，通过形成由蛋白质和脂肪组成的黏液分泌物来降低失水率，进而增强对失水的抵抗力。

爬行动物在栖息于干燥环境方面非常成功。爪蛙和蜥蜴厚厚的皮肤为内脏提供了保护，同时也是防止失水的有效屏障。外皮由多层带有脂肪的死细胞组成，其上覆盖有板状物或鳞片。这些脂肪层使得爬行动物的皮肤具有非常高的失水抵抗力。哺乳动物和鸟类的皮肤解剖结构与爬行动物的相似，但覆盖皮肤的是毛发或羽毛而非鳞片。哺乳动物的汗腺体现了抵抗失水和蒸发冷却之间的权衡。在陆生动物中，节肢动物（如昆虫和蜘蛛）对失水的抵抗力最强，其特征是外骨骼由硬甲壳质组成，且涂有蜡质碳氢化合物。

遍布北美沙漠的囊鼠是动物利用各种综合适应来应对干旱环境的一个启发性例子。高效用水和低失水率结合大大减少了这些啮齿动物对水的需求（见图4.26）。囊鼠很少喝水，它们的大部分水需求是通过食用种子和氧化代谢来满足的，即通过代谢将碳水化合物和脂肪转化为水和二氧化碳。这些动物还食用富含水的食物，如昆虫或多汁植物。

囊鼠通过多种生理和行为适应来最大限度地减少失水。在一年中最热的时期，它们只在夜间活动，此时的气温最低，湿度最高。白天，它们待在比沙漠表面更凉爽、更潮湿的地下洞穴中。然而，在它们的某些活动范围内，即使是在洞穴中，温度也会升高到足以使其严重失水。为了增强失水抵抗力，与潮湿环境中的相关啮齿动物相比，囊鼠的皮肤更厚、更油腻，汗腺更少。它们通过肾脏和肠道有效消除水分，以最大限度地减少尿液和粪便中的水分流失。囊鼠的尿液是所有动物中浓度最高的。这些特性使得囊鼠能在非常干旱的环境中生存，而不受水分胁迫。

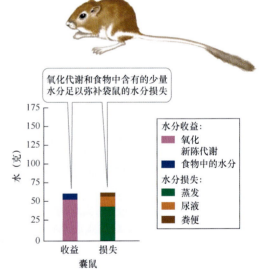

图4.26　**囊鼠的水平衡。** 在干燥的实验室条件（温度为25℃，相对湿度为25%），原产于北美洲西部沙漠的囊鼠不需要液态水来维持生存

案例研究回顾：冷冻林蛙

两栖动物在北极圈内似乎不可能生存，因为它们依赖于稳定的液态水供应来维持水平衡，而且极有可能因结冰而受损。复杂的生物体要在冰冻状态下存活，必须克服几个问题。首先，水结

冰时会形成针状晶体，这种晶体可穿透并破坏细胞膜和细胞器。其次，由于缺乏循环和呼吸，组织的氧气供应受到严重限制。最后，随着冰的形成，水从细胞中流出，导致细胞收缩和溶质浓度增大。这些因素中的任何一个或所有共同作用，都会在低于冰点的温度下杀死组织和生物体。然而，案例研究中描述的林蛙及许多无脊椎动物可以忍受大量身体水分的冻结。

林蛙和其他耐冻两栖动物在树叶、苔藓或原木下的浅洼处过冬，这些地方并不能保护它们免受低于冰点的温度。一些适应性的改变促进了这些两栖动物在冬天的生存，并使它们能够在春天毫发无伤地从冰冻状态中苏醒。这些动物体内的结冰现象仅限于细胞之外。它们体内的大部分水会冻结。如果体内超过65%的水分被冻结，那么大多数动物会因细胞过度收缩而死亡。冰核蛋白的存在增强了细胞外冰的形成。未冻结细胞中的溶质浓度随着细胞失水而增加。此外，耐冻两栖动物会合成额外的溶质，包括来自肝糖原分解的葡萄糖和甘油。由此产生的溶质浓度增大降低了细胞内的冰点，使细胞内的溶液在低于冰点的温度下保持为液态。浓缩的溶质还可稳定细胞体积、细胞器、蛋白质和酶的结构。随着冷冻的进行，林蛙的心脏停止跳动，肺部停止吸气。一旦达到这种部分冻结的半稳定状态，只要温度不低于–5℃，林蛙就可保持冻结状态数周。虽然它们的冬季"住所"离地表不远，但树叶和雪的隔热覆盖使得林蛙保持在该温度以上。

冷冻过程在林蛙体内结冰后的几分钟后开始，整个过程需要几天到几周。另一方面，解冻可能很快，10小时内身体机能就能恢复正常。这种在半冰冻状态下过冬并在春季毫发无伤地出现的惊人两栖动物为医学科学提供了信息，促进了人体组织和器官在低温下的保存。

4.5 复习题

1. 生物对环境胁迫表现出不同程度的耐受性。植物、变温动物和吸热动物对体温变化的耐受性如何变化？哪些因素会影响这些群体之间的耐受性差异？植物能够避免极端温度吗？

2. 有机体对环境条件的适应通常会影响多种生态功能，进而导致相关的权衡。以下是要考虑的两种权衡。**a.** 植物通过气孔蒸腾水分。蒸腾对叶片的温度调节有何影响？在叶片生理功能方面，与蒸腾温度调节的权衡是什么？**b.** 如果动物是深色的，那么它们可通过吸收太阳辐射来有效地温暖身体。然而，许多动物的颜色并不深，而接近其栖息地的颜色（伪装）。动物颜色和热交换之间的权衡是什么？

3. 列出陆地环境中的植物和动物影响其抵抗水分流失到大气中的能力的几种方式。

第5章 应对环境变化：能量

会制造工具的乌鸦：案例研究

人类具有使用多种工具来增强收集食物的能力。人类使用高度机械化的系统来种植、施肥和收获农作物，以养活自身或牲畜。几千年来，人类使用专门的工具来提高捕猎效率，包括长矛、弓箭和步枪。我们将人类的工具制造能力视为人类有别于其他动物的东西。

图5.1 非人类工具的使用。图中的黑猩猩正使用植物的茎捕觅食白蚁。黑猩猩是首批使用工具来觅食的非人类动物

然而，人类并不是唯一使用工具来增强食物获取能力的动物。20世纪20年代，研究黑猩猩行为的心理学家科勒观察到，圈养的黑猩猩会制造工具来取回藏在难以到达地区的香蕉。著名灵长类动物学家古多尔报告说，在野外观察到黑猩猩使用草叶和植物的茎捕食地洞或腐木中的白蚁（见图5.1）。尽管这些报告挑战了人们普遍持有的观点，即现代人类是唯一能提高食物获取能力的工具制造者，但对那些坚持这种观点的人来说，这些观察结果与人类现有的近亲之一有关，这或许是一种安慰。没有人会怀疑鸟类有类似的行为，尽管它们被吹捧为最不聪明的脊椎动物之一。

鸦科鸟类（包括乌鸦、渡鸦、松鸦和寒鸦）以聪明伶俐著称，但关于乌鸦使用由植物制成的食物采集工具的发现仍未得到证实。亨特于1996年报道说，南太平洋岛屿法属新喀里多尼亚的乌鸦使用工具捕捉昆虫幼虫、蜘蛛和其他节肢动物，并将它们从活树和腐烂的树木中拉出（见图5.2a）。亨特发现个别鸟类会使用如下两种工具之一：①用剥去叶片和树皮的嫩枝制成的钩状树枝（见图5.2b）；②从露兜树上剪下的锯齿状叶片（见图5.2c）。

(a)

(b)

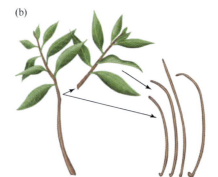

(c)

图5.2 法属新喀里多尼亚乌鸦制造的工具。(a)乌鸦使用它们制造的工具在树洞和缝隙中觅食；(b)由树枝制成的钩状工具。乌鸦用脚握住树枝，同时用喙制作钩子；(c)乌鸦还可用露兜树的锯齿状叶片制作工具

因此，这两种工具都是被制造出来的，而不仅仅是从地上的材料中收集的。亨特描述了法属

新喀里多尼亚乌鸦使用的一种独特的觅食方式。这些乌鸦使用它们的工具作为喙的延伸来探测树洞或茂密的树叶区域。乌鸦反复使用这些工具，并将它们从一棵树带到另一棵树。两种工具都有挂钩表明了一种创新，这种创新可能提高鸟类从树上的避难所捕食猎物的效率。这些工具的结构似乎也是统一的；亨特检查了55种由不同鸟类制造的工具，发现它们几乎没有什么不同。当法属新喀里多尼亚乌鸦被捕获并带入实验室时，它们用金属丝制作了带钩的工具，且实验表明这些工具提高了它们的觅食效率。

仅在约45万年前的石器时代晚期，人类才出现了与乌鸦所展示的技能水平相当的工具制造技术。鸟类是如何制造结构如此复杂的工具的？使用工具的法属新喀里多尼亚乌鸦及一致的工具结构，表明存在以前人们从未在鸟类中观察到的一种现象（在动物种群中学会社会技能）。

5.1　引言

能量是所有生物体最基本的需求之一。生理维持、生长和繁殖都依赖于能量的获取。生物体是复杂的系统，能量输入停止时，生物功能也停止。未制造替代蛋白质时，酶系统就会失败。在没有能量维持和修复的情况下，细胞膜会降解，细胞器会停止运作。本章介绍生物体获取能量以满足细胞维持、生长、繁殖和生存的不同方式。重点介绍生物体从环境中获取能量的主要机制，包括阳光和化学能的捕获，以及获取和使用其他生物体合成的有机化合物。

5.2　能量来源

我们能以各种形式感知环境中的能量。阳光是一种辐射能，它照亮了我们的世界并且温暖了我们的身体。我们触摸的时冷时热的物体具有不同的动能，它与构成物体的分子的运动有关。吃叶片的蚱蜢和吃田鼠的土狼都代表了化学能的转化，因为化学能存储在被消耗的食物中。辐射能和化学能是生物体用来满足生长和维持需求的形式，而动能通过其对化学反应速率和温度的影响，对控制生物体的活动速率和代谢能量需求很重要。寒冷的吸热动物需要将其身体加热到生理功能的最佳温度，做到这一点的方法是在细胞呼吸过程"燃烧"食物的化学能。最终，这种食物来源于太阳的辐射能，后者通过植物转化为化学能。用于支持工业发展、为汽车提供燃料及为房屋供暖的大部分能量，最终都来自化石燃料。

自养生物是指从阳光（光合生物）或环境中的无机化合物（化学合成古细菌和细菌）吸收能量的生物（有机化合物具有碳氢键，通常由生物合成。其他化合物都被视为无机化合物）。自养生物将阳光或无机化合物的能量转化为存储在碳-碳键中的化学能有机化合物，通常是碳水化合物。异养生物是指通过消耗其他生物制造的富含能量的有机化合物来获取能量的生物——所有这些最终都源于自养生物合成的有机化合物。异养生物是消耗无生命有机物的生物（食腐生物），包括土壤中以死亡植物碎屑为食的蚯蚓和真菌，以及湖泊中消耗溶解有机化合物的细菌。异养生物还包括消耗生物但不一定杀死它们的生物（寄生虫和食草动物），以及捕杀其食物来源（猎物）的消费者（捕食者）。

从表面上看，自养生物和异养生物之间的区别似乎很明确：所有植物都是自养生物，所有动物和真菌都是异养生物，古细菌和细菌既包括自养生物又包括异养生物。然而，事情并不总是这样简单。有些植物会失去光合作用，而靠寄生获取能量。这种植物称为**全寄生植物**，它们没有光合色素，是异养生物。例如，菟丝子是世界各地常见的植物寄生虫（见图5.3a和b），被视为农作物的主要害虫。菟丝子在农作物的茎的周围螺旋状生长并穿透宿主的韧皮部，附着在宿主农作物上，利用称为吸器的改良根来吸收碳水化合物。其他称为半寄生植物的植物会进行光合作用，但也从宿主那里获取一些能量、养分和水（见图5.3c）。

图5.3　植物寄生虫。(a)菟丝子是一种缺乏叶绿素的寄生虫，图中显示它缠绕在金银花的茎上；(b)欧洲菟丝子生物量的增加导致其宿主植物刺荨麻减少；(c)槲寄生是一种半寄生虫，虽然它有自己的光合组织，但也从宿主那里吸收水、养分和部分能量

相反，动物可以是自养生物，但这种现象比较少见。它们的光合能力是通过消耗光合生物或通过与它们生活在称为共生的密切关系中获得的。例如，一些海蛞蝓具有功能齐全的叶绿体，可通过光合作用为自身提供碳水化合物。这些动物的消化细胞来自藻类中的叶绿体（见图5.4）。这些叶绿体可在长达数月的时间里保持完整，以便为海蛞蝓提供能量和伪装。

接下来的两节将详细介绍自养生物捕获能量的机制及使得捕获能量更有效率的适应性。最后一节详细介绍异养生物。第12章和第13章中将详细介绍异养生物捕获能量的问题，第16章中将介绍群落中物种之间的能量关系。

图5.4　绿色海蛞蝓。这种海蛞蝓的绿色与其消化系统中吸收的叶绿体有关。叶绿体可为海蛞蝓提供足够的能量，即使是在没有食物的情况下也能维持几个月

5.3 自养

地球上绝大多数化学能的自养生产都是通过光合作用完成的，光合作用是指利用阳光来吸收二氧化碳并合成有机化合物（主要是碳水化合物）的过程。尽管对全球能量的贡献较小，但化学合成（也称**化能无机营养**）是一种利用无机化合物的能量生产碳水化合物的过程，对参与营养循环的一些关键细菌和一些独特的细菌非常重要。光合作用和化学合成产生的能量存储在这些过程产生的有机化合物的碳–碳键中，因此生态学家常用碳来度量能量。

5.3.1 化学合成从无机化合物中获取能量

地球上最早的自养生物可能是化学合成细菌或古细菌，它们在大气成分与今天明显不同的时候进化：氧含量低，但氢含量高，且含有大量二氧化碳（CO_2）和甲烷（CH_4）。各种各样的古细菌和细菌仍用来自无机化合物的能量吸收CO_2并合成碳水化合物。化学合成细菌通常根据其用于产生能量的无机底物来命名（见表5.1）。

表5.1 化学合成细菌用作碳固定电子供体的无机底物

底物（化学式）	细菌类型	底物（化学式）	细菌类型
铵（NH_4^+）	硝化细菌	亚铁（Fe^{2+}）	铁细菌
亚硝酸盐（NO_2^-）	硝化细菌	氢（H_2）	氢细菌
硫化氢（H_2S/HS^-）	硫黄菌（紫色和绿色）	亚磷酸盐（HPO_3^{2-}）	亚磷酸盐细菌
硫黄（S）	硫细菌（紫色和绿色）		

在化学合成过程中，生物体从无机化合物中获得电子，即生物体氧化无机底物（氧化还原反应涉及化合物之间的电子交换；放弃或提供电子的化合物被氧化，而接受电子的化合物被还原）。它们利用电子合成两种高能化合物：三磷酸腺苷（ATP）和还原酶（NADPH）。接着，利用来自ATP和NADPH 的能量从气态CO_2中吸收碳（这个过程称为CO_2的固定）。固定的碳用于合成碳水化合物或其他有机分子，这些分子被存储起来，以满足日后对能量或生物合成（化合物、膜、细胞器和组织的制造）的需求。此外，一些细菌可以直接使用来自无机底物的电子来固定碳。最常用于固定碳的生化途径是卡尔文循环，它以首先描述它的生物化学家卡尔文的名字命名。卡尔文循环由几种酶催化，它发生在化学合成和光合生物体中。

硝化细菌（如亚硝化单胞菌、硝化杆菌）是分布最广的生态学上最重要的化学合成生物群之一，它们存在于水生和陆地生态系统中。在两步过程中，这些细菌将铵（NH_4^+）转化为亚硝酸盐（NO_2^-），然后将其氧化为硝酸盐（NO_3^-）。这些氮化合物的化学转化是氮循环和植物营养的重要组成部分。另一个重要的化学合成类群是硫细菌，它与火山沉积物、硫黄温泉和酸性矿山废料有关。硫细菌最初使用硫的高能形式H_2S和HS^-（硫化氢）产生元素硫（S），元素硫不溶且常见于环境中（见图5.5）。H_2S和HS^-一旦耗尽，细菌就使用元素S作为电子供体来产生SO_4^{2-}（硫酸盐）。

光合作用是地球上生命的动力 在1650

硫细菌从硫化氢中产生能量，留下元素硫的残留物

图 5.5 **化学合成细菌的硫沉积物。**硫细菌在水温高达 110℃的硫黄温泉中大量繁殖

年以前，大多数人认为植物从土壤中获得生长所需的原料。海尔蒙特（1579—1644）是一位佛兰芒科学家，他通过实验检验了这一理论。他仔细称量了盆中干土的质量（91千克），然后种下了一棵质量为2.3千克的柳树苗。海尔蒙特用雨水浇灌了5年的树苗，直到它成长为一棵小树。在那段时间后，这棵树的质量增加了74千克，而土壤仅损失了0.06千克。尽管他错误地得出树的质量是从水中获得的结论，但海尔蒙特的实验为后来的发现奠定了基础，即质量的增量是在空气中因光合作用吸收CO_2而非从土壤中吸收物质来得到的。

地球上绝大多数生物可用能量都来自通过光合作用将阳光转化为富含能量的碳化合物。光合生物包括一些古细菌、细菌、原生生物，以及大多数藻类和植物。叶片是植物中主要的光合作用组织，但光合作用也可发生在茎和生殖组织中。与化学合成一样，光合作用涉及将 CO_2转化为用于能量存储和生物合成的碳水化合物。光合作用也是地球和大气之间最大CO_2运动的原因，因此它对全球气候系统至关重要。下面简要回顾植物光合作用的主要步骤。后面将研究植物光合作用途径的一些变化。

光驱动和碳反应　光合作用有两个主要步骤。第一步是从阳光中收集能量来分解水，以提供电子，产生ATP和NADPH，这一步常称**光合作用的光驱动反应**。第二步是碳的固定和糖及碳水化合物的合成，这一步常称**光合作用的碳反应**。

阳光的收集由几种色素完成，主要是叶绿素。叶绿素使光合生物呈绿色，因为它吸收红光和蓝光并反射绿光（见图5.6）。植物和光合细菌具有相似的叶绿素，但它们吸收的光的波长略有不同。与光合作用相关的其他色素称为**辅助色素**，包括类胡萝卜素，其外观呈红色、黄色或橙色。所有这些光合作用色素及参与光驱动反应的其他分子都嵌入到了膜中。在植物中，这种膜位于称为**叶绿体**的特殊细胞器内，而在光合细菌中，色素则嵌入细胞膜。色素分子像天线一样排列，每个阵列包含50～300个分子。色素从称为**光子**的离散光单元中吸收能量以分解水并提供电子。电子被传递到膜上的分子复合物中，用来合成ATP和NADPH。

水（H_2O）的分解为光驱动反应生成氧气（O_2）提供电子。光合作用及O_2释放到大气层中的演变是现代大气和岩石圈化学发展及地球生命进化的关键一步。大气中的氧气会在大气层高处形成一层臭氧（O_3），以保护生物体免受高能紫外线辐射。有氧呼吸的进化（其中O_2被用作电子受体）促进了地球上生命的巨大进化。

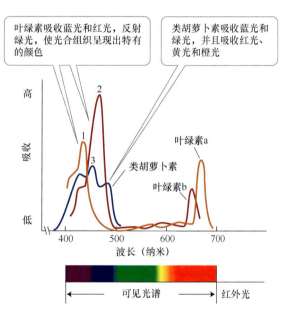

图 5.6　**植物光合色素的吸收光谱**。植物通常含有多种吸收色素，它们吸收不同波长的光

在光合作用的碳反应中，来自ATP和NADPH 的能量在卡尔文循环中用来固定碳。二氧化碳通过维管束植物的气孔从大气中吸收，或者扩散穿过非维管束植物、藻类、光合细菌和古细菌的细胞膜。与卡尔文循环相关的一种关键酶是羧化酶。羧化酶是地球上最丰富的酶，可催化CO_2的吸收和三碳化合物——磷酸甘油醛或PGA的合成。在大多数植物中，PGA最终转化为六碳糖［葡萄糖（$C_6H_{12}O_6$）］。因此，光合作用的净反应是

$$6\,CO_2 + 6\,H_2O \rightarrow C_6H_{12}O_6 + 6\,O_2 \tag{5.1}$$

环境限制和解决方案　光合作用的速率决定了环境中用于生物合成的能量和底物的供应。这个速率影响光合生物的生长和繁殖［通常等同于它们的生态成功（丰度和地理范围）］，因此对光合作用速率的环境进行控制是生理生态学的一个关键主题。但要注意的是，净能量（碳）增加也

受到与细胞呼吸相关的CO_2损失的影响。

显然，光对陆地和水生栖息地的光合作用速率有着重要的影响。光照水平和植物光合作用速率之间的关系可用光响应曲线来描述（见图5.7a）。当光照水平充足，植物光合作用吸收的CO_2与呼吸作用损失的CO_2达到平衡时，植物就达到光补偿点。当光照水平在光补偿点以上增加时，光合作用速率也增加；换句话说，光合作用受光的可用性限制。光合作用速率在光饱和点处趋于平稳，且通常在低于完全日光的水平下到达该点。

植物如何应对光照变化？例如，林下植物如何应对冠层树木的遮阴？树冠树木倒下时，充足的阳光能够照射到地面，这种植物能否适应更多的光照？在一系列使用受控生长条件的经典研究中，比约克曼证明了对不同光照水平的适应涉及光饱和点的变化（见图5.7b）。

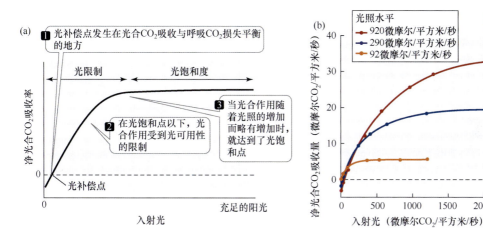

图5.7 植物对光照水平变化的反应。(a)光合光响应曲线；(b)三角叶滨藜生长在不同光照水平的生长室中，适应了这些光照水平。它们的光响应曲线表明发生了光饱和点的调整。许多其他物种的光补偿点会发生微小但有生态意义的变化，促进了CO_2在低光照水平下的吸收

与这种适应相关的形态学变化包括叶片厚度的变化和可用于获取光的叶绿体数量的变化（见图5.8）。光合生物也可改变其捕光色素的密度（一种类似于改变收音机天线尺寸的策略）及可用于碳反应的光合酶的数量。一般来说，植物在一天中经历的平均光照水平接近光限制和光饱和之间的过渡点（见分析数据5.1）。

一些特殊的细菌特别适合在低光照水平下进行光合作用，因此能够在光线较暗的环境下茁壮成长，如在相对较深（水下面约20米）的海水中。一种以前未被描述的叶绿素形式（称为叶绿素 f ）最近在澳大利亚鲨鱼湾浅水区形成沉积物的海洋蓝藻样品中被发现，随后在其他低光照栖息地（如温泉、稻田和洞穴）的蓝藻中被发现。叶绿素 f 吸收近红外光，这种光的波长刚好超过其他叶绿素所用的红光波长（见图5.6）。叶绿素 f 是一种适应性，它允许拥有其的蓝藻在使用蓝光和红光的其他光合生物下方生长，因为它可让它们在横跨其他光合生物的波长下收获能量。可收集近红外能量的色素的发现，对提高用于发电的光伏电池的效率具有重要意义，因为这

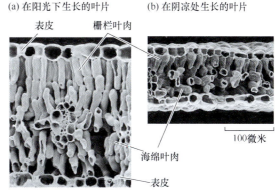

图5.8 光照水平对叶片结构的影响。金旗叶片的形态根据光照水平的变化进行调整。与在低光照条件下生长的叶片(b)相比，在高光照条件下生长的叶片(a)更厚，具有更多的光合细胞（栅栏和海绵状叶肉），并且有更多数量的叶绿体

有助于降低CO_2的排放。

可用水量是陆生植物光合作用吸收CO_2的重要控制因素。低可用水量将导致植物关闭气孔，限制CO_2进入叶片。气孔控制代表植物的一个重要权衡：通过光合作用和蒸腾作用冷却叶片来保持水分与能量获取。当组织失水时，打开气孔将永久损害叶片的生理过程，但关闭气孔不仅会限制光合作用吸收CO_2，还会增大光损害叶片的机会。当卡尔文循环不运行时，能量会继续在光捕获阵列中积累，积累足够的能量后，就会损坏光合膜。植物已进化出多种安全耗散这种能量的方法，包括使用类胡萝卜素来将其作为热量释放。

分析数据5.1　适应环境如何影响植物能量平衡？

许多植物可以调整其形态和生物化学以匹配其生长的光照条件。图中的曲线来自比约克曼的经典研究，表明了净光合作用吸收CO_2的高光照条件（920微摩尔/平方米/秒的光合有效辐射）和低光照条件（92微摩尔/平方米/秒）。

1. 假设没有进一步的生理变化，在如下条件下计算高光照植物和低光照植物叶片的每日碳平衡：

　　a. 植物在200微摩尔/平方米/秒的照度下保持2小时，接着在1500微摩尔/平方米/秒的照度下保持10小时，然后在200微摩尔/平方米/秒的照度下保持2小时，再后关灯10小时（这种光照条件近似于开阔亚热带稀树草原中的晴天）。

　　b. 植物在50微摩尔/平方米/秒的照度下保持2小时，接着在200微摩尔/平方米/秒的照度下保持10小时，然后在50微摩尔/平方米/秒的照度下保持2小时，再后关灯10小时（这种光照机制类似于热带雨林林下层的预期光照机制）。

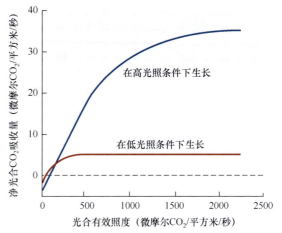

2. 高光照植物和低光照植物的最大净光合作用速率、光补偿点和夜间呼吸是不同的。三个差异中的哪个对高光照条件（在a问中计算）和低光照条件（在b问中计算）下的碳平衡差异贡献最大？

3. 是什么导致了夜间呼吸率的差异？

温度主要通过两种方式来影响光合作用：其对化学反应速率的影响，其对膜和酶的结构完整性的影响。自养生物通过改变卡尔文循环酶的特性来适应温度变化和/或光合膜。不同的光合生物具有不同形式的光合酶，这些光合酶可在生物出现的环境温度下发挥最佳作用。这些差异导致不同气候下的生物体进行光合作用的温度范围明显不同（见图5.9a）。北极和高山环境中的地衣与植物可在接近冰点的温度下进行光合作用，而沙漠植物在足以使得大多数其他植物的酶变性（40℃～50℃）的温度下可能具有最高的光合作用速率。适应温度变化的植物可以合成具有不同最佳温度的不同光合酶（见图5.9b）。温度还影响细胞和细胞器膜的流动性。热带和亚热带生物群落植物的冷敏感性与膜流动性的丧失有关，它会抑制嵌入叶绿体膜的光捕获分子的功能。如见到的那样，高温（特别是与强烈的阳光相结合）会损坏光合膜。

叶片中的养分浓度反映了它们的光合潜力，因为植物中的大部分氮都与羧化酶和其他光合酶有关。因此，叶片中较高含量的氮与较高的光合作用速率相关。那么为什么不是所有植物都将更多的氮分配给叶片来增强光合能力呢？原因主要有两个。首先，氮的供应量相对需求量而言较低，除光合作用外，生长和其他代谢功能也需要氮。其次，增大叶片的氮浓度会增加食草动物啃食叶片的风险，因为以植物为食的动物通常缺乏氮。植物必须平衡光合作用、生长和保护食草动物的竞争需求。

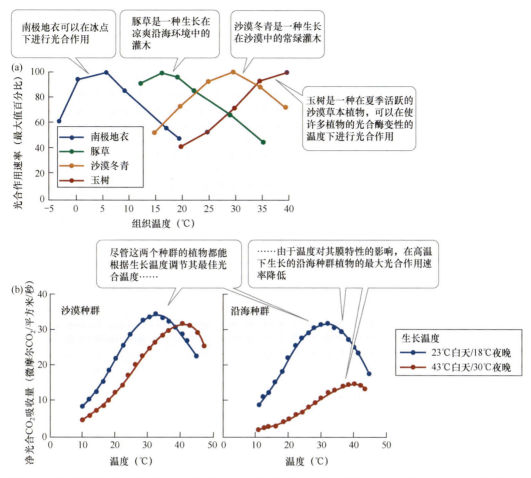

图5.9 光合作用对温度的响应。(a)植物和地衣在哪个温度下达到最大光合作用速率对应于其原栖息地的环境温度范围。(b)来自不同种群的植物对不同生长温度的适应。滨藜是一种生长在炎热莫哈韦沙漠和凉爽加州沿海地区的灌木。两种生长温度范围代表了该物种占据的两个栖息地

随着进化时间的推移，一些植物已通过适应光合作用途径来应对环境对光合作用的限制。

5.4 光合作用途径

任何影响光合作用能量增益的事件都有可能影响生物体的生存、生长和繁殖。如前所述，光合作用的速度受环境条件的影响，尤其是温度和可用水量。此外，初始生化效率明显较低的卡尔文循环步骤限制了光合作用生物体的能量增益。本节研究光合作用环境限制的一些进化反应。我们将描述两种专门的光合作用途径——C4光合作用途径和景天酸代谢（CAM），它们可使光合作用在特定的压力环境下效率更高。缺少这些特殊途径的植物使用C3光合作用途径。C3和C4光合作用途径的名称源于其第一种稳定化合物中的碳原子数。首先研究光呼吸，这是一个与卡尔文循环相反且降低光合作用效率的过程。

5.4.1 光呼吸降低光合作用的效率

前面介绍了卡尔文循环中的一种关键酶——羧化酶。羧化酶可以催化两种竞争反应：一种是羧化酶反应，该反应吸收CO_2，合成糖并释放O_2（光合作用）；另一种是加氧酶反应，该反应吸收O_2，分解碳化合物并释放CO_2。这种加氧酶反应是光呼吸过程的一部分，它会导致能量的净损失，

因此可能对植物有害。

光合作用和光呼吸之间的平衡与两个主要因素有关：①大气中O_2与CO_2的比率；②温度。随着大气中CO_2浓度相对于O_2浓度的降低，光呼吸速率相对于光合作用速率增加（见图5.10）。自C_3进化以来的30多亿年前，大气中的CO_2浓度在数十万年的时间里反复变化，以应对重大的全球地质和气候事件。大气中CO_2浓度的变化会影响光合作用和光呼吸之间的平衡。此外，随着温度的升高，羧化酶催化的O_2吸收速率相对于CO_2吸收速率增加，且CO_2在细胞质中的溶解度要比O_2降低得更多。由于这两个过程，光呼吸在高温下比光合作用增加得更快。因此，在高温和低大气CO_2浓度下，光呼吸引起的能量损失更严重。

既然光呼吸对光合生物的功能有害，为什么没有进化出一种新的羧化酶来最大限度地减少O_2的摄取呢？光呼吸是否可能对植物提供一些益处？一个可能的线索来自拟南芥的实验。拟南芥具有基因突变，在正常光照和CO_2条件下可剔除光呼吸死亡。光呼吸潜在优点的一个假设是，它可以保护植物在高光照水平下免受光合作用机制的损害。这个假设得到了一些研究人员的支持，他们使用烟草植物进行基因改造以提高或降低植物的光呼吸速率。他们对这些实验植物采用高光照，并记录其对光合作用机制的破坏。具有较高光呼吸速率的植物与对照植物相比，表现出了更少的损害（见图5.11）。

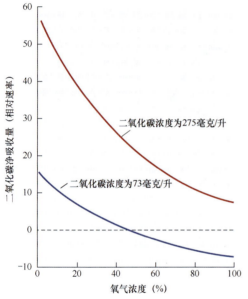

图5.10　含氧量对光合作用的影响。随着大气含氧量的增加，由于光呼吸作用的增强，CO_2的净光合吸收量下降，如图所示，大豆叶片的光照水平约为全日照的20%

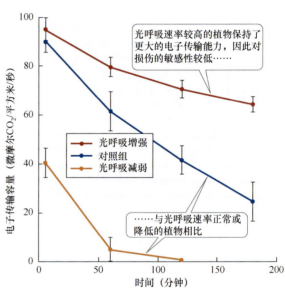

图5.11　光呼吸能够保护植物免受强光照的伤害吗？在提升光合膜损伤（高光照水平、低CO_2浓度）的条件下，具有高光呼吸速率的转基因植物处理光能以进行光合作用（电子传输能力）的能力高于对照植物或具有低光呼吸速率的转基因植物。误差条显示的是平均值的标准差

尽管光呼吸可能在保护植物免受高光照的损害方面发挥作用，但在某些情况下，它引起的光合作用吸收CO_2的减少可能是植物的严重问题。大气中的CO_2浓度低且温度高时，光合能量增益可能无法跟上光呼吸能量损失的步伐。这种情况在700万年前就已存在，当时具有独特C_4光合作用途径的植物变得更加丰富。

5.4.2　C_4光合作用降低光呼吸能量损失

C_4光合作用途径可减少光呼吸。C_4光合作用在不同的植物物种中独立进化多次。它存在于18个不同的植物科中（见图5.12），但与禾本科关系最密切。在具有C_4光合作用途径的农作物中，广为人知的有玉米、甘蔗和高粱。

(a) 柳枝稷　　　　　　　　(b) 白花菜

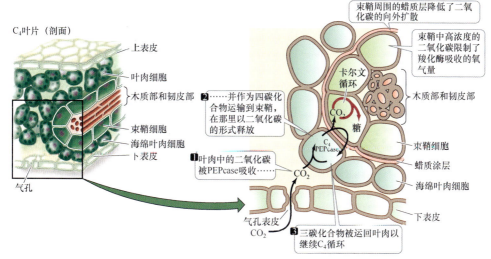

图5.12　具有 C_4 光合作用途径的植物。 C_4 光合作用途径已多次进化。它存在于18个不同的植物种中，包括各种生长形式，从柳枝稷到真双子叶植物，如常见于非洲的白花菜

C_4 光合作用涉及生化特化和形态特化。生化特化可视为卡尔文循环提供高浓度 CO_2 的泵。CO_2 的大量供应降低了羧化酶对 O_2 的吸收率，大大减少了光呼吸。形态特化涉及叶片中 CO_2 被吸收的区域（叶肉）和卡尔文循环起作用的区域（束鞘）的空间分离，增大了发现羧化酶的 CO_2 的浓度。

在 C_4 植物中，CO_2 最初被一种称为**磷酸烯醇丙酮酸羧化酶**或PEPcase的酶吸收，这种酶比羧化酶具有更大的吸收 CO_2 的能力，且缺乏加氧酶活性。PEPcase将 CO_2 固定在植物的叶肉中。一旦 CO_2 被吸收，就会合成一种四碳化合物并运输到血管组织（木质部和韧皮部）周围的一组细胞中，称为**束鞘**，卡尔文循环在那里发生。四碳化合物在束鞘细胞中分解，将 CO_2 释放到卡尔文循环中，三碳化合物被运输回叶肉以继续 C_4 循环。束鞘由蜡质层覆盖，可防止 CO_2 扩散（见图5.13）。因此，CO_2 浓度在束鞘中可高达5000毫克/升，即使外部 CO_2 浓度仅为408毫克/升。必须消耗ATP形式的额外能量来操作 C_4 光合作用途径，但碳固定效率的提高弥补了更高的能量需求。

图5.13　C_4 植物叶片形态特化。 CO_2 摄取（在叶肉细胞中）和卡尔文循环（在束鞘细胞中）的空间分离最大限度地减少了光呼吸，并使得高温下的光合作用速率最大

由上面的讨论明显可以看出，具有 C_4 光合作用途径的植物在提高光呼吸速率的环境条件下（例如高温），可以比 C_3 植物以更高的速率进行光合作用。此外，与 C_3 植物相比，大多数 C_4 植物在给定的光合作用速率下具有较低的蒸腾速率（称为**水分利用效率**）。这种差异是在气孔未完全打开时，由PEPcase在较低 CO_2 浓度下吸收 CO_2 的能力造成的。

如果假设光合作用速率决定了生态上的成功，就可利用气候模式来预测C_4植物在C_3植物中占主导地位。然而，这样的分析过于简单，因为温度以外的多种因素会影响生物C_3和C_4植物的地理，包括非生物因素（如光照水平）和生物因素（如竞争能力和用于占据一个区域的物种库）。然而，对纬度和海拔梯度上类似群落的分析，支持了高温下C_4光合作用的优点及这些优点在C_4植物分布中的作用。例如，对澳大利亚以草和莎草为主的群落的研究表明，生长季节温度与群落中C_3和C_4物种的比例密切相关（见图5.14）。然而，由于化石燃料的燃烧，大气中的CO_2浓度持续增加，光呼吸速率可能降低，C_4相对于C_3光合作用的优势在某些地区可能减弱，导致C_3和C_4植物的比例发生变化。

CAM光合作用增强节水 当植物首次在陆地环境中定居时，会进化出适应能力，以限制干燥大气中的失水。在这些适应中，有一种独特的光合作用途径，称为**景天酸代谢**（CAM），它发生在33科的1万多个植物物种中。C_4光合作用在空间上分离CO_2吸收和卡尔文循环，而CAM在时间上分离这两个步骤（见图5.15）。CAM植物晚上打开气孔，此时C_3和C_4植物关闭气孔，因为晚上的气温较低，湿度较高。较高的湿度导致叶片和空气之间的水势梯度较低，因此植物通过蒸腾作用损失的水分比白天的少。CAM植物在白天关闭气孔，此时失水的可能性最高。

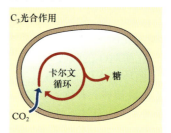

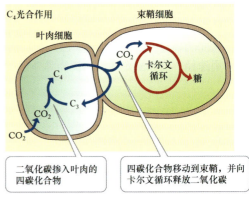

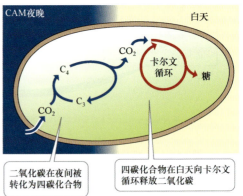

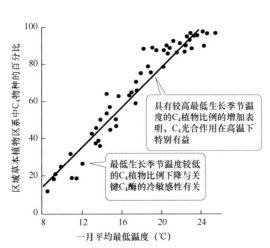

图5.14 C_4植物丰度和生长季节温度。在澳大利亚以草和莎草为主的群落中，C_4植物的比例与不同地点的平均最低生长季节温度相关

图5.15 C_3、C_4和CAM光合作用比较。所有三种光合作用途径固定碳并产生糖，但C_4光合作用在空间上分离了这些步骤，而CAM在时间上分离了它们

夜间，当气孔打开时，CAM植物使用PEPcase吸收CO_2并将其掺入存储在液泡中的四碳有机酸（见图5.16）。夜间，植物组织中酸度的增加是CAM植物的特征，可用于估计其光合作用速率。白天，当气孔关闭时，有机酸被分解，将CO_2释放到卡尔文循环中。因此，CAM植物光合组织中的CO_2浓度高于白天大气层中的CO_2浓度。这些高CO_2浓度可抑制光呼吸，进而提高光合作用的效率。CAM植物的光合作用速率通常与植物存储四碳有机酸相关，因此许多CAM植物是多肉的，具有厚实的肉质叶片或茎，增强了它们夜间的酸存储能力。

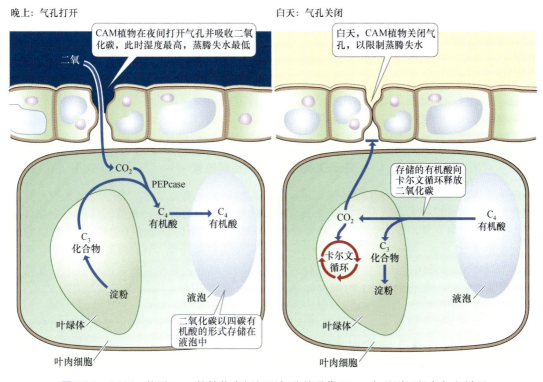

图5.16　CAM。使用CAM的植物夜间打开气孔并吸收CO_2，白天则运行卡尔文循环

CAM植物通常与干旱和盐碱环境有关，如沙漠和地中海型生态系统（见图5.17）。然而，人们在潮湿的热带地区也发现了一些CAM植物。热带CAM植物是生长在树枝上的典型附生植物，无法获得土壤中存储的丰富水分。这些附生植物依靠降雨供水，因此可能长期得不到水。

图5.17　具有CAM光合作用途径的植物示例。大多数CAM植物是在干旱和盐碱地区或其他水分供应周期性低的栖息地中发现的

CAM光合作用途径也存在于一些水生植物中，如与石松密切相关的水韭。这一观察结果表明，水保持可能不是CAM进化的唯一驱动力，CAM至少在35个不同的科中独立进化。CO_2扩散到水中

的速率很低，且假设CAM有助于在水生环境中发现的低浓度下吸收CO_2。一些CAM植物物种的独特性质是能够在C_3和CAM光合作用之间切换，称为**兼性**CAM。当条件有利时，对于白天的气体交换（有充足的水），这些植物利用C_3光合作用途径，其碳增益比CAM更大。随着条件变得更加干旱或盐碱化，植物转向CAM。从C_3过渡到CAM的可逆性因物种而异。例如，常见的松叶菊作为一种兼性CAM模型系统被人们进行了深入研究，当盐度增加或土壤变干时，它会经历从C_3到CAM光合作用的不可逆过渡。相比之下，猪胶树属的一些物种可在C_3和CAM之间相对快速地切换。这些植物最初是树冠树中的附生植物，但向宿主树的基部生长，最终扼杀宿主树并呈现出树木生长的形式。在C_3和CAM之间切换的能力便于从附生植物形成树木形态，它支持一些热带地区从雨季向旱季过渡期间的持续光合作用。

如何知道植物使用的是哪种光合作用途径？植物的形态给出了一个线索：多肉植物表明了CAM光合作用，而具有发达束鞘的植物表明了C_4光合作用。这些线索只是一个起点，并不是万无一失的。我们可以测量特定酶的存在和活性，但这种方法需要大量的样品制备和实验室时间。一种更简单的方法是测量植物组织中稳定碳同位素的比率（$^{13}C/^{12}C$）。尽管同位素技术使用精密设备，但样品制备简单，并且许多实验室可对植物组织样品进行常规分析（见生态工具包5.1）。

生态工具包5.1　稳定同位素

许多生物学上重要的元素（包括碳、氢、氧、氮和硫）具有丰富的"轻"同位素和一种或多种"重"非放射性同位素，这些同位素中包含额外的中子。因为这些元素的同位素不会像放射性同位素那样随时间衰变，所以它们称为稳定同位素。稳定同位素的一个例子是碳13（^{13}C），它比更丰富的碳12（^{12}C）重，因为它多了一个中子。稳定同位素组包括氢（H）和氘（D或^{2}H），氮14和氮15（^{14}N和^{15}N），氧16、氧17和氧18（^{16}O、^{17}O和^{18}O）。这些元素中较轻的同位素比较重的同位素丰富得多。例如，^{12}C占地球上C的98.9%，而^{13}C仅占1.1%。同样，^{14}N占地球上N的99.6%，而^{15}N仅占0.4%。

物质的同位素组成通常表示为δ，即样本中同位素的比率（$R_{样本}$）与标准物质中的同位素比率（$R_{标准}$）之差除以$R_{标准}$，再乘以1000（单位为‰）：

$$\delta = \frac{R_{样本} - R_{标准}}{R_{标准}} \times 1000$$

为稳定同位素选择的标准物质的例子包括来自南卡罗来纳州的石灰岩（用于C）、大气中的N_2（用于N）和海水（用于O和H）。

天然存在的稳定同位素已成为生态学研究的重要工具。稳定同位素已被用于确定光合作用植物中的途径，确定动物的食物来源，跟踪元素的运动和生态系统中养分循环的速率。由于质量差异，同位素受生物和物理过程的影响不同。通常，较重的同位素会减少，而较轻的同位素会富集。例如，当羧化酶催化CO_2的吸收时，它有利于$^{12}CO_2$而非$^{13}CO_2$。因此，相对于大气CO_2中的C，植物富含^{12}C而缺乏^{13}C：大气CO_2的$\delta^{13}C$值为-7‰，而C_3植物的$\delta^{13}C$值约为27-‰。然而，与C_3植物相比，C_4和CAM植物具有更少的^{12}C和更多的^{13}C。这是因为这些植物中CO_2的初始吸收是由PEPcase分析的，而与羧化酶相比，PEPcase更少排斥$^{13}CO_2$，C_4和CAM

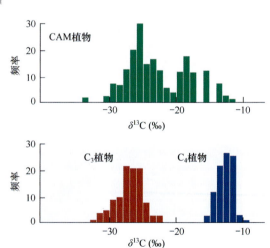

具有不同光合途径的植物的碳同位素组成。具有C_3光合途径的植物对^{13}C表现出最大的排斥（因此最不利于$\delta^{13}C$），而C_4和CAM植物富含^{13}C

植物中的羧化酶在半封闭系统（在束鞘中或气孔关闭）中吸收CO_2，这会抑制酶的区分。因此，植物组织中C同位素比率的测量可用于确定植物物种使用的光合作用途径，如上图所示。

稳定同位素也被用于确定动物的食物来源。在各种潜在的食物来源中，C、N和S的同位素比率可能存在显著差异，测量潜在食物来源和消费者组织中这些同位素中的一种或多种可以确定消费者正在吃什么。例如，在本章回顾的案例研究中，我们将看到如何使用同位素比率来确定法属新喀里多尼亚乌鸦的饮食。后面将描述如何使用N和C同位素研究现代北美洲灰熊和已灭绝穴居熊的饮食。

稳定同位素也可添加到环境中，以帮助追踪元素的运动。这种方法常用于追踪生态系统中养分的去向。

生物样本的同位素分析相对简单。对于C和N，样本在封闭的炉中干燥、研磨和燃烧。然后使用质谱仪分析燃烧释放的气体的同位素组成。许多商业实验室专门从事生物物质的同位素分析，部分原因是生态学家和其他环境学家对此类分析存在需求。

前面介绍了自养生物获取能量的方式，下面介绍异养生物如何获取能量。

5.5 异养

异养是指吃和被吃，这是生态学中的主要话题。地球上最早的生物可能是消耗氨基酸和糖类的异养生物，它们在早期大气中自发形成，然后随雨点落到地表上，或在热液喷口附近的海洋中形成。从那时起，异养生物获取能量的策略多样性得到了极大扩展。三个一般步骤与异养能量获取有关：寻找和获取食物，消耗食物，以及吸收食物的能量和营养。为异养生物提供能量的有机物包括活生物体和刚被杀死的生物体，以及碎屑——处于不同分解阶段的死生物体的有机物质。本节研究食物来源、异养生物获取能量的方式以及影响食物吸收的因素。与异养体大小和生理相关的异养能量获取与同化过程的复杂性存在很大差异。第8章、第12章和第13章中将深入研究各种类型的消费者（捕食者、食草动物和寄生虫）、它们如何觅食、消耗的食物如何影响它们的生长和繁殖，以及消费者本身及其食物资源（猎物和宿主）的分布与丰度。

食物来源的化学性质和可用性各不相同

异养生物从环境中消耗富含能量的有机化合物（食物），并通过分解碳水化合物的糖酵解等过程将它们转化为可用的化学能——主要是ATP。异养生物从食物中获取的能量取决于食物的化学性质，这决定了食物的消化率和能量含量。为寻找和获取食物而付出的努力也会影响异养生物从食物中获得的益处。例如，以土壤中的碎屑为食的微生物在获取食物时消耗的能量很少。但是，与活生物体的能量含量相比，这种分解植物物质的能量含量较低。活猎物比碎屑更稀有，它们可能有防御机制，捕食者必须消耗能量才能克服防御机制。因此，猎豹猎杀瞪羚时会投入大量精力寻找、追逐、捕捉和杀死猎物，但如果猎杀成功，就会获得能量丰富的一餐。食物来源对异养生物的益处与食物所含的化合物有关。食物的化学成分可根据其能量含量和吸收难易程度分为几类（见图5.18）。虽然水是动物食物的重要组成部分，但它并不提供能量。食物中的能量存储在"干物质"（去除所有水分后剩下的物质）中。纤维包括纤维素（植物细胞壁的主要成分）等化合物和生物体的其他结构。

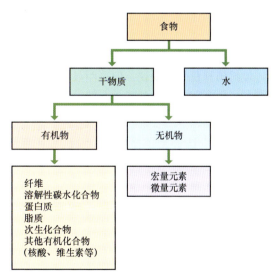

图5.18 食物化学的分类分解。食物化学可能很复杂，但这些简单的分类有助于生态学家了解化学物质如何影响食物对异养生物的益处

由于纤维的化学结构，许多异养生物无法以化学方式分解它，因此通常是一种不良的能量来源。食物中的大部分能量存储于碳水化合物、蛋白质和脂肪中。单位质量的脂肪比单位质量的碳水化合物含有更多的能量，而碳水化合物与构成蛋白质的氨基酸相比能提供更多的能量。然而，氨基酸也提供氮，这是一种需求量很大的营养素。碳与特定营养素（通常是氮）的比率通常能够很好地指示食物的营养质量：相对于碳的营养素含量越高，表明食物的质量越好。

次生化合物（不用于生长或发育的化学物质）通常不是动物的良好能量来源，一些次生化合物实际上可能通过与消化酶结合或对消耗它们的异养生物产生直接毒性而减少能量摄入。

图5.18中描述的化合物在不同食物类型中的不同浓度与食物来源的组织、细胞类型和生物体有关。动物组织通常比植物、真菌或细菌细胞富含能量，后者往往含有更多的纤维。因此，食草动物（以植物为食的动物）通常必须吃更多的食物才能获得与食肉动物（以其他动物为食的动物）相同的益处。然而，食肉动物可能比食草动物消耗更多的能量来寻找食物。

异养生物使用多种策略获取食物　异养生物的大小从古细菌和细菌（小至0.5微米）到蓝鲸（长达25米）不等。身体大小与摄入食物的比例差异很大，但通常随着身体大小的增加而增加。细菌可能被周围的食物包围，而较大异养生物的食物通常更分散，相对于消费者来说更小。因此，异养生物的摄食方式和食物吸收的复杂性差异很大。

原核异养生物通常通过细胞膜直接吸收食物。古细菌、细菌和真菌向环境中分泌酶来分解有机物，实际上是在细胞外消化食物。异养细菌已适应多种有机能量，并且能够产生大量分解有机化合物的酶。微生物作为一个群体使用不同能量的这种能力已在环境废物管理中得到应用，作为一种清除有毒化学废物的方法，这个过程称为**生物修复**。通过使用微生物分解这些有害化合物，燃料、杀虫剂、污水和其他有毒物质的泄漏得到了有效控制。海洋细菌消耗石油被视为清理2010年深水地平线石油钻井平台爆炸导致的墨西哥湾漏油的重要应对方法。大部分石油从井口直接释放到了海洋的更深层中，井口的石油连续流动了87天，直到最终被封盖（见图5.19）。石油泄漏对海洋生物造成了重大危害，人们担心其影响将是长期的，就像其他石油泄漏的影响一样。一些报告表明，在深水地平线石油泄漏释放的石油中，有一半被海洋微生物消耗和呼吸，尽管其他报告表明，泄漏后观察到的微生物大量繁殖是由于消耗了从石油中泄漏的天然气造成的。虽然消耗量仍有争议，但很明显，海洋微生物利用泄漏的石油，减轻了石油泄漏对环境的影响。

多细胞异养生物通常必须寻找食物，或者在某些固着海洋动物的情况下让食物移向自己。流动性的演变可能与寻找食物来源的需要及避免被其他消费者吃掉的需要有关。为在不同环境中有效寻找和捕获食物而进行的形态和行为适应，导致了形式和功能的进一步多样化。

图5.19　环境灾难。石油从位于地表下方1700米海底的深水地平线石油钻井平台的裂缝井口涌出。在3个多月的时间里，每天释放了约5.7万桶石油。利用石油的海洋微生物的活动可能减轻了这场灾难的影响

动物在其专门的喂养适应性方面表现出了巨大的多样性，反映了它们所食用食物的多样性。下面举例说明异养生物的形态多样化，后面将详细研究进食的行为适应。

昆虫口器的形态多样性　昆虫的面部外观表现出了巨大的多样性，反映了食物来源的多样性，包括碎屑、植物和其他动物。它们可能吃掉整个猎物或者吸取它们的体液。所有昆虫都有一套相同的口器，由几对用来抓取、处理和消耗食物的附肢组成。这些口器的形态变化反映了不同昆虫群体内进化的摄食特化（见图5.20）。普通家蝇具有海绵状口器，可将唾液涂到食物上，

然后吸收并摄取部分已消化的溶液。雌蚊和蚜虫具有刺吸式口器，用于从食物来源（动物的血液和植物的汁液）中吸取液体。咬人的苍蝇具有锋利的附属物，可切开皮肤吸血，类似于啃食树叶的昆虫的切割口器。

马达加斯加岛上一种特定兰花的解剖结构与一英尺长鹰蛾吸蜜喙的进化相一致

大黄蜂是最大的黄蜂，它们的口器会压碎和咀嚼其他昆虫的幼虫，工蜂会把这些幼虫吐出来喂给蜂巢里的幼虫

蚊子使用口器穿透动物的皮肤并吸取血液

腹部充血

图5.20 昆虫口器。昆虫口器形态的差异反映了昆虫有效获取和消耗食物的不同策略

鸟嘴的形态适应 与昆虫的口器一样，鸟类的口器（嘴）表现出形态适应，反映了它们捕获、操纵和消耗食物的多种方式（见图5.21）。鸟嘴的形态与鸟所属的类群密切相关。换句话说，鸭子的扁嘴和猛禽的钩嘴在这些群体中变化不大。然而，密切相关的物种在喙的形态上的细微差异反映了食物获取和处理的细微差异。这种变化反映了有助于优化食物获取和最大限度减少物种间竞争的适应性。

玫胸白翅斑雀等雀鸟的喙很短，适合敲开种子

食饵鱼在水面低空飞行时，用张开的嘴捕鱼

蜂鸟通过长长的喙从花中提取花蜜

图5.21 鸟嘴。鸟嘴的形态与物种的摄食行为有关，它增强了对其偏好食物资源的获取

本克曼研究了交嘴鸟的喙形态差异之间的关系，因为它们与食物针叶树种子的差异有关。交嘴鸟具有独特的带有交叉尖端的不对称喙（见图5.22a）。交嘴鸟擅长用喙啄开针叶树的球果并拔出种子供食用。在它们的地理范围内，交嘴鸟的食物来源有多种针叶树；然而，最丰富的物种在这个范围内各不相同。本克曼希望知道交嘴鸟的喙形态是否与它们偏爱的针叶树种的锥体形态有关。本克曼使用圈养的红交嘴鸟物种的5个初期物种（正在成为物种的亚种）和野生鸟类通过实验验证了这一假设。他的一系列研究表明，鸟类从给定针叶树球果中提取种子的速度与其喙深有关。此外，本克曼证明了种子脱壳的速度与喙凹槽的宽度有关。与其他针叶树种的种子相比，每种初生的交嘴鸟都能有效地提取和剥去一种针叶树种的种子。该研究表明，初期物种的喙深与种子在其首选针叶树物种的锥体中的深度是相关联的。此外，本克曼发现每种早期交嘴鸟的年存活率与其

取食效率有关，而取食效率与所取食的针叶树种而异。综合这些结果，本克曼发现了五个"适应性峰值"，表明每个初期物种的喙形态与其取食最有效和存活最好的针叶树物种相关（见图5.22b）。本克曼的结论是，红交嘴鸟目前正在经历进化分化（物种形成），这是与其地理范围内可用食物资源的差异及这些差异对喙形态的影响相关的选择结果。

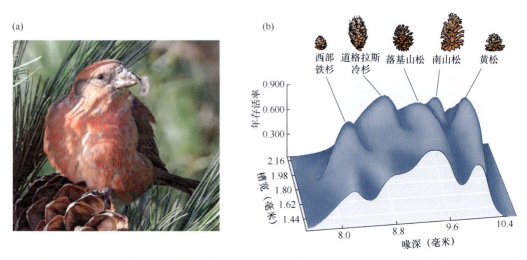

图5.22　交嘴鸟形态、食物偏好和存活率。(a)红交嘴鸟；(b)本克曼数据的三维图显示了5种早期交嘴鸟的喙形态（槽宽和喙深）与年存活率之间的关系。每个早期物种都显示出与其优先取食的针叶树相关的"适应性峰值"；也就是说，每个早期物种都有更高的存活率，以针叶树为食时，其喙形态最适合使用。所示的锥体是按相对比例绘制的

5.5.1　异养生物在消化和同化过程中的复杂性各不相同

如前所述，异养生物消耗的食物由复杂化合物的混合物组成，这些化合物要化学转换为更简单的化合物后才能用作能量。消化将蛋白质、碳水化合物和脂肪分解成氨基酸、单糖和脂肪酸。消化和同化的进化与提高能量和营养吸收效率以及满足生理功能的特定需要有关。例如，昆虫飞行对能量的需求很高，一些昆虫必须维持脂肪存储体来提供开始飞行所需的能量。人类需要碳水化合物来促进大脑活动，这就解释了为什么低血糖会导致认知能力差。因此，消化和食物的吸收是异养生物获取能量与发挥功能的重要步骤。

异养原生生物和动物的摄食进化导致食物的摄取、消化和吸收越来越复杂。变形虫和纤毛虫等小型原生动物将食物颗粒摄取到细胞中，食物在细胞中被特殊的细胞器消化。随着多细胞动物的出现，用于吸收、消化、运输和排泄的专门组织得到进化，能量同化效率提高。消化系统从具有单个输入和输出端口的简单腔室（如水螅的腔室）演变为具有一个输入端口（嘴）和一个输出端口（肛门）的管道。更大的进化包括专门从事特定消化步骤（如胃）和吸收（如肠）的腔室。将食物分解成更小碎片以增大消化表面积的机制已进化出来，包括蚯蚓和鸟类的砂囊（其中含有用来研磨食物的小石块）及哺乳动物的臼齿。

动物的饮食会影响其消化适应。例如，食草动物食用含有大量纤维和少量碳水化合物与蛋白质的食物来源——植物。为了应对这种低质量的食物，大多数食草动物的消化道要比食肉动物的消化道长，这无疑会增加食物的加工时间和吸收能量的表面积（见图5.23）。为了进一步增加食物对消化道的接触，一些食草动物，包括许多小型脊椎食草动物（如兔子），会重新摄取它们的粪便。年幼动物也可能摄取年长动物的粪便。虽然这种喂养策略对人类来说可能很恶心，但它提高了对劣质食物的消化和吸收效率，有助于维持动物肠道中有益微生物的健康菌落。食粪似乎不会增强食物中纤维的消化，但对获取维生素和营养素很重要。

一些食草动物具有细菌共生体，可以大大提高消化效率。大多数动物的消化道中都存在古细菌、细菌、真菌，甚至存在一些原生生物，但这些生物中的许多在帮助或伤害宿主方面的作用尚不清楚。对某些动物来说，食草动物与其肠道生物群落之间的这种关系很明显：两者都从这种关系中受益。包括牛和长颈鹿在内的反刍动物有一个专用胃腔（瘤胃），其中大量的细菌可加速将纤维素化学分解成单糖。瘤胃就像一个发酵室，提供有利于有益细菌生长的环境条件。来自瘤胃的物质最终进入另一个胃腔，胃腔不仅吸收消化植物释放的化合物，还吸收伴随大量消化食物的细菌释放的化合物。反刍动物也表现出反刍现象，这是为了进一步咀嚼前胃的反流物质。反刍使这些动物能够"在奔跑中进食"，在短时间内消耗大量植物，进而最大限度地减少它们与捕食者的接触。当被吃掉的威胁较低时，它们可在以后更彻底地咀嚼和消化食物。

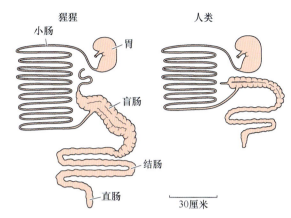

图5.23　食草动物具有较长的消化系统。与杂食性人类相比，猩猩等食草灵长类动物具有较长的消化系统。食草动物消化道的体积和吸收面积更大，有助于增强对劣质食物的能量吸收

前面介绍了几个消化适应不同食物类型的例子。有机体能否适应不同的食物？一些动物的答案是肯定的。以多种植物和动物（杂食动物）为食的生物体可以调整其消化形态，并根据需要产生不同的酶来加强对食物的消化。例如，莺的季节性迁徙与它们的饮食变化有关。这些鸟类在北美洲的森林中度过繁殖季节（5～9月），主要吃昆虫，而一年中的其余时间则在中美洲度过，以水果和花蜜为食。对包括松莺在内的圈养莺进行的一项实验表明，它们的饮食会影响脂肪的同化效率。与以昆虫和水果（中等和低脂肪含量）为食的鸟类相比，用种子（脂肪含量高）饲养的鸟类表现出了最大的从食物中吸收脂肪的能力，因为食物在肠道中的滞留时间更长，并且产生了更多的脂肪降解酶（见图5.24）。这种适应不同食物来源的能力使得杂食动物（如莺）可在任何给定的时间选择最佳食物来源。后面将讨论饮食灵活性和特化的其他方面。

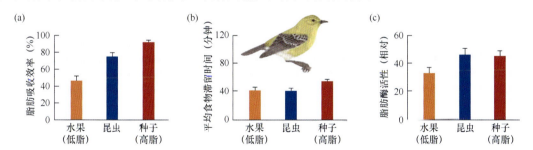

图5.24　通过改变饮食来调整消化效率。迁徙的莺在不同的地区消耗不同的食物。为了研究食物中脂肪含量对脂肪吸收效率的影响，研究人员喂养高脂肪（种子）、中等脂肪（昆虫）和低脂肪（水果）的圈养鸟类，然后测量脂肪吸收效率（鸟类摄入食物中脂肪的比例）。伴随高脂肪食物(a)的吸收效率的提升，与较长的食物滞留时间(b)和胰腺产生的更多脂肪降解酶（脂肪酶）有关(c)。误差条显示的是平均值的标准差

案例研究回顾：会制造工具的乌鸦

觅食动物通常会表现出行为及形态和生化特化，进而提高它们获取和消化食物的效率。交嘴鸟的特殊喙是一种形态适应，可以提高它们的摄食效率。莺能够调整它们的消化效率以匹配食物来源。乌鸦使用工具是否可以让它们更有效地获取食物或获得更高质量的食物，进而增强它们获取能量的能力？

法属新喀里多尼亚乌鸦是杂食动物，有多种食物可供选择，包括脊椎动物、无脊椎动物、植

物和动物尸体（腐肉）。如前所述，觅食动物从食物中获得的益处取决于它为寻找和获取食物所付出的努力、食物的化学成分，以及动物消化和吸收食物的能力。使用工具是有代价的：收集材料和制作工具可能很耗时，且年轻的乌鸦最初可能并不擅长使用它们。评估使用工具对乌鸦的益处需要了解它们的能量需求、潜在食物来源的能量益处及乌鸦的实际饮食。

乌鸦害羞的天性及其热带森林栖息地使得观察研究非常困难。为了评估工具制造和工具使用的能量效益，鲁茨及其同事使用稳定同位素测量（见生态工具包5.1）来评估鸟类的饮食，然后使用其潜在食物来源的脂肪含量测量来估计能量效益。他们还估计了乌鸦的能量需求。初步观察表明，这些鸟类依赖两种优质食物，这两种食物的脂肪含量都在40%左右：烛果树上的坚果，乌鸦会将它们扔到石头上砸碎；甲虫幼虫，它们是乌鸦使用工具得到的。对乌鸦的血液和羽毛及其潜在食物来源中的N和C进行的稳定同位素测量表明，它们的食物来源有多种（见图5.25a），但80%以上的脂肪摄入量来自坚果和幼虫（见图5.25b）。这一结果表明，乌鸦的大部分能量需求是通过两种行为来满足的：工具使用和坚果破裂。

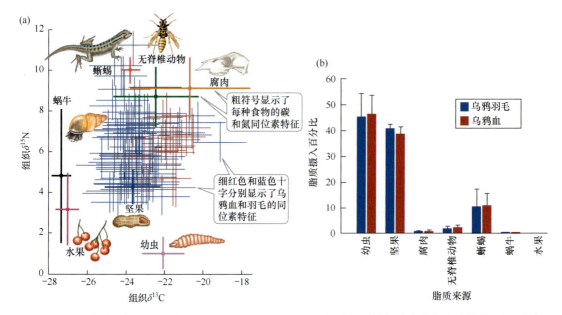

图5.25 法属新喀里多尼亚乌鸦的饮食选择和能量增加。(a)乌鸦得到的每种食物都有独特的C和N稳定同位素组合。了解潜在食物来源的同位素组成可以提供一种工具来估计每只乌鸦的饮食中有多少来自食物；(b)根据乌鸦血液和羽毛的同位素组成估计食物对脂肪摄入量的贡献。误差条显示的是平均值的标准差

为了解决单独使用工具辅助捕捉甲虫幼虫是否能够满足乌鸦的能量需求，鲁茨及其同事确定了每天维持一只平均体重的乌鸦所需的最少甲虫幼虫数量。他们发现每天只需要三只幼虫，因为它们的脂肪含量很高。观察表明，大多数成年乌鸦每天可以轻松获得三只幼虫；一只能干的成年乌鸦能够在80分钟内吸出15只幼虫。工具的使用显然为法属新喀里多尼亚的乌鸦带来了巨大的益处，使得它们能够获得高质量的食物。

5.6 复习题

1. 定义自养和异养，举例说明生物体获取能量的方式的多样性。
2. CAM光合作用途径是如何影响植物的水分流失的？
3. 与异养消耗活动物和死植物物质相关的权衡是什么？

第 2 单元　进化生态学

第6章　进化与生态

战利品狩猎和无意中的进化：案例研究

大角羊是一种美丽的动物，非常适合在崎岖的山区生活。尽管体形庞大（雄性可重达127千克），但这些绵羊却能在狭窄的岩壁上保持平衡，并能从一个岩壁跃上6米高的另一个岩壁。大角羊的另一个显著特点是雄性的大角卷曲（见图6.1）。公大角羊以约33千米/小时的速度奔跑，并用头相互撞击，以争夺与母羊的交配权。

几个世纪以来，人们一直将公大角羊的角作为战利品收集，但并未对大角羊的数量造成严重影响。然而，在过去的200年里，人类的行为，如侵占栖息地、狩猎和引进驯化牛，使得大角羊的数量减少了90%。因此，北美洲各地都限制猎杀大角羊。这些限制使得一头世界级的战利品公大角羊变得异常珍贵：狩猎一头这种公大角羊的许可证在拍卖会上的价格超过10万美元。

尽管拍卖狩猎许可证筹集到的资金被用于保护大角羊栖息地，但科学家担心战利品狩猎会对当今小规模的大角羊种群造成负面影响。战利品狩猎会清除最大和最强壮的雄性：在一个每年因狩猎而清除约10%雄性的种群中，在30

图 6.1　争夺交配权。两只公大角羊以头相撞来争夺支配地位和交配权。角越大，就越有利于公羊取胜

年的时间里，雄性的平均体形和犄角的平均尺寸都在下降（见图6.2）。高大强壮的雄性是雌性的首选，而且往往比其他雄性繁殖更多的后代，因此杀死最大、最强壮的雄性会使小种群的数量更难恢复。

狩猎、捕鱼和其他形式的捕获会影响到其他物种，包括鱼类、无脊椎动物和植物。例如，鳕鱼的商业捕捞以年龄较大和体形较大的鱼类为目标，导致这些鱼类性成熟的年龄和体形减小。要了解出现这种情况的原因，首先要注意的是，较小年龄和较小体形的成熟鳕鱼与较大年龄和较小体形的成熟鳕鱼相比，更有可能在被捕获前繁殖。较大年龄、较小体形的鳕鱼更可能在被捕获前繁殖后代。因此，与其他鱼类的基因相比，成熟较小年龄、较小体形的鱼类的基因更可能传给下一代。可以预测，随着时间的推移，会有越来越多的鱼类拥有编码较小年龄、较小体形的性成熟基因。事实上，在有选择性地移除小个体或大个体以进行捕捞的实验性斑马鱼种群中，范维克等人记录了影响体形的基因的这种遗传变化。同样，偷猎象牙似乎也导致了基因变化，使得南非一个公园中没有象牙的雌性非洲象的比例在20年间从62%上升到了90%。

本章介绍什么是进化，了解进化是如何影响生态互动及如何被生态互动影响的，最后关注人类是如何引起进化的。本章的目的不是全面介绍生物进化，而是说明生态学和进化论是相互关联的。下面介绍定义进化的两种方式。

人类捕猎对大角羊、鳕鱼和大象的意外影响说明了种群是如何随着时间的推移而发生变化或进化的。是什么生物机制导致了这些进化？除了捕猎，人类的其他行为会产生进化吗？

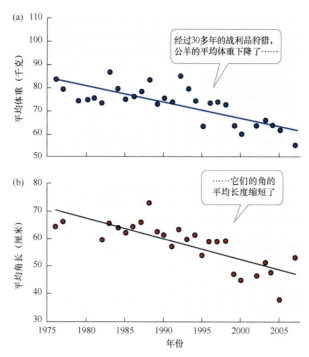

图6.2 战利品狩猎减小了公大角羊的体形和角长。科尔特曼和同事在加拿大阿尔伯塔省拉姆山的大角羊种群中追踪了公大角羊的体重(a)和角长(b)，过去30年里人们一直在对该种群进行战利品狩猎。角长的变化发生在多代大角羊中，表明从一代到下一代的大角羊的平均特征发生了变化

6.1　引言

如新闻报道经常强调的那样，人类对环境有着巨大的影响。我们改变了全球气候，污染了水和空气，将大片自然栖息地变成了农田和城市，耗尽了湿地，减少了我们捕食（如鱼类）或用作资源（如树木）的物种数量。尽管我们已开始采取措施来限制我们对生物群落造成的一些破坏，但我们对自身行为造成的后果几乎还未认识到，更不用说解决了：我们造成了进化。

6.2　什么是进化

在最一般的意义上，生物进化是指生物体随时间的变化。进化包括种群内部持续发生的相对较小的波动，如种群的基因构成从一年到下一年的变化。但是，进化也可以指物种与其祖先的差异逐渐增大时发生的较大变化。下面详细探讨这两种看待进化的方式，首先关注基因变化（等位基因频率变化），然后关注生物如何累积与祖先的差异（改良后的后裔）。

6.2.1　进化是等位基因频率变化

图6.2b显示了雄性大角羊的平均角长随着时间的增加而缩短，但未揭示这种缩短的原因。另一个观察结果则为原因提供了线索：角的大小是一种遗传特征。这意味着大角公羊的后代往往长有大角，而小角公羊的后代往往长有小角。战利品狩猎选择性地淘汰了长有大角的公羊，因此有利于遗传特征导致长有小角的公羊。于是，随着时间的推移，战利品狩猎似乎有可能导致大角羊种群的遗传特征发生变化或进化——最近对一个大角羊种群进行的数据分析支持了这一结论。

如战利品狩猎的例子所示，生物学家经常从遗传变化的角度来定义进化。为了使这样的定义更精确（并引入本章使用的术语），下面回顾生物学导论中的一些原理：

- 基因由DNA组成，它们规定了如何构建（编码）蛋白质。
- 给定基因有两种或多种形式（称为等位基因），可以产生该基因编码的不同蛋白质。
- 我们可用字母来指定个体的基因型（遗传组成），代表每个基因的两个副本（一个继承自母亲，另一个继承自父亲）。例如，若一个基因有两个等位基因，分别记为A和a，则个体的基因型可以是AA、Aa或aa。

有了这些原理后，我们就可将进化定义为种群中不同等位基因频率（比例）随时间的变化。为了说明如何应用这个定义，考虑一个有1000个个体的种群和一个有两个等位基因（A和a）的基因。假设有360个AA基因型的个体，480个Aa基因型的个体，160个aa基因型的个体。在这个种群中，a等位基因的频率是0.4，即40%；于是，由于种群中只有两个等位基因（A和a），A等位基因的频率必须是1 − 0.4 = 0.6，即60%。若a等位基因的频率随时间变化，如从40%变为71%，则该种群在这个基因上就发生了进化（在科学研究中，研究人员常用基于哈迪-温伯格方程的方法来测试一个种群的一个或多个基因是否正在进化）。

6.2.2 进化是经过改变的继承

在本书中，当我们提到进化时，指的是等位基因频率随时间的变化。但是，进化也可被更广泛地定义为经过改变的继承。这个定义的核心是观察到种群会随着时间的推移而积累差异，因此，当一个新物种形成时，它与其祖先是不同的。然而，尽管新物种在某些方面不同于其祖先，但也与祖先相似，并继续与祖先共享许多特征。因此，如图6.3中的棘鱼化石所示，当进化发生时，既可观察到继承（导致共同特征的共同祖先），又可观察到改变（差异的累积）。

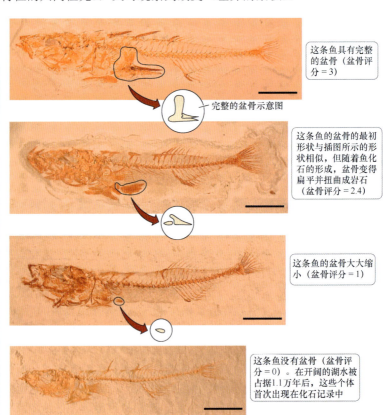

(a)

独特的化石
这些1000万年前的棘鱼化石是从美国内华达州的一个湖床上收集的。这些化石的年代可以追溯到最近的250年，因为发现它们的岩石显示出异常清晰的年度沉积物层

血统
化石证据表明，棘鱼约在1000万年前于湖泊的开阔水域定居。在接下来的1.6万年里，这些鱼的许多骨头在大小、形状或位置上都没有改变。由此产生的完整骨骼结构的相似性说明了共同的血统——这些鱼是原始居民的后裔，因此与它们有许多共同的特征

进化
棘鱼化石还显示了随着时间的推移，生物体是如何从祖先进化而来的。例如，在不到5000年的时间里，盆骨的尺寸大大减小。这种减小也发生在现代湖泊中，可能是自然选择的结果

这条鱼具有完整的盆骨（盆骨评分 = 3）

完整的盆骨示意图

这条鱼的盆骨的最初形状与插图所示的形状相似，但随着鱼化石的形成，盆骨变得扁平并扭曲成岩石（盆骨评分 = 2.4）

这条鱼的盆骨大大缩小（盆骨评分 = 1）

这条鱼没有盆骨（盆骨评分 = 0）。在开阔的湖水被占据1.1万年后，这些个体首次出现在化石记录中

图6.3 经过改变后的继承。 贝尔及其同事分析了数以千计的1000万年前的棘鱼化石。它们的标本是独一无二的，因为它们所在湖床的分层精细到可以确定化石的年龄（精确到250年）。(a)代表性棘鱼化石，展示了盆骨是如何随着时间的推移而减小的；每块化石的比例尺都是1厘米。(b)不同时间的平均盆骨评分。按照从 3（完整骨骼）到0（无骨骼）的尺度对盆骨化石的大小进行评分

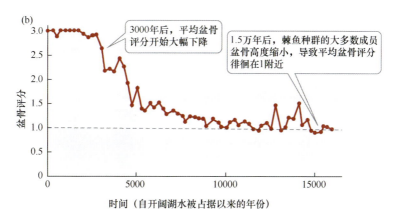

图6.3 **经过改变后的继承**。贝尔及其同事分析了数以千计的1000万年前的棘鱼化石。它们的标本是独一无二的，因为它们所在湖床的分层精细到可以确定化石的年龄（精确到250年）。(a)代表性棘鱼化石，展示了盆骨是如何随着时间的推移而减少的；每块化石的比例尺都是1厘米。(b)不同时间的平均盆骨评分。按照从 3（完整骨骼）到0（无骨骼）的尺度对盆骨化石的大小进行评分（续）

达尔文在《物种起源》一书中使用"修改的继承"一词总结了进化过程。达尔文提出，种群随着时间的推移主要通过<u>自然选择</u>积累差异，即由于某些遗传决定的特征，某些个体比其他个体更成功生存和繁殖的过程。前面给出了几个选择起作用的例子。在大角羊种群中，战利品狩猎选择了长有小角的公羊；在鳕鱼捕捞中，捕捞方式选择了年龄较小的成熟个体。

自然选择如何解释种群间差异的累积？达尔文认为，如果两个种群经历不同的环境条件，那么在其中的一个种群中，具有某组特征的个体可能会被自然选择所偏好，而在另一个种群中，具有另一组特征的个体可能会被自然选择所偏好（见图6.4）。通过在不同种群中偏好具有不同遗传特征的个体，自然选择可使种群随时间在遗传上发生分化；也就是说，每个种群都会积累越来越多的遗传差异。因此，自然选择就促成了"修改的继承"的变异部分。

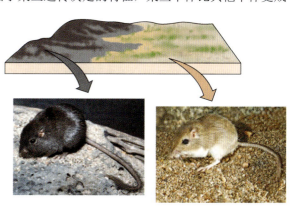

图6.4 **自然选择可能导致种群之间的差异**。生活在亚利桑那州和新墨西哥州深色熔岩上的岩鼠种群具有深色毛发，而生活在浅色岩石上的附近种群具有浅色毛发。在每个种群中，自然选择都偏爱毛色与周围环境相匹配的个体，这种匹配可使它们不易被捕食者发现

6.2.3 种群进化，个体不进化

自然选择作为一种筛选过程，偏好具有某些可遗传特征的个体（如角小的大角羊）而非其他个体（如角大的大角羊）。具有优选特征的个体倾向于留下比其他特征个体更多的后代。因此，从一代到下一代，种群中具有自然选择所偏好特征的个体比例更大。当这些特征有遗传基础时，该过程可以导致种群的等位基因频率随时间变化，进而导致种群进化。但是，种群中的个体并不进化——它们要么具有被选择偏爱的特征，要么不具有被选择偏爱的特征。

6.3 进化机制

尽管自然选择通常是进化的原因，但它不是唯一的原因。本节研究影响进化的4个关键过程：突变、自然选择、遗传漂变和基因流动。一般来说，突变是所有进化依赖的新等位基因的来源，而自

然选择、遗传漂变和基因流动是导致等位基因频率随时间变化的主要机制。

6.3.1　突变为进化提供原料

　　种群中的个体可能在表型（生物体的可观察特征，如大小或颜色）上彼此不同（见图6.5）。生物体表型的许多方面（包括体貌特征、新陈代谢、生长速度、对疾病的易感性和行为）都受到基因的影响。因此，个体与个体之间存在差异，部分原因是它们具有影响其表型的不同等位基因。这些不同的等位基因产生于基因突变，即基因DNA的改变。突变的原因包括细胞分裂过程中的复制错误、分子和细胞结构与DNA碰撞时造成的机械损伤、接触某些化学物质（称为诱变剂）以及接触紫外线和X射线等高能辐射。环境也会影响生物体的表型。例如，生长在养分丰富土壤中的植物可能比生长在养分贫瘠土壤中的同种植物更高，即使两者具有相同的影响体形的等位基因。本章重点讨论由遗传因素而非环境因素导致的表型差异。

图6.5　**种群中的个体表型不同。**箭毒蛙在颜色和图案上表现出很大的差异。这些青蛙原产于南美洲北部，生活在孤立的森林中。它们鲜艳的颜色被视为对捕食者的警告，因为它们的皮肤会分泌毒液。青蛙个体可能在其他形态特征以及生化、行为和生理特征方面也存在差异

　　通过突变形成新的等位基因对进化至关重要。在没有变异的假想物种中，每个基因只有一个等位基因，种群的所有个体在基因上都是相同的。如果是这样，那么进化就不可能发生：等位基因的频率不可能随着时间的推移而改变，除非种群中的个体在基因上存在差异。种群中的个体之所以在基因上存在差异，不仅因为突变，还因为重组，即后代的等位基因组合与其亲代的等位基因组合不同。我们可认为突变提供了进化所需的原料（新等位基因），而重组则将原料重新排列成独特的新组合。这些过程共同提供了进化所需的个体间遗传变异。

　　尽管突变对进化非常重要，但在大多数情况下，突变发生的次数通常很少，无法直接导致等位基因频率在短时间内发生显著变化。突变的发生率通常为每代每个基因$10^{-4} \sim 10^{-6}$个新突变。换句话说，在每一代中，我们可以预期每1万～100万个基因副本中出现一个突变。按照这样的速度，在一代的时间里，突变单独作用几乎不会引起种群等位基因频率的变化。最终，突变导致等位基因频率发生明显变化，但通常需要几千代才能做到。总之，就其直接影响而言，背景突变率是等位基因频率变化的微弱因素。但由于变异提供了新的等位基因，自然选择和其他进化机制可以对其发挥作用，因此变异是进化过程的核心。但需要注意的是，某些环境因素，如暴露于高能辐射（如X射线）和某些诱变化学物质会大大增加突变率。

　　抗生素耐药性的进化就是一个例子。在该例中，突变率的频繁程度足以影响种群中的基因频率。人体内约有40万亿（4×10^{13}）个细菌细胞，由约500个不同的物种组成。考虑到上述突变率，我们可以预计每代种群中都会出现相当数量的等位基因。这些突变中的大多数都是缺失性突变，也就是说，它们会降低细菌的生长和繁殖能力。然而，有些等位基因会使细菌对用于杀死它们的抗生素产生更强的抗药性。因此，抗生素的药效可能受到影响，尤其是在经常使用抗生素的情况下，这就增大了自然选择有利于产生抗药性的等位基因的概率。

6.3.2　自然选择增加有利等位基因的频率、降低有害等位基因的频率

　　当具有特定遗传特征的个体总比具有其他遗传特征的个体留下更多的后代时，自然选择就会发生。但是，有些特征只有在特定的环境条件下才给生物带来优势。事实上，如后所述，在某种环境下有利的特征在另一种环境下可能是不利的。

根据偏好的特征，我们可将自然选择分为三类（见图6.6）。当遗传表型特征的一个极端个体（大型个体）比其他个体（小型和中型个体）更受青睐时，就会出现**定向性选择**。在**稳定性选择**中，具有中间表型的个体（如中型个体）受到青睐，而在**分裂性选择**中，表型处于两个极端的个体受到青睐（如小型个体和大型个体比中型个体更有优势）。然而，在所有这三种自然选择中，基本过程都是一样的：一些个体具有遗传表型，使得它们在生存或繁殖方面具有优势，进而使得它们比其他个体留下更多的后代。

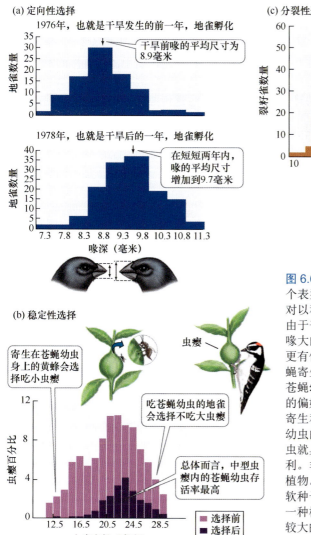

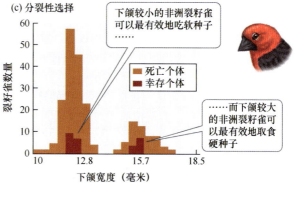

图6.6 自然选择的三种类型。(a)定向性选择有利于一个表型极端的个体。加拉帕戈斯群岛的长期干旱使得对以种子为食的中型地雀的喙尺寸进行定向性选择。由于干旱，大多数可食用的种子都很大且难以裂开，喙大的地雀更容易啄开这些种子，因此比喙小的地雀更有优势。(b)稳定性选择有利于中间表型的个体。苍蝇寄生在黄花上，导致黄花产生虫瘿，以黄花为食的苍蝇幼虫在虫瘿中成熟。苍蝇自身的捕食者和寄生虫的偏好导致对虫瘿大小的稳定性选择。野外观察表明，寄生和杀死苍蝇幼虫的黄蜂更喜欢小虫瘿，而吃苍蝇幼虫的鸟类则更喜欢大虫瘿。于是，中型虫瘿中的幼虫就具有优势。(c)分裂性选择对两个极端的个体都有利。非洲裂籽雀依赖于其生存环境中的两种主要食用植物。下颌较小的非洲裂籽雀可有效地以一种植物的软种子为食，而下颌较大的非洲裂籽雀可有效地以另一种植物的硬种子为食。因此，下颌相对较小或相对较大的个体具有优势

当选择有利于某种表型时，具有编码该表型的等位基因的个体就有可能比具有其他等位基因的个体留下更多的后代。因此，编码受青睐表型的等位基因的频率会一代比一代高。在某些情况下，这个过程的最终结果是种群中的大多数或所有个体都具有编码受选择青睐的特征的等位基因。生活在高海拔地区的安第斯鹅就是一个很好的研究例子。安第斯鹅进化出了一种氧转运血红蛋白，对氧的亲和力异常高，因此在低氧、高海拔的环境中具有优势。在安第斯鹅种群中，编码这种血红蛋白的等位基因的频率为100%。某种等位基因在一个种群中的频率达到100%被称为达到**固定状态**。

概括地说，自然选择可使有优势的等位基因的频率随着时间的推移而增加，安第斯鹅的种

群中就出现了这种情况。本章稍后讨论优势等位基因频率增加的后果。下面介绍导致等位基因频率变化的另外两种机制：遗传漂变和基因流动。

6.3.3 随机事件导致的遗传漂变

种群中的等位基因频率受到随机事件的影响。假设种群中有10株植物，其中3株的基因型为AA，4株的基因型为Aa，3株的基因型为aa。因此，A等位基因的初始频率是50%，a等位基因的初始频率也是50%。假设A等位基因和a等位基因编码两种不同的蛋白质，但它们的功能相同。虽然这两个等位基因都不比另一个更有利（自然选择因此不影响该基因），但随机事件可能会改变它们的频率。例如，假设一只麋鹿穿过树林时，碰巧踩到了4株野花（两株的基因型为AA，另两株的基因型为Aa），导致它们死亡，但未伤害3株基因型为aa的植物。于是，由于随机事件的发生，种群中a等位基因的频率从50%增加到67%。

当随机事件影响到从一代传给下一代的等位基因时，就发生**遗传漂变**。虽然各种规模的种群中都会发生随机事件，但遗传漂变对等位基因频率变化的影响在小种群中比在大种群中大。为此，可以想象某个植物种群有1万个个体，其中3000个的基因型为AA，4000个的基因型为Aa，3000个的基因型为aa。如果一只麋鹿踩在这个种群40%的随机样本上，那么基因型为aa的3000个个体几乎不可能全部幸免。相反，每种基因型的许多个体都可能被杀死。于是，A和a等位基因的频率即使有变化，也变化不大。

遗传漂变对进化有4种相关的影响，对小种群的影响更大。

1． 因为是偶然发生的，所以遗传漂变会导致等位基因频率在小种群中随时间随机波动（见图6.7）。发生这种情况时，一些等位基因甚至会从经历遗传漂变的小种群中消失，而另一些等位基因则会固定下来。

2． 遗传漂变导致等位基因从种群中消失，进而减少种群的遗传变异，使种群中的个体在遗传上更加相似。

3． 遗传漂变会增大有害等位基因出现的频率。这似乎违反直觉，因为一般来说，当遗传漂变作用于等位基因时，我们预计自然选择会降低有害等位基因的频率。然而，如果种群规模很小，那么等位基因只有轻微的有害影响，而遗传漂变可以否决自然选择的作用，导致有害等位基因的频率随机增大或减小。

4． 遗传漂变会增大种群之间的遗传差异，因为随机事件可能导致等位基因在一个种群中固定下来，而在另一个种群中丧失（见图6.7）。

上述的第二种和第三种效应会给小种群带来可怕的后果。基因变异的丧失会降低种群应对环境条件变化的进化能力，进而使种群面临灭绝的危险。同样，种群中有害等位基因频率的增大也会阻碍其个体的生存或繁殖能力，再次增大种群灭绝的风险。这种效应给小种群带来了持续的问题。虽然基因突变不太可能从一代到下一代产生任何特定基因的有害等位基因（突变是罕见的），但它极有可能在生物体的许多基因中产

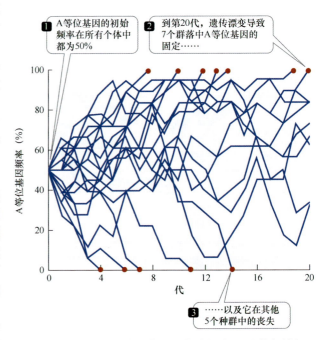

① A等位基因的初始频率在所有个体中都为50%

② 到第20代，遗传漂变导致7个群落中A等位基因的固定……

③ ……以及它在其他5个种群中的丧失

图6.7 遗传漂移导致等位基因频率随机波动。 计算机模拟20个种群中具有两个等位基因A和a的遗传漂变结果。每个种群的每一代都有9个二倍体个体（18个等位基因）。在这样的小种群中，遗传漂移会快速产生影响

生新的有害等位基因，而遗传漂变会导致这些等位基因的频率增加。

遗传漂变的这种负面影响被认为是导致伊利诺伊州大草原鸡种群几乎灭绝的原因之一。19世纪初，伊利诺伊州有数百万只大草原鸡。随着时间的推移，它们赖以生存的99%以上的草原栖息地被改作农田和其他用途，导致它们的数量急剧下降。到1993年，伊利诺伊州的大草原鸡只剩下不到50只。布扎特及其同事通过比较1993年伊利诺伊州种群中大草原鸡的DNA与20世纪30年代生活在伊利诺伊州的大草原鸡的DNA（从博物馆标本中获得），发现种群数量的减少降低了种群的遗传变异（见图6.8）。此外，1993年伊利诺伊州种群中50%以上的大草原鸡的蛋都未能孵化，表明遗传漂变导致了有害等位基因的固定。1992年开始的实验结果进一步证实了这一观点：当大草原鸡从其他种群迁移到伊利诺伊州时，新等位基因进入伊利诺伊州种群，短短5年内，蛋的孵化率从不到50%上升到90%以上。遗憾的是，大草原鸡种群的遗传多样性有所下降。

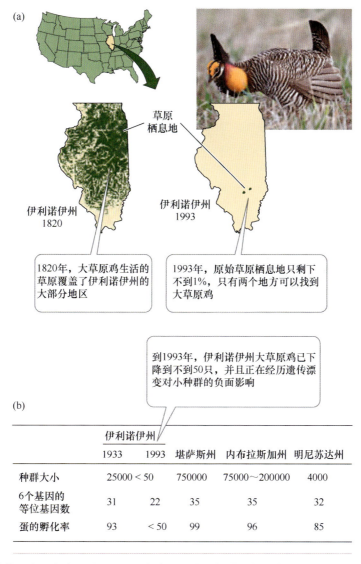

	伊利诺伊州		堪萨斯州	内布拉斯加州	明尼苏达州
	1933	1993			
种群大小	25000	< 50	750000	75000～200000	4000
6个基因的等位基因数	31	22	35	35	32
蛋的孵化率	93	< 50	99	96	85

图6.8　遗传漂变的有害影响。(a)由于栖息地丧失，伊利诺伊州大草原鸡的数量从19世纪初的数百万只减少到1933年的2.5万只，最后在1993年减少到不足50只；(b)随着伊利诺伊州种群数量的减少，遗传漂变导致等位基因的丧失和有害等位基因频率的增加，进而降低了蛋的孵化率。表中比较了1993年伊利诺伊州的种群、伊利诺伊州的历史种群，以及堪萨斯州、内布拉斯加州和明尼苏达州的种群，这些地区的种群规模都未经历过如此严重的下降

6.3.4 基因流动是种群之间等位基因的转移

当等位基因通过个体或配子（如植物花粉）的移动从一个种群转移到另一个种群时，就会发生**基因流动**。基因流动有两个重要的影响。首先，在种群之间转移等位基因往往会使种群在遗传上更加相似。基因流动的这种同质化效应是同个物种的不同种群中的个体彼此相似的原因之一：等位基因的交换足够频繁，种群之间积累的差异相对较少。

其次，基因流动可为种群引入新的等位基因。发生这种情况时，基因流动的作用类似于突变（突变仍是新等位基因的最初来源）。基因流动的这种作用会对人类健康产生重大影响。例如，在20世纪60年代之前，库蚊对有机磷杀虫剂没有抵抗力。库蚊传播西尼罗河病毒和其他疾病，因此人们常用杀虫剂来消灭它。然而，20世纪60年代末，在非洲或亚洲的一些库蚊种群中，变异产生了对有机磷杀虫剂具有抗性的新等位基因。携带这些等位基因的库蚊被风暴吹走或被人类意外运送到新地点后，与当地种群的库蚊共同繁殖。在暴露于杀虫剂的库蚊种群中，引入的等位基因的频率迅速增加，因为杀虫剂抗性受到了自然选择的青睐（见图6.9）。这些等位基因通过基因流动在全球传播，使数十亿只库蚊在杀虫剂下幸存。

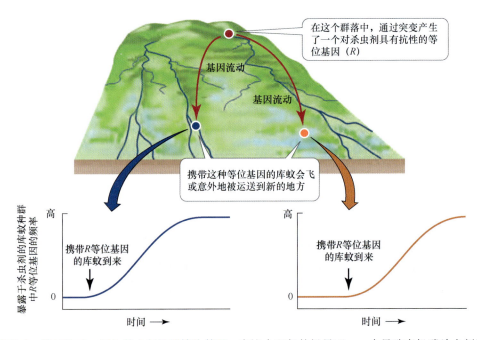

图6.9　**基因流动：引入杀虫剂抗性等位基因**。在这个理想的场景下，一个导致有机磷杀虫剂抗性的等位基因是由一个种群中的突变产生的，然后由库蚊通过基因流传播到其他两个种群。如果这两个种群中的库蚊接触到杀虫剂，自然选择就会使得抗性等位基因的频率迅速增加

进化使生物的特征与环境条件更加匹配。例如，暴露于杀虫剂的库蚊种群中抗药性频率的增加就是适应性进化的一个例子，这也是下面要讨论的主题。

6.4　适应性进化

自然界中充斥着生物体适应其生存环境的生动例子。生物体与其环境之间的这种匹配突显了它们的适应性，而这些适应性是通过自然选择进化而来的特征，能够提高生物体在其环境中生存和繁殖的能力。适应性的例子既包括图6.10所示的那些显著特征，又包括一些视觉上不太引人注目

的特征。例如，沙漠植物中的一种酶能在高温下发挥作用，而这种高温会使得大多数酶变性，进而使植物能够在其环境中茁壮成长。实际上，还有数以百万计的其他适应性例子。那么这些适应性是如何产生的呢？

(a)
(b)
(c)

图6.10　一些显著的适应性。(a)从颈部延伸到四肢的皮肤使这种动物能在东南亚热带雨林的树冠中从一棵树滑翔到另一棵树；(b)刺角蜥已适应澳大利亚中部干燥的灌木丛和沙漠。这种动物的鳞片是脊状的，触摸它时，就能吸收水分。(c)射水鱼向空中喷射水流来捕捉蜘蛛。野外观察表明，这些鱼会反复喷射潜在的猎物，且能可靠地击中高度为其体长8倍的目标

6.4.1　适应是自然选择的结果

与遗传漂变不同，自然选择不是一个随机过程。相反，当自然选择发挥作用时，具有某些等位基因的个体预计会拥有更高的生存率并产生更多的后代。通过始终偏爱具有某些等位基因的个体而非具有其他等位基因的个体，自然选择导致了适应性进化，这是一个特征随时间推移而增加频率的过程，而这些特征则赋予生物体生存或繁殖优势。尽管基因流动和遗传漂变可以提高适应性的有效性（通过增加有利等位基因的频率），但也可能产生相反的效果（通过增加不利等位基因的频率）。因此，自然选择是唯一始终导致适应性进化的机制。

红肩美姬缘蝽种群的变化提供了一个适应性进化的例子。这种昆虫利用其针状喙取食几种不同植物果实内的种子。佛罗里达州南部的红肩美姬缘蝽种群以其本地宿主气球藤的种子为食。然而，在佛罗里达州中部，气球藤比较罕见。因此，在该地区，红肩美姬缘蝽不以气球藤为食，而以从东亚引进的金雨树的种子为食。1926年，几株金雨树被带到佛罗里达州，但直到20世纪50年代才被广泛种植。卡罗尔及其同事研究的佛罗里达州中部地区最古老的金雨树已有35年树龄，这表明那里的红肩美姬缘蝽已经以这种植物为食35年。

当红肩美姬缘蝽的喙长与刺穿果实到达种子所需的深度匹配时，摄食效率最高。由于金雨树的果实比气球藤的小，35年前金雨树的引进可视为对这种昆虫喙长自然选择效应的一个天然实验。卡罗尔和博伊德预测，由于自然选择，以金雨树果实为食的红肩美姬缘蝽种群与以本地宿主气球藤为食的种群相比，其喙长会进化得更短。他们还研究了俄克拉何马州和路易斯安那州的红肩美姬缘蝽，这里的红肩美姬缘蝽开始取食过去100年内引进的几种新宿主植物。然而，在俄克拉何马州和路易斯安那州，引进宿主的果实比本地宿主的要大，因此预测在这两个州，取食引进物种的红肩美姬缘蝽喙长比取食本地物种的要长。

在所有这三个地点，卡罗尔和博伊德发现红肩美姬缘蝽的喙长按照果实大小的预测方向进化，佛罗里达中部红肩美姬缘蝽的喙长缩短（见图6.11），而俄克拉何马州和路易斯安那州的红肩美姬缘蝽的喙长增加。喙长的变化是显著的：与历史数据相比，佛罗里达中部的平均喙长下降了26%，

而俄克拉何马州和路易斯安那州在两种引进的宿主植物上分别增加了8%和17%。此外，卡罗尔等人表明喙长是一种可遗传的特征，因此观察到的喙长变化至少部分是由于影响喙长的等位基因频率的变化。于是，可以得出结论：在相对较短的时间（35～100年或35～200代）里，自然选择导致红肩美姬缘蝽种群发生了适应性进化，一个特征（喙长）进化得更加适应环境的一个方面（果实大小）

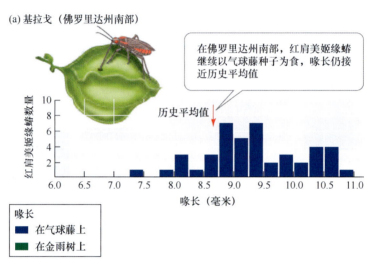

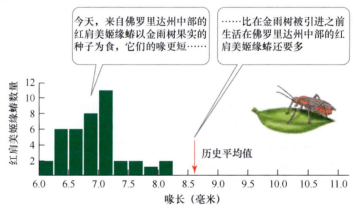

图6.11 **红肩美姬缘蝽的适应性进化**。佛罗里达州南部的红肩美姬缘蝽种群以其本地宿主气球藤(a)的种子为食，而佛罗里达州中部的红肩美姬缘蝽种群以外来植物金雨树(b)的种子为食。以金雨树种子为食的红肩美姬缘蝽的喙长在35年内缩短了26%，与引进植物的较小果实更匹配。红色箭头表示喙长的历史平均值

6.4.2 适应性进化可迅速发生

红肩美姬缘蝽并非个例：对多种其他生物群体的研究表明，自然选择可迅速提高有利特征的频率。例如，细菌抗生素耐药性的增加（几天到几个月）、昆虫杀虫剂抗性的增加（几个月到几年）、孔雀鱼体色变暗使捕食者更难发现它们（几年内），以及中型地雀喙尺寸的增大（几年内，见图6.6a）。一项关于特克斯和凯科斯群岛上变色龙的研究发现，飓风会对形态特征产生强大的选择压力，进而增强变色龙抓住树木的能力（见图6.12）。恩德勒、汤普森以及金尼森和亨德里描述了这些例子以及其他许多快速进化的例子；总之，这些研究表明，"快速"进化实际上是一种常态，而非例外。

图6.12　变色龙的快速适应性进化。飓风对加勒比海小岛上的变色龙来说是一种强大的选择力。在为期两周的两次飓风之后，研究人员发现，与飓风前分析的变色龙相比，幸存变色龙具有更宽的脚垫和更短的腿(a)，这是两个基于遗传的特征。实验表明，这些特征可增强变色龙在强风下紧抓树枝的能力(b)

气候变化联系：对气候变化的进化响应

针对气候变化，研究人员也记录了快速的、明显的适应性进化现象。其中的一些研究集中在地理梯度上，即一个生物特征在地理区域内的变化模式。例如，在果蝇中，乙醇脱氢酶（Adh）基因展现了一个梯度变化，其中AdhS等位基因的频率随着纬度的增加而减少（见图6.13a）。这一模式在北半球和南半球均有发现。以往的研究指出，这一梯度是由对AdhS等位基因的自然选择造成的，该等位基因编码的酶的形式在较低纬度的较暖温度下工作效率更高，因此在那里更常见。

在澳大利亚的沿海地区，20年间Adh梯度向南极方向移动了约4°，移动距离大约相当于400千米（见图6.13b）。在同一时期，该地区的平均气温升高了0.5℃。由于AdhS等位基因在较高温度下更占优势，4°的纬度变化似乎是对气候变化的快速适应性反应，表现为该等位基因频率的增加。与全球变暖相关的快速进化也在黑腹果蝇的全球种群中被观察到。在较短时间内对气候变化的进化响应还在其他物种中被发现，如猪笼草蚊、红松鼠、棕林鸫、簇生蓼和芜菁。

最终，数百个物种改变了生命周期中关键事件的时机，这些改变可能是对全球变暖的响应，比如推迟冬眠的开始时间或在春季更早的时候繁殖。在大多数情况下，目前还不清楚观察到的变化是由于表型可塑性、进化响应还是两者的组合。

最近的研究开始解决这个问题。例如，安德森及其同事研究了表型可塑性和进化响应对美国落基山脉本地芥菜开花时间变

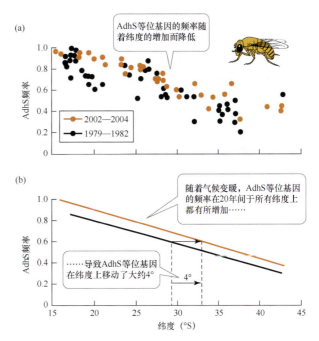

图6.13　大陆尺度的快速适应性进化。AdhS基因编码一种重要的代谢酶——酒精脱氢酶，用于解酒精毒。此前的野外和实验室研究表明，该基因的AdhS等位基因被选择来对抗较冷的环境（如高纬度地区）。(a)1979—1982年和2002—2004年澳大利亚沿海黑腹果蝇种群中AdhS等位基因的频率。(b)根据(a)中数据计算的回归线显示，1979—1982年和2002—2004年间，随着该地区平均气温上升0.5℃，AdhS等位基因向南极移动了约4°

化的贡献。对本地芥菜种群长达38年的野外调查显示，2011年首次开花的日期比1973年提前了约13天。对该物种观察到的更早开花时间，既归因于适应性进化，又归因于表型可塑性。

6.4.3　基因流动促进或限制当地的适应性

尽管许多种群与其环境惊人地匹配，但其他群体却并非如此。基因流动是促进或限制一个种群适应其当地环境程度的因素之一。例如，一些植物种群具有耐受基因型，可在含有高浓度重金属的矿山旧址的土壤上生长；这类土壤对不耐受基因型具有毒性。在正常土壤上，与不耐受基因型相比，耐受基因型的生长情况较差。因此，预计在矿山的土壤上，耐受基因型的频率接近100%（在这里它们具有优势），而在正常土壤上为0%（在这里它们处于劣势）。研究人员发现，生长在废弃矿山土壤上的细叶弯草种群主要由耐受基因型构成，符合预期。然而，位于废弃矿山下风向正常土壤上的种群含有超出预期的耐受基因型（McNeilly，968）。细叶弯草由风媒传粉，每年生长在废弃矿山上的植物产生的携带重金属耐受性等位基因的花粉会被带到正常土壤上的种群中，阻止了该种群对其局部环境的完全适应。生长在废弃矿山土壤上的种群同样接收到来自正常土壤上种群的花粉。然而，在这个种群中，基因流动对等位基因频率的影响相对较小，因为对不耐受基因型的选择压力很大。一般来说，每当等位基因在不同环境下的种群间转移时，每个种群的适应性进化程度取决于自然选择是否能够强到足以克服持续基因流动的影响。

6.4.4　适应性并非完美无缺

如前所述，基因流动可以限制一个种群对其当地环境的适应程度。然而，即使基因流动没有这种影响，自然选择也不会使生物体与其环境完美匹配。从某种程度上说，这是因为生物体的环境并不是静态的——环境的非生物和生物组成部分在不断地变化。此外，生物体在适应性进化过程中还面临着许多限制：

- **缺少遗传变异**。如果种群中的个体没有一个具有影响其生存和繁殖的某个基因的有益等位基因，那么该基因就不会发生适应性进化。例如，库蚊最初缺乏提供对有机磷杀虫剂的抗性的等位基因。几十年来，这种遗传变异的缺乏阻碍了其针对杀虫剂的适应性进化，使得人类可以随意杀灭库蚊种群。注意，在所有案例中，有益等位基因的产生都是随机的，而不是按需产生的。

- **进化历史**。自然选择并不是从零开始塑造生物体的适应性的。相反，如果存在必要的遗传变异，那么它会通过修改生物体中的已有特征来发挥作用。生物体因它们的祖先而具有某些特征而缺其他特征。例如，对海豚这样的水生哺乳动物来说，能够利用鳃获取氧气是有益的。然而，海豚缺乏这种能力，部分原因是受到其进化历史的限制：它们是由拥有肺并呼吸空气的陆生脊椎动物进化而来的。自然选择可以带来巨大的变化，如海豚的生活方式和流线型身体形态所示，但它是通过修改生物体的已有特征而非重新创造有益特征来实现的。

- **生存权衡**。为了生存和繁殖，生物体必须执行许多基本功能，如获取食物、逃避捕食者、抵御疾病和寻找配偶。这些基本功能中的每项都需要能量和资源。因此，生物体会面临权衡，即执行一项功能的能力会降低执行另一项功能的能力（见图6.14）。权衡在所有生物体中都会发生，它们确保适应永远不完美。相反，适应代表了生物体在执行许多不同且有时相互冲突的功能时的妥协。

尽管有这些限制，但适应性进化仍是进化过程的重要组成部分。适应性进化的重要性对我们了解生态与进化之间的联系有何启示？前面说过，自然选择及由此产生的适应性进化是由生物体之间及生物体与环境之间的相互作用驱动的。这样的相互作用是生态相互作用，因此生态学是理解自然选择的基础。下面介绍生态相互作用是如何影响更广泛的进化的，如新物种的形成及地球生命史上的巨大变化。

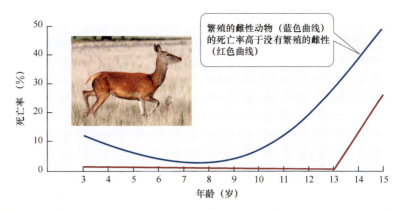

繁殖的雌性动物（蓝色曲线）的死亡率高于没有繁殖的雌性（红色曲线）

图6.14　繁殖和生存之间的权衡。繁殖后代的雌性赤鹿存活到下一年的概率低于未繁殖后代的雌性赤鹿，因为为哺育幼崽而投入的能量和资源使得繁殖后代的赤鹿更容易受到疾病和环境压力的影响

6.5　生命进化史

地球是大约150万个物种的家园，这些物种已被分类学家命名，但还有数百万个尚未被发现或命名的物种。这种多样性是所有生态学的基础，生态学是研究物种如何相互作用及如何与环境相互作用的学科。然而，因果关系是双向的：虽然生态相互作用确实受到物种多样性的影响，但物种多样性也受到生态相互作用的影响。为此，下面介绍物种起源及影响地球生命史的其他一些过程。

6.5.1　随着时间的推移，种群的遗传分化导致物种形成

当今数以百万计的物种都起源于物种**分化**，即一个物种分裂成两个或更多物种的过程。当一个物种的两个或多个种群之间的基因流动受到阻碍时，最常见的物种分化就会发生。这种阻碍可能是地理上的，如一个新种群在远离亲本种群的地方建立，或者由于大陆漂移造成了隔离。阻碍也可能是生态性的，如昆虫种群的某些个体开始以不同的宿主植物为食。当种群之间出现基因流动阻碍时，它们的基因会随着时间的推移而发生分化（见图6.15）。

新物种也可通过其他几种方式形成，如当两个不同物种的个体产生可育的杂交后代时（见图6.21中的向日葵示例）。无论是由遗传分化、杂交还是由其他方式产生的，新物种形成的关键步骤都是进化出防止其个体与亲代物种个体自由繁殖的阻碍。当一个种群与亲代物种积累了太多的遗传差异，以至于如果它们与亲代物种的个体交配很少能产生有生存能力和可育的后代时，就会产生这种生殖阻碍。

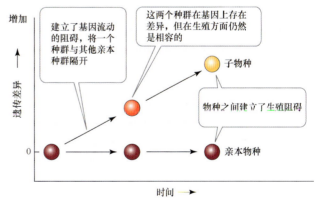

建立了基因流动的阻碍，将一个种群与其他亲本种群隔开

这两个种群在基因上存在差异，但在生殖方面仍然是相容的

子物种

物种之间建立了生殖阻碍

亲本物种

图6.15　遗传分化形成物种。遗传分化一旦开始，物种形成所需的时间就会大不相同

导致新物种形成的遗传差异的积累可能是选择的副产品。例如，一项针对果蝇的实验表明，在选择不同食物来源的种群之间开始出现生殖阻碍，但在未受选择的对照组种群之间未观察到这类阻碍（见图6.16）。自然选择对生长在重金属浓度不同的土壤上的植物种群、生活在不同温度环境中的青蛙种群以及在低或高捕食水平下的鱼类种群产生了类似的变化。在这些情况下，生殖阻碍是作为对环境特征（如食物来源、重金属浓度、温度或捕食者的存在）选择的副产品出现的。

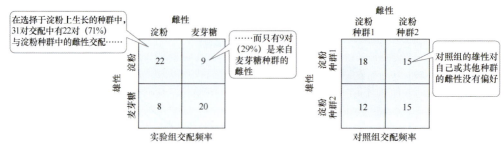

	雌性	
	淀粉	麦芽糖
雄性 淀粉	22	9
雄性 麦芽糖	8	20

实验组交配频率

在选择于淀粉上生长的种群中，31对交配中有22对（71%）与淀粉种群中的雌性交配……

……而只有9对（29%）是来自麦芽糖种群的雌性

	雌性	
	淀粉种群1	淀粉种群2
雄性 淀粉种群1	18	15
雄性 淀粉种群2	12	15

对照组交配频率

对照组的雄性对自己或其他种群的雌性没有偏好

图6.16　生殖阻碍可能是选择的副产品。 在选择不同食物来源的果蝇实验种群生长1年（约40代）后，大多数交配发生在选择相同食物来源的果蝇之间。为了降低幼虫所吃食物在成虫体内产生体臭而影响结果的概率，交配偏好实验所用的所有果蝇都在标准玉米粉培养基上饲养了一代

遗传漂变也可促进种群间的遗传差异积累。因此，与自然选择一样，遗传漂变最终可能导致生殖阻碍的进化而形成新物种。另一方面，基因流动通常会减缓或阻止物种形成，因为交换许多等位基因的种群往往在遗传上保持相似，使得生殖阻碍进化的可能性降低。

6.5.2　生命的多样性反映了物种形成和灭绝速率

随着时间的推移，物种形成可能会增加物种数量，但这种增加可能会被物种灭绝所抵消。这两个过程速率之间的平衡决定了物种的多样性。我们可用**进化树**来可视化这种平衡的结果，进化树是一种分支图，代表一组生物体的进化史。图6.17中显示了鳍足类动物的进化树，鳍足类动物是由海豹、海狮和海象组成的水生哺乳动物。鳍足类动物的共同祖先生活在约2000万年前，其后代包括现有的34种鳍足类动物和许多已灭绝的物种。例如，海象群现在只有一个物种——海象，但它曾经包含狮鼻海象和其他18个物种，现在都已灭绝。

灭绝也可帮助我们理解一些密切相关的生物群体之间出现的形态差异。例如，海豹和其他鳍足类动物与其最亲近的现有亲属——鼬科动物（黄鼠狼）有很大的不同。然而，最近发现的达氏海幼兽化石是一种已灭绝的与鳍足类动物密切相关的物种，表明鳍足类动物的已灭绝亲属形态上与一些现有的鼬科动物相似，如水獭（见图6.17b）。随着时间的推移，重复的物种形成事件导致了完全水生的鳍足类动物的起源，但由于达氏海幼兽和其他此类物种已灭绝，没有现有物种能够"填补"现有鳍足类动物和现有鼬科动物之间的空白。

物种形成和灭绝事件也影响了不同生物群体的兴衰。

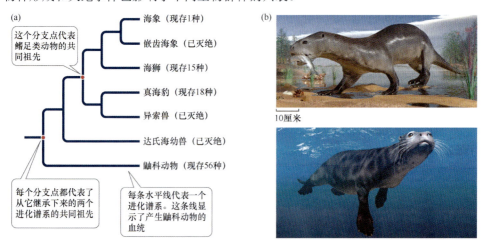

图6.17　有鳍海豹的进化树。 (a)这棵分支树是现代海豹及其近亲的进化史，是根据最近的化石发现绘制的。这项研究表明，被称为片脚类动物的海洋哺乳动物很可能与现代黄鼠狼及其近亲有着共同的祖先。(b)根据化石重建的达氏海幼兽表明，已灭绝的近亲松狮类形态上与一些现有的鼬科动物（如水獭）相似。达氏海幼兽似乎在陆地（上图）和水中都觅食过

6.5.3 大规模灭绝和适应性辐射塑造了长期的进化模式

到目前为止，本章主要关注的是进化过程——进化发生的机制。但是，进化也可定义为一种明显的变化模式。进化模式可通过对自然界的观察来揭示，如种群等位基因频率随时间变化的数据。化石记录中也记录了进化的模式，表明地球上的生命在漫长的岁月中发生了巨大变化（见图6.18）。

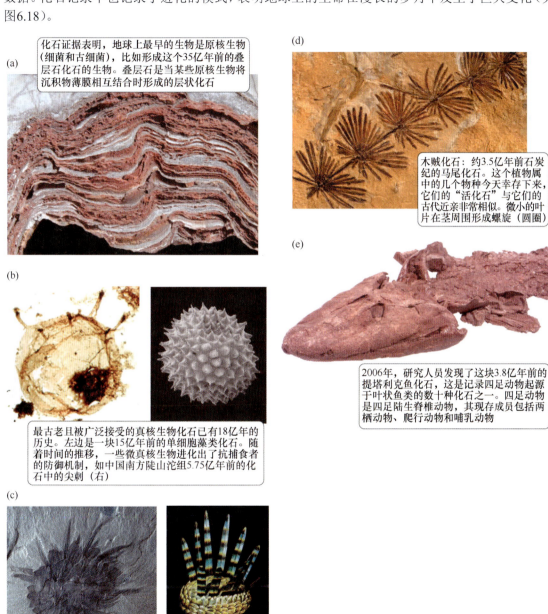

(a) 化石证据表明，地球上最早的生物是原核生物（细菌和古细菌），比如形成这个35亿年前的叠层石化石的生物。叠层石是当某些原核生物将沉积物薄膜相互结合时形成的层状化石

(b) 最古老且被广泛接受的真核生物化石已有18亿年的历史。左边是一块15亿年前的单细胞藻类化石。随着时间的推移，一些微真核生物进化出了抗捕食者的防御机制，如中国南方陡山沱组5.75亿年前的化石中的尖刺（右）

(c) 威瓦西虫是一种海洋蠕虫，是起源于1000万年寒武纪大爆发时期的许多复杂动物之一。这块化石来自不列颠哥伦比亚省5.3亿年前的伯吉斯页岩。艺术家的重建是侧视图，强调了动物身上的刺

(d) 木贼化石：约3.5亿年前石炭纪的马尾化石。这个植物属中的几个物种今天幸存下来，它们的"活化石"与它们的古代近亲非常相似。微小的叶片在茎周围形成螺旋（圆圈）

(e) 2006年，研究人员发现了这块3.8亿年前的提塔利克鱼化石，这是记录四足动物起源于叶状鱼类的数十种化石之一。四足动物是四足陆生脊椎动物，其现存成员包括两栖动物、爬行动物和哺乳动物

图6.18 生命随着时间的推移发生巨大变化

已知最早的化石是35亿年前的细菌化石，而最古老的多细胞生物化石是12亿年前的红藻化石。动物首次出现在化石记录中约在6亿年前，而两侧对称的复杂动物约在2500万年后出现。生命史上的这些变化和许多其他巨大变化都是由于新物种的出现改变了它们的祖先而产生的。在数百万年间，这些差异逐渐积累，最终形成了陆生植物、两栖动物和爬行动物等。

例如，已发现的大量化石显示了四足类从鱼类起源的步骤；图6.18e中显示了其中一个物种的化石。同样，化石记录中的几十个化石物种显示了哺乳动物是如何在1.2亿的时间从较早的四足类（合趾类）发展而来的。化石还记录了这样的情况：一类生物的崛起与另一类生物的衰落有关。例如，2.65亿年前，爬行动物和恐龙取代了两栖动物，成为生态学上占主导地位的四足动物群；6600万年前，恐龙又被哺乳动物取代。

随着时间的推移，不同生物种群的兴衰很大程度上受到大规模灭绝和适应性辐射的影响。化石记录了五次生物**大灭绝**事件，在这些事件中，地球上的大部分物种在相对较短的时间［几百万年甚至更短（见图6.19）］内于全球范围灭绝。最近的一次大灭绝发生在6600万年前，它可能由一颗撞击地球的小行星引起，撞击引发了灾难性的环境变化，导致恐龙和许多其他生物灭绝。

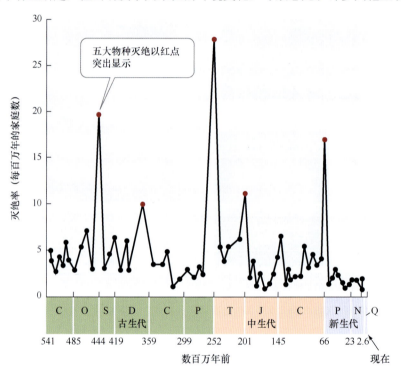

图6.19 五次生物大规模灭绝。随着时间的推移，海洋无脊椎动物的灭绝速率图表揭示了灭绝速率的5个峰值

五次生物大灭绝后，一些幸存生物类群的多样性大大增加。例如，恐龙灭绝后，哺乳动物的多样性大大增加。大灭绝可通过消除同类或捕食者群体来促进这种多样性的增加，进而使幸存者产生新的物种，扩展到新的栖息地或者形成新的生活方式。当一组生物进化出主要的新适应性时，多样性也会大幅增加，如茎、蜡质角质层和叶片上的气孔为早期的陆地植物提供了抵抗重力和防止干燥的支撑。无论是受到大灭绝、新的适应性还是其他因素（如迁移到缺乏竞争者的岛屿）的刺激，一个生物群体在相对较短的时间内产生许多新物种，并扩展到新的栖息地或发挥新的生态作用的事件，被称为**适应性辐射**。

化石证据还表明，生命史上的许多重大变化都是由生态相互作用引起的。例如，化石记录显示，6000多万年来，早期动物都是小型动物或软体动物，或两者兼而有之，所有大型物种都是食草动物、滤食者或食腐动物。然而，从5.35亿年前开始，随着可移动的大型捕食者和防御力强的大型猎物的出现，这个安全的软体世界永远消失了。生命史上的这一大步似乎是捕食者和猎物之间"军备竞赛"的结果。早期的捕食者带有爪子和其他捕捉大型猎物的适应性"设备"，因此提供了强大的选择前提，有利于"装甲"厚实的猎物物种。这种"装甲"反过来又进一步提高了捕食者的效率，如此循环不断。后面将详细讨论相互作用物种的相互进化，即共同进化。

生态相互作用还以许多其他方式塑造生命史。例如，一个生物类群中新物种的起源会导致其他生物类群多样性的增加，尤其是那些能够有效逃避、吃掉或与新物种竞争的生物类群。以果蝇为食的寄生蜂就是这个过程的一个例子（见图6.20）。200年前苹果树引进到北美洲后，一些浆果实蝇种群开始吃苹果。随着这些种群对新食物的适应，它们在地理上与亲本物种发生了分化，现在似乎正在形成一个新果蝇物种。此外，还出现了专门捕食新果蝇物种的黄蜂种群。这些黄蜂已在生殖上与亲本物种隔离，进而为今天正在进行的一连串物种变异事件提供证据，而这些事件似乎是由生态相互作用驱动的。

蓝莓果蝇

苹果实蝇

图 6.20　生态相互作用驱动的物种变异事件链。在过去 200 年间，果蝇种群基因上与新本物种发生分化，形成了一个新果蝇物种。这一变化似乎还形成了一个寄生在果蝇种群中的新种群

下面详细介绍前面提出的一个观点：生态相互作用影响进化，进化也影响生态相互作用。

6.6　生态和进化的联合效应

生态和进化过程可以极大地相互影响。考虑向日葵物种西部向日葵，这种向日葵源于其他两个向日葵种（重瓣向日葵和具柄向日葵）的杂交。里斯伯格及其同事的一系列实验和遗传分析表明，杂交产生的新基因组合似乎促进了西部向日葵的重大生态转变。这种杂交物种生长的环境比两个亲本物种生长的环境要干燥得多（见图6.21）——这一生态转变说明了进化如何影响生态。同时，生活在不同的生态条件下也提供了选择压力，这种压力将重瓣向日葵和具柄向日葵的杂交后代塑造成了一个新物种，即西部向日葵，表明了生态是如何影响进化的。鉴于进化和生态都依赖于生物体如何与彼此及其物理环境相互作用，我们应该预料到这种生态和进化的联合效应是普遍的。

重瓣向日葵和具柄向日葵这两个亲本物种是广泛分布的物种，生长在相对湿润的土壤中

亲本物种

重瓣向日葵 × 具柄向日葵

杂交物种

杂交西部向日葵生长在犹他州和亚利桑那州北部植被稀疏的沙丘上

西部向日葵

图6.21　生活在新环境的杂交物种。重瓣向日葵和具柄向日葵杂交产生生长在干燥环境的西部向日葵

6.6.1　生态相互作用导致进化

自然界中的许多相互作用源于生物试图完成三件事情：进食、避免被捕食和繁殖。这些相互作用可推动进化。捕食者-猎物的相互作用导致长期的大规模互惠进化，捕食者变得更善于捕获猎物，而猎物则更擅长逃避捕食者。捕食者-猎物的相互作用至今仍在引发进化，包括食草、寄生、竞争和互利在内的广泛生态相互作用也是如此。

物种形成研究得出了类似的结论：物种形成可能是由生态因素引起的。对种群中相对较小的进化的研究表明，生态对进化的影响也很明显。前面讨论的例子包括红肩美姬缘蝽与其食用植物相互作用引起的定向性选择，以及栖息地丧失引起的大草原鸡的遗传漂变。

6.6.2　进化可以改变生态相互作用

当一个生物群落进化出新的、高度有效的适应性时，生态相互作用的结果可能会改变，而这种改变可能会产生连锁反应，改变整个群落。例如，如果捕食者进化出新的捕食方式，那么某些猎物可能会走向灭绝，而其他物种可能会减少数量、迁移到其他区域，或者进化出新方法来应对更高效的捕食者。在争夺资源的物种之间也会发生类似的变化；后面将讨论一个这样的例子，其中一个苍蝇实验种群的进化物种逆转了其与另一个苍蝇物种竞争性相互作用的结果。

长时间尺度上的进化也会影响生态相互作用。例如，植物的起源和随后的进化多样性改变了土壤的成分和稳定性、其他生物可获得的食物来源以及养分循环，对生态相互作用产生了重大影响。例如，早期植物通过影响土壤，实际上帮助构建了后来微生物、植物和动物群落最终居住和相互作用的栖息地。

6.6.3　生态-进化反馈可以在短时间内发生

如前所述，进化经常在短时间（如几个月到几十年）内发生。进化是在生物相互作用及其物理环境过程中发生的，因此生态与进化因素之间的相互反馈效应也可在短时间内发生。下面介绍这些快速反馈效应的成因。

生态变化（如捕食者的添加或移除）改变了生物所面临的自然选择压力，进而导致进化时发生生态学与进化因素之间的反馈效应（见图6.22）。反过来，这种进化又可修改种群、群落或生态系统的关键方面。例如，在一项为期3年的田间实验中，月见草种群在寿命和开花时间上的进化导致以这种植物的种子为食的飞蛾数量出现了一致性变化（见图6.23），表明在自然条件下快速进化可导致快速的生态变化。同样，在特立尼达的山溪中，捕食者移除（一个生态变化）在短时间内导致孔雀鱼体形增大，增加了孔雀鱼种群向淡水生态系统中添加氮的速率。总之，尽管图6.22所示的反馈效应可能普遍存在，但很少有研究在自然界中记录完整的"互惠循环"，即生态变化引起进化，进而引起进一步的生态变化（反之亦然）。

月见草

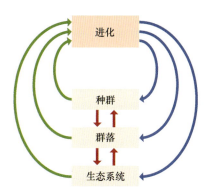

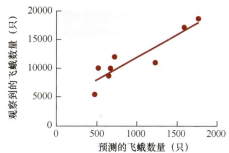

图6.22　生态因素和进化因素之间可能发生快速反馈效应。种群、群落或生态系统中的生态变化可在短时间内推动进化（绿色箭头）。同样，进化可以改变种群、群落或生态系统级别的事件（蓝色箭头）。生态组织一个层次的变化会导致其他层次的额外变化（红色箭头），如一个物种的种群规模增加会改变生态系统中的养分循环

图6.23　食用植物进化对昆虫数量的反馈作用。飞蛾的毛虫以月见草的种子为食。在一项为期3年的田间实验中，月见草基因型频率的进化与飞蛾的数量相关，表明了进化对生态的反馈作用

案例研究回顾：战利品狩猎和无意中的进化

大角羊的战利品猎人喜欢杀死带有完整卷角的雄性大角羊。这些雄性大角羊中的大多数在4岁和6岁之间被杀死，通常是在它们生下许多后代之前。于是，狩猎降低了具有完整卷角的雄性大角羊携带的等位基因传递给下一代的机会。相反，大部分后代的父亲是角相对较小的雄性，是它们将等位基因传给了下一代。这种变化导致编码小角的等位基因频率增加，进而导致观察到的平均角大小在30年内减小。总之，战利品狩猎无意中引发了大角羊的定向性选择——偏爱小角的雄性，并随着时间的推移改变种群中的等位基因频率。

人类已在许多其他种群中引发了无意中的进化。一个早期的例子是，银色的狐狸数量下降，因为这种颜色的皮毛受到猎人的青睐（见图6.24）。在医学方面的一个例子是，抗生素首次被发现后不久，对引发疾病和致命感染的细菌非常有效。但抗生素的使用提供了强大的定向性选择，导致了细菌种群中抗生素耐药性的进化。如今，由于这种定向性选择，即使使用非常大的剂量，抗

生素治疗有时也会失败。抗生素耐药性还带来了巨大的经济成本，仅在美国，治疗感染耐药菌株的患者的费用每年就高达20亿美元。

前面说过，狩猎和使用抗生素等人类行为会作为选择压力，因此可能导致进化。然而，我们对进化的影响是否超出了我们选择性杀死其他生物的情况？

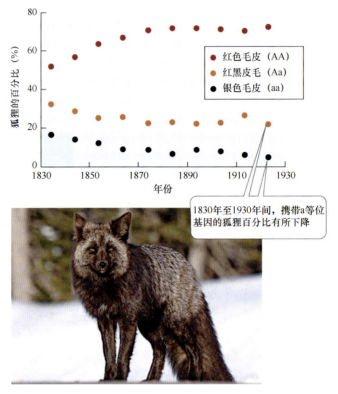

图6.24　**狩猎导致银色狐狸数量下降**。基因型AA的个体称为银狐，因为它们的毛尖呈银色。猎人会优先猎杀银色狐狸，因为它们的毛皮价格是其他狐狸的2.5～4倍

6.7　复习题

1. 说明自然选择是如何起作用的。
2. 是什么导致了适应性进化？
3. 哪些大规模过程决定了长期观察到的进化模式？
4. 为什么生态相互作用和进化会产生联合效应？

第7章 生 活 史

尼莫长大了：案例研究

鸟类、蜜蜂，甚至受过教育的人类都会做一件事——繁衍后代以延续物种。除了这个生命的基本事实，不同生物产生的后代千差万别。一株草会产生几毫米长的种子，这些种子可以埋在土壤中数年，直到条件适合萌发。海星会喷出数十万枚微小的卵，这些卵在海洋中漂浮发育。犀牛会产下一头小牛，小牛在母体内发育16～18个月，出生后几天就能行走，但需要一年多的照料才能完全独立（见图7.1）。

但是，即便是这一广泛的可能性范围也仅触及了生物繁殖方式的冰山一角。在流行媒体中，人类常将其他动物描绘成拥有与人类类似的家庭生活。例如，在动画电影《海底总动员》中，小丑鱼以母亲、父亲和几个年幼的后代组成家庭生活。当小丑鱼尼莫的母亲被捕食者夺去生命时，其父亲承担起了抚养他的责任。但在这个故事更现实的版本中，尼莫的父亲失去伴侣后会做出一些不可预测的事情：他会变为雌性。

图7.1 后代的大小和数量差异很大。生物体产生的后代数量和大小范围很大。一头犀牛会产生一头质量为40～65千克的小牛。另一方面，许多植物会产生数百粒甚至数千粒种子，种子的长度不到1毫米，质量仅为0.8微克

实际上，电影与生物学之间的对应关系在尼莫失去母亲之前就已破裂。小丑鱼的整个成年都生活在同一个海葵中（见图7.2）。海葵与水母有关，其口部周围环绕着刺细胞触手。在一种看似互利的关系中，海葵通过刺细胞保护小丑鱼免受捕食者的侵害，但小丑鱼本身却不会被刺伤。反过来，小丑鱼可通过吃掉海葵的寄生虫或驱赶其捕食者来帮助海葵。

通常，一个海葵中栖息着2～6条小丑鱼，但它们远非传统的人类家庭——事实上，它们彼此之间没有亲缘关系。生活在同一个海葵中的小丑鱼根据大小遵循严格的等级制度。海葵中最大的鱼是雌性。等级制度中的下一条鱼，即第二大的鱼是繁殖雄性。其余的鱼则是性未成熟的非繁殖鱼。如果雌鱼死亡，就像尼莫的故事一样，繁殖雄性会经历一次生长突增而变性为雌鱼，而最大的非繁殖鱼会增大体形成为新的繁殖雄性。

繁殖雄性与雌性交配并照顾受精卵直到它们孵化。孵化后的幼鱼离开海葵，在远离捕食者的珊瑚礁的开阔海洋中生活。幼鱼最终会回到珊瑚礁并发育成幼体，然后必须找到一个海葵以便居住。当一条幼鱼进入一个海葵时，居住在那里的

图7.2 海葵中的生命。小丑鱼由不相关的个体组成等级群体，在其海葵宿主的触手中生活和繁殖

鱼仅在有空位的情况下才允许它留下来。如果没有空位，幼鱼就会被驱逐出去，回到珊瑚礁上危险的无遮蔽生活中。这个生命周期，伴随着驱逐、等级制度和性别变化，无疑和生活在其中的鱼类一样丰富多彩。但是，小丑鱼为什么要经历这些复杂的机制来繁衍更多的小丑鱼呢？生物已经找到了解决繁殖这个基本问题的各种方案。如后所述，这些解决方案往往非常适合应对物种生活环境中面临的挑战和约束。

7.1　引言

　　人类历史是对过去事件的记录。个人历史可能由一系列关于生活历程的细节组成：出生体重、开始走路和说话的时间、成人身高，以及发育过程中的其他相关信息。类似地，生物个体的生活史也由与其生长、发育、繁殖和生存相关的主要事件组成。

　　本章将讨论描述生物生活史特征，包括性成熟时的年龄和大小、繁殖的数量和时机，以及生存率和死亡率。如后所述，生活史特征的时间、性质和生活史本身都是生物适应其生活环境的产物。生活史特征（如繁殖能力）对种群增长率有着重要的影响。本章还将介绍生物学家如何分析生活史模式，以了解不同生命阶段所面临的权衡、约束和选择压力。

7.2　生活史的多样性

　　研究生活史特征的变异并分析变异的原因，有助于我们了解生活史特征如何与环境相互作用并影响种群的潜在增长率。下面研究物种内部和物种之间的一些广泛生活史模式。

7.2.1　生活史特征的个体差异无处不在

　　想想你自己和家人、朋友的生活经历。在你的社会群体中，有些人比其他人更早或更晚达到发育期，如青春期。尽管存在这种差异，我们还是可对智人的生活史做一些归纳：例如，女性通常一次只生一个孩子，生殖通常发生在15～45岁。对其他物种，我们也可做类似的归纳。一个物种的生活史策略是该物种所有个体平均生活史事件的时间和性质的总体模式（见图7.3）。

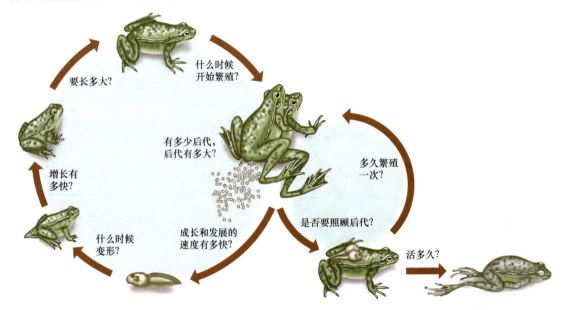

图7.3　**生活史策略**。生活史事件的时间和性质塑造了有机体的整个生命周期。虽然这里以问题的形式提出了生活史选项，但生活史策略是由自然选择而非个体选择的影响决定的

生活史策略是由生物体在生长、繁殖和生存之间分配能量和资源的方式决定的。在同一个物种中，个体在这些活动中分配能量和资源的方式往往不同。这种差异可能是基因变异造成的，也可能是环境条件差异造成的，或者是两者共同作用的结果。

遗传差异　物种内的某些生活史变异是由遗传决定的。受基因影响的特征通常表现为家族内部的相似性高于家族之间的相似性。同样，这类特征在人类中也很常见。例如，兄弟姐妹的外貌通常很相似，成年后的身高和体重也很相似。其他生物也是如此。例如，在一年生早熟禾中，同胞植物之间的生活史特征，如首次繁殖年龄、生长速度和所产花朵数量都很相似。与其他特征一样，生活史特征的遗传变异是自然选择发挥作用的原料。与具有其他生活史特征的个体相比，具有其他生活史特征的个体存活和繁殖的机会更大，因此自然选择倾向于具有这些生活史特征的个体。生活史分析的大部分内容是解释生活史模式如何及为何进化到现在的状态。生活史被视为最大限度地提高**适存度**（生物体的后代对后代的遗传贡献，由亲代的繁殖率及亲代和后代的存活率决定）。然而，没有一种生物的生活史是完美的，也就是说，没有一种生物的生活史能无限地繁衍后代。相反，所有生物体都面临着一些限制因素，这些因素阻碍了完美生活史的进化。这些限制因素通常涉及生存权衡，其中一种功能（如繁殖）的提高可能降低另一种功能（如生长或生存）的提高。因此，尽管生活史通常能很好地服务于器官进化的环境，但它们仅在受约束条件下最大化适应性的意义上才是最佳的。

环境差异　在不同环境条件下可能产生不同的表型，这种现象被称为**表型可塑性**。几乎每种特征都显示出某种程度的可塑性，生活史特征也不例外。例如，大多数植物和动物的生长速率会因温度的不同而变化。这是因为，随着温度升高，发育通常会加快，但当温度接近生物的最高致死温度时又会因热应激而减慢。

生活史的变化常常转化为成年形态的变化。例如，在较凉爽的条件下生长缓慢，可能导致较小的成年体形或成年形状的差异。卡勒韦及其同事发现，在凉爽湿润气候下生长的黄松相对于形成层（新形成的负责水分运输的木质层）的生产而言，在叶片生长上分配了更多的生物量，而在温暖沙漠气候下则不然。分配描述了生物体投入到不同功能上的能量或资源的相对量。黄松在不同环境下的分配差异导致了成年树木在形态和大小上的差异。沙漠中的树木矮且粗，枝叶较少（见图7.4）。由于叶片较少，它们的失水也较少，单位地面面积的光合作用速率较低。

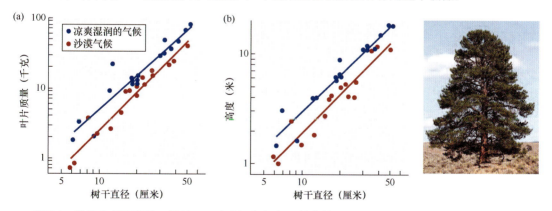

图7.4　黄松生长形态的可塑性。(a)凉爽湿润气候下的黄松比沙漠气候下的树木分配更多的资源用于叶片生长；(b)沙漠树木比寒冷气候下生长的树木矮，但对给定的高度，它们的树干更粗壮

对温度变化做出响应的表型可塑性通常会产生连续的体形范围。在其他类型的表型可塑性中，单一基因型产生离散的类型或形态，中间形态很少或没有。例如，美国亚利桑那州池塘中的美洲蟾蜍蝌蚪群体包含两种形态：杂食形态，以碎屑和藻类为食；较大的肉食形态，以仙女虾和其他蝌蚪为食（见图7.5）。杂食者和肉食者不同的体形是由不同身体部位相对生长速率的差异导致的：肉食者因为这些区域加速生长，拥有更大的嘴和更强健的颌肌。普芬尼希发现，喂养虾和蝌蚪时，

杂食蝌蚪可转变成肉食者，而实地研究表明，杂食者和肉食者形态的比例受到食物供应的影响。肉食蝌蚪生长更快，更可能在它们生活的池塘干涸前完成变态；因此，快速生长的肉食者在暂时性的池塘中占优，而生长较慢的杂食者在持续时间较长的池塘中占优，因为它们在变态时状况更好，作为幼蟾的存活机会也更大。

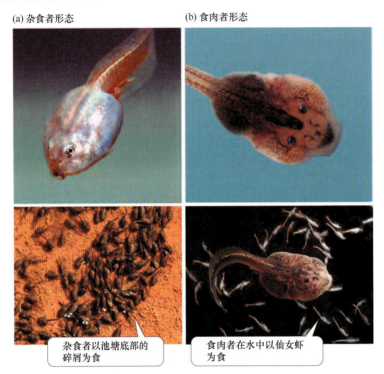

(a) 杂食者形态　　　　　　(b) 食肉者形态

杂食者以池塘底部的碎屑为食

食肉者在水中以仙女虾为食

图7.5　蟾蜍蝌蚪的表型可塑性。蟾蜍蝌蚪可以发育成小头杂食者(a)或大头肉食才(b)，具体取决于它们在发育早期消耗的食物。在发育的后期，杂食者和肉食者以位于栖息地不同部分的不同食物为食

考虑诸如美洲蟾蜍的杂食者和肉食者形态这样的例子时，很容易假设表型可塑性是适应性的，即在环境条件变化时产生不同表型的能力提高了个体的适应度。虽然情况通常如此，但适应性必须通过测量和比较而非假设来证明。例如，对黄松来说，在炎热干燥的气候中长得更粗壮、叶片更少可能是适应性的，因为这些特征有助于减少水分损失。然而，要证明适应性，就必须测量和比较沙漠环境中粗壮、高大树木的存活率和繁殖率。在某些情况下，表型可塑性可能只是简单的生理反应，而不是自然选择塑造的适应性反应。例如，如前所述，生长速率通常随温度升高而增加。这可能是因为在较低温度下化学反应较慢，所以新陈代谢和生长必然较慢。

气候变化联系　气候变化和季节性活动的时机

季节性生活史活动的时机至关重要。例如，春季过早北迁的鸟类，如果找不到食物，就可能饿死；如果开花时传粉者不在场，植物就可能无法繁殖。这类季节性事件的时机受到日长变化的影响，有时还受到一年中同样变化的其他环境信号（如温度）的影响。近几十年来，随着气候的变化，物种是否调整了它们执行关键季节性活动的时间呢？

长期数据集显示，许多物种比以往更早开始春季活动，这显然是为了应对气候变化。例如，随着气候变暖，植物的叶片生长、鸟类的产卵、昆虫的休眠和苏醒以及迁徙动物的到来，如今往往比20世纪60年代和70年代更早。

然而，在某些情况下，季节性活动时间的变化并未跟上气候变化的步伐。以雪兔为例，随着冬季的临近，雪兔的毛色从棕色变为白色，以在雪地中伪装；春季则反之。随着气候变暖，

地面被雪覆盖的时间缩短，因为秋末降雪开始得更晚，而春初融雪则开始得更早。如果雪兔换毛的时间能够跟上降雪开始时间的延迟，就可预计雪兔会在秋季更晚的时候换上白色毛皮。然而，实际情况是秋季换毛的日期和速率并未改变。于是，伪装不匹配发生的天数增加，捕食者更容易发现它们（见图7.6），导致死亡率增加。在北美驯鹿和雪雁中也发现了季节性活动时间的不匹配：尽管它们的幼崽需要食物（植物）在春季提早长出叶片，但这两个物种都没有调整繁殖的时机，导致繁殖成功率下降。

图7.6 雪兔的伪装不匹配。(a)从历史上看，雪兔的颜色在一年中降雪开始的时间从棕色变为白色，进而使它们整个冬天都伪装得很好；(b)随着气候变暖，降雪开始得更晚，而雪兔秋季毛色变化的日期不变，导致雪兔经历伪装不匹配的天数增加

7.2.2 繁殖方式是一种基本的生活史特征

在最基本的层面上，进化的成功取决于成功的繁殖。尽管存在这个普遍现实，但生物体已进化出截然不同的繁殖机制——从简单的无性分裂到复杂的交配仪式和错综复杂的授粉系统。

无性生殖 地球上最早进化的生物通过二分裂（亲本细胞分裂成两个细胞）进行无性生殖。减数分裂、重组和受精等有性生殖过程随后出现。如今，所有原核生物和许多原生生物都以无性方式繁殖。虽然有性生殖是多细胞生物的常态，但许多生物也能进行无性生殖。例如，珊瑚群落经初始珊瑚虫启动后，通过无性生殖增长（见图7.7）。群落中的每只珊瑚虫都是多细胞芽从母体分离形成新珊瑚虫时产生的；因此，每只珊瑚虫都是初始珊瑚虫的基因完全相同的克隆。一旦群落长到一定规模且条件适宜，珊瑚虫就会进行有性生殖，形成自己的全新克隆群落。

有性生殖和异配 大多数植物和动物以及许多真菌和原生生物都进行有性生殖。一些原生生物，如衣藻（见图7.8a），有两种不同的交配类型，类似于雄性和雌性，但它们的配子大小相同。产生大小相等的配子称为**同配**。然而，在大多数多细胞生物中，两种配子大小不同，这种情况称为**异配**。通常，卵细胞比精子大得多，含有更多细胞和营养物质，供胚胎发育使用。精子体积小，且可能具有运动能力（见图7.8b）。两性在配子大小上的差异会影响其他生殖特征，如两性在交配行为上的差异。

尽管有性生殖广泛存在，但它也有一些缺点。由于减数分裂产生单倍体配子，其遗传内容只有亲本的一半，因此有性生殖的生物只能将其遗传物质的一半传递给后代，而无性生殖则允许整个基因组的传递。有性生殖的另一个缺点是，重组及染色体在减数分裂过程中独立分配到配子中可能破坏有利的基因组合，进而降低后代的适应性。最后，在其他条件相同的情况下，有性生殖种群的增长率仅为无性生殖种群的一半（见图7.9）。

鉴于这些缺点，为什么性生殖如此普遍？性生殖有一些明显的优点，包括重组，它促进了遗传变异，因此可能增强种群应对环境挑战（如干旱或疾病）的进化能力。为了验证这个想法，莫兰等人在秀丽线虫中研究了有性生殖的优点。秀丽线虫的种群由雄性和雌雄同体组成。雌雄同体可通过自体受精（自交）或与雄性交配（杂交）来繁殖。在野生种群中，杂交率通常为1%～30%。然而，通过遗传操作，秀丽线虫可以形成总进行自体受精的品系（强制自交者）或从不进行自体受精的品系（强制杂交者）。强制自交者的后代在遗传上非常接近其亲代，而强制杂交者的后代在遗传上更具变异性；这些品系非常适合验证有性生殖是有益的观点，因为它促进了更高水平的遗传变异。

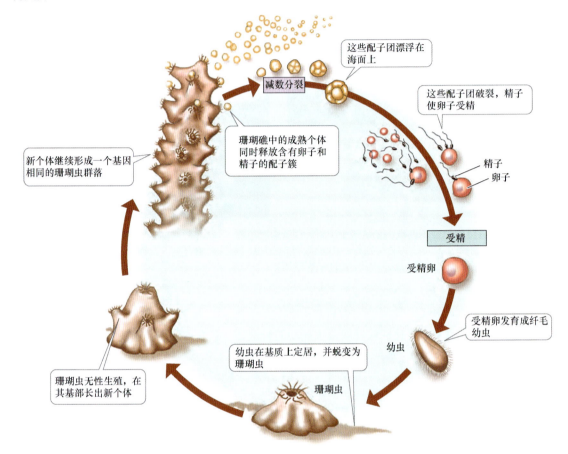

这些配子团漂浮在海面上

减数分裂

这些配子团破裂，精子使卵子受精

珊瑚礁中的成熟个体同时释放含有卵子和精子的配子簇

新个体继续形成一个基因相同的珊瑚虫群落

精子

卵子

受精

受精卵

受精卵发育成纤毛幼虫

珊瑚虫无性生殖，在其基部长出新个体

幼虫在基质上定居，并蜕变为珊瑚虫

珊瑚虫

幼虫

图7.7　珊瑚的生命周期。形成珊瑚礁的珊瑚群落通过无性生殖生长，然后产生卵子和精子

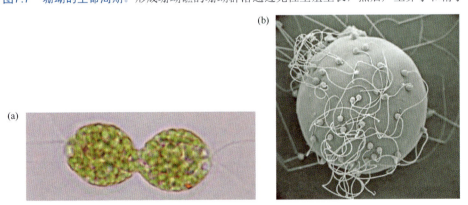

图7.8　同配和异配。(a)同配物种：单细胞衣藻的两个配子融合；(b)异配物种：人类卵子受精，显示了卵子和精子的大小差异

　　莫兰等人将一些秀丽线虫种群暴露在一种致命的细菌病原体——黏质沙雷氏菌中。在暴露于该病原体的野生种群中，杂交率急剧上升，从最初的20%到30代后超过80%（见图7.10a）。此外，仅含强制自交者的秀丽线虫种群总是被病原体驱动至灭绝，而野生和强制杂交者则始终得以

存续（见图7.10b）。总体而言，这些结果支持了有性生殖产生的遗传变异在具有挑战性的环境中有益的假说。麦克唐纳等人在酵母中也得到了类似的结论。

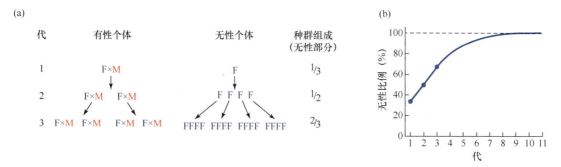

图7.9　性的代价。性的代价之一是"雄性的代价"。想象一个种群中既有有性个体又有无性个体的情形。假设每个有性或无性雌性每代可以产生4个后代，但是有性雌性产生的后代中有一半是雄性且必须与雌性配对才能产生后代。在这些条件下，无性个体(a)的数量增长更快，且(b)在不到10代后占种群的近100%

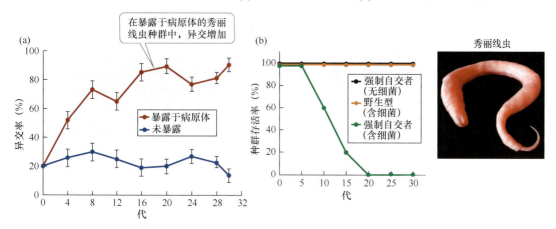

图7.10　挑战环境中性的益处。(a)随着时间的推移，在秀丽线虫野生种群中测量的异交率。一些线虫种群暴露在黏质沙雷氏菌中。误差条显示的是平均值的标准差。(b)不同处理下野生型和强制自交者秀丽线虫种群的存活率

7.2.3　生命周期通常很复杂

　　与生命周期的早期相比，许多成年动物的形态和行为截然不同。它们经常吃不同的食物，偏好不同的栖息地。例如，珊瑚礁鱼类，如棘颊雀鲷，在生命开始时只是几毫米长的幼鱼。这些幼鱼在开阔的海洋中生活和成长，以浮游藻类为食。当它们长到长约1厘米时，就会返回珊瑚礁并吃更大的食物。这种生命周期可能是为了适应留在珊瑚礁上的小鱼受到的高捕食压力而进化的；在开阔的海洋中花更多时间成长的小鱼可能有更好的生存机会。复杂的生命周期还可降低同一物种的个体之间的竞争，因为不同年龄段的物种使用不同的资源。

　　如珊瑚（见图7.7）和珊瑚礁鱼类所展示的那样，生命周期可能涉及具有不同体形或生活在不同栖息地的阶段。复杂的生命周期至少有两个明显不同的阶段，它们的栖息地、生理或形态上存在差异。在许多情况下，复杂生命周期中各阶段间的过渡是突然的。例如，许多生物都会经历变态，即从幼虫阶段到幼体阶段的形态突变，有时伴随着栖息地的改变（如图7.3中的青蛙所示）。当后代和亲代面临非常不同的选择压力时，通常会出现复杂的生命周期和变态。

　　大多数脊椎动物的生命周期都很简单，在栖息地或形态之间没有突变，因此我们倾向于将变态视为一种奇特的过程。然而，即使是在脊椎动物中，包括一些鱼类和大多数两栖动物，也能发

现复杂的生命周期和变态。大多数海洋无脊椎动物变态前是在开阔海洋中游泳的幼虫。许多昆虫也经历变态——从毛毛虫到蛾子，从幼虫到甲虫，从蛆到苍蝇，从水生幼虫到蜻蜓和蜉蝣。事实上，沃纳指出，在当时公认的33个动物门中，有25个动物门至少包含一些具有复杂生命周期的子群。他还指出，约80%的动物物种在其生命周期中的某个时刻会经历变态（见图7.11）。

图7.11　普遍存在的复杂生命周期。大多数动物种群都包括经历变态发育的个体。(a)熟悉的例子是昆虫，如蚁蛉，它由生活在土壤中的幼虫发育而来。(b)大多数海洋无脊椎动物都有自由游动的幼虫阶段，包括海胆等棘皮动物

　　许多寄生虫已经进化出错综复杂的生命周期，它们的每个宿主都有一个或多个特化阶段。例如，扁形虫有三个特化阶段。在扁形虫和其他寄生虫中，这些阶段专门执行必要的功能，如无性生殖、有性生殖和新宿主的定殖。

　　一些藻类和所有植物都有复杂的生命周期，其中多细胞二倍体孢子体与多细胞单倍体配子交替出现。孢子体产生单倍体孢子，分散并生长成配子，配子体产生单倍体配子，在受精过程中结合形成受精卵，形成孢子体。这种生命周期类型称为世代交替。在苔藓和一些其他植物群体中，配子体较大，但在大多数植物和一些藻类中，孢子体是生命周期的主要阶段。

　　在进化过程中，一些被视为祖先条件的群体中的各个物种已失去复杂的生命周期。由此产生的简单生命周期有时被称为直接发育，因为从受精卵到幼体的发育发生在孵化前的卵内，没有自由生活的幼虫阶段。例如，大多数无肺蝾螈属物种都缺乏典型蝾螈所具有的带鳃的水生幼虫阶段。相反，它们在陆地上产卵，卵直接在陆地上孵化成小型幼体。

　　生物在生命周期策略的关键方面存在很大差异，如它们何时繁殖、产下多少后代及为每个后代分配多少照料。如何将这些不同的模式组织成一个连贯的方案呢？

7.3　权衡

　　有机体可用于生长、繁殖和防御的能量与资源是有限的。当生物体以牺牲另一种结构或功能为代价将其有限的能量或其他资源分配给一种结构或功能时，就会发生权衡。生活史特征间的权

衡很常见。

7.3.1　后代数量和大小之间的权衡

许多生物会在对后代的投资和繁殖的后代数量之间进行权衡。对后代的投资包括精力、资源、时间，以及失去参与其他活动（如觅食）的机会。在许多情况下，对每个后代进行大量投资的生物体会产生少量的大体形后代，而对每个后代进行少量投资会产生大量的大体形后代。亲代投资也会影响后代的"质量"，例如，减少对每个后代的投资会增大后代死亡的风险。

窝卵数限制　1947年，拉克首次描述了一个经典案例，展示了投入到每个后代的能量与后代数量之间的权衡。拉克断言，每轮繁殖的蛋数（窝卵数）受限于亲代一次能养活的最大幼仔数量，而这反过来又与资源可用性（如养育幼仔所需的猎物和其他因素）有关。如果亲代养育的幼仔小于这个最大数量，它们将在未来的世代中减少其遗传代表性（适应度）。如果它们试图养育超过这个最大数量的幼仔，它们的后代可能更容易因饥饿、捕食或其他因素而死亡，再次降低了亲代的适应度。

拉克对从极带到热带的鸟类繁殖进行了细致的观察。令他印象深刻的是，窝卵数随纬度而变化：在较高的纬度，鸟类可以养育更多的后代。他推测，高纬度地区窝卵数较大的原因是这些地区的繁殖季节有更长的日照时间。这些更长的日照时间让亲代有更多的时间觅食，因此可以喂养更多的后代。

术语"窝卵数限制"是指亲代能够成功培育至成年的最大后代数量。拉克假设，在后代数量与资源供给之间的权衡选择作用下，最高效的窝卵数会在自然种群中找到。这一假设可通过在巢中添加和移除卵来进行验证，以检验异常大的窝卵数是否存在。例如，纳格尔及其同事通过人工增加了小黑背鸥的窝卵数。他们从巢中移除卵来刺激雌鸟产下更多的卵。纳格尔等人发现，窝卵数的增加导致后期产下的卵的营养价值下降（脂质含量较低）。他们还发现，窝卵数较大的卵在育雏期（翅膀羽毛足以飞行的阶段）的存活率降低（见图7.12）。因此，在小黑背鸥中，产生较大的窝卵数会降低卵的质量和育雏期的存活率。

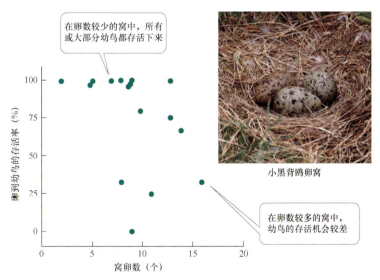

图7.12　窝卵数和存活率。小黑背鸥通常一窝产3个卵，但当它们被实验性地操纵以产生更大的卵窝数时，后代存活到羽翼渐丰的概率就会降低

无亲代抚育生物的权衡　鸟类和其他一些脊椎动物提供的亲代照料相对较少。在不提供亲代照料的生物体中，投资于繁殖体（如卵、孢子或种子）的资源是衡量繁殖投资的主要指标。在这种情况下，繁殖体的大小是亲本投资的主要衡量标准，繁殖体大小与繁殖期内产生的繁殖体数量之间存在权衡。例如，在植物中，一个物种产生的种子大小与其产生的种子数量是负相关的（见图7.13）。

在某些情况下，大小与数量的权衡也适用于物种内的变异。西部强棱蜥广泛分布在美国西海岸的山脉中，不提供亲代照料。西内尔沃发现，更靠北的蜥蜴窝卵数较多（华盛顿州：12个卵/窝；加州：7个卵/窝），但卵较小（华盛顿州：0.40克；加州：0.65克）（见图7.14）。

为了确定卵的大小对后代性能的影响，西内尔沃在实验室中保育了强棱蜥的卵。为了减小卵的尺寸，他用注射器从一些卵中抽出了一些卵黄。为了控制这种方法对卵发育可能产生的影响，他将注射器刺入其他一些卵，但未抽出任何卵黄。这些被刺破但未缩小的卵与未经处理的卵的发育速度相同，表明注射器的刺入不是导致未处理卵和缩小卵之间差异的原因。

西内尔沃发现，缩小的卵比未处理的卵发育得更快，但孵出的幼仔更小。这些较小的幼仔与它们的较大兄弟姐妹相比生长得更快，但无法快速冲刺以逃避捕食者。从缩小的卵和未经处理的卵中孵出的蜥蜴之间的许多差异，都反映了在有不同卵大小的种群之间观察到的差异。西内尔沃推测，种群之间在卵和孵化幼仔大小上的差异可能是南方更多捕食者选择更快冲刺速度的结果，或者是北方生长季节较短而选择更早孵化和更快生长的结果。

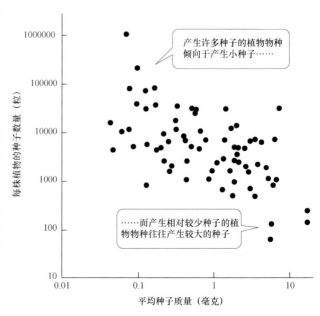

图7.13　植物种子大小与种子数量的权衡

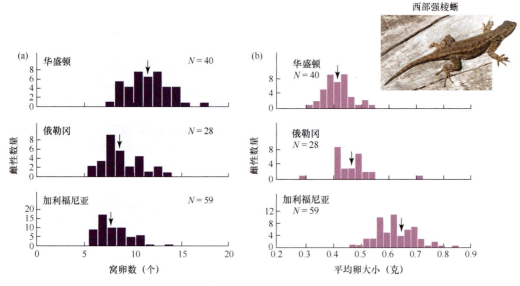

图7.14　**强棱蜥的卵大小–卵数量权衡。**与南方种群中的强棱蜥相比，北方种群中的西部强棱蜥产生更大的窝卵数和更小的卵。箭头指向每个种群的平均值

7.3.2　当前繁殖和其他生活史特征之间存在权衡

当亲代生育更多的后代时，它们对每个后代的投资可能下降。这种下降会对后代产生各种影响，包括存活率下降（如小型黑背鸥）和体形缩小（如西部强棱蜥）。用于繁殖的资源分配也会影响亲代。

事实上，将资源分配给繁殖会降低个体的增长率、存活率或未来繁殖的潜力。

例如，考察物种间生活史特征差异的研究记录了当前繁殖与存活率之间的权衡。在其中的一项研究中，里克莱夫斯观察到了鸟类的年度繁殖力（单位为成熟的后代数量）与年度存活率之间的权衡（见图7.15a）。

在同一物种内部也观察到了繁殖与存活率之间的权衡。例如，在果蝇中，雄性在与未交配雌性求爱时花费的时间和精力比与最近交配过的雌性求爱时要多。帕特里奇和法夸尔验证了这种求偶活动的差异是否影响雄性果蝇的寿命。雄性果蝇每天与8只未交配雌性或8只先前已交配的雌性一起饲养。在没有性活动的情况下，雄性的寿命与其大小正相关，因此帕特里奇和法夸尔还记录了每只雄性的大小。在任何特定大小的雄性中，与未交配过的雌性一起饲养的雄性寿命要比与已交配雌性一起饲养的雄性短（见图7.15b），表明该物种雄性的性活动存在代价（寿命缩短）。

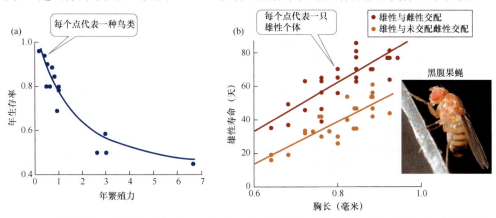

图7.15　繁殖与存活率之间的权衡。(a)在对14种鸟类的比较中，年存活率随着年繁殖力的增加而下降。(b)与8只未交配雌性果蝇或8只以前忆交配雌性果蝇一起饲养的雄性果蝇的寿命与胸长的关系。回归线表示雄性的平均寿命

同样，在软体动物、昆虫、哺乳动物（包括人类）、鱼类、两栖动物和爬行动物中发现了当前繁殖和生长之间权衡的证据。在许多植物中也观察到繁殖和生长之间的权衡，包括花旗松（见图7.16）。

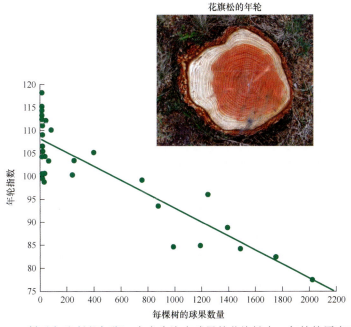

图7.16　繁殖与生长的权衡。在产生许多球果的花旗松中，年轮的厚度下降

注意，通过将资源分配给繁殖而非生长，个体会在体形较小时繁殖，而不会继续生长并在稍后的时间（体形较大时）繁殖。小个体通常比大个体产生更少的后代，因此这一观察表明，将资源分配给当前的繁殖可能降低个体未来的繁殖潜力。这种权衡也得到了实证支持，详见分析数据7.1。

分析数据7.1　白颈燕的当前繁殖和延迟繁殖之间是否存在权衡？

古斯塔夫松和帕特通过监测白颈燕在整个生命周期的存活率和繁殖情况，研究了瑞典哥特兰岛的一群白颈燕。他们发现，一些雌鸟在1岁时首次繁殖（早育者），而另一些雌鸟则在2岁时首次繁殖（晚育者）。下表中给出了早育者和晚育者的平均产卵数。

年龄（岁）	平均产卵数	
	早育者	晚育种
1	5.8	—
2	6.0	6.3
3	6.1	7.0
4	5.7	6.6

1. 为早育者和晚育者绘制平均卵数（y轴）与年龄（x轴）的关系图。
2. 白颈燕将繁殖延迟到2岁是否是有利的？解释原因。
3. 将资源分配给当前繁殖会降低个体未来的繁殖潜力吗？解释原因。
4. 基于实地观察的这些数据的局限性是什么？

7.4　生命周期演化

有机体的大小和形态在其生命周期中可能发生很大的变化。每个生命周期阶段可能有不同的栖息地偏好、食物偏好和捕食脆弱性。这些差异表明，不同的形态和行为在不同的生命周期阶段具有适应性。生命周期中选择压力的差异造成了生物体生活史中一些最独特的模式。

7.4.1　体形小有好处也有坏处

体形小的早期生命阶段特别容易受到捕食，因为许多捕食者大到足以捕食它们（对一些捕食者来说，小猎物可能更难被发现）。体形小的早期生命阶段也是食物的竞争者，更易受到减少食物供应的环境扰动的影响，因为它们几乎没有存储能量和营养的能力来抵抗饥饿。这些脆弱性通常通过行为、形态和生理适应来平衡。

此外，在某些生物体中，小型、可移动的早期阶段可执行大型成年阶段无法执行的基本功能。下面介绍生物体如何保护小体形的生活史阶段，以及这些阶段可以提供的重要功能。

亲代投资　在许多生物体中，亲代对后代的主要投资是提供卵子或胚胎。动物在卵中添加卵黄，有助于它们的后代在小而脆弱的生命阶段存活和生长。例如，雌性鹬鸵一次产下一个富含卵黄的卵，且这个卵非常大，占其体形的15%～20%（见图7.17a）。在雌性鹬鸵产卵的一个月里，其食量约为不产卵时的3倍。在许多无脊椎动物群体中，卵黄较多的物种比卵黄较少的物种发育更快，在发育过程中需要的食物也更少。无脊椎动物中的另一种常见模式是投资于能量昂贵的卵壳，以在发育过程中保护后代。植物通过在种子的受精卵中提供富含营养的胚乳来提供营养，这种物质维持发育中的胚胎，通常也维持较小的幼苗。玉米的淀粉状白色部分和椰子的奶肉就是胚乳的例子。另一种保护小而脆弱的后代的方法是亲本照料。鸟类和哺乳动物是亲本照料的典型例子，因为它们会投入大量的时间和精力来保护与喂养后代。一些鱼类、爬行动物、两栖动物（见图7.17b）和无脊椎动物也会守护或孵化其胚胎和幼仔，直到它们长大到基本上能够自保。

(a) 卵　　　　　　　　头　(b)

图7.17　亲代投资。(a)X光照片显示鹬鸵卵的大小与雌性的体形成比例；(b)一只雄性角蛙背着幼崽（从蝌蚪阶段到小后代）

扩散和休眠　幼小的后代容易受到伤害，但也适合发挥几种重要的功能，包括扩散和休眠。**扩散**（生物体或繁殖体从出生地移动）是所有生物体生活史中的一个关键特征。即使在植物、真菌和许多海洋无脊椎动物等成年后固着不动或很少移动的生物体中，生命周期通常也包括一个扩散阶段。这些生物体的花粉、种子、孢子或幼虫可被水、风或动物携带到很远的地方。一般来说，较小的繁殖体更容易扩散，且在给定的时间内传播得更远。

扩散提供了许多潜在的优势：例如，它可减少近亲之间的竞争，可让生物体到达新的区域生长和繁殖。在某些情况下，扩散会增加逃离高死亡率区域的机会，如当病原体和其他天敌在生物体扩散的地点大量存在时。生物体的扩散能力还可能产生重要的进化。例如，汉森比较了具有典型游泳幼虫的已灭绝海洋蜗牛的化石记录与失去游泳幼虫阶段并直接发育成爬行幼体的物种的化石记录。他发现没有游泳幼虫的物种往往地理分布较小，更容易灭绝（见图7.18）。汉森将这些差异归因于扩散能力的差异。具有游泳幼虫的物种能够移动更远的距离，因此它们的种群分布更广泛，不太容易受到可能导致灭绝的随机事件的影响。

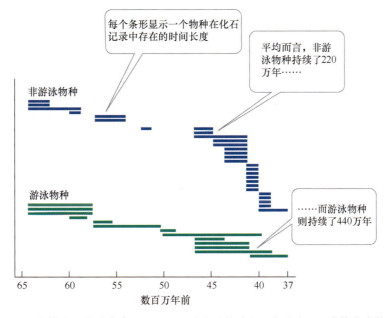

图7.18　发育模式和物种寿命。那些不经游泳幼体阶段（非游泳）而直接发育的海洋蜗牛物种比有游泳幼体（游泳）的物种灭绝得更快

小尺寸也使得卵和胚胎非常适合休眠，这是一种生长和发育暂停的状态，在这种状态下，生物体可存活于不利条件下。许多种子在发芽前能够长时间休眠，在极端情况下可以持续数千年。许多细菌、原生生物和动物也经历各种形式的休眠。一般来说，小型种子、卵和胚胎比大型多细胞生物更适合休眠，因为它们不需要消耗太多的能量来维持生命。然而，一些动物确实会在成熟阶段进入休眠状态，以应对环境压轴压力。

7.4.2 复杂的生命周期可能源于特定阶段的选择压力

生命周期复杂的生物有多个生命阶段，每个生命阶段都会适应其栖息地和习性。这种灵活性可能是复杂生命周期在许多生物类群中如此常见的原因之一。因为不同的生活史阶段能够独立进化，以应对体形和栖息地特定的选择压力，所以复杂的生命周期可最大限度地减少早期阶段小而脆弱的缺点。

幼虫的功能和适应　特定生命阶段的功能特化是复杂生命周期的共同特征。拥有独立形态特征的多个阶段可以导致特定功能与特定阶段的配对。这样的配对可以减少因同时优化多个功能而导致的一些权衡。

许多生命周期复杂的昆虫都有这种特化现象。这类昆虫的整个幼虫阶段都在一个很小的区域内度过，有时甚至是在一棵植物上。毛虫和蛴螬等昆虫的幼虫是专门的进食和生长机器，它们几乎将所有时间都花在摄取食物上，除了下颚，它们并未形成许多复杂的形态结构。一旦积累足够的体量，这些幼虫就会蜕变成蝶、蛾和甲虫，进而扩散、寻找配偶和繁殖。极端情况下的成虫（如蜉蝣）无法进食，只能活几小时或几天来繁殖后代。

海洋无脊椎动物的幼虫也专门用于觅食，但它们是在洋流中扩散时觅食的。例如，许多软体动物（如蜗牛和蛤蜊）和棘皮动物（如海胆和海星）的幼虫具有复杂的进食结构，这些结构覆盖了幼虫的大部分身体。这些结构被称为纤毛带，是覆盖有纤毛的脊，它以协调的拍动来捕捉微小的食物颗粒，并将它们移向口部。纤毛带以卷曲和折叠的方式围绕幼虫身体，许多幼虫身体有额外的叶或臂来支撑和延长纤毛带。在海胆中，幼虫的臂越长，纤毛带越长，幼虫的进食效率就越高。

其他的幼虫结构有助于保护生命周期的小体形阶段不被其他生物吃掉。例如，一些毛毛虫的有毒刺、蟹类幼虫的头刺（见图7.19）及多毛虫幼虫的刚毛或鬃毛。

生命周期转变的时间　大多数具有复杂生命周期的生物在不同的生命阶段使用不同的栖息地和食物资源。这种转变可能突然发生，如生物的变态过程，但也可能逐渐发生。无论栖息地和食物偏好发生变化的速度如何，同一物种中不同大小和不同年龄的个体可能具有非常不同的生态作用。下面用生态位转移来指生物的生态功能或栖息地发生的大小或年龄的特定变化。

图7.19　海洋无脊椎动物幼虫的特殊防御结构。 沙蟹的浮游（漂浮）幼虫具有防御性头刺，可使它们难以被鱼吃掉

在那些在生命周期阶段转变时经历突然变态的物种中，生物在幼虫和成虫之间的脆弱阶段花费的时间相对较少。理论上，应该存在一个最佳的时间来进行变态（或任何生态位转变），以在整个生命周期中最大化存活率。因此，我们可能预期，当生物达到某个大小，成虫栖息地的生存或生长条件比幼虫栖息地的更有利时，就会发生生态位转变。

针对这一想法，达尔格伦和埃格尔斯顿对拿骚石斑鱼进行了验证。拿骚石斑鱼是一种濒危的珊瑚礁鱼类，其幼体阶段在大片海藻内部和周围度过。较小的幼体在海藻内部隐藏，而较大的幼体则在藻丛附近的岩石栖息地度过。通过将不同大小的幼体放到不同栖息地的网中，达尔格伦和埃格尔斯顿测量了每个栖息地幼体的死亡率和生长率。他们发现，较小的幼体在岩石栖息地中非常容易受到捕食，而较大的幼体则不太容易受到捕食，且能在岩石栖息地中更快地生长。因此，该物种的生态位转变似乎被定时，以最大化生长和生存。

在某些情况下，幼体的栖息地可能对生长和生存非常有利，以至于变态被延迟——甚至完全被消除。例如，大多数蝾螈具有水生幼体，并且变态为陆生成体，但有些蝾螈（如穴居蝾螈）可以在保留鳃且在水生栖息地的情况下达到性成熟（见图7.20）。这些水生、有鳃的成虫被称为幼态持续，意味着它们由一些发育事件（鳃的丧失、肺的发育）相对于性成熟的延迟产生。在穴居蝾螈中，水生幼态持续成体和陆生变态成体可在同一种群中共存。这些混合种群中幼态持续的频率似乎取决于捕食、食物可用性和竞争等因素。

图7.20 **蝾螈的幼体发育。** 穴居蝾螈可以产生(a)幼体水生成体和(b)陆生变态成体

7.5 生活史的连续性

生态学家提出了几种分类方案，用于组织与环境相关的生活史特征模式。这些方案中的大多数对生活史模式进行了广泛的归类，试图将它们放到某个连续统一体中。本节研究这些方案中最突出的几种，并讨论它们之间的关系。

7.5.1 有些生物繁殖一次，有些生物繁殖多次

根据个体一生中繁殖事件的次数可对生物的繁殖多样性进行分类。单次繁殖物种（在植物中也称单果性物种）一生中只繁殖一次，而多次繁殖物种（在植物中也称多果性物种）则有多次繁殖的能力。

许多植物物种在一年或不到一年的时间内完成其生命周期。这些被称为一年生植物的物种是单次繁殖的：经过一个生长季节后，它们繁殖一次后死亡。单次繁殖植物的复杂例子是北美洲沙漠中的世纪植物（龙舌兰属的通用名称）。这些植物在经历一次密集的繁殖之前，以营养方式生长达30年。当世纪植物准备好繁殖时，就长出高达6米的花茎，高耸于植物的其他部分之上。这株植物从这个单一的繁殖事件中产生大量的种子。繁殖后，产生高花茎的植物部分死亡，因此是单次繁殖的。然而，

在基因水平上，如果世纪植物也进行无性生殖，产生围绕原始植物的基因完全相同的克隆体，那么它在开花时可能不会死亡（见图7.21）。从这个意义上说，有些世纪植物不是单次繁殖的——克隆体在开花事件后存活下来，最终也会开花。

图7.21　龙舌兰：单次繁殖植物？产生高花茎的龙舌兰个体开花不久后便死亡，因此被视为单次繁殖。但是开花的个体也产生基因相同的克隆后代。因此，遗传个体将在开花后继续存在，从这个意义上说，它不是单次繁殖的

　　单次繁殖动物的一个例子是巨型太平洋章鱼。这种章鱼在其3～5年的寿命中，可以长到长约8米、质量近180千克。这种海洋无脊椎动物的雌性会产下含有数万个受精卵的单个卵群。随后，它会孵化这些卵长达6个月。在此期间，雌性完全不进食，而一直守候在卵上，清洁卵并为其通风。雌性在卵孵化后不久就会死亡。其他表现出单次繁殖的动物包括鲑鱼、许多蜘蛛和一些昆虫，如蝴蝶。为什么能活多年的生物一生中只繁殖一次？理论上讲，单次繁殖生物在影响繁殖和生态权衡的条件下，在总寿命繁殖输出方面获得了优势。较大的生物具有更高的繁殖输出，在某些条件下，将生殖成熟保留到生命周期结束时会导致最高的繁殖输出。如果成年死亡率高于某个阈值，即使是在低水平的繁殖输出下，繁殖的成本也很高，因此单次繁殖将导致比多次繁殖更高的寿命繁殖输出。单次繁殖进化的另一个原因是，在高捕食率下可以产生大量的后代。产生比捕食者消耗的更多后代，允许一些后代逃脱并维持种群。

　　大多数生物不会这样投资于单次繁殖事件。多次繁殖生物在其一生中会进行多次繁殖。多次繁殖植物的例子是松树和云杉等长寿树木。在动物中，大多数大型哺乳动物是多次繁殖的。当然，多次繁殖可以采取多种形式。

7.5.2　是快生快死还是慢而稳健

　　这是最著名的生活史多样性分类方案之一，也是最早提出的方案之一。1967 年，麦克阿瑟和

威尔逊创造了术语"r选择"和"K选择"，用来描述生活史模式连续统一体的两端。r选择中的"r"是指种群的内在增长率，是衡量种群增长率的一个指标。r选择指的是对高种群增长率的选择。这种类型的选择可能发生在种群密度较低的环境中，如最近受到干扰的栖息地正被重新拓殖。在这种栖息地中，能够快速生长和繁殖的基因型要比不能快速生长和繁殖的基因型更受青睐。相反，K选择指的是对较慢增长率的选择，这种选择发生在处于或接近K的种群中，K是种群所处环境的承载能力或稳定种群数量。K选择发生在拥挤的条件下，在这种条件下，能够有效地将食物转化为后代的基因型受到青睐。顾名思义，K选择种群的种群增长率并不高，因为它们已经接近环境的承载能力，对资源的竞争可能很激烈。

我们可将r-K连续统一体视为从快到慢的种群增长率谱。处于连续统一体r选择末端的生物通常体形小、寿命短、发育快、成熟早、投资少、繁殖率高。这种"快生快死"的物种包括大多数昆虫、小型脊椎动物（如老鼠）和杂草。相反，K选择物种往往寿命长、发育慢、成熟期迟、对后代的投资大、繁殖率低。这种"慢而稳健"的物种包括大型哺乳动物（如大象和鲸鱼）、爬行动物（如乌龟和鳄鱼）和长寿植物（如橡树和枫树）。

与大多数分类方案一样，r-K连续统一体倾向于强调极端情形。然而，大多数生活史介于这些极端情形之间，因此r-K方法在某些情况下并不具有参考价值。在比较近缘物种或生活在相似环境下的物种的生活史时，r选择和K选择之间的区别可能是最有用的。例如，布拉比比较了澳大利亚蝴蝶属的三个物种，其中生活在最干旱、最难预测栖息地的物种显示出了最多的r选择特征，包括快速发育、早期繁殖、产下许多小卵以及快速的种群增长。相比之下，在可预测性较高的潮湿森林栖息地中发现的两个物种则具有更多的K选择特征。

7.5.3　植物生活史可以根据栖息地的特征分类

20世纪70年代后期，格里姆专门针对植物生活史开发了一套分类系统。他认为，植物物种在特定栖息地的成功受到两个因素的限制：压力和干扰。格里姆将压力定义为任何限制植物生长的外部非生物因素。根据这一定义，压力的例子包括极端温度、遮阳、低氮和缺水。根据格里姆的定义，干扰可由生物因素（如食草昆虫的爆发）或非生物因素（如火灾）引起。

如果认为在特定的栖息地中压力和干扰都可能高或低，就有四种可能的栖息地类型：高压力-高干扰、低压力-高干扰、低压力-低干扰和高压力-低干扰。考虑到大多数高压力和高干扰栖息地不适合植物生长，植物可能适应的栖息地类型主要有三种。格里姆创建了一个模型，用于理解与这三种栖息地对应的三种植物生活史模式：竞争型（低压力-低干扰）、粗放型（低压力-高干扰）和压力耐压型（高压力-低干扰）（见图7.22）。

格里姆将植物间的竞争具体地定义为"相邻植物利用相同光照、矿物质、水分或空间的趋势"。在低压力和低干扰条件下，在获取光照、矿物质、水分和空间方面能力更强的竞争性植物应该具有选择优势。

格里姆将适应于高干扰和低压力的栖息地的植物归类为杂草型。杂草型策略通常包括寿命短、生长速度快、大量投资于种子生产，以及能在地下存活很长时间直到条件适宜时迅速萌发和生长的种子。杂草型物种常被称为杂草物种。

最后，在压力高而干扰低的条件下，耐压型植物是有利的。尽管不同栖息地的压力条件可能差异很大，格里姆仍然确定了耐压型植物的几个特点，包括但不限于生长速度慢、常绿叶片、水分和养分利用速率慢、对食草动物的适口性低，以及能有效应对暂时有利条件的能力。有利于耐压型植物的栖息地可能包括那些水分或营养物质稀缺或温度条件极端的地方。格里姆的概念模型假设自然选择导致了植物三种截然不同但非常广泛的生活史策略。尽管格里姆专注于描述这三种极端策略，但他也认识到了常见的中间策略。事实上，三种极端策略的各种组合产生了许多可能的中间策略，如竞争型杂草和耐压型竞争者等。然而，该模型也明确指出生活史特征存在权衡，因此单一物种不可能很好地适应模型中的全部三种进化力量。

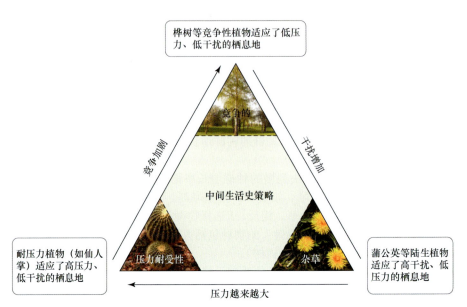

图7.22　**格里姆的模型**。格里姆将植物生活史分类在一个三角形中，三角形的三条边分别表示植物适应的栖息地类型中的竞争、干扰和压力。中间生活史策略显示在三角形的中心

7.5.4　生活史可以独立于体形和时间分类

查诺夫描述的一种组织生活史的方法可以消除体形大小和时间的影响。如我们在讨论 r-K 连续统时看到的那样，体形大小和时间在传统的生活史分类中起至关重要的作用。例如，与 K 选择物种相比，r 选择物种的体形更小、寿命更短。但是，如果我们能够控制体形和寿命的影响，就可以了解与这些因素无关的近缘生物是否经历了相似的选择压力。

为了说明这种方法，下面从许多物种的性成熟年龄与寿命正相关的观察开始。这种相关性并不令人惊讶：寿命短的物种必须在短时间内成熟，但寿命长的物种则不必如此；因此，正相关可以自动产生。消除寿命影响的方法是将物种的平均性成熟年龄除以其平均寿命，结果是一个无量纲比值。

通过消除诸如体形或时间等变量的影响，无量纲比值可让生态学家比较不同生物的生活史。查诺夫和贝里根汇编了大量鸟类、哺乳动物、蜥蜴和鱼类物种的数据。为了消除寿命的影响，他们重点分析了成熟年龄：寿命的无量纲比值，记为 c（见图7.23）。他们的分析表明，c 在外温动物（鱼类、蜥蜴和蛇）和内温动物（哺乳动物和鸟类）之间存在差异。例如，如果我们比较具有给定寿命的生物，那么 c 值表明鱼类成熟所需的时间是哺乳动物和鸟类的3～6倍，而蜥蜴和蛇则需要2～4倍的时间。这样的结果可以突出不同生物群落生活史的主要差异，有助于理解生活史变异。

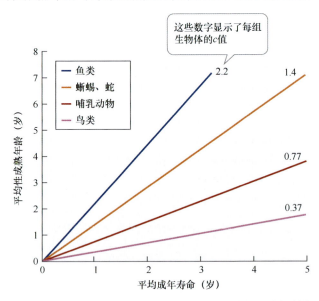

图7.23　**无量纲生活史分析**。雌性达到性成熟的平均年龄与不同生物群落的雌性平均寿命的关系图，每条直线的斜率就是无量纲比值 c

与包含时间和体形的分类方法相比，这种无量纲方法既有优点又有缺点。事实上，尼等人对强调恒定或"不变"的无量纲生活史参数提出了质疑，他们认为，生活史参数看似不变，只是用来估算这些参数的数学方法的伪命题。总之，有许多方法可以组织多种多样的生活史策略。在任何给定情况下，最有用的分类方案取决于感兴趣的生物和问题。例如，r-K连续统一体在将生活史特征与种群增长特征相关联方面有着悠久的历史，而格里姆的方案可能最适合植物群落之间的生活史比较。此外，无量纲分析在比较广泛的分类学或体形范围内的生活史时，可能最有用。

案例研究回顾：尼莫长大了

为什么失去伴侣的雄性小丑鱼会变成雌性，而不简单地寻找新伴侣？如我们所见，大个体通常比小个体产生更多的后代。在小丑鱼中，个体产卵的数量与其体形大小成正比。因此，较大的个体可以产更多的卵，且可能有更大的机会让一些后代存活下来。体形较小的个体更容易制造精子细胞，因为精子细胞较小，需要的再生资源也较少。于是，在小丑鱼和许多其他动物中，雌性的体形都比雄性的大。

在18个鱼类和许多无脊椎动物物种中，研究人员都发现了生命周期中的性别变化，这种变化被称为阶段性雌雄同体（见图7.24）。研究人员认为，这些性别变化的时机应该利用了不同性别在不同大小时的最大繁殖潜力。这一假说有助于解释小丑鱼的性别变化及这些变化与体形相关的时间，但未解答每个海葵中小丑鱼的等级制度是如何维持的。康奈尔大学的研究生布斯顿开始着手回答这个问题。他对一种生活在巴布亚新几内亚珊瑚礁上的小丑鱼进行了实验。他发现，每条小丑鱼都会保持严格的大小等级制度，即排在前面的鱼小，排在后面的鱼大（见图7.25）。如果一条小丑鱼的体形与海葵过于接近，就会发生打斗，体形较小的小丑鱼会被杀死或被赶出海葵。布斯顿认为小丑鱼会调节自己的生长，以防止这种冲突。

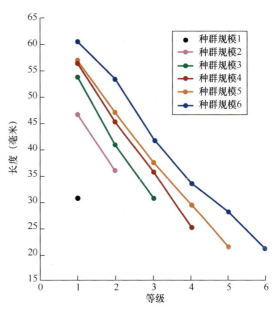

图 7.24　阶段性雌雄同体。生活在热带和温带海域的珊瑚礁之间的小丑鱼表现出阶段性雌雄同体。在某些物种中，从雌性到雄性的性别变化可能伴随着颜色变化

图 7.25　小丑鱼的体形等级。海葵中的小丑鱼会调节自身的生长，以维持其所属的等级。每个海葵可能是1～6条小丑鱼的家，而每条小丑鱼的体形大小则取决于其所属的等级和其所属种群的规模

1. 许多亲缘关系接近的动物物种的卵大小差异很大。产生较大卵的权衡是能够产生的卵较少。这种权衡看似简单，但在亲缘关系接近的物种中为何保持两种策略（许多小卵和少量大卵）仍不清楚。除了后代数量，还有哪些生活史特征可能与卵大小相关？在什么环境条件下这些特征可能是有利的？

2. 有些动物根据它们所处的环境条件同时表现出有性生殖和无性生殖。轮虫是这种现象的典型例子。轮虫雌性可通过有丝分裂产生二倍体卵，这些卵被释放后很快孵化。以这种方式，轮虫的数量可在数小时内翻番。在其他条件下，这些相同的雌性可以产生单倍体卵，如果未受精，则形成雄性，如果已受精，则形成雌性。轮虫维持有性生殖和无性生殖的原因可能是什么？

3. 拿骚石斑鱼在亚洲很受欢迎，餐馆顾客可从一缸活鱼中挑选他们想要清蒸的石斑鱼。成年石斑鱼可以长得很大，但餐馆青睐的是盘子大小的幼鱼和年轻的成鱼。若移除这些较小且年轻的鱼，则对剩余种群的生活史演化产生什么影响？

第8章 行为生态学

婴儿杀手：案例研究

狮子在猫科动物中独树一帜，因为它们生活在称为狮群的社会群体中。典型的狮群包括2～18头成年雌狮及其幼崽，以及一些成年雄性。成年雌狮是狮群的核心，它们之间有着密切的血缘关系。狮群中的成年雄狮可能也密切相关，或者可能是由无亲缘关系的个体组成的互助联盟。

狮群中的狮子合作捕猎，雌狮经常一起进食、照顾和保护彼此的幼崽。但是，狮群生活也有其阴暗面。图8.1中的雄狮正在杀死狮群中的一头幼崽，这种行为看起来既可怕又令人困惑。成年雄狮为何会这样做？为了揭示这种凶残行为背后的原因，下面详细地考虑狮子生活史的一些方面。

年轻雄狮会被赶出它们出生的狮群。一群被赶出狮群的年轻雄狮可能聚在一起，形成单身汉狮群。单身汉狮群也可能由来自不同狮群的雄狮组成，它们相遇后开始一起狩猎。到了4岁或5岁，单身汉狮群中的年轻雄狮已强壮到足以挑战已有狮群中的成年雄狮。如果它们的挑战成功，新的雄狮会赶走被废黜的雄狮，试图杀死那些雄狮最近所生的年轻幼崽。尽管雌狮会进行抵抗，但新来的雄狮通常能够成功杀死幼崽。

如果雌狮的幼崽被杀，它很快就会恢复性接受能力。相比之下，有幼崽的雌狮可能需要长达两年的时间才能恢复性周期。这种性接受能力的延迟可帮助我们理解新来雄狮的行为。平均来说，新来的雄狮与一个狮群共处仅两年时间后，就会被一群更年轻的新雄狮击败并取代。通过在进入狮群时杀死幼崽，新雄狮增加了在被更年轻的雄狮取代之前的繁殖机会。因此，犯下杀婴行为的雄狮应该比无此行为的雄狮留下更多的后代。这一逻辑表明，雄狮的杀婴行为受到自然选择的青睐，因此我们预期这种行为在狮群中很常见。

杀婴只是我们在动物中看到的奇怪行为之一。例如，果蝇有时会在含有高浓度乙醇的食物中产卵，乙醇是一种有毒物质。它们为什么要这样做？为什么许多物种的雌性在选择配偶时要比雄性更挑剔？而在一些物种中，如图8.2中的鸟类，雄性很挑剔而雌性则尽可能与多个雄性交配？要找到答案，就需要了解奇异而精彩的动物行为。

图8.1　杀死幼狮。图中的雄性非洲狮正试图杀死另一只雄性的幼狮；这种尝试经常成功。为何这种行为对杀死幼狮的雄狮来说是适应进化的？

图8.2　与挑剔雄性交配而战斗的雌性。雄性灰瓣蹼鹬（左边的两只鸟）比雄性（右边的鸟）更大、颜色更鲜艳。在该物种中，雌性争夺与雄性的交配权，而雄性则选择与哪些雌性交配

8.1　引言

在自然界中，动物的许多活动都围绕着获取食物、寻找配偶和避免捕食者这三个关键需求展开，这些需求对物种的生态成功至关重要。动物所做的行为决策在其满足这三个关键需求的能力方面起重要作用。考虑一头年轻雄狮面临的困境：它正在决定是否挑战一个狮群中的成年雄狮。年轻雄狮的错误决定可能导致严重伤害或死亡（如果它在战斗中被击败），或者可能错过加入狮群和繁殖的机会（如果它不必要地延迟战斗）。同样，一条觅食时靠近藏身处的幼鲑鱼可能增大逃脱捕食者的机会，但这样做可能使它放弃在食物丰富但缺乏保护性掩护的区域觅食的机会。

如这些例子所示，个体做出的行为决策具有真实的成本和收益，因此影响着它们的生存和繁殖能力。这些例子还强调了动物行为发生在生态设置中的事实：狮子和鲑鱼的行为决策是在竞争者与捕食者的存在下做出的。这些行为影响生存和繁殖，且是行为生态学领域的核心主题。

行为生态学是一个动态且范围广泛的领域。本章强调三个方面的行为：觅食行为、交配行为和群居生活。下面介绍行为生态学家所要解决的问题类型。

8.2　行为的进化方法

研究动物行为的研究人员可在几个不同的解释层次上寻求答案。例如，你可能问为何一只在院子里跳来跳去的知更鸟会时不时地歪头？事实证明，知更鸟这样做的原因是它们的感觉和神经系统能够探测到土壤中蠕虫发出的微弱声音。因此，对知更鸟行为的一个解释可能集中在所需的感官设备是如何工作的。此外，通过听觉狩猎可能使知更鸟能够探测到其他难以发现的猎物。因此，对知更鸟歪头行为的第二个解释可能集中在倾听蠕虫发出的声音是否提高了觅食效率，进而增强了鸟类的生存和繁殖成功。如果情况确实如此，那么这种行为可能随着时间的推移而变得普遍，因为它受到了自然选择的青睐。

注意，我们提到的第一个解释回答了关于行为"如何"的问题：它基于个体来寻找答案，解释歪头行为的作用。通过关注动物一生中发生的事件，这种方法试图根据行为的近因来解释行为。相比之下，第二个解释回答了关于行为"为何"的问题：它检查特定行为的进化和历史原因。通过关注影响动物特征的以前的事件，这种方法试图根据行为的进化或远因来解释行为。

尽管行为生态学家在研究中考察了近因和远因，但他们主要关注动物行为的终极解释。本章遵循生态学家的做法，重点介绍动物为何会表现出相关的行为。

8.2.1　自然选择随时间塑造动物行为

如前所述，个体的生存和繁殖能力部分取决于其行为。因此，自然选择应青睐那些使它们在觅食、获得配偶和避免捕食者等活动方面高效的个体。

为了进一步探索该想法，回顾可知自然选择不是一个随机过程。相反，当自然选择起作用时，具有特定特征的个体因为那些特征而比其他个体留下更多的后代。如果赋予优势的特征部分由基因决定，具有那些特征的个体就将把它们传递给后代。在这种情况下，自然选择可导致适应性进化，即赋予生存或繁殖优势特征的频率随时间增加的过程。

将这些想法应用于遗传性行为后，可以预测：作为自然选择的结果，个体应表现出提高其生存和繁殖机会的行为。如雄狮杀婴行为（增大了雄狮在被年轻雄狮取代之前的繁殖机会）那样，动物行为通常与这一预测一致。进一步的支持来自记录了适应性行为变化的研究。

例如，西尔弗曼和比曼报告了德国蟑螂种群中的适应性行为变化（见图8.3）。20世纪80年代，为了控制这种蟑螂，人们经常使用结合杀虫剂与喂食刺激剂（如葡萄糖）的诱饵。最初，这些诱饵非常有效，杀死了遇到它们的绝大多数蟑螂。然而，随着时间的推移，在一些蟑螂种群中出现了一种新的行为适应，即葡萄糖厌恶症。来自这些种群的蟑螂避免以葡萄糖为食，导致诱饵失效。德国蟑螂摄食行为的这种变化是可遗传的，且受单一基因控制。特别地，葡萄糖厌恶症似乎是由影响味觉受体神经元的突变引起的。在表现出葡萄糖厌恶症的个体中，葡萄糖的存在激活了味觉受体神经元，而在其他个体中，这些神经元仅由苦味物质激活。

在暴露于含葡萄糖诱饵的蟑螂种群中，葡萄糖厌恶率的增加表明了在不同环境条件下的自然选择是如何随着时间的推移塑造行为的。然而，要使选择产生这种效果，并使行为的最终解释令人信服，行为就必须至少部分由基因决定。由于后续各节强调行为的终极解释，下面仔细研究这个关键的假设：动物行为由基因决定。

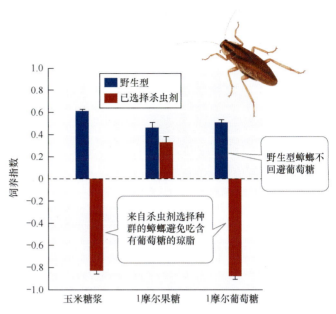

图8.3　适应性行为反应。德国蟑螂两个种群的摄食行为，其中一个种群（野生型）以前未接触过杀虫剂，另一个种群接触过杀虫剂。蟑螂可以选择食用（不加糖的）纯琼脂和含有三种糖源之一的琼脂［果糖、葡萄糖或玉米糖浆（同时含有果糖和葡萄糖）］，或者两者都食用。蟑螂的食物以摄食指数表征，范围从1.0（食物100%由含葡萄糖的琼脂组成）到-1.0（食物100%由普通琼脂组成）。误差条显示的是平均值的标准差

8.2.2　行为由基因和环境条件决定

动物的许多特征，包括其行为的各个方面，都受到基因和环境条件的影响。本章后面将讨论环境的某些特征（如捕食者的存在）如何改变动物的行为。下面主要关注基因，但要记住的是，环境条件也会影响大多数行为，即使是那些受基因强烈影响的行为。

蟑螂的葡萄糖厌恶行为是可遗传的，且似乎由单个基因控制。然而，这种行为相对简单——蟑螂要么避开葡萄糖，要么不避开葡萄糖。我们可能认为，这种特定的、相对简单的行为选择可能由一个或多个基因控制。但是，更复杂的行为呢？

韦伯等人研究了老鼠打洞这种行为的遗传学。他们研究了两个密切相关的物种：田鼠和鹿鼠。在野外，田鼠打的洞很复杂——有一条很长的入口通道和一条逃生通道，而鹿鼠建造的洞穴则要简单得多（见图8.4）。大多数其他田鼠打的洞穴都很简单，或者根本不打洞。田鼠打的洞是独一无二的——可能是为了适应生活在几乎没有保护的开阔栖息地：蛇和其他捕食者很容易在这种栖息地发现田鼠，但洞穴入口通道的长度和逃生通道的存在有助于其躲避捕食者。

韦伯及其同事希望评估基因对田鼠独特洞穴行为的影响。为此，他们用到了如下事实：田鼠和鹿鼠杂交，形成能够存活和繁殖的杂交后代（其他一些亲缘关系很近的物种同样如此，如狼和郊狼等），而且这两个物种在实验围栏中都表现出普通的穴居行为。他们研究了田鼠、鹿鼠和两种不同类型杂交后代的穴居行为：第一代（F_1）杂交鼠（田鼠和鹿鼠交配的后代）和回交鼠（F_1个体和鹿鼠交配的后代）。

结果表明，田鼠复杂的穴居行为受到几个不同DNA区域的影响。不出所料，所有田鼠和鹿鼠都不会建造逃生通道。此外，100%的F_1杂交鼠建造了逃生通道，约50%的回交鼠建造了逃生通道（见图8.5）。这些结果和韦伯等人的其他基因图谱表明，老鼠是否建造逃生通道由单个染色体位置

或基因座控制，且打洞行为的基因是显性的。田鼠复杂的打洞行为似乎由两个较为简单的行为（建造长入口通道和建造逃生通道）进化而来的。

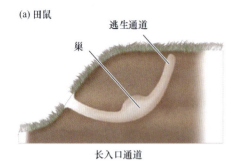

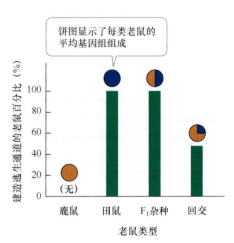

图8.4　独特的老鼠洞穴。(a)田鼠打了一个复杂的洞，它有一条长长的入口通道和一条逃生通道；(b)鹿鼠打了一个简单的洞穴，它的入口通道很短，且没有逃生通道

图8.5　逃生通道建造的遗传学。图中显示了能建造逃生通道的鹿鼠、田鼠、F₁杂交鼠和回交鼠的比例

　　韦伯等人的研究的不同寻常之处是，同时使用了行为观察和基因图谱来研究基因如何影响具有生态重要性的复杂行为。虽然影响其他行为的基因的研究相对较少，但已知多种行为是可以遗传的，且这些行为通常受多个基因的影响。

　　总之，基因明显会影响许多行为，但要记住一些事项。行为受一个或多个基因控制的假设通常是错误的，具有与某种行为相关的等位基因的个体总表现出那种行为的假设同样是错误的。相反，具有相同等位基因的两个个体可能具有不同的行为。此外，如后所述，当处于不同的环境中时，个体经常改变其行为。尽管如此，通过假设基因影响行为，且自然选择随着时间的推移塑造行为，我们可对动物在特定情况下的行为做出具体预测。即使这些预测最终被证明是错误的，行为的进化观点也为动物行为的研究提供了一种有效的方法，可以帮助我们理解动物在自然界中的相互作用。

8.3　觅食行为

　　前面说过，动物做出的行为选择既有成本又有收益，表明动物的行为是经过长期自然选择形成的。本节详细介绍这一推论，重点是所有动物的核心活动之一：获取食物。

8.3.1　最佳觅食理论强调提高能量收益率的行为选择

　　食物的可用性在空间和时间上差异很大。例如，由于与当地条件相关的水分或养分可用性差异，景观的某些区域与其他区域相比有更高的猎物或宿主个体密度。此外，一些食物可能要比其他食物更易获得。

　　如果能量供应不足，那么在异质景观中移动的动物应将它们的大部分时间放在最丰富的地点以获取高质量的食物资源，且距离最短。这种行为应最大化单位觅食时间获得的能量，并将涉及的风险降至最低，如成为另一动物的食物。这些想法是最佳觅食理论的核心，该理论提出动物将最大化单位觅食时间获得的能量。最佳觅食理论依赖于这样一个假设——自然选择作用于动物的觅食行为，以最大化它们的能量收益。根据最佳觅食理论的一种表述，一种食物对觅食动物的盈利能力取决于它从食物中获得的净能量相对于其花在获取和处理食物上的时间，即

$$E_{net} = E_{gross}/(h + s)$$

式中，E_{net}是从食物获得的净能量，E_{gross}是食物的总能量，h是处理食物所花的时间，s是寻找食物所花的时间。净能量由食物的能量及处理和寻找它所消耗的能量决定。与需要少量处理的食物相比，需要大量处理的食物（如难以破开的坚果或挣扎的猎物）将产生更低的净能量。同样，稀疏分布的食物需要更长的搜索时间。

考虑觅食决策的另一种方法是用一个简单的概念模型来描述动物从食物中获得的净能量（见图8.6）。起初，动物从食物中获得的总能量（蓝色曲线）随其投入的努力（花费在搜索、捕获、制服和消费食物上的时间与能量）迅速增加。然而，在某些时候，进一步增加觅食努力提供的额外能量相对较少，净能量收益开始减少。导致这种能量收益减少的几个因素包括动物能够携带或摄入的食物量的限制。

虽然这里讨论的模型很简单，但它们为定量预测动物觅食行为奠定了基础。更复杂的模型已被人们用来推导可在野外或实验室条件下检验的假设。这些模型的一个重要组成部分是用来确定收益的货币（如净能量增益）。这样的模型可能结合净能量收益、觅食时间和捕食风险等因素。如果觅食行为是对有限食物供应的适应，就要将该行为的收益与动物的生存和繁殖联系起来。

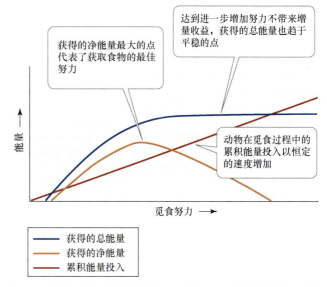

图8.6　**最佳觅食的概念模型**。从觅食中获得的净能量（金色曲线）等于从食物中获得的总能量（蓝色曲线）减去获取该食物所投入的累积能量（红色曲线）。这个简单的模型可根据对获得的总能量和投入的累积能量的估计，检验动物是否以产生最大收益的方式觅食

最佳觅食理论的检验　针对最佳觅食的研究主要集中在食物选择、觅食地点选择、停留时间以及猎物移动上。克雷布斯及其同事设计了一种独特的方法来评估在欧亚大陆大部分地区和非洲北部分布的大山雀是否会选择收益最高的猎物类型。他们将人工饲养的大山雀放在一条移动的传送带旁，传送带上的猎物在大小（大黄粉虫和小黄粉虫）和获取猎物所需的时间（每条小黄粉虫都被粘在传送带的表面）上都有所不同。通过改变猎物种类的比例和传送带上相邻猎物之间的距离（搜索时间），研究人员改变了大黄粉虫和小黄粉虫的获益能力。利用最佳觅食模型和对鸟类个体制服和吃掉猎物所需的时间（处理时间）测量，研究人员预测了鸟类选择大黄粉虫的频率，因为这两种猎物的相遇率相同。如模型预测的那样，随着大猎物相对收益的增加，鸟类消耗大黄粉虫的比例也增加（见图8.7）。

迈耶和欧文克研究了欧亚蛎鹬［一种食用双壳类动物（如蛤蜊和贻贝）的水鸟］的饮食选择。欧亚蛎鹬必须找到埋在沙子里的双壳类动物，挖出并打开它才能食用。对小于一定尺寸的双壳类动物来说，这项努力的净能量收益很小，因此设定了欧亚蛎鹬所选双壳类动物大小的下限。大于一定尺寸的双壳类动物有更厚的壳，需要更多的努力才能打开，因此设定了所选双壳类动物大小的上限。迈耶和欧文克证明，欧亚蛎鹬选择了这两个阈值之间的猎物大小。尽管这

些大小的猎物相对不丰富，但提供了最大的能量收益。

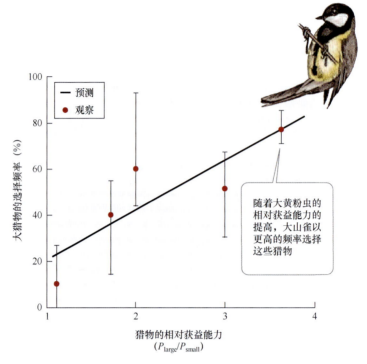

图8.7 获益能力对食物选择的影响。克雷布斯及其同事使用最佳觅食模型和对鸟类个体处理猎物时间进行测量，预测了大山雀选择大黄粉虫而非小黄粉虫的频率，因为它们与两种猎物类型的相遇率各不相同。误差条显示的是平均值的标准差

边际值原理 最佳觅食理论的另一个方面考虑动物觅食的栖息地是异质性景观，它由包含不同食物量的地块组成。为了优化能量收益，动物应该在最有利可图的地块中觅食——在这些地块中，动物在单位时间内可以获得最高的能量收益。我们还可从动物在一个地块中所花的时间来考虑觅食动物所获得的收益。一旦觅食动物发现了一个有利可图的地块，其能量收益率最初会很高，但随着觅食动物耗尽食物供应，能量收益率逐渐降低，最终变得微不足道（见图8.8）。觅食动物应该在一个地块中停留，直到该地块的能量收益率下降到栖息地的平均值（称为放弃时间），然后前往其他地块。放弃时间也应受到与其他地块距离的影响。前往其他地块必须投入精力，若地块之间的距离较远，则动物可能接受较低的能量增益率。这个概念模型称为**边际值原理**，最初由查诺夫提出。边际值原理可用于评估地块之间的距离、地块中食物的质量，以及动物的能量收益率对放弃时间的影响。该模型还被扩展到行为生态学中的其他"放弃"问题，包括多长时间交配及何时停止守巢并寻找其他配偶。边际值原理的预测之一是，食物"地块"之间的旅行时间越长，动物在地块中停留的时间就越长（见图8.8）。考伊使用实验装置在木钉组成的"森林"中，对大山雀的这一预测进行了检验。食物"地块"由装有黄粉虫的装满锯木屑的塑料杯组成。在塑料杯上放硬纸盖，调整大山雀取走盖子的难易程度来控制小地块之间的"旅行时间"。考伊利用边际值原理，根据大山雀在地块间的旅行时间来预测大山雀在地块中花费的时间。他的结果与模型预测结果相当吻合（见图8.9）。其他实验室实验和自然环境中的研究也得出了类似的结果，如芒格对奇瓦瓦沙漠中角蜥觅食蚂蚁行为的研究。

虽然有证据支持最佳觅食理论的某些方面，但也有很多批评意见。最佳觅食理论能够描述以静止猎物为食的动物的觅食行为，但对以移动猎物为食的动物则不太适用。此外，能量总是供不应求及能量短缺决定觅食行为的假设可能不总是正确的。例如，食肉动物对食物资源的缺乏程度

可能不像选择性觅食模型所假设的那样。此外，选择食物时，还可能涉及除能量外的资源，尤其是氮和钠等营养物质。觅食者还需要考虑捕食风险和猎物的防御能力。

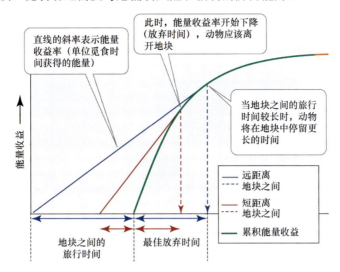

图8.8　**边际值原理**。边际值原理假设觅食动物会遇到包含不同数量食物的地块。动物在地块中的能量收益率（单位时间觅食获得的能量）最初很高，但随着动物耗尽地块中的食物供应而降低。动物在地块中度过的时间应优化其能量收益率

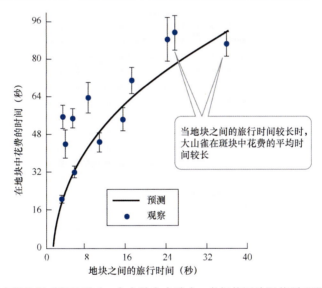

图8.9　**地块之间旅行时间的影响**。在实验室实验中，考伊使用边际值原理预测了地块间的旅行时间是如何影响大山雀在地块中花费的平均时间的。误差条显示的是平均值的标准差

8.3.2　捕食者出现时个体通常改变觅食决策

虽然食物的摄入对动物很重要，但从进化的角度看，真正重要的是其繁殖后代的能力。如果个体吃得很饱，但不能存活足够长的时间来繁殖后代，那么其基因就不会传给后代。如这一观察结果所述，觅食者可能面临权衡，即实现一个目标（如进食）要以牺牲另一个目标（生存）为代价。影响觅食决策的权衡可能与捕食者（有捕食者时，食草动物可能避开食物充足的区域）、环境条件（在沙漠中，当气温过高时，觅食动物可能退缩到洞穴或阴凉处）或生理条件（饥饿的动物觅食时可能比吃饱的动物承受更大的风险）有关。下面重点讨论捕食者如何影响觅食决策。

克里尔及其同事研究了狼的存在如何影响大黄石生态系统中麋鹿的觅食行为。研究人员使用GPS无线电项圈来追踪麋鹿的日常活动。在已知狼存在于该地区的日子里，麋鹿会转移到森林中，这些地区虽然食物较少，但与麋鹿喜欢觅食但更易受到狼捕食的草原相比，可以提供更多保护性的遮蔽。对麋鹿活动进行统计分析的结果进一步表明，当狼出现时，麋鹿会进入森林，而当狼离开时，它们会返回草原（见图8.10）。

麋鹿

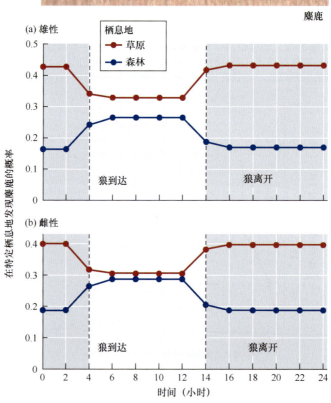

图8.10　雄性和雌性麋鹿的运动反应。对雄性(a)和雌性(b)麋鹿日常运动模式的统计分析结果表明，在草原上发现麋鹿的概率在狼到达时下降，而在狼离开时上升

在水生环境中也发现了类似的结果。例如，沃纳等人研究了捕食者如何影响太阳鱼的觅食决策。在隔开的池塘两侧分别引入了三种尺寸（小、中、大）的太阳鱼；同时，在池塘的一侧还引入了一种捕食性鱼类，即大口黑鲈。太阳鱼和黑鲈的大小是经过挑选的——体形最小的太阳鱼容易受到黑鲈的捕食，体形最大的太阳鱼则无法被捕食。在池塘两侧，较大体形的两种太阳鱼的觅食方式相似，它们的栖息地选择和饮食与基于最佳觅食理论的预测相匹配；在没有捕食者的池塘一侧，小太阳鱼的情况同样如此。然而，当有捕食者时，小太阳鱼增加了在植被中觅食的时间，这

种栖息地能为它们提供躲避黑鲈的更多遮蔽，但食物摄入量只有开阔栖息地的三分之一。

研究人员还检验了在实际没有捕食的情况下，感知到的捕食风险是否会改变觅食模式。在一项研究中，扎内特等人让一些歌雀的巢穴暴露在捕食者（如浣熊、渡鸦或鹰）的叫声录音中，而其他巢穴则暴露于非捕食者（如海豹或鹅）的叫声录音中。研究人员使用电围栏和网保护了所有巢穴免受实际捕食者的侵害。暴露在捕食者叫声录音中的歌雀每小时喂养幼鸟的次数少于听到非捕食者叫声录音的歌雀（见图8.11）。与暴露在非捕食者叫声录音中的歌雀相比，听到捕食者叫声的歌雀会在浓密且多刺的植被中筑巢，且孵化卵的时间更少。

歌雀、麋鹿和太阳鱼的例子代表了数百项其他研究的结果，这些研究表明猎物在捕食者存在时会改变其觅食行为。然而，当捕食者出现时，猎物会做出其他行为改变来降低其被捕食的概率。

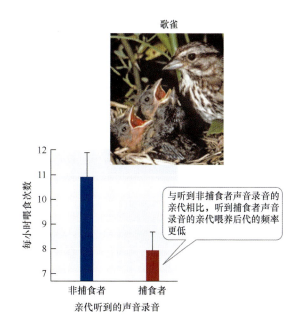

歌雀

与听到非捕食者声音录音的亲代相比，听到捕食者声音录音的亲代喂养后代的频率更低

图8.11　当亲代害怕捕食者时，幼鸟得到的食物较少。当亲代听到捕食者发出的声音时，歌雀亲代每小时喂养后代的次数减少。误差条显示的是平均值的标准差

8.3.3　猎物表现出防止被捕食者发现或威慑捕食者的行为

捕食者会对猎物种群施加强大的选择压力。在这种选择压力下，猎物物种会进化出一系列抵御捕食者的行为。

反捕食行为包括那些可以帮助猎物避免被发现、发现捕食者、防止攻击或在受到攻击后逃跑的行为（见图8.12）。有助于避免猎物被发现的行为包括隐藏、捕食者靠近时保持静止及在捕食者不活跃时进行觅食等危险活动。其他动物则通过在身上覆盖与环境相融的物质来使自己难以被发现，如花瓣部分（在某些毛毛虫身上）或粪便。在探测捕食者方面，猎物常对捕食者保持高度警惕，有些鸟类、蜥蜴和哺乳动物甚至可在睡觉时保持警惕（见图8.12b）。猎物一旦被看到，就会采取各种方式来避免受到攻击。例如，未成年装饰蟹会在身体上附着一些当地鱼类觉得难吃的藻类，这种行为可以提高它们的存活率；而体形过大、鱼类无法吞食的成年蟹则不会出现这种行为。当受到威胁时，一些猎物会做出突然的动作或展示让捕食者感到困惑的信号，如图8.12c中所示的眼斑。有些猎物会向捕食者发出信号"我看到你了，我比你快，所以不要攻击我。"羚羊的跳跃行为（见图8.12d）就被视为这样一种信号。猎物为防止攻击而发出信号的其他例子包括做"俯卧撑"的蜥蜴、摇尾的地松鼠等。研究发现，摇尾可以有效地阻止响尾蛇的攻击。

如果捕食者发动攻击并捕获猎物，受害者可能采取极端行为。例如，猪鼻蛇被捕获时可能装死，伸出舌头并散发出类似腐肉气味的恶臭，同时密切关注攻击者（见图8.12e）。这种行为可能有效，因为许多捕食者不吃腐肉。作为最后的手段，许多猎物会排便、排尿或排出其他令人不快的物质，如被攻击时会分泌大量黏液的鳗鱼。其他物种在受到威胁或被捕获时会脱落身体的一部分。例如，壁虎在受到威胁时可断尾逃生，断掉的尾巴会在地上扭动，分散捕食者的注意力。有些海参则将这种逃避行为提升到了独特的水平：被捕获时，它们会将身体部分地由内向外翻转，并用一团混乱的内脏覆盖自身，然后脱落这些器官并游走；再后，它会以自我再生的惊人方式重新长出缺失的器官。前面从进化角度研究了动物的觅食和反捕食行为，下面介绍另一种关键的动物活动：性。

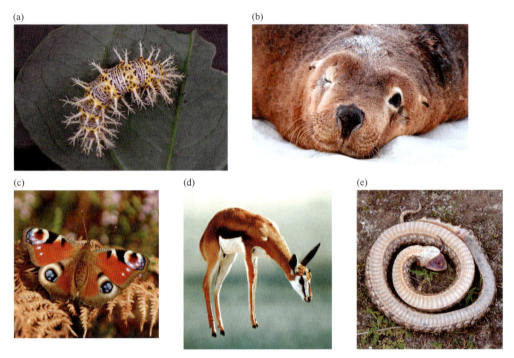

图8.12　反捕食者行为示例。(a)蛞蝓毛虫覆盖着保护性刺毛；(b)澳大利亚海狮可睁着一只眼睛睡觉，一半大脑处于睡眠状态，另一半大脑则对危险保持警觉；(c)受到威胁时，孔雀蝶会长出眼点来吓唬捕食者；(d)跳羚会表现出僵硬的跳跃行为，阻止捕食者追捕小跳羚；(e)被捕获时，猪鼻蛇装死并散发出腐肉的气味

8.4　交配行为

　　雄性和雌性在性器官和其他与繁殖直接相关的方面存在差异，但它们之间还有其他更令人费解的差异。雄性的体形通常比雌性的更大或者颜色更鲜艳，它们可能拥有不寻常的武器（如大角），或者可能拥有华丽的装饰品，如雄性大眼斑雉或雄性孔雀（见图8.13）。此外，雄性和雌性在交配行为上也有所不同。在许多物种中，雄性可能打斗、高声歌唱或者表演奇怪的滑稽动作以获得雌性的青睐（见图8.14）。此外，雄性可能愿意与任何愿意交配的雌性交配。另一方面，雌性很少向雄性求爱，通常对交配对象比较挑剔。是什么导致了两性之间的这种差异？

图8.13　雄性炫耀。大眼斑雉原产于东南亚茂密热带森林的林下。雄性在试图吸引雌性和交配时会展示它们非凡的尾羽

图8.14　雄性求偶舞蹈。澳大利亚的雄性维多利亚风鸟在求偶表演会突出其羽毛的鲜艳色彩。这种求偶展示的一部分包括这里看到的"仰天"行为

8.4.1 雄性和雌性之间的差异可能是性选择的结果

达尔文认为，雄性动物通常具有的夸张特征并不能为一个物种的个体提供普遍的优势，他的推论是，如果雄性动物具有这些特征，那么雌雄动物就都具有这些特征。他指出，这些特征是**性选择**的结果，在这个过程中，具有某些特征的个体仅在交配成功率方面比其他同性个体更有优势。下面关注雄性动物的性选择。

性选择的证据　达尔文指出，当个体与同性别的其他个体竞争配偶时，它们通常使用力量或魅力。例如，雄性狮子试图通过力量击退竞争对手，而雄性大眼斑雉或孔雀则试图通过展示美丽的尾羽来吸引雌性。

达尔文认为，在雄性为争夺与雌性的交配权而争斗的物种中，雄性的巨大体形、力量或特殊武器可能是通过性选择进化而来的。为了证明自己的观点，达尔文首先指出，雄性动物经常为了争夺雌性动物而大打出手。然后，他描述了拥有最大体形、最大力量和最大武器的雄性是如何赢得战斗并因此比其他雄性生育更多后代的。胜利者的巨大体形、力量或武器会遗传给其雄性后代，进而使这些特征随着时间的推移而变得越来越普遍。现代研究证实了达尔文的论点。例如，在大角羊中，角长的大公羊通常会在与母羊的交配权争夺战中击败其他公羊，因此比其他公羊产下更多的后代。由于体形和角长是遗传特征，胜利者的雄性后代也往往体形大而强壮。随着时间的推移，这一过程会导致雄性动物的身体和角的生长速度加快。

达尔文还认为，雄性用来吸引雌性的特征（不用于战斗）可能源于性选择。例如，他认为"确信雄性大眼斑雉是通过许多代雌性对装饰更精美的雄性的偏爱而逐渐变得美丽的。"但是，在安德森于1982年对长尾鲸鸟进行经典研究之前，很少有研究人员检验达尔文的假设，即雌性的交配偏好可能导致雄性进化得更高级或颜色更鲜艳。

雄性长尾鲸鸟多为黑色，尾羽极长，最长可达50厘米。相比之下，雌性是斑驳的棕色，尾羽毛短（约7厘米）。像许多其他动物一样，雄性鲸鸟会建立**领地**。在安德森研究这些鸟类的肯尼亚草原上，雄性鲸鸟建立并保卫领地，雌性可在其中觅食和筑巢。

为了检验雌鸟的交配偏好是否会导致雄鸟长尾的进化，安德森捕捉了这些鸟并将它们分为4组：①对照组1，即不改变尾羽的组；②对照组2，即先在剪掉一半尾羽，然后粘上被剪掉尾羽的组；③缩短组，即尾羽剪至约14厘米长的组；④加长组（粘上③中剪掉尾羽的组）。

安德森发现，与对照组雄鸟或尾羽缩短的雄鸟相比，尾羽加长雄鸟的交配成功率更高（见图8.15）。不同组的雄鸟在求偶行为或捍卫领地的力度方面没有差异。总之，安德森的研究结果支持这样的假设：雌性的交配偏好会影响雄性的交配成功率，因此可能选择雄性鲸鸟的超长尾羽。此后，许多其他研究也发现了类似的结果。

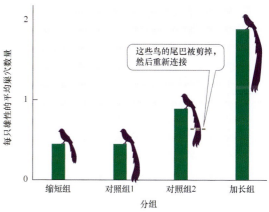

图8.15　长尾雄性获得最多的配偶。雄性长尾鲸鸟的交配成功取决于其尾羽的长度

对挑剔雌性的好处　在某些物种中，雄性会尝试吸引挑剔的雌性并与其交配，这可能能给雌性带来直接的好处，如食物、帮助抚养幼崽，或者获得拥有良好筑巢地点、丰富食物或捕食者较少的领地。但在其他物种中，一旦雄性吸引了挑剔的雌性，就只会提供精子。在几乎不提供直接利益的情况下，为何雌性更喜欢与具有某些特征（如精致的装饰物或响亮的求偶声）的雄性交配？

目前的假设表明，当雌性选择这样的雄性时，会间接获得遗传利益。例如，根据"障碍假说"，能够承受沉重且不便的装饰物（如极长尾巴）的雄性，很可能是体质强健、整体遗传质量高的个体。这个观点是，雄性的装饰物向雌性发出信号："看我，我拖着这个笨重的尾巴还能活得好好的，所以你明白我一定拥有优秀的基因！快来和我交配吧。"与这样的雄性交配的雌性会间接获益，因为其后代都会继承来自雄性的优质基因。于是，它的后代往往比它选择其他雄性作为伴侣时能更好地生存或繁衍。

另一种情况是，遗传优势可能来自最初使雄性具有吸引力的相同基因。根据这种有时称为"性感儿子假说"的观点，雌性会通过其儿子获得明显的遗传益处，而这些儿子本身也会对雌性有吸引力，并生出许多孙子。威尔金森和雷洛通过对突眼蝇的研究检验了这些假说。这种蝇的眼睛位于细长柄的末端，尤其是雄蝇的眼柄特别长（见图8.16）。是什么维持了这些奇异的眼柄？眼柄长度是可遗传的，野外研究表明，雌蝇更喜欢与眼柄最长的雄蝇交配。研究人员为这些蝇建立了三个实验室种群，并进行了13代研究。在每代中，他们只允许部分蝇交配并产生后代。在对照种群中，每代都随机挑选10只雄蝇和25只雌蝇作为繁殖者。在"长选"种群中，繁殖者是随机选出的50只雄蝇中眼柄最长的10只雄蝇和25只雌蝇。最后，在"短选"种群中，繁殖者是随机挑选的50只雄蝇中眼柄最短的10只雄蝇和随机挑选的25只雌蝇。

经过13代后，短选种群中蝇的眼柄明显短于其他两个种群中的蝇。此外，不同种群雌蝇的交配偏好也不同：在单独的实验中，如果让雌蝇选择，那么短选种群的雌蝇偏好眼柄短的雄蝇，而对照种群和长选种群的雄蝇则偏好眼柄长的雄蝇（见图8.17）。这一结果表明，对一种特征（雄性的眼柄长度）的选择也导致了另一种特征（雌性交配偏好）的进化。这种进化变化有可能自我强化。例如，当雌性选择长眼柄的雄性作为配偶时，它们的雄性后代的眼柄会比它们的父亲更长，而它们的雌性后代会比它们的母亲更偏好长眼柄。

图8.16　**突眼蝇怪异的眼睛。** 雄性突眼蝇眼睛的跨度超过其体长

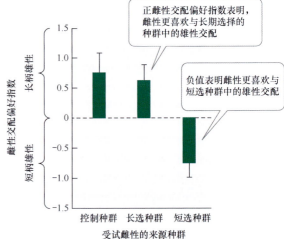

图8.17　**雌性突眼蝇的交配偏好。** 在择偶实验中，来自对照、长选或短选种群的雌性可在长柄或短柄雄性之间进行选择。结果表明，来自对照和长选种群的雌性更喜欢与长柄雄性交配，而来自短选种群的雌性更喜欢与短柄雄性交配。误差条显示的平均值的标准差

到目前为止，我们描述的结果表明：①雌性可能从选择长柄雄性中受益，因为它们的雄性后

代对下一代雌性具有吸引力；②雄性的眼柄长度由相同的基因编码（或一组相关基因）作为雌性交配偏好。这些发现与"性感儿子假说"一致。其他研究支持"障碍假说"，即好基因会传给挑剔雌性的后代。例如，戴维等人发现眼柄长度与雄性突眼蝇与整体健康和活力相关。这一结果表明，长眼柄雄性的后代可能要比其他雄性的后代更健康、更有活力。

突眼蝇的情况对许多其他物种同样成立：雌性在选择配偶时会获得各种直接和间接的好处。那么为何雌性在选择交配对象时通常比雄性更挑剔？

8.4.2　配子大小、亲代抚育和生态因素影响交配行为

除了前面讨论的差异，雌性和雄性在后代投入的能量和资源上也往往不同。这种投入从配子的产生开始，并且可能在亲代抚养后代的物种中持续，直到它们长大成年。我们将看到，亲代对后代的投入以及生态因素，可以帮助我们理解动物种群中广泛存在的各种交配行为。

为什么雌性通常比雄性更挑剔？　解释雌性挑剔的一个线索来自异配生殖：雌性卵细胞和雄性精子细胞的大小差异。因为雌性配子比雄性配子大得多，所以雌性产生一个配子所投入的资源通常要比雄性多，因此其在每个配子上的投入更大。

下面以鸡蛋为例加以说明。母鸡的（未受精）卵细胞主要由蛋黄组成，其容量与杂货店购买的鸡蛋的蛋黄相当；相比之下，我们需要用显微镜才能看到公鸡的精子细胞（有些鸟类在蛋上的投入甚至比鸡还多）。受精后，母鸡会向发育中的蛋添加其他物质——从蛋白（富含蛋白质的蛋清）开始，到高钙分泌物结束（这些分泌物会硬化而形成蛋壳）。总体而言，母鸡在繁殖的早期阶段投入的资源远超公鸡（公鸡只贡献精子，没有其他贡献）。在许多物种中，随着后代的发育，雌性会继续投入大量资源。这在鸡身上是真实的：在自然条件下，母鸡会孵蛋以保持其温暖，然后在小鸡孵化后的几周内照顾它们。公鸡什么都不做。鸡的情况同样适用于许多其他物种：雌性在照顾后代方面花费的时间和精力比雄性多。

配子大小和亲代抚育的差异如何与交配行为相关？特里弗斯指出，繁殖是有代价的，在雌性对后代的投入超过雄性的物种中，我们预计雌性会挑剔，而雄性会竞争与雌性的交配权。此外，由于雄性通常对每个后代的投入相对较少，我们预计雄性一生中能产生的后代数量比雌性多。这种预计通常成立（见表8.1）。当雄性的生殖潜力高于雌性时，选择应该有利于雄性和雌性的不同交配行为：雄性应尽可能多地与雌性交配，这是有利的，而雌性应该通过只选择与提供充足资源或看似具有高遗传质量的雄性交配来"保护"其投入。

表 8.1　雄性和雌性生殖潜力的例子

物　种	一生中产下的最大后代数量	
	雄性	雌性
海象	100	8
马鹿	24	14
人类	888	69

自然界中的事件通常与这些预测相符。然而，那些雌性相互竞争与雄性交配的物种呢？假设这类物种的交配行为是由自然选择形成的，在这种情况下，我们预计雄性要比雌性提供更多的亲代抚育，导致雌性为争取与挑剔的雄性的交配权而竞争。

实地观察普遍支持这一预测。在灰瓣蹼鹬中，一旦雌性产下蛋，就会离开巢穴寻找另一个伴侣，留下雄性来孵蛋；而在海龙中，则是雄性怀孕。雄性有一个特殊的囊，可在其中保护、通气和滋养受精卵。雄性在孕期不会交配，但在这段时间里可以产下额外的卵并与其他雄性交配。因此，雌性的生殖潜力高于雄性，且（如预测的那样）它们会竞争与雄性的交配权。雄性会选择体形最大、装饰最华丽的雌性作为伴侣；这样的雌性要比其他雌性产下更多的卵。

生态因素和交配行为　个体的觅食决策会受到生态因素的影响，如捕食者的存在。毫不奇怪，生态因素也会影响交配决策。例如，当捕食者出现时，雌性河鲈的交配频率会降低，对配偶的选择也会变得不那么挑剔（选择颜色不那么鲜艳的雄性）。在许多其他物种中，人们也发现了类似的结果。总之，证据表明，在鱼类、鸟类、哺乳动物和其他动物中，个体交配的决策及其选择性会受到生态因素的影响，如潜在配偶的数量和空间位置、配偶的质量、食物的可获得性，以及捕食

者或竞争者的存在。

生态因素也会影响交配系统，交配系统是指雄性或雌性交配对象的数量及亲代抚育的模式。自然界中存在着种类繁多的交配系统（见表8.2），交配系统不仅在近缘物种之间存在差异，在单一物种的个体之间也存在差异。我们该如何理解这种变化呢？埃姆伦和奥林在一篇开创性的论文中指出，自然界中的交配系统多种多样，因为个体的行为都是为了最大限度地提高自己的繁殖成功率。

表8.2　交配系统

交配系统	描　　述
一夫一妻制	一只雄性只与一只雌性交配，且它们在一起。这种配对可能持续一个或多个繁殖季节。亲代双方都照顾孩子
一夫多妻制	在繁殖季节，一只雄性与多只雌性交配。雄性可直接或间接控制雌性。雌性通常提供大部分或全部照顾
一妻多夫制	在繁殖季节，一只雌性与多只雄性交配。雌性可直接或间接保护雄性。雄性通常提供大部分或全部照顾
滥交	雄性和雌性都与多个繁殖季节的伙伴交配

下面从雄性的角度考虑埃姆伦和奥林的方法的逻辑。如前所述，雄性通常比雌性具有更强的生殖潜力；因此，雄性的繁殖成功率往往受到潜在雌性配偶的限制。在某些条件下，这种不平衡可能导致一夫多妻制，即在一个繁殖季节中，一只雄性可与多只雌性交配。埃姆伦和奥林写道："如果环境或行为条件导致雌性聚集在一起，而雄性有能力控制她们，就会发生一夫多妻制。"例如，食物或筑巢地点的可用性可能影响发现雌性的位置。雌性是否彼此靠近或远离，可能决定雄性是否能获得并保护多个配偶（见图8.18）。

对鸟类、鱼类和哺乳动物的实验研究说明了一些特殊情况，在这些情况下，雌性在资源丰富的地区聚集，随后雄性跟随雌性到达这些地区。此外，在某些情况下，实地观察表明资源的可用性与雌性的位置和交配系统相关。例如，马丁发现，在食物和筑巢地点（及雌性）分布广泛的环境中，树袋熊是一夫一妻制的，但在食物和筑巢地点（及雌性）靠得更近的环境中，则是一夫多妻制的。同样，卢卡斯和布洛克发现，一夫一妻制通常出现在哺乳动物中，在这些物种中，雄性很难保护雌性。

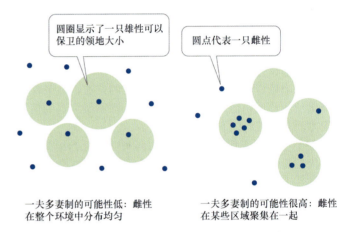

圆圈显示了一只雄性可以保卫的领地大小

圆点代表一只雌性

一夫多妻制的可能性低：雌性在整个环境中分布均匀

一夫多妻制的可能性很高：雌性在某些区域聚集在一起

图 8.18　生态因素影响一夫多妻制。圆点表示雌性的位置，圆圈表示雄性的领地大小

8.5　群居

同一物种的个体经常聚集在一起，形成群体。马群、狮群、鱼群和鸟群都是这类群体的常见例子。群体中的个体如何从群体归属中获益？群体生活是否有可能限制群体的规模或完全阻止群体的形成？

群居生活还能带来其他好处，如降低被捕食的风险。在某些情况下，群体中的个体可以联合起来阻止捕食（见图8.19）。此外，捕食者接近群体时往往比接近个体时更快被发现。因此，它们不太可能出其不意地攻击猎物，导致攻击成功率下降。例如，苍鹰在攻击单只鸽子时，约有80%的时间能成功捕杀鸽子，但当它攻击一大群鸽子时，成功率就会急剧下降（见图8.20）。

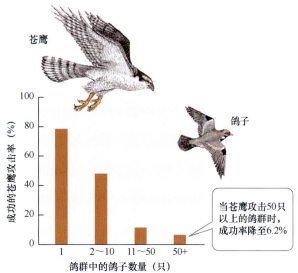

当苍鹰攻击50只以上的鸽群时，成功率降至6.2%

图8.19　令人生畏的防御。绕圈站立的麝香牛是捕食者的困难目标

图8.20　数量安全。当苍鹰攻击一大群鸽子时，其攻击成功率直线下降

8.5.1　群体生活的好处包括获得配偶、免受捕食者伤害和提高觅食成功率

与独居个体相比，群体中个体的繁殖成功率更高。对拥有优质领地的雄性个体来说，这是显而易见的；对领地内的雌性个体来说，这也可能正确，因为它们可以获得良好的繁殖场所或丰富的食物。与狮群中的雌性一样，群体中的个体也可能分担喂养和保护幼崽的责任，这对亲代和后代都有好处。

在其他情况下，群体中的个体不会合作对抗捕食者，但群体中的个体遭受捕食的风险仍然比单独行动时低。其中一个原因是，随着群体中个体数量的增加，被攻击的概率降低，这种现象称为**稀释效应**。在分析数据8.1中，可以看到稀释效应是否适用于被鱼类捕食者攻击的海洋昆虫。此外，如果群体中的个体通过向不同方向扩散来应对捕食者，它们可能使捕食者难以选择目标，从而导致捕食者的攻击成功率下降。

群体中的个体的觅食成功率也会提高。例如，两头或更多的狮子可以捕获比一头狮子单独捕食大得多的猎物。此外，狮子、虎鲸、狼和许多其他捕食者可能协调它们的攻击，这样，一个捕食者的攻击会把猎物赶到另一个捕食者的口中。食草动物成群觅食比单独觅食更有效，因为成群觅食可以提高找到优质食物资源的概率。

8.5.2　集体生活的成本包括更多的能量消耗、更多的食物竞争和更高的疾病风险

一项关于群体生活的研究表明，在由6只金翅雀组成的群体中，平均单位时间摄入的种子比单独进食的金翅雀高20%，这是因为群体中的金翅雀有更多的时间进食而非侦察捕食者。然而，群体中的金翅雀单位时间进食种子数量的增加也有不利的一面：随着群体规模的扩大，个体会更快地消耗食物，而这意味着金翅雀必须花更多的时间飞往觅食地点（见图8.21）。寻找食物的迁徙既耗时又耗能，还增大了被捕食者发现的风险。

随着群体规模的增大，食物竞争也可能变得更加激烈。因此，大群体的个体可能要比小群体的个体或独居个体在争夺食物上花更多的时间和能量。在等级分明的群体中，下级个体可能将大量时间和能量用于与群体的内部个体互动。例如，一项关于慈鲷鱼的研究表明，下级个体在顺从行为（安抚支配地位个体）上的能量消耗超过了其他任何活动。

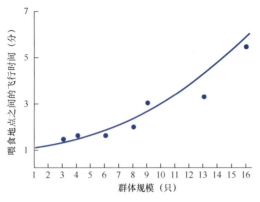

图8.21 成群结队。对金翅雀7种不同规模群体进行的研究表明，金翅雀在觅食地点间的飞行时间随着群体规模的增加而增加

最后，大群体中的个体可能要比小群体中的个体住得更近或更频繁地接触。因此，寄生虫和疾病在大群体中往往比在小群体中更容易传播。

8.5.3 群体规模反映群体生活成本与收益之间的平衡

如果将本章中讨论的成本-收益原则应用于群体规模，那么我们可能预测群体规模应使加入群体的收益大于成本。例如，我们可以预测群体有一个"最佳"规模，即其个体获得的净收益最大化的规模。然而，如图8.22所示，除非群体中的个体能够阻止其他个体在达到最佳规模后加入群体，否则观察到的群体规模可能大于最佳规模。此外，要衡量群体生活的所有收益和成本可能非常困难；用单一"货币"（如能量使用或后代生产）来量化成本和收益尤其具有挑战性。

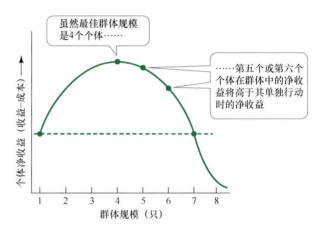

图 8.22 新来者是否应该加入群体？在这个假设的例子中，当群体中的个体数量为最佳值4时，群体中的个体的净收益达到最大。然而，对新个体来说，加入一个由4个个体组成的群体要比其单独行动获得更大的净收益。除非现有群体中的个体能够阻止新个体加入，否则新个体应该继续加入，直到群体规模达到7为止

分析数据8.1　稀释效应能否保护海龟免受鱼类捕食？

由于稀释效应，群体中的个体可能免受捕食者捕食：当捕食者发动攻击时，群体中的个体数量越多，群体中任何特定个体成为受害者的机会就越小。

福斯特和特里赫恩测试了当沙丁鱼攻击一群海龟时，是否存在稀释效应。附表中给出不同规模的海龟被沙丁鱼攻击的次数（每5分钟）。

1. 计算每个群体规模的平均攻击次数（每5分钟）。鱼类捕食者是否明显倾向于攻击小群体而非大群体（反之亦然）？说明理由。

2. 对于每个群体规模，将你在上问中计算的平均值转换为个体的被攻击次数。个体的平均被攻击次数与群体规模之间是否存在一致的关系？说明理由。

3. 这些结果与稀释效应是否一致？

群体中的个体数量	观察的个体数量	攻击次数
1	3	15; 6; 10
4	2	16; 8
6	3	9; 12; 7
15	2	7; 10
50	2	15; 11
70	2	14; 7

图8.22表明，个体进入比最佳规模更大的群体可能是有利的。这种中等规模的群体可能大到足以降低被捕食的风险，但又小到足以避免食物被耗尽。普莱德通过对个体状况（通过粪便中的荷尔蒙皮质醇浓度来测量压力水平）的整体测量发现，与属于较小或较大群体的狐猴相比，中等规模群体中的环尾狐猴压力较小。同样，克里尔和克里尔发现，坦桑尼亚野狗追逐猎物时，中等规模群体中个体的平均食物摄入量最大。

案例研究回顾　婴儿杀手

从行为进化的角度能否帮助我们理解杀婴行为？事实证明，许多物种的雄性都会杀死其潜在配偶的幼崽。例如，雄性叶猴会杀死其社会群体中雌性的幼崽。这种行为似乎提高了杀婴雄性的繁殖成功率：DNA亲子鉴定分析表明，杀婴的雄性叶猴与它们杀死的婴儿没有血缘关系，但与雌性叶猴后来的后代有血缘关系。雄性杀婴在其他数十个物种中也有记录，如马、黑猩猩、熊和旱獭。在许多情况下，雄性杀婴似乎是适应性的：它减少了雌性在两次怀孕之间所花的时间，进而使雄性能够生育更多的后代。

但在某些物种中，雌性也会杀婴。例如，巨型水黾和弯嘴鸫的雌性会杀害同类的卵或幼崽。尽管这种行为令人惊骇，但从进化角度看却有其道理：在这些物种中，雄性提供了大部分或全部亲代抚育工作，而雌性的繁殖潜能高于雄性。因此，就像雄狮和叶猴一样，雌性水黾和弯嘴鸫的杀婴行为似乎也是适应性的：通过杀死幼崽，雌性昆虫或鸟类缩短了雄性愿意再次交配的时间，进而潜在地提高了自身的繁殖成功率。

其他令人费解的行为又该如何理解呢？回顾可知，雌性果蝇有时会在酒精含量高的食物中产卵。但这种行为并不像初看之下那么奇怪：证据表明，这为对抗寄生黄蜂提供了一种行为防御。这种黄蜂的雌性会在果蝇幼虫身上产卵，卵一旦孵化，幼蜂就会穿凿果蝇幼虫的身体，将其消耗致死。被这种黄蜂感染的果蝇幼虫会优先选择食用酒精含量高的食物，如腐烂的水果。食用高浓度酒精的食物对果蝇幼虫有害，但这一行为的好处超过了其成本：黄蜂比果蝇对酒精的敏感度更高，进而整体上增大了幼虫存活的概率。此外，卡索等人展示了成年雌性果蝇有黄蜂时会改变产卵行为。没有黄蜂时，果蝇约有40%的卵产在高酒精食物中，但当有雌性黄蜂时，果蝇将超过90%的卵产在高酒精食物中。这种行为增大了暴露于黄蜂的果蝇幼虫的存活率（见图8.23），可被视为一种预防性措施。

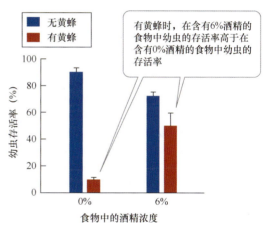

图8.23　果蝇给其后代"喂药"。存在雌性黄蜂时，雌性果蝇会将大部分卵产在含有酒精的食物中。这种行为提高了果蝇幼虫的存活率。误差条显示的是平均值的标准差

8.6　复习题

1. 区分动物行为的近似解释和终极解释。
2. 解释如下内容间的联系：自然选择、遗传行为、适应性进化，以及对动物行为的终极解释。
3. 描述捕食者的存在是如何改变个体的觅食决定的。即使没有真正的捕食者，对捕食者的恐惧也会产生类似的影响吗？解释原因。
4. 什么是性选择？总结支持雄性和雌性间的差异可能由性选择引起的说法的证据。
5. 举例说明群体生活带来的好处和代价。
6. 有两种觅食灌木昆虫的鸟，灌木在它们的栖息地中成片分布，其中一种鸟（A）从一片栖息地飞到另一片栖息地所消耗的能量比另一种鸟（B）的少。根据边际值原理，哪种鸟应在每个栖息地上花更多的时间？为什么？

第3单元　种　群

第9章　种群分布和丰度

从海带林到海胆贫瘠之地：案例研究

阿留申群岛位于阿拉斯加西部的太平洋上，绵延1600千米；多山的阿留申群岛常被浓雾笼罩，并且遭受狂风暴雨的袭击。岛上几乎没有大树，除了曾经与大陆相连的东部岛屿，岛上没有大陆上的陆生哺乳动物，如棕熊、驯鹿和旅鼠。不过，周围水域有丰富的海洋野生动物，如海鸟、海獭、鲸鱼以及各种鱼类和无脊椎动物。

虽然陆地上的树木稀少，但阿留申群岛的一些近海水域却孕育着迷人的海洋生物群落——海带

图9.1 深海森林中的主要参与者。 巨藻是构成阿留申群岛一些沿海海带林的物种之一。研究表明，这些岛屿附近海带林的存在与否受到两种海胆和海獭的影响

林，这些海带林由海带和囊叶藻等褐藻组成。茂密的海带从海底向海面生长，形成了如同水下森林的景观（见图9.1）。附近的其他岛屿则没有海带林，相反，它们的近海水底铺满了海胆，几乎没有海带或其他大型藻类。海胆数量众多的区域称为"海胆荒原"，因为那里缺乏海带林。为什么有些岛屿被海带林环绕，而有些岛屿则被海胆荒原所包围？一种可能性是，有海带林的岛屿与无海带林的岛屿在气候、洋流、潮汐模式或诸如水下岩石表面等自然特征方面存在差异。由于尚未发现此类差异，我们不得不寻找其他原因来解释为何有些岛屿有海带林，而有些岛屿却没有海带林。由于海胆以藻类为食且食量巨大，研究人员怀疑海胆可能阻止了海带林的形成。

这一假设被人们以两种方式进行了验证。首先，对阿留申群岛及阿拉斯加海岸沿线其他地区的研究一致表明，在有大量海胆的地区并未发现海带林。尽管这种相关性并不能证明海胆会抑制海带林的生长，但多项研究得出相同结果的事实表明，海胆可能决定了海带林的位置。其次，通过对几个含有海胆的50平方米样方和附近不含海胆的相似样方中的海带密度变化进行实验测量，验证了海胆的影响。实验开始时，所有样方中都没有海带，而在含有海胆的样方中，海带密度始终保持为零。然而，在清除了海胆的样方中，海带（海带林群落中的主要个体）的密度在第一年上升到21株/平方米，在第二年则达到105株/平方米（见图9.2）。这些结果表明，在没有海胆的情况下，海带林将会生长。

这些结果和其他结果表明，海胆的存在与否回答了为何有些岛屿有海带林而有些岛屿没有海带林的问题。但这一回答只是将问题从决定海带林的位置转移到了决定海胆的位置。如将看到的那样，关于为何

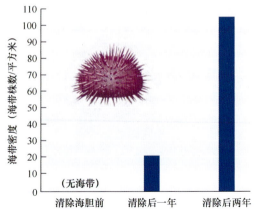

图9.2 海胆是否限制了海带林的分布？ 清除海胆后，50平方米地块中海带的平均密度显著增加

有些地方有海带林而有些地方没有海带林的问题，更完整的答案取决于海獭的贪婪进食习惯，而海獭本身可能已成为虎鲸最后的美餐。

9.1　引言

本章的案例研究关注一个基本的生态问题：是什么决定了一个物种（例中为海带）的分布和丰度？物种的**分布**仅指物种个体存在的地理区域，而**丰度**则指物种或种群的个体数量。这两个指标高度相关，因为物种的分布可视为该物种丰度大于零的所有区域的分布图。

由于种群在空间和时间上经常出现巨大变化，确定物种的分布和丰度及对这些模式有重要影响的因素非常困难。我们记录这些变化并预测这些变化的能力，可作为我们了解自然界事件程度的"标尺"。本章重点讨论物种和种群内个体的分布与丰度，它们随地形变化的原因以及测量这些变化的方法。第10章和第11章将通过实例和种群增长模型来探讨种群如何随时间变化，进而拓展我们对种群的认识。下面详细描述种群和个体的各个方面，包括丰度的估算。

9.2　种群和个体

种群是指同时生活在同一地区并且相互作用的同种个体群体。为了进一步探究这个定义，我们到底该如何理解"相互作用"呢？在有性生殖的物种中，种群可定义为通过杂交进行互动的个体群体。然而，在无性生殖的物种中，如蒲公英或鲫鱼，种群必须由其他类型的相互作用来定义，如对共同食物来源的竞争。我们对种群的定义还包括物种个体相互作用的区域。如果该区域是已知的，如生活在一个岛上并在其上活动的蜥蜴种群，我们就可用**种群规模**（种群中的个体数量）或**种群密度**（单位面积上的个体数量）来描述种群丰度。例如，若一个面积为20公顷的小岛上有2500只蜥蜴，则种群规模是2500只，种群密度是125只/公顷。

在某些情况下，种群占据的总面积并不清楚。例如，当对有性生殖物种或其配子（如植物花粉）的传播距离知之甚少时，就很难估算出个体频繁杂交进而代表一个种群的面积。对于无性生殖物种来说，当我们试图估算除杂交外发生相互作用的区域时，也会遇到类似的问题。当一个种群占据的区域不完全为人所知时，生态学家就会利用有关该物种生物学的现有最佳信息来划定一个区域，进而估算出该种群的大小和密度。

9.2.1　什么是个体

确定一个种群的大小或密度并不容易，因为需要知道种群中有多少个个体。对某些物种来说，还要确定什么是个体。

为什么对个体的定义存在混淆？考虑图9.3中的小白杨。像许多植物一样，单独一株杨树能够产生与其基因完全相同的副本（称为**克隆**）。杨树通过根芽形成新植株来克隆，而三叶草和草莓这样的物种则通过位于水平茎上的芽（或称匍匐茎）来形成新植株（见图9.4）。在动物中，珊瑚、海葵、水螅、青蛙、蜥蜴和许多昆虫也能形成基因完全相同的克隆。一些植物克隆可以生长到巨人的规模（如覆盖面积高达81公顷的杨树克隆林），或者存活极长的时间（如在澳大利亚塔斯马尼亚岛上发现的一种罕见灌木金氏山龙眼能生存4.3万年）。

为了应对克隆形成带来的复杂性，研究这些生物的生物学家以多种方式定义个体。例如，个体可被定义为单一受精事件的产物。按照这一定义，基因上完全相同的一片杨树林是一个单独的遗传个体，也称**基因型**。然而，基因型的个体在生理上通常是独立的，它们之间甚至可能为了资源而竞争。这些实际上独立或潜在独立的基因型个体称为**芽型**（也称**子代**、**分株**等）。以草莓为例，一个有根的植株被认为是芽型，因为它即使不与基因型的其余部分相连也可存活（见图9.4）。我们视一片草莓地或一片杨树林是一个个体还是多个个体，取决于我们的研究兴趣。如果我们关注的是随时间的进化，那么基因型层面可能更合适。相反，如果我们关注的是独立生理单元间的竞争，那么芽型层面可能更合适。

图9.4 形成克隆的植物和动物。许多植物和动物进行无性生殖，形成基因相同个体的克隆。无性生殖的例子包括出芽（克隆后代与亲本分离）、无性生殖（克隆后代由未受精卵产生，也称无性生殖）和水平扩散（克隆后代随着生物体的生长而产生）

图9.3 白杨林：是一棵还是多棵？这些生长在科罗拉多州西部的小白杨可以代表20多个不同的遗传个体，不同的个体都是从一粒种子生长而成的。然而，每棵小白杨也可能是一棵"树"的一部分，即从单一遗传个体的根芽中克隆繁殖而来

直接确定种群中有多少个个体的方式是计数所有个体。这听起来很简单，且在某些情况下是可行的，如在一个岛上的蜥蜴以及其他局限于小区域且易于观察或不移动的生物。但是，完全计数生物体往往是困难的或不可能的。以玉米和小麦等农作物的害虫——盲蝽为例，这种昆虫能覆盖大面积区域，密度可达5000多个个体/平方米，使得计数种群中的所有个体变得不切实际。在这种情况下，可以使用多种方法来估算种群丰度。下面讨论其中的一些方法。

9.2.2 生态学家通过基于面积的计数法、距离法和标记-重捕法来估算丰度

如前所述，许多生态研究都需要估算种群的实际丰度或绝对种群规模。例如，如我们在"案例研究"中看到的，要量化海獭数量对其猎物海胆数量的影响程度，就必须估算这两个物种的绝对种群规模。在其他情况下，估算相对种群规模（一个时间间隔或地点的个体数量相对于另一个时间间隔或地点的个体数量）可能就已足够。相对种群规模的估算基于假定与绝对种群规模相关的数据，但并评算种群中的实际个体数量。此类数据的例子包括在某一区域中发现的美洲狮足迹

数、单位时间内捕获的鱼数（如每天拖钓所用的鱼钩数），或者观察者行走标准距离（或在一个地方停留的标准时间间隔）时观察到的鸟的数量。

与绝对估计相比，相对种群规模估算通常更容易，成本也更低。虽然相对种群规模的估算值很有用，但必须谨慎对待。例如，观察到的美洲狮足迹数不仅取决于美洲狮的种群密度，还取决于这种动物的活动。因此，如果在A区发现的美洲狮足迹数是B区的2倍，就无法确信A区的美洲狮数量是B区的2倍——美洲狮的数量可能比A区多，也可能比B区少，具体取决于美洲狮在一个地区的活动是否比在另一个地区的活动更频繁。

了解绝对规模和相对规模后，下面来看生态学家是如何估算数量的。生态学工具包9.1中介绍了三种常用的方法：基于面积的计数法、距离法和标记-重捕法。

基于面积的计数法　如生态工具包9.1a中所述，基于面积的计数法常用于估算不移动生物的种群规模。该方法首先在一系列抽样地块或样方中计数生物，然后用这些数字来估算总种群规模。例如，假设一组昆虫学家要估计一块面积为400公顷的玉米地中的盲蝽种群规模。如果他们在5个10厘米×10厘米的样方中计数盲蝽，且计数结果分别是40只、10只、70只、80只和50只盲蝽，则每平方米的盲蝽平均数量为

$$\frac{(40+10+70+80+50)/5}{0.01}=5000 \text{（只）} \tag{9.1}$$

因此，该种群中约有200亿只盲蝽。

基于面积的计数法可在样方内准确计数。生态学家会尽可能多地使用样方，且常将这些样方随机放置在整个种群覆盖的区域内。样方也可通过其他方式布置，如沿着一条或多条样线或矩形网格均匀分布。

距离法　种群丰度的估算同样可基于线性样线或点样。该方法收集的数据是个体从随机放置的点或线观测到的距离，这些距离随后被转换为单位面积内的个体数量。

例如，在线性样线方法中，观察者沿着样线行走，如右图所示。

观察者能够看到的每个个体都被计数，并记录其与样线的垂直距离（图中的d_1和d_2）。如生态工具包9.1所述，必须使用检测函数将这样的距离测量值转换为绝对种群规模的估计。检测函数允许基于实际观察到的个体数量来估计感兴趣区域内的个体数量。

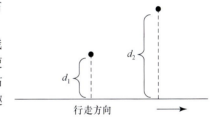

生态工具包9.1：估算丰度

估算丰度的方法分为基于面积的计数法、距离法和标记-重捕法。人们已开发出这些方法的许多变体，并能使用多种统计技术来分析和利用每种方法得到的丰度估计值。

A. 基于面积的计数法　顾名思义，在基于面积的计数法中，某一给定面积或体积内的个体被直接计数。这种方法可能用到"样方"（见图A），即任何大小或形状的采样面积（或体积），如用于计数小型植物的0.25×0.25平方米的方形地块、用于计数树木的0.1公顷地块，或者用于计数土壤生物特定直径和深度的土壤芯样。几个样方的计数结果被汇总并取平均，用来估计单位面积（或体积）内的个体数量。

基于面积的计数法常用于估算固定不动的生物（如植物）或在计数样方内个体于所需时间内仅能短距离移动（如海胆）的生物的绝对种群规模。该方法也可用于估算更活跃生物的丰度，如在空中调查中观察大型哺乳动物时。对于移动快速的生物，基于面积的计数法可提供相对种群规模的估算值；要将这些计数用于估算绝对种群规模，可能还需要进一步的信息，如在空中调查时评估某种生物在场但未被观察到的概率。

B. 距离法　在距离法中，观察者首先测量从一条线或一个点看到的个体的距离，然后将这些距离转换为单位面积内的个体数量。例如，距离法常用线性样线法从直线测量到每个个体的距

离（见图B）。对于快速移动或难以察觉的生物，沿样线观察到的个体数量提供了种群规模的相对估算值。

图A　水下样方。一位海洋生物学家使用方形样方来计算在密克罗尼西亚联邦加罗林群岛外的珊瑚礁上发现的不同珊瑚物种的个体数量

图B　根据样线计算树木数量。南非卡拉哈迪跨境公园中的骆驼刺树的密度可用样线进行估算

对于移动和固定生物，样线上记录的距离也可用于估计绝对丰度；如果能够确定检测函数，即个体被观察到的机会随其到样线的距离增加而减少的函数，就可进行这种转换。其他距离法还包括点抽样技术，它从一系列位置或"点"测量到最近（可见）个体的距离；如同样线数据一样，利用检测函数可将这些距离转换为绝对种群规模的估算值。

C．标记-重捕法　在标记-重捕法中，种群的部分个体被捕获、标记（如使用标签或漆点以便后续识别）并释放（见图C）。在标记个体有足够时间恢复并散布到整个种群后，再次捕获个体，第二次捕获中找到的标记个体比例被用来估计总种群规模。

标记-重捕法用于估算移动生物的绝对种群规模，也用于获取个体存活或移动的数据。最简单的标记-重捕法公式由式（9.3）概括；使用该公式时假设：①采样期间种群规模不变（无出生、死亡、迁入或迁出），②每个

图C　标记鲑鱼的释放。为了获得标记-重新捕获鲑鱼丰度的估算值，生态学家做好标记后释放鲑鱼（注意背鳍附近的两个标记）

个体被捕获的机会均等；③标记不会伤害个体或改变其行为（如使其更难被再捕获）；④标记不会随时间丢失。为了解决上述一个或多个假设被违反的情况，人们开发了多种其他标记-重捕法。

标记-重捕法　标记-重捕法释放被标记的个体，然后重新捕捉，以查看种群中被标记的比例（见生态工具包9.1）。例如，我们从一片草地中捕捉了23只蝴蝶，然后标记并释放它们。一天后，我们再次对这片草地采样，这次捕捉了15只蝴蝶，其中有4只是被标记的。在第一次采样中，我们从未知总大小的种群中捕捉并标记了$M_1 = 23$只蝴蝶，因此最初捕获蝴蝶的比例为M_1/N。第二次采样时，捕捉到了$M_2 = 15$只蝴蝶，其中4只是被标记的（$R = 4$）。

假设自第一次采样以来没有蝴蝶出生、死亡或者进出草地，在第二次采样的样本中捕获的被标记个体比例（R/M_2）应等于最初被捕获的比例M_1/N，即

$$M_1/N = R/M_2 \tag{9.2}$$

整理式（9.2）得到草地中的蝴蝶总数为

$$N = (M_1M_2)/R \qquad (9.3)$$

在这种情况下，蝴蝶的总数为(23×15)/4 = 86只。

详细定义种群、个体并考虑一些量化它们的方法后，下面介绍种群和物种的分布与丰度。

9.3 分布和丰度模式

物种和种群的分布与丰度模式在陆地上的空间范围内各不相同。多年生草本植物铁线莲的分布图就是一个例子（见图9.5a）。铁线莲在密苏里州、堪萨斯州和内布拉斯加州分布不均，呈斑块状分布，其种群仅限于该地区特定石灰岩露头形成的干燥、多石、无树的草甸或开阔地上。铁线莲这样的种群很少彼此孤立存在，通常通过扩散来相互作用。简单地说，扩散是指个体进入（迁入）或离开（迁出）现有种群的移动过程。一群通过扩散相连的地理上隔离的种群称为集合种群。例如，如果来自一个草地的铁线莲种子可能扩散到另一个草地，那么这群草地就可视为一个集合种群。在更大的空间尺度上，一个物种的整个地理范围或分布可能包含一个或多个集合种群，具体取决于物种所占区域的范围。

在草地种群中发现的铁线莲个体聚集，是种群内个体分布或空间排列的一个例子（见图9.5b）。我们可以识别出种群内个体相对定位的三种基本模式（见图9.5a）。在某些情况下，种群个体呈现出规则分布，即个体在其栖息地中相对均匀分布。在其他情况下，个体表现出随机分布，类似于个体被随机选择位置的情况。最后，像铁线莲一样，个体可能聚集在一起形成集群分布。在自然种群中，集群分布比规则分布或随机分布更常见。注意，识别分布模式可能取决于测量区域的空间尺度。例如，仅在较大的空间尺度上才能揭示出集群分布模式。

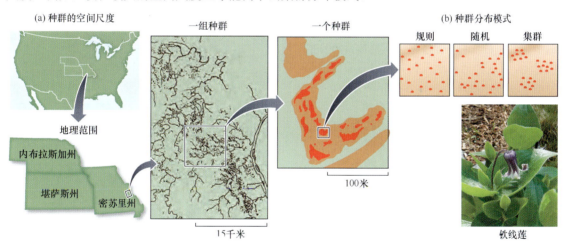

图9.5 **许多种群的分布是不均匀的**。多年生草本植物铁线莲的分布和丰度在不同的空间尺度上是不均匀的。(a)种群出现在石灰岩草甸上，多个种群组成一个集合种群，多个集合种群构成地理范围（例中为密苏里州、堪萨斯州和内布拉斯加州）；(b)种群中的个体表现出三种不同的分布模式之一

9.3.1 物种的地理范围大小不一

如前所述，一个物种的地理范围是该物种被发现的整个地理区域。虽然不存在到处都有的物种，但其地理范围的大小却有着很大的差异。地理范围小的物种包括生活在单一沙漠池塘（7米长×3米宽、15米深）中的魔鬼洞鳉鱼。

许多热带植物的地理范围也很小。1978年，人们在厄瓜多尔的一个山脊上发现了90种新植物，每种植物的地理范围都仅限于这个山脊。我们称这些物种为**本地物种**，因为它们只出现在特定的地方，而不出现在地球上的其他任何地方。

其他物种（如郊狼）分布在一个大洲（北美洲）的大部分地区，而灰狼等物种则分布在几个大洲的小部分地区（北美洲和欧亚大陆）。相对较少的陆地物种分布在世界上的所有或大多数大洲。值得注意的例外是人类、挪威鼠，以及生活在爬行动物、鸟类和哺乳动物（包括人类）肠道中的大肠杆菌。一些海洋物种［包括具有浮游幼虫的无脊椎动物和鲸鱼（见图9.13）］的地理范围很大。不过，虽然地理范围大小差异很大，但海洋中的分布模式与陆地上的分布模式相似，即大多数海洋物种的地理范围相对较小。

一个物种的地理范围包括其所有生活阶段所占据的区域。对于迁徙物种及生物学特性了解不足的物种，记住这一事实尤为重要。例如，如果我们希望保护帝王斑蝶种群，就必须确保它们在夏季繁殖地和越冬地的条件对它们都是有利的。在某些情况下，我们对某种生物的分布范围知之甚少，因为其生命阶段很难找到或研究；许多真菌、植物和昆虫都是如此。我们可能知道成年生物在什么条件下生活，但却不知道其他生命阶段在哪里或如何生活。事实上，帝王斑蝶长期以来就属于这种情况。生物学家知道这些蝴蝶每年春天都从南方飞抵北美洲东部，但过了近120年，人们才在墨西哥城以西的山区发现了它们的越冬地。

9.3.2 物种的地理范围错落有致

即使在一个物种的地理范围内，大部分栖息地也不适合该物种。因此，种群往往呈斑块状分布。这一观察结果在大小空间尺度上都适用。以陆地为例，在最大的空间尺度上，气候限制了物种种群的分布。在较小的空间尺度上，地形、土壤类型及其他物种的存在与否等因素都会阻碍种群在地形上均匀分布。如在铁线莲的例子中看到的那样，有些物种需要非常特殊的栖息地，而这种栖息地只在其地理分布区的部分地区才有，因此其种群分布非常分散。

其他物种可以适应更广泛的栖息地，但其数量在整个地理范围内仍然各不相同。红袋鼠在澳大利亚干旱地区的分布就说明了这一点。红袋鼠在整个地理范围内的丰度各不相同，其中包括几个高密度区域和几个未发现红袋鼠的区域（见图9.6）。

最后，一个种群可能存在于一系列栖息地地块或片段中，这些地块或片段在空间上相互隔离，但通过扩散而联系在一起。这种地块式种群结构可能由非生物环境特征造成，如我们在铁线莲例子中看到的那样，但也可能由人类行为造成。例如，英国的石楠曾覆盖大片连续的区域，但在过去的200年间，农场和城市地区的发展大大缩小了这些植物的地理范围（见图9.7）。

在某些情况下，这种碎片化的结果是成片的植被非常孤立，几乎无法在它们之间扩散，进而将一个大种群分割成一系列小得多的种群。

图9.6　一个物种在整个地理范围内的丰度变化。 图中显示了红袋鼠在澳大利亚整个地理范围内的丰度。数据基于1980—1982年进行的航空调查

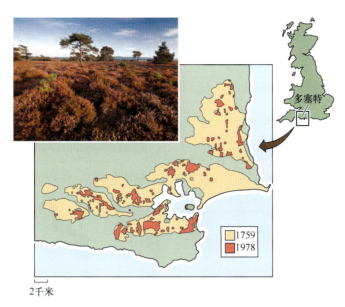

图9.7　多塞特荒地的破碎化。英国多塞特的荒地在距今2000年的罗马时代达到最大
范围。从1759年到1978年，这种栖息地类型加速衰退：荒地总面积从400平方千米缩
小到不足60平方千米，地块数量大幅增加

9.3.3　物种分布模型可用于预测物种地理范围

　　如前所述，为了确定物种的地理分布，科学家会记录发现该物种的所有地点。到目前为止，本章中大多数例子涉及的都是分布明确的物种。然而，许多物种的地理范围尚不清楚。当这些物种稀有或者需要保护时，很难计划如何最好地保护它们。此外，生态学家往往希望预测物种未来的分布，例如，一种害虫在被引进到一个新的地理区域后是否会扩散及如何扩散。科学家和决策者在寻求预测物种分布将如何随全球气候变化而变化时，也面临着类似的挑战。

　　预测物种当前或未来分布的一种方法是描述非生物和生物条件如何影响物种的出现或数量。这些信息可用于构建物种分布模型，即一种基于物种已知占据地点的环境条件来预测物种地理分布的工具。

　　来自美国和墨西哥的研究人员使用这种方法预测了马达加斯加变色龙的分布。研究人员从政府和某些机构获取了关于植被覆盖（卫星图像）、温度、降水量、地形（海拔、坡度、朝向）和水文（水流、积水倾向）的信息。这些环境变量的值被记录在覆盖整个马达加斯加的一系列1千米×1千米大小的网格单元中。接下来，对11种变色龙中的每种都制定了描述物种最有可能被发现的环境条件的规则——栖息地规则。

　　制定这类栖息地规则的方法有多种。变色龙研究使用了一个计算机程序，该程序将从马达加斯加地图上随机选取的网格单元的环境条件与已知变色龙种类出现的网格单元的环境条件进行比较。例如，最初的栖息地规则可能规定物种应出现在温度为15℃～25℃、海拔为300～550米的地区。这个规则可能随机变为温度为15℃～30℃、海拔为300～500米。如果新规则提高了程序预测物种实际位置的能力，就保留该规则，而放弃那些不太成功的规则。对于马达加斯加变色龙，通过输入程序的变色龙位置数据测试了所建分布模型的准确性。该模型表现良好，正确预测了这些变色龙75%～85%的栖息地。接下来，该模型被用于预测11种变色龙各自的地理范围——这些信息有助于保护变色龙栖息地。最后，研究人员调查了模型中一个有趣的"错误"：有几个重叠区域，模型预测会有两种或多种变色龙出现，但实际上没有已知的变色龙分布（见图9.8）。对这两个重叠区域进行调查后，发现了7种以前未知的变色龙。在这些重叠区域外的地点进行更密集的调查后，仅发现了两种新变色龙。因此，科学家不仅能够预测已知变色龙的分布，还能够预测适合其他变色龙的栖息地，后者的预测导致7种新变色龙被发现。

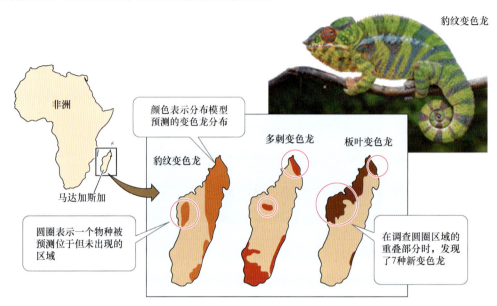

图9.8 马达加斯加变色龙的预测分布。图中显示了11种变色龙中的3种变色龙的分布，包括豹纹变色龙、多刺变色龙和板叶变色龙。所有11个预测分布都被证明是准确的

9.4 分布和丰度的重要过程

从本章前面讨论的变色龙例子中可以清楚地看出，确定物种存在的重要因素是了解其分布和丰度模式的关键。影响生物分布和丰度的因素分为三类：栖息地适宜性、历史因素（如进化史和大陆漂移）和扩散。

9.4.1 栖息地适宜性决定分布和丰度

对所有物种来说，栖息地都有好坏之分。沙漠物种不可能在北极地区生活得很好，反之亦然。即使不同环境中个体的生存或繁殖能力存在微小差异，也会导致物种在某些环境中的丰度较高，而在其他环境中的丰度较低。因此，一个物种的分布和丰度受到适宜栖息地的强烈影响。那么是什么因素使得栖息地适宜呢？

非生物环境　如第1单元中讨论的那样，气候和非生物（非生命）环境的其他方面（土壤酸碱度、盐度和可利用的养分）都会对栖息地是否适合特定物种产生限制。有些物种可以耐受广泛的物理条件，而有些物种则有更严格的要求。

例如，杂酚油灌木在北美洲沙漠中分布广泛，横跨美国西南部、墨西哥西北部和中部的大部分地区（见图9.9）。杂酚油灌木对干旱条件的耐受力很强：有水时迅速用水，长期干旱时则关闭新陈代谢过程。杂酚油灌木还能很好地耐寒，因此其种群在高海拔沙漠中生长茂盛。

另一方面，巨柱仙人掌的分布则更有限。与杂酚油灌木一样，巨柱仙人掌在干旱条件下也能茁壮成长，但会以不同的方式实现其耐旱性。尽管巨柱仙人掌没有典型的叶片，但刺实际上是变异的叶片，刺的小表面积降低了水分流失。此外，在雨季，巨柱仙人掌在其粗壮的树干和树枝上存储水分，以备干旱时使用。然而，巨柱仙人掌不耐寒；当温度持续低于冰点36小时或更长时间时，它就会死亡。巨柱仙人掌对寒冷的敏感性对其分布有着重要影响：其分布的北界与一条边界紧密对应，这条边界以北的温度偶尔会持续低于冰点至少36小时（见图9.9）。

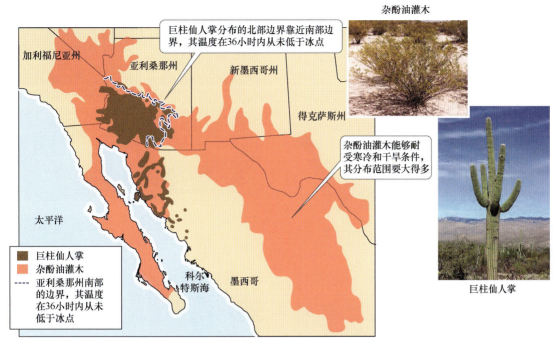

图9.9　**两种耐旱植物的分布**。杂酚油灌木的地理分布远大于巨柱仙人掌

生物环境　生物环境也对物种的分布和丰度产生重要影响。显然，那些完全依赖一个或少数几个其他物种来生长、繁殖或生存的物种，在那些它们所依赖的物种缺失的地方是无法生存的。例如，所有物种都需要食物资源，因此栖息地的适宜性将取决于其食物的分布和丰度。一个例子是塞舌尔莺，这是一种濒危的鸣禽。20世纪50年代，这种鸟几乎灭绝：其全球总数仅为26只，位于非洲东海岸附近塞舌尔群岛的库辛岛上。自1968年塞舌尔莺受到法律保护后，其在库辛岛上的数量增至约300只，并且成功引进到了其他两个岛屿上。

塞舌尔莺具有领地意识：一对繁殖的莺会保卫其领地，防止其他同类进入。但是，并非所有领地都是平等的：有些领地的质量高于其他领地，因为它们提供更多的食物（如昆虫，见图9.10）。生活在高质量领地的鸟类寿命更长，且能抚育更多的幼鸟。此外，生活在高质量领地的一对繁殖莺常会得到前几年出生的后代的帮助来抚育幼鸟。由于高质量的栖息地吸引着前几年的后代，且聚集在岛屿的一端，因此领地质量的差异使得种群中个体的分散程度比原本更加聚集。

生物体也可能被食草动物、捕食者、竞争者、寄生虫或病原体等从某个地区排除，其中任何一个因素都可能大大降低种群个体的生存或繁殖能力。例如，案例研究描述了海带林的分布是如何依赖于海胆存在的，而海胆的存在又由捕食者海獭的存在决定。另一个生物控制物种分布和丰度的戏剧性例子是成功地对缩刺仙人掌进行了生物控制，这种引进的仙人掌迅速蔓延到了昆士兰和新南威尔士的大片地区。仙人掌于1839年从美国南部引进，作为树篱种植。40年内，缩刺仙人掌已成为一种有害植物，到1925年，它已覆盖24.3万平方千米的面积。缩刺仙人掌可以长到2米高，且其茂密、多刺的灌木丛会覆盖地面，使其占据的牧场变得毫无用处（见图9.11a）。为了控制缩刺仙人掌，1926年人们释放了一种以缩刺仙人掌为食的阿根廷螟蛾（见图9.11b）。到1931年，这些飞蛾已广泛扩散并摧毁了数十亿株仙人掌。自1940年以来，仙人掌一直少量存在，但其分布和丰度已大大减少。尽管引进螟蛾作为生物害虫控制手段似乎取得了巨大的成功，但是此类引进必须谨慎进行，因为它们可能导致意外的后果，如对本地物种造成损害。

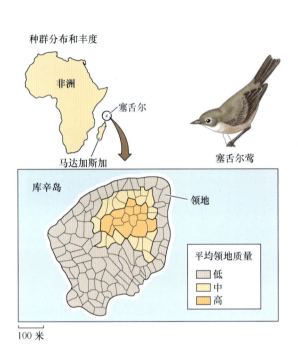

种群分布和丰度

非洲

塞舌尔

马达加斯加

塞舌尔莺

库辛岛

领地

平均领地质量
- 低
- 中
- 高

100 米

图9.10　影响栖息地适宜性的食物资源。1986—1990年库辛岛上塞舌尔莺领地的平均质量。领地质量分为三类：高、中和低。高质量领地集中在内陆地区，这些地区的植被覆盖率高，风小，昆虫丰富。沿海地区的领地质量较低，因为盐雾导致树木落叶，减少了昆虫的数量

图9.11　食草动物限制了澳大利亚的植物分布。螟蛾被用于控制引进的缩刺仙人掌。(a)螟蛾释放前2个月的茂密灌木丛；(b)3年后的同一片灌木丛

非生物环境和生物环境之间的相互作用　实际上，物种的分布和丰度是非生物环境和生物环境共同作用的产物。例如，塞舌尔莺领地的质量不仅取决于昆虫食物资源，还取决于盐雾和风的大小（见图9.10）。另一个例子是，如果夏季气温高于25℃，岩藤壶就无法生存；如果冬季气温低于10℃达20天或更长时间，岩藤壶就无法繁殖。在北美洲的太平洋沿岸，由于气温适宜，岩藤壶可在比现在更南1600千米的地方被发现（见图9.12）。但是，图9.12中的紫色区域却没有这种藤壶，原因可能是其他种类的藤壶阻碍了其在原本适宜的栖息地生活。在北部，随着气温越来越低，岩藤壶的数量超过其他藤壶，并且保持健康的种群规模。因此，栖息地和栖息地相互作用，决定了藤壶种群的分布位置。

干扰　一些生物的分布依赖于规律性的干扰形式。**干扰**是一种非生物事件，它杀死或伤害部分个体，进而为其他个体提供生长和繁殖机会。例如，许多植物物种仅在周期性火灾下才能在某一区域存续。如果人类阻止火灾，这些物种就会被其他不那么耐火但缺乏火灾时竞争力更强的物种取代。因此，火灾频率的变化可以改变生态群落的组成（见分析数据9.1）。洪水、风暴和干旱是其他形式的干扰，它们可能对某些物种造成伤害，但会给予其他物种优势。第17章将详细讨论干扰的作用。

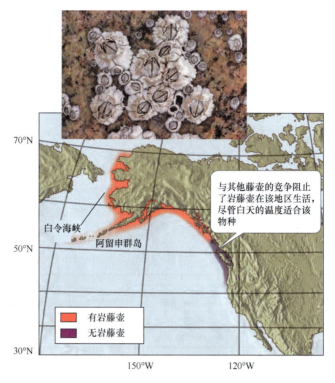

图9.12 温度和竞争对藤壶分布的共同影响。虽然在红色和紫色阴影区域内，温度对岩藤壶来说都是适宜的，但它可能由于竞争对手的存在而被排除在南部区域之外。在红色阴影区域内，温度更低，岩藤壶是更具优势的竞争者

图中标注：
70°N 50°N 30°N 150°W 120°W
白令海峡
阿留申群岛
与其他藤壶的竞争阻止了岩藤壶在该地区生活，尽管白天的温度适合该物种
有岩藤壶
无岩藤壶

9.4.2 分布和丰度反映进化和地质历史

地球上进化和地质历史中的事件对今天生物的分布产生了深远的影响。例如，为什么北极熊出现在北极而不出现在南极？北极熊在浮冰上狩猎并以海豹为食，浮冰和海豹在南极都很丰富。这个问题的部分答案可从北极熊的进化史中找到。化石和遗传证据表明，北极熊是从北极的棕熊进化而来的；因此，北极熊出现在北极是因为该物种起源于那里。它们不在南极出现的原因可能是，尽管北极熊一年能"旅行"超过1000千米，但它们似乎不能或不愿穿越隔开北极与南极的热带地区。因此，北极熊种群的分布受进化史、扩散和适宜栖息地的共同影响。地质历史在一些奇特的分布模式中扮演关键角色，这些模式曾困扰生物学家近百年。考虑华莱士的观察，即一个地区的动物在相对较短的地理距离上可能有着很大的差异。例如，菲律宾的哺乳动物群落与非洲的（家族水平上有88%的重叠）相比，与新几内亚的（家族水平上有64%的重叠）更相似，但非洲远在5500千米之外，而新几内亚仅750千米之遥。直到板块构造论的出现，即大陆随时间缓慢移动，人们才对这一现象和其他类似观察找到了解释。这一发现让人们意识到菲律宾和新几内亚位于不同的板块上，它们在地理上相接近的时间相对较短。

9.4.3 扩散是在整个景观中分布生物体的过程

生物在移动能力上差异很大。例如，在植物中，当种子脱离母株时，就会发生扩散。虽然风暴等事件可将种子运输很远的距离，但植物的扩散距离通常很小。在某些情况下，典型的种子扩散距离小到几乎不能算是移动。例如，没有蚂蚁时，森林植物紫罗兰的种子只能扩散0.002～0.02米；有蚂蚁时，种子可能扩散几米。相反，一些鲸鱼在一年内可"旅行"数万千米。总体而言，种群的空间范围变化极大——从移动很少的物种中非常小，到"旅行"距离很远的物种中非常大。

分析数据9.1 引进草改变了夏威夷干燥森林火灾的发生吗？

丛生须芒草、糖蜜草和其他几种非本地草被引进到夏威夷作为牲畜饲料。到1969年，引进草已入侵夏威夷火山国家公园的干燥森林。这些干燥森林是开放的林地，林下层为灌木；它们几乎不包含或完全不包含本地草。休斯等人提供了该公园干燥森林未燃烧和燃烧区域的火灾发生情况（表A），以及植被丰度的数据（表B）。

1. 使用表A中的数据，计算在引进草入侵火山国家公园之前和之后的火灾发生频率以及平均燃烧面积。你的结果是如何说明引进草对火山国家公园火灾发生情况的影响的？

2. 根据表B中的数据，火是促进还是限制了本地乔木和灌木的丰度？火灾如何影响引进草？

3. 引进草能从火灾中迅速恢复，为未来的火灾提供了比本地乔木和灌木更多的燃料。如果在引进草入侵后的夏威夷干燥森林发生火灾，利用这些信息预测可能发生什么。你描述的事件是否有助于解释表A和表B中的数据？解释你的推理。

表A

大致时间	火灾次数	燃烧总面积
1928—1968	9	2.3公顷
1969—1988	32	7800 公顷

表B

植被类型	植被丰度指数		
	未燃烧	烧过1次	烧过2次
本地乔木和灌木	112.3	5.2	0.7
引进草	80.0	92.1	100.9

鲸鱼也会迁徙，这是响应资源季节性变化的一种特定扩散。**迁徙**涉及往返移动，通常包括整个种群。例如，5个单独的北太平洋座头鲸种群在它们的冬季繁殖地（墨西哥、夏威夷和日本）和夏季觅食地（东北太平洋海岸和阿拉斯加湾）之间迁徙超过4800千米（见图9.13）。2006年对北太平洋座头鲸的调查表明，自1966年禁止对这些种群进行商业捕捞以来，这些种群的数量已恢复。

图9.13 北太平洋座头鲸的迁徙。 北太平洋座头鲸的5个独立种群（用不同颜色的箭头表示）在墨西哥、夏威夷和日本附近的冬季繁殖地与阿拉斯加湾和东北太平洋沿岸的夏季觅食地之间迁徙

如北极熊未出现在南极那样，物种有限的扩散能力可阻止其到达适宜的栖息地——这种现象称为**扩散限制**。又如，夏威夷群岛只有一种本地陆地哺乳动物——夏威夷灰蝙蝠，它能够飞到这些岛屿。尽管猫、猪、野狗、老鼠、山羊、猫鼬和其他哺乳动物在被人们引进后如今在夏威夷繁盛，但没有其他陆地哺乳动物能够自行扩散到夏威夷。

扩散限制也可能发生在较小的空间尺度上，阻止种群扩展到附近看似适宜的栖息地。一项关于英国蓝钟花的长期研究记录了扩散限制的一个例子。1960年，在靠近源种群的看似适宜的森林栖息地中创建了27个种群，每个种群有7～10个个体。45年后，只有11个种群（41%）存活，且大多数种群包含数百或数千个个体。这些结果表明，扩散限制阻止了蓝钟花维持其源种群的大多数或在附近地区创建新种群。

下一节介绍扩散如何创建和维持多个种群，以及这些集合种群在濒危物种保护中的作用。

9.5 集合种群

多塞特希斯兰德的镶嵌景观表明，世界是一个不均匀的地方。景观的镶嵌性质确保了许多物种的适宜栖息地并不覆盖大面积的连续区域，而作为一系列在空间上相互隔离的有利位点存在。因此，一个物种的种群通常扩散在景观中，每个种群都位于一个有利的栖息地区域，但彼此相隔数百米或更远。当个体（或配子）偶尔从一个种群扩散到另一个种群时，这些看似孤立的种群可被归类为集合种群。字面上，"集合种群"指的是种群的种群，但通常具体地定义为通过扩散相互连接的一组空间上孤立的种群（见图9.14）。在某些集合种群中，某些种群是源种群（迁出数量大于迁入数量），而其他种群是汇种群（迁入数量大于迁出数量）。

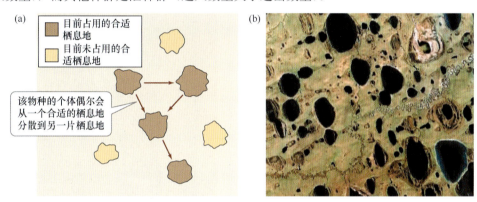

图9.14 集合种群概念。 集合种群是一组通过扩散相互连接在一起的空间上孤立的种群。(a)7个适合一个物种栖息地的地块，其中4个已被占用，3个未被占用，7个地块外的区域表示不适宜栖息地；(b)阿拉斯加北部一组湖泊的卫星图像，这些湖泊有时通过积雪融化或暴雨后形成的临时溪流相互连接

9.5.1 集合种群的特点是反复灭绝和殖民

生态学家早就认识到某些物种的种群倾向于灭绝，原因有两个：①它们的栖息地地块状性质使得种群间的扩散变得困难；②环境条件会迅速且不可预测地变化。我们可将这些种群想象成一系列"闪烁的灯"，随着适宜栖息地地块被殖民，地块中的种群灭绝，"灯"随机地亮起和熄灭。虽然单个种群容易灭绝，但集合种群会因为包含灭绝种群和殖民建立的新种群而持续存在。

基于这种随机灭绝和殖民的思想，莱文斯使用栖息地地块的灭绝率和殖民率来表示集合种群动态：

$$\frac{\mathrm{d}p}{\mathrm{d}t} = cp(1-p)ep \tag{9.4}$$

式中，p表示时间t被占据的栖息地地块的比例，c和e分别是地块殖民率和地块灭绝率。

推导式（9.4）时，莱文斯做了如下假设：①存在大量（无限）相同的栖息地地块；②所有栖息地地块接收殖民者的机会相同（因此地块的空间排列无关紧要）；③所有栖息地地块灭绝的机会相同。

如下面所述，莱文斯模型的一些假设并不现实。尽管如此，式（9.4）给出了一个简单但基本

的结论：为了使集合种群长期存在，比率e/c须小于1。这意味着若殖民率大于灭绝率，则一些地块将被占据；若灭绝率大于殖民率（因此$e/c > 1$），则集合种群将崩溃，其中的所有种群都将灭绝。莱文斯的开创性方法将注意力集中在一些关键问题上，如如何估计影响地块殖民和灭绝的因素、适宜地块的空间排列重要性、栖息地地块之间的景观对扩散的影响，以及空地块是否是适宜栖息地。莱文斯的持久性规则也有应用价值。

9.5.2　即使适宜栖息地仍然存在，集合种群也可能灭绝

　　人类行为（如土地开发）经常将大片栖息地转化为一系列空间上孤立的栖息地片段。这种栖息地破碎化会导致物种形成之前没有的集合种群结构。如果土地开发继续，栖息地将变得更加破碎，且集合种群的殖民率（c）会降低，因为地块变得更加孤立，因此更难通过扩散到达。进一步的栖息地破碎化也会导致剩余的地块变得更小；因此，灭绝率（e）可能增大，因为较小的地块拥有较小的种群，于是这样的种群灭绝的风险更高。这两个趋势（e的增大和c的减小）导致e/c增大。因此，如果太多的栖息地被移除，那么e/c可能突然从小于1变为大于1，导致所有种群和集合种群最终灭绝，即使有些栖息地仍然存在。

图9.15　北方斑点猫头鹰。北方斑点猫头鹰在太平洋西北部的原始森林中繁衍；这类森林包括从未被砍伐过或者200年或更长时间未被砍伐过的森林

　　即使有适宜栖息地存在，集合种群中所有种群可能灭绝的概念在对北方斑点猫头鹰的研究中得到了进一步发展（见图9.15）。北方斑点猫头鹰分布于北美洲太平洋西北地区。它生活在原始森林中，因巢穴建立了大型领地，面积为12～30平方千米（在质量较差的栖息地中，领地更大）。兰德修改了莱文斯的模型，以描述猫头鹰如何搜索空缺的"地块"，这些地块被解释为个体领地的适宜地点。兰德估计，如果原始森林的面积因砍伐减小到一个大区域总面积的20%以下，整个集合种群就会崩溃。这一结果产生了强大的影响：它说明了一个物种如何在栖息地降到临界阈值以下时灭绝（在这种情况下，适宜栖息地为20%），并促成了1990年北方斑点猫头鹰在美国被列为濒危物种。原始森林保护的重要性因最近入侵者的效应（条纹猫头鹰）而被突出：该物种的到来可能导致斑点猫头鹰种群灭绝，但在大面积的原始森林中这种灭绝的概率较小。

9.5.3　灭绝率和殖民率通常因地块而异

　　如兰德的北方斑点猫头鹰研究所示，集合种群方法在应用生态学中变得越来越重要。但野外的集合种群经常违反莱文斯模型的假设。例如，地块在种群规模和通过扩散到达的难易程度方面往往存在着显著差异。因此，地块之间的灭绝率和殖民率可能有很大的差异。因此，大多数生态学家在解决实际问题时会使用更复杂的模型。

　　下面以跳蝶为例加以说明。20世纪初，跳蝶在英国的广大钙质草原上被发现。然而，从20世纪50年代开始，由于牛和其他重要放牧动物数量的下降，钙质草原变得杂草丛生。因此，跳蝶种群规模开始下降。到20世纪70年代中期，跳蝶仅在10个受限的区域内被发现，只占其原始分布范围的一小部分。

　　20世纪80年代初，跳蝶的情况开始好转。这时，由于重新引进了牲畜，栖息地条件得到了改善。1982年在对这些草原进行调查时，托马斯和琼斯记录了所有包含跳蝶种群的地块的位置，以及所有看似适宜但未被跳蝶殖民的地块的位置。为了确定每个被殖民和未被殖民地块的命运，他们在1991年再次调查了这些地块，并且记录了当时哪些地块被殖民。他们的结果突出了许多集合

种群的两个重要特征：距离隔离和地块面积的影响。

当远离被占据地块的地块比附近地块更不易被殖民时，就发生距离隔离。在跳蝶中，到被占据地块的距离对1982年空置的地块是否在1991年被殖民产生了强烈影响：很少有地块与被占据地块相隔超过2千米，且在那个时期被殖民（见图9.16）。地块面积也影响殖民的机会：大多数被殖民的地块面积至少为0.1公顷。地块面积可能直接影响殖民率，因为小地块可能比大地块更难被跳蝶找到。或者，跳蝶可能已殖民小地块，但由于与小种群规模相关的问题，到1991年这些地块中的种群已经灭绝；由于1982—1991年间未对这些地点进行采样，这些地块似乎从未被殖民过。

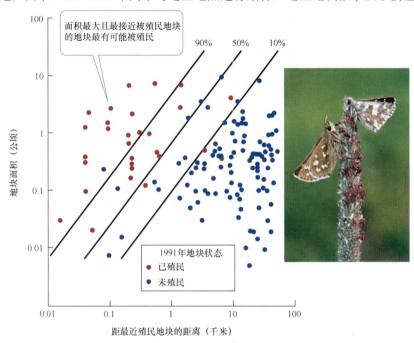

图9.16 跳蝶混合种群的殖民。从1982年到1991年，跳蝶在适宜栖息地的殖民受到地块面积和地块隔离（到最近被殖民地块的距离）的影响。红色或蓝色圆圈代表合适的栖息地，这些栖息地在1982年未被跳蝶分隔开来。直线显示了建立种群机会为90%、50%和10%的地块面积和地块隔离组合

在1982年被占用的地块中，托马斯和琼斯发现，小地块（最有可能是因为小地块往往具有小种群规模）和远离另一个被殖民地块的地块的灭绝机会最高。距离隔离可能影响灭绝的机会，因为靠近被殖民地块的地块可能反复殖民，而这可能增大地块种群并使得灭绝变得不太可能。这种高殖民率保护种群免于灭绝的趋势称为拯救效应。第24章将详细讨论集合种群动态在经历栖息地破碎化的物种保护中的作用。

案例研究回顾：从海带林到海胆贫瘠之地

当海胆大量啃食海带导致海带林被海胆荒地取代时，接下来会发生什么？我们可能认为海胆会饿死，因为它们摧毁了自己的食物来源。然而，实地研究表明，海胆荒地可持续数年之久，因为海胆可以利用除海带外的其他食物来源，包括底栖硅藻、不太受欢迎的藻类（包括覆盖岩石表面的坚硬藻类）和碎屑。当食物极其匮乏时，海胆会降低新陈代谢率，重新吸收其性器官（放弃繁殖但增大存活机会），并直接从海水中吸收溶解的营养物质。

尽管海胆坚韧且富有弹性，但容易受到海獭的捕食。海獭是令人印象深刻的海胆捕食机器。由于海獭的新陈代谢率高，且作为脂肪存储的能量很少，它们每天需要吃掉大量食物。海胆是海獭最喜欢的食物之一，而且由于一些阿留申群岛周围每平方千米有20～30只海獭，海獭有可能消耗大量的海胆。由于这些事实，加上观察到的海胆通常只在没有海獭的地方常见，研究人员怀疑

海獭可能控制着海胆的分布，进而控制着海带林的分布。

为了检验这个假设，埃斯特斯和达金斯比较了阿留申群岛和阿拉斯加南部沿海有海獭和无海獭的地点。他们证实了先前研究的结果，发现长期存在海獭的地点通常有很多的海带和很少的海胆，而没有海獭的地点则有很多的海胆和很少的海带。埃斯特斯和达金斯还收集了研究期间被海獭殖民的地点的数据。在阿拉斯加南部，海獭的到来产生了迅速而显著的影响：两年内，海胆几乎消失，海带密度大幅增加（见图9.17a）。然而，在阿留申群岛，海獭到来后海带的恢复速率较慢（见图9.17b）。在这些地点，海獭吃掉了大部分大型海胆，使得海胆生物量平均下降50%。然而，与阿拉斯加南部不同，新到达的海胆幼体为小型海胆提供了稳定的供应。这些小型海胆减缓了海带林取代海胆荒地的速率。

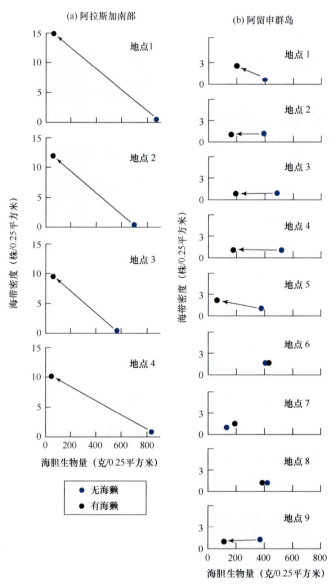

图9.17 **海獭对海胆和海带的影响**。在阿拉斯加南部和阿留申群岛的地点测量的海带密度与海胆生物量在海獭回归之前和之后两年间的关系图。(a)海獭在阿拉斯加南部的4个地点定居两年后，海胆生物量大幅下降，海带密度在所有地点大幅增加；(b)海獭在阿留申群岛的9个地点定居两年后，其中6个地点的海胆生物量下降，但海带仅在两个地点显示出明显的恢复迹象。箭头表示海胆生物量下降及某些地点存在海獭时海带密度增加

历史上，海獭在北太平洋地区非常丰富，但到1900年，它们已被猎杀到濒临灭绝。到1911年，当国际条约保护海獭时，只剩下约1000只海獭——不到早期数量的1%。海獭的散居种群在一些阿留申群岛周围幸存并逐渐增多，导致观察到一些岛屿周围是海带林，而其他岛屿周围是海胆荒地。然而，20世纪90年代，海獭种群突然出现了意想不到的下降。海胆卷土重来，海带密度降低（见图9.18a～d）。于是，问题是20世纪90年代海獭种群下降的原因是什么？

埃斯特斯及其同事认为，海獭种群下降是因为虎鲸（见图9.18e）的捕食增加。目前尚不清楚为什么虎鲸开始吃更多的海獭。一些研究人员认为，这一变化可能是由一系列事件引发的，这些事件始于商业捕鲸将大型鲸类的种群规模降至低水平。根据这一假设，一旦首选猎物（大型鲸类）变得稀有，虎鲸就开始猎杀一系列其他物种（首先是港海豹，然后是毛海豹，再后是海狮），因此这些物种的数量也随之下降。其他研究人员则对商业捕鲸与海豹和海狮数量下降之间的联系表示质疑，认为海豹和海狮种群规模下降有其他原因，如公海鱼类种群减少导致的食物短缺。无论原因是什么，20世纪90年代当港海豹、毛海豹和海狮的种群规模都下降到低水平时，虎鲸首次被观察到攻击海獭。几十年来，人们一直观察到海獭和虎鲸在近距离接触，但在首次已知攻击后的十年内，海獭种群崩溃。

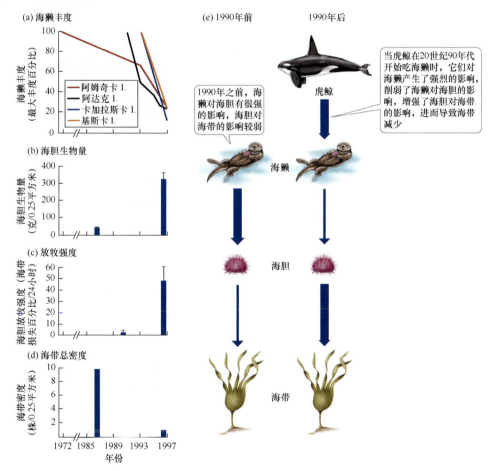

图9.18　虎鲸对海獭的捕食可能导致海带数量下降，进而导致海獭数量下降。(a)与(b)海胆生物量增加；(c)海胆吃海带的强度增加；(d)海带密度降低；(e)这些变化的机制。效应强度由箭头的粗细表示。图(b)和图(c)中的误差条显示的是均值的标准差

气候变化联系：气候变化对物种地理分布的影响

自1950年以来，塔斯马尼亚岛东海岸的水域温度显著升高（见图9.19a）。随着水温的升高，长

棘海胆的分布范围向南扩展（见图9.19b）。这种海胆分布范围的变化与气候变化是根本原因的观点一致：长棘海胆的幼体在低于12℃的水中无法正常发育，而随着这些位置的水温升高到高于这一温度，海胆就迁移到新的区域。

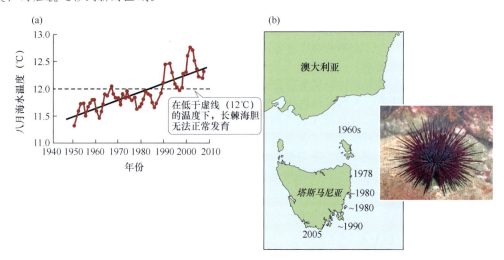

图9.19　气候驱动的范围扩展。8月塔斯马尼亚东海岸的冬季水温，这是长棘海胆(a)后代生产最重要的月份。(b)中的地图显示了在塔斯马尼亚海岸各个地点首次观察到长棘海胆的年份

随着长棘海胆分布范围的扩大，广阔的海胆荒地得以建立，其中所有的海带都被放牧移除。因此，通过影响长棘海胆的地理分布，持续的气候变化似乎对塔斯马尼亚沿海的海带生态系统产生了深远影响。

类似于长棘海胆，数百种其他物种地理分布的变化也与气候变化有关。在一些海洋群落中，由气候变化驱动的分布范围变化促进了温带物种被亚热带或热带物种快速替代，导致了全新群落的形成。在陆地上，北半球的许多物种已将其分布范围的北缘向极带扩展，而南缘的位置则相对稳定。但是，分布范围的变化并不总以这种方式发生，也不一定与持续的气候变化保持同步。

例如，克尔等人发现，67种大黄蜂的地理分布范围在南部迅速消失，而在北部仅缓慢扩张；因此，随着气候变暖，它们的分布范围缩小，一些大黄蜂物种的种群规模也在下降。此外，即使一个或多个物种的分布范围扩张与气候变化保持同步，这种范围的变化也可能对其他物种产生连锁和广泛的影响。此类连锁效应的确切性质可能难以预测，但持续的气候变化将对全球生态系统产生重大影响。

9.6　复习题

1. 描述在研究种群时可能遇到的一些复杂因素。
2. 地球上没有任何一个物种是随处可见的，为什么？
3. 什么是物种分布模型？描述如何用这种模型来预测正在向新地理区域扩散的生物的未来分布。
4. 海獭每天可以吃掉其体重20%～23%的食物。海獭的质量平均为23千克，在有海獭的地方，每平方千米有20～30只海獭。海胆的质量平均为0.55千克。假设海獭只吃海胆，用这些数据估算海獭种群每年每平方千米吃掉的海胆数量。

第10章　种群动态

陷入困境的大海：案例研究

20世纪80年代，栉水母（见图10.1）被引入黑海——最有可能是通过货船排放压舱水引入的。这次入侵的时间点再糟糕不过。当时，由于污水、化肥和工业废物中氮等营养物质的输入增加，黑海生态系统已处于衰退之中。营养物质供应的增加对黑海北部产生了毁灭性影响，那里的水域较浅（不到200米），容易出现富营养化（生态系统中营养物质含量增加）导致的问题。随着这些浅水域中营养物质浓度的增加，浮游植物的数量增加，水体透明度降低，氧气浓度下降，鱼类开始大规模死亡。黑海深处的营养物质浓度也有所上升，导致浮游植物数量增加，但鱼类并未死亡。

当栉水母到达时，情况就是如此。这种海洋无脊椎动物是浮游生物、鱼卵和幼鱼的贪婪捕食者。此外，栉水母即使完全吃饱，也会继续进食，导致吐出大量被黏液裹住的猎物。被黏液裹住的小型猎物存活率很低。因此，栉水母对其猎物的负面影响甚至超过其强大的消化食物的能力。

20世纪80年代初，栉水母进入黑海后，数量逐渐增加。1989年，栉水母种群爆发（见图10.2a），在整个海洋中达到了惊人的生物量水平（1.5～2.0千克/平方米）。据估计，1989年黑海中栉水母的总生物量达到8亿吨（活重），远超全球每年的商业捕鱼量（后者从未超过9500万吨）。

1989年和1990年出现的栉水母加剧了黑海现存问题的影响。栉水母吃掉大量浮游生物，导致后者的种群崩溃（见图10.2b）。浮游生物以浮游植物为食，因此栉水母间接导致浮游植物种群因营养富集而比已增加的数量

图10.1　**强大的入侵者**。栉水母从北美洲东海岸引入黑海，到达后对新生态系统造成了严重破坏

还要多（见图10.2c）。浮游植物和栉水母死亡后，为细菌分解者提供了食物。细菌在分解死亡生物体时使用氧气，因此随着细菌活动的增加，水中的氧气浓度降低，对一些鱼类种群造成了伤害。此外，通过吞噬重要商业鱼类的食物供应（浮游生物）、卵和幼鱼，栉水母导致鱼类捕捞量迅速下降（见图10.2d），给土耳其渔业造成了巨大损失。

营养物质富集和栉水母入侵的综合负面影响对黑海生态系统构成了严重威胁。尽管黑海表面积大（超过42.3万平方千米），但几乎是封闭的，每年与其他海洋水域的水交换量很小。此外，黑海与众不同之处在于其顶部150～200米的水域（约占平均深度的10%）中含氧，这实质上使得整个海域对需要氧气的物种来说都是"浅"的。其有限的水交换和无氧深层水域使得黑海特别容易受到营养富集的影响。

本地黑海捕食者和寄生虫未能控制栉水母的种群。因此，20世纪90年代初期，黑海生态系统的未来显得黯淡。所幸的是，到20世纪90年代末，情况开始好转：栉水母和浮游植物的数量下降，

为黑海的恢复铺平了道路。这是怎么发生的呢?

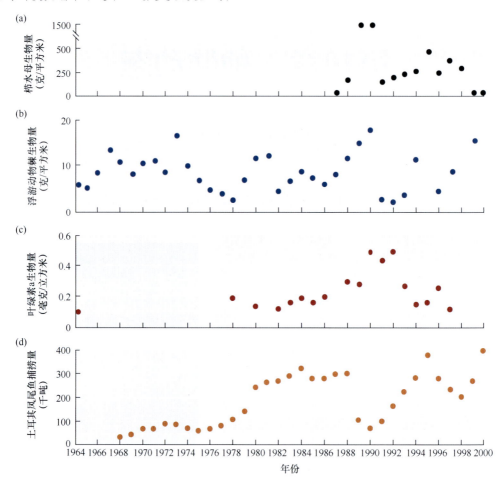

图10.2 黑海生态系统的变化。 上面的图表追踪了黑海生态系统4个组成部分的长期变化。(a)入侵物种栉水母的平均生物量(1987年首次测量);(b)浮游动物的平均生物量;(c)叶绿素a的平均生物量(浮游植物丰度的指标);(d)土耳其凤尾鱼捕捞量

10.1 引言

第9章重点讨论了种群和物种的分布与丰度在不同景观中的变化方式和原因。然而,种群丰度也会随着时间的推移而变化,呈现出不同的**种群增长**模式。无论丰度是在较小的空间尺度上测量(如在河岸的有限区域内发现的植物数量),还是在更大的空间尺度上测量(如在北大西洋发现的鳕鱼数量),情况都是如此。有些种群的丰度在时间和空间上差别不大,有些种群的丰度在时间和空间上则差别很大。

例如,鲁特和卡普奇诺研究了以北美一枝黄花为食的23种昆虫的丰度。他们在纽约州芬格湖区的22个地点(见图10.3)连续6年研究了这些昆虫。这些地点相距不超过75千米;因此,在任何给定的年份,所有地点都经历了大致相同的气候条件。尽管如此,昆虫的丰度会因地点而异,也会因年份而异。对于某些物种,如球状瘿蚊,丰度变化相对较小。6年间,球状瘿蚊的最大丰度在22个地点间变化了6倍,从个体最少的地点每茎0.05只昆虫到个体最多的地点每茎0.3只昆虫。然而,其他物种的最大丰度变化要大得多(高达336倍),如寡食性甲虫,范围从每茎0.03只到每茎10.1只昆虫。总体而言,甲虫种群的丰度在地点和时间上都存在显著差异(见图10.3)。

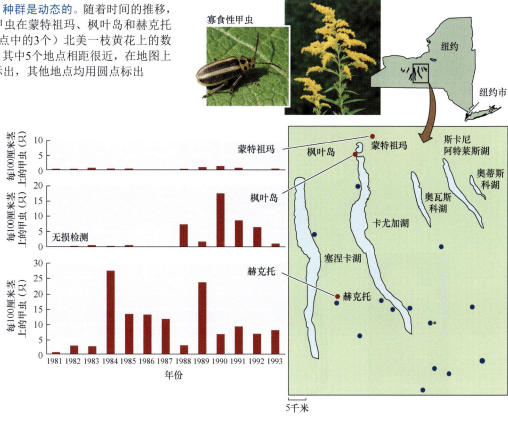

图10.3 **种群是动态的**。随着时间的推移,寡食性甲虫在蒙特祖玛、枫叶岛和赫克托(22个地点中的3个)北美一枝黄花上的数量变化。其中5个地点相距很近,在地图上用星号标出,其他地点均用圆点标出

北美一枝黄花

寡食性甲虫

纽约

纽约市

蒙特祖玛
枫叶岛
蒙特祖玛
斯卡尼阿特莱斯湖
奥蒂斯科湖
枫叶岛
奥瓦斯科湖
卡尤加湖
无损检测
塞涅卡湖
赫克托
赫克托

5千米

每100厘米茎上的甲虫(只)

年份

生态学家常用"种群动态"一词指种群规模随时间变化的方式。本章详细介绍种群动态,重点介绍种群增长模式和小规模种群灭绝的风险。第11章将使用定量模型模拟种群增长模式。下面通过调查自然界中种群增长的模式来讨论种群动态。

10.2　种群增长模式

大多数种群增长模式可归纳为4种主要类型:指数增长、逻辑斯蒂增长、种群规模波动和规则种群周期(波动的一种特殊类型)。然而,单一种群在不同时期可能经历这四种类型之一的增长。例如,如后所述,一个种群可能以逻辑斯蒂方式增长,但会围绕逻辑斯蒂增长预期值波动。

10.2.1　条件有利时发生指数增长

许多生物(如巨型马勃菌和沙漠灌木)会产生大量的后代。在这种情况下,若这些后代中哪怕是一小部分能够生存并繁殖,则种群规模也会迅速扩大,显示出指数增长或J形增长模式。指数增长发生在增长率随当前个体数量成比例增加(或减少)的情况下。指数增长不能无限期地持续下去,但在条件有利时,种群可在有限时间内呈指数增长。这样的指数增长时期可能出现在物种已建立的地理范围内,如当连续几年天气良好时;也可能出现在物种到达新的地理区域时,无论是自行扩散还是借助人类的帮助。牛背鹭亚种(见图10.4a)的扩散如何导致指数增长提供了一个例子。这些鸟类最初生活在地中海地区及非洲中部和南部的部分地区。然而,自19世纪末和20世纪初以来,它们自行殖民了新区域,包括南美洲和北美洲。典型情况下,当该亚种到达新区域后,其种群在适应新栖息地的过程中会呈指数增长(见图10.4b)。例如,20世纪90年代牛背鹭在旧金山湾区定居后,其种群在那里以指数方式增长了十多年。与牛背鹭一样,成功独立殖民新地理区域

的物种是通过长距离事件实现的。新区域的局部种群规模随后增大，通常呈指数增长，同时通过相对较短距离的扩散事件殖民附近适宜的栖息地。

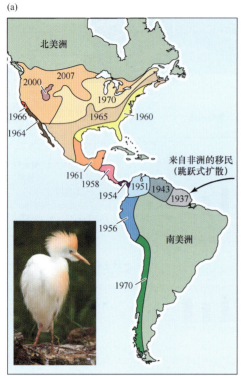

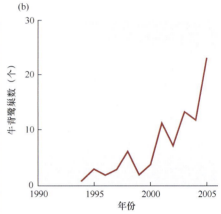

图 10.4　殖民新世界。(a)牛背鹭亚种在 19 世纪后期从非洲扩散到南美洲。一旦其在南美洲的东北部地区建立殖民地，就会迅速扩散到南美洲和北美洲的其他地区。等高线和日期显示了不同时间牛背鹭活动范围的边缘；(b)每年在旧金山湾区湿地内观察到的牛背鹭巢数

10.2.2　在逻辑斯蒂增长中，种群接近平衡状态

有些种群似乎达到了相对稳定的种群规模或平衡状态，随时间的推移变化不大。出现这种情况时，个体数量首先增加，然后在似乎可维持的最大种群规模附近波动，波动幅度相对较小。这种种群呈现出第二种种群增长模式，即逻辑斯蒂增长。逻辑斯蒂增长模式是指个体数量起初迅速增加，而当种群规模达到承载能力或环境可无限支持的最大种群规模时，种群规模趋于稳定。典型的逻辑斯蒂增长曲线呈S形。

除了少数例外，种群增长并不完全符合逻辑斯蒂增长的预测。例如，塔斯马尼亚绵羊数量随时间变化的曲线（见图10.5）仅大致类似于S形的逻辑斯蒂曲线。

10.2.3　所有种群规模都在波动

塔斯马尼亚绵羊种群的另一个特征在所有种群中都能看到：它们的大小随时间涨落，展示了第三种最常见的种群增长模式，即种群规模波动。在某些种群中，波动表现为数量相对

图10.5　种群增长大致类似于逻辑斯蒂曲线。少数物种的种群增长与逻辑斯蒂曲线非常相似。更常见的情况是，一个物种显示出一种增长模式（数量增加，随后种群规模大致稳定），其中与逻辑曲线的匹配较差

于整体均值的不规则增减（见图10.6）。在其他种群中，波动表现为偏离种群增长模式，如指数增长或逻辑斯蒂增长。例如，若一个种群的增长完全匹配逻辑斯蒂曲线，则该种群就不会被认为存在波动。然而，若种群规模高于或低于指数增长（如牛背鹭）和逻辑斯蒂增长（如塔斯马尼亚绵羊）预期的数量，则该种群就会被认为存在波动。

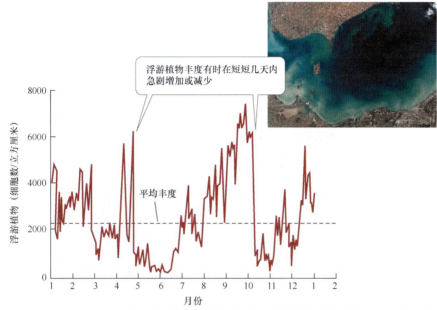

图10.6 种群规模波动。1962年从伊利湖采集的水样中浮游植物丰度的变化，显示波动高于和低于2250个细胞/立方厘米的总体平均丰度。插图显示了2011年10月湖中的浮游植物数量迅速增加

在某些情况下，种群规模波动相对较小。在其他情况下，种群在特定时间内的个体数量会激增，导致**种群爆发**（见图10.7）。如图10.2a所示，栉水母在黑海的两年爆发期间生物量增加了1000倍。随时间快速变化的种群规模在许多陆地系统中也被观察到，尤其是在昆虫。德国一片松林中从1882年到1940年收集的边纹白蛾的普查数据显示，爆发期间的密度最高可达最低观测密度的3万倍。这样的爆发会产生广泛的生态影响。例如，自2000年以来，山松甲虫的持续爆发已在加拿大不列颠哥伦比亚省的1810万公顷土地上杀死了数亿棵树（见图10.8）。这些树的死亡改变了受影响森林的物种组成。此外，随着枯死树木的腐烂，估计每年约有1760万吨二氧化碳释放到了大气中。

图10.7 种群规模可能激增。当条件有利时，可能发生种群爆发，其中个体数量迅速增加

图10.8 昆虫爆发的后果。鸟瞰图显示了加拿大不列颠哥伦比亚省山松甲虫爆发导致的黑松树红叶

许多不同的因素会导致种群规模波动。20世纪80年代早期黑海浮游动物数量的增加可能是因

为它们的食物（浮游植物）数量增加（见图10.2）。1991年，浮游动物数量骤降，可能是因为前两年其捕食者栉水母数量的惊人增加。图10.6中显示的伊利湖浮游植物数量的快速变化可能反映了包括营养供应、温度和捕食者数量在内的广泛环境因素的变化。

分析影响种群规模波动的因素也有助于识别疾病暴发的关键因素。1993年，美国西南部四角地的数十人出现了类似流感的症状和呼吸急促，其中60%的人在发病几天内死亡。之前从未见过这种症状组合。一种致命的未知疾病似乎正在爆发，且没有治愈方法或成功的治疗手段。

美国疾病控制中心（CDC）迅速确定病原体是鹿鼠携带的新型汉坦病毒。为了更多地了解这种新疾病［现称汉坦病毒肺综合征（HPS）］，CDC联系了在西南部研究鼠类种群的生态学家。对1979年至1992年间收集的鹿鼠样本的检查显示，该病毒在疫情暴发前10多年就已存在于该地区。那么，为什么HPS疫情是在1993年而不是在之前爆发呢？

为了解决这个问题，生态学家利用了自1989年起在附近的塞维利亚国家野生动物保护区收集的鹿鼠种群规模数据。这些数据显示，几种鹿鼠的数量在1992年至1993年间增加了3～20倍。接着，使用一系列卫星图像开发了一个指标，以显示不同时间可供鹿鼠作为食物的植物量。将该指标与降水数据比较后，表明1991年9月至1992年5月异常高的降水量导致了1992年春季植物生长的增强（见图10.9）。反过来，植物生长的增强产生了丰富的鼠类食物（种子、浆果、绿色植物物质、节肢动物），使鹿鼠种群到1993年得以扩大。

啮齿动物会在尿液、粪便和唾液中传播汉坦病毒；因此，鹿鼠数量的增加导致鹿鼠与人类接触机会的增加，被视为1993年疫情暴发的原因。人类面临的实际风险因地点不同而有很大的差异，且取决于栖息地类型（影响老鼠的移动）、小气候（如在干旱地区，附近地区的降水量往往大不相同）和当地食物的丰度等因素。总体而言，我们现在对汉坦病毒的了解足以预测人类面临风险增加的时期，但对这些因素是否会在鹿鼠和汉坦病毒疾病中形成可预测的种群周期，我们还有更多的问题需要了解。下面介绍生态学家对产生种群周期的重要因素的了解。

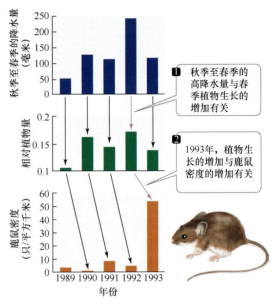

图10.9　从雨水到植物再到老鼠。1993年美国西南部爆发的汉坦病毒肺综合征可能是由一系列相互关联的事件引起的

10.2.4　一些物种表现出种群周期

种群增长的第四种模式是**种群周期**，即在恒定（或几乎恒定）的时间间隔后，出现高丰度和低丰度的交替时期。在旅鼠和田鼠等小型啮齿类动物的种群中，人们就观察到了这种有规律的周期，它们的数量通常每隔3～5年就达到一个峰值（见图10.10）。

种群周期是自然界中观察到的最有趣的模式之一。是什么因素使得数量随时间大幅波动却又保持着高度的规律性？这个问题的可能答案既包括内部因素（如荷尔蒙或行为变化对拥挤的反应），又包括外部因素（如天气、食物供应或捕食者）。吉尔格等人结合实地观察和数学模型，认为格陵兰岛旅鼠数量的4年周期是由捕食者驱动的，其中一种捕食者是专门吃旅鼠的白鼬（见图10.10）。其他研究人员认为，挪威旅鼠的周期是由旅鼠与其食物（植物）之间的相互作用造成的。同样，一些研究也认为捕食者是斯堪的纳维亚田鼠周期背后的驱动力，但格拉汉姆和兰宾在一项大规模的野外试验中表明，清除捕食者对英格兰的田鼠周期没有影响。如这些捕食-被捕食的结果和其他结果（见图12.2中的猞猁和雪鞋兔）所表明的那样，小型啮齿动物种群周期的普遍原因尚未出现。相反，驱动种群周期的生态机制可能因地而异，因物种而异——导致两栖动物数量下降的因素也是如此。

气候变化联系：种群周期崩溃与气候变化

最近的证据表明，如果关键环境条件发生变化，那么种群周期可能完全停止。例如，旅鼠（包括图10.10中所示的周期）、田鼠及几个食草昆虫种群在一些高纬度和高海拔地区的波动已经减弱或完全停止。

哪些因素会导致种群周期崩溃？一些证据指向气候变化可能是原因之一。例如，旅鼠会在地面温暖而融化薄薄的雪层时繁盛，因为这时会在雪层与地面之间留下间隙。在某些地区，冬季温度升高导致雪层融化后又重新冻结，阻止了这些间隙的形成。如吉尔格等人讨论的那样，间隙短缺使得旅鼠觅食更加困难，并使得它们容易被捕食者捕捉。由于捕食增加抑制了旅鼠的丰度，这些变化可能阻止了旅鼠数量每隔3～4年的大幅增加，进而终止了之前观察到的种群周期（见图10.10）。

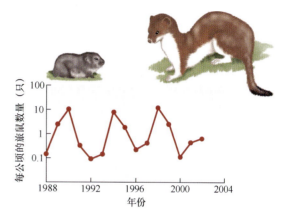

图10.10　种群周期。在格陵兰岛北部，旅鼠（左）的数量每4年上升和下降一次。在这个地方，种群周期似乎是由捕食者驱动的，其中最重要的是白鼬（右）。在其他地区，旅鼠的数量周期可能是由食物供应驱动的

气候变暖也可能促成了欧洲各地及不同种类田鼠种群周期的崩溃。这一假设是合理的，因为温度已经上升，气候变暖可能影响欧洲不同物种的种群。然而，尽管区域变暖，芬兰某些地区的田鼠周期仍在继续，表明气候变化的影响可能取决于物种或驱动周期的具体机制。此外，种群周期的崩溃也可能由气候变化之外的因素造成。例如，奥尔施塔特等人得出结论：加拿大吉卜赛蛾种群近期周期的崩溃是由病原体的攻击而非气候变化导致的。

10.3　延迟密度依赖

尽管表现出规律性种群循环的种群规模相对较少，但是所有种群的数量都会在一定程度上发生波动。如前所述，这种波动可能由多种因素造成，包括食物供应、温度或捕食者数量的变化。种群规模波动也可能由延迟密度依赖引起。

10.3.1　种群密度的影响往往随着时间的推移而延迟

延迟或滞后是自然界中相互作用的一个重要特征。例如，当捕食者或寄生虫进食时，它们不会立即产生后代；因此，食物供应对出生率的影响存在一个固有的延迟。于是，在给定的时段内，出生的个体数量通常受到几个时间段前的种群密度或其他条件的影响，导致所谓的延迟密度依赖（密度对种群规模的影响延迟）。

延迟密度依赖是如何导致种群规模波动的？考虑一个捕食者种群，其繁殖速度比猎物的慢。若最初捕食者很少，则猎物种群规模可能迅速增大。因此，捕食者种群规模也可能增大，达到一个有许多成年捕食者存活良好并产生大量后代的程度。然而，若由此产生的大量捕食者吃掉很多猎物，导致猎物种群规模急剧减小，则下一代捕食者可能很少有猎物可吃。在这种情况下，由于捕食者数量对猎物数量的响应存在延迟，捕食者和猎物数量之间会出现不匹配（捕食者数量多，猎物数量少）。当这种不匹配发生时，捕食者可能存活或繁殖不良，导致其数量下降。若猎物数量

随后增加（因为现在捕食者较少），则捕食者数量可能首先反弹，然后因为固有的延迟而再次下降。因此，原则上，捕食者对猎物密度的响应延迟似乎会导致捕食者数量随时间波动。

10.3.2　延迟密度依赖使得丽蝇种群发生周期性变化

20世纪50年代，尼科尔森对丽蝇的密度依赖进行了一系列开创性的实验。这些昆虫既是分解者又是寄生虫，且以死动物为食，但也攻击包括哺乳动物和鸟类在内的活宿主。尼科尔森研究的是丽蝇——绵羊的重要农业害虫。在产卵之前，雌性丽蝇需要蛋白质食物（通常从动物粪便或尸体中获取）。一旦吃饱，雌虫就会将卵产在羊尾附近或者开放性伤口或溃疡附近，攻击活羊。白色蛆从卵中孵化出来，并以附着在皮肤上的粪便或裸露的肉为食。随着进食的进行，小蛆的体形越来越大，也越来越贪婪。到了一定程度，蛆会钻进绵羊体内，以羊的内部组织为食，造成严重病变，有时甚至导致绵羊死亡。死亡可能由蛆直接造成，也可能由病变传播的感染造成。丽蝇的整个生命周期（从卵到卵）可在短短的7天内完成。

在几个实验中，尼科尔森研究了延迟密度依赖对丽蝇种群动态的影响。在前两次实验中，尼科尔森为成年丽蝇提供了无限的食物（磨碎的肝脏），但将蛆的食物限制为每天50克。由于成年丽蝇的食物充足，每只雌性都能产下许多卵。因此，当成年丽蝇的数量很多时，就会产生大量的卵。然而，当这些卵孵化时，由于食物不足，大多数或所有蛆在成年之前都会死亡（见图10.11a）。于是，产生的成年丽蝇很少，成年种群达到峰值后总会下降。最终，种群中的成年丽蝇数量会低到它们产生少量卵就能产生新一代成年丽蝇的程度。一旦发生这种情况，成年丽蝇的数量就会再次开始上升，然后崩溃，重复上述周期。

尼科尔森认为，在这项实验中，延迟密度依赖导致成年丽蝇数量反复上升和下降。他的推理是，由于成年丽蝇的食物无限，高成年密度的负面影响直到后来（蛆孵化并开始进食时）才被感受到。为了验证这个想法，尼科尔森进行了第二次实验，他通过为成年丽蝇和蛆提供有限数量的食物来消除一些延迟密度依赖的影响。当他这样做时，成年种群规模不再反复上升和崩溃。相反，成年数量增加，然后围绕约4000只丽蝇的均值波动（见图10.11b）。综合来看，图10.11所示的结果表明，延迟密度依赖可能在导致某些种群中观察到的显著波动中发挥作用。

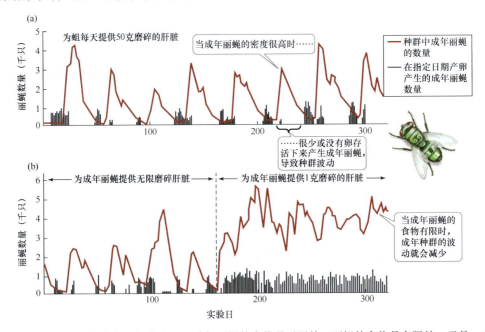

图10.11　尼科尔森的丽蝇实验。(a)成年丽蝇的食物是无限的，而蛆的食物是有限的。于是，在成年丽蝇数量最多的时期产下的卵很少，因为从这些卵孵化出来的许多蛆没有足够的食物；(b)实验条件与(a)相同，直到实验进行到约一半（由垂直虚线表示）时，成年丽蝇的食物供应也受到限制

延迟密度依赖和其他因素可能导致种群规模波动，因为它们可能导致个体的生长、存活或繁殖随时间变化，而这反过来又可能导致种群增长率从一个时期到下一个时期显著变化。下面介绍这种波动是如何影响种群灭绝的风险的。

10.4　种群灭绝

许多不同的因素都可能导致种群灭绝，包括环境变化、生物相互作用和人为事件。假设有一个鱼类种群定居在一个临时池塘中（形成于雨季，但在一年中的其他时间完全干涸）。鱼群可能苗壮成长一段时间，但随着水位下降，它们的命运也就注定。本节介绍种群规模的波动和大小对灭绝风险的影响。

10.4.1　种群规模波动增加灭绝的风险

想象一个种群规模随着时间的推移而不断增加。若种群规模随着时间的推移波动很小，则在大多数年份中种群规模将继续增加。在这种情况下，种群几乎不会面临灭绝的风险。然而，环境条件的随机变化可能导致种群规模每年都发生很大变化。这种波动会产生什么影响？

为了展示种群规模波动时会发生什么，我们对3个随机波动的种群进行了计算机模拟。查看图10.12发现，其中两个种群已从低数量中恢复，但有一个种群灭绝。这些结果支持我们的常识：波动增加了灭绝的风险。部分原因是，对于给定的平均种群规模，大小波动的种群比不波动的种群显示出较慢的增长率。分析数据10.1从数学上探讨了种群增长率的变化是如何影响种群规模的。这种种群增长的放缓增加了种群灭绝的风险，如图10.12所示。

第二个（相关的）因素是种群增长率随时间波动的程度。如果种群增长率的变异性很高，种群灭绝的机会就会增大。核心信息是，当多变的环境条件增加种群增长率随时间波动的程度时，灭绝的风险随之增加。然而，这种效应取决于种群规模：小规模种群的风险特别大。

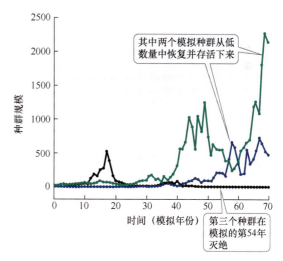

图10.12　**波动导致小规模种群灭绝**。3个种群的模拟增长，其中种群增长率每年随机变化。这种随时间的变化旨在模拟环境条件的随机变化。每个模拟种群从 10 个个体开始，但以不同的种群规模结束，包括一个已灭绝的种群

10.4.2　小规模种群与大规模种群相比面临更大的灭绝风险

种群规模对其灭绝风险有着强烈影响。例如，琼斯和戴蒙德研究了加州海岸外海峡群岛上鸟类种群的灭绝情况。结合已发表文章的数据、博物馆记录、未发表的实地观察及自身的实地工作，他们认为种群规模对灭绝率有着强烈的影响（见图10.13）。他们发现，少于10个繁殖对的种群中有39%灭绝，而在超过1000个繁殖对的种群中未观察到任何灭绝。皮姆等人的类似工作表明，小规模种群会迅速灭绝：在英国海岸外的岛屿上，有两个或更少筑巢对的鸟类种群的平均灭绝时间为1.6年，而有5～12个筑巢对的种群平均灭绝时间为7.5年。

这些关于鸟类的发现在其他生物群体中也得到了证实，包括哺乳动物、蜥蜴和昆虫。总体而言，实地数据表明，当种群较小时，灭绝风险大大增加。是什么因素使小规模种群面临风险？

当种群规模较小时，它们会减小所谓的有效种群规模，即有能力为下一代贡献后代的个体数

量。有效种群规模的减小可能导致灭绝旋涡，即较小的种群规模导致种群规模的进一步下降，最终导致灭绝（见图10.14）。有效种群规模如何随时间下降？三个主要因素使小规模种群面临灭绝风险：遗传因素、种群规模因素和环境因素。

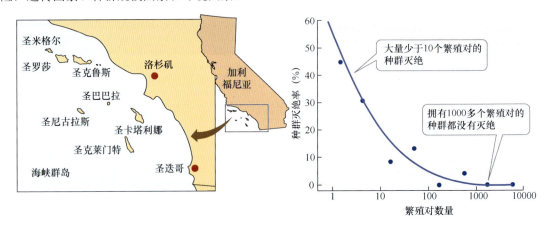

图10.13 **小规模种群灭绝**。在海峡群岛的鸟类种群中，随着种群中繁殖对数量的增加，种群灭绝北迅速下降

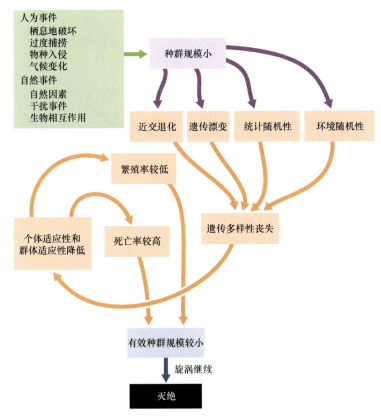

图10.14 **灭绝旋涡**。人为和自然事件会减小物种的有效种群规模，导致遗传多样性的丧失，最终导致种群和物种层面的灭绝

遗传因素带来的风险 小规模种群可能遇到与遗传漂变和近亲繁殖衰退相关的问题，这两个过程会减少遗传多样性、个体适应性和种群的适应能力（见图10.14）。**遗传漂变**是指偶然事件影响哪些等位基因传递给下一代的过程。遗传漂变可通过多种方式发生，包括决定个体是否繁殖或死

亡的偶然事件。例如，想象一头大象穿过一片由10棵小植物组成的种群，其中50%开着白花（aa基因型），50%开着红花（AA基因型）。若大象偶然踩倒更多的红花植株而非白花植株，则仅凭偶然，下一代中a等位基因的副本数就比A等位基因的多。这种情景只是遗传漂变如何随机导致等位基因频率在世代间变化的众多可能例子之一。

分析数据10.1　种群增长率的变化如何影响种群规模？

在自然种群中，年际种群增长率的估计从来都不是恒定的——至少每年都有轻微的变动。种群增长率的变化如何影响随后的种群规模？为了探究这一点，下面比较增长率保持恒定的种群与增长率随时间变化但均值相同的种群。附表提供了增长率逐年变化且均值为1.02时，不同时间的种群规模。

1. 利用方程填写表中缺失的5个种群增长率（λ）：

$$\lambda = N_{t+1}/N_t$$

式中，N_t是时间t的种群规模。例如，第0年的种群规模（N_0）为1000；一年后的种群规模为$N_1 = 820$。因此，第一个λ的估计值（表示从时间0到时间1时种群规模的变化）为$N_1/N_0 = 820/1000 = 0.82$。计算缺失的$\lambda$值，每个估计值四舍五入到小数点后两位。检查7个$\lambda$值的均值（算术平均值）是否等于1.02。如果不等于，请重新计算。

年份(t)	种群规模(N_t)	年增长率(λ)
0	1000	0.82
1	820	0.91
2	746	?
3	910	?
4	792	?
5	927	?
6	946	?
7	1069	N/A

2. 使用式（11.2）计算固定增长率为$\lambda = 1.02$且初始大小为1000（$N_0 = 1000$）的种群在$t = 7$年后有多大。将答案与表中第7年的值进行比较。λ的逐年变化如何影响随后的种群规模？

3. 对于像种群增长这样的乘法过程，另一种选择是使用几何平均值代替算术平均值。计算表中7个年际λ值的几何平均值。

4. 使用第2问中得到的几何平均值，计算初始大小为1000的种群在7年后为多大。将答案与表中的数据及第1问的结果进行比较。

5. 你是否同意陈述"在变化的环境中，使用年际λ值的算术平均值来描述种群增长是错误的，而应使用几何平均值"？给出理由。

遗传漂变对大规模种群影响不大，但在小规模种群中，随着时间的推移，它可能导致遗传变异丧失。例如，若遗传漂变导致每代中两个等位基因（如A和a）随机改变频率，则其中一个等位基因的频率最终可能增至100%（固定），而另一个等位基因则消失。遗传漂变可迅速减少小规模种群的遗传变异：例如，经过十代后，约40%的原始遗传变异在一个有着10个个体的种群中丧失，而在只有两个个体的种群中，则有95%的遗传变异丧失。

此外，小规模种群中近亲繁殖的频率很高。在小规模种群中，近亲繁殖很常见，因为小规模种群经过几代后，种群中的大多数个体彼此间都有着密切的血缘关系。近亲繁殖倾向于增大纯合子的频率，包括那些拥有两个有害等位基因副本的个体。因此，就像遗传漂变那样，近亲繁殖衰退会导致遗传多样性的丧失，降低个体适合度，进而降低种群增长率。

遗传漂变和近亲繁殖衰退的负面影响似乎降低了在坦桑尼亚恩戈罗恩戈罗火山口内生活的雄狮的生育能力（见图10.15）。从1957年到1961年，火山口内生活着60～75头狮子，但在1962年，一次非同寻常的吸血蝇爆发导致除9头雌性和1头雄性外的所有狮子死亡。从1964年至1965年，7头雄狮迁入火山口，但自那以后再无"移民"。自1962年的崩溃以来，种群规模有所增大。例如，从1975年到1990年，种群规模的波动范围为75～125头。然而，遗传分析显示，所有这些个体都是15头狮子的后代。在15头狮子的种群中，遗传漂变和近亲繁殖衰退有着强大的影响。这些影响似乎是火山口种群遗传变异较少且精子异常更为频繁，而邻近塞伦盖蒂平原上的大型狮子种群则不然的原因。在这种情况下，情况并非一定不可逆转：在某些情况下，因遗传漂变和近亲繁殖而衰落的种群通过引入少量来自其他遗传多样性更高的种群的个体而被挽救。

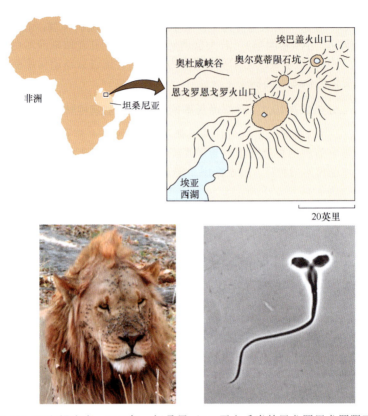

图10.15　**吸血蝇瘟疫**。1962年，坦桑尼亚260平方千米的恩戈罗恩戈罗陨石坑中的狮子种群几乎被灾难性的吸血蝇爆发而灭绝。狮子被感染，最终因无法捕猎而死亡。在少数幸存者的后裔群体中，遗传漂变和近亲繁殖导致精子异常

　　种群规模因素带来的风险　　小规模种群中遗传多样性丧失并导致其最终灭绝的第二个重要因素是种群规模随机性，或者是偶然差异导致的种群规模波动（见图10.14）。例如，对个体来说，生存和繁殖是全有或全无的事件：个体要么生存，要么不生存；要么繁殖，要么不繁殖。在种群层面上，我们可将这种全有或全无的事件转化为生存或繁殖发生的概率。例如，若一个种群的100个个体中有70个个体从这一年存活到下一年，则（平均而言）种群中的每个个体存活的概率均为70%。

　　相比之下，当种群较大时，因地理随机性而导致种群灭绝的风险很小，根本原因与概率法则有关。例如，若抛掷一枚硬币3次，则出现正面的概率要比抛掷300次相同硬币的大得多。同样，当我们考虑个体的种群命运时，会发现在小规模种群中偶然事件导致繁殖失败或存活率低下的概率要比在大规模种群中高得多。若种群中的每个个体产生0个后代的概率均为33%，且种群中有两个个体，则不能产生后代的概率为11%（$0.33 \times 0.33 = 0.33^2 = 0.11$），导致种群在一代内灭绝。虽然种群规模随机性可能导致一个30个个体的种群规模波动（也许会导致种群最终灭绝），但基本上没有机会（0.33^{30}）导致种群在一代内灭绝。

　　种群规模随机性也是导致小规模种群经历阿利效应的几个因素之一。当种群增长率随着种群密度的降低而降低时，就会发生阿利效应，这可能是由于个体在低种群密度下难以找到配偶（见图10.16）。这种现象与通常的假设相反，即随着种群密度的降低，种群增长率往往增加。阿利效应对小规模种群来说可能是灾难性的。若种群规模随机性或任何其他因素导致种群规模减小，则阿利效应会导致种群增长率下降，进而使种群规模进一步减小，以螺旋下降的方式走向灭绝。

　　然而，在一小部分种群中，种群规模随机性可能导致的结果与这些平均值导致的预期不同。考虑一个由10个个体组成的种群，以往的数据表明，平均而言，每个个体从这一年存活到下一年的概率为70%。然而，许多偶然事件（如某个个体是否被倒下的树砸中）会导致实际个体存活的概

率高于或低于70%。例如，若10个个体中有6个经历了"厄运"而死于偶然事件，则观察到的存活概率（40%）将远低于预期的70%。通过这种方式影响个体的存活和繁殖，种群规模随机性会导致一个小规模种群随着时间的推移而波动。在某一年，种群规模可能增大，而在下一年种群规模可能减小，甚至导致种群灭绝。

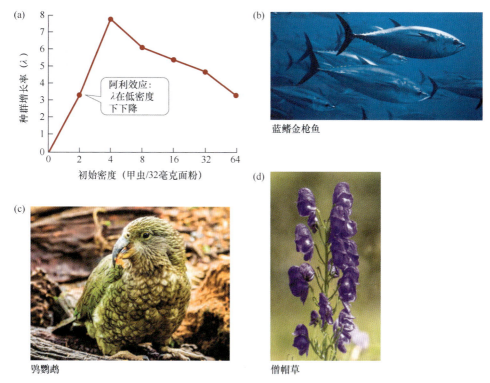

(a) 种群增长率（λ）
初始密度（甲虫/32毫克面粉）
阿利效应：λ在低密度下下降

(b) 蓝鳍金枪鱼

(c) 鸮鹦鹉

(d) 僧帽草

图10.16　阿利效应威胁到小规模种群。 当一个种群的增长率随着种群密度的降低而降低时，就出现阿利效应。(a)在面粉甲虫的实验中，种群增长率在初始密度时达到最低点。阿利效应在一些动物中可能很重要，如(b)蓝鳍金枪鱼，它们组成鱼群，在种群规模较小时，其保护或预警系统的功能较差。当种群密度较低时，阿利效应也很重要；这样的物种很多，包括(c)鸮鹦鹉和(d)僧帽草

环境变化带来的风险　最后，环境随机性会导致遗传多样性下降，最终导致小规模种群灭绝（见图10.14）。环境随机性是指环境中不稳定或不可预测的变化。在上述模拟中（见图10.12），我们看到：①导致种群增长率波动的环境条件变化会导致种群规模波动，进而增加灭绝的风险；②当种群较小时，这种环境变异更可能导致灭绝。许多物种面临着环境随机性的风险。例如，黄石国家公园雌性灰熊的种群普查数据显示，平均种群增长率逐年变化。尽管种群倾向于增长，但使用数学模型的研究人员发现，环境条件的随机变化可能使黄石灰熊种群面临高灭绝风险，尤其是当种群规模从1997年的99只雌性下降到40只或更少时（见图10.17）。

环境随机性与种群规模随机性有着根本的不同。环境随机性是指种群平均出生率或死亡率从一年到下一年的变化。这些逐年变化反映了这样一个事实，即环境条件随时间变化，影响种群中的所有个体：有时有好年景，有时有坏年景。在种群规模随机性中，不同年份的平均（种群水平）出生率和死亡率可能是一致的，但个体的实际命运却各不相同，因为个体的繁殖与否、存活与否都具有随机性。

种群还面临着洪水、火灾、风暴、疾病暴发或天敌暴发等极端环境事件的风险。尽管这些自然灾害很少发生，但它们可以消除或大幅度减小原本看似足够大但灭绝风险很小的种群规模。例如，疾病暴发导致海胆（某些种群中高达98%的个体）和贝加尔海豹（杀死约3000只海豹中的2500

只）大量死亡。

环境随机性在松鸡灭绝中也发挥了关键作用。这种鸟曾经在从弗吉尼亚州到新英格兰地区广泛分布。到1908年，狩猎和栖息地破坏使其种群规模减少到50只，全部生活在马莎葡萄园岛上，那里为保护它们建立了一个1600英亩的保护区。最初，种群蓬勃发展，到1915年增长到2000只。2000只的种群规模看起来几乎"刀枪不入"，不受威胁小规模种群的问题影响，包括遗传漂变和近亲繁殖、种群规模随机性和环境随机性。然而，从1916年到1920年，一系列灾难接踵而至，包括大火摧毁了许多巢穴、异常寒冷的天气、疾病暴发以及鹰雕（松鸡的捕食者）数量激增。由于这些事件的共同影响，到1920年松鸡的数量减少到50只，且再也没有恢复。最后一只松鸡于1932年死亡。事后我们可以看出，1915年的松鸡之所以脆弱，是因为它们都生活在单一的种群中。更典型的是，一个物种的个体存在于集合种群中，这些集合种群通常被不适合的栖息地相互隔离。

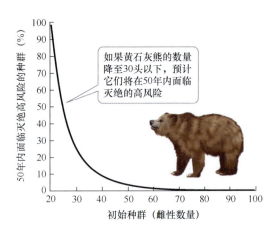

图10.17　环境随机性和种群规模。 图中比较了黄石灰熊种群在50年内接近灭绝的风险与种群规模（雌性数量）。通过研究连续39年的种群普查数据，研究人员发现，如果黄石灰熊的平均种群增长率保持逐年不变，那么可能导致爆炸性增长。当环境条件的随机变化使种群规模减少到40只或更少时，灭绝的风险急剧增加

案例研究回顾：陷入困境的大海

20世纪80年代末和90年代初，黑海生态环境受到富营养化和栉水母入侵的双重影响，情况十分严峻。虽然栉水母的数量在1991年急剧下降，但从1992年到1995年，它们的数量又稳步上升，随后几年一直居高不下——每平方米约250克，这意味着整个黑海的栉水母质量超过1.15亿吨。但到了1999年，情况发生了变化：黑海出现了复苏的迹象。

实际上，为黑海复苏创造条件的事件早在第一次栉水母肆虐之前就开始了。20世纪80年代中后期，黑海的营养物增量开始趋于平稳。从1991年到1997年，可能由于苏联经济困难，加上国家和国际社会努力减少营养物质的输入，营养物质的输入量有所下降。这种减少迅速产生了效果：

1992年后，黑海的磷酸盐浓度下降，浮游植物生物量开始下降，水体透明度增大，浮游动物数量增加。然而，从1995年到1998年栉水母的高生物量和鳀鱼渔获量的下降可以看出，栉水母仍然构成威胁。当科学家和政府官员正准备对抗来自栉水母的威胁时，问题却因另一种水母——食肉性水母（见图10.18）的到来而意外解决（见图10.18）。

食肉性水母于1997年抵达。和栉水母一样，食肉性水母可能也是通过大西洋船舶的压载水进入黑海的。食肉性水母几乎专门以栉水母为食。它是非常高效的捕食者，在到达后的两年内，栉水母的数量就急剧下降。在栉水母数量急剧下降后，黑海的食肉水母种群也崩溃了，原因可能是它依赖栉水母为食。栉水母的减少导致了浮游动物数量（从1994年到1996年再次下降）的反弹，以及几种本地水母种群规模的增大。此外，在栉

图10.18　入侵者与入侵者。 捕食者食肉性水母控制了栉水母，有助于黑海生态系统的恢复

水母种群崩溃后，鳀鱼捕捞量和鳀鱼卵密度的实地计数也有所增加。总体而言，栉水母数量的减少有助于改善黑海生态系统的状况，包括人们赖以生存和收入的渔业。

10.5 复习题

1. 描述可能导致自然种群对种群密度变化反应延迟的因素，这种延迟如何影响种群丰度随时间的变化？
2. 总结随机事件如何威胁小规模种群。
3. 一个种群由4个不相关的个体组成——两个雌性（F1和F2）和两个雄性（m1和m2）。个体只活一年，且只交配一次，每次交配产生两个后代（一个雌性和一个雄性），且个体尽可能避免与近亲交配。**a.** 从作为亲代的个体F1、F2、m1和m2开始，前两代的后代的亲代是否可以互不相关？**b.** 若第二代的后代成为亲代，则在第三代亲代中有多少交配可能发生在没有血缘关系的个体之间？

第11章 种群增长与调节

人口增长：案例研究

从太空看，地球在浩瀚的黑色海洋中呈现为一个美丽的蓝白色球体。若用卫星图像详细地探索这个美丽球体的表面，就会发现全球范围内人类影响的明显迹象。这些迹象范围广泛，从森林的砍伐到农田的类似拼图，再到亚马孙地区和其他地区失控火灾的诡异红光（见图11.1）。

人类对全球环境产生巨大影响的根本原因有两个：人口的爆炸式增长以及人类对能源和资源的使用。2019年，全球人口突破77亿大关，是1960年30亿的2倍多（见图11.2）。人类对能源和资源的使用增长得更快。例如，从1860年到1991年，人口增加了4倍，但能源消耗却增加了93倍。

自1960年以来，人口增加了40多亿，这令人瞩目。数千年来，全球人口增长相对缓慢，直到1825年才首次达到10亿。达到10亿人口的时间让我们对目前的人口增长有了认识：人类用了约20万年（从物种起源到1825年）才达到第一个10亿人口，但现在每13年就增加10亿人口。人口是什么时候从相对缓慢的增长转变为爆炸性增长的？

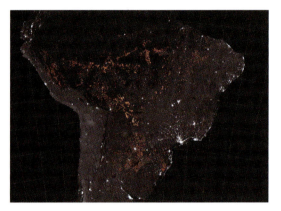

图11.1 亚马孙地区的火灾。 这幅深夜的南美洲卫星图像显示了该区域（红色区域）正在燃烧的大火。由于人类活动和气候的变化，亚马孙地区的火灾每年都有很大的变化。2019年火灾发生的时间和地点表明，火灾与当年的大规模土地清理有关，而与干旱无关

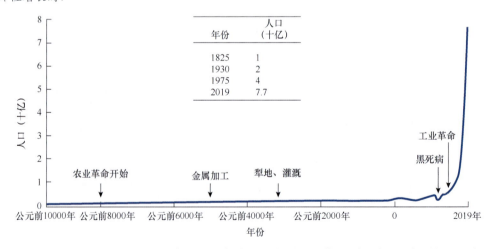

年份	人口（十亿）
1825	1
1930	2
1975	4
2019	7.7

图11.2 人口爆炸性增长。 1825年工业革命前人口增长相对缓慢，此后在2019年增加到7.7亿

因为很难估算很久以前的人口规模，所以没有人确切知道这一点。根据掌握的信息，到1550年约有5亿人，人口每275年翻一番。当我们在1825年达到第一个10亿人口时，人口增长得非常快：从1930年的10亿增加到20亿，只用了105年。45年后，人口再次翻倍，达到1975年的40亿，当时人

口正以近2%的年增长率增长。这意味着年增长率为2%的人口每35年就会翻倍。若这种增长率持续下去，则人口将从2019年的77亿翻倍到2054年的154亿，2090年将达到310亿。

拥有310亿人口的世界是什么样子？然而，到2090年，地球上不太可能有310亿人。在过去的50年间，人口增长率已经大幅放缓，从20世纪60年代初的最高每年2.2%降至目前的每年1.1%。即便如此，目前的增长率也意味着人口每年增加约8000万人，每小时增加9000多人。

若目前每年1.1%的增长率得以维持，则到2080年地球上的人口将超过140亿。地球能养活140亿人吗？到2080年有那么多人吗？还是年增长率会继续下降？我们将在案例研究回顾中解答这些问题。

11.1 引言

生态学家使用种群规模增长模型来了解种群规模随时间变化的方式，以及哪些因素促进或限制了种群规模增长。从这些模型中，我们可以学到很多东西。例如，我们可能发现目前用于保护濒危物种的方法是不充分的。棱皮海龟就是一个例子，这是一种稀有物种，幼龟在从沙中挖出的巢穴孵化后爬行到海里时经常死亡（见图11.3）。最初保护棱皮海龟的努力集中在保护新生幼龟上。然而，研究人员使用种群规模增长模型发现，即使新生幼龟的存活率能提高到100%，棱皮海龟种群规模仍然会继续下降。所幸的是，研究人员能够利用他们的种群规模增长模型来改进管理技术，进而找到保护棱皮海龟的有效方法（见生态工具包11.1）。

图11.3 冲向大海。 这些红海幼龟从沙子里的巢穴中出来后，必须到达大海才能生存。在陆地上，龟蛋和幼龟面临着来自捕食者、海滩开发和人工照明的威胁。红海海龟在海洋环境中还面临来自捕食者、商业捕捞、与船只碰撞和污染的威胁

如第9章和第10章所述，由于出生、死亡、迁入和迁出，种群规模会发生变化。我们可用如下方程来总结这四个过程对种群规模的影响：

$$N_{t+1} = N_t + B - D + I - E$$

式中，N_t是时间t的种群规模，B是出生数，D是死亡数，I是在时间t和时间$t+1$间的迁入数，E是迁出数。如该方程所示，种群是开放和动态的实体，由于出生和死亡，它们可在一个时段到下一个时段之间发生变化。为简化起见，这里考虑的增长模型不包括迁入或迁出。下面利用这些关于种群随时间变化的基本信息来考虑第10章中描述的两种常见的人口增长模式：指数增长和逻辑斯蒂增长。

11.2 几何增长和指数增长

一般来说，只要个体在相当长的时期内平均留下一个以上的后代，种群规模就会迅速增长。本节介绍指数增长和几何增长这两种相关的种群规模增长模式，它们可导致种群规模快速增长。在指数增长中，假设生物在一段时间内连续繁殖，而在几何增长中，生物在不连续的时段内同步繁殖。

11.2.1 当繁殖以固定的时间间隔进行时，种群规模几何增长

一些物种（如蝉和一年生植物）在固定的时间间隔内同步繁殖。这些有规律的时间间隔称为离散时段。当同步繁殖的种群规模在一个离散时段到下一个离散时段之间发生恒定比例的变化时，就出现几何增长。种群规模以恒定比例增长这一事实意味着每过一段时间，种群中的个体数量就会增加（出生数量大于死亡数量）。因此，种群规模不断增大。将这种增长模式绘制在图表上，就会形成一组J形点，每个点代表每个时段后的种群规模（见图11.4a）。

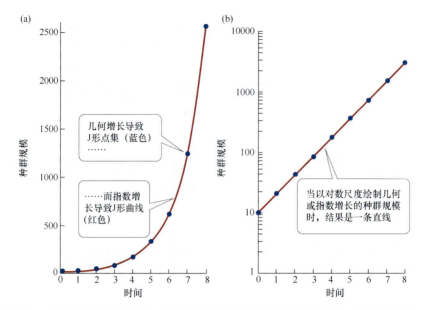

图11.4　几何增长和指数增长。(a)蓝点画出了几何增长的种群规模，该种群从10个个体开始，在每个离散时段内翻倍（$N_0 = 10$和$\lambda = 2$）。红色曲线画出了连续繁殖的可比种群规模的指数增长，这个种群也从10个个体开始，增长率为$r = \ln2 \approx 0.69$。(b)若将(a)中蓝点和红色曲线代表的种群规模按对数标度绘制，则结果是一条直线

数学上，可将几何增长描述为

$$N_{t+1} = \lambda N_t \tag{11.1}$$

式中，N_t是t代或t个离散时段（若每年一代，则为t年）后的种群规模，λ是一个常数，其值由不同时段内的个均（或单个）出生率（$b = B/N$）减去个均死亡率（$d = D/N$）决定。在式（11.1）中，λ作为一个乘数，可让我们预测下一个时段的种群规模。我们将λ称为**几何种群增长率**；λ也称（个均）**有限增长率**。我们按照惯例使用该术语，但它可能令人困惑：从式（11.1）中看到，当种群增长率λ介于0和1之间时，种群规模实际上并不增大，而随时间逐渐减小。

几何增长也可用第二个方程表示，即

$$N_t = \lambda^t N_0 \tag{11.2}$$

式中，N_0是初始种群规模（时间为0时的种群规模）。

几何增长的两个方程即式（11.1）和式（11.2）是等价的，因为每个方程都可由另一个方程推导出来。具体使用哪个方程取决于我们的兴趣是什么。如果要预测下一个时期的种群规模，且知道λ和当前的种群规模，那么两个方程都可使用；如果知道当前和前一个时段的种群规模，那么可以重新排列式（11.1）得到λ的估计值。最后，可用式（11.2）来预测任意离散时段后的种群规模。例如，若$\lambda = 2$，则在12个时段后，以$N_0 = 10$个个体开始的种群将有$N_{12} = 2^{12}N_0 = 4096 \times 10 = 40960$个个体。

11.2.2　当繁殖持续进行时，种群规模指数增长

与上节描述的模式相反，许多物种（包括人类）的个体不会在不连续的时段内同步繁殖；相反，它们会随着时间的推移持续繁殖。当种群规模在每个时刻都以恒定比例变化时，就会出现指数增长（见图11.4a中的红色曲线，代表持续增长）。数学上，指数增长可用如下等式来描述：

$$\frac{\mathrm{d}N}{\mathrm{d}t} = rN \tag{11.3}$$

和

$$N_t = N_0 \mathrm{e}^{rt} \qquad (11.4)$$

式中，N_t是时刻t的种群规模。

在式（11.3）中，$\mathrm{d}N/\mathrm{d}t$表示每个时刻种群规模的变化率；可以看出，$\mathrm{d}N/\mathrm{d}t$等于一个常数率（$r=$ 瞬时出生率$b-$瞬时死亡率d）乘以当前种群规模N。因此，乘数r是种群规模增长速度的度量，称为指数增长率或（个均）内在增长率。

如对式（11.2）所做的那样，可用式（11.4）来预测任何时刻t的指数增长种群规模，前提是对r有一个估计且知道初始种群规模N_0。式（11.4）中的e是一个常数（自然对数的底数），约等于2.718。我们可用e^x函数计算e^{rt}。

当在图表上画出时，指数增长模式形成一条曲线，像几何增长模式一样，曲线也是J形的。指数增长和几何增长在我们可通过指数增长曲线穿过几何增长离散点（见图11.4a）这一点上是相似的。由于指数和几何增长曲线重叠，为简化起见，我们有时将这两种增长类型合并在一起，统称指数增长。

几何增长曲线和指数增长曲线重叠，因为式（11.2）和式（11.4）形式上相似，只是式（11.2）中的λ被式（11.4）中的e^r取代。因此，若要比较离散时间和连续时间增长模型的结果，则可从r计算λ，反之亦然：

$$\lambda = \mathrm{e}^r, \qquad r = \ln\lambda$$

式中，$\ln\lambda$是λ的自然对数。例如，若$\lambda = 2$（见图11.4a），则r的等效值为$r = \ln 2 \approx 0.69$。图11.4b中给出了一种确定种群规模是否真正几何（或指数）增长的简单方法：绘制种群规模的自然对数与时间的关系图，若结果是一条直线，则种群规模几何增长或指数增长。

下面回到式（11.1）和式（11.3）。在式（11.1）中，哪个λ值将确保种群规模从一个时段到下一个时段不发生变化？同样，在式（11.3）中，哪个r值导致种群规模保持不变？答案是$\lambda = 1$（因为$N_t + 1 = N_t$）和 $r = 0$（因为种群规模的变化速率为 0）。当$\lambda < 1$（或$r < 0$）时，种群将衰退至灭绝，而当$\lambda > 1$（或$r > 0$）时，种群规模将几何（或指数）增长，形成J形曲线（见图11.5）。

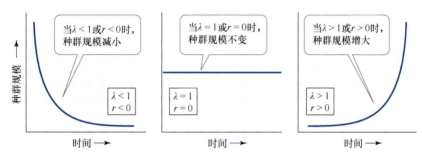

图11.5　种群增长率如何影响种群规模。根据λ或r的值，指数增长模式的种群规模将减小、不变或增大

如何估算种群规模的增长率（r或λ）？在一种方法中，式（11.4）用于估算不同时间的增长率r，详见分析数据11.1。当然，还有其他方法，包括从生命表数据估计r（或λ）。

还可使用 r 来确定种群规模的**倍增时间**（t_d），即种群规模倍增所需的年数。倍增时间［通过求解式（11.4），表示种群从初始规模 N_0 增大到该规模的2倍所需要的时间］的估算公式为

$$t_d = \ln 2 / r \qquad (11.5)$$

式中，r是指数增长率。

11.2.3　种群规模可以快速增长，因为它是按乘法增长的

式（11.1）和式（11.3）表明，种群规模按乘法而非加法增加：在每个时间点，种群规模随乘数λ或r而变化。因此，当$\lambda > 1$或$r > 0$时，种群规模迅速增大，其原理与储蓄利息相同。如果你在银行存了一大笔钱，即使利率很低，每年你也能赚很多钱，因为储蓄额和种群规模一样，都是按乘法增长的。同样，种群规模按乘法增长的事实表明，即使是低增长率，也会导致种群规模迅速增大。

下面以种群的思维来考虑人类。本章的案例研究指出目前人口的年增长率是1.1%，它意味着$\lambda = 1.011$，因此$r = \ln\lambda = 0.0109$，这个值似乎接近0。若将2019年设为时间$t = 0$，则$N_0 = 77$亿，这是2019年的人口数量。将这些r和N_0值代入式（11.4），计算出1年后的人口为$N_1 = 77 \times e^{0.0109} = 77.8$亿人。因此，在2019年，人口每年增加8000万人。由于种群规模按乘法增长，若r在很长一段时间内保持为0.0109，则人口的年增量会变得巨大。例如，225年后，人口将超过890亿，且人口每年增加近10亿人。

分析数据11.1　人口增长随时间发生什么变化？

生态学家常用λ或r的估计值来确定种群规模在不同时间的增长（或下降）速度。对指数增长的种群规模，可通过重新排列式（11.4）来计算估计值：

$$e^{rt} = N_t / N_0$$

式中，N_0是时段开始时的种群规模，t是时段的长度，N_t是该周期末的种群规模。知道t、N_0和N_t，就可估计r，即

$$r = \frac{\ln(N_t / N_0)}{t}$$

下面使用这种方法和表格中的数据来研究不同时间的世界人口增长率。

年份（公元）	人口数量	指数增长率（r）
1	1.7亿	0.00028
400	1.9亿	?
800	2.2亿	?
1200	3.6亿	?
1550	5亿	?
1825	10亿	?
1930	20亿	?
1960	30亿	?
1999	60亿	?
2010	68.7亿	?
2016	73.5亿	?
2019	77亿	N/A

1. 计算表中所示年份的指数增长率并绘制图表。例如，从第1年到第400年，时段的长度是$t = 400 - 1 = 399$，求得$r = [\ln(1.9$亿$/1.7$亿$)]/399 = 0.1112/399 = 0.00028$。

2. 若人口继续以计算得到的2016年的增长率增长，则2066年的人口是多少？

3. 在回答第2问时，你做了哪些假设？根据第1问的结果，人口是否可能达到你计算的2066年的规模？

对于其他物种，实地研究揭示了其种群增长率的哪些情况？一些物种[如林地草本植物加拿大细辛（野生姜）]在年轻森林中的最大观察λ值接近1（$\lambda = 1.01$），在成熟森林中为$\lambda = 1.1$（见图11.6）。类似的值在1911年引入阿拉斯加海岸圣保罗岛的25只驯鹿种群中被观察到。27年后，种群规模从25只增至2046只，求得$\lambda = 1.18$。

对许多物种的种群，包括西部灰袋鼠（$\lambda = 1.9$）、田鼠（$\lambda = 24$）和米象虫（$\lambda = 1017$），都观察到了相当高的年增长率。一些细菌，如哺乳动物肠道中的大肠杆菌，数量可每隔30分钟翻倍，增长率$\lambda = 105274$。

年份	种群增长率（λ）
1990—1991	0.80
1991—1992	0.77
1992—1993	0.82
1993—1994	1.01
1994—1995	0.96

图 11.6　一些种群的增长率较低。 年轻森林中野生姜种群的增长率每年都有所不同。最大增长率为1.01，但通常低于1.0，表明除非条件改善，否则种群规模将下降

回顾可知，当$\lambda > 1$（或$r > 0$）持续一段时间时，种群规模会指数增长，形成如图11.4a所示的J形曲线。在自然种群中，当环境中的关键因素有利于生长、生存和繁殖时，$\lambda > 1$（或$r > 0$）。然而，这样的有利条件能持续很长时间吗？

11.2.4　种群规模增长是有限的

论证表明，前面这个问题的答案是否定的。物理学家估计，已知宇宙共包含10^{80}个原子。然而，若有利条件持续足够长的时间，使λ保持为大于1，即使缓慢增长物种的种群规模最终也会增加到超过10^{80}个个体。例如，根据细辛在年轻森林中增长率$\lambda = 1.01$，以2株植物开始的种群规模在19000

年后将拥有超过10^{82}株植物。对大肠杆菌这样生长极其快速的物种来说，这个数字更加荒谬：从单个细菌开始的种群只需要6天就可超过10^{80}个个体。

没有一个种群可以接近10^{80}个个体，因为没有原子来构建它们的身体。因此，指数增长不能无限期持续。虽然这是一个极端的例子，但它说明了种群规模增长是有限的。

11.3 密度的影响

尽管种群在有利条件下可以表现出指数增长，但自然界中的有利条件很少会持续很长时间。例如，达曼和凯恩计算了年轻森林中加拿大细辛种群在5年内的几何增长率（λ）。如上所述，最大增长率为 $\lambda = 1.01$。然而，在其他4年间，λ值为0.77～0.96（见图11.6）。因此，从长远看，我们预计这个种群不但不会因为其后代而威胁到整个地球，反而会逐渐减少，除非条件发生变化。

随着时间的推移，哪些因素会改变种群规模和增长率？一组因素称为密度无关因素，即它们对种群规模或种群增长率（λ或r）的影响与种群中个体的数量无关（见图11.7a）。另一组因素称为密度有关因素，因为它们对种群规模或种群增长率的影响取决于种群中的个体数量（见图11.7b）。下面讨论密度无关因素。

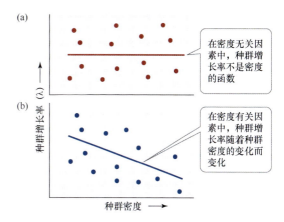

图11.7 密度无关因素和密度有关因素比较。每个点都表示一个种群。(a)密度无关因素；(b)密度有关因素。例中的种群增长率随着种群密度的增加而降低

11.3.1 密度无关因素决定种群规模

在许多物种中，年复一年的天气变化会导致种群规模的剧烈变化，进而改变种群增长率。例如，戴维森和安德烈沃斯研究了澳大利亚阿德莱德的天气是如何影响昆虫大蓟马的种群的，大蓟马是玫瑰的害虫。通过将天气条件与大蓟马种群规模在14年内的数据相关联，他们发现种群规模的年度波动可用温度和降水数据的方程准确预测（见图11.8）。气候的影响也可能逐渐改变物种的出生率或死亡率，就像美国西部广大地区的森林一样。

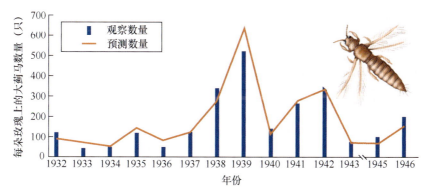

图11.8 天气影响种群规模。戴维森和安德烈沃斯使用基于4个天气相关变量的方程准确预测了在澳大利亚阿德莱德观察到的每朵玫瑰上的大蓟马平均数量

几十年来，美国西部针叶林种群的死亡率逐渐上升（见图11.9）。上升发生在200多年未被砍伐的看似健康的森林中，这让研究人员不禁要问："是什么在杀死树木？"

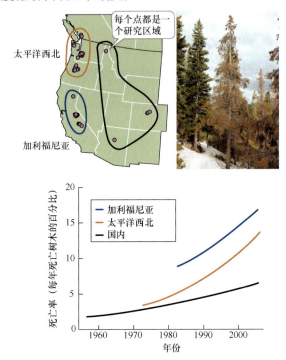

在寻找这个问题的答案时，曼特赫姆等人排除了几个可能的原因，包括空气污染、森林破碎化、火灾频率的变化以及竞争加剧。研究人员指出，在研究涵盖的时段内，美国西部区域的温度以每十年0.3℃～0.5℃的速度增加。这些快速的温度升高与积雪减少、春季融雪提前以及夏季干旱期延长有关。这些变化导致树木的气候缺水增加（植物每年对水的蒸发需求量超过可用水量）。先前的研究表明，当气候缺水增加时，树木死亡率往往增加。总体而言，曼特赫姆等人的研究表明树木死亡率的上升是由区域变暖和随之而来的干旱造成的。同样，在美国西南部，夏季气温升高和冬季降雪减少导致了更严重的干旱，这与野火烧毁面积和受虫害爆发影响的面积增加有关——再次导致树木死亡率上升。

图11.9　树木死亡率上升。地图上位于美国西部三个地区的76个研究地块的针叶林的死亡率

种群规模也会因生物因素（如狩猎）而波动。例如，2002年，在非洲的45个地点建立了一个记录大象死亡原因的系统。维特米尔等人将这些信息与其他种群数据相结合，估计了大象种群增长率随时间的变化（见图11.10）。他们的分析表明，在整个非洲大陆，大象种群增长率已下降到$\lambda = 1.0$以下，原因主要是2009年后的非法偷猎迅速增加。例如，在3年（2010—2012年）时间里，有10万头大象被杀。为了防止大象在野外灭绝，大象种群增长率必须增加并保持在$\lambda = 1.0$以上。要做到这一点，就必须采取新的努力来遏制非法偷猎。

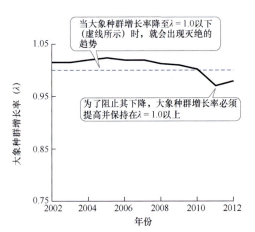

图11.10　大象会在野外灭绝吗？306头大象种群的增长率（λ）表明，自2010年以来，整个非洲大陆的大象数量一直在下降

如例所示，密度无关因素可对种群规模产生重大影响。原则上，这些因素完全可以解释种群规模的年际波动。但是，密度无关因素并不会在种群规模小时增大种群规模，在种群规模大时减小种群规模。始终导致这种变化的因素会导致种群增长率随密度变化。

密度有关因素调节种群规模　食物或栖息地等因素可按密度有关的方式影响种群规模，即它们会导致出生率、死亡率或迁移率随着种群密度的变化而变化。随着密度的增加，出生率通常会降低，死亡率会增加，种群内的迁移（迁出）也会增加——所有这些趋势都会减小种群规模。而当密度降低时，情况则正好相反：出生率趋于增加，死亡率和迁出率降低。

当一个或多个密度有关因素导致种群规模小时增加、种群规模大时减小时，就发生种群调节。最终，当任何物种的密度变得足够高时，密度有关因素会因食物、空间或其他必需资源的短缺而减小种群规模。注意，"调节"在这里具有特定的含义，即那些倾向于在种群规模小时增加λ或r的影响、在种群规模大时减小λ或r的影响。密度无关因素可对种群规模产生重大影响，但并不调节种群规模，因为它们不会始终如一地在种群规模小时增大种群规模、在种群规模大时减小种群规模。因此，根据定义，只有密度有关因素才能调节种群规模。

11.3.2 在许多种群中观察到密度有关因素

自然种群中经常观察到密度有关因素（见图11.11）。例如，在一项将现场观察与受控实验相结合的研究中，阿尔切塞和史密斯研究了英国曼达特岛麻雀种群密度对繁殖的影响。他们发现，每只雌性的产卵数量随着密度的增加而减少，存活到独立于亲代的幼鸟数量也减少（见图11.11a）。由于曼达尔特岛面积小，且麻雀在高密度下可能遭受食物短缺，阿尔切塞和史密斯预测，若他们在密度高时为一些巢对提供食物，则被喂食的麻雀应该能够抚育更多独立的幼鸟。这正是所发生的事情：被喂食的巢对养育的独立幼鸟数量几乎是未喂对照幼鸟的4倍（见图11.11a）。

除了密度有关的繁殖，在许多种群中还观察到了密度有关的死亡率。例如，当尤达等人以不同密度种植大豆时，他们发现在最高的初始种植密度下，许多幼苗在第93天就已死亡（见图11.11b）。类似地，在一项实验中，将面粉甲虫的卵放到玻璃管中（每根玻璃管中的食物为0.5克），随着每根玻璃管中卵的密度增加，死亡率也增加——这再次表明了密度有关因素（见图11.11c）。密度有关因素也在那些数量受密度独立作用因素强烈影响的种群中被观察到，如温度或降水；史密斯重新分析了密度无关因素的经典例子。

当出生率、死亡率或迁移率显示出强烈的密度有关时，种群增长率（λ或r）可能随着密度的增加而下降（见图11.12）。最终，若密度变得足够高，导致λ = 1（或r = 0），则种群规模将完全停止增长；若λ < 1（或r < 0），则种群规模将下降。如下一节所述，这种种群增长率的密度有关变化会导致种群达到稳定的最大种群规模。

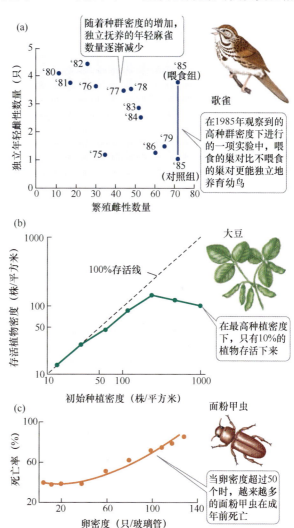

图11.11 自然种群密度有关示例。(a)曼达特岛上不同密度繁殖雌性饲养的独立幼年麻雀数量。点旁的数字表示观察年份（1975—1986年）；(b)种植93天后存活大豆的密度为10～1000粒种子/平方米；(c)不同卵密度下面粉甲虫的死亡率

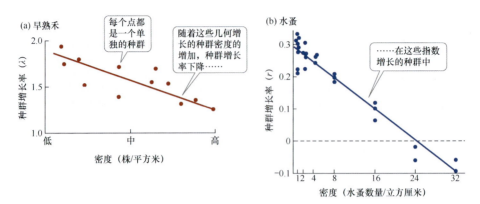

图11.12　种群增长率可能在高密度下下降。每个点都代表一个种群。(a)早熟禾种群的几何增长率（λ）与密度有关；(b)水蚤种群的指数增长率（r）也与密度有关

11.4　逻辑斯蒂增长

一些种群表现出逻辑斯蒂增长模式，即种群规模最初迅速增大，然后稳定在称为环境承载能力的种群规模上，这是环境能够无限承载的最大种群规模。这个种群的增长可用S形曲线来表示（见图11.13）。随着种群规模接近环境承载能力，种群的增长率降低，因为食物、水或空间等资源开始变得稀缺。在达到环境承载能力时，增长率为零，因此种群规模不会发生变化。

11.4.1　逻辑斯蒂方程模拟密度有关的种群增长

为了了解环境承载能力的概念如何在种群增长的数学模型中表示，下面重新考虑图11.12。两幅图中的数据都表明，随着种群密度的增加，种群增长率（r或λ）大致呈直线下降。但是，在指数增长方程$dN/dt = rN$中，r被假定为常数。前面说过，$r > 0$的恒定值允许种群规模无限增大。因此，为了使

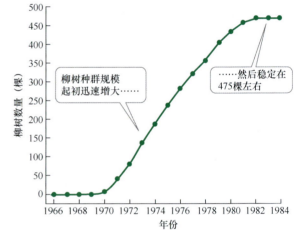

图11.13　自然种群的S形生长曲线。在澳大利亚的一个地点，兔子的大量啃食使得柳树无法在该地区扎根。1954年兔子被清除，为柳树开辟了新的栖息地。当柳树在该地区扎根时，生态学家追踪了它们的种群增长情况

指数增长方程更加现实，我们用r随密度（N）增加而直线下降的假设来替代r是常数的假设。于是，得到逻辑斯蒂方程为

$$\frac{dN}{dt} = rN(1 - N/K) \qquad (11.6)$$

式中，dN/dt是时间t时种群规模的变化率，N是时间t时的种群密度，r是理想条件下（个均）内在增长率，K是种群规模停止增长的密度。K可解释为环境承载能力，$1 - N/K$可视为用于种群增长的环境承载能力的一部分。只要种群规模小于环境承载能力（$N < K$），就只有部分可用资源，因此种群规模将继续增长。然而，随着种群规模接近环境承载能力，可用于个体的资源比例变小，种群增长减慢并最终在K处停止

如式（11.4）所示，假设种群规模呈逻辑斯蒂增长，我们可以重排式（11.6）来预测此后某个时间的种群规模：

$$N_t = \frac{K}{1 + [((K - N_0)/N_0)]e^{-rt}} \qquad (11.7)$$

当密度较低时，逻辑斯蒂增长与指数增长相似，但略慢于指数增长（见图11.14）。这是因为当 N 较小时，$1 - N/K$ 接近1，因此逻辑斯蒂增长的种群规模以接近 r 的速度增长。然而，随着种群密度的增加，逻辑斯蒂增长和指数增长出现很大的差异。在逻辑斯蒂增长中，随着种群规模接近环境承载能力，种群规模变化率（dN/dt）接近零。因此，随着时间的推移，种群规模逐渐接近 K，最终种群规模保持 K 个体不变。

下面使用逻辑斯蒂方程来拟合美国的人口普查数据。

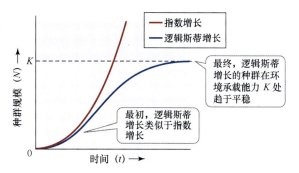

图11.14 逻辑斯蒂增长和指数增长的比较。随着时间的推移，逻辑斯蒂增长与指数增长明显不同

11.4.2 逻辑斯蒂增长能否预测美国人口的环境承载能力

在1920年发表的一篇论文中，珀尔和里德研究了几种不同的数学模型与1790—1910年间美国人口普查数据的拟合情况。他们测试的几种方法都很好地匹配历史数据，但都没有包括对美国人口最终规模的限制。为了弥补这一不足，他们推导出了逻辑斯蒂方程，但他们并不知道比利时数学家费尔哈斯早在1838年就描述了这个方程。珀尔和里德认为，逻辑斯蒂方程提供了一种表示人口增长的合理方法，因为它包含了人口增长的极限。当他们将人口普查数据与逻辑斯蒂曲线拟合时，匹配情况极好，并且据此估计美国人口的承载能力为 $K = 1.97$ 亿人。

珀尔和里德估计逻辑斯蒂曲线很好地拟合了1950年之前的美国人口数据。然而，此后，实际人口与珀尔和里德的预测相差甚远（见图11.15）。到1967年，他们预测的环境承载能力（1.97亿）已被超越。珀尔和里德打算用他们的环境承载能力估计值来表示美国可自给自足的人口数量。

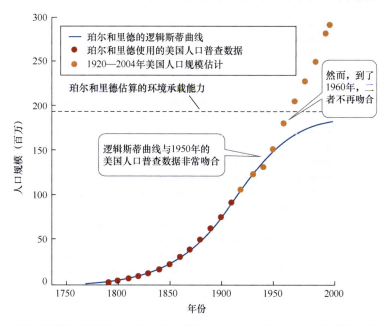

图11.15 将逻辑斯蒂曲线拟合到美国人口数量。1920年，珀尔和里德将逻辑斯蒂曲线拟合到1790—1910年间的美国人口普查数据，他们估计美国的环境承载能力（K）为1.97亿人

他们认识到，若条件发生变化（如农业生产力提高或从其他国家进口更多的资源），则人口可能超过1.97亿。这些变化和其他变化已经发生，导致一些生态学家和人口统计学家将重点从构成环境承载能力的人品数量转移到支持人口所需的土地总面积上。

11.5 生命表

到目前为止，我们一直假设种群中个体的出生率（b）和死亡率（d）不变。这是一个很大的假设，因为我们知道实际种群是由不同年龄、大小和性别的个体组成的，这些个体的繁殖和生存能力各不相同。如果我们想了解当前的种群增长或者预测未来的种群规模，那么种群中不同的繁殖和生存模式的信息必不可少。生命表总结了种群中个体的存活率和繁殖率随年龄、大小或生命阶段的变化情况。这些总结可用来预测未来的种群趋势，制定具有商业或生态价值的种群管理策略。在详细探讨生命表之前，下面介绍种群的年龄和存活率结构有何不同。

11.5.1 年龄或体形结构影响种群增长的速度

一个种群中年龄在特定范围内的个体称为同一年龄组。例如，年龄等级1可能包括所有至少1岁但不到2岁的个体。以这种方式对个体进行分类后，就可用年龄结构来描述一个种群：每个年龄组在种群中所占的比例。想象一个假定的生物种群，其中所有个体都在3岁前死亡。在这个种群中，个体的年龄分别为0岁（新生儿，包括不到1岁的所有个体）、1岁或2岁。如果种群中有100个个体，其中20个是新生儿，30个是1岁儿童，50个是2岁儿童，那么年龄结构就是0.2岁、0.3岁和0.5岁。

年龄结构是种群的一个关键特征，部分原因是它会影响种群规模的扩大或缩小。考虑两个大小相同、存活率和繁殖率相同但年龄结构不同的人类种群。如果其中一个种群有很多55岁以上的人，而另一个种群有很多15～30岁的人，就认为第二个种群的增长速度比第一个种群的快，因为它包含了更多的育龄个体。事实上，与增长缓慢或衰退的种群相比，增长迅速的种群中年轻年龄段的人口比例通常更高（见图11.16）。

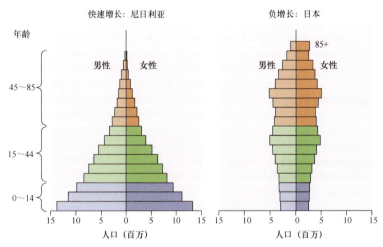

尼日利亚		日　本
201	**2019 年人口（百万）**	**126.2**
5.7	每名女性的生育数	1.4
44	15 岁以下人口百分比	12
3	65 岁以上人口百分比	28
53（男）55（女）	出生时的预期寿命	81（女）87（男）
67	婴儿死亡率（每 1000 名新生儿的死亡人数）	2
401.3	**2050 年预计人口（百万）**	**109.9**

图11.16　年龄结构影响人口增长率。尼日利亚和日本的人口金字塔显示了人口快速增长（尼日利亚）、负增长或接近零增长（日本）的典型人口年龄结构。主要生育年龄（15～44岁）显示为绿色

之所以强调年龄的重要性，是因为在许多物种中，不同年龄个体的出生率和死亡率差别很大。对其他种类的生物来说，年龄并不那么重要。例如，在许多植物中，条件有利时幼苗可能相对较快地长成全株，并在年轻时繁殖后代。然而，条件不利时植物可能多年保持较小的体形，繁殖很少或根本不繁殖；以后条件变得有利时，植物可能长到全长并繁殖后代。对这类物种来

说，个体是否繁殖与大小的关系比与年龄的关系更密切。当出生率和死亡率与年龄关系不大或年龄难以测量时，可根据种群中个体的大小或生命周期阶段（如新生儿、幼年、成年）构建生命表。

11.5.2 三类存活曲线

如前所述，种群的不同年龄阶段有不同的存活率。存活数据可绘制成存活曲线。在这样的曲线上，存活数据用于绘制从假设的同龄群（通常为1000个个体）中存活到不同年龄的个体数量。对多个物种的研究结果表明，存活曲线可分为三类，以指示死亡率最高的生命阶段（见图11.17）。在具有I型存活曲线的种群中，新生儿、幼体和年轻成年个体的存活率都很高；直到老年，死亡率才开始增加。具有I型存活曲线的种群包括美国女性（见图11.18）和达尔山羊（见图11.17a）。在具有II型存活曲线的种群中，个体从一生中的一个年龄到下一个年龄的存活机会大致恒定。一些鸟类具有II型存活曲线（见图11.17b），泥龟（第二年后）、一些鱼类和一些植物同样如此。最后，在具有III型存活曲线的种群中，个体在年轻时死亡率非常高，但那些达到成年的个体在以后的生活中存活得很好。III型存活曲线（自然界中最常见的类型）是那些产生大量后代的物种的典型特征，如巨型马勃菌、一些植物、大多数昆虫以及许多海洋无脊椎动物，包括橡子藤壶（见图11.17c）。在该物种中，100万只幼体的种群在一年后急剧下降到62只，8年后下降到2只。

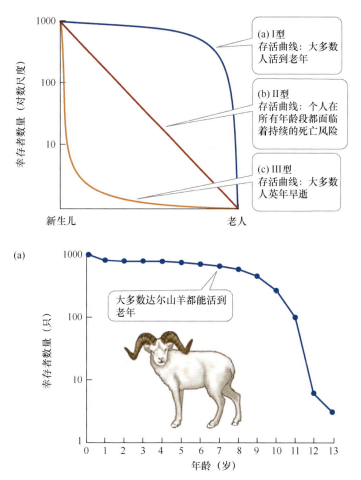

图11.17 **三类生存曲线**。生态学家识别了三类生存曲线。(a)达尔山羊的存活曲线；(b)画眉的存活曲线；(c)橡子藤壶的存活曲线

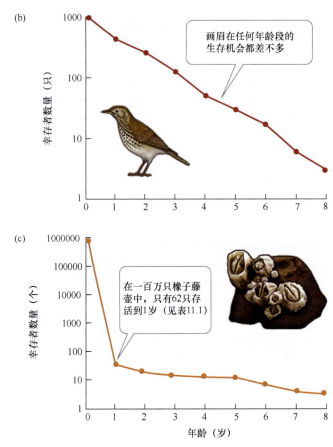

图11.17　三类生存曲线。生态学家识别了三类生存曲线。(a)达尔山羊的存活曲线；(b)画眉的存活曲线；(c)橡子藤壶的存活曲线（续）

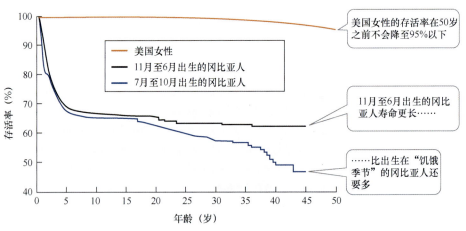

图11.18　存活率因人群而异。在美国，存活率（l_x）直到老年才大幅下降；在冈比亚，许多人在更年轻时死亡

　　I型到III型存活曲线对每个物种好像都是恒定的，但事实并非如此。同一物种的不同种群之间、种群中的雄性和雌性之间以及经历不同环境条件的种群之间的存活曲线都可能不同（见图11.18）。事实上，通过比较经历不同条件的个体的出生率和死亡率，可以评估这些条件对种群的影响。如下节所述，还可使用生命表中的出生率和死亡率来预测种群规模与组成如何随时间变化。

11.5.3　生命表可以基于年龄、大小或生命周期阶段

生态学家收集的关于种群出生和死亡模式的数据可用于构建生命表。表11.1显示了使用苏格兰海岸橡子藤壶的数据构建的生命表。这种生命表称为同生群生命表，它追踪同一时段内出生的一组个体（同龄群）从出生到死亡的命运。左侧的两列显示了不同年龄（x）随时间变化的存活个体数和产生的后代数。随着同生群中的个体死亡，N_x 从100万只藤壶减少到8年后的2只藤壶（见图11.17c）。通过简单地将 N_x 除以 N_0（最初出生到同生群的藤壶数量，用年龄0表示）来计算存活个体的比例，即存活率（l_x）。此外，我们可将总后代数（N_x后代）除以产生这些后代的个体数（N_x）来计算生育力（F_x），即每只存活的成年藤壶在每个年龄段的平均后代数。将存活率（l_x）乘以生育力（F_x）得到种群中特定年龄段个体产生的后代数。对所有年龄段的这些值求和，得到净生殖率（R_0），即同生群中每个个体的平均后代数：

表11.1　橡子藤壶同生群生命表

年龄 （x）	个体数量 （N_x）	后代数量 （N_x后代）	存活率 （l_x）	生育力 （F_x）	l_xF_x	xl_xF_x
0	1000000	0	1	0	0	0
1	62	285200	0.000062	4600	0.285	0.285
2	34	295800	0.000034	8700	0.296	0.592
3	20	232000	0.000020	11600	0.232	0.696
4	15	190500	0.000015	12700	0.191	0.764
5	11	139700	0.000011	12700	0.140	0.700
6	6	76200	0.000006	12700	0.076	0.456
7	2	25400	0.000002	12700	0.025	0.175
8	2	25400	0.000002	12700	0.025	0.200

① 要估计个均增长率 r，可将所有 l_xF_x 值相加，得到净生殖率 $R_0 = \text{sum}(l_xF_x) = 1.27$。

② 将所有值 xl_xF_x 相加后除以 R_0 得到世代时间 $G = \text{sum}(xl_xF_x)/R_0 = 3.05$。

最后将 R_0 的自然对数除以 G 得到固有增长率 $r = (\ln R_0)/G = 0.08$。

$$R_0 = \text{sum}(l_xF_x) \tag{11.8}$$

若 $R_0 > 1.0$，每代产生的后代净增加，且假设出生率和死亡率不随时间变化，则种群规模指数增长；若 $R_0 < 1.0$，且个体死亡时未被替换，则种群最终下降到灭绝；若 $R_0 = 1.0$，则出生和死亡平衡，种群规模不变。

我们可用 R_0 来估计同生群的个均增长率 r，方法是缩放 R_0 来计算同生群的世代时间。世代时间（G）是同生群中产生的所有后代的亲代平均年龄（方程见表11.1）。为了估计 r，只需将 R_0 的自然对数除以 G，即

$$r = (\ln R_0)/G \tag{11.9}$$

注意，当种群的世代时间为1时，$R_0 = \lambda$。

一旦由生命表计算出 r，就可在种群增长模型［几何增长方程（11.2）、指数增长方程（11.4）及逻辑斯蒂增长方程（11.7）］中使用它（或 λ）来预测未来的种群规模。此外，其他方法也可使用生命表数据来计算未来的种群增长和大小，其中一种方法允许预测未来的年龄结构和种群规模。

同生群生命表追踪从出生到死亡的个体，作为日历年份或生命阶段（如昆虫中的卵、幼虫、蛹和成虫）的函数。若生物体容易追踪（它们是固着的且寿命短），则这样做相对容易。然而，对于高度移动或寿命长的生物体（如寿命远超过人类的树木），很难观察从出生到死亡的个体的命运。在这些情况下的一些案例中，可以使用静态生命表，其中记录了在各个时段内不同年龄的个体的存活和繁殖情况。要构建静态生命表，就要能够估计被观察生物体的年龄。在一些物种中估计年龄是困难的，但对于其他物种，年龄指标是已知且可靠的，包括鱼类鳞片、树木年轮及鹿的牙齿磨损。估计年龄后，就可通过计算不同年龄个体产生的后代数量来确定特定年龄的出生率。也可从静态生命表中确定特定年龄的存活率，但前提是要假设在整个个体存活期间存活率不变。

最后，生态学家和自然资源管理人员试图改变某些种群的出生率或死亡率，进而减小害虫种群规模或增大濒危种群规模。实现这一目标的有效方法是确定对种群增长率影响最大的特定年龄的出生率或死亡率。在这样的一个例子中，生命表数据表明，增大濒危海龟种群增长率的有效方法是提高幼龟和成年海龟的存活率（见生态工具包11.1）。

11.5.4　人类有大量的生命表数据

许多经济学、社会学和医学应用都依赖于人类生命表数据。例如，人寿保险公司使用人口普查数据构建静态生命表，提供当前存活率的快照；人寿保险公司使用这些数据来确定向不同年龄段客户收取的保费。下面介绍两个关于人类生命表的例子：一个来自美国，另一个来自冈比亚。美国疾病控制和预防中心定期发布报告，提供美国人的生命表数据。2009年和2015年发布的报告提供了关于不同年龄段美国女性存活率（l_x）、生育力（F_x）和预期寿命剩余年数的信息（见表11.2）。为了更容易地解释这些数据，可将这些数据绘制成图形，图11.18绘制了美国女性的l_x数据。这条曲线显示，美国女性的存活率多年来一直保持在较高的水平；事实上，如表11.2所示，这些存活率直到约70岁时才开始急剧下降。

表11.2　美国女性按年龄划分的存活率、生育力和预期寿命的剩余年数

年龄x（年）	存活率l_x	生育力F_x	预期寿命剩余年数（x岁时）	年龄x（年）	存活率l_x	生育力F_x	预期寿命剩余年数（x岁时）
0	1.0	0.0	81.8	50	0.958	0.003	33.2
1	0.994	0.0	80.5	55	0.940	0.0	28.8
5	0.994	0.0	76.6	60	0.915	0.0	24.5
10	0.993	0.0	71.6	65	0.880	0.0	20.3
15	0.992	0.004	66.7	70	0.828	0.0	16.5
20	0.991	0.203	61.7	75	0.752	0.0	12.9
25	0.989	0.511	56.9	80	0.640	0.0	9.6
30	0.986	0.578	52.0	85	0.485	0.0	6.9
35	0.982	0.479	47.2	90	0.292	0.0	4.8
40	0.977	0.232	42.4	95	0.119	0.0	3.3
45	0.970	0.046	37.8	100	0.027	0.0	2.3

来自美国的数据与来自冈比亚的数据形成了鲜明对比，摩尔等人分析了1949—1994年间在冈比亚三个村庄出生的3102人的出生和死亡记录。他们发现出生季节有长期影响：在"饥饿季节"（7～10月）出生的人成年后的存活率低于一年中其他时间出生的人（见图11.18）。他们的数据还揭示了冈比亚人和美国人存活率之间的巨大差异。例如，只有47%～62%的冈比亚人存活到45岁，而存活到该年龄的美国女性达97%。

生态工具包11.1　估计受威胁物种的种群增长率

红海龟是一种大型海龟，成年雌龟会在沙滩上挖的巢穴中产卵。新孵化的小海龟体重仅为20克，壳长为4.5厘米。它们在20～30年后进入成年期，届时体重可达227千克，壳长可达122厘米。

自1978年以来，红海龟就被列入美国的濒危物种名单。许多物种会捕食红海龟的蛋或幼体，而幼龟和成年龟则会被大型海洋捕食者如虎鲨和虎鲸捕食。红海龟还面临着来自人类的威胁，包括因开发活动导致的筑巢地破坏以及商业捕捞。

早期保护红海龟的努力主要集中在蛋和幼体阶段，这两个阶段的死亡率很高且相对容易保护。为了评估这种方法，克劳斯等人和克劳德等人使用生命表数据来确定新管理措施提高不同年龄海龟的存活率时现有指数增长率$r = -0.05$如何变化（见图A）。研究结果表明，即使幼体存活率提高90%，红海龟种群仍将继续下降，且种群增长率对增加较大幼龟和成年海龟的存活率最敏感。

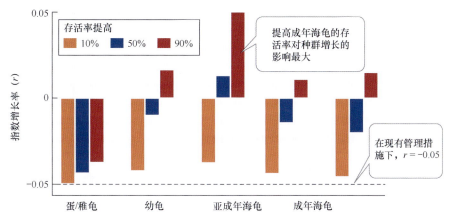

图A　管理措施与海龟种群增长率。研究人员利用生命表数据来确定对海龟种群增长率影响最大的特定年龄死亡率

克劳斯、克劳德及其同事的研究结果促使美国颁布法律，要求在捕虾网中安装海龟排除装置（见图B）。当海龟被网捕获时，海龟排除装置可作为幼龟和成年海龟的逃生口。之所以选择捕虾网，是因为数据显示捕虾造成的海龟死亡数量（每年5000～50000只）比所有其他人类活动造成的死亡数量总和还多。

在筑巢时最容易统计红海龟的数量，但海龟需要20～30年才能达到性成熟。因此，在海龟排除装置规定是否有助于海龟种群规模增大方面，我们还需要几十年才能知道结果。但初步结果是令人鼓舞的：海龟排除装置规定实施后，被网困死的海龟数量大幅下降。

图 B　海龟排除装置

案例研究回顾：人口增长

媒体报道经常称人口正在指数增长。如图11.4所示，判断人口是否指数增长的一种简单方法是绘制人口数量与时间的自然对数图。若结果是一条直线，则表示人口呈指数增长。然而，绘制过去2000 年人口与时间的自然对数关系图后，我们发现人口大大偏离了指数增长所预期的直线（见图11.19）。事实上，虽然指数增长速度很快，但从历史上看，人口增长甚至比指数增长速度更快。

人口增长快于指数增长的特点也可从历史上人口的倍增时间看出。回顾可知，在指数增长的人口中，倍增时间保持不变。

然而，如图11.19中的插图所示，观察到的人口倍增时间从公元前5000年的约1400年下降到1960年的仅39 年。我们可以预测人口按照目前的增长速度倍增需要多长时间。为此，可以根据 $t_d = \ln2/r$ 来估算倍增时间，其中 r 是当前的人口增长率。这种估算表明，人口在20世纪60年代初增长最快，倍增时间为32年。从那时起，倍增时间一直在增加（因为 r 在减少），到2019年达到63年。

过去50年倍增时间的增加（及 r 的减少）表明，人口现在的增长速度比预期的指数增长更慢。因此，对于案例研究中提出的问题（到2080年是否会有140亿人），答案可能是不会。美国人口普查局的预测表明，未来40年的人口增长率可能继续下降（见图11.20），导致到2050年人口规模预测为96亿（见图11.21）。将该曲线延长到2080年表明，到那一年将有约100亿人。如果这些预测被证明是正确的，那么这么多人的未来会是什么？100亿人是否超过了人口的环境承载能力？

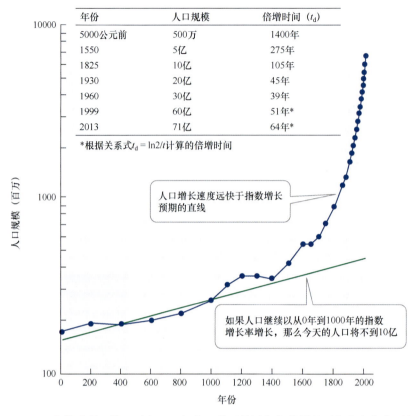

年份	人口规模	倍增时间 (t_d)
5000公元前	500万	1400年
1550	5亿	275年
1825	10亿	105年
1930	20亿	45年
1960	30亿	39年
1999	60亿	51年*
2013	71亿	64年*

*根据关系式 $t_d = \ln2/t$ 计算的倍增时间

人口增长速度远快于指数增长预期的直线

如果人口继续以从0年到1000年的指数增长率增长，那么今天的人口将不到10亿

图11.19 比指数增长更快。 过去2000年人口的对数图与指数增长预期的直线大不相同

20世纪50年代末的人口下降是由中国发生的事件造成的，自然灾害和社会动荡导致死亡率上升，出生率下降

目前的下降趋势预计将继续下去

图11.20 世界人口增长率正在下降。 自20世纪60年代初以来，世界人口的年增长率一直在下降

要回答这些问题，就要确定人口承载能力。许多研究人员估计了人口承载能力，得到的数值范围从不到10亿到超过10000亿。这种巨大的差异部分归因于使用了许多不同的方法——从逻辑斯蒂模型到基于农作物产量和人类能源需求的计算。此外，不同的研究人员对人类将如何生活及技术将如何影响我们的未来做了不同的假设，这些假设对估计的承载能力有很大影响。

据估计，如果对每个人都提供2007年美国人的资源使用量，那么地球可无限期地支撑15亿人。然而，如果对每个人都提供2007年印度人的资源使用量，那么地球可以支撑超过130亿人。因此，人口和资源使用问题是紧密相连的：人口越多，使用的资源就越多。

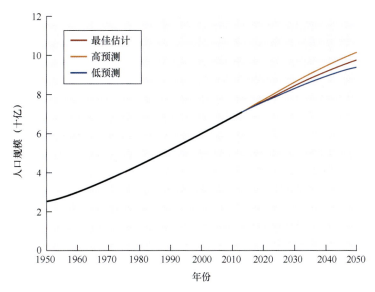

图11.21 联合国人口规模预测。预计到2050年人口将增至97亿，预测范围为83～109亿

11.6 复习题

1. 某昆虫的数量每年都增加2倍，最初有40只昆虫。**a**. 4年后有多少昆虫？**b**. 27年后有多少昆虫？**c**. 昆虫的栖息地退化，种群增长率（λ）从3.0变化到0.75。若种群中有100只昆虫，则3年后有多少昆虫？

2. 调节种群规模的因素和决定种群规模的因素之间的区别是什么？

3. 在某野外生态学项目中，假设你要计算一个种群在一个时段内不同年龄段的个体数量。有100个新生个体、40个1岁个体、15个2岁个体、5个3岁个体和0个4岁个体。这些个体产生的后代数量如下：新生个体 = 0个后代，1岁个体 = 100个后代，2岁个体 = 30个后代，3岁个体 = 25个后代，4岁个体 = 0个后代。**a**. 使用这些数据创建一个静态生命表，并计算R_0和r。**b**. 解释静态生命表和同生群生命表之间的区别。

第4单元　物种相互作用

第12章 捕 食

雪鞋兔的数量变化周期：案例研究

1899年，安大略省北部的一位毛皮商向哈德逊湾公司报告说："印第安人的狩猎收获很差。他们整个春天都在挨饿，兔子非常稀少。"这里提到的"狩猎收获"是指奥吉布瓦部落成员捕获的海狸和其他皮毛动物的皮毛，而"兔子"是指雪鞋兔（见图12.1）。总体而言，200年的此类报告表明，雪鞋兔数量是在有规律地增多和减少的。当雪鞋兔很多时，奥吉布瓦人有足够的食物，可以花时间捕捉皮毛动物，然后将皮毛交易给哈德逊湾公司。但是，当雪鞋兔稀少时，部落成员会集中精力采集食物，而不捕捉那些只能提供皮毛而肉很少的动物。

图 12.1　捕食者和猎物。雪鞋兔正逃离捕食者猞猁

从20世纪初开始，野生动物学家就使用哈德逊湾公司的详细记录来估计雪鞋兔及其捕食者猞猁的数量。这两个物种都表现出规律的数量变化周期，约每10年达到一次数量高峰，然后下降到较低水平（见图12.2a）。雪鞋兔是猞猁的食物，因此猞猁的数量随着雪鞋兔的数量上升和下降也就不足为奇。但是，是什么推动了雪鞋兔数量的周期性波动？更神秘的是，雪鞋兔种群的大小在加拿大森林的广大地区同步上升和下降，因此对雪鞋兔周期性变化的解释还必须考虑到这种大规模的同步性。

寻找对雪鞋兔种群周期重要的因素的一种方法是，记录与雪鞋兔数量增加或减少相关的出生率、死亡yx 和迁移率的变化。迁移所起的作用相对较小：它可能改变局部种群的规模，但雪鞋兔的迁移距离不足以解释在广泛地理区域内同时出现的数量变化。相比之下，在加拿大的不同地区都发现了出生率和死亡率的一致模式。雪鞋兔夏天可以繁殖3～4窝，每窝平均有5个幼崽。雪鞋兔的繁殖率在达到最高水平（每只雌性约18只幼崽）的几年前就会达到顶峰。然后，繁殖率开始下降，在雪鞋兔密度达到峰值后2～3年降至最低水平（见图12.2b）。雪鞋兔的存活率也呈现出类似的模式：在雪鞋兔密度达到峰值的前几年最高；然后开始下降，并且在雪鞋兔密度达到峰值后的几年内都不会再次上升。

雪鞋兔出生率和存活率随时间的变化共同推动了雪鞋兔数量的周期性变化。但是，是什么导致这些比率发生变化呢？人们提出了几种假设，其中一种假设关注食物供应。大量雪鞋兔会消耗大量的植被，研究表明，在雪鞋兔密度达到峰值（高达2300只/平方千米）时，食物可能受到限制。然而，两个观察结果表明，食物并不是推动雪鞋兔数量周期性变化的唯一因素：首先，一些数量正在减少的雪鞋兔种群并不缺乏食物；其次，增加高质量的食物并不能阻止雪鞋兔数量的减少。

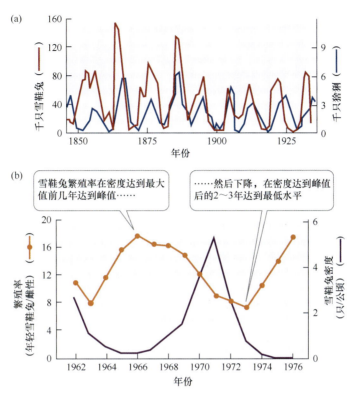

图12.2　雪鞋兔种群周期和繁殖率。(a)哈德逊湾公司的历史捕猎数据表明，雪鞋兔和猞猁的数量以10年为周期波动；(b)雪鞋兔繁殖率最高的时期与其密度最高的时期并不一致

　　第二个假设侧重于捕食。许多雪鞋兔（高达95%的死亡兔子）是被猞猁、郊狼和猛禽等捕食者杀死的。此外，在雪鞋兔周期的峰值和下降阶段，猞猁和郊狼每天杀死的雪鞋兔数量要多于增长阶段。但是，问题仍然存在。捕食者杀死雪鞋兔解释了随着雪鞋兔数量的减少，存活率下降，但它并不能解释：①为何在周期的下降阶段雪鞋兔的出生率会下降；②为何在捕食者数量急剧下降后雪鞋兔的数量有时会缓慢反弹。它也无法解释其他观察结果，如为什么随着数量的减少雪鞋兔的身体状况会恶化。还有什么其他因素在起作用？

12.1　引言

　　地球上超过一半的动物通过以其他生物为食来维持生计。有些动物会捕杀其他生物，然后食用它们，而另一些动物则通过摄取活体生物的组织或内部液体来维持生计。数百万种生物以丰富多样的方式与其食物对象相互作用。然而，所有这些相互作用都有一个共同的特征：它们都是捕食行为，即一种营养级联关系，一个物种的个体（捕食者）会吃掉另一个物种的个体（猎物）。

　　本章和下一章讨论三大类捕食：肉食、草食和寄生（见图12.3）。捕食包括：肉食，即捕食者（食肉动物）和猎物都是动物；草食，即捕食者（食草动物）是动物，猎物是植物或藻类；寄生，即捕食者（寄生生物）与猎物（宿主）共生（密切的身体和/或生理接触），并消耗某些组织，但不一定杀死宿主。有些寄生虫是病原体，会导致宿主患病。

(a) 食肉动物　　　　　(b) 食草动物　　　　　　　(c) 寄生虫

图12.3　吃掉其他生物的三种方式。(a)一些食肉植物（如茅膏菜）会吃掉被困在从植物叶片上的毛状结构中分泌的黏性物质；(b)长颈鹿等食草动物吃草、树叶或其他植物部分；(c)这种海洋等足类动物是一种寄生虫，它附着在宿主的组织上并以其为食，宿主是加勒比珊瑚礁的一种克里奥尔鱼

　　这些定义看似简单，很容易举出实例：狮子捕杀并食用斑马，昆虫吃掉植物叶片，绦虫在狗的消化道中吸取营养。然而，自然界的分类并非如此简单。以典型的食草动物绵羊为例，它们主要以植物为食，但也被观察到捕食无助的在陆地筑巢的鸟类的雏鸟。反之，食肉动物有时会像植食动物一样行事，如狼也吃浆果、坚果和叶片。还有一些生物无法清晰地归入任何一类。**寄生蜂**是在一个或几个昆虫（宿主）体内或体表产卵的昆虫（见图12.4）。寄生蜂的幼虫从卵中孵化出来后，会一直伴随宿主，消耗并杀死宿主。寄生蜂可视为不寻常的寄生生物（因为它们几乎总是消耗整个宿主，造成宿主死亡），也可视为不寻常的食肉动物（因为在它们的生命过程中只食用一个猎物，并慢慢地将其杀死）。

当完全发育时，寄生蜂从蚜虫（现已死亡）的出孔中出现

图12.4　寄生蜂是食肉动物还是寄生生物？正在将卵产到蚜虫体内的寄生蜂可视为不寻常的食肉动物，因为在它的一生中只杀死并吃掉一个猎物。寄生蜂也可视为不寻常的寄生生物，因为它会吃掉整个或大部分宿主，从而杀死宿主

　　尽管存在这些问题和其他复杂情况，我们仍分两章来探讨种类丰富的营养相互作用：本章介绍食肉动物和食草动物，第13章将重点讨论寄生现象。下面讨论食肉动物和食草动物的一些饮食偏好。

12.2 食肉动物和食草动物的饮食偏好

虽然食肉动物和食草动物有一些相似之处，但它们在很多方面都不相同。最明显的区别是，食肉动物总是杀死猎物（只吃动物的一部分而不杀死猎物是很难做到的），而食草动物通常不会杀死所吃的植物，至少不会立即杀死。另一个区别是，动物猎物通常可以远离或躲避捕食者，但大多数植物猎物却不能。最后一个区别是，尽管植物猎物通常数量更多，但其组织的含氮量却比动物猎物低得多，因此营养价值更低（见图12.5）。这三个因素对食肉动物与食草动物的饮食偏好有重要影响。

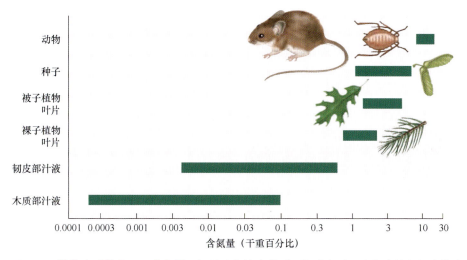

图12.5　**植物和动物的不同含氮量**。氮是动物饮食的重要组成部分。动物身体组织中的含氮量比植物高得多。在植物组织中，叶片的含氮量往往是种子以外任何植物部分中最高的

最佳觅食和饮食偏好取决于两个因素：①遭遇率，它是搜索时间的函数，即搜索和发现猎物所需的时间；②处理时间，即制服和消耗猎物所需的时间。一方面，若猎物的遭遇率很低，就像捕食者寻找移动动物猎物的情况那样，则预测捕食者的猎物选择范围不会太窄。因此，这些捕食者（食肉动物）应该是通食性动物，食物范围相当广泛。另一方面，若猎物相对容易找到，但处理时间较长，如移动性差但营养较低的植物，则捕食者（食肉动物）应是专食者，食物范围较窄。下面详细讨论这些预测。

12.2.1　许多食肉动物的饮食范围很广

大多数食肉动物根据猎物的可获得性来食用猎物，并未表现出对任何特定猎物物种的偏好。这种偏好的缺乏可能是通食策略的结果。若食肉动物捕食某一特定猎物物种的频率高于根据该猎物的可获得性所预期的频率，则可以说它对该猎物物种有偏好。

有些食肉动物确实对某些猎物物种表现出强烈的偏好。例如，猞猁和郊狼吃野兔的次数比根据野兔的可获得性预计的要多；即使野兔只占可获得食物的20%，它们也占猞猁和郊狼食物的60%~80%。

有些食肉动物会集中精力捕食最丰富的猎物。当研究人员为孔雀鱼提供两种猎物果蝇和蠕虫时，孔雀鱼会吃掉大量最丰富的猎物（见图12.6）。像孔雀鱼这样专注于丰富猎物的捕食者往往会从一种猎物"切换"到另一种猎物。发生这种切换可能是因为捕食者对最常见的猎物类型形成了搜索图像，因此倾向于朝向该猎物，或者是因为学习使得它能够越来越有效地捕捉最常见的猎物类型。在某些情况下，捕食者会根据最佳觅食理论的预测，以一种与猎物类型转换一致的方式从

一种猎物类型切换到另一种猎物类型。

12.2.2 大多数食草动物的饮食范围相对狭窄

虽然大多数捕食者会捕食一系列广泛的猎物种类，但多数食草动物却以相对受限的植物部位或植物种子为食。

专门食用特定植物部位 植物各部位的组织因其含氮量不同而具有不同的营养价值。相对于其食物植物较大的一些食草动物可能吃掉整株植物的所有部分，但大多数食草动物倾向于专门吃植物的特定部位。根据是吃叶、茎、根、种子还是吃内部汁液（如富含营养的树液），我们可将它们分组。

相较于其他植物部位，更多的食草动物以叶片为食。叶片丰富且在很多地方全年可得；相比其他植物部位，叶片的营养更丰富（见图12.5）。吃叶片的食草动物范围广泛，从小型的草食性鱼类和蚱蜢，到大型的食叶动物如鹿或长颈鹿，再到微小的“叶内蛀虫”，如飞蛾幼虫钻入叶片内部进食。通过去除光合作用组织，食叶、食草动物可降低其食物植物的生长率、存活率或繁殖率。

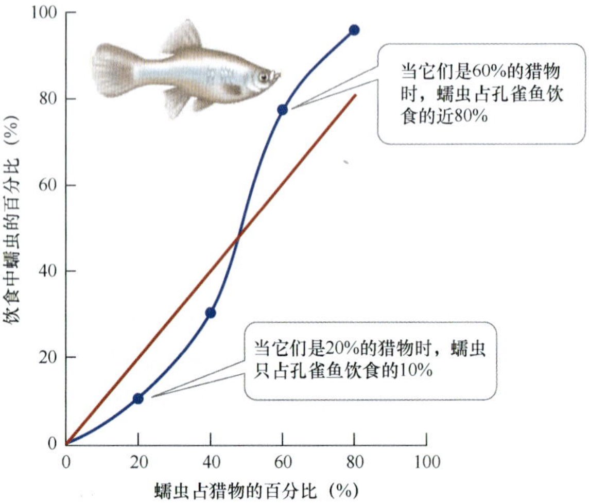

100
80
60
40
20
0
饮食中蠕虫的百分比（%）
0
20
40
60
80
100
蠕虫占猎物的百分比（%）
当它们是60%的猎物时，蠕虫占孔雀鱼饮食的近80%
当它们是20%的猎物时，蠕虫只占孔雀鱼饮食的10%

图 12.6 转向捕食最丰富的猎物的捕食者。孔雀鱼将它们的觅食努力集中在栖息地中最常见的猎物物种上：蠕虫或果蝇。绿线表示孔雀鱼捕获蠕虫而非更丰富猎物物种（蓝线）时预期的结果

地下草食作用也可能对植物产生重大影响，例如，在被蝠蛾的毛虫草食3个月后，灌木羽扇豆植物的生长减少40%。同样，吃种子的食草动物也对植物繁殖成功率产生很大影响，有时会将其降至零。以植物内部汁液为食的食草动物的影响不总是显而易见的（因为可见的植物部位未被移除），但它们的影响可能相当大。例如，迪克森指出，尽管在虫害发生的那一年石灰蚜虫并未减少石灰树的地上生长，但受蚜虫侵扰的树木的根在那一年未生长，一年后，它们的叶片产量下降了40%。

专门食用特定的植物物种 大多数食草动物也专门食用特定的植物物种，这一结论主要适用于昆虫：存在数量庞大的食草性昆虫物种，其中大多数仅在一种（或少数几种）植物上生活并以其为食。例如，大多数属于潜蝇科的果蝇，其幼虫为叶内蛀虫，仅吃一种或几种植物（见图12.7）。类似的结果在食叶甲虫中也有发现：在37种这类甲虫中，25种仅以一种植物为食，10种以2～4种植物为食，只有2种甲虫能吃相对宽泛的一系列植物物种（12～14种）。当然，也有很多食草动物能吃多种植物的例子。例如，蚱蜢会广泛地采食多种植物，即使在图12.7所示的叶内蛀虫中，也有一些物种能吃超过十种不同的植物。大型食草动物如鹿，常在不同树种或灌木物种之间转换；此外，它们还会吃多种草本植物的所有或大部分地上部分。福寿螺是一种贪婪的广谱食

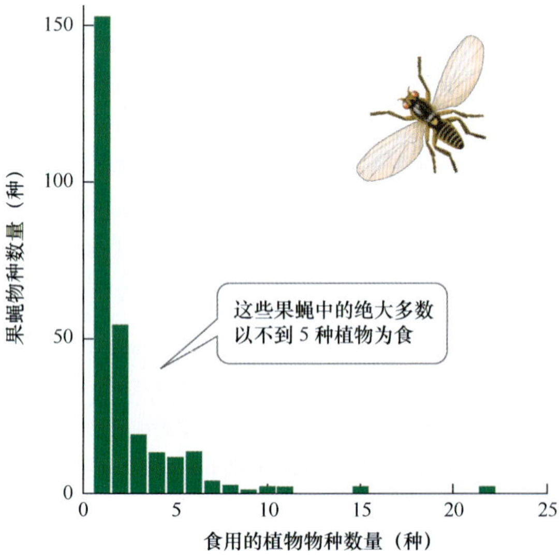

150
100
50
0
果蝇物种数量（种）
0
5
10
15
20
25
食用的植物物种数量（种）
这些果蝇中的绝大多数以不到5种植物为食

图 12.7 大多数果蝇的饮食范围很窄。果蝇的幼虫是生活在叶片内部且以叶片组织为食的潜蝇

草动物，能够清除湿地中的所有大型植物，然后通过吃藻类和碎屑生存。

探讨食物偏好后，下面介绍捕食者和猎物在获取食物或避免被捕食方面的适应性。

12.3　捕食的重要机制

在面临的其他挑战中，所有动物都必须在获取食物的同时努力避免自己被吃掉。这一持续上演的生存剧变促使捕食者和猎物各自演化出了形态与行为机制的迷人多样性。下面探讨其中的一些机制。

12.3.1　一些食肉动物主动搜索和捕获猎物，而其他食肉动物则选择守株待兔

许多食肉动物在其栖息地中四处觅食，不断移动以寻找猎物。采取这种方式狩猎的物种例子包括狼、鲨鱼和鹰等。其他食肉动物则停留在一处，攻击进入其攻击范围的猎物（如鳗鱼和某些蛇类，如曼巴蛇和蝰蛇）或落入陷阱的猎物（如蜘蛛网或食虫植物特化的叶片）。

许多食肉动物拥有有助于捕获猎物的独特身体特征。例如，猎豹的身体形态使它能够爆发极高的速度，以捕获瞪羚和其他快速逃跑的猎物。又如，大多数蛇能够吞下比其头部大得多的猎物（见图12.8）。与其他陆生脊椎动物不同的是，蛇的头骨并未牢固地连在一起。这种独特的功能使得蛇可将下巴张开到看似不可能的程度。固定在可向内移动的骨头上的弯曲牙齿随后帮助将猎物拖入口腔。如果有类似适应性的哺乳动物，或许就能完整地吞下一个西瓜。

红色的骨头可以移动，使蛇的嘴张得足够大，可以吞下大型猎物

图 12.8　蛇如何吞下比头还大的猎物。(a)蛇有可移动的头骨，能吞下大得惊人的猎物；(b)这条绿曼巴蛇正在吞咽一只比其头还大的老鼠

一些食肉动物主要依赖其物理结构捕食，其他食肉动物（如毒蜘蛛）通过毒液制服猎物。还有一些食肉动物则利用仿生手段捕食：伏击蟒、蝎蛉以及许多其他捕食者能够完美融入环境，猎物很难察觉到它们的存在。某些捕食者拥有诱导性特征，可提高它们捕食特定猎物物种的能力。捕食性纤毛原生动物就具有这样的诱导性进攻机制：个体逐渐调整其大小以匹配周围环境中可获得猎物的大小。因此，如果纤毛虫较小，但环境中存在的猎物较大，那么纤毛虫就增大体形，反之亦然。有些捕食者能够解毒或耐受猎物的化学防御，如下例所示。

袜带蛇是唯一已知能捕食有毒蝾螈的捕食者。在某些种群中，这种蝾螈的皮肤中含有大量河豚毒素（TTX），即一种极强的神经毒素。TTX会阻止神经信号传递，引起瘫痪和死亡。一只蝾螈

体内的TTX足以杀死2.5万只小鼠——远超致人死亡所需的剂量。

然而，某些种群中的袜带蛇能够捕食蝾螈，因为它们能够耐受TTX。虽然这些袜带蛇能够免受TTX致命的影响，但那些能耐受最高浓度TTX的个体比抵抗力较弱的个体行动更缓慢——这是对毒素耐受度和运动速度之间的权衡。此外，它们吞下有毒蝾螈后，会被麻痹长达7小时。在这段时间里，袜带蛇不仅容易受到其他捕食者的攻击，还可能遭受热应激的损害。

12.3.2 逃离食肉动物：物理防御、毒素、拟态和行为

物理防御措施包括大体形（如大象）、为实现快速或灵活移动设计的身体结构（如瞪羚），以及身体护甲（如蜗牛和穿山甲等哺乳动物，如图12.9a所示）。

其他物种则利用毒素来防御捕食者。毒素强的物种通常色彩鲜艳（见图12.9b）。这种警示色彩本身就可保护其免受捕食者的伤害，捕食者可能本能地避开色彩鲜艳的猎物，或者根据经验得知不要吃它们。

其他猎物物种利用拟态作为防御手段：与不那么美味的生物或其身体特征相似。它们会让潜在的捕食者误以为它们是不太好吃的东西。拟态有多种形式。有些物种的形状或颜色可提供伪装，避免猎物发现（见图12.9c）。其他猎物物种利用拟态来"虚张声势"：它们的形状和颜色模仿凶猛或含有剧毒的物种（见图12.9d）。最后，许多猎物物种在捕食者出现时会改变其行为。当捕食者众多时，雪鞋兔会减少在开阔地带的觅食（那里它们最易遭到攻击）。受到威胁时，麝牛会形成防御圈，使其成为难以捕获的目标。

(a) (b) (c) (d)

图12.9 **逃离被捕食的适应**。猎物已进化出多种机制来逃避捕食者，包括：(a)身体特征，如穿山甲的盔甲；(b)毒素，如海葵的明亮警示色；(c)伪装，如雌性土星蛾与森林地面上的落叶融为一体；(d)拟态，如类似于蛇的陆生扁虫

在某些情况下，不同类型的防御之间可能存在权衡。例如，在被青蟹捕食的4种螺中，发现青蟹时，外壳最易被青蟹咬碎的物种会迅速躲避，反之亦然（见图12.10）。抗挤压能力与躲避捕食者行为之间的负相关关系表明，螺的物理防御和行为防御之间可能存在权衡。

12.3.3 植物与食草动物的相互作用

食草动物通常只吃掉植物的一部分，而不会杀死植物。此外，由于大多数植物不能移动，无

法在空间中逃脱食草动物的捕食，它们会采取防御措施来减小被捕食的概率。下面首先介绍植物减少被食草动物捕食的应对措施，然后介绍食草动物的应对方法。

减少被捕食：回避、耐受和防御　有些植物会在某些年份结出大量种子，而在其他年份结出少量种子，甚至不结种子，以避免被食草动物吃掉。例如，竹子的大规模开花现象相隔达100年。这种现象称为**丛生**，它允许植物在时间上隐藏起来，躲避吃种子的食草动物，然后通过庞大的数量压倒它们。植物还可通过其他方式来避免被食草动物吃掉，如在食草动物稀少的季节长叶片。

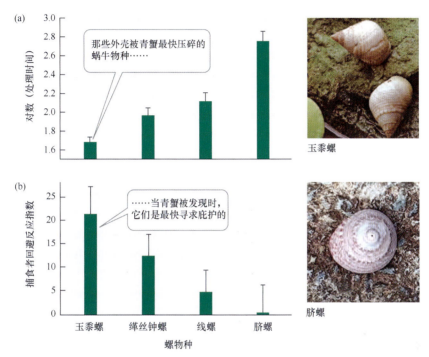

图12.10　**螺防御青蟹捕食的权衡？** (a)青蟹操纵和压碎4种螺外壳所花的时间；(b)4种螺的捕食者回避反应强度指数，值越大表示对青蟹的行为反应越快。误差条显示的是均值的标准差

还有一些植物具有适应性生长反应，能够在一定程度上补偿并耐受食草动物的影响。当植物组织被清除后，会刺激植物产生新的组织，进而相对快速地补充被食草动物吃掉的物质，这就是**补偿**。当完全补偿发生时，食草动物不会造成植物组织的净损失。例如，当叶片组织被移除后，会加快植物生长；当顶部的嫩芽被移除后，下部的嫩芽会加快生长。山毛榉受到食草动物侵害（剪枝）后，会增大叶片生产和光合的速率。类似地，在某些情况下，适度到高强度的食草行为可能对野龙胆有益（见图12.11）。在这种情况下，食草发生的时机至关重要：在生长季早期（直至7月20日），这种结构是一种**诱导性防御**（受食草动物攻击的刺激），例如仙人掌只在被吃掉后才会增加刺的生长。

植物能够超额补偿失去的组织，但在生长季后期（7月28日以后）则无法补偿。然而，若从野龙胆或其他任何植物中移除的物质量足够大，或者不足以支持生长所需的资源，则植物将无法充分补偿损伤。

最后，植物使用了一系列广泛的结构和化学防御手段来抵御食草动物：许多植物的叶片坚韧，许多植物覆盖有刺、荆棘、锯齿状边缘。

植物还产生各种称为**次生化合物**的化学物质，以减小被捕食的概率。一些次生化合物具有毒性，可保护植物不受除相对较少能耐受这些化合物的食草动物物种外的所有物种的侵害。另一些次生化合物则作为化学线索，吸引捕食者或寄生者来靠近植物，进而攻击食草动物。

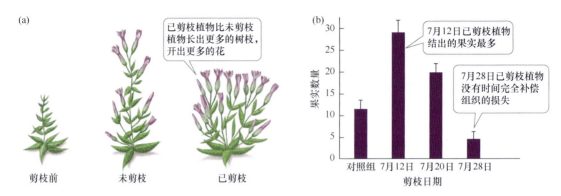

剪枝前　　　未剪枝　　　已剪枝

已剪枝植物比未剪枝植物长出更多的树枝，开出更多的花

7月12日已剪枝植物结出的果实最多

7月28日已剪枝植物没有时间完全补偿组织的损失

果实数量

对照组　7月12日　7月20日　7月28日
剪枝日期

图12.11　食草动物的补偿。野龙胆在生长季节的不同时期被剪枝以模拟食草动物。(a)未剪枝（对照）和剪枝植物的花朵形状与产量；(b)对照植物和在不同日期被剪枝植物所结的果实数量。误差条显示的是均值的标准差

　　有些植物物种（如橡树）会不断产生次生化合物，而不管食草动物是否攻击过它。在其他物种中，次生化合物的产生是一种诱导性防御。例如，当受到食草动物攻击时，北美野生烟草会产生两种诱导性防御：一种是直接阻止食草动物的有毒次生化合物，另一种是通过吸引捕食者和寄生虫间接阻止食草动物的挥发性化合物。这些防御措施共同作用，可有效减少食草动物对组织的破坏。实验表明，在野生烟草的茎上施用常由食草动物产生的化合物，可使植物上的食叶动物数量减少90%以上。

　　克服植物防御　植物使用的防御手段阻止了大多数食草动物对大多数植物的取食。但是，对于任何给定的植物物种，总有一些食草动物能够应对其防御机制。布满尖刺的植物可能遭受能够避开或耐受这些尖刺的食草动物的攻击。许多食草动物已进化出消化酶，能够瓦解或耐受植物的化学防御。这样的食草动物可以获得很大的优势：可以吃其他食草动物不能吃的植物，进而获得丰富的食物来源。

　　一些食草动物通过行为响应来规避原本有效的植物防御。例如，某些甲虫利用行为响应来应对热带裂榄属植物的防御机制。这些植物结合了有毒次生化合物的产生与高压输送系统：它们将有毒、黏稠的树脂存储在贯穿叶片和茎的网络状管道中（见图12.12）。如果昆虫咬破这些管道之一，树脂就会在高压下从植物中喷出，驱赶甚至杀死昆虫。然而，热带甲虫属中的一些物种已进化出有效的反防御手段。它们的幼虫会缓慢地咀嚼穿过叶脉中树脂管道所在的位置，逐步释放压力，使得树脂不会从植物中喷出。甲虫幼虫可能

图 12.12　植物防御和食草动物反防御。一些裂榄属植物在高压下将有毒树脂存储在叶片管道中：(a)当食草动物吃叶片时，会咬破管道，使得树脂从叶片中喷出；(b)一些甲虫可通过慢慢咀嚼管道来让这种防御失效

需要一个多小时才能以这种方式"解除"叶片的防御；一旦完成这项任务，幼虫只需10～20分钟就可以吃完这片叶片。

12.3.4　进化影响植物与食草动物的相互作用

植物展现的各种抗食草动物的防御机制表明，食草动物对植物种群构成了强大的选择压力。最近的几个研究对此进行了检验。例如，在一项持续五代植物的实验中，祖斯特等人检验了这样一个假设：蚜虫通过自然选择导致了一年生植物拟南芥种群的进化。拟南芥是一种属于芥菜科的小型植物，常用于实验室实验和遗传学研究。他们以来自自然种群的27个不同拟南芥基因型的等量混合体开始实验（见图12.13a）。

通常，任何一种植物基因型都只会表达该物种完整化学防御库的一部分；然而，在这项研究中，所用的27个基因型已被聚集，旨在代表拟南芥化学防御的全部多样性。

祖斯特及其同事发现，与无蚜虫时相比，蚜虫（使用了甘蓝蚜虫和萝卜蚜虫）的取食导致植物平均大小减小了82%，表明食草行为是有代价的。他们同时也发现，在实验过程中，暴露于两种蚜虫种群的植物平均大小稳步上升（见图12.13b），表明这些种群中可能发生了快速进化。这些植物平均大小的增长与植物种群基因型组成的重大变化有关。例如，有10种植物基因型完全消失，而不同的蚜虫物种选择了不同的植物基因型。分析数据12.1介绍了不同蚜虫物种通过自然选择，使得不同植物基因型得以胜出的过程。

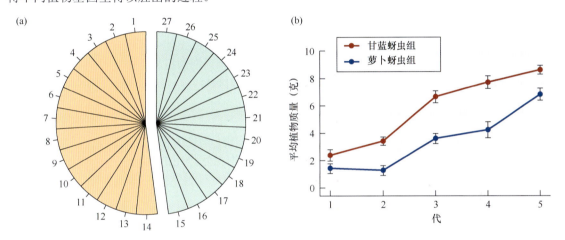

图12.13　食草动物会导致植物种群进化吗？饼图显示实验开始时所用27种拟南芥基因型是等比例的。实验检验了蚜虫的食草性导致实验植物种群进化的假设。橙色表示编码具有三碳侧链的防御化合物（3C防御化合物）的植物基因型，绿色表示编码具有四碳侧链的防御化合物（4C防御化合物）。(b)蚜虫导致拟南芥的平均质量逐代增加，表明了植物种群的进化反应。误差条显示的是均值的标准差

总之，祖斯特等人的研究成果提供了明确的实验证据，证明食草动物可通过自然选择导致植物种群进化。

分析数据12.1　不同食草动物会选择不同的植物基因型吗？

祖斯特等人研究了蚜虫的食草行为如何影响植物种群的自然选择进化。针对三个实验组，都建立了一年生植物拟南芥的6个复制种群：对照组（无蚜虫）、甘蓝蚜虫组和萝卜蚜虫组。每个复制种群都从27个自然基因型开始，且在三组中植物都以高密度（超过8000株植物/平方米）生长。

实验开始时，每个复制种群都包含相等比例的27种植物基因型（见图12.13a）。实验进行了5代。实验结束时，确定了所有幸存基因型的频率。

表中显示了选择实验结束时的平均植物基因型频率；除了这里显示的基因型，基因型12、14和21在一组或两组中的频率较低（小于1.5%）。表中未显示的其他基因型未能存活。

存活植物基因型的频率（%）

组　别	1	2	3	4	5	6	8	9	10	15	16	22	25	27
对照组	0.7	4.9	0	2.8	0	42.3	2.8	8.5	6.3	0	1.4	1.4	26.1	0.7
甘蓝蚜虫组	2.8	3.5	0	0.7	0.7	0	0	9.9	3.5	1.4	2.1	1.4	67.4	2.8
萝卜蚜虫组	0.7	0	5.6	0	9.7	0	0	63.2	4.2	9.7	0	0.7	6.3	0

1. 该实验共建立了多少个植物种群？在这些种群中，每种植物基因型的初始频率是多少？

2. 进化是否发生在对照组中？如果是这样，什么因素或哪些因素可能导致这些种群通过自然选择进化？解释你的答案。

3. 进化发生在暴露于蚜虫的种群中吗？如果是这样，什么因素或哪些因素可能导致这些种群通过自然选择进化？解释你的答案。

4. 将甘蓝蚜虫组的结果与萝卜蚜虫组的结果进行比较，关注选择是否有利于编码3C或4C防御化合物的基因型（见图12.13a）。在这两组中，自然选择偏好的植物基因型差异有多大？

12.4　捕食者-猎物种群周期

第10章介绍了种群周期，且在本章开头的案例研究中描述了其中最有名的一个种群周期：野兔-猞猁周期。种群规模的周期性波动是自然界中最引人入胜的模式之一。是什么导致种群规模随时间发生如此巨大而规律的变化呢？下面介绍导致野兔-猞猁周期的机制，首先从模型、实验及对捕食者-猎物相互作用的实地观察来描述关于种群周期的成因。

12.4.1　捕食者-猎物种群周期可用数学模型建模

评估种群周期成因的一种方法是数学法。20世纪20年代，洛特卡和沃尔泰拉分别用现被称为洛特卡-沃尔泰拉的捕食者-猎物种群来表示捕食者-猎物相互作用的动态：

$$\frac{\mathrm{d}N}{\mathrm{d}t} = rN - aNP$$

$$\frac{\mathrm{d}P}{\mathrm{d}t} = baNP - mP$$

（12.1）

式中，N表示猎物数量，P表示捕食者数量。猎物种群随时间变化的方程（$\mathrm{d}N/\mathrm{d}t$）假设捕食者不存在时（$P = 0$）猎物种群呈指数增长（$\mathrm{d}N/\mathrm{d}t = rN$，其中$r$是指数增长率）。当存在捕食者时（$P \neq 0$），它们杀死猎物的速度部分取决于捕食者和猎物相遇的频率。该频率预计会随着猎物数量（N）和捕食者数量（P）的增加而增加，因此在$\mathrm{d}N/\mathrm{d}t$的方程中使用了相乘项（NP）。捕食者杀死猎物的速度还取决于捕食者捕获猎物的效率。这种捕获效率由常数a表示，因此捕食者从猎物种群中移除个体的总速率为aNP。

当没有猎物时，捕食者就会饿死。因此，捕食者种群随时间变化的方程（$\mathrm{d}P/\mathrm{d}t$）假设在没有猎物（$N = 0$）时捕食者的数量呈指数下降，死亡率为m（$\mathrm{d}P/\mathrm{d}t = -mP$）。当猎物存在时（$N \neq 0$），个体会根据被杀死的猎物数量（$aNP$）和猎物转化为捕食者后代的效率（由常数$b$表示）添加到捕食者种群中。因此，个体添加到捕食者种群中的速率为$baNP$。

求解每个物种在种群规模停止变化（或达到平衡）时的种群增长方程［式（12.1）］，可确定猎物和捕食者种群之间的关系。这种方法涉及确定猎物和捕食者的零种群增长等值线。零种群增长等值线（简称等值线）是在给定数量的捕食者（或猎物）条件下，猎物（或捕食者）的种群规模不变的状态。对猎物来说，当$\mathrm{d}N/\mathrm{d}t = 0$时，其数量不变，这时$P = r/a$。同样，当$\mathrm{d}P/\mathrm{d}t = 0$时，捕食者的数量不变，这时$N = m/ba$。确定$r/a$和$m/ba$后，就可在图表上绘制猎物（$x$轴）和捕食者（$y$轴）的等值线。对猎物而言，等值线是起始于$P = r/a$的水平线（见图12.14a）。这条线表示保持猎物种群规模不变（或处于平衡状态）所需的捕食者数量。若捕食者的数量低于这条线，则猎物种群规模增大；若捕食者的数量高于这条线，则猎物种群规模减小。同样，对捕食者来说，等倾线是一条源于$N = m/ba$的垂线（见图12.14b）。这条线代表维持捕食者种群零增长所需的猎物数量。若猎物数量在这条线的左侧，则捕食者种群规模减小；若猎物数量在这条线的右侧，则捕食者种群规模增大。

结合图12.14a和图12.14b中的等倾线可以看出，等倾线以90°角相切，且将图形划分为4个区域（见图12.14c）。于是，追踪这四个区域中捕食者和猎物的种群规模增长情况发现，它们都随着时间的推移而循环，且捕食者比猎物落后1/4个周期（见图12.14d）。从右下角开始，猎物和捕食者的种群规模都增长，但捕食者数量的增加导致猎物数量趋于平稳，最终在其等倾线上达到零种群增长。当种群移动到右上角时，捕食者的数量仍在增加，但猎物的数量在减少，导致捕食者种群的增长速度放缓，最终到达其等倾线。现在，猎物数量已下降到捕食者种群规模无法维持自身的程度，因此捕食者数量也开始下降（左上角）。最后，在左下角，由于捕食者数量较少，猎物种群规模开始增大。这种增大最终会导致捕食者数量增加，循环再次开始。

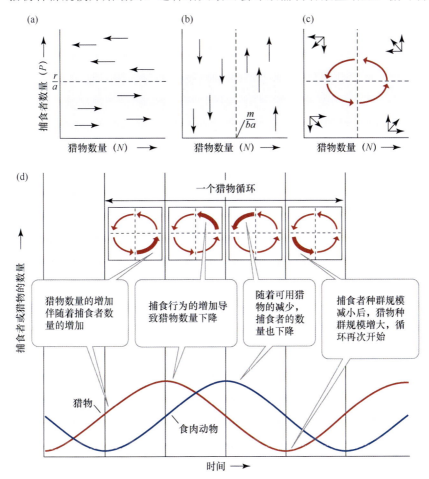

图12.14　洛特卡-沃尔泰拉捕食者-猎物种群产生种群周期。(a)首先考虑猎物种群，$dN/dt = 0$时猎物的数量不变，此时$P = r/a$时。(b)接着考虑捕食者种群，$dP/dt = 0$时捕食者的数量不变，此时$N = m/ba$。综合(a)和(b)的结果可以看出，捕食者和猎物的综合数量（红色向量）具有内在的循环趋势(c)。显示这些循环的方式有两种：(c)将捕食者和猎物的数量绘制在一起；(d)将捕食者和猎物的数量与时间绘制在一起；(d)中的4幅插图显示了猎物和捕食者数量的综合影响。在(d)中，注意捕食者数量曲线比猎物数量曲线落后1/4个周期

因此，洛特卡-沃尔泰拉捕食者-猎物种群得出了一个重要结论：捕食者种群和猎物种群具有

一种固有的循环趋势，因为一个种群的数量依赖于另一个种群的数量。当捕食者和猎物的等倾线相交时，这两个种群才不会循环。根据定义，这两个种群的数量都不变。但是，该模型还有一个奇怪且不切实际的特性：循环的振幅（捕食者和猎物数量的上升和下降幅度）取决于捕食者和猎物的初始数量。如果初始数量稍有变化，循环的振幅就发生变化。更复杂的捕食者-猎物种群虽然会产生循环，但不会显示出对初始种群规模这种不切实际的依赖。然而，所有这些模型都得出了一个总体结论：捕食者-猎物相互作用有可能导致种群周期。

12.4.2　捕食者-猎物种群周期可在实验室条件下重现

捕食者-猎物种群的周期行为能否在实验室中重现？实验表明，这样的周期很难重现。当猎物很容易被捕食者发现时，捕食者通常会将猎物驱赶到灭绝，自己然后也会灭绝。哈夫克进行的实验就是这样，他使用了食草性六斑螨及以其为食的西方盲走螨。在最初的一系列实验中，哈夫克在托盘上的40个位置释放了20只六斑螨，其中有些位置上放有橙子，食草性六斑螨可以吃这些橙子（见图12.15a）。最初，六斑螨的数量有所增加，在某些情况下，每个橙子上有高达500只六斑螨。实验开始11天后，哈夫克在托盘上释放了2只西方盲走螨。猎物和捕食者的数量都增加了一段时间，然后下降到灭绝（见图12.15b）。

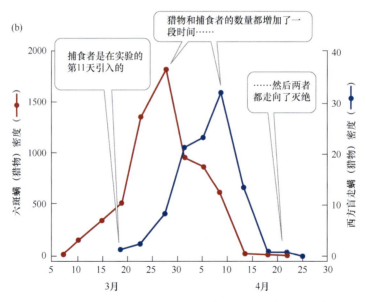

图12.15　在简单环境中，捕食者会使得猎物灭绝。(a)哈夫克构建了一个简单的实验室环境来检验捕食者和猎物共存并产生种群周期的条件。他将橙子放在实验托盘的几个位置上，为草食性六斑螨提供食物；其余位置放不可食用的橡皮球。(b)当西方盲走螨被引进到这个简单的环境时，会使得猎物灭绝，导致其自身也灭绝

哈夫克观察到，若橙子间隔较宽，则猎物存活的时间更长，因为捕食者需要花更多的时间才能找到猎物。为了验证这一想法，他进行了后续实验，提高了环境的复杂性。首先，他在一些地方添加了凡士林条，部分地阻挡了西方盲走螨从一个橙子爬到另一个橙子。然后，他在一些橙子上竖放了小木柱，使得六斑螨可用其吐丝并随风飘浮的能力越过凡士林条。因此，他改变了实验

环境，以利于六斑螨虫的扩散，并阻碍西方盲走螨的扩散。在这些条件下，猎物和捕食者都存活下来，表现出一种"捉迷藏"式的动态，进而产生了种群周期（见图12.16）。六斑螨扩散到没有橙子的地方时，数量就会增加。一旦捕食者发现带有六斑螨的橙子，就会将这些六斑螨全部吃掉，导致该橙子上猎物和捕食者的数量急剧下降。然而，与此同时，一些六斑螨不断形成新的群体，并在被西方盲走螨发现之前快速发展。

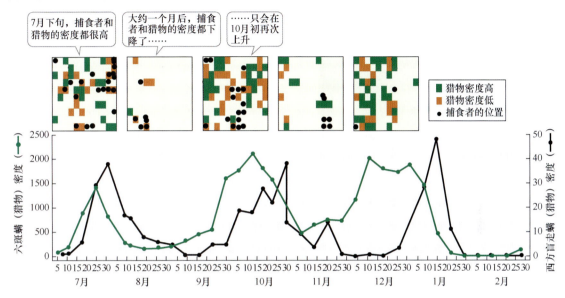

图12.16　复杂环境下的捕食者–猎物循环。哈夫克修改了图12.15所示的简单实验室环境，创建了更复杂的环境，该环境有助于猎物物种的扩散，但会阻碍捕食者的扩散。在这些条件下，捕食者和猎物种群共存，且它们的数量随着时间的推移而循环。顶部显示了5个不同时间点猎物（阴影区域）和捕食者（圆点）的位置

捕食者–猎物种群周期可在野外持续存在　自然种群中的捕食者和猎物可以共存，并表现出与哈夫克的螨虫类似的动态。例如，加州海岸附近的贻贝可能被掠食性海星驱赶到灭绝。然而，贻贝幼体会在海流中漂浮，因此其扩散速度要比海星的快。因此，贻贝不断地形成新的团块，直到被海星发现。就像哈夫克实验中的六斑螨一样，贻贝之所以能够存活，是因为它们的部分种群在一段时间内逃脱了捕食者的搜索。

实地研究还表明，捕食者影响着诸如南方松甲虫、田鼠、环颈旅鼠、雪鞋兔和麋鹿等物种的种群周期。然而，捕食并不是导致这些物种种群周期的唯一因素。食草猎物的植物供应也起重要作用，在某些情况下，社交互动也很重要。因此，现实情况并不像捕食者–猎物种群所示的那么简单。在野外，一些种群周期可能由三方关系导致——捕食者和猎物对彼此的影响，以及猎物和它们的食物对彼此的影响。

无论它们的种群是否周期性变化，多种因素都可防止捕食者将猎物驱赶到灭绝，包括栖息地的复杂性和捕食者的有限扩散（如哈夫克的螨虫），捕食者的猎物转换，空间避难所（捕食者无法有效捕猎的区域），以及猎物种群的进化。

本节介绍了捕食如何改变捕食者和猎物的种群规模，进而导致种群周期。下面讨论捕食者如何对生态群落产生重大影响。

12.5　捕食对群落的影响

贯穿本书的一个普遍主题是生态相互作用会影响物种的分布和数量，进而影响群落和生态系统。捕食对群落层面的影响可能是深远的，在某些情况下会导致在特定地点发现的生物类型发生

重大变化。

　　所有营养相互作用都有可能降低被捕食生物的生长、存活或繁殖。这些影响可能是巨大的，如食叶甲虫会迅速降低对牲畜有毒的贯叶连翘的密度（见图12.17）。当作为生物害虫控制手段引进时，捕食者和寄生性天敌也可能产生显著影响。例如，引进捕食农作物昆虫的黄蜂会使食草昆虫的密度降低95%以上，进而大大降低这些害虫造成的经济损失。

 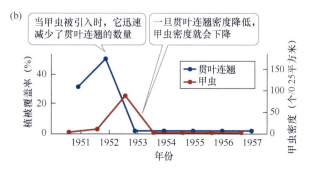

图12.17　甲虫控制有毒牧场的杂草。毒害牛的贯叶连翘曾覆盖美国西部约400万英亩的牧场：(a)在摄于1949年的这张照片中，田野完全被开花的贯叶连翘覆盖；(b)1951年，人们引进了食叶甲虫，希望控制贯叶连翘。该图跟踪了甲虫和贯叶连翘的密度

　　捕食者和食草动物可以改变竞争的结果，进而影响竞争物种的分布或数量。特别地，当它们与减少优势竞争者数量或表现的捕食者共存时，劣势竞争者可能增大数量。潘尼发现捕食性海星的移除导致除一种贻贝外，所有大型无脊椎动物都局部灭绝。贻贝是一种优势竞争者，没有海星时，它会将所有其他大型无脊椎动物驱赶至局部灭绝。

　　下面介绍营养相互作用如何影响群落的例子，首先是食肉动物，其次是食草动物。

　　食肉动物可显著改变群落　　蜥蜴是捕食范围广泛的捕食者，其猎物包括蜘蛛。舍纳和斯皮勒在巴哈马群岛研究了蜥蜴对其猎物的影响。他们将所选的12个小岛分为4组，每组3个小岛，且每组的大小和植被都差不多。最初，在每组的3个岛中，1个岛上有蜥蜴，2个岛上没有蜥蜴。在后两个岛中随机选择1个岛，引进2只雄性和3只雌性成年蜥蜴，另一个岛作为对照组，岛上没有蜥蜴。引进的蜥蜴大大减少了蜘蛛的分布和数量。实验开始前，缺乏蜥蜴的8个岛上的蜘蛛数量和蜘蛛总体密度相似。然而，到实验结束时，向4个岛引进蜥蜴将蜘蛛的数量和密度降低到存在蜥蜴的4个岛的水平。在引进蜥蜴的岛上，蜘蛛的灭绝比例比没有蜥蜴的岛高出近13倍（见图12.18）。同样，没有蜥蜴的岛上蜘蛛的密度比有蜥蜴的岛（无论是自然存在的还是实验引进的）高出约6倍。蜥蜴的引进减小了常见和稀有蜘蛛物种的密度，大多数稀有物种都灭绝了。对被啮齿动物捕食的甲虫和被鸟类捕食的蝗虫，也得到了类似的实验结果。

　　舍纳和斯皮勒关于掠食性蜥蜴对蜘蛛的影响的研究表明，捕食者的直接影响是大大减少了群落中猎物的数量。在其他情况下，抑制优势竞争者的捕食者可（间接）导致群落中物种数量的增加（如海星和贻贝的例子）。捕食者的间接影响是可通过影响营养物质从一个生态系统到另一个生态系统的转移来改变生态群落，以下关于北极狐的研究说明了这一点。

　　19世纪末和20世纪初，人类将北极狐引进到阿拉斯加海岸附近的一些阿留申群岛上。其他岛保持无北极狐状态，要么是因为那里从未引进过北极狐，要么是因为引进失败。利用这个无意中进行的大规模实验，克罗尔等人发现，平均而言，向一个岛引进北极狐使得繁殖海鸟种群的密度降低了近100倍。海鸟数量的减少反过来又使鸟粪输入岛屿的数量从约362克/平方米减少到约6克/平方米。富含磷和氮的海鸟鸟粪将营养物质从海洋转移到陆地。通过减少鸟粪对岛上（营养受限）植物群落的施肥量，引进北极狐导致矮灌木和杂草的丰度增加，而草杂的丰度减少。因此，引进北极狐意外地将岛上的群落从草原转变为以小灌木和杂草为特征的群落。

在引进蜥蜴的岛上，已灭绝蜘蛛物种的比例比没有蜥蜴的岛高出近13倍

图12.18 **蜥蜴使得蜘蛛灭绝。** 将蜥蜴引进到小岛上加快了蜘蛛灭绝的速度。误差条显示的是均值的标准差

12.5.1 食草动物能以惊人的方式改变群落

食草动物同样可以产生巨大的影响。雪雁从美国越冬地迁移到加拿大哈德逊湾附近的盐沼繁殖。夏天，雪雁啃食沼泽草地和莎草。历史上，虽然雪雁吃掉了相当多的植物，但它们的存在对沼泽是有益的，因为增加了氮，而氮是植物生长的有限资源。它们一边吃，一边每隔几分钟就排便，将氮添加到土壤中。植物通过吸收添加的氮而迅速生长。总体而言，雪雁从轻度到中度的啃食导致植物生长增加。例如，轻度啃食地块的净初级生产力高于未啃食地块（见图12.19a）。

然而，大约40年前，上述情况开始发生变化。约从1970年开始，雪雁的密度指数增长。出现这种增长的原因是，它们的越冬地附近的农作物产量增加，为雪雁提供了大量食物。随之而来的高密度雪雁不再有利于沼泽植物。雪雁完全吃掉了植被，极大地改变了沼泽植物群落（见图12.19b）。据估计，在哈得逊湾地区原有的54800公顷潮间带沼泽中，雪雁破坏了35%。另30%的原始沼泽也遭到雪雁的严重破坏。（从1999年开始的）受控狩猎减缓了雪雁数量的增长，最终可能导致沼泽恢复。

在《物种起源》中，达尔文发现围起荒地以防止牛群啃食后，苏格兰冷杉迅速取代石楠。达尔文得出结论：若不是因为牛的啃食，从石楠边缘的树上散落的种子会发芽并覆盖石楠。因此，该区域石楠群落的存在本身就依赖于啃食。

食草动物也可对水生环境产生显著影响。1980年，福寿螺从南美洲引进到中国台湾地区，供当地消费和出口。福寿螺逃离培

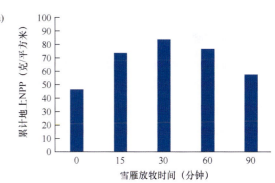

图12.19 **雪雁可以造福或破坏沼泽。** (a)轻度啃食与不啃食雪雁相比，盐沼植物增加了新生物量的累积，因为排便的雪雁增加了氮；(b)高密度雪雁的大量啃食可将盐沼变成泥滩

养后，迅速扩散到东南亚地区，引起了研究人员和政府官员的注意，因为它是水稻的害虫。福寿螺还在夏威夷、美国南部和澳大利亚被发现。

大多数淡水蜗牛喜食藻类，但福寿螺喜欢食用水生植物，包括漂浮在水面上的植物和附着在底部的植物。然而，福寿螺是杂食动物，没有植物时，它们可以靠藻类和碎屑生存。

作为评估蜗牛如何影响自然群落的第一步，卡尔森及其同事调查了泰国14个不同蜗牛密度的湿地。他们发现，蜗牛密度高的湿地群落的特点是植物少，水中营养浓度高，藻类和其他浮游植物的生物量大（见图12.20）。

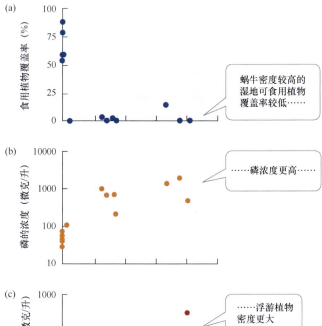

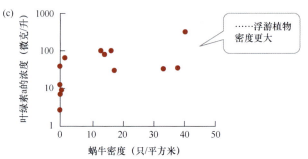

图 12.20　食草动物蜗牛改变了水生群落。卡尔森及其同事测量了泰国 14 个天然湿地的特征。(a)可食用植物覆盖的湿地百分比；(b)水中磷的浓度；(c)叶绿素 a 的浓度（浮游植物生物量的指标）。注意(b)和(c)中的对数刻度。单独进行的实验表明，这里显示的所有趋势都可能由蜗牛引起

为了验证他们观察到的趋势是否由蜗牛引起，卡尔森等人在湿地中放置了24个1米×1米×1米的围栏。在每个围栏中，他们添加了约420克水葫芦。接着，他们在围栏中添加了0只、2只、4只或6只蜗牛；4个蜗牛密度组各有6个重复。卡尔森及其同事然后测量了蜗牛对植物生物量和浮游植物生物量的影响。在没有蜗牛的围栏中，水葫芦生物量增加，但在所有其他围栏中均减少。在测试的最高蜗牛密度（6只/平方米）下，浮游植物生物量增加。

蜗牛密度较低的湿地调查和实验结果一致表明，蜗牛可对湿地群落产生巨大影响，使水质清澈、植物众多的湿地转变为水质浑浊、植物稀少、营养物质浓度高、浮游植物生物量高的湿地。这种转变很可能是因为蜗牛直接抑制了植物，并将从植物获得的营养释放到水中，为藻类和其他浮游植物提供了更好的生长条件。

气候变化联系：气候变化和物种相互作用

气候影响生物体的生理学、种群的分布和规模以及物种间相互作用的结果。气候变化预计会对物种相互作用乃至整个生态群落产生广泛影响。例如，有人在对600多篇文章的综述中指出气候

变化会影响各种生态互相作用的强度和频率（见图12.21）。

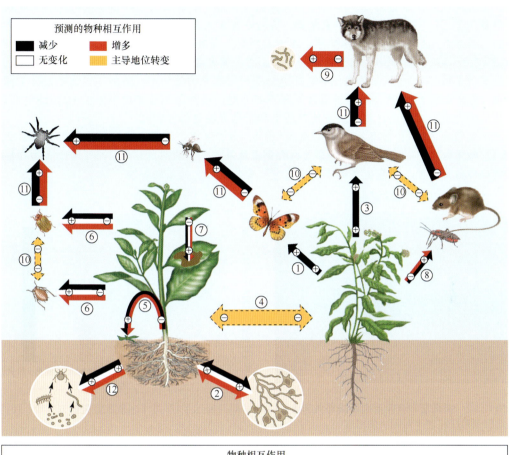

物种相互作用

① 植物-传粉者　　　④ 植物-植物竞争　　　⑦ 植物-病原体　　　⑩ 动物-动物竞争

② 植物-真菌共生　　⑤ 植物-半寄生虫　　　⑧ 植物-种子捕食者　⑪ 捕食者-猎物或拟寄生者-宿主

③ 植物种子散布　　⑥ 植物-食草动物　　　⑨ 宿主-病原体　　　⑫ 土壤食物网

图12.21　气候变化改变物种相互作用。 该图概述了一个文献综述，该文献综述预测了气候变化如何改变陆地系统中的物种相互作用，包括一些与寄生虫的相互作用。实线箭头表示营养和能量流；带有虚线轮廓的双箭头表示竞争。箭头中的+号或−号表示每个参与者的收益或成本

　　总之，这些结果表明，物种间的相互作用可能使预测气候变化如何影响捕食者-猎物关系的工作变得更加复杂。例如，尽管气候对捕食者或食草动物的直接影响可能表明这些物种会随着气候变化而扩大其分布范围，但与其他物种的竞争可能阻止这种情况发生。如果竞争有这种影响，那么与其他生物的相互作用将导致气候变化下物种的实际分布小于其潜在分布。然而，在其他情况下，可能观察到非常不同的结果。例如，气候变化可能导致新群落的形成，这些群落包含的物种集合与当前群落中的物种集合不同。在这种新群落中，捕食者可能与新猎物或宿主相互作用，扩大其地理范围。总之，生态相互作用将影响未来气候变化对捕食者与猎物的相互作用。

案例研究回顾：雪鞋兔的数量变化周期

　　是什么导致了雪鞋兔种群周期？如案例研究所述，无论是单独的食物供应假设还是捕食假设，都无法解释这些周期。然而，当我们结合这两个假设并增加一些新变化来使其更加逼真时，就可

解释大部分野兔密度的变化。

克雷布斯及其同事进行了一项实验，旨在确定食物、捕食或它们的相互作用是否是导致野兔种群周期的原因。实验范围令人印象深刻：实验在加拿大荒野孤立的7块1千米×1千米的森林区块中进行，其中3个区块未进行任何操作，作为对照组；向其中两个区块添加了野兔的食物（+食物组）。1987年，建造了一个4千米长的电围栏，以防止捕食者进入其中一个区块（无捕食者组）。第二年，建造了第二个4千米长的电围栏，在这个围栏围起来的区块中，增加了食物并排除了捕食者（+食物/-捕食者组）。冬天温度可能暴跌至零下45℃时，必须每天监测两个围栏（总长8千米），这项工作非常耗时。对每个区块中野兔的存活率和密度观察进行了8年。

与对照组相比，+食物组、-捕食者组和+食物/-捕食者组中的野兔密度明显更高（见图12.22）。在+食物/无捕食组中，效果最明显，那里的野兔密度平均是对照组的11倍。同时增加食物和移除捕食者的强烈效果表明，野兔的种群周期同时受到食物供应和捕食的影响。

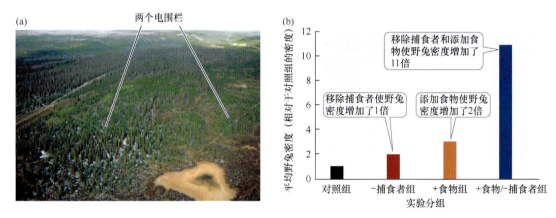

图12.22　捕食者和食物都会影响野兔密度。(a)航拍照片显示了1平方千米雪鞋野兔研究区块；(b)平均野兔密度相对于对照组的密度

这一结论得到了一个数学模型的支持，该模型研究了三个层次上的摄食关系：植被（野兔的食物）、野兔和捕食者。现场数据用于估计模型参数，并将模型的预测结果与克雷布斯等人的4个对照组的结果进行了比较。尽管匹配不完全准确，但模型与结果之间基本一致，再次表明食物和捕食者都会影响野兔的种群周期（见图12.23）。

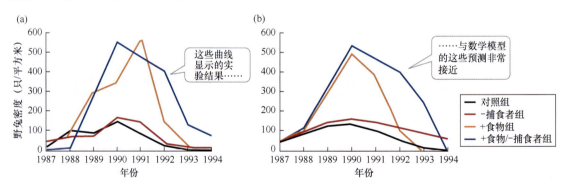

图12.23　植被-野兔-捕食者模型预测野兔。该模型假设野兔种群密度受到三个层次的摄食关系的影响：植被、野兔和捕食者。模型参数是根据现场数据估算的

尽管在雪鞋兔种群周期的研究上取得了很大的进展，但仍有一些问题悬而未决。我们尚未完全理解导致加拿大广阔区域内雪鞋兔种群同步循环的因素。猞猁能迁徙500～1100千米。如果猞猁在数百千米的范围内从猎物稀缺的区域迁移到猎物丰富的区域，那么它们的迁移足以引发雪鞋兔

周期的地理同步。此外，加拿大大面积地理区域的气候条件相信似，这也可能影响雪鞋兔种群周期的同步。

最后，克雷布斯等人的实验检验了添加食物或移除捕食者（或两者兼备）是否能够停止雪鞋兔的种群周期。尽管在+食物/−捕食者组中，兔子密度的下降幅度比对照组的小，但它们仍然在雪鞋兔周期的常规下降阶段出现了下降。为什么+食物/−捕食者组未能阻止周期的出现？一个可能的原因是，电围栏虽然阻止了猞猁和土狼，但未阻止猫头鹰和其他猛禽。这些鸟类捕食者合计造成了约40%的雪鞋兔死亡，因此可能促成了+食物/−捕食者组内雪鞋兔周期衰退阶段的开始。

12.6　复习题

1. 比较食肉动物和食草动物的饮食范围，给出存在这些差异的原因。
2. 总结食肉动物和食草动物对其猎物的影响，以及猎物对以它们为食的食肉动物和食草动物的影响。
3. 本章声称捕食会对生态群落产生强烈影响。**a.** 提供合乎逻辑的论据来支持这一主张。**b.** 科学证据是支持还是反对这一说法？

第13章 寄 生

奴役寄生虫：案例研究

在科幻小说和电影中，恶棍有时会使用精神控制手段或物理设备来摧毁受害者的意志并控制他们的行为。在这些故事中，人们可能被迫做出怪诞的行为，或者伤害自己或他人，而这都违背了他们的意愿。

现实生活中也可能出现同样的怪事。下面思考一只不幸的蟋蟀。这只蟋蟀做了普通蟋蟀绝不会做的一件事情：它走到水边，跳入水中溺亡。不久后，一条毛虫开始从蟋蟀的身体中钻出（见图13.1）。对这条毛虫来说，这是其旅程的最后一步，这一旅程始于一只陆生节肢动物（如蟋蟀）喝下含有毛虫幼虫的水。幼虫进入蟋蟀体内并以其组织为食，从微观大小生长到成虫大小，填充了蟋蟀除头部和腿部外的所有体腔。成虫完全长大后，必须返回水中交配。成虫交配后，下一代毛虫幼虫被释放到水中，除非它们被陆生节肢动物宿主摄入，否则将会死亡。

图13.1 **被迫自杀**。蟋蟀的行为受其体内毛虫的控制。通过让蟋蟀跳入水中，毛虫能够继续其生命周期

毛虫是否"奴役"了其宿主蟋蟀，迫使它跳入水中——这种行为会杀死蟋蟀，但却是毛虫完成其生命周期的必要条件？答案似乎是肯定的。观察表明，当感染毛虫的蟋蟀靠近水时，比未被感染的蟋蟀更易进入水中。此外，在10次试验中，当被感染的蟋蟀从水中被救出时，它们都会立即跳回水中。未被感染的蟋蟀则不会这样做。

毛虫并不是唯一奴役其宿主的寄生虫。术语"奴役寄生虫"由梅特兰提出，用于描述几种真菌，这些真菌会改变宿主黄粪蝇的栖息行为，以便在黄粪蝇死后更易于散布真菌孢子（见图13.2）。寄生真菌还可操纵其宿主蚂蚁的行为。首先，被感染蚂蚁会从树顶的"家"中爬下来，选择一片距地面约25厘米、环境相对封闭的叶片。然后，在真菌杀死其之前，蚂蚁会紧紧咬住叶片，确保死后身体仍能固定在此。这样的环境有利于真菌生长，但在蚂蚁通常生活的树顶（温度和湿度变化较大），真菌则无法生存。因此，尽管蚂蚁的行为对其自身是无益的，但却让真菌在有利环境中完成了生命周期。

甚至脊椎动物也会被寄生虫奴役。老鼠通常会在有猫的区域表现出避敌行为。然而，被弓形虫感染的老鼠行为异常：它们不躲避猫，有时甚至被猫吸引。尽管这种行为变化对老鼠来说可能是致命的，但有利于寄生虫，因为它增大了寄生虫传给其复杂生命周期中的下一个宿主（猫）的概率。

寄生虫如何奴役它们的宿主？宿主能否反击？更广泛地说，这些相互作用能告诉我们关于宿主-寄生虫关系的什么信息？

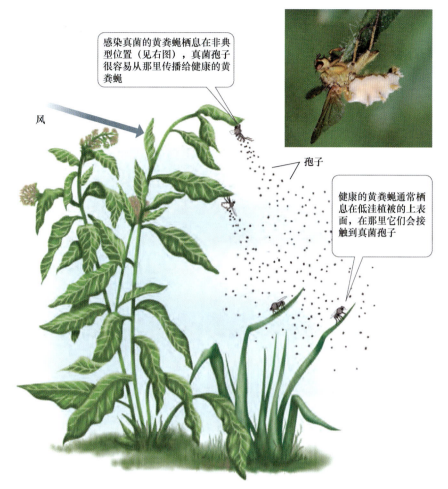

感染真菌的黄粪蝇栖息在非典型位置（见右图），真菌孢子很容易从那里传播给健康的黄粪蝇

风

孢子

健康的黄粪蝇通常栖息在低洼植被的上表面，在那里它们会接触到真菌孢子

图13.2 被真菌奴役。被寄生真菌感染的黄粪蝇会在死亡前不久移至相对较高植物的下风侧，并栖息在其中一个叶片的背面，而这个位置增大了真菌孢子落到健康黄粪蝇身上的机会

13.1 引言

在地球上的数百万种生物中，超过半数为共生生物，即生活在其他生物体内或体表的生物。

要了解共生生物的数量，只需观察人体（见图13.3）。人体面部是螨虫的家园，它们以皮肤毛孔分泌物及睫毛根部的分泌物为食。皮肤表面和脚趾甲下生长着细菌与真菌。虱子等节肢动物可能寄居在头部、生殖区和其他部位。向内深入，从细菌到蠕虫，再到真菌和原生生物，各种各样的生物可能寄生于人体组织、器官和体腔中。

这些共生生物既可以是互惠共生者，又可以是寄生虫。寄生虫消耗寄生在宿主身上或宿主体内的生物（称为宿主）的组织或体液；有些寄生虫（称为病原体）会导致疾病。

不同于食肉动物，但类似于食草动物，寄生虫通常会对它们取食的生物体造成伤害，但并不会立即让生物体致死。寄生虫对宿主的负面影响范围广泛，从轻微到致命不等。在人体上，这种差异也很明显，有些寄生虫（如导致脚气的真菌）不过是小烦恼，有些寄生虫（如热带利什曼原虫）可能导致毁容，还有一些寄生虫（如导致疟疾的恶性疟原虫）可能致人死亡。在感染其他物种的寄生虫中，造成的伤害程度也有类似的多样性。寄生虫在许多其他方面也各不相同。下面深入探讨它们。

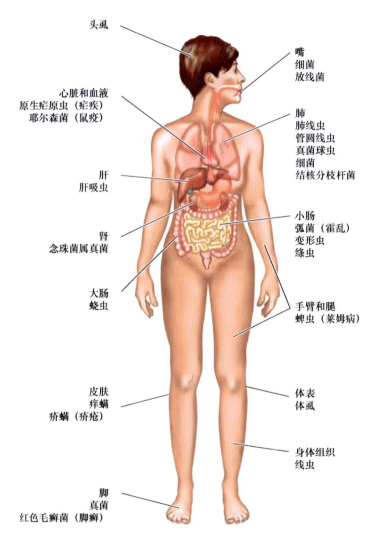

头虱

嘴
细菌
放线菌

心脏和血液
原生疟原虫（疟疾）
耶尔森菌（鼠疫）

肺
肺线虫
管圆线虫
真菌球虫
细菌
结核分枝杆菌

肝
肝吸虫

肾
念珠菌属真菌

小肠
弧菌（霍乱）
变形虫
绦虫

大肠
蛲虫

手臂和腿
蜱虫（莱姆病）

皮肤
痒螨
疥螨（疥疮）

体表
体虱

身体组织
线虫

脚
真菌
红色毛癣菌（脚癣）

图 13.3　人体是共生生物的栖息地。人体不同部位为各种共生生物提供了合适的栖息地，其中许多是寄生虫；这里只展示了几个例子。其中一些生物体是导致疾病的病原体

13.2　寄生虫自然史

寄生虫的大小不一，从相对较大的宏寄生虫（如节肢动物和蠕虫）到肉眼无法直接观察到的微寄生虫（如细菌、原生生物和单细胞真菌）。无论大小，寄生虫在其一生中通常仅以一个或几个宿主为食。因此，广义上讲，寄生虫还包括那些只吃一种或几种植物的食草动物，如蚜虫、线虫和寄生性昆虫，它们的幼虫仅寄生于一个宿主，通常会导致宿主死亡。

大多数物种都会遭受不止一种寄生虫的侵袭（见图13.4），甚至寄生虫本身也会成为其他寄生虫的目标。由于一生中仅以一个或几个宿主为食，寄生虫往往与其宿主有着密切的关系。例如，许多寄生虫高度适应特定的宿主，即仅攻击一个或几个宿主物种。这种物种层面上的特化有助于解释寄生虫物种为何如此众多——许多宿主物种至少有一种专门以其为食的寄生虫。尽管目前尚不清楚寄生虫的种类数量，但粗略估计地球上约有50%的物种是寄生虫。

寄生虫还专门以宿主身体的某些部位为生。下面介绍体外寄生虫和体内寄生虫的这种特化。

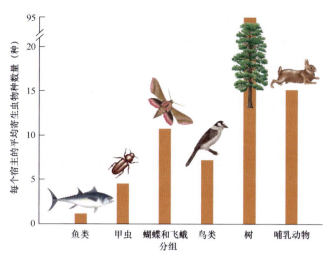

图13.4 许多物种是不止一种寄生虫物种的宿主。在英国进行的一项研究发现，大多数宿主物种上都寄生着一种以上的寄生虫。这里显示的鱼类、鸟类和哺乳动物的寄生虫种类数量只包括螺旋体蠕虫，因此低估了这些脊椎动物体内寄生虫种类的实际数量

13.2.1 体外寄生虫生活在宿主的体表

体外寄生虫生活在宿主的体表（见图13.5）。这类寄生虫包括菟丝子和槲寄生这类植物，它们生长在另一种植物上，从中获取水分和养分（见图5.3）。这些寄生植物利用特化的根状结构——吸器穿透宿主组织。菟丝子不能进行光合作用，因此依赖宿主提供矿物质和碳水化合物。相比之下，槲寄生属于半寄生植物：它们从宿主那里提取水分和矿物质养分，但拥有能进行光合作用的绿色叶片，因此不完全依赖宿主来提供碳水化合物。许多真菌和动物寄生虫也生活在植物表面，以宿主的组织或汁液为食。侵害重要农作物和园艺植物的真菌超过5000种，每年会造成数十亿美元的损失。一些侵害植物的真菌（如霉菌、锈病菌和黑穗病菌）生长在宿主植物表面，并将菌丝延伸到植物内部，以提取植物组织中的养分（见图13.5a）。植物还受到众多体外动物寄生虫的侵扰，如茎叶上的蚜虫、粉虱和介壳虫，以及根部的线虫、甲虫和幼蝉。那些食用植物并在其表面生活的体外动物寄生虫，有时既被视为食草动物（因为它们食用植物组织），又被视为寄生虫。

(a)   (b)

图13.5 体外寄生虫。各种各样的寄生虫生活在宿主的体表，以宿主组织为食。
(a)生长在玉米穗上的黑穗病菌；(b)丝绒螨，其幼虫寄生在昆虫的血液中

动物体表也存在类似的真菌和体外动物寄生虫，如导致脚气的红色毛癣菌，以及以宿主组织或血液为食的跳蚤、螨虫、虱子和蜱虫（见图13.5b）。这些寄生虫中的一些还会将疾病传播给宿主，

包括传播瘟疫的跳蚤和传播莱姆病的蜱虫。

13.2.2 体内寄生虫生活在宿主的体内

如果忽略形状细节，那么我们可以认为人和大多数其他动物的构造是相似的：它们的身体由围绕消化道的组织组成。消化道贯穿身体中部（从口腔到肛门）。寄生在宿主体内的寄生虫称为**体内寄生虫**，包括栖息在消化管内的寄生虫，以及生活在宿主细胞或组织内的寄生虫。消化道为寄生虫提供了绝佳的栖息地。宿主在一端（口腔）输入食物，在另一端（肛门）排出无法消化的食物。生活在消化道内的寄生虫通常并不直接摄食宿主组织；相反，它们盗取宿主的营养物质。例如，绦虫有一个带有吸盘的头节，用来附着在宿主肠道的内部（见图13.6a）。一旦附着，绦虫就会吸收宿主已消化好的食物。感染人体的绦虫能长到10～20米长，这样大的绦虫可能堵塞肠道，导致人体营养不良。

许多其他体内寄生虫生活在动物宿主的细胞或组织内，在繁殖或消耗宿主组织的同时，引发宿主出现各种症状。对人体来说，这样的寄生虫包括引发瘟疫的耶尔森氏菌和引起结核病的结核分枝杆菌（见图13.6b）。结核病是一种潜在的致命肺病，是除疟疾外夺走生命最多的疾病——每年会造成100万～200万成人死亡。

植物也受到多种体内寄生虫的侵袭，例如引发果实（如番茄）或储藏组织（如马铃薯）软腐的细菌性病原体（见图13.6c）。其他植物病原体包括导致植物部分组织从内部腐烂的真菌。一些细菌侵入植物的维管组织，干扰水分和养分的流动，导致植物萎蔫而死。植物病原体对自然群落的影响巨大，例如橡树猝死病菌最近在加州和俄勒冈州导致超过100万棵橡树和其他树木死亡。

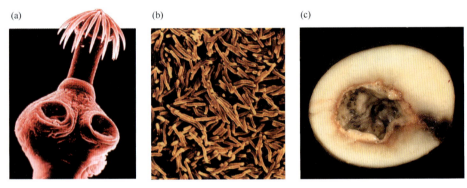

图13.6　**体内寄生虫。**许多寄生虫生活在宿主体内，以宿主组织为食或者掠夺其养分。(a)巨颈绦虫使用吸盘附着在哺乳动物宿主的肠壁上；(b)导致结核病的分枝杆菌；(c)细菌性病原体导致马铃薯块茎软腐

13.2.3 体内寄生和体外寄生各有优缺点

寄生在宿主体内或宿主体外各有利弊（见表13.1）。体外寄生虫生活在宿主表面，它们或其后代能够相对容易地从一个宿主扩散到另一个宿主。然而，体内寄生虫扩散到新宿主要困难得多。体内寄生虫可通过多种方式解决这个问题。例如，一些体内寄生虫（如奴役寄生虫）会以促进其传播的方式改变宿主的生理或行为；其他例子包括导致霍乱的细菌——霍乱弧菌和引起痢疾的变形虫。霍乱和痢疾患者会发生腹泻，因此增大了寄生虫污染饮用水进而传播给新宿主的概率。其他体内寄生虫具有复杂的生命周期，包括专门从一个宿主物种传播到另一个宿主物种的阶段（见图13.9）。

表13.1　**寄生在宿主体内或体外的优缺点**

	体外寄生	体内寄生
优点	扩散更容易；不易受到宿主免疫系统的攻击	进食更轻松；加强对外部环境的保护
缺点	喂养比较困难；更多地暴露于外部环境；更易遭受天敌攻击	扩散更困难；更易受到宿主免疫系统的攻击

虽然体外寄生虫的扩散相对容易，但生活在宿主表面也有代价。与体内寄生虫相比，体外寄生虫更易暴露在天敌（如捕食者、寄生性昆虫和寄生虫）面前。例如，蚜虫会受到瓢虫、鸟类和许多其他捕食者的攻击，还会受到致命寄生性昆虫及吸食其体液的螨虫的侵扰。相比之下，体内寄生虫除了最专业的捕食者和寄生虫，基本上是安全的。体内寄生虫能相对较好地免受外界环境的影响，且获取食物相对容易——不需要刺穿宿主的保护性表层来进食。然而，生活在宿主体内确实可使体内寄生虫面临另一种危险：更易受到宿主免疫系统的攻击。一些寄生虫已进化出耐忍或者克服免疫系统防御的方法。

13.3　防御与反防御

如第12章所述，食肉动物和食草动物会对其食物有机体施加强大的压力，反之亦然。食肉动物和食草动物的"猎物"具有避免被吃掉的机制。类似地，食肉动物和食草动物也有助于克服"猎物"防御的机制。寄生虫与其宿主之间同样如此：宿主有办法保护自己免受寄生虫侵害，而寄生虫也有对策绕过宿主的防御。

13.3.1　免疫系统、生化防御和共生生物可保护宿主免受寄生虫侵害

宿主生物拥有一系列防御机制，可以预防或限制寄生虫攻击的严重程度。例如，宿主可能拥有保护性外层，如哺乳动物的皮肤或昆虫坚硬的外骨骼可阻止体外寄生虫刺穿身体，或使得体内寄生虫难以进入。成功进入宿主体内的体内寄生虫常被宿主的免疫系统、生化防御或防御性共生生物杀死或减弱其效力。

免疫系统　脊椎动物的免疫系统包含使得宿主能够识别先前接触过的微生物寄生虫的特殊细胞；在很多情况下，免疫系统的"记忆细胞"非常有效，以致宿主对同种寄生虫的未来攻击具有终身免疫力。免疫系统的其他细胞会吞噬并摧毁寄生虫，或用化学物质标记它们以供后续破坏。

植物还可对寄生虫的入侵做出高效反应。某些植物拥有抗性基因，其不同等位基因可为抗特定基因型的微寄生虫提供保护。然而，即使缺乏针对特定攻击者的等位基因，植物也不是无助的。这时，植物会依靠非特异性免疫系统产生抗菌化合物，包括一些攻击细菌细胞壁的物质以及其他对真菌寄生虫有毒的物质（见图13.7）。植物还可产生化学信号"警告"附近的细胞即将遭受攻击，以及促使木质素（可阻挡入侵者扩散）沉积的其他化学物质。

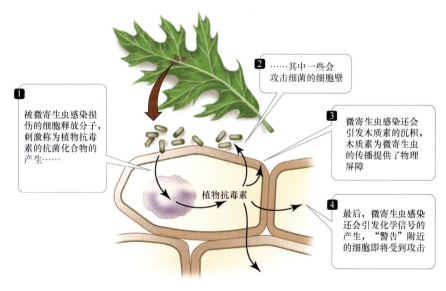

2　……其中一些会攻击细菌的细胞壁

1　被微寄生虫感染损伤的细胞释放分子，刺激称为植物抗毒素的抗菌化合物的产生……

3　微寄生虫感染还会引发木质素的沉积，木质素为微寄生虫的传播提供了物理屏障

植物抗毒素

4　最后，微寄生虫感染还会引发化学信号的产生，"警告"附近的细胞即将受到攻击

图13.7　非特异性植物防御。植物可产生非特异性防御反应，能够有效对抗多种真菌和细菌

生化防御 宿主能够调节其生物化学来限制寄生虫的生长。例如，细菌和真菌体内的寄生虫需要铁来生长。包括哺乳动物、鸟类、两栖动物和鱼类在内的脊椎动物宿主具有一种名为转铁蛋白的蛋白质，这种蛋白质可将铁从其血清中移除（寄生虫本可在此利用它）并存储到细胞内隔室中（寄生虫无法触及的地方）。为此，一些寄生虫从转铁蛋白本身偷取铁来支持自身的生长。

植物与寄生虫之间也发生类似的生化斗争。植物使用丰富的化学武器来杀死或阻止食用它们的生物体。植物防御性次级化合物极为有效，以致某些动物食用特定的植物来治疗或预防寄生虫感染。例如，当寄生蝇在灯蛾毛虫身上产卵时，灯蛾毛虫会从食用常规植物（如羽扇豆）转向到食用有毒植物（如毒芹）。新食物虽然不杀死寄生虫，却增大了灯蛾毛虫在攻击中幸存并变态为成年虎蛾的概率。感染了线虫的黑猩猩会特地寻找并食用一种苦味植物，科学家发现该植物含有的化合物能够杀死或麻痹线虫，同时驱赶其他寄生虫。人类同样如此：每年花数十亿美元购买从植物中获取的化合物。

防御性共生生物 一些生物在防御寄生虫时得到了细菌和真菌等互利共生生物的帮助。例如，生活在叶片内的真菌共生生物可以保护草类和可可树免受病原体攻击。越来越多的证据表明，生活在人体消化道内的细菌共生生物能够保护人体免受致病生物的侵害。

许多这样的"防御性共生生物"是可遗传的，即共生生物能够可靠地从宿主传递给其后代。可以预期，当寄生虫普遍存在时，拥有可遗传防御性共生生物的宿主在群体中的频率应会增加——事实上，这种情况经常发生。例如，在实验室实验中，携带细菌共生生物的豌豆蚜虫在有致命黄蜂寄生虫的情况下，其频率迅速增加。这是意料之中的，因为共生生物是可遗传的，且携带共生生物的豌豆蚜虫比没有共生生物的豌豆蚜虫的存活率更高。在另一项关于豌豆蚜虫的研究中，发现细菌共生生物可以保护其免受致命真菌寄生虫的攻击（见图13.8）。防御性共生生物也被证明可防止线虫寄生虫的攻击，详见分析数据13.1。

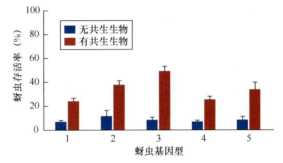

图 13.8　受共生生物保护。5 种不同基因型的豌豆蚜虫暴露在致病真菌中。对这些基因型中的每种，一些蚜虫接种了细菌共生生物，而其他蚜虫则未接种细菌共生生物。携带细菌共生生物的蚜虫比未携带细菌共生生物的蚜虫的存活率更高。误差条显示的是均值的标准差

13.3.2　寄生虫具有绕过宿主防御的机制

为了生存和繁殖，寄生虫必须耐受或逃避宿主的防御机制。例如，蚜虫和其他体外寄生虫必须能够刺穿宿主的保护性外壳，且能够耐受所食用宿主组织或体液中的任何化学物质。广义上讲，体外寄生虫面临的挑战与食草动物和食肉动物试图应对猎物用来自卫的毒素和物理结构时面临的挑战相似。下面介绍体内寄生虫如何应对宿主体内的防御。

反包囊防御 体内寄生虫面临来自宿主免疫系统和宿主生物化学方面的巨大挑战。宿主物种通常采用多种方法来消灭入侵的寄生虫。除了前面描述的策略，一些宿主还可用包囊覆盖寄生虫或寄生虫卵，杀死它们或使之失效，这一过程称为**包囊形成**。

一些昆虫使用包囊形成过程来抵御大型寄生虫。昆虫血细胞可以吞噬小型入侵者（如细菌），但无法吞噬大型入侵者（如线虫或寄生性昆虫的卵）。然而，一些昆虫拥有层状细胞，即一种能够围绕大型入侵者形成多细胞鞘（包囊）的细胞。当昆虫采取这种包囊防御时，大多数或所有寄生虫都能被摧毁。因此，寄生虫在受到强大的选择压力时，会发展出反防御措施。

例如，果蝇对寄生性昆虫黄蜂有一种有效的防御：它们会包裹（从而杀死）寄生虫的卵。攻击果蝇的寄生性昆虫黄蜂则会以多种方式避免被包裹。当黄蜂在宿主果蝇体内产卵时，还会注入

类似病毒的颗粒。这些颗粒会感染并破坏宿主的层状细胞，进而削弱宿主的抵抗力，增大卵的存活率。

涉及数百个基因的反防御措施 一些体内寄生虫具有复杂的适应性，使得它们能够在宿主体内存活并繁衍。疟原虫就是这样一种体内寄生原生动物，它引发的疟疾每年会造成100万～200万人死亡（见图13.9）。疟原虫与许多体内寄生虫一样，具有复杂的生活周期，包含特化阶段，因此能在蚊子和人类宿主之间交替出现。被感染蚊子的唾液中含有疟原虫的一个特化阶段，称为孢子虫。当被感染的蚊子叮咬人类时，孢子虫进入受害者的血液，前往肝脏，在那里分裂而形成另一个阶段，称为裂殖子。裂殖子穿透红细胞并在其中快速增殖。48～72小时后，大量裂殖子冲破红细胞，引发与疟疾相关的周期性寒战和发热。一些子代裂殖子会攻击更多的红细胞，而其他裂殖子则转变为生产配子的细胞。如果另一只蚊子叮咬受害者，那么它会拾取部分生产配子的细胞，且这些细胞会进入其消化道并形成配子。受精后，合子会产生数千个新孢子虫，这些孢子虫随后迁移到蚊子的唾液腺中，等待转移至另一位人类宿主。

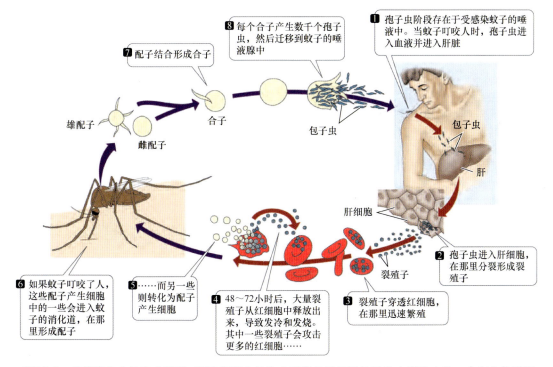

图13.9 疟疾寄生虫的生命周期。 恶性疟原虫的生命周期包括促进这种体内寄生虫从一个宿主传播到另一个宿主的特化阶段。例如，孢子虫阶段会使得寄生虫从被感染的蚊子传播到人类宿主

分析数据13.1 受寄生影响的宿主种群中防御性共生生物的频率增加吗？

尽管我们预期在遭受寄生的宿主种群中可遗传的防御性共生生物的频率会增加，但很少有研究对此假设进行检验。贾尼克和布雷克进行了一项这样的检验，检验中使用了新热带果蝇的实验室种群。这些果蝇携带着螺旋体属的一种细菌共生生物，它能保护果蝇免受线虫的侵害。线虫可导致雌性果蝇不育，并降低雄性果蝇的交配成功率。

贾尼克和布雷克建立了引进线虫的五组复制种群及未引进线虫的五组复制种群。最初，在实验1中，每个种群中携带线虫的果蝇和未携带线虫的果蝇各一半。在实验2中，研究人员建立了五组由携带线虫的果蝇组成的复制种群，以及五组由未携带线虫的果蝇组成的复制种群。实验2中的所有种群仅在第一代接触线虫（但不一定被线虫感染）。两个实验都进行了七代繁殖。实验结果如下表所示。

组　别	代						
	1	**2**	**3**	**4**	**5**	**6**	**7**
无线虫	54	65	52	65	59	65	39
有线虫	49	52	86	92	97	99	96

实验2　未携带线虫的果蝇数量百分比

组　别	代						
	1	**2**	**3**	**4**	**5**	**6**	**7**
无螺旋体共生生物	30	59	95	92	87	—	—
有螺旋体共生生物	25	15	7	2	1	0	0

1. 对于实验1中的两组果蝇，画出携带螺旋体果蝇的数量百分比（y轴）与代（x轴）的关系曲线。描述由该实验检验的假设。哪组果蝇表示对照组？结果是否支持假设？

2. 对于实验2中的两组果蝇，画出有线虫的苍蝇数量的百分比（y轴）与代（x轴）的关系曲线。描述由该实验检验的假设。哪组果蝇表示对照组？结果是否支持假设？

3. 问1和问2中的图形是否表明果蝇携带螺旋体共生生物会付出代价？说明原因。

　　疟原虫在人类宿主体内面临着两个致命的挑战。首先，红细胞既不分裂又不生长，因此缺乏导入生长所需营养物质所需的细胞机制。若疟原虫裂殖子在红细胞内未获取必需营养的途径，则会饿死。其次，感染后的24～48小时内，疟原虫会导致红细胞形状异常。人体内的脾脏会识别并销毁这些变形的细胞及其中的寄生虫。

　　疟原虫通过拥有数百个基因来应对这些挑战，这些基因的功能是以允许寄生虫获取食物和逃避脾脏破坏的方式来修改宿主红细胞。其中一些基因导致转运蛋白被置于红细胞表面，进而使寄生虫可将必需的营养物质输入宿主细胞。其他基因指导生成独特的突起，这些突起被添加到红细胞表面。突起使得被感染红细胞黏附到其他人体细胞上，阻止其在血液中流向脾脏。突起上的蛋白质在不同的寄生虫间差异很大，使得人类免疫系统很难识别并摧毁被感染的细胞。

13.4　寄生虫–宿主共同进化

　　如前所述，疟原虫具有可在红细胞内生存的特化机制。观察表明，当寄生虫及其宿主都拥有这种特化机制时，宿主和寄生虫相互施加的强大选择压力导致了它们的种群进化。这种变化已在澳大利亚直接观察到，那里是肌瘤病毒的发源地，引进该病毒的目的是控制欧洲兔的种群规模。

　　欧洲兔于1859年被引进到澳大利亚，当时在维多利亚州的一个牧场放养了24只野兔。十年内，兔子的数量增长得很快，消耗的植物很多，以致对牧场和羊毛生产构成了威胁。当时采取了多项控制措施，包括引进天敌、射杀和毒杀兔子，以及修建围栏以限制狂犬病从一个地区传播到另一个地区。这些方法都未奏效：到20世纪90年代，数以亿计的兔子已遍布澳大利亚大陆的大部分地区。

　　经过多年调查，澳大利亚政府官员最终确定了一种新的控制方法：引进肌瘤病毒。感染这种病毒的兔子可能出现皮肤损伤和严重肿胀，进而导致失明、进食和饮水困难，甚至死亡。这种病毒通过蚊子在兔子之间传播。1950年，当该病毒首次被用于控制兔子数量时，99.8%的被感染兔子死亡。在随后的几十年里，数百万只兔子被病毒杀死，整个澳大利亚境内的兔子数量急剧下降。然而，随着时间的推移，兔子种群对病毒产生了抵抗力，病毒也逐渐变得不那么致命（见图13.10）。肌瘤病毒仍被用于控制兔子种群，但这样做需要不断地寻找兔子尚未产生抗药性的新致命毒株。

　　兔子抵抗力的增强和病毒致死率的降低说明发生了共同进化，即两个相互作用的物种的种群共同进化，每个物种都对另一个物种施加的选择压力做出反应。共同进化的结果会因相互作用物种的生物学特性而有很大的不同。在欧洲兔的进化过程中，选择有利于提高其对病毒的抵抗力，这是我们可以预料的。此外，中等致死率的毒株占主导地位，原因可能是这种毒株可让兔子活得足够长，让一只或多只蚊子叮咬它们，并将病毒传播给另一个宿主。在宿主与寄生虫共同进化的其他情况下，寄生虫会进化出反防御机制来克服宿主的抵抗机制。

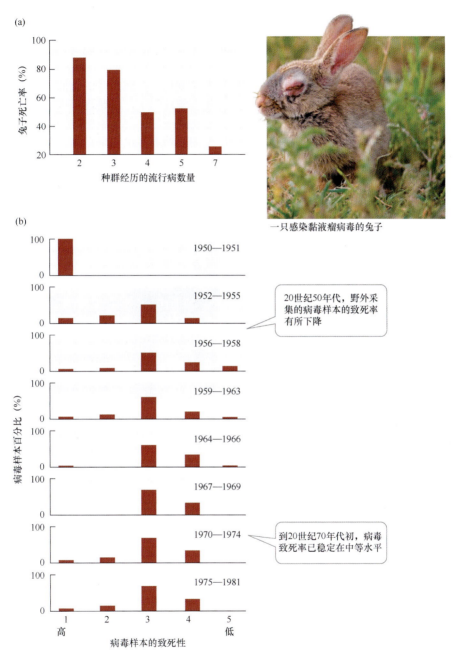

一只感染黏液瘤病毒的兔子

图13.10　欧洲兔和黏液瘤病毒的共同进化。(a)黏液瘤病毒传入澳大利亚后，研究人员定期测试其致死率，方法是从野生种群中收集兔子并将它们暴露于标准毒株中，这种毒株杀死了90%未经选择的实验室兔子。随着时间的推移，这些野兔的死亡率随着种群对病毒的抵抗力下降。(b)在野外收集的病毒样本的杀伤力也有所下降

13.4.1　选择有利于宿主和寄生虫基因型的多样性

如前所述，植物防御系统包括使特定植物基因型对特定寄生虫基因型产生抗性的特定反应。

包括小麦、亚麻和拟南芥在内的多种植物都充分记录了这种基因间的相互作用。小麦对真菌（如小麦锈病）具有数十种不同的抗性基因。不同的小麦锈病基因型可克服不同的小麦抗性基因，且小麦锈病会定期发生突变，产生小麦不具抗性的新基因型。研究表明，由于农民使用不同的抗性小麦品种，小麦锈病基因型的频率随时间变化很大。例如，某锈病品种可能在某年大量出现，因为它能克服当年种植的小麦品种的抗性基因，但第二年就不那么多了，因为它不能克服当年种植的不同小麦品种的抗性基因。

在自然系统中，宿主和寄生虫基因型的频率也发生变化。在新西兰的湖泊中，一种蠕虫寄生于蜗牛。这种蠕虫对蜗牛宿主有严重的负面影响：阉割雄性蜗牛，使雌性蜗牛绝育。寄生虫的每一代都要比宿主短得多，因此我们可能认为寄生虫会迅速进化出应对蜗牛防御机制的能力。莱弗利在一项实验中验证了这一观点，该实验将来自三个湖泊的寄生虫与来自这三个湖泊的蜗牛进行了对比。他发现，寄生虫感染来自原生湖泊的蜗牛比感染来自其他两个湖泊的蜗牛更有效（见图13.11）。这一观察结果表明，每个湖泊中的寄生虫基因型都在迅速进化，足以克服该湖泊中蜗牛基因型的防御能力。

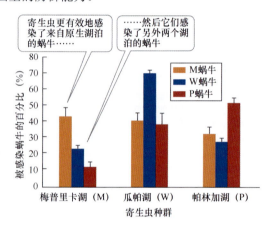

图13.11　**寄生虫对当地宿主种群的适应**。图中显示了新西兰3个湖泊的蠕虫感染蜗牛的频率。误差条显示的是均值的标准差

这些蜗牛也对寄生虫做出了反应，但速度较慢。戴波达尔和莱弗利记录了新西兰另一个湖泊中5年间不同蜗牛基因型的数量。最丰富的蜗牛基因型每年都变化。此外，某个基因型的蜗牛在种群中数量最多的一年后，该基因型的蜗牛身上的寄生虫数量会高于平均水平。结合莱弗利早先的研究，这些结果表明寄生虫种群会进化，以适应当地环境中的蜗牛基因型。戴波达尔和莱弗利进一步提炼了这个想法，并且假设：由于自然选择的作用，寄生虫感染常见基因型蜗牛的速率比感染罕见基因型蜗牛的速率更高。这正是他们在实验室实验中得出的结论（见图13.12）。因此，蜗牛的基因型频率可能逐年变化，因为常见基因型会被许多寄生虫攻击，使其处于不利地位，进而导致其数量在未来几年下降。

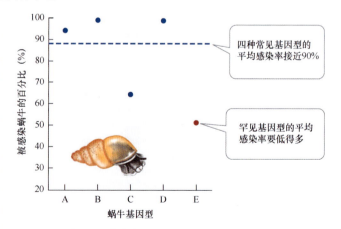

图13.12　**寄生虫感染常见宿主基因型比感染罕见基因型容易**。在实验室实验中，与罕见基因型相比，寄生虫更容易感染常见宿主基因型，戴波达尔和莱弗利比较了4种常见蜗牛基因型（A～D）和一组40种罕见蜗牛基因型（E）。实验中的寄生虫和蜗牛都取自同一个湖泊

13.4.2 宿主防御和寄生虫反防御都有代价

寄生虫和宿主对彼此的影响如此之大，以致我们可能期待一场不断升级的"军备竞赛"，在这场竞赛中，宿主的抵抗力和寄生虫的反防御能力会随着时间的推移而变得越来越强。但这样的结果很少发生。在某些情况下，常见的宿主基因型会因受到许多寄生虫的攻击而频率下降，进而导致之前的罕见基因型频率增加，于是军备竞赛不断重新开始。军备竞赛也可能因为权衡而停止：一个提高宿主防御能力或寄生虫反防御能力的特征可能以降低生物体生长、生存或繁殖的其他方面为代价。

这种权衡已在许多宿主-寄生虫系统中得到证实，包括果蝇和攻击它们的寄生蜂。克莱杰维尔德及其同事证明，选择既可提高果蝇宿主包裹黄蜂卵的频率（五代内从5%提高到60%），又可提高黄蜂卵避免被包裹的能力（十代内从8%提高到37%）。但研究还表明，这些防御和反防御是有代价的。例如，与不能进行包裹防御的同种果蝇竞争食物时，能够进行包裹防御的果蝇世系的幼虫存活率较低。同样，为避免被包裹而嵌入宿主组织的黄蜂卵比其他卵孵化得更慢。

本节中讨论的宿主和寄生虫种群的进化反映了这些生物对彼此的深远影响。下面介绍宿主-寄生虫相互作用的一些生态后果。

13.5 宿主-寄生虫种群动态

寄生虫会降低宿主的存活率、生长或繁殖能力，这在一种性传播螨虫对甲虫宿主造成的繁殖率大幅下降中得到了体现（见图13.13）。在种群层面上，寄生虫对宿主个体造成的危害转化为宿主种群增长率λ的降低。λ的降低可能非常大：寄生虫可能导致当地宿主种群灭绝，甚至缩小宿主物种的地理范围。在其他不太极端的情况下，寄生虫可能减少宿主的数量，或以其他方式改变宿主的种群动态。

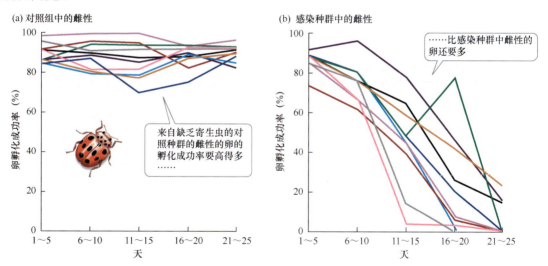

图13.13 **寄生虫降低宿主的繁殖率**。研究人员首先使用性传播螨虫感染瓢虫的实验种群。在接下来的25天里，他们监测来自(a)对照组和(b)被感染组的雌性瓢虫的卵的孵化成功率。每条曲线代表一只雌性瓢虫产下的卵

13.5.1 寄生虫可使宿主种群灭绝

潮间带甲壳动物泥虾生活在北大西洋的泥滩中。泥虾体形小（1厘米长），但数量庞大，密度可达10万只/平方米。它们在泥中建造管状巢穴，从中摄取悬浮在水中的浮游生物和巢穴开口附近沉积物中的微生物。泥虾被广泛的食物网成员捕食，包括候鸟和吸虫等寄生虫。这些寄生虫能极

大地减少泥虾的数量，甚至导致其局部灭绝。例如，在4个月的时间里，吸虫的侵袭导致1.8万只/平方米的泥虾种群灭绝。

寄生虫还能在大范围内导致宿主种群灭绝。美洲板栗树曾是北美洲东部落叶林中的主要成员（见图13.14），但寄生真菌栗疫菌彻底改变了这一状况。这种真菌会引起板栗树疫病，导致板栗树死亡。这种真菌于1904年从亚洲传入纽约市。到20世纪中叶，这种真菌已消灭了大多数板栗树，大大缩小了这个曾经占据主导地位的物种的地理分布范围。

(a)

(b)

有些板栗树的直径是这里所示板栗树的两倍

图13.14　寄生虫可缩小宿主的地理范围。(a)美国板栗树的原始分布（显示为红色）。虽然仍有几棵板栗树屹立不倒，但是一种真菌寄生虫使得这种曾占主导地位的物种在整个分布区内几乎灭绝。(b)曾是重要用材的板栗树

孤立的板栗树仍能在北美洲的森林中找到，其中一些显示出了对真菌的抵抗迹象。许多屹立的板栗树可能还未被真菌发现。一旦真菌到达板栗树，就会通过树皮上的小孔或伤口进入其内，导致板栗树的地上部分在2～10年内死亡。在死亡之前，被感染的板栗树仍可能产生种子，这些种子可能发芽并产生后代，且这些后代在被真菌杀死之前能生存10～15年。一些被感染的板栗树还会从根部萌发新芽，但它们通常会在几年后露出地面时被杀死。

13.5.2　寄生虫可以影响宿主种群周期

生态学家长期致力于确定种群周期的成因。这样的周期可能由三方食物关系导致——捕食者和食草猎物之间的相互作用，以及这些猎物及其食物植物之间的相互作用。

种群周期还受寄生虫的影响。哈德森及其同事在英格兰北部沼泽地的红松鸡种群中操控了寄生虫的丰度。在这个地区，红松鸡种群趋于每四年崩溃一次。以往的研究表明，一种寄生线虫降低了红松鸡的存活率和繁殖率。哈德森等人研究了这种寄生虫是否还会导致松鸡种群周期。

研究人员在两个种群周期之间对6个复制种群的变化进行了研究。长期的松鸡种群周期数据显示，这些种群预计会在1989年和1993年崩溃。在1989年和1993年，研究人员在两个研究种群中尽可能多地捕捉并用药物治疗了红松鸡，以杀死寄生线虫。另外两个研究种群在1989年仅接受了寄生虫治疗。剩下的两个种群作为未经处理的对照组。由于每个复制种群覆盖了非常大的区域（17～20平方千米），直接计数红松鸡是不可能的。相反，哈德森及其同事使用猎人射杀的红松鸡数量作为实际种群规模的指标。

在对照种群中，红松鸡的数量如预测的那样在1989年和1993年崩溃（见图13.15）。尽管寄生虫的移除并未完全阻止红松鸡种群周期性波动，但确实显著减少了红松鸡数量的波动，尤其是在1989年和1993年接受了寄生虫治疗的种群。因此，实验表明寄生虫可能是红松鸡种群周期性波动的主要成因。

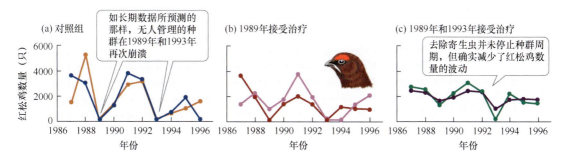

图13.15　去除寄生虫可减少宿主种群数量的波动。哈德森等人研究了寄生虫对3组6个红松鸡种群周期的影响：(a)两个对照种群；(b)1989年接受线虫寄生虫治疗的两个种群；(c)1989年和1993年接受寄生虫治疗的两个种群。6个复制种群用不同的颜色表示

如前所述，导致疾病的寄生虫（病原体）会极大地影响野生和家养动植物种群的动态。病原体对人类也有重大影响，以致人们认为它们在文明的兴衰中扮演了重要角色。一个例子是欧洲对北美洲的征服，当时高达95%的原住民死于欧洲探险者、传教士、定居者和士兵带到大陆的新疾病。病原体至今仍是人类死亡的主要来源。尽管医学取得了进步，但每年仍有数百万人死于艾滋病、结核病和疟疾等。

13.5.3　宿主-病原体动态的简单模型提出了控制疾病建立和传播的方法

为了开发宿主-病原体种群动态的数学模型，人们投入了大量精力。这些模型在三个方面不同于此前的模型。第一，宿主种群被细分为不同的类别，如易感染个体、被感染个体，以及恢复与免疫个体。第二，宿主基因型对病原体的抵抗力可能存在巨大差异，病原体基因型在致病能力方面也可能存在显著差异，因此跟踪宿主和病原体的基因型很有必要。第三，根据病原体的不同，可能还需要考虑其他影响其传播的因素，比如：①不同年龄的宿主感染的概率不同；②潜伏期，即宿主个体已感染但无法传播疾病的时期；③垂直传播，如艾滋病中母亲向新生儿传播疾病的情况。

包含所有这些因素的模型可能非常复杂。下面考虑一个简单的模型，该模型不包含大多数的复杂因素，但仍然能够给出关键的信息：疾病仅在易感染宿主的密度超过某个临界值时才会传播。为了开发一个可用于估计临界密度的模型，我们必须确定如何表示疾病从一个宿主个体传播给下一个的过程。我们将易感染个体的密度表示为 S，被感染个体的密度表示为 I。对于疾病传播，被感染个体必须遭遇易感染个体。这样的遭遇假设以与易感染和被感染个体密度成比例的速率发生；这里假设这个速率与它们的密度乘积 SI 成正比。然而，并非每次这样的遭遇都传播疾病，因此我们将遭遇率（SI）乘以一个传播系数（β），该系数表示疾病从感染个体向易感染个休传播的有效性。于是，该模型的一个基本特征（疾病传播）就由 βSI 表示。

被感染个体的密度在疾病（以速率 βSI）成功传播时增加，在被感染个体死亡或恢复时减少。若将综合死亡率和恢复率为m，则有

$$\frac{\mathrm{d}I}{\mathrm{d}t} = \beta SI - mI \tag{13.1}$$

式中，dI/dt表示每个时刻被感染个体密度的变化。当种群中被感染个体的密度增加时，疾病就会建立并传播。dI/dt大于零时会发生这种情况，此时由式（13.1）有

$$\beta SI - mI > 0$$

整理得

$$S > m/\beta$$

因此，当易感染个体的数量超过m/β时，疾病就会建立并传播，这一数量的易感染个体就是阈值密度，用S_T表示。换句话说，

$$S_T > m/\beta$$

对某些影响人类或动物的疾病，若已知传播率β及综合死亡率和恢复率m，就可估算阈值密度。

控制疾病的传播　如式（13.1）所示，为了防止疾病传播，易感染个体的密度必须保持在阈值密度（S_T）之下。实现这一目标的方法有多种。人们有时会屠宰大量易感染的家养动物，以将其密度降至阈值密度之下，进而防止疾病传播。当有关疾病可能传播给人类时，人们通常会这样做，如高致病性禽流感。在人类中，若存在有效、安全的疫苗，则可通过大规模疫苗接种计划将易感染个体的密度降至S_T以下。罗马尼亚的麻疹疫苗接种计划取得的显著效果就说明了这一点（见图13.16）。

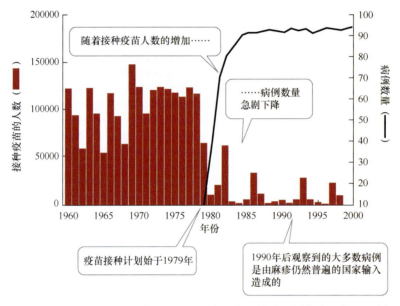

图13.16　疫苗接种降低了人类麻疹的发病率。罗马尼亚麻疹疫苗接种计划的结果表明，降低易感染人群的密度可控制疾病的传播。麻疹通常会导致死亡，并且可能导致幸存者出现严重的并发症，包括失明和肺炎

还可采取其他公共卫生措施来提高阈值密度，使疾病更难流行和传播。例如，可通过提高被感染者的恢复率和免疫率（增大m，进而增大$S_T = m/\beta$）来提高阈值密度。提高恢复率的方法之一是改善疾病的早期发现和临床治疗。降低疾病传播率β也可提高阈值密度。为此，可以隔离被感染者，或者说服人们采取某些行为（如洗手）使疾病更难在人与人之间传播。

以上方法同样适用于野生种群。多布森和米格尔研究了野牛种群，以确定如何最好地防止布鲁氏菌病的传播。他们使用了之前的研究数据，这些研究在加拿大和美国的6个国家公园中对16个野牛种群进行了检验，发现疾病建立的阈值密度（S_T）为200～300头野牛的种群规模（见图13.17）。这个基于实地的S_T估计值与由式（13.1）算出的240个个体的阈值密度非常接近。6个国家公园中的许多野牛种群有1000～3000头野牛，要将种群规模降至200～300头以下的阈值，就需要实施疫苗接种计划或者大量扑杀野牛。当时并无有效的疫苗可用，且无论是在政治上还是在生态上，大量扑杀野牛都是不可接受的。因此，多布森和米格尔的结论是很难防止野牛种群中布鲁氏菌病的出现。

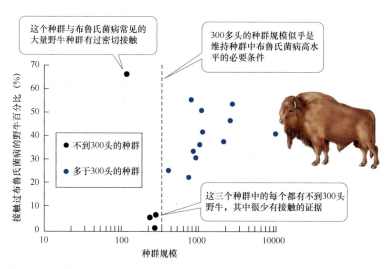

图13.17 确定疾病控制的阈值种群密度。在美国和加拿大的6个国家公园中，对先前接触过布鲁氏菌病的野牛百分比进行了监测。通过画出该百分比与16个野牛种群中每个野牛种群规模的关系图形，研究人员大致估计了疾病形成的阈值密度（200～300头野牛，其上限用虚线表示）

13.6 寄生虫可以改变生态群落

寄生虫对宿主的影响可能产生连锁反应，影响整个群落：通过降低宿主个体的表现和宿主种群的增长率，寄生虫能够改变物种间的相互作用结果、生态群落的组成，甚至改变群落所在的自然环境。

13.6.1 物种相互作用的变化

当两个有机体相互作用时，结果取决于它们的许多生物学特征。年轻且健康的捕食者可能捕获猎物，而老弱的捕食者可能挨饿。同样，状态良好的个体可能有效地与其他个体竞争资源，而状态不佳的个体则无法竞争资源。

寄生虫能够影响宿主的表现，因此可以改变宿主与其他物种相互作用的结果。帕克进行了一系列实验，以研究影响面粉甲虫种类之间竞争结果的因素。在其中的一项实验中，帕克研究了拟谷盗阿德林球虫影响两种面粉甲虫（赤拟谷盗和杂拟谷盗）的竞争实验结果。当寄生虫不存在时，赤拟谷盗通常会胜过杂拟谷盗，导致后者在18例中灭绝12例（见图13.18）。当寄生虫存在时，情况相反，杂拟谷盗在15例中有11例胜过赤拟谷盗。竞争结果的反转是因为寄生虫对赤拟谷盗个体产生了较大的负面影响，而对杂拟谷盗几乎没有影响。寄生虫还能影响野外的竞争结果，例如疟原虫减弱了蜥蜴相对于较小物种的竞争优势。最后，寄生虫还能改变捕食者-猎物相互作用的结果：通过降低被感染个体的身体状况，寄生虫可使捕食者更难捕获猎物，或者可使猎物更难逃脱捕食。

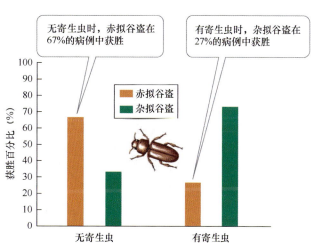

图 13.18 寄生虫可以改变竞争的结果。帕克对被寄生虫感染或未被寄生虫感染的面粉甲虫赤拟谷盗与杂拟谷盗的种群进行了竞争实验

在上面描述的例子中，寄生虫通过改变宿主的身体状况影响了物种相互作用的结果。寄生虫还能通过改变宿主行为来改变物种间相互作用的结果。例如，被寄生虫感染时，宿主可能表现出异常行为，使其更易被捕食。这种现象有很多例子，包括原生动物寄生虫使老鼠对猫不再那么警惕。某些蠕虫会使端足类动物从隐蔽处移动到相对明亮的区域。在这两种情况下，寄生虫都会诱使宿主改变行为，使宿主更可能被寄生虫完成其生命周期所需的物种捕食。

13.6.2　群落结构的变化

如第16章所述，生态系统群落可由其包含的物种数量、相对丰度及环境的物理特征来描述。寄生虫能改变群落并受这些群落方面的影响。

寄生虫会减少宿主的数量，甚至缩小宿主的地理范围，并改变物种间相互作用的结果。这些变化能对群落的组成产生了深远的影响。例如，一种攻击优势竞争者的寄生虫能抑制该物种，导致次级竞争者的数量增加。科勒和威利在6个溪流群落中观察到了这种效应。在真菌病原体反复爆发之前，毛翅目昆虫在每个群落中都是主要的草食者。这种真菌严重破坏了毛翅目昆虫的种群，将其密度从4600只/平方米减小到190只/平方米。毛翅目昆虫密度的急剧降低使得数十种其他物种的数量增加，包括藻类、以藻类为食的昆虫，以及黑蝇幼虫这样的滤食者。此外，几种以前在群落中极其罕见或不存在的物种能够建立繁荣的种群，进而增加群落的多样性。

寄生虫还会使得物理环境发生变化。这种情况发生在寄生虫攻击生态系统工程师这类生物的时候，这类物种的行为会改变其环境的物理特征，比如海狸建造堤坝。端足类动物蜾蠃螖在其潮间带的泥滩环境中可充当生态系统工程师。

在某些情况下，它们建造的洞穴使泥土聚集在一起，防止了淤泥侵蚀，并形成了"泥岛"，在低潮时露出水面。如前所述，吸虫会使得局部的蜾蠃螖种群灭绝（见图13.19a）。发生这种情况时，侵蚀率增大，泥滩中的淤泥含量降低，泥岛消失（见图13.19b至图13.19d）。在发生这些自然变化的同时，由于寄生虫的存在，泥滩群落中十个大型物种的丰度发生了显著变化，其中一个物种（带状蠕虫）已在当地灭绝。

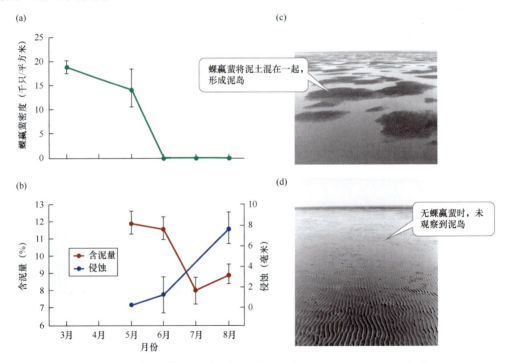

图13.19　**寄生虫可以改变物理环境**。吸虫对蜾蠃螖的感染不仅会影响宿主，还会影响整个泥滩中的群落。(a)吸虫使得端足动物种群局部灭绝；(b)无蜾蠃螖时，侵蚀率增大且泥滩中的淤泥含量降低；(c)和(d)泥滩的整体自然结构也发生了变化

最后，群落的某些方面对病原体的成功和疾病传播也很重要。群落中物种的多样性可以减少传染病在野生动物和人类中的出现与传播。

气候变化联系：气候变化和疾病传播

如第12章所述，气候变化预计会对物种相互作用乃至生态系统产生广泛影响（见图12.22）。例如，由于蚊子和其他媒介生物（将病原体从一个宿主传播到另一个宿主的生物）在温暖条件下往往更加活跃或产生更多的后代，科学家预测，持续的气候变化可能导致某些疾病在人类和野生动物种群中的发病率上升。

越来越多的证据支持这一预测。在一项这样的研究中，海水温度的升高与澳大利亚大堡礁沿线珊瑚疾病的增加强烈相关。在其他地点的珊瑚及多种两栖动物和贝类种群中也发现了类似的结果。

预计气候变化还将通过改变某些病原体及其媒介生物的生存环境来改变它们的分布。例如，冈萨雷斯等人发现，气候变化很可能通过增加其宿主物种和沙蝇传播媒介的地理分布范围，进而增大美洲患利什曼病的风险（见图13.20）。同样，随着全球气温持续变暖，面临疟疾、霍乱和鼠疫风险的人数可能增加。科斯特洛等人概述了气候变化的直接影响和间接影响带来的对人类健康的重大威胁，包括疾病发生率、粮食和水资源不安全以及极端气候事件（如飓风和洪水）。极有可能的是，气候变化也将对除人类外的许多物种的疾病发生率产生直接和间接影响，进一步加剧当前的生物多样性危机。

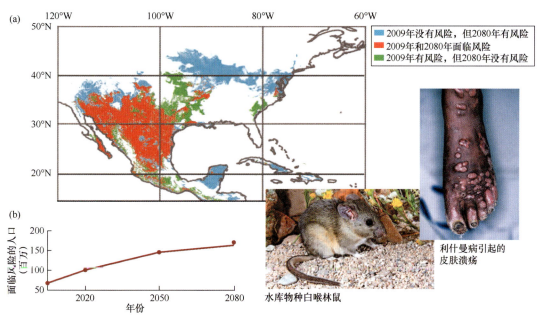

图13.20　气候变化可能增大患利什曼病的风险。 利什曼病会导致严重的皮肤溃疡、呼吸困难、免疫系统受损以及其他可能导致死亡的并发症。目前每年有200万个新病例。利什曼病由利什曼原虫属的原生生物引起，并由沙蝇传播。除了感染人类，病原体还可存在于多个宿主物种中。(a)由于存在至少一种媒介和宿主物种，预计人们面临利什曼病风险的地理区域会发生变化；(b)当存在至少一种媒介和宿主物种时，预测处于危险中的人数变化

案例研究回顾：奴役寄生虫

奴役寄生虫是如何操纵宿主行为的？在某些情况下，我们可以知道它们是如何做到这一点的。下面以热带寄生蜂（黄蜂）及其宿主圆网蜘蛛为例加以说明。黄蜂的这种幼虫附着在蜘蛛腹部的外部，吸食蜘蛛的体液。完全生长后，黄蜂幼虫会诱使蜘蛛结出特殊的茧网（见图13.21）。一旦蜘蛛织好茧网，幼虫就会杀死并吃掉蜘蛛。然后，幼虫会结茧并将其附着在茧网上。幼虫在茧内完

成发育后，茧网就像是一个强大的支架，保护幼虫不被暴雨冲走。被寄生的蜘蛛会一直织出正常的网，直到黄蜂诱使它结出茧网的那天晚上。蜘蛛结网行为的这种突然变化表明，黄蜂可能向蜘蛛注射一种改变其行为的化学物质。为了验证这个想法，埃伯哈德在结出茧网的前几小时，从蜘蛛宿主上去除了黄蜂幼虫。移除黄蜂有时会导致结出一个与茧网非常相似的网，但更常见的结果是结出一个形状介于正常网和茧网之间但与两者都有很大不同的网。在寄生蜂被移除后的几天里，一些蜘蛛部分恢复了结出正常网的能力。这些结果与寄生蜂通过向蜘蛛注射快速起作用的化学物质来诱使茧网结成的观点一致。这种化学物质似乎是以剂量依赖的方式起作用的；否则，我们预计接触到这种化学物质的蜘蛛只会结出茧网，而不会结出形状介于二者之间的网。蜘蛛通过多次重复其正常结网的早期步骤来结出茧网；因此，这种化学物质似乎是通过中断蜘蛛的正常结网行为来起作用的。

(a) 未被寄生的蜘蛛结出这样的网

(b) 黄蜂幼虫诱使其蜘蛛宿主结出像这样的茧网……

……幼虫把茧挂在上面

图13.21　寄生虫可以改变宿主的行为。(a)未被寄生的蜘蛛所结的网；(b)寄生蜘蛛所结的茧网

　　其他奴役寄生物似乎也操纵着宿主的身体化学。在案例研究中，我们描述了导致蟋蟀自杀性跳水的毛虫。托马斯及其同事的研究表明，毛虫会对其蟋蟀宿主的大脑造成生物化学和结构性改变。被寄生的蟋蟀大脑中的三种氨基酸（牛磺酸、缬氨酸和酪氨酸）的浓度与未被寄生的蟋蟀的不同。特别是牛磺酸，它是昆虫的重要神经递质，能调节大脑感知缺水的能力。因此，寄生虫有可能通过引起宿主大脑中的生物化学变化来改变宿主对口渴的感知，进而诱使其自杀。

　　埃伯哈德和托马斯等人的论文表明，一些寄生虫通过化学方法操纵其宿主来控制它们。但是，埃伯哈德的研究表明黄蜂会向其蜘蛛宿主注射一种化学物质，但尚未发现这种化学物质。若已知这种化学物质，则可将其注入未被寄生的蜘蛛体内；如果这些蜘蛛结出了茧网，我们就会了解寄生虫是如何操纵蜘蛛的。

　　尽管尚未进行此类明确的化学实验，但对被病毒奴役的舞毒蛾进行了一项类似的遗传实验。感染这种病毒的舞毒蛾在死前不久会爬到树梢；舞毒蛾死后身体会液化，并释放出数百万个感染性病毒粒子。未被感染的舞毒蛾在死前不会表现出这种攀爬行为。根据之前的研究，胡佛及其同事假设特定病毒基因的表达会导致被感染舞毒蛾在死前不久移动到树梢。

13.7　复习题

1. 定义体内寄生虫和体外寄生虫，并分别举例说明。
2. 考虑寄生虫对宿主个体和宿主种群的影响，寄生虫是否能改变物种相互作用的结果和生态群落的组成？
3. 总结宿主生物用来杀死寄生虫或降低其攻击严重程度的机制。

第14章 竞 争

食肉植物间的竞争：案例研究

尽管一再有报道称植物可以吃动物，但是早期的科学家对这些说法是持怀疑态度的。达尔文通过提供植物食肉的明确实验证据打消了他们的疑虑。如今，我们已确认600多种食肉植物，包括膀胱草、茅膏菜、猪笼草和广为人知的捕蝇草。

植物使用各种机制来捕食动物。捕蝇草拥有尖牙状的改良叶片，会散发出甜香气味以吸引昆虫（见图14.1）。叶片的内表面有对触碰敏感的绒毛；若昆虫触碰到这些绒毛，则叶片会在不到半秒的时间内迅速闭合。一旦昆虫被捕获，陷阱就会进一步紧缩，形成一个密闭空间，将猎物困住并在接下来的5～12天内将其消化。还有一些植物能以极快的速度捕捉动物。例如，水生膀胱草拥有一个触碰即向内弹开的活门，瞬间形成吸力，在不到半毫秒的时间内将猎物吸入。

另外，诸如猪笼草这样的植物虽然没有活动部分，却同样能捕食动物。猪笼草利用花蜜或视觉诱饵引诱昆虫落入漏斗形陷阱。漏斗内部常长有指向下方的绒毛，使昆虫容易爬入却难以爬出。更为甚者，在许多猪笼草中，一旦昆虫下落到一定位置，就会遇到一层薄片状蜡质层。任何踏上这层蜡质的昆虫都将注定死亡：蜡质黏附在昆虫足部，使其失去抓握力，进而滚入含有水或致命消化液的池中。

图14.1　一种以动物为食的植物。被植物花蜜吸引的这只黄蜂将成为植物的一顿美餐。虽然捕蝇草通常捕捉昆虫，但也能以其他动物为食，如鼻涕虫和小青蛙

为何有些植物会吃动物？答案与本章的主题有关：竞争。因为植物无法移动，对于限制性资源（如营养物质或水）的竞争可能非常激烈。许多食肉植物生长在养分贫瘠的环境中。此外，植物之间的进化关系表明，在养分贫瘠的环境中，食肉性已在多个独立的植物谱系中进化了多次。总体而言，这些观察结果表明，植物的食肉行为是对营养贫乏环境中生命的一种适应，这或许提供了一种避免与其他植物竞争土壤养分的方法。

食用动物是否能让植物更好地应对养分竞争？通常情况下，食肉植物的根系比生活在同一区域的非食肉植物的根系要少，这表明食肉植物可能在土壤资源方面竞争力较弱。因此，当竞争激烈时，食肉植物可将动物猎物作为替代养分来源。

为了验证这个想法，布鲁尔通过切断猪笼草的捕食途径（通过覆盖捕虫笼）和除草与修剪来减少非肉食性竞争植物（邻居），研究了这种植物的生长受到了怎样的影响。结果表明，当邻居减少时，猪笼草的生物量会增加（见图14.2），表明竞争对生长有重要影响。但是，进一步审视图14.2就会发现，事情并不像乍看起来那么简单。虽然预料到在剥夺猪笼草植物捕食机会的情况下其生

长会因竞争而减缓，但实际上并未发生这种情况。相反，猪笼草似乎仅在邻居被清除后才能从动物猎物中获益。为什么会这样？

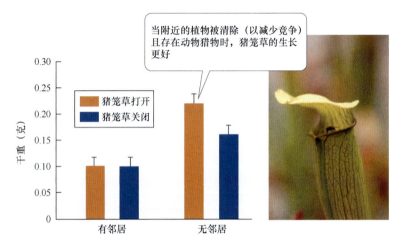

图14.2 **竞争减缓食肉植物的生长**。为了验证竞争对猪笼草的影响，将对照组植物（有邻居）的生长与清除非食肉植物竞争者的植物（无邻居）的生长进行了比较。清除邻居可促进植物的生长，尤其是当有动物猎物时。误差条显示的是均值的标准差

14.1 引言

1917年，坦斯利报告了一系列实验的结果，这些实验旨在解释两种床草植物在英国的分布。植物1仅局限在酸性土壤上生长，而植物2偏好在石灰质土壤上生长。即使是在这两个物种生长相距不到几英寸的地方，每个物种仍然局限在其特有的土壤类型上。在实验中，坦斯利发现单独种植时，每个物种都能在酸性和石灰质土壤上生长。然而，当他在酸性土壤上同时种植这两个物种时，只有植物1存活；当他在石灰质土壤上同时种植这两个物种时，只有植物2能够存活。坦斯利据此得出结论：两个物种相互竞争，当在其原生土壤类型上生长时，每个物种都会驱使另一个物种灭绝。

坦斯利对床草的研究是最早关于竞争现象的实验之一。竞争是非营养性交互作用，指两个或多个物种的个体因共享有限资源（阻碍其生长、繁殖或生存的能力）而都受到负面影响的现象。本章重点介绍种间竞争（不同物种之间的竞争）。

物种之间会争夺哪些资源？资源简单来说就是环境中对物种必需的组成部分，如食物、水、光和空间。食物是一个明显的例子：当食物稀缺时，除非个体能够成功竞争，否则种群增长率将会下降。在陆地生态系统中，尤其是在干旱地区，水也是一种资源。然而，生物不仅需要消耗物质，还可成为一种资源。植物以"消耗"光的形式来固定碳，并通过遮阴的方式减少其他植物可利用的光照。空间也是一种重要的资源。植物、藻类和固着动物需要空间来附着和生长，空间竞争可能非常激烈。行动能力强的动物也在寻找觅食地、求偶领地或躲避炎热、寒冷和捕食者的避难所的过程中竞争空间。

最后，全部资源及其他生物和非生物需求构成了一个物种的生态位或基本生态位（见图14.3a）。然而，在物种相互作用的背景下，没有一个物种可以独占其基本生态位内的所有资源。因此，生态学家认识到，由于物种相互作用，物种很大程度上被限定在一个更受限的条件范围内。这些更严格的条件形成了一个物种的实现生态位（见图14.3b）。下面介绍竞争的一些基本特征。

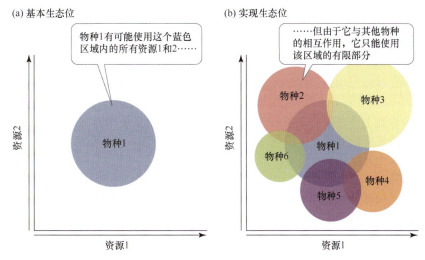

(a) 基本生态位　(b) 实现生态位

物种1有可能使用这个蓝色区域内的所有资源1和2……

……但由于它与其他物种的相互作用，它只能使用该区域的有限部分

资源2

物种1

资源1

资源2

物种2　物种3

物种6　物种1

物种5　物种4

资源1

图14.3　**基本生态位和实现生态位的概念**。物种1使用两种资源，(a)其基本生态位包含于整个蓝色区域，但(b)在该区域内使用资源受到与其他物种的相互作用的限制，这些相互作用限制了它的实现生态位

14.2　竞争的基本特点

竞争是指两个或两个以上的物种因共享资源而对彼此产生负面影响，但这个简单的定义掩盖了物种之间实际竞争的复杂方式。资源是相互作用中的制约因素，且不同物种会以不同的方式来获取资源，因此用来竞争的机制及竞争的激烈程度和最终结果在物种之间可能有很大的差异。

14.2.1　物种可以直接或间接竞争

物种通常通过它们对共享资源的可利用性产生的相互影响来间接地竞争，这种竞争形式称为**利用性竞争**，这之所以发生，仅仅是因为个体在使用共享资源时会减少其供应。猪笼草案例研究中已经考虑了利用性竞争的例子。

另一种竞争是**干扰性竞争**，即一个物种直接干扰竞争对手使用限制性资源的能力。这种相互作用在可移动的动物中最常见，就像食肉动物为争夺猎物而相互争斗一样。同样，田鼠等植食性动物可能积极地排除其他田鼠物种，不让它们占据理想的栖息地；不同蚁群成员之间也可能发生战争，相互绑架并杀死对方。固定生活的动物之间也会发生干扰性竞争。例如，随着生长，半月藤壶常会压碎或窒息另 种星形刺藤壶附近的个体。于是，半月藤壶直接阻止了星形刺藤壶在岩石潮间带的大部分区域生存。

植物间也存在干扰性竞争，如一种植物会覆盖在另一种植物之上，减少其获取光照的机会（见图14.4）。间接证据表明，干扰性竞争可以表现为**化感作用**的形式，即一个物种的个体会释放出对其他物种有害的毒素。虽然化感作用在某些农作物中似乎很重要，但在自然群落中很少有实验证据支持这一点。缺乏证据的一个原因是，在疑似存在化感作用的物种中，所有个体通常都能产生有毒的化学物质，因此无法比较能够产生毒素的个体和不能产生毒素的个体的

图14.4　**植物间的干扰性竞争**。葛藤完全覆盖了乔木和灌木，与它们争夺光照

表现。在一个新研究领域中，科研人员在一些植物物种中鉴定出了编码化感毒素的基因，这就使得研究人员能够培育出这些基因被禁用的遗传变种。目前的实验正在将不能产生化感毒素的植物和能产生化感毒素的植物与其他物种的个体一起种植，进而为竞争环境中的化感作用效果提供严格的检验。

14.2.2　竞争的强度因资源可利用性和类型而异

植物既可争夺地上资源（如光照），又可争夺地下资源（如土壤养分）。研究人员提出，植物地上和地下竞争的重要性可能发生变化，具体取决于地上资源或地下资源的稀缺程度。例如，当竞争植物生长在养分贫瘠的土壤中时，地下竞争的激烈程度可能增大。威尔逊和提尔曼通过对针茅进行移植实验验证了这一观点。

威尔逊和提尔曼在贫氮沙质土壤上选择了多个5米×5米的天然植被地块。在三年间，他们让施肥地块内的植物群落有时间适应实验性施加的土壤氮素水平变化。三年后，他们在所有地块中种植了针茅。在高氮（施肥）地块和低氮（未施肥）地块上分别种植针茅后，他们将针茅分为了三组：①存在邻居植物（竞争状态）；②存在邻居植物根系但其茎被反绑（防止地上部分与针茅的竞争）；③邻居植物的根系和茎均被清除（无竞争状态）。威尔逊和提尔曼发现，虽然总竞争强度（地上竞争强度和地下竞争强度之和）在低氮和高氮地块之间并无显著差异，但地下竞争在低氮地块上最激烈（见图14.5a）。他们还发现，当光照水平较低时（见图14.5b），地上竞争也会加剧。因此，他们的研究表明，当争夺的特定资源稀缺时，竞争的强度会增大。

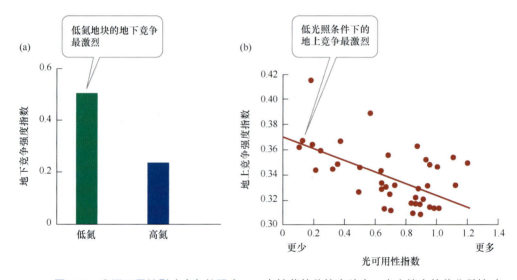

图14.5　资源可用性影响竞争的强度。(a)在针茅的移植实验中，当土壤中的养分稀缺时，植物之间地下养分的竞争强度增加；(b)当光照水平降低时，植物之间的光竞争也增加

14.2.3　竞争往往是不对称的

当两个物种争夺短缺资源时，每个物种获得的资源都比没有竞争者时所能获得的资源少。竞争减少了可用于两个物种生长、繁殖和生存的资源，因此每个物种的数量都有一定程度的减少。然而，在许多情况下，竞争的影响是不平等的，或者说是不对称的：一个物种受到的伤害大于另一个物种。这种不对称在一个竞争者迫使另一个竞争者灭绝的情况下尤为明显。

例如，在一项实验室实验中，提尔曼等人研究了两个淡水硅藻物种对二氧化硅的竞争，这些硅藻使用二氧化硅来构建细胞壁。提尔曼及其同事单独和相互竞争培养了两种硅藻——针杆藻和美丽星杆藻。他们测量了水中硅藻的种群密度和硅酸盐浓度随时间的变化。当单独培养时，每个物种都会将二氧化硅（资源）降低至低水平且大致恒定的浓度，每个物种也达到了稳定的种群规模（见图14.6）。针杆藻的稳定种群规模小于美丽星杆藻，且二氧化硅降低到比美丽星杆藻更低的水平。当这两个物种相互竞争时，针杆藻将美丽星杆藻逼至灭绝，这显然是因为针杆藻将二氧化硅降低到如此低的水平，以致美丽星杆藻无法生存。

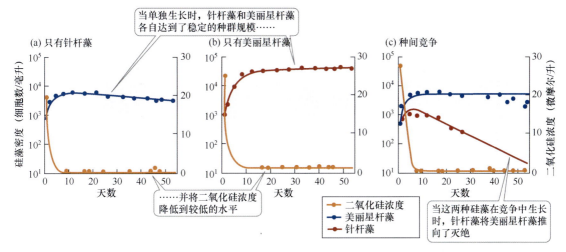

图14.6　**竞争往往是不对称的**。提尔曼及其同事通过单独种植和相互竞争种植证明了两种硅藻对二氧化硅的竞争。针杆藻(a)将二氧化硅浓度降到比美丽星杆藻(b)更低的水平。这个结果解释了为何针杆藻在两个物种一起生长时胜过美丽星杆藻(c)

如上面的例子所示，在劣势竞争者灭绝之前，优势竞争者通常会失去潜在的资源，或者在竞争互动中投入能量。因此，即使一个物种迫使另一个物种灭绝，优势竞争者和劣势竞争者都会受到一定程度的伤害。然而，优势竞争者的影响仍然大于劣势竞争者的影响。事实上，一般来说，每个竞争者对另一个竞争者的影响程度是一个连续的过程（见图14.7）。注意，这个过程的两端并不代表竞争性（–/–）相互作用。相反，这种交互称为偏害共生，即–/0交互，其中一个物种的个体会受到伤害，而另一个物种的个体则完全不受影响。偏害共生的例子包括生长在高耸树木下方的小型木本植物。

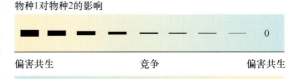

图14.7　**竞争效应的连续统一体**。竞争可能对两个物种的个体产生同等影响，或者一个物种的个体可能比另一个物种的个体受到的伤害更大。粗条表示强竞争

14.2.4　竞争可能发生在亲缘关系较近或较远的物种之间

前面说过，竞争可能发生在亲缘关系密切的物种之间，如提尔曼研究的硅藻物种。布朗和戴维森研究了竞争是否也发生在亲缘关系较远的物种之间。他们怀疑啮齿动物和蚂蚁可能竞争，因为它们都吃沙漠植物的种子，且它们所吃的种子大小有很大的重叠（见图14.8）。

布朗和戴维森在亚利桑那州图森附近的沙漠地区建立了实验地块（每块约1000平方米）。他们的实验持续了3年，且将地块分为了4组：①使用金属围栏挡住吃种子的啮齿动物并通过诱捕清除围栏内的啮齿动物的地块（组1）；②使用杀虫剂清除吃种子的蚂蚁的地块（组2）；③通过围栏、诱捕和杀虫剂同时清除啮齿动物与蚂蚁的地块（组3）；④对啮齿动物和蚂蚁都不做干扰的地块（组4，即对照地块）。

结果表明，啮齿动物和蚂蚁确实存在食物竞争。与对照地块相比，在清除啮齿动物的地块（组1）

中，蚂蚁群落数量增加了71%；而在清除蚂蚁的地块（组2）中，啮齿动物的数量增加了18%，生物量增加了24%。在同时清除啮齿动物和蚂蚁的地块（组3）中，种子密度相比其他所有地块提高了450%。组1、组2和组4的结果显示出了相似的种子密度。这些结果表明，当清除啮齿动物或蚂蚁中的任何一种时，剩下的群体所吃掉的种子数量约与对照地块中啮齿动物和蚂蚁共同吃掉的种子数量相当。因此，在自然条件下，预计在有另一物种存在时，每个物种所能吃到的种子数量少于独自存在时所能吃到的数量。

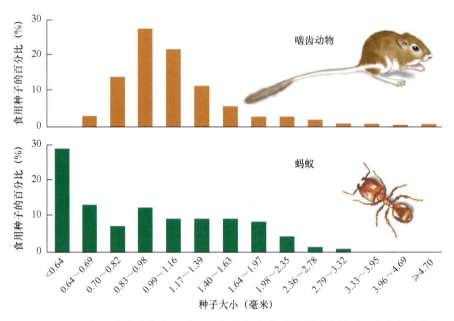

图14.8　蚂蚁和啮齿动物争夺种子。蚂蚁和啮齿动物食用的种子大小有很大的重叠。清除实验表明，这两个远亲物种会竞争种子

亲缘关系迥异的蚂蚁和啮齿动物发生竞争并不令人惊讶。毕竟，人与细菌、真菌和昆虫相差极大，但我们仍在农田、谷仓甚至冰箱中与这些生物争夺食物。总之，无论亲缘关系密切与否，只要共享有限的资源，生物之间就可能发生竞争。

14.2.5　资源竞争在自然群落中普遍存在

竞争在自然群落中有多重要？要回答这个问题，就要对许多实地研究的结果进行汇总和分析。三项此类分析的结果表明，竞争对许多物种具有重要影响。例如，舍纳研究了164项关于竞争的研究结果，发现在所研究的390个物种中，76%的物种在某些情况下表现出竞争效应，57%的物种在所有情况下均表现出竞争效应。康奈尔研究了72项研究结果，发现竞争对215个被研究的物种中的50%至关重要。古雷维奇等人采用了不同的方法：他们未报告竞争对多少物种重要的百分比，而是分析了1980年至1989年间发表的46项研究中涉及的93个物种的竞争效应的大小。结果表明，竞争对多种生物都有着显著的影响，但影响程度各异。

舍纳、康奈尔和古雷维奇等人的调查可能存在偏见，如研究人员未能发表无显著影响的研究、研究人员倾向于研究有趣的物种等。尽管存在这些偏见，但数百项研究记录了竞争的影响。这一事实清楚地表明，竞争在自然界中是常见的，但不是无处不在的。第19章将探讨竞争对群落结构的影响。

14.3　竞争共存

如上所述，生态学家长期以来一直认为物种之间的竞争在群落中非常重要。例如，达尔文虽然经常关注种内竞争，但也认为种间竞争会影响生态和进化过程。达尔文认识到，种间竞争可能导致两种可能的结果。若一个优势物种阻止另一个物种使用基本资源，则劣势物种可能局部灭绝，这个过程称为**竞争性排斥**（或**竞争排斥**）。我们在实验室环境下的硅藻示例中看到了这个结果。然而，在现实中，大多数物种都表现出**竞争性共存**（或**竞争共存**），或者说，尽管它们共享有限的资源，但仍具有相互共存的能力。下面介绍竞争排斥或竞争共存的一般特征。

14.3.1　以相同方式使用有限资源的竞争者无法共存

20世纪30年代，苏联生态学家高斯使用三种草履虫进行了关于竞争的实验室实验。他构建了微型水生生态系统，在充满细菌和酵母细胞的液体培养基的试管中培养草履虫。他发现，培养时，尾草履虫和绿草履虫种群呈对数增长，并且达到稳定的承载能力（见图14.9a）。而当一起生长时，每个物种的种群增长速度都较慢，但是它们能够共存。然而，当金草履虫与尾草履虫共同培养时，金草履虫会将尾草履虫驱逐至灭绝（见图14.9b）。高斯认为，结果的不同是因为尾草履虫和金草履虫竞争细菌作为食物，而绿草履虫通过吃试管底部沉淀的酵母细胞来避免竞争。因此，尾草履虫和绿草履虫在彼此存在的情况下划分了它们的食物资源，进而能够共存。

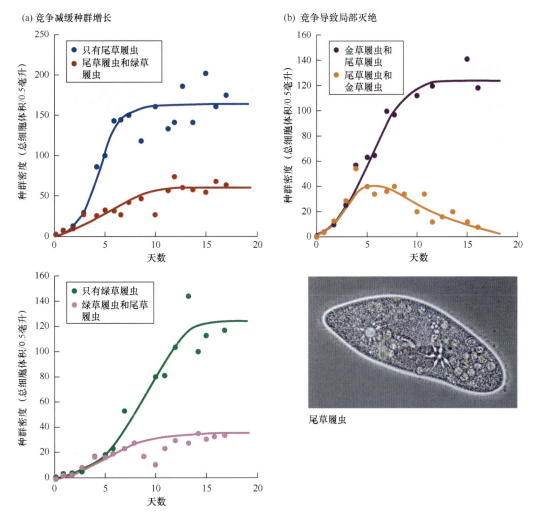

图14.9　**高斯在草履虫竞争实验中，使用装有细菌和酵母细胞的液体培养基培养了三种草履虫。**(a)单独生长时，尾草履虫和绿草履虫均显示出种群增长并达到承载能力。一起生长时，每个物种的种群增长速度都较慢，但它们能够以不同的食物为食而共存。(b)当尾草履虫与金草履虫一起生长时，导致了局部灭绝

大量其他物种（如藻类、面粉甲虫、植物和苍蝇）的实验也产生了类似的结果：除非两个物种以不同的方式利用资源，否则一个物种会将另一个物种驱逐至灭绝。这样的结果导致了竞争排斥原理，即两个以相同方式使用有限资源的物种不能无限期地共存。实地观察结果与这一解释是一致的。

14.3.2　竞争者以不同方式使用资源时可能共存

在自然群落中，许多物种使用相同的限制性资源，但却能彼此共存。这一观察结果并不违反竞争排斥原理，因为该原理的一个关键是物种必须以相同的方式利用有限资源。实地研究经常揭示物种使用有限资源方面的差异。这种差异称为资源分割（也称生态位划分）。

舍纳研究了生活在牙买加岛上的4种低地蜥蜴的资源分割。尽管这些物种都生活在乔木和灌木中，且以类似的食物为食，但是舍纳发现它们在栖息地的高度和厚度以及在阳光或树荫下的时间上存在差异。由于这些差异，不同的蜥蜴物种之间的竞争不像以前那样激烈。

斯托姆普等人研究了从波罗的海收集的两种蓝藻的资源分割。由于这些蓝藻的物种未知，我们将它们称为BS1和BS2。BS1能有效地吸收绿光进行光合作用，但会反射大部分红光，因此对红光的利用效率很低。相比之下，BS2吸收红光而反射绿光，因此对绿光的利用效率低下。

斯托姆普及其同事在一系列竞争实验中探讨了这些差异。他们发现，每个物种在绿光或红光下单独生长时都能存活。然而，当它们在绿光下共同生长时，BS1会将BS2驱逐至灭绝（见图14.10a），因为BS1比BS2能更有效地利用绿光。相反，在红光下，BS2会驱逐BS1至濒临灭绝（见图14.10b）。当在白光下共同生长时，BS1和BS2都持续存在（见图14.10c）。这些结果表明，在白光下BS1和BS2之所以能够共存，是因为它们在光合作用中对不同波长的光的利用效率存在差异。

在实验室实验的基础上，斯托姆普等人分析了70个水生环境中的蓝藻，这些环境从清澈的海洋水域（绿光占优）到高度混浊的湖泊（红

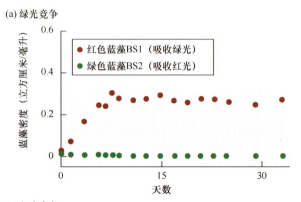

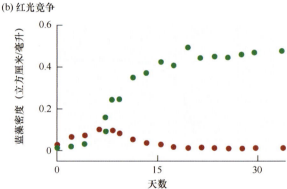

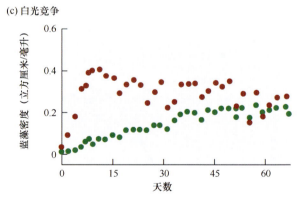

图14.10　蓝藻会划分它们对光的使用吗？ 蓝藻BS1和BS2在(a)绿光、(b)红光和(c)白光下共同生长。BS1吸收绿光比吸收红光更有效；BS2则正好相反。当两类蓝藻在绿光下共同生长时，只有BS1存在，而当它们在红光下生长时，只有BS2存在。然而，这两类蓝藻在白光下都能存在，表明BS1和BS2可通过划分对光的使用而共存

光占优）。如图14.10所示，在最清澈的水域中仅发现了红色蓝藻，而在高度混浊的水域中只发现了绿色蓝藻，但是在中等混浊的水域中发现了上述两种蓝藻，因为这些水域中同时存在绿光和红光。因此，斯托姆普及其同事进行的实验室实验和野外调查表明，红色蓝藻和绿色蓝藻之所以能够共存，是因为它们分配使用了关键的限制性资源：水下光谱。

14.3.3 竞争会导致特征分化和资源分割

当两个物种争夺资源时，自然选择可能有利于表现型个体：①可让它们在竞争中胜过竞争对手，进而导致竞争排斥；②可让它们划分限制性资源，进而降低竞争强度。例如，当两种鱼（物种1和物种2）与其他鱼分开生活时（每种鱼都生活在各自的湖泊中），两种鱼可能捕食大小相似的猎物。如果某种因素（如扩散）导致这两种鱼生活在同一个湖泊中，那么它们对资源的利用将大量重叠（见图14.11a）。在这种情况下，自然选择可能有利于物种1中那些体形适合捕食较小猎物的个体，进而减少与物种2的竞争；同样，选择可能有利于物种2中捕食较大猎物的个体，进而减少与物种1的竞争。随着时间的推移，这种选择压力可能导致物种1和物种2在共同生活时进化成与彼此分离时不同的形态（见图14.11b）。这一过程说明了特征分化，即当竞争导致竞争物种的表现型个体随着时间的推移逐渐演化为不同的形态。加拉帕戈斯群岛上的两种地雀似乎发生了特征分化。具体来说，这两种地雀的喙的大小和所吃种子的大小，在两种地雀共存的岛屿上与只有一种地雀的岛屿上有所不同（见图14.12）。实地观察表明，当这两种地雀生活在一起时，可能是由于竞争而导致了不同，而不是因为其他因素，如食物供应的差异。在植物、青蛙、鱼、蜥蜴、鸟和螃蟹中也观察到了特征分化：成对的物种共同生活时都要比分开生活时的差异大。然而，要有力地证明这种差异源于竞争（而非其他因素），就需要更多的证据。对特征分化的有力支持可来自旨在检验竞争是否存在并对形态具有选择效应的实验。针对棘鱼开展的此类实验表明，当不同物种生活在同一个湖泊中时，它们的形态变化最大。结果表明，与竞争对手形态差异最大的个体具有选择性优势：它们的生长速度要比形态与竞争对手更相似的个体更快。

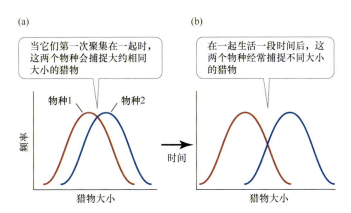

图14.11　特征分化。资源竞争会导致竞争物种随时间发生变化。想象分开生活且捕食大小相同猎物的两种鱼聚集在一个湖泊中的情形。(a)当两个物种首次聚集时，它们所用的资源有着相当大的重叠。(b)两个物种随着时间的推移相互作用，它们用来获取猎物的特征可能进化，因此倾向于捕获不同大小的猎物

针对铎黑足蟾蜍蝌蚪的野外实验和针对大肠杆菌的实验室实验也证明了特征分化的存在。在每项研究中，实验结果都表明竞争导致了观察到的形态差异，即发生了特征分化，物种因此能够更好地分配资源。

资源分割的证据已被用于解释群落中的物种多样性。下面采用数学模型来预测竞争的结果是竞争排斥还是竞争共存。

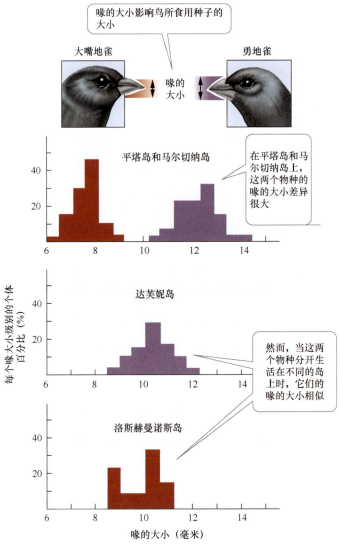

图14.12　竞争造成喙的大小不同。在加拉帕戈斯群岛上，勇地雀和大嘴地雀之间的竞争可能对它们的喙的大小产生选择性影响

14.4　洛特卡–沃尔泰拉竞争模型

　　洛特卡和沃尔泰拉各自通过修改逻辑斯蒂方程模拟了竞争现象。在逻辑斯蒂方程中，种群规模的变化率（dN/dt）是

$$\frac{\mathrm{d}N}{\mathrm{d}t} = rN(1 - N/K) \quad \text{或} \quad \frac{\mathrm{d}N}{\mathrm{d}t} = rN\left(\frac{K - N}{K}\right)$$

式中，N是种群规模，r是内在增长率（物种的最大可能增长率，仅能在理想条件下实现），K是种群规模停止增长时的数量（可理解为种群的环境承载能力）。竞争会剥夺物种的资源，进而降低种群增长率。因此，竞争者的存在会降低原有种群的增长率。考虑到竞争物种之间的相互影响，我们可通过减去一个竞争系数来修改每个物种的逻辑斯蒂方程。竞争系数是一个常量，用于表示一个物种对另一个物种的竞争影响有多强。新方程称为洛特卡–沃尔泰拉竞争模型，它可写为

$$\frac{\mathrm{d}N_1}{\mathrm{d}t} = r_1 N_1\left(\frac{K_1 - N_1 - \alpha N_2}{K_1}\right), \quad \frac{\mathrm{d}N_2}{\mathrm{d}t} = r_2 N_2\left(\frac{K_2 - N_2 - \beta N_1}{K_2}\right) \tag{14.1}$$

式中，N_1是物种1的种群密度，r_1是物种1的内在增长率，K_1是物种1的环境承载能力；物种2的N_2、r_2和K_2的定义类似。竞争系数（α和β）是描述一个物种对另一个物种的影响的常数：α是物种2对物种1的影响，β是物种1对物种2的影响。例如，若$\alpha = 1$，则两个物种中的每个个体在抑制物种1的生长方面的作用相同。若$\alpha = 5$，则物种2中的每个个体在抑制物种1的生长方面的作用相当于物种1中的5个额外个体。因此，竞争系数α是一个衡量指标，它按个体来衡量物种2对物种1的种群增长的影响，即相对于物种1自身的影响。类似的推理也适用于β，即按个体来衡量物种1对物种2的种群增长的影响。也可将α和β视为转换系数，它们都将一个物种的个体数量转换为具有相等种群增长影响的另一个物种的个体数量。例如，若$\alpha = 3$，则物种2中的1个个体对物种1的增长抑制作用与物种1中的3个个体相同。因此，若物种2中有100个个体，则需要物种1中的300个个体才能产生相当的抑制作用（当$\alpha = 3$且$N_2 = 100$时，需要物种1中$\alpha N_2 = 3 \times 100 = 300$个个体来产生相同的作用）。

下面首先介绍如何使用式（14.1）来预测竞争结果，然后讨论竞争共存如何受到物种相互作用强度的影响。

14.4.1　预测竞争结果

若知道物种1和物种2的种群规模随时间变化的规律，则可预测竞争的结果。例如，若物种2的种群规模可能增大，而物种1的种群规模可能减小至零，则物种2应该会将其竞争对手推向灭绝，进而赢得竞争互动。编写程序让计算机求解式（14.1），可预测物种1和物种2在不同时间的种群规模。下面使用图形化方法来检查每个物种预计增大或减小种群规模的条件。

首先确定每个竞争物种的种群规模何时停止变化。这种方法同样适用于洛特卡-沃尔泰拉捕食者-猎物模型，它基于这样一种假设：当种群规模的变化率（dN/dt）等于零（或者到达平衡）时，种群规模（N）不变。例如，根据洛特卡-沃尔泰拉竞争模型［式（14.1）］，当$dN_1/dt = 0$时，物种1的种群规模不变。将dN_1/dt设为零后，可得出物种1的种群规模（N_1）不变时满足条件

$$N_1 = K_1 - \alpha N_2 \tag{14.2}$$

同样，物种2的种群规模（N_2）不变时满足条件

$$N_2 = K_2 - \beta N_1 \tag{14.3}$$

注意，式（14.2）和式（14.3）的图形是直线，N_1是N_2的函数，N_2是N_1的函数。这样的直线称为零种群增长等倾线（简称等倾线），之所以这样命名，是因为对位于这些直线上的N_1和N_2的任何组合，种群规模都不增大或减小。对于物种1，$dN_1/dt = 0$时丰度不变，这发生在$N_2 = K_1/\alpha$和$N_1 = K_1$时。同样，对于物种2，$dN_2/dt = 0$时丰度不变，这发生在$N_1 = K_2/\beta$和$N_2 = K_2$时。

求出K_1/α和K_2/β后，就可画出物种1（x轴）和物种2（y轴）的等倾线。物种1的等倾线是一条始于$N_2 = K_1/\alpha$、终于 $N_1 = K_1$的对角线（见图14.13a），代表维持物种1种群规模不变（或处于平衡状态）所需的物种2的个体数量。例如，在图14.13a中，因为N_1等倾线右侧的点代表的个体数量多于零种群增长所允许的数量，所以物种1的种群规模将减小，直到其到达等倾线。整个蓝色阴影区域都是如此：物种1的种群规模在N_1等倾线右侧的所有点都减小。相反，当物种1的种群规模在N_1等倾线下方时，其种群规模增大。

类似的推理也适用于物种2的等倾线，我们可将其画为始于$N_1 = K_2/\beta$、终于$N_2 = K_2$的对角线（见图14.13b）。该等倾线表示可防止物种2的种群规模发生变化（或处于平衡状态）的个体数量。此处，物种2的种群规模在N_2等倾线上方的区域减小，在N_2等倾线下方的区域增大。

上面介绍的图形化方法可用于预测种间竞争的结果。为此，下面将N_1等倾线和N_2等倾线画在一起。N_1等倾线和N_2等倾线相对于彼此的排列有4种，因此要画出四幅不同的图形。在其中两幅图形中，等倾线不相交，导致竞争性排斥结果：具体取决于哪条等倾线位于上方，物种1（见图14.14a）或物种2（见图14.14b）总是导致另一个物种灭绝。注意，在蓝色阴影区域，两个物种的种群规模都大于其等倾线上的种群规模，因此两个物种的数量都在减少（粗黑箭头）。同样，在黄色阴影区域，两个物种的种群规模都小于各自等倾线上的种群规模，因此两个物种的数量都在增加。

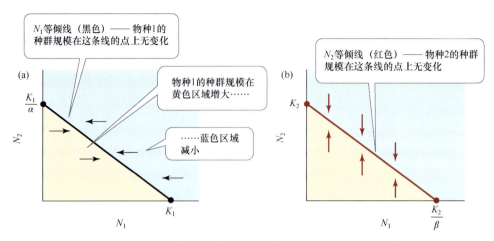

图14.13　竞争的图形分析。来自洛特卡-沃尔泰拉竞争模型的零种群增长等倾线可用于预测竞争物种种群规模的变化。(a)N_1等倾线。物种1种群规模的变化（黑色箭头或向量）在黄色区域增大，在蓝色区域减小。(b)N_2等倾线。物种2种群规模的变化（红色箭头或向量）在黄色区域增加，在蓝色区域减少

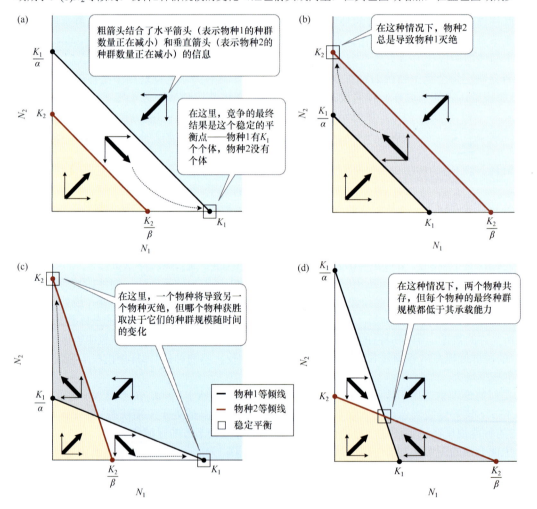

图14.14　洛特卡-沃尔特拉竞争模型的竞争结果。竞争结果取决于N_1和N_2等倾线的相对位置。(a)物种1对物种2的竞争排斥，物种1始终获胜；(b)物种2对物种1的竞争排斥，物种2始终获胜；(c)两个物种不能共存，哪个物种获胜取决于两个物种的种群规模；(d)物种1和物种2共存。图中的方框表示一个稳定的平衡点

在浅灰色或深灰色阴影区域，一个物种的数量增加（其种群规模小于其等倾线上的大小），而另一个物种数量减少，直到数量增加的物种达到其环境承载能力（K值）而数量减少的物种减至零并灭绝。第三幅图形中也出现了竞争排斥现象（见图14.14c），但哪个物种获胜则取决于两个物种的种群规模变化首先是进入深灰色区域（此时物种2驱使物种1灭绝）还是进入浅灰色区域（此时物种1驱使物种2灭绝）。

图14.14d显示了两个物种共存的情况，不发生竞争排斥现象。诚然，此时两个物种都未导致另一个物种灭绝，但是竞争仍然产生了影响：每个物种的最终或均衡种群规模（图中方框所示）都低于其环境承载能力，如高斯对草履虫的实验。

研究人员利用图14.14所示的方法预测了不同生态条件下的竞争结果。例如，利夫达尔和威利使用这种方法预测了与本地蚊子的竞争是否能阻止外来蚊子的入侵，见分析数据14.1。

14.4.2　竞争相互作用的强度影响共存

前面介绍了洛特卡-沃尔泰拉竞争模型预测的4种可能结果，下面介绍出现竞争共存的情况。我们可用图14.14d来显示α, β, K_1和K_2的值满足下式时发生的共存：

$$\alpha < K_1/K_2 < 1/\beta \tag{14.4}$$

上式能为我们提供哪些信息？考虑这样一种情况：竞争物种具有同等的竞争强度，即$\alpha = \beta$。若两个物种在利用资源的方式上也非常相似，则物种1中的1个个体对物种2的增长率的影响几乎与物种2的1个个体对物种1的增长率的影响相当，反之亦然。因此，当两个物种以非常相似的方式利用资源且竞争激烈时，α和β的值都应该接近1。

例如，设$\alpha = \beta = 0.95$。将α和β的这些值代入式（14.4），有

$$0.95 < K_1/K_2 < 1.05$$

这一结果表明，当物种竞争激烈时，仅当两个物种也具有相似的环境承载能力时，才能预测出共存现象。

相反，若竞争物种之间的竞争不是很激烈，且在资源利用方式上差异很大，则α和β的值会远低于1。为了说明这种情况，假设$\alpha = \beta = 0.1$。在这种情况下，即使一个物种的环境承载能力是另一个物种的近10倍，也可预测出共存现象，即

$$0.1 < K_1/K_2 < 10$$

对竞争系数α和β的不同取值，也能得到类似的结果。结合这些对洛特卡-沃尔泰拉竞争模型的分析，我们可对竞争排除原理做如下补充：当竞争物种间的竞争不激烈且以不同的方式利用资源时，它们更可能共存。

分析数据14.1　与本地蚊子的竞争会阻止外来蚊子的传播吗？

白线斑蚊在少量水中繁殖，如树洞和废弃轮胎中的水。于20世纪80年代从亚洲引进到北美洲的白线斑蚊会传播登革热等疾病，因此引起了人们对公众健康的关注。白线斑蚊到达北美洲后，在树洞和轮胎中繁衍生息，而这里有几种不同的本地蚊子。

利夫达尔和威利试图预测白线斑蚊和本地豹脚蚊的竞争结果，因为豹脚蚊是树洞群落的主要成员。他们估计了在从树洞和轮胎中获取的水中生长的白线斑蚊和豹脚蚊幼虫的竞争系数和承载能力，结果如下。

1. 使用式（14.1），将豹脚蚊设为物种1，将白线斑蚊设为物种2。利用表中的数据，为在树洞群落中竞争的这两个物种绘制N_1和N_2等倾线。预测每个物种的平衡种群密度（个体数/100毫升水）。描述在树洞群落中这两个物种竞争的

从树洞中获得的水	从轮胎中获得的水
竞争系数	
$\alpha = 0.43$	$\alpha = 0.84$
$\beta = 0.72$	$\beta = 0.25$
承载能力（个体数/100毫升水）	
$K_1 = 42.5$	$K_1 = 33.4$
$K_2 = 53.2$	$K_2 = 44.7$

可能结果。

2. 在另一幅图形上，为在轮胎中竞争的这两个物种绘制N_1和N_2等倾线。预测每个物种的平衡种群密度。描述在轮胎中这两个物种竞争的可能结果。

3. 与本地物种豹脚蚊的竞争是否可能阻止外来物种白线斑蚊的传播？

影响物种如何分配资源的因素有多种，以防止一种竞争者将另一种竞争者推向灭绝。如下节所述，其中的一些因素可以完全改变竞争结果，使得原来的劣势竞争者转变为优势竞争者。

14.5 改变竞争结果

种间竞争的结果可被一系列因素改变，如物理环境、干扰以及与其他物种的相互作用。例如，不同地点的非生物条件差异可能导致竞争逆转，在这种情况下，在一个栖息地中处于劣势竞争者的物种将成为另一个栖息地中的优势竞争者。不同非生物条件下其他竞争结果的例子包括在引言中提及床草和北美洲的藤壶。

与其他物种的相互作用可对种间竞争的结果产生类似的影响。实践证明，食草动物的存在将逆转海藻物种之间的竞争结果，以及狗舌草与其他植物物种之间的竞争结果（见图14.15）。如果食草动物偏好食用竞争力较强的物种，以降低该物种的生长、生存或繁殖能力，则可能出现这种效果。食草动物的情形同样适用于捕食者、病原体和共生动物：这类物种数量的增加或减少会改变它们与相互作用物种之间的竞争结果。

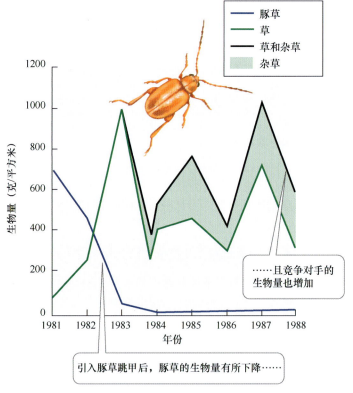

图14.15　**食草动物可以改变竞争结果**。豚草跳甲是一种以豚草为食的食草动物。图中追踪了跳甲于1980年被引进到俄勒冈州西部的一个地点后，豚草、草和杂草（阔叶草本植物）的生物量变化。结果表明，没有跳甲时，豚草是卓越的竞争者，但在引进跳甲后其竞争力急剧下降

后续章节将探讨物种之间相互作用改变竞争结果的例子，这里介绍自然环境和干扰的影响。

14.5.1 自然环境影响竞争并最终影响物种的分布

在一系列经典实验中，康奈尔研究了影响星状藤壶和北方藤壶的局部分布、存活和繁殖的因素。藤壶的幼虫在海水中漂浮，然后附着在岩石或其他物体（如船体）表面上，在那里蜕变为成虫，形成坚硬的外壳。

在苏格兰沿海的研究地点，星状藤壶和北方藤壶幼虫的分布有很大的重叠：两种藤壶的幼虫都分布在上潮间带和中潮间带。然而，成年星状藤壶通常仅出现在潮间带的顶部，而成年北方藤壶则不出现在那里，而出现在潮间带的其他地方（见图14.16）。这些分布差异的原因是什么？

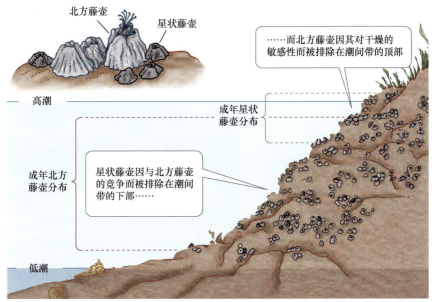

图14.16　被竞争挤出。苏格兰的野外清除实验表明，自然环境调节导致的竞争决定了星状藤壶和北方藤壶的局部分布

为了回答这个问题，康奈尔研究了竞争和环境的非生物特征的影响，如干燥风险。为了测试不同非生物条件下竞争的重要程度，他选择了一些在每个区域都定居的两种藤壶的幼体，并清除了附近的其他物种。对其他关注的个体，他保留了附近的其他物种。他发现，与北方藤壶的竞争将星状藤壶排除在潮间带顶部以外的所有区域，而在竞争减少时，星状藤壶能够在潮间带顶部茁壮成长。随着它们的生长，北方藤壶会在中潮间带上覆盖、清除和压碎星状藤壶。从潮间带的所有区域来看，面对北方藤壶的竞争时，仅有14%的星状藤壶在第一年存活，而在康奈尔清除北方藤壶的区域，有72%的星状藤壶存活。在与北方藤壶竞争一年后，存活的星状藤壶个体都很小，繁殖能力也很差。

相比之下，北方藤壶与星状藤壶的竞争并未受到强烈影响。然而，无论是否清除星状藤壶，北方藤壶都会在潮间带顶部附近脱水。因此，北方藤壶似乎是对干燥敏感而被排除在该区域之外的，而不是因为它与星状藤壶的相互作用。

在某些情况下，自然实验的结果表明，竞争会因环境条件而异，且最终影响物种的地理分布。在花栗鼠中，人们就发现了这样的情况。花栗鼠生活在美国西南部山区的森林里。帕特森研究花栗鼠的分布后发现，当一个物种因为喜欢环境条件而独自生活在一座山脉上时，与竞争物种共同生活相比，会占据更广泛的栖息地和更大的海拔范围（见图14.17）。与康奈尔的清除实验一样，这个结果表明竞争可能阻止了一些花栗鼠生活在其他合适的栖息地。

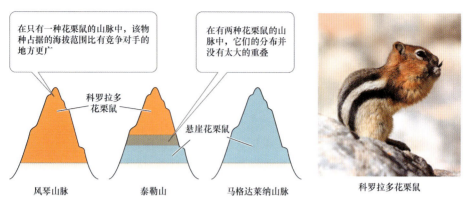

在只有一种花栗鼠的山脉中，该物种占据的海拔范围比有竞争对手的地方更广

在有两种花栗鼠的山脉中，它们的分布并没有太大的重叠

科罗拉多花栗鼠

悬崖花栗鼠

风琴山脉　　泰勒山　　马格达莱纳山脉

科罗拉多花栗鼠

图14.17　花栗鼠种间竞争的自然实验。对新墨西哥州山区花栗鼠分布的观察表明，竞争可能限制它们的栖息地。针对内华达州的花栗鼠的观察也得到了类似的结果

14.5.2　干扰可以阻止竞争正常进行

火灾或风暴等干扰可能杀死或伤害一些物种，同时为其他物种创造机会。只有定期发生此类干扰，某些物种才能在某个地区持续存在。例如，森林中包含一些草本植物，它们需要充足的阳光，因此只出现在由风或火导致的树冠空隙之地。随着时间的推移，这样的植物种群注定要消失：随着树木重新占领该地区，遮阴程度逐渐增加，以致这些物种被竞争排除。这类物种称为**逃逸物种**，因为它们必须从一个地方迁移到另一个地方，以利用打开资源的干扰事件，进而避免被竞争排除。

华盛顿大学海洋生态学家佩恩描述了周期性的干扰是如何让海棕榈与竞争优势物种加州贻贝共存的。海棕榈是一种生活在潮间带的褐藻，为了生长，它必须附着在岩石上，并与贻贝争夺附着空间。虽然海棕榈能够胜过单个贻贝（在其上面生长），但最终会被从侧面生长的其他贻贝取代。

与贻贝的竞争导致海棕榈种群数量随时间逐渐减少（见图14.18）。因此，若竞争按照自然进程发展下去，则贻贝将导致海棕榈种群灭绝。

这正是低干扰海岸线发生的情况，这里的海浪只是偶尔从岩石上"撕下"一个贻贝。然而，在高能量波浪更频繁地清除贻贝的海岸线，海棕榈仍能存活，为海棕

海棕榈

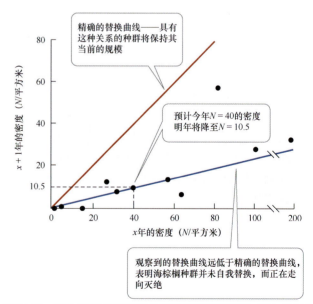

精确的替换曲线——具有这种关系的种群将保持其当前的规模

预计今年$N = 40$的密度明年将降至$N = 10.5$

观察到的替换曲线远低于精确的替换曲线，表明海棕榈种群并未自我替换，而正在走向灭绝

$x + 1$年的密度（N/平方米）

x年的密度（N/平方米）

图14.18　缺少干扰的劣势竞争者的种群数量下降。图中的每个点都代表海棕榈与贻贝竞争生长且缺少干扰的地点，观察到的密度逐年变化。这些点可用于估算替换曲线（蓝线），显示了无干扰时，海棕榈个体随着时间的推移而自我替换的程度

桐个体创造了暂时的生存空间。

案例研究回顾：食肉植物间的竞争

在植物中，对养分的竞争很重要，但光和水等其他资源也可能供不应求。食肉植物生活在贫瘠的土壤中，它们的根系通常不如非食肉植物的发达。如案例研究中指出的那样，这些观察结果表明，食肉植物可能是土壤养分的弱竞争者，因此可能依赖食用动物来获取生长所需的养分。这些观察结果表明，若食肉植物无法接触独特的替代营养源，则它们可能受到地下竞争的严重打击。

然而，如果养分竞争很重要，那么与预期相反的是，当邻居存在而猪笼草被剥夺猎物时，猪笼草并未受到严重打击。事实上，有邻居时，无论是否可以捕食猎物，猪笼草的生物量都是相同的。这些结果表明，猪笼草与非食肉植物在土壤养分方面的竞争相对较少，而其他一些因素则推动了这些植物对邻居清除的积极反应。

进一步的调查显示，对光的竞争似乎对猪笼草更重要。布鲁尔发现，邻居将猪笼草的光照可用性降低了10倍。邻居被清除后，猪笼草的反应是大大增加了生长，尤其是当捕虫笼打开且能捕获猎物时。因此，当邻居被移走、光照水平较高时，猪笼草会通过快速生长来做出反应。

总之，猪笼草似乎与邻居竞争光照，但通过捕食动物并利用光照水平变化作为生长信号来避免土壤养分的竞争。当光照水平较低时，猪笼草生长缓慢，因此需要的养分很少。在这种情况下，缺乏猎物影响不大，因为植物不需要额外的养分。然而，当光照水平很高时，猪笼草会受到刺激而生长。在这种情况下，缺乏猎物有重大影响，因为猎物提供了其用于生长的大部分养分。

14.6 复习题

1. 植物需要氮元素才能生长和繁殖。假设在含氮量较低的沙壤中有两种植物，但只向其中的一种植物施加氮肥。随着时间推移，土壤中氮的竞争强度会发生怎样的变化？

2. 列出4个竞争的一般特征，并举一个例子。

3. 假设20块草地中都包含植物物种1、植物物种2，或者同时包含两种植物。已知物种1和物种2之间存在竞争，每块草地都被其他两种植物无法生长或生存的区域与其他草地隔开。**a.** 列出草地包含两种植物的不同组合的三个可能原因。**b.** 描述一个有助于评估你列出的一个或多个原因的实验。

第15章　互利共生和偏利共生

最早的农耕者：案例研究

人类约在1万年前开始耕作。农业是革命性的发展，导致了人口的大幅增长，以及政府、科学、艺术和人类社会其他方面的创新。但是，人类远不是最早从事农业生产的物种。这一殊荣应归属于蚁族中的蚂蚁，蚁族有210个物种，其中大多数生活在南美洲的热带森林中。这些蚂蚁被非正式地称为蚁农或真菌种植蚁，它们开始种植真菌作为食物至少比第一批人类早了5000万年（见图15.1）。

图15.1　为真菌收集食物。哥斯达黎加的蚂蚁将叶片带到蚁群，作为食物喂给所培育的真菌（灰色物质）

像人类农民一样，蚁农也滋养、保护并以它们种植的物种为食，形成了一种对农民和农作物都有利的关系。蚂蚁的生存离不开它们培育的真菌，而许多真菌也依赖于蚂蚁。当蚁后离开巢穴去交配并形成一个新蚁群时，口中会携带一些来自其出生蚁群的真菌。这些真菌在地下"花园"中培育（见图15.2）。一个蚁巢中可能包含数百个房间，每个房间的大小相当于一个足球。这些房间能够产出足以支撑200万～800万只蚂蚁的食物。一些蚂蚁偶尔会用它们从周围土壤中收集的自由生长的新真菌来替换房间中的真菌。其他种类的蚂蚁，如芭切叶蚁属和顶切叶蚁属的切叶蚁，则不培养环境中的真菌。相反，其花园中的真菌仅来自原蚁群。

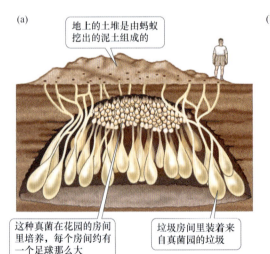

地上的土堆是由蚂蚁挖出的泥土组成的

这种真菌在花园的房间里培养，每个房间约有一个足球那么大

垃圾房间里装着来自真菌园的垃圾

图15.2　切叶蚁的真菌花园。(a)大型切叶蚁群示意图。(b)图中所示为巴拉圭中部地区切叶蚁的真菌花园的剖视图，房间内有一个由真菌产生真菌胶团，它会被蚂蚁吃掉

顾名思义，切叶蚁从植物上切下部分叶片，并将它们喂给花园里的真菌。回到巢穴后，切叶蚁将树叶咀嚼成果肉，用自己的粪便给它们施肥，并在真菌花园里"除草"，以控制细菌和防御入侵者。反过来，所培育的真菌也会产生特殊的结构——菌胶团，蚂蚁以此为食。切叶蚁和真菌之间

的伙伴关系被称为"邪恶联盟"，因为每一方都在帮助另一方克服保护植物不被吃掉的强大防御能力。例如，蚂蚁会从叶片上刮下一层真菌难以穿透的蜡状物，而真菌则会消化植物用来杀死或阻止食草昆虫的化学物质。

然而，花园里的一切并不完美。病原体和寄生虫也会攻击被蚂蚁驯化的真菌，有时甚至超过蚂蚁清除它们的能力。怎样才能防止这些不速之客侵扰花园呢？

15.1　引言

第12章至第14章强调了物种间的相互作用，在这种相互作用中，至少有一个物种受到伤害（捕食、草食、寄生和竞争）。然而，地球上的生命也受到正相互作用的影响，在这些相互作用中，一个或两个物种都会受益，且都不会受到伤害。例如，大多数维管植物与真菌会形成有益的相互作用，进而改善这两个物种的生长和存活。事实上，化石证据表明，最早的维管植物在4亿多年前就与真菌形成了类似的相互作用。这些早期的维管植物缺乏真正的根，因此它们与真菌的相互作用可能增大了它们获取土壤资源的机会，且有助于它们殖民土地。

如上例所示，正相互作用不仅影响生命史上的关键事件，还影响当今生物的生长和存活。如后所述，正相互作用还会影响生物体之间其他类型相互作用的结果，进而塑造群落并影响生态系统。下面给出一些关键术语，概述生态群落中这些相互作用的范围。

15.2　正相互作用

生态学中有两种基本类型的正相互作用：互利共生和偏利共生。互利共生是指两个或多个物种的个体之间形成的一种互惠互利的相互作用（+/+关系），偏利共生是指一个物种的个体获得利益而另一个物种的个体既不受益又不受害的相互作用（+/0关系）。许多生态学家将互利共生和偏利共生统称为协助作用。

在某些情况下，参与正相互作用的物种会形成共生关系，在这种关系中，两个物种的个体在身体和/或生理上彼此密切接触，如豌豆蚜虫与其细菌共生体之间的关系，以及人类与细菌之间的关系。然而，寄生虫与其宿主也能形成共生关系。因此，共生关系可从寄生（+/–）到偏利共生（+/0）再到互利共生（+/+）。

在互利共生和偏利共生中，一个或多个物种的个体的生长、繁殖或存活通过与其他物种的相互作用而增加（且无任何物种受到伤害）。这种益处的形式有多种。一个物种可能为其伙伴提供食物、住所或者助其生长的基质；可能传播其伙伴的花粉或种子；可能减少热量或者降低水压；可能减少竞争者、食草动物、捕食者或寄生虫的负面影响。为伙伴提供益处的生物可能付出一些代价，如为伙伴提供食物会减少自己的生长机会。然而，这种相互作用的综合效果是积极的，因为对每个伙伴来说益处都大于付出的代价。

下面讨论一些适用于互利共生和偏利共生的一般性观察结果。

15.2.1　互利共生和偏利共生无处不在

互利共生关系在地球上广泛分布，几乎覆盖整个陆地表面。例如，包括主导陆地生态系统的大多数维管植物在内的大多数植物物种都会形成菌根共生关系，这是植物的根与各种通常为互利共生类型的真菌之间的共生联系（见图15.3）。约80%的被子植物（开花植物）和所有裸子植物（如针叶树、苏铁和银杏）都会形成菌根共生关系。菌根为植物提供了明显的好处，改善了它们在广泛栖息地中的生长和存活。菌根真菌使植物受益的一种方式是增加植物从土壤中获取水分和养分的表面积；在某些情况下，长度超过3米的真菌丝（称为菌丝）可能从1厘米的植物根部延伸出来。真菌还可保护植物免受病原体侵害，而植物通常为真菌提供碳水化合物来使它们受益。

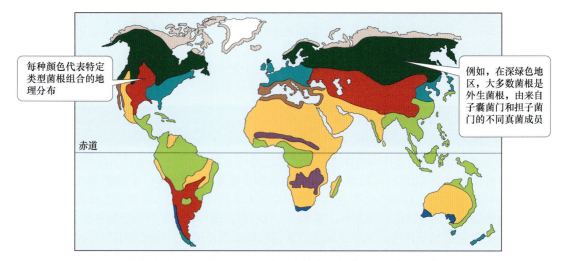

图15.3　覆盖陆地表面的菌根群落。地图上的各种颜色表示8种主要菌根群落。
注意，不同类型菌根群落的位置与主要菌根的位置相当靠近陆地生物群落

　　菌根共生主要有两种类型（见图15.4）。在**外生菌根**中，真菌伙伴通常在根细胞间生长，并在外围形成一个鞘，鞘内的菌丝常常向土壤中延伸一段距离。在**丛枝菌根**中，真菌同样向土壤中生长，同时在一些根细胞间生长并在其他细胞壁内部穿入。丛枝菌根中穿入根细胞的菌丝会形成分支网络，称为丛枝。

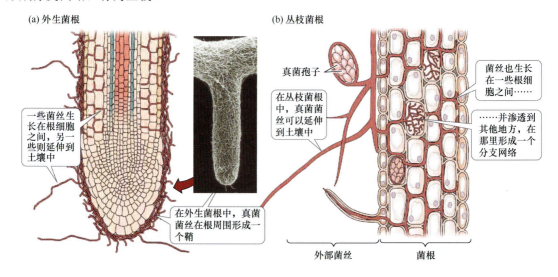

图15.4　菌根共生的两种主要类型。菌根分为(a)外生菌根和(b)丛枝菌根。在丛枝菌根中，进入根细胞的菌丝穿透细胞壁，但不穿透细胞膜

　　除了植物，互利共生关系还可在许多其他生物和栖息地中找到。在海洋中，珊瑚与共生藻类形成互利共生关系。珊瑚为藻类提供了栖息地、营养物质（如氮和磷）和日照条件；藻类则通过光合作用为珊瑚提供碳水化合物。所有生活在珊瑚礁上的无脊椎动物和脊椎动物，无论是直接还是间接，都依赖于珊瑚−藻类的互利共生关系。在陆地上，诸如牛、羊等哺乳动物依赖于居住在其肠道内的细菌和原生生物来帮助代谢原本难以消化的纤维素。同样，昆虫依赖于与其他多个物种形成的互利共生关系，包括与植物（见图15.5）及细菌的共生关系。

　　和互利共生一样，偏利共生也无处不在——生态世界就是建立在这一基础上的。数以百万计的

超鞭毛虫

食木蟑螂

10微米

图15.5　原生生物的肠道互利生物。肠道互利生物（超鞭毛虫）不帮助它消化木材时，食木蟑螂会饿死。超鞭毛虫可以分解纤维素，而纤维素是蟑螂无法自行消化的一种木质成分

物种与所谓的基础物种形成了+/-0关系，这些基础物种为它们提供了生存的环境。在这些关系中，依赖另一个物种所提供的栖息地的物种通常对提供栖息地的物种影响很小或没有影响，如生长在树皮上的地衣或者生长在皮肤表面的无害细菌等寄生物种。如果清除海洋海带林中的许多藻类、无脊椎动物和鱼类，它们就会在当地灭绝；这些物种依赖海带林作为它们的栖息地，但其中的大多数对海带林既没有害处又没有益处。同样，尽管数量相当不确定，但热带雨林中可能生活着超过100万种昆虫和数千种林下植物。这些昆虫和小型植物依赖森林作为它们的栖息地，但许多昆虫和小型植物对高耸在它们之上的树木几乎没有影响。

15.2.2　正相互作用可以是义务性的或选择性的，且结构松散

　　互利共生和偏利共生包括一系列广泛的相互作用，从义务性的（物种所需）到选择性的（非物种所需）。案例研究中讨论的切叶蚁和真菌的互利共生关系说明了这种关系图谱的一端：切叶蚁和它们培育的真菌之间存在一种高度具体的义务性关系，在这种关系中，任何一方都离不开另一方，它们的相互作用导致每方都进化出有利于对方的独特特征。

　　类似地，许多热带无花果树由一两种黄蜂传粉。这些关系对两个物种来说是互惠的和义务性的，若没有对方，则任何一个物种都无法繁殖。无花果-黄蜂的互动还显示了共同进化迹象。无花果的花朵位于花托的肉质茎的内部（见图15.6）。在雌雄同株的无花果树中，雄花和雌花位于花托的不同部位，雄花在雌花之后成熟。雌花的形式多样，从短柱头到长柱头不等。

　　雌性黄蜂带着从另一个花托采集的花粉进入花托。一旦进入内部，黄蜂就通过雌花的柱头插入产卵器，将卵产在子房中（见图15.6）。随后，它会在那些花朵的柱头上散布花粉。黄蜂会为长柱头花和短柱头花授粉，因此这两类花都会结出种

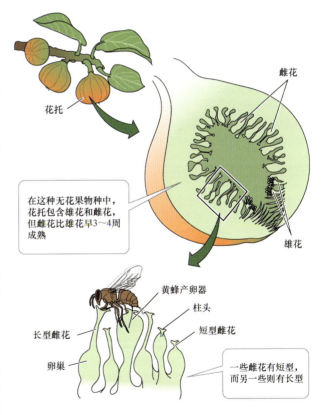

雌花

花托

在这种无花果物种中，花托包含雄花和雌花，但雌花比雄花早3～4周成熟

雄花

黄蜂产卵器

柱头

短型雌花

长型雌花

卵巢

一些雌花有短型，而另一些则有长型

图15.6　无花果花及为它们授粉的黄蜂。典型的雌雄同株无花果树的花托和花朵

子。因为黄蜂的产卵器长度不足以到达长柱头花的子房，幼蜂通常在短柱头花中发育，并以其中的一些种子为食。

幼蜂完成发育后会交配，雄蜂钻过花托，雌蜂则通过雄黄蜂开辟的通道退出。然而，在雌蜂离开花托之前，它们会访问成熟的雄花，从雄花中采集花粉，并存储在专门的囊袋中，以便在另一个花托中产卵时使用。黄蜂的繁殖行为是一个显著的特化实例，这种特化为另一个物种提供了益处。

与蚂蚁-真菌和无花果-黄蜂的互利共生关系不同，许多互利共生和偏利共生关系是选择性的。例如，在沙漠环境中，成年植物下方的土壤通常要比相邻空旷区域的土壤凉爽、湿润。土壤条件的这些差异可能非常明显，以致辞许多植物的种子只能在成年植物遮阴下发芽和存活；这些成年植物称为保姆植物，因为它们会护理或保护幼苗。一种保姆植物可能保护许多不同种类的幼苗。例如，沙漠铁木可为165个不同种类的植物充当保姆植物，其中大多数也可在其他植物下发芽和生长。这种情况是典型的选择性相互作用：需要护理的物种可能出现在各种保姆植物之下，且与它们中的每种都有选择性关系，而保姆植物和受益物种彼此之间可能没有反应。

选择性正相互作用也发生在森林群落中。例如，大型食草动物（如麋鹿）可能无意中食用小型草本植物的种子。种子可能在毫发无损地通过食草动物的消化道后，随粪便排出，且通常远离母株（见图15.7）。将后代从亲代身边带走可能是有利的，因为对植物和食草动物都有好处。

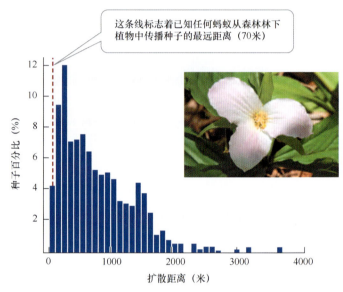

图15.7 麋鹿可远距离移动植物种子（从吃种子到排便）。尽管蚂蚁会传播大花延龄草的种子，但麋鹿会将种子扩散得更远

15.2.3 正相互作用在某些情况下可能不再有益

种间相互作用可通过确定每个物种的相互作用结果是积极的（益处 > 成本）、消极的（成本 > 益处）还是中性的（益处 = 成本）来分类。然而，相互作用物种的成本和收益可能因地点和时间的不同而不同。因此，根据情况的不同，两个物种之间的相互作用可能产生积极的或消极的结果。土壤温度会影响两种湿地植物是作为共生者还是竞争者进行相互作用。一些湿地植物通过叶片、茎和根中的气道被动运输氧气来为缺氧土壤通气。从这些植物的根部泄漏到土壤中的氧气可被其他植物物种利用，进而减少缺氧土壤条件的负面影响。

在一项温室实验中，卡拉韦和金将具有大量气道的香蒲与缺乏气道的勿忘我放在一起种植。他们在不同温度（11℃～12℃和18℃～20℃）下栽培这些植物，花盆中混合了天然池塘中的土壤和泥炭，花盆中的土壤浸没在1～2厘米深的水中，以使其缺氧。他们还在相同的条件下种植了一些没有香蒲的勿忘我。

在较低的土壤温度下，当存在香蒲时，土壤中的含氧量增加，但在较高的土壤温度下则不会。不同的含氧量如何影响勿忘我-香蒲的相互作用结果？在较低的土壤温度下，当存在香蒲时，勿忘我的根和芽的生长增加（见图15.8a）。然而，在较高的土壤温度下，当存在香蒲时，勿忘我的生长减少（见图15.8b）。总体而言，这些结果表明，在土壤温度较低的情况下，香蒲对勿忘我有益（可能是通过给土壤通气），而在高温下，香蒲对勿忘我有负面影响——这只是环境条件变化如何改变生态相互作用结果的一个例子。

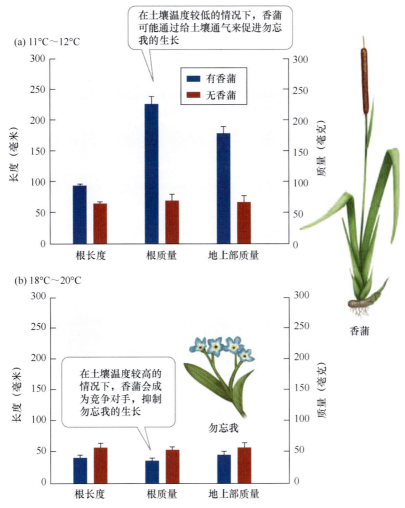

图15.8 从受益者到竞争者。有无香蒲时(a)低土壤温度和(b)高土壤温度下勿忘我的生长。测量勿忘我生长的三个参数是根长度（左y轴）、根质量（右y轴）和地上部质量（右y轴）。误差条表示均值的标准差

15.2.4 正相互作用在压力环境中可能更常见

近几十年来的研究表明，正相互作用在许多生态群落中都很重要，如橡树林地、沿海盐沼和海洋潮汐群落。许多研究关注的是目标物种的个体如何受附近一个或多个其他物种的个体的影响。通过比较目标物种有邻居物种时的表现与其无邻居物种时的表现，可以评估这些影响。尽管这类研究的结果不能用于确定是否存在互利共生、共栖或竞争，但确实提供了一个大致的评估，即正相互作用在生态群落中是否是常见的。

在一项最全面的研究中，一个国际生态学家小组检验了邻居植物对全球11个地区共115种目标植物的影响。在每个目标物种的8～12个重复地块中，邻居物种要么留在原地，要么从目标物种附近清除。然后测量相对邻居效应（RNE，即有邻居时目标物种的生长减去无邻居时的生长）。研究人员发现，RNE在高海拔地点通常为正，表明邻居对目标物种有积极影响，但在低海拔地点则有消极影响（见图15.9）。此外，在低海拔地区，邻居往往会降低目标物种个体的存活和繁殖能力，而在高海拔地区则会增加其存活和繁殖能力。卡拉韦等人确定RNE与夏季最高气温呈负相关，表明在更寒冷、压力更大的环境中正相互作用更常见，而在更暖、压力更小的环境中竞争更常见（见图15.10）。在盐沼群落和潮汐群落中，也发现了类似的结果。

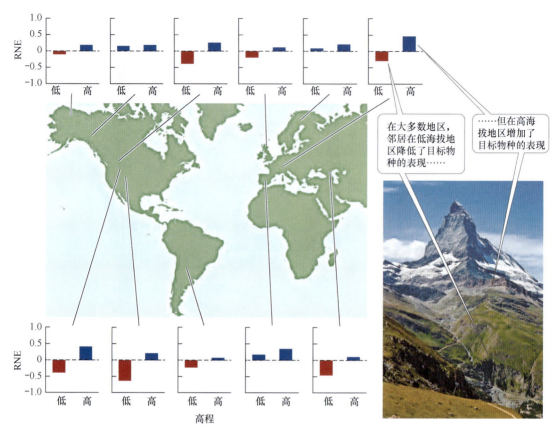

图15.9　邻居在高海拔地区增加了植物的生长。在11个地区的高海拔和低海拔地块中，测量了高山植物的相对邻居效应。植物的生长是以生物量或叶片数量的变化来衡量的。RNE值大于零（蓝色）表示邻居增加了目标物种的生长；RNE值小于零（红色）表示邻居减少了目标物种的生长

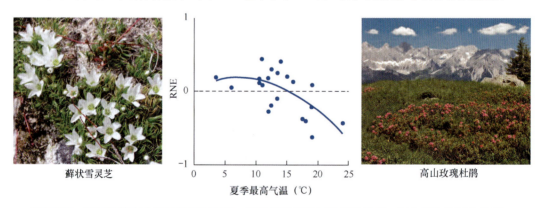

蘚状雪灵芝　　　　　　　　　　夏季最高气温（℃）　　　　　　　　高山玫瑰杜鹃

图15.10　邻居改善高山植物的低温环境。随着低海拔地区温度的升高，高山植物的RNE从积极（大于零）变为竞争（低于零）

下面讨论正相互作用背景下互利共生的一些独有特征。

15.3　互利共生的特征

上一节讨论了适用于互利共生和偏利共生的一些特征：这两种共生的正相互作用无处不在，它们可按多种方式演变，且在某些情况下可能不再有益。但是，由于互利共生是一种双方都受益

的互惠关系，它的某些特征与偏利共生不同。偏利共生既有成本又有收益，若成本超过一个或两个合作伙伴的收益，则它们的互动就会改变。然而，在描述互利共生的特征之前，我们将首先讨论互利共生是如何分类的。

15.3.1 互利共生可以根据它们提供的益处进行分类

互利共生通常根据相互作用的物种为彼此提供的益处类型进行分类，如食物或居住地。如后所述，互利共生的一个伙伴可能获得一种类型的收益（如食物），而另一个伙伴可能获得不同类型的收益（如居住地）。在这种情况下，互利共生可分为两种不同的方式。

营养互利共生有许多，互惠互利者从其伙伴那里获得能量或营养。例如，在本章案例研究提到的切叶蚁-真菌互利共生中，每个伙伴都为对方提供食物（切叶蚁和真菌也帮助彼此克服植物防御机制，因此也为对方提供生态服务）。在其他营养互利共生中，一个生物体可能获得能量来源，而另一个生物体获得有限的养分。例如，在菌根共生中，真菌以碳水化合物形式获取能量，而植物得到水分或磷等限制性营养物质的帮助。能量与限制性营养物质的交换同样发生在珊瑚-藻类共生关系中，其中珊瑚获得碳水化合物，而藻类则获得氮。

在栖息地互利共生中，一个伙伴为另一个伙伴提供遮蔽、居住场所或适宜的栖息环境。例如，在食物丰富但掩体稀少的环境中，虾蛄与某些虾虎鱼形成栖息地互利共生关系。虾蛄在沉积物中挖掘洞穴并与虾虎鱼共享，为虾虎鱼提供了躲避危险的安全港湾。作为回报，虾虎鱼充当虾蛄的导盲鱼，因为虾蛄几乎是失明的。在洞穴外面，虾蛄用触须感知虾虎鱼的动态（见图15.11）；若有捕食者或其他形式的干扰导致虾虎鱼突然移动，虾蛄便会迅速返回洞穴。

虾蛄挖了一个洞穴，与一只虾虎鱼共享

在洞穴外，这只几乎失明的虾蛄将触角放在虾虎鱼身上，虾虎鱼的动作警告它有危险

图15.11　导盲鱼。 在几乎没有遮蔽的环境中，虾蛄和虾虎鱼之间的栖息地互利共生关系对双方都有益处

在其他栖息地互利共生中，一个物种通过改变局部环境条件或提高其伙伴对现有条件的耐受性，为伙伴提供适宜的栖息环境。毛状螺旋草生长在温泉附近的土壤中，土壤温度可高达60℃。雷德曼、罗德里格斯及其同事在实验室和野外进行了实验，即在有和没有弯孢菌的情况下种植了毛状螺旋草，其中弯孢菌是一种在植物体内生长的共生真菌（称为内生真菌）。在实验室中，100%含弯孢菌的毛状螺旋草能在60℃的间歇性土壤温度下存活，而无内生真菌的植物则无法存活。在土壤温度高达40℃的野外实验中，含内生真菌的植物根系和叶片质量均高于不含内生真菌的植物。在40℃以上的土壤中，含内生真菌的草本植物生长良好，但无内生真菌的植物全部死亡。因此，弯孢菌增强了宿主耐受高温土壤的能力。弯孢菌并非孤例，许多其他内生真菌可增加宿主植物对高温或高盐度土壤的耐受性，一些菌根真菌也能提高宿主植物对高温或高盐度土壤的耐受性。

15.3.2 互利共生者都是为了自身利益

尽管互利共生中的双方都能获益，但并不意味着互利共生对双方来说没有任何代价。例如，

图15.12 兼性互利共生。蚂蚁常与分泌蜜露的昆虫形成兼性互利共生，蜜露是蚂蚁赖以生存的糖浆。此处显示的蚂蚁可保护厄瓜多尔树蝉免受捕食者和寄生虫的侵害，以换取蜜露

在珊瑚-藻类互利共生中，珊瑚以能量形式获取益处，但也要承担为藻类提供营养和空间的代价。同样，藻类获得限制性营养素，但它向珊瑚提供的能量原本可用于自身的生长和新陈代谢。互利共生的代价明显体现在一个物种为另一个物种提供诸如授粉服务来换取食物时。例如，在开花期间，马利筋会消耗其光合作用所获能量的37%，以生产吸引蜜蜂等昆虫授粉者的花蜜。

为让生态相互作用成为互利共生关系，双方获得的净益处必须超过其付出的净代价。然而，互利共生关系中的任何一方都不是出于利他原因而参与的。若环境条件发生变化，减少了一方的利益或者增加了一方的成本，则互动结果可能发生变化。若这种互动不是义务性的，则这一点尤其正确。例如，蚂蚁常与其他昆虫形成兼性共生关系，在这种关系中，它们会保护昆虫免受竞争者、捕食者和寄生虫的侵扰。其中的一个例子是，蚂蚁会保护树蝉免受捕食者的侵扰，而树蝉则分泌蜜露供蚂蚁食用（见图15.12）。

树蝉总会分泌蜜露，因此蚂蚁总可获得这种食物。然而，当捕食者稀少时，树蝉可能无法从蚂蚁那里获得任何益处。在这些年份，互动结果可能从互利共生（+/+）变为偏利共生（+/0）或寄生（+/–），具体取决于蚂蚁食用蜜露后是否会减缓树蝉的生长或繁殖。

最后，在某些情况下，互利共生者可能撤销或修改其提供给合作伙伴的奖励。例如，在高营养环境中，一些植物会减少它们通常提供给菌根真菌的碳水化合物。在这样的环境中，植物自己可以获得充足的营养，真菌几乎没有什么用处。因此，当营养充足时，植物可能停止奖励真菌，因为支持真菌菌丝的成本高于真菌所能提供的好处。此外，最近的一项研究发现，蒺藜苜蓿可区分不同的菌根真菌，为那些提供最多营养的真菌菌丝分配更多的碳水化合物（见图15.13）。分析数据15.1中进一步探索了这种关系。

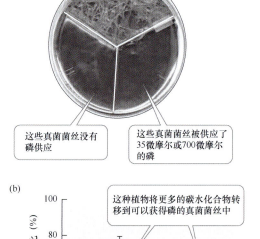

图15.13 奖赏那些回馈你的伙伴。研究人员验证了一个假设，即蒺藜苜蓿会将更多的碳水化合物分配给菌根真菌，菌根真菌则为它们提供更高浓度的磷。(a)他们使用拼合板将真菌菌丝分成了两组。一些真菌菌丝缺乏磷，而其他真菌菌丝则含有35微摩尔或700微摩尔的磷；(b)他们追踪了蒺藜为每组菌丝提供的蔗糖（记为^{14}C）的比例。误差条显示的是均值的标准差

15.3.3 一些互利共生者有防止过度开发的机制

互利共生关系中的伙伴之间有着固有的利益冲突：每个物种获得的利益都是以牺牲另一个物

种的利益为代价的。在这种情况下，自然选择可能青睐于欺骗者，即那些通过过度开发其互利共生伙伴来增加后代数量的个体。当互利共生中的一方过度利用另一方时，互利共生关系持续的可能性就会降低。然而，如菌根真菌与培养它们的蚂蚁之间长达5000多万年的共生关系所示，互利共生确实能够持续存在。在伙伴间的利益冲突下，是什么因素使得互利共生得以维持呢？其中一个答案是对过度剥削伙伴的个体施加惩罚。若这些惩罚足够高，则可减少甚至消除欺骗行为带来的优势。佩尔米尔和胡斯在一个绝对依赖且共同进化的互利共生关系——丝兰与其唯一授粉者丝兰蛾间记录了这种情况。雌蛾使用其独特的口器收集丝兰上的花粉（见图15.14a）。收集花粉后，雌蛾通常会飞到另一株丝兰上，在花房内产卵，然后爬至花柱顶部。在那里，雌蛾会故意将其携带的部分花粉放在柱头上，完成对丝兰的授粉（见图15.14b）。由蛾卵孵化出的幼虫通过食用部分种子完成发育，这些种子随后在花房内成熟。丝兰蛾和丝兰在繁殖上绝对依赖彼此。然而，该共生关系容易受到过度产卵并因此消耗过多种子的丝兰蛾的剥削。丝兰有一种机制来防止此类过度剥削：它们会选择性地终止那些被雌蛾产卵过多的花朵（见图15.15）。平均而言，丝兰保留含有不超过6个蛾卵的花朵的比例为62%，而保留含有9个或更多蛾卵的花朵的比例仅为11%。丝兰在丝兰蛾幼虫孵化之前终止花朵的发育。虽然目前尚不清楚决定花朵发育中止的诱因是什么，但很明显，它是一种减少过度开发的有效机制：被中止发育花朵中的所有丝兰蛾幼虫都会死亡。

(a)

花粉粒

(b)

图15.14　丝兰和丝兰蛾。丝兰与其唯一授粉者丝兰蛾具有共生关系。(a)雌蛾使用口器从丝兰花采集花粉，并携带多达1万粒花粉。(b)右下角的丝兰蛾正在花房中产卵；顶部的丝兰蛾正在将花粉放在柱头上

分析数据15.1　菌根真菌是否将更多的磷转移到提供更多碳水化合物的植物的根部？

如图15.13所示，基尔斯等人在2011年发现苜蓿会将更多的碳水化合物转移到那些更易获得磷的真菌菌丝中。研究人员还验证了它们之间的相互作用：植物的菌根搭档真菌是否以类似的方式将更多的磷输送到更易获得碳水化合物的植物的根部。

为此，基尔斯等人使用类似于图15.13中的拼合板设计。他们为真菌菌丝提供放射性标记的磷（^{33}P），并监测磷向植物根部的转移，因为植物根部获取碳水化合物（蔗糖）的方式不同。有些植物的根部未获得蔗糖，而其他植物的根部则获得了5微摩尔或25微摩尔的

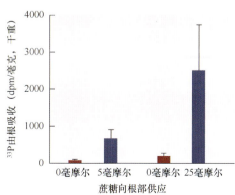

蔗糖。图中，dpm指每分钟的衰变，是辐射强度的度量；误差条显示的是均值的标准差。

1. 画出并标记拼合板实验设计的草图，在图15.13所示的照片上建模图形。

2. 解释图中所示的结果。

3. 比较图中的结果与图15.13b中的结果。是植物还是真菌控制物质交换，还是双方都发挥作用？

目前记录的关于作弊惩罚的明确案例不多，因此尚不清楚此类惩罚在自然界中是否常见。尽管如此，丝兰与丝兰蛾的相互作用仍然揭示了本节的主题：互利共生的伙伴并非利他主义者。相反，丝兰会采取行动来促进自身的利益，丝兰蛾同样如此。一般来说，互利共生之所以进化并得到维持，是因为它的净效应对双方都是有利的。若互利共生的净效应损害了相互作用物种之一的生长、生存或繁殖，则该物种的生态利益将得不到满足，至少暂时会导致互利共生关系破裂。若这种状况持续，则该物种的长期或进化利益也可能无法得到满足，进而导致互利共生关系在更持久的基础上瓦解。

尽管互利共生有可能破裂，但互利共生和共栖现象非常普遍，其中一些相互作用已维持了数百万年。下面讨论这些广泛存在的相互作用对生态的影响。

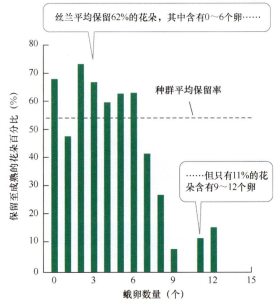

图15.15　对欺骗行为的处罚机制。丝兰选择性地使花朵的生长中止，因为丝兰蛾在其中产下了过多的卵

15.4　正相互作用的生态后果

前面讨论了互利共生和偏利共生的共同特征以及共生的独特特征，提及了正相互作用的一些生态后果，包括提高存活率和提供栖息地。本节深入探讨正相互作用如何影响生物种群及其所在的群落。

15.4.1　正相互作用影响种群的丰度和分布

互利共生和偏利共生能够为相互作用物种中的一个或两个物种的个体提供利益，进而提高其生长、繁殖或生存的能力。这在最近的一项研究中得到了证实，该研究显示了一种防御性细菌共生体是如何提高宿主果蝇的繁殖成功率的（见图15.16）。因此，互利共生和偏利共生可影响相互作用物种的丰度和分布。为深入探讨这些问题，下面首先考察一种蚂蚁-植物互利共生对个体数量的影响，然后考虑互利共生和共栖是如何影响生物的分布的。

对丰度的影响　互利共生对丰度的影响可从伪蚁属蚂蚁与牛角相思树之间的互利共生关系中看出。这种植物拥有很大的刺，为蚂蚁提供了栖息地（见图15.17a）。刺尖外部覆盖着坚硬的木质层，内部却有一层柔软多汁的髓质，便于蚂蚁挖掘。蚁后通过钻入绿刺，挖掉部分髓质并在刺内产卵来建立新蚁群。随着蚁群规模的扩大，最终将占据整棵牛角相思树的所有刺。蚂蚁以植物从特化蜜腺分泌的花蜜和富含蛋白质及脂肪的改良叶片顶端结构（称为贝尔体）为食（见图15.17b）。蚂蚁还积极攻击试图啃食植物的昆虫乃至哺乳动物（如鹿）。此外，它们还会用颚部撕咬靠近牛角相思树10～150厘米范围内的其他植物，进而为牛角相思树提供一个无竞争对手的生长区域（见图15.17c）。

蚂蚁提供的服务是否对牛角相思树有益？扬岑通过从一些牛角相思树上清除蚂蚁，并将这些植物的生长和存活情况与有蚁群的植物进行了比较。结果令人震惊。平均而言，有蚁群牛角相思树的重量是无蚁群牛角相思树的14倍以上，有蚁群牛角相思树的存活率也更高（72%对43%），且被昆虫攻击的频率要低得多。

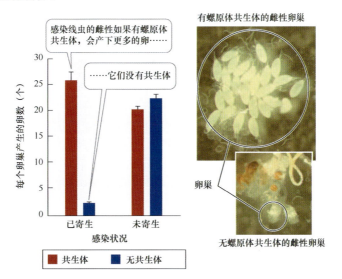

图15.16　共生体增大宿主的生育能力。螺原体属细菌生活在宿主果蝇的细胞内。图中显示了实验室饲养的雌蝇的产卵数量，雌蝇要么有螺原体共生体（红条），要么无螺原体共生体（蓝条），且被线虫感染（寄生）或未被线虫感染（未寄生）。线虫可使雌蝇绝育并降低雄蝇的交配成功率。误差条显示的是均值的标准差

图15.17　蚂蚁与植物的互利共生关系。(a)伪蚁属蚂蚁在牛角相思树的刺内照料幼虫和蛹；(b)叶片基部的蜜腺和小叶顶端的贝尔体；(c)蚂蚁移走了生长在牛角相思树附近的植物，为其创造了无竞争者的区域

若牛角相思树没有蚁群，则在食草动物反复啃食其叶片后，牛角相思树通常会在6～12个月内死亡。反之，蚂蚁依赖牛角相思树来获取食物和栖息地，没有这些植物它们就无法生存。因此，蚂蚁-牛角相思树互利共生关系对每个伙伴的丰度都有相当大的影响。此外，蚂蚁和植物都进化出了不同寻常的特征，这些特征对它们的伙伴是有益的。例如，依赖牛角相思树的切叶蚁具有高度攻击性，全天24小时保持活跃（在植物表面巡逻），并且攻击在宿主植物附近生长的其他植被；而不与牛角相思树形成互利共生关系的切叶蚁则没有表现出这些特征。同样，与蚂蚁形成互利共生关系的牛角相思树具有增大的刺、特化的蜜腺和叶片上的贝尔体，而很少有非互利共生关系的牛角相思树物种表现出这些特征。总之，蚂蚁和牛角相思树似乎都是依赖对彼此的反应来进化的，

这就使得蚂蚁-牛角相思树伙伴关系成了一种义务性的、共同进化的互利共生关系。

对分布的影响 确实有数以百万计的正相互作用，其中一个物种为另一个物种提供理想的栖息地，进而影响其分布。具体的例子包括珊瑚为藻类共生体提供家园，以及使植物能够在原本无法耐受的环境中生存的真菌共生体（如使草本植物能够在高温土壤中生存的真菌）。当然，像无花果-黄蜂互利共生一样，义务性互利共生对相互作用物种的地理分布有着深远的影响，因为两者都无法在伙伴缺席的地方生存。

很常见的情况是一组优势物种（如森林中的树木）通过物理上提供其他物种所依赖的栖息地来决定这些物种的分布。许多动植物物种只出现在森林中，这些森林特有种要么无法耐受更开阔地带的物理条件（如附近的草地），要么因与其他物种的竞争而无法在这些开阔地带生活。同样，在低潮期的海洋潮间带，许多物种（如螃蟹、蜗牛、海星、海胆、藤壶等）可在附着岩石的海藻丛下找到。海藻为这些物种提供湿润和相对凉爽的环境，使它们能在比正常情况下更高的潮间带生存。最后，许多沙滩和鹅卵石海滩由滨草和互花米草等草本植物稳固。这些草本植物通过稳固基质，使整个植物和动物群落得以形成。

许多森林物种对其居住的树木几乎没有直接影响，因此它们与森林中的树木共生。许多在海藻下寻求庇护的海洋物种和许多依赖草类来稳定基质的生物体同样如此。在每种情况下，正相互作用（通常是共生）允许一个物种拥有比其他情况下更大的分布。

15.4.2 正相互作用可以改变群落和生态系统

共生关系和互利关系对物种的丰度与分布的影响可作用于物种间的相互作用，而这些作用反过来又可对一个群落产生很大的影响。例如，若优势物种依赖于一个促进者，则失去促进者后可能降低优势物种的表现，而增加其他物种的表现，进而改变群落中物种的组合或者它们的相对丰度。当群落的结构发生变化时，生态系统的属性也可能发生变化。

群落多样性 从生态角度看，珊瑚礁非常独特，因为其中的鱼类群落是全球最多样化的脊椎动物群落。在这些多样化的珊瑚礁鱼类中，常见的相互作用之一是一种服务性的互利关系，即一个较小的物种（清洁工）从较大的鱼类（客户）身上清除寄生虫。清洁工经常冒险进入客户的口中（见图15.18a）。是什么阻止了客户简单地吃掉清洁工？答案似乎是，客户从清洁（寄生虫清除）中获得的好处大于吃掉清洁工获得的能量的好处。

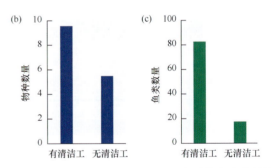

图15.18　清洁工的生态效应。(a)正在寻找寄生虫的清洁工将头放在更大客户鱼的嘴里。从澳大利亚大堡礁内的小珊瑚礁中清除双足藻的实验导致(b)在珊瑚礁上发现的鱼类数量下降和(c)珊瑚礁上鱼类的总丰度下降

在澳大利亚的大堡礁，裂唇鱼的个体每天平均被2297名客户拜访，清洁工每天平均清除（并吃掉）1218条寄生虫（0.53条/客户）。格鲁特在5个小礁石中实验性地清除了其中三个地方的裂唇鱼。12天后，在清洁工被清除的礁石上，裂唇鱼鱼身上的寄生虫数量比对照礁石上的寄生虫数量多出3.8倍。在后续的研究中，格鲁特及其同事考察了裂唇鱼对珊瑚礁上鱼类物种数量和总丰度的影响。结果显示，经过18个月的裂唇鱼清除后，珊瑚礁上的鱼类物种数量和总丰

度均大幅下降（见图15.18b和图15.18c）。

　　格鲁特的研究表明，互利关系可对在群落中发现的物种多样性产生重大影响。在没有清洁工的珊瑚礁上消失的大多数物种都是通常在珊瑚礁之间迁移的物种，包括一些大型捕食者。大型捕食者本身可以影响物种的多样性和丰度，因此，清除清洁工还可能导致群落的长期变化，但这种变化很难预测。

　　物种相互作用和生态系统属性　赫特里克及其同事在温室实验中发现，菌根真菌的存在改变了两种草原草本植物——大羽茅和羊茅之间的竞争结果。他们发现，在有菌根真菌的情况下大羽茅占优，而在无菌根真菌的情况下羊茅占优。在以大羽茅为主要组成的大草原自然群落中，当哈特奈特和威尔逊用杀真菌剂抑制菌根真菌时，大羽茅的生长表现下降。与此同时，包括多种草本植物和野花在内的其他植物物种的表现有所增加。哈特奈特和威尔逊认为，大羽茅的优势地位可能来自其与菌根真菌关联所带来的竞争优势，而清除真菌后则消除了这一优势，并且释放了原本处于竞争劣势的其他物种，使其不再受到竞争的负面影响。

　　菌根共生不仅影响群落多样性，还影响生态系统的其他特征，这在1998年范德海尔登、克里洛诺莫斯及其同事的研究中得到了验证。在大规模田间实验中，科学家操纵了土壤中菌根真菌的物种数量（从0到14种），且在这些土壤中播种了15种植物种子的相同混合物。经过一个生长季节后，测量了植物的干重和磷含量。随着真菌物种数量的增加，植物的根和地上部生物量随之增加（见图15.19a和图15.19b），植物的磷吸收效率同样提高（见图15.19c）。这些结果显示，菌根真菌物种的丰度会影响生态系统的关键特征，如净初级生产力以及磷等营养物质的供给和循环。

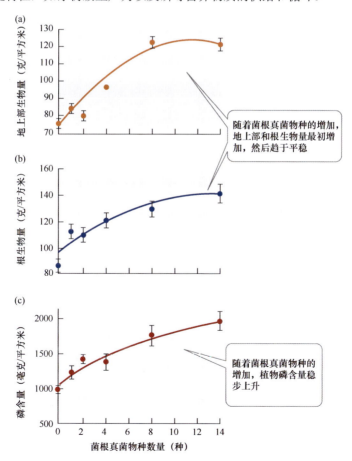

图15.19　菌根真菌物种丰度影响生态系统属性。研究人员测量了土壤中菌根真菌物种数量对(a)平均地上部生物量、(b)平均根生物量和(c)15种植物混合物中磷含量的影响。误差条显示的是均值的标准差

案例研究回顾：最早的农耕者

切叶蚁的真菌花园对任何能够突破其防御的物种来说都是巨大的食物来源。如第13章所述，

世界上约有一半物种是寄生虫，它们中的许多都具有逃避宿主防御的显著适应性。有没有专门攻击真菌园的寄生虫呢？虽然我们期待答案是肯定的，但在发现切叶蚁的真菌培养作用100多年后，人们还未发现这样的寄生虫。20世纪90年代初，情况发生了变化，当时查佩拉观察发现，切叶蚁的真菌花园正受到有毒寄生真菌的困扰。这种寄生真菌可从一个花园传播到另一个花园，迅速摧毁花园，导致蚁群死亡。面对真菌的威胁，切叶蚁通过加快清理花园的速度来做出反应（见图15.20），在某些情况下还会增加向花园施用抗菌毒素的频率。

此外，切叶蚁还借助其他物种的力量来对抗真菌。在切叶蚁身体下方生活着一种细菌，这种细菌会产生抑制真菌生长的化学物质。当蚁后开始建立新种群时，会随身携带这种细菌。尽管切叶蚁明显受益于这种细菌，但这种细菌又得到了什么呢？近期的研究表明，细菌同样从中受益：切叶蚁为其

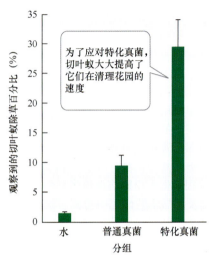

图15.20　**特化寄生虫刺激切叶蚁除草。**研究人员将蚁群暴露于水、普通真菌和特化真菌中后，测量了切叶蚁清理真菌花园的频率

提供了居住地和食物来源。因此，这种细菌看起来是第三个从这些独特真菌花园中受益并为之做出贡献的互利共生者。

15.5　复习题

1.　小结正相互作用的主要特征。
2.　研究互利共生的研究人员并不认为互利共生是一种无私的利他主义互动，为什么？
3.　水温过高是导致珊瑚白化的几种因素之一，在这种情况下，珊瑚会排出藻类而失去颜色。若白化现象反复发生，则可能导致珊瑚死亡。有些珊瑚比其他珊瑚对高水温更敏感。若一个混合了多个珊瑚物种的珊瑚礁在某段时间内暴露在越来越高的水温下，则随着时间的推移，珊瑚群落会发生怎样的变化？

第 5 单元　群　落

第16章 群落的本质

海藻杀手：案例研究

1988年，一位法国海洋生物学专业的学生潜入地中海清澈见底的海水后，有了一个不同寻常的发现。在摩纳哥宏伟海洋博物馆所在悬崖下方的海底上，生长着一种非同寻常的海藻——鹿角藻（见图16.1），这种海藻原产于加勒比海温暖的热带水域。这名学生将这一异常物种告知了尼斯大学的梅涅兹教授。在接下来的一年里，梅涅兹教授证实了它的存在，并且确定其羽状绿色叶片通过名为根状茎的地下匍匐茎相互连接，覆盖了博物馆前的水域。

梅涅兹教授感到震惊，因为这个物种从未在如此寒冷的水域被发现过，而且它的高密度也是前所未有的。后来，梅涅兹教授计算出5年内该物种的覆盖面积扩散了1公顷以上。在随后的几个月里，他与同事探讨了一些关键问题。首先，这种海藻是如何首次到达地中海的，又如何能在12℃~13℃这样寒冷的温度下生存？其次，该物种在地中海的其他地方是否也有分布？最重要的是，在如此高的种群密度下，它如何与本地藻类和海草相互作用？

图 16.1 入侵的海藻。鹿角藻迅速入侵并控制了地中海的海洋群落

第二个问题的答案于1990年7月到来，当时在博物馆以东5千米处的一个热门钓鱼地点发现了这种海藻。显然，海藻的碎片被渔具和锚钩住并带到了新的定居地。这一发现引起了媒体的关注，其中包括有关海藻毒性的信息——它会产生一种辛辣的次级化合物，以抵御热带地区丰富的鱼类和无脊椎食草动物。媒体将鹿角藻的天然毒性大肆渲染，让人误以为这种海藻对人体有毒（事实并非如此）。随着消息的传播，关于鹿角藻的目击报告越来越多。到1991年，仅在法国就报告了50起目击事件。这种荧光绿藻不加选择地在泥地、沙地和岩石底部3~30米的深度定居。2000年，这种海藻已从法国扩散到意大利、克罗地亚、西班牙和突尼斯。尽管人们拼命地尝试清除鹿角藻，但其已入侵了数千公顷的海域。

最初，梅涅兹教授就怀疑第一个问题的答案与博物馆有关。1980年，在德国斯图加特的威廉玛动物园的热带水族馆中繁殖了一种耐寒型的鹿角藻。剪枝被送往包括摩纳哥在内的其他水族馆，作为热带鱼展示的美观背景。博物馆承认在清洗水箱的过程中无意释放了鹿角藻，但认为这种海藻会在地中海的冷水中死亡。鉴于鹿角藻不仅没有死亡，反而迅速侵袭并占据了地中海的浅水区，科学家和渔民都迫切希望了解这种丰富且快速扩散的海藻如何影响海洋栖息地及其依赖的渔业。一个物种与共享社区的数百个其他物种间的相互作用是如何影响的呢？

16.1 引言

本书一直强调物种之间以及它们与环境之间的联系。生态学本质上就是研究这些相互联系的学问。第4单元从双向关系的角度审视了物种间的相互作用。为便于数学建模，下面孤立地考虑这些成对的相互作用。本章探讨多个物种间的相互作用及其如何塑造群落的特性，内容包括生态学家定义群落的方式、用于衡量群落结构的指标以及特征化群落的物种相互作用类型。

16.2　什么是群落

生态学家将群落定义为在同一地点和同一时间出现的相互作用物种的群体。多个物种及其自然环境之间的相互作用赋予了群落的特征和功能。无论是沙漠、海带林还是有蹄类动物的肠道，群落的存在都依赖于其中的个别物种，以及它们彼此之间及与自然环境之间的相互作用。物种间的相互作用和自然环境的相对重要性是群落生态学家研究的重点之一。

16.2.1　生态学家通常根据自然或生物特征来划分群落

上述的群落定义更偏理论。事实上，生态学家常常根据自然或生物学特征来划分群落（见图16.2）。群落可由其所在环境的自然特征来定义；例如，一个基于自然特征定义的群落可能包括温泉、山涧或沙漠中的所有物种。第3章中介绍的生物群系和水生生物带很大程度上基于定义群落的重要自然特征。类似地，一个基于生物学定义的群落可能包括所有与海带林、淡水沼泽或珊瑚礁相关的物种。这种思考方式利用了诸如海藻、湿地植物或珊瑚等丰富物种的存在及其隐含的重要性作为群落划分的基础。

(a) 沙漠　　　　　　　　　　　　　　　　(b) 温泉

(c) 海带林　　　　　　　　　　　　　　　(d) 珊瑚礁

图16.2　定义群落。生态学家通常根据自然属性或生物属性来划分群落

然而，在大多数情况下，群落最终都是由研究它们的生态学家以某种任意的方式定义的。例如，若生态学家对研究水生昆虫及其两栖类捕食者感兴趣，则他们可能将群落的定义限定在这个特定的相互作用上。除非拓宽研究问题，否则研究人员不太可能考虑在他们工作的湿地中觅食的鸟类或其他重要方面。因此，生态学家通常是根据他们提出的疑问来定义群落的。

不管群落是如何定义的，对群落中存在哪些物种感兴趣的生态学家都必须面对一个难题，即如何全面统计这些物种。仅为一个群落创建物种清单就是一项艰巨的任务，基本上不可能完成，尤其是当考虑小型或相对未知的物种时。分类学家已正式描述了约190万个物种，但是从热带昆虫和微生物的抽样研究可知，这个数字远远低估了地球上的实际物种数量——实际数量可能接近900万，甚至更多。因此，生态学家在定义和研究群落时，通常会考虑物种的一个子集。

16.2.2 生态学家可使用物种子集来定义群落

细分群落的常见方法是基于分类亲缘关系，即因进化关系而归类在一起的种群（见图16.3a）。例如，对一个森林群落的研究可能仅限于该群落中的所有鸟类（在这种情况下，生态学家可称之为森林鸟类群落）。群落中的另一个有用子集是生态位群体，这是一组分类学上相距甚远但使用相同资源的物种（见图16.3b）。例如，某些鸟类、蜜蜂和蝙蝠以花粉为食，形成了一个食花粉动物的生态位群体。最后，功能群是群落的一个子集，它包括功能相似但可能不使用相似资源的物种（见图16.3c）。例如，固氮植物（豆科植物）可归入同一个功能群。

还有其他一些群落子集，在这些子集中，生态学家可根据物种的营养或能量相互作用来组织物种（见图16.4a）。物种可被组织成食物网，这是对群落内物种间营养或能量联系的表示。食物网可进一步细分为营养级，或者具有相似相互作用方式和能量获取途径的物种群组。最低的营养级包含初级生产者，即自养生物，如植物。初级生产者被第二级生物食用，即初级消费者，也就是食草动物。第三级包含次级消费者，即食肉动物。次级消费者转而被三级消费者捕食。

传统上，食物网被用作理解和描述群落中物种间营养关系的理想化方法。然而，食物网并未告诉我们这些相互作用的强度或者它们在群落中的重要性。此外，营养级的使用可能造成混淆。例如，某些物种跨越两个营养级（如珊瑚可被归类为肉食性的和草食性的，因为它们既吃浮游动物又含有共生藻类），一些物种成熟后会改变其食性（如两栖动物的幼体是草食性的，成年后会变为肉食性的），还有一些物种是杂食性的，即取食多个营养级（如某些鱼类既吃藻类又吃无脊椎动物）。此外，理想化的食物网往往不包括群落中的常见资源和消费者。例如，所有未经捕食而死亡的生物会成为称为碎屑的有机物质，它通过分解过程被腐食者（主要是真菌和细菌）消费。另一个例子是共生体，包括寄生虫和互利共生者，它们几乎存在于所有营养级。

(a) 亲缘关系

(b) 生态位

(c) 功能群

图 16.3　群落中的物种子集。 生态学家可用物种子集来定义群落。图中显示了指定物种子集的三种方式。(a)一个群落中的所有鸟类都可按亲缘关系归为一类。(b)所有使用花粉作为资源的物种都可归为一个生态位。(c)一个群落中所有具有固氮细菌（例如豆类）的植物都可归入同一个功能群

食物网的另一个特点是不包括非营养性相互作用（所谓的**横向相互作用**，如竞争和某些正向相互作用），第4单元提过，这些相互作用同样会影响群落特征。为了更准确地描述传统食物网中物种间的营养（垂直）和非营养（水平）相互作用，人们引入了**相互作用网**的概念（见图16.4b）。尽管存在这些局限，但食物网的概念仍然直观地展示了群落内部重要消费者的相互关系。

第21章将介绍更多关于食物网的知识。下面考虑区分并描述群落的重要属性。

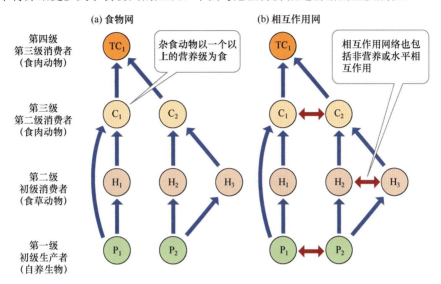

图16.4 食物网和相互作用网。(a)食物网描述了群落内物种之间的营养或能量联系；(b)相互作用网包括营养相互作用（垂直箭头）和非营养（水平箭头）竞争与正相互作用

16.3 群落结构

前面说过，不同群落所含物种的数量差异很大。例如，热带雨林中的树种要比温带雨林中的多得多，而中西部草原的昆虫种类要比新英格兰盐沼的多得多。在多个空间尺度上，生态学家已投入大量精力来衡量这种变化。物种多样性和物种组成是描述**群落结构**的重要特征，它们共同塑造了群落。群落结构本质上是描述性的，但其为提出假设和进行实验以理解群落如何运作提供了必要的量化基础。

16.3.1 物种多样性是群落结构最常用的衡量标准

物种多样性是衡量群落结构最常用的指标。尽管这个术语常被用来描述一个群落内的物种数量，但它有一个更精确的定义。**物种多样性**是一种衡量标准，它结合了群落内物种的数量（物种丰度）和它们与其他物种相比的丰度（物种均匀度）。**物种丰度**是最容易确定的指标：只需计算群落中的所有物种即可。**物种均匀度**告诉我们物种的常见或稀有程度，这需要了解每个物种相对于群落中其他物种的丰度，这是一个较难获得的值。

物种丰度和物种均匀度对物种多样性的贡献可通过一个假设的例子来说明（见图16.5）。想象两个草地群落，每个群落中都包含4种蝴蝶。两个群落的蝴蝶物种丰度相同，但它们的物种均匀度不同。在群落A中，一个物种占群落个体的85%，而其他四个物种仅占群落个体的5%；因此，物种均匀度较低。在群落B中，4个物种的个体数量均等（各占25%），所以物种均匀度较高。在这种情况下，尽管每个群落的物种丰度相同（4个物种），但群落B的物种多样性更高，因为它的物种均匀度更高。

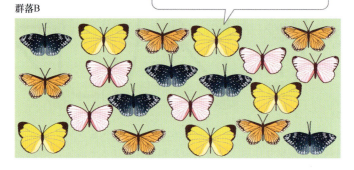

图16.5 物种丰度和物种均匀度。两个假设的蝴蝶群落具有相同数量的物种（物种丰度）和不同的相对丰度（物种均匀度）。使用香农指数衡量的物种多样性在群落A中较低（见表16.1）

可以使用多个物种多样性指数来定量描述物种多样性。迄今为止，最常用的是**香农指数**，即

$$H = -\sum_{i=1}^{s} p_i \ln p_i$$

式中，H是香农指数值，p_i是在第i个物种中发现的个体的比例，$\ln$为自然对数，S为群落中的物种数量，H的最低可能值为零。一个群落的H值越高，其物种多样性就越大。

表16.1 使用群落A和B的香农指数计算物种多样性

群落A					群落B				
物种	丰度	比例p_i	$\ln p_i$	$p_i \ln p_i$	物种	丰度	比例p_i	$\ln p_i$	$p_i \ln p_i$
蓝色	17	0.85	−0.163	−0.139	蓝色	5	0.25	−1.386	−0.347
黄色	1	0.05	−2.996	−0.150	黄色	5	0.25	−1.386	−0.347
粉色	1	0.05	−2.996	−0.150	粉色	5	0.25	−1.386	−0.347
橙色	1	0.05	−2.996	−0.150	橙色	5	0.25	−1.386	−0.347
合计	20	1.00		−0.589	合计	20	1.00		−1.388

表16.1中计算了图16.5所示两个蝴蝶群落的香农指数。这些计算表明，群落A的香农指数（H）较低，这从数学上证实了该群落的物种多样性低于群落B。鉴于两个群落的物种丰度相同，因此物种多样性的差异是由群落A中较低的物种均匀度驱动的。分析数据16.1中探讨了入侵植物对中欧草原群落结构的影响。

分析数据16.1　入侵物种对物种多样性有什么影响？

外来物种的入侵已被证实会增加或减少群落内的物种多样性。一项研究调查了13种新植物（1500年后引入的植物）对中欧捷克共和国各种植物群落物种多样性的影响。为了了解物种入侵对物种多样性的重要性，研究人员在具有相似场地条件的地块中测量了物种丰度，这些地块的差异在于它们是否被特定入侵物种入侵（原生种）或未入侵。然后，他们从原生地块的物种丰度中减去被入侵地块的物种丰度，对所得的值取平均，得到每个物种入侵（*x*轴）的平均物种丰度变化（*y*轴）。结果如图(a)所示。研究人员还为每个地块计算了香农指数（*H*），并进行了相同的分析：他们计算了每个入侵物种（*x*轴）的平均物种多样性变化（*y*轴）。这些值在图(b)中给出。误差线表示均值的标准差。

1. 根据图(a)中物种丰度的平均变化，有多少入侵物种可能对物种丰度产生负影响，有多少可能对物种丰度产生正影响，又有多少可能对物种丰度没有影响？

2. 图(a)中每个条形图的上方（或下方）是该入侵物种的丰度百分比变化。这些百分比说明了入侵物种对原生群落丰度可能产生的影响方向和强度。将图(a)中物种丰度的平均变化幅度与图(b)中物种多样性（*H*）的变化幅度进行比较。这两种度量的顺序是否不同？为什么？

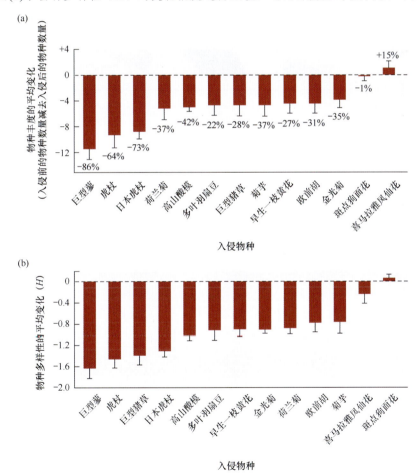

如前所述，物种多样性一词经常不精确地用于描述群落中的物种数量，而不考虑物种的相对丰度或物种多样性指数。例如，人们经常听到热带群落的"物种多样性"高于温带群落的说法，而没有关于两种群落类型中物种的实际相对丰度的任何附带信息。另一个经常与"物种多样性"互换使用的术语是"生物多样性"。从技术上讲，生物多样性是一个术语，用于描述跨越多个空

间尺度的重要生态实体的多样性——从基因到物种再到群落（见图16.6）。该术语中隐含了基因、个体、种群、物种，甚至群落级多样性组成部分之间的相互联系。如第11章所述，种群内个体之间的遗传变异会影响该种群的生存能力，种群的生存能力反过来又会对物种的持续性产生重要影响，并最终影响群落中物种的多样性。此外，一个地区不同类型群落的数量对于更大区域和纬度的多样性至关重要。接下来的章节将讨论空间尺度和生物多样性的重要性。

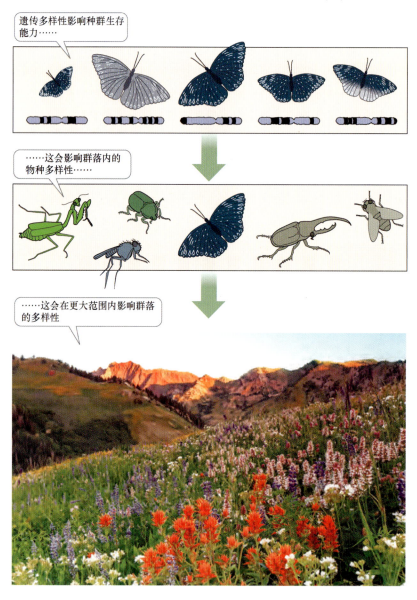

遗传多样性影响种群生存能力……

……这会影响群落内的物种多样性……

……这会在更大范围内影响群落的多样性

图16.6　生物多样性考虑多个空间尺度。多样性可在从基因到物种再到群落的空间尺度上测量。生物多样性一词包括所有尺度的多样性

16.3.2　群落内的物种在共性或稀有性上有所不同

虽然物种多样性指数可让生态学家比较不同的群落，但物种多样性的图表可让我们更明确地了解群落中物种的共性或稀有性。这类图表称为等级丰度曲线，按照从最大丰度到最小丰度的等级绘制每个物种（p_i）相对于其他物种的丰度比例（见图16.7）。若用丰度等级曲线来比较图16.5

中的两个蝴蝶群落，就会发现群落A中有一个丰度较高的物种（蓝色蝴蝶）和三个稀有物种（黄色、粉色和橙色蝴蝶），而在群落B中，所有物种的丰度都相同。

这两种模式可以说明这两个群落中可能发生的物种相互作用类型。例如，蓝色蝴蝶在群落A中的优势可能表明它对群落中的一个或多个其他物种有很大的影响。而在群落B中，所有物种的丰度相同，它们之间的相互作用可能相当，没有一个物种对其他物种产生显著影响。为了验证这些假设，我们可以设计操纵实验来探索物种丰度与群落中物种间相互作用类型的关系。这类实验通常包括添加或清除一个物种，以及测量群落中其他物种对操纵的反应。

为简单起见，我们考虑蝴蝶群体中物种多样性模式的假设。真实的群落在这方面揭示了什么？

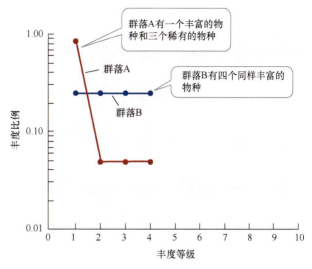

图 16.7　物种是共性的还是稀有性的？使用等级丰度曲线可以看到图 16.5 中的两个假设蝴蝶群落在相同的 4 个物种中的共性和稀有性的不同

16.3.3　物种多样性估计因采样工作和规模而异

假设你正在后院采集昆虫样本。收集到的样本越多，发现的物种也就越多，这是合乎逻辑的。然而，在采样工作中，你最终会达到一个点，此时任何额外的样本都会发现极少的新物种，因此

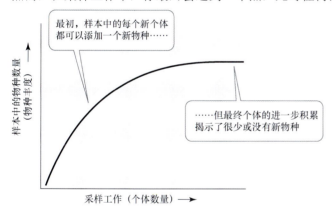

图 16.8　何时对所有物种进行采样？物种累积曲线可以帮助我们确定何时观察到群落中的大多数或全部物种。在这个假设的例子中，于每个样本中观察到的新物种数量在样本中约一半的个体累积后减少

你可以停止采样，但仍然能很好地了解后院的物种丰度。这种无显著回报的点可通过**物种累积曲线**来确定（见图16.8）。这些曲线是通过绘制物种丰度与采样工作的关系计算得到的。换句话说，物种累积曲线上的每个数据点都代表到该点的物种总数和采样工作。采集的样本越多，增加的个体就越多，发现的物种也就越多。理论上讲，可以想象达到一个阈值时，额外的采样不会增加新物种。然而，这在自然系统中从未发生过，因为新物种不断被人们发现。

休斯及其同事使用物种累积曲线来了解群落在物种丰度与采样工作之间的关系上如何不同。是否存在一些多样性

非常高的群落，即使经过密集采样，我们也无法准确估计物种丰度？休斯及其同事计算了5个不同群落的物种累积曲线：密歇根州的一个温带森林植物群落、哥斯达黎加的一个热带鸟类群落、哥斯达黎加的一个热带蛾类群落、人类口腔中的一个细菌群落，以及亚马孙东部热带土壤中的一个细菌群落（见图16.9）。为了正确比较曲线，鉴于各个群落的生物个体数量和物种丰度有实质性的差异，数据集通过计算每个数据点到目前为止采样的个体总数和物种总数的比例进行了标准化。结果显示，密歇根森林植物群落和哥斯达黎加鸟类群落的物种丰度在采样不到一半的个体前就被充分代表。人类口腔细菌和哥斯达黎加蛾类群落的物种累积曲线从未完全平坦，表明它们的物种

丰度很高，需要更多的采样才能大致估算出丰度。最后，亚马孙东部土壤细菌群落的物种累积曲线呈线性，表明每次新采样都会观察到许多新细菌。根据这一分析，很清楚的是，对热带细菌来说，采样工作远低于充分估计这些超多样化群落物种丰度所需的水平。

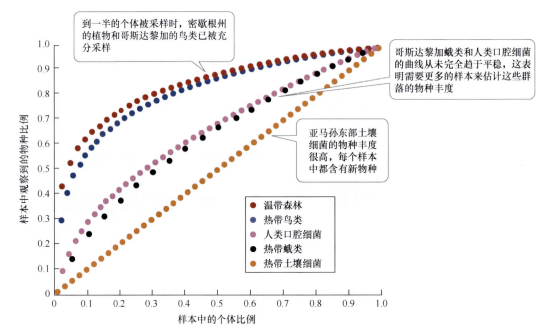

图16.9　群落物种累积曲线的不同。休斯及其同事发现5种不同类型的群落在估计其物种丰度所需的采样工作中差异很大。通过计算每个数据点到该点为止采样的个体数量和物种总数的比例，对数据集进行了标准化

物种累积曲线的比较不仅为群落间物种丰度的差异提供了有价值的见解，还证明了采样的空间尺度的影响。例如，若以采样哥斯达黎加蛾类的相同尺度来采样热带土壤细菌的丰度，则细菌的丰度相比来说是巨大的。但这样的比较确实表明，我们采样人类口腔中所有细菌的能力大致相当于我们在几百平方千米的热带森林中采样所有蛾类物种的能力。休斯等人的工作还提醒我们，我们对很少采样的组合如微生物群落的群落结构特征知之甚少。

16.3.4　物种组成告诉我们谁在群落中

群落结构的最后一个要素是其物种组成：群落中存在的物种身份。物种组成是一个明显但重要的特征，这一点在物种多样性指数中并未体现。例如，两个群落可能具有相同的物种多样性值，但个体完全不同。在苏格兰牧场的细菌群落中，尽管两个群落的多样性指数几乎相同，但它们的组成不同。研究人员发现的20个细菌分类群落中有5个仅存在于一个牧场中，而非两个都存在。

在许多方面，群落结构是更有趣问题的起点：群落中的物种如何相互作用？某些物种在群落中的作用是否大于其他物种？物种多样性是如何维持的？这些信息如何塑造我们从保护它们到它们为人类提供服务的角度对群落的看法？下面从将群落视为在空间和时间上共同出现的物种群体这一相对静态的视角，转向一个更活跃的视角，即将其视为物种之间具有强度、方向和意义各异的连接和相互作用的复杂网络。

16.4　多个物种的相互作用

当物种间的相互作用蕴含在由多个相互作用物种组成的群落中时，我们思考物种间相互作用的

方式就会发生巨大变化。我们现在面对
的不再是某个物种与其他物种之间单一
的、直接的相互作用，而是多个物种间
的相互作用，这种相互作用会产生许多
联系——有些是直接的，但也有许多是
间接的（见图16.10）。**直接相互作用**发
生在两个物种之间，包括营养相互作用
和非营养相互作用，即我们在第4单元中
探讨的相互作用。当两个物种之间的关
系有第三个（或更多）物种介入时，就
会发生**间接相互作用**。在两个物种的相

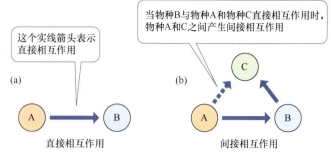

图16.10　**直接和间接物种相互作用**。(a)直接相互作用发生在两
个物种之间；(b)当两个物种之间的直接相互作用被第三个物种
介入时，就会发生间接相互作用（虚线箭头）

互作用中简单地加入第三个物种，会产生更多直接或间接影响，这些影响可能极大地改变原始相
互作用的结果。

考虑图16.10b。假设你是A，你有一个相处得很好的朋友B，且假设你的这个朋友遇到了另一
个人C，这个人占据了你朋友的大部分时间。他们一起吃饭、看电影、打保龄球——这些都是你和
你朋友以前一起喜欢的活动，但是这次没有你。在某个时候，这位新朋友可能开始干扰你们的友
谊，让你们变得对立。

遗憾的是，C的间接影响永久地改变了你们的友谊。你可能说"朋友的朋友是敌人"。同样，
如果假设你的敌人也有敌人，那么你可间接地获得一个朋友（"敌人的敌人是朋友"）。关键是仅向
社交圈中增加一个人就可能完全改变你们的关系。在群落背景下看待物种间的相互作用时，情况
同样如此。

16.4.1　间接物种相互作用可产生巨大影响

达尔文是最早提出间接相互作用重要性的人之一。在《物种起源》中，达尔文通过描述蜜蜂
在英格兰地区的本地植物中的花卉授粉以及种子生产中的作用来设定场景。在该书中，他提出了
这样一个假设：蜜蜂的数量取决于田鼠的数量，而田鼠又以蜜蜂的巢穴为食。反过来，猫捕食田
鼠，这使得达尔文沉思道："因此，完全可信的是，一个地区大量存在猫科动物，通过田鼠的中介
作用，然后是蜜蜂，可能决定那个地区的某些花的出现频率。"

直到最近，间接相互作用的大量和多样性影响才被记录。在许多情况下，当物种被实验性
地清除以研究捕食或竞争等负直接相互作用的强度时，间接影响几乎是偶然发现的。这种类型的
间接影响的一个较好例子体现在一种称为**营养级联**的相互作用网络中（见图16.11a）。食物网级
联发生在某个营养级的消费速率导致较低营养级物种丰度或组成发生变化时。例如，当食肉动物
捕食食草动物（对食草动物产生负直接影响）并减少其数量时，可能对被该食草动物所食用的初
级生产者产生正间接影响。最著名的例子之一是北美洲西海岸的海獭通过直接与海胆的相互作用
来间接调节海带林。海獭捕食海胆和海胆食用海藻这两种直接的营养相互作用产生了包括海獭对
海藻（通过减少海胆数量）和海藻对海獭（通过为海胆提供食物）的正间接影响。此外，海藻还
能正向影响其他海藻的数量，这些海藻作为栖息地和食物服务于许多海洋无脊椎动物与鱼类。在
这个简单的食物网中产生的间接影响在决定生态系统是成为海带林还是海胆荒漠方面与直接影
响同等重要。本书后面将详细探讨间接相互作用对物种多样性（第19章）和食物网（第21章）的
影响。

间接影响也可在称为营养促进的正直接相互作用中产生。**营养促进**发生在消费者因其猎物
与其他物种之间的正相互作用而间接获益时（见图16.11b）。哈克（俄勒冈州立大学）和伯特内
斯（布朗大学）展示了这类间接影响，他们研究了新英格兰盐沼植物与昆虫的相互作用网。研究

表明，两种盐沼植物（灯芯草和灌木）之间的共生相互作用对以灌木为食的蚜虫具有重要的间接影响。

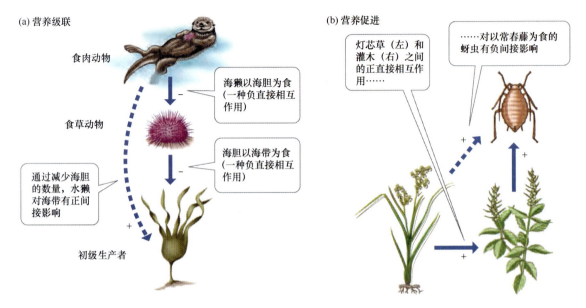

图16.11　相互作用网中的间接影响。(a)食肉动物以食草动物为食时，发生营养级联，对被食草动物吃掉的初级生产者产生正间接影响；(b)当猎物与另一个物种之间的正相互作用间接帮助消费者时，就发生营养促进

　　为了更详细地探索这些发现，下面考虑两个植物物种之间的共生相互作用。当通过实验清除灯芯草时，灌木的生长速度下降（见图16.12a）。相反，清除灌木对灯芯草没有影响。在没有灯芯草的情况下，土壤灌木周围的盐度增大，含氧量显著降低，表明灯芯草的存在改善了灌木恶劣的自然条件。灯芯草通过遮蔽土壤表面来减少沼泽表面的水分蒸发，进而减少盐分的积累。灯芯草还有一种称为通气组织的特殊组织，氧气可通过它进入植物的地下部分，进而防止其在涨潮时被淹死。一些氧气会从植物中"泄漏"出来，被邻近的其他植物如灌木使用。

　　为了理解这种正直接相互作用的重要性，哈克和伯特内斯测量了与灯芯草一起生长和不与灯芯草一起生长的艾草上的蚜虫种群增长率。他们发现，有灯芯草时，蚜虫很难找到灌木，但一旦找到，其种群增长率就会显著提高（见图16.12b）。他们使用指数增长方程预测，若没有灯芯草的正间接影响，则蚜虫将在盐沼中局部灭绝（见图16.12c）。从这个例子可以清楚地看到，营养促进网络中的相互作用既可产生正影响（当灯芯草改善艾草的土壤条件时），又可产生负影响（当灯芯草为以艾草为食的蚜虫提供便利时），但这些影响的总和决定了相互作用是否有益。鉴于没有灯芯草时艾草的最终命运是死亡，因此正影响远大于负影响。

　　最后，重要的是间接影响可能源于同一营养级的多个物种间的相互作用。巴斯和杰克逊在寻找竞争者共存的原因时，假设竞争网络（多个物种间的竞争相互作用，其中每个物种都对其他所有物种产生负影响）可能对维持群落的物种丰度很重要。与网络不同，层级结构是一种线性相互作用网（见图16.13a）。我们的想法是，相互作用的物种网络可间接缓冲强烈的直接竞争，使竞争相互作用变得更弱、更分散。例如，物种A可能具有胜过物种B的潜力，而物种B可能具有胜过物种C的潜力，但因为物种C也具有胜过物种A的潜力，所以没有一个物种在相互作用中占主导地位。这显然是前面描述的"敌人的敌人是朋友"影响的一个例子。在其他条件相同的情况下，具有层级结构的竞争，即物种A胜过物种B、物种B胜过物种C（见图16.13b），总是导致物种A在相互作用中占主导地位。

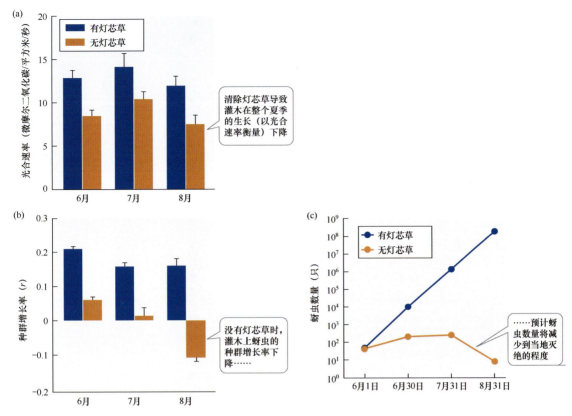

图 16.12 **新英格兰盐沼的营养促进结果。**清除实验表明，灯芯草间接促进了蚜虫生长，即灯芯草对蚜虫以其为食的灌木具有正直接影响。(a)有和无灯芯草的灌木的光合速率；(b)有和无灯芯草的蚜虫种群的增长率；(c)有和无灯芯草的预计蚜虫数量。误差条显示的是均值的标准差

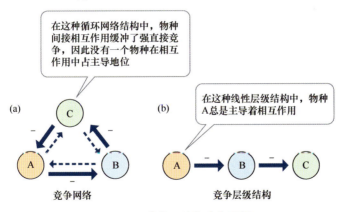

图16.13 竞争网络与竞争层级

巴斯和杰克逊使用生活在牙买加珊瑚礁底部的附生无脊椎动物和藻类来检验这一假设（见图16.14）。这些物种通过相互覆盖来争夺空间。研究人员收集了尽可能多的不同物种对的边缘样本，其中一个物种覆盖在另一个物种之上，以确定每次相互作用的胜负比例（位于顶部的物种为胜，位于底部的物种为负）。结果表明，每个物种都至少被一个其他物种覆盖，并且覆盖至少一个其他物种，没有一个物种在竞争中始终获胜。这些物种以循环网络而非线性层级结构进行相互作用。这些观察结果表明了竞争性网络是如何通过促进扩散和间接相互作用，进而促进群落多样性的。

16.4.2 物种相互作用的强度和方向差异很大

现在应该很清楚，一个群落中物种相互作用的强度和方向有很大的差异。有些物种对群落有很强的负影响或正影响，而有些物种可能影响很小或没有影响。相互作用的强度，即一个物种对另一个物种的影响，可通过实验来测量，方法是将一个物种（称为相互作用物种）从群落中清除，然后观察其对另一个物种（目标物种，见生态学工具包16.1）的影响。若清除相互作用物种导致目标物种大量减少，则可以知道这种相互作用是强的和正的。然而，若目标物种的丰度在清除相互作用物种后显著增加，则可以知道相互作用物种对目标物种有很强的负影响。

图16.14　珊瑚礁群落中的竞争网络。结壳无脊椎动物和藻类通过彼此过度生长来争夺珊瑚礁上的空间，但没有一个物种始终赢得这场比赛

生态工具包16.1　相互作用强度的测量

我们可通过实验操纵物种间的相互作用来测量相互作用的强度。过程涉及清除（或添加）参与相互作用的物种之一（相互作用物种），并测量另一个物种（目标物种）的反应。计算相互作用强度的方法有多种，最常见的方法是使用如下方程确定个均相互作用强度：

$$个均相互作用强度 = \ln \frac{C/E}{I}$$

式中，C为存在相互作用物种时的目标个体数量，E为不存在相互作用物种时的目标个体数量，I为相互作用物种的个体数量。

相互作用强度会根据测量相互作用的环境背景变化。例如，门格等人在俄勒冈州草莓山海岸线受冲击和受保护的海滩上，测量了海星对贻贝捕食的相互作用强度（见附图）。在一些贻贝床上，已通过笼子将海星排除在受冲击区和受保护区外。实验结束时，比较了笼子中的贻贝数量（E）与暴露于海星捕食的控制区域中的贻贝数量（C）。I的值是通过计数每类贻贝床（受冲击和受保护）附近的所有海星来确定的。使用上述方程计算了海星对贻贝的各个个体的相互作用强度。

海星的捕食有多重要？（左上）俄勒冈州草莓山海岸线。在海岸线的受冲击区和受保护区设置了带网箱的地块（左下）和不带网箱的地块（中），以将海星排除在外。（右下）当对贻贝进行计数并计算相互作用强度时，结果表明受保护区的相互作用强度大于受冲击区。误差条显示的是均值的标准差

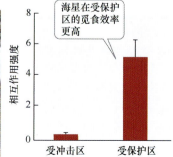

海星在受保护区的觅食效率更高

结果表明，相互作用强度在受保护区比受冲击区要大。海星在受冲击区特有的巨浪冲击下可能无法有效觅食。因此，这项研究证明了环境背景（本例中是波浪冲击）对物种间相互作用强度的重要性，还展示了这些相互作用是如何在相对较小的尺度上变化的（如草莓山海岸线的受冲击区和受保护区之间）。

任何群落的相互作用强度"动态"（强弱相互作用或正负相互作用的相对比例）都不太为人所了解，因为这涉及许多物种和大量间接的相互作用。然而，如第5单元所述，我们可通过观察和实验来了解哪些物种是群落的"主宰"。

有些大型物种（如树木）由于能为其他物种提供栖息地或食物，很可能对整个群落产生巨大的影响。它们还可能是空间、养分或光照的有力竞争者。这些物种称为基础物种，因为其相当大的体形和丰富的数量对其他物种产生了巨大影响，进而影响到了群落的物种多样性（见图16.15）。

一些基础物种通过生物工程来改变其环境。这些物种称为生态系统工程师，它们能为自己和其他物种创建、改变或维护自然栖息地。下面考虑上面提到的树木例子。就像其他物种一样，树木为其他生物提供食物并争夺资源。然而，树木也以微妙但重要的方式改造环境（见图16.16）。树木的树干、树枝和叶片为从鸟类到昆虫再到地衣的众多物种提供栖息地。树木的物理结构会减少阳光、风和降水，进而影响森林中的温度和湿度。树木的根系可加速土壤风化和通气，且可稳定周围的基质。树叶落到地面上后，可为土壤增加水分和养分，并为土壤中的无脊椎动物、种子和微生物提供栖息地。树木倒下后，可变成"护木"，为树苗提供空间、养分和水分。因此，树木可对森林群落的结构产生巨大的物理影响，这种影响显然会随着树木的生长、成熟和死亡而变化。

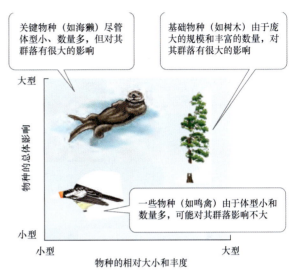

图 16.15　基础物种与关键物种。由于庞大的规模和丰富的资源，可能也可能不会对群落产生重大影响。一些物种（左下角）相对于它们的大小和丰度几乎没有总体影响，特别是如果它们在群落中是多余的

其他强烈的相互作用物种（关键物种）产生巨大影响的原因不是它们的数量，而是它们在群落中扮演的重要角色。它们与基础物种的不同之处在于，它们的影响与它们的大小和数量成比例。关键物种通常通过营养方式间接影响群落结构，就像我们在海獭例子中看到的那样。海獭被视为关键物种，因为它们通过捕食海胆间接增强了海藻的存在，海藻为许多其他物种提供了重要的栖息地。第21章将详细讨论关键物种的作用。

还有一些作为生态系统工程师的关键物种。一个很好的例子是海狸，这个物种中仅有的几个个体就能对景观产生巨大影响。海狸用倒下的树木和木质残骸筑坝。随着越来越多的木质障碍物减缓水流，洪水随之而来，沉积物开始堆积。最终，曾经湍急的溪流被湿地取代，而湿地中则会生长能够适应洪水条件的植物；不能这样做的植物（如树木）则会从群落中消失。在景观层面，通过在更大的森林群落中创建星罗棋布的湿地，海狸能够显著提升区域物种多样性（见图16.17）。奈曼等人表明，在明尼苏达州的一个地区，当海狸被允许重新定居到60年前它们几乎被捕杀到灭绝的地区时，湿地面积增加了13倍。

最后，值得一提的是，有些物种在群落的结构和功能中只发挥很小的作用。这些物种与其说是关键物种或生态系统工程师，不如说是小角色：它们为群落的整体多样性做出了贡献，但它们的存在与否对群落的最终调控意义不大。其中一些物种可能是多余的，即它们可能在群落中与更大的功能组中的其他物种具有相同的功能。只要同一功能组中的其他物种仍然存在，它们的流失就可能对群落影响不大。第19章将详细讨论物种在群落调节中的作用。

树叶、树枝和树干为其他物种提供了栖息地

树木通过减少阳光、风和降水的影响来影响温度和湿度

树叶飘落到森林地面，为无脊椎动物、种子和微生物提供栖息地

倒下的树木可以作为护根，为幼苗提供空间、营养和水分

树根为土壤通气，黏结岩石和土壤，从而稳定森林地面

图16.16　树木是基础和生态系统工程物种。树木不仅为其他物种提供食物并与其他物种竞争，还充当生态系统工程师，为自身和其他物种创建、改变或维护自然栖息地

明尼苏达州

1940年，该地区的海狸几乎灭绝，湿地很少（红色）

到1986年，海狸重新定居该地区，湿地面积（红色）增加了13倍

1940　　　　1961　　　　1986

图16.17　海狸是关键物种和生态系统工程师。通过在溪流中筑坝，海狸在明尼苏达州卡贝托加马半岛45平方千米的流域内创建了不同类型的湿地网络（以红色显示），进而增加了该地区的生物多样性

16.4.3　环境背景可以改变物种相互作用的结果

如本节所述，物种间的相互作用在强度和方向上可能有所不同，其结果很大程度上取决于群落中每个物种的影响。如第4单元和生态工具包16.1所述，影响物种相互作用结果的另一个重要因素是其发生的环境背景。例如，在有利于种群增长的良性环境条件下，物种会因资源有限而繁衍生息，因此会产生负相互作用，如竞争或捕食。在恶劣的环境条件下，物种自然会受到更多物理因素的限制，因此会与其他物种产生正相互作用。

这种认为物种间的相互作用取决于环境或者说在不同环境条件下可以改变的观点，在生态学中是比较新的观点，但也存在一些环境依赖性的重要例子。这些例子大多涉及关键物种或基础物种，它们在某种环境下对其群落起重要作用，但在另一种环境下则不然。加州大学伯克利分校教授鲍尔研究了北加州的溪流群落，发现鱼类捕食者（拟鲤和虹鳟）的作用每年都在变化。在洪水冲刷的冬季，这些捕食者的角色从关键物种转变为冬季干旱年份和洪水控制地区的弱相互作用物种。

在鲍尔进行研究的北加州河流中，存在一种自然的冬季洪水机制，这种机制会产生绿色丝状团藻的显著种群周期。在大多数年份，冲刷的冬季洪水会冲走河底的大部分居民，尤其是大型石蚕幼虫等食草昆虫。第二年春天，团藻大量繁殖。增加的光照和营养以及缺乏无脊椎食草动物允许团藻在岩石上繁茂生长，产生长达8米的丝状物。

仲夏时节，团藻会从岩石上脱落并覆盖河流的大部分地区，此时以漂浮藻类为食并用其编织住所的雌蝇幼虫数量增加。小鱼和豆娘幼虫以这些摇蚊幼虫为食，而这些豆娘幼虫又被虹鳟和拟鲤为食（有4个营养级，见图16.18a）。虹鳟和拟鲤能够通过食用小鱼和豆娘幼虫来缩小团藻的覆盖面积。拟鲤直接以团藻为食。

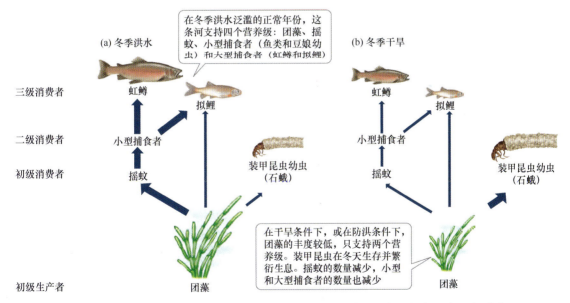

图16.18　河流食物网中的背景依赖性。环境变化改变了北加州鳗鱼河在(a)冬季洪水和(b)冬季干旱期间不同营养级的相对重要性。较宽的箭头代表更强的相互作用

然而，在干旱年份及能够控制洪水的河流中，河底的洪水和冲刷不会发生。在那些年份，团藻虽然持续存在，但不会形成大而茂盛的垫子。鲍尔和同事发现，这种变化是由于存在更多的装甲昆虫，这些昆虫未被洪水冲走，且在团藻仍然附着在岩石上时就吃掉了它们。这种相互作用导致团藻数量减少和藻类不再脱落。装甲昆虫比豆娘幼虫更不易受到捕食，因此不受更高营养级的控制。本质上讲，在干旱年份，有4个营养级的河流食物网被转换为有2个营养级的河流食物网，而在洪水年份，作为关键捕食者的虹鳟和拟鲤在食物网中则变得微不足道（见图16.18b）。

气候变化联系：海洋酸化的背景依赖性

一个正在出现的影响生物群落的环境背景是海洋酸化。据估计，海洋正在吸收大气中约48%的二氧化碳。海洋中的初级生产者利用部分由人类活动产生的二氧化碳进行光合作用，但剩余的二氧化碳会与海水发生化学反应，从而降低海水的pH值，导致海洋变得酸化。海洋酸化可能对钙化生物（如珊瑚、软体动物和甲壳类动物）产生负影响，因为这些生物依赖碳酸钙来累积和维持其外壳。但是，二氧化碳增加和酸化的负影响并不具有普遍性。例如，海草、藻类和浮游植物等初级生产者在二氧化碳升高的情况下会提高其生产力。尽管海洋酸化对单一物种生理的影响是一个日益增长的研究领域，但对pH值较低的世界将如何影响生物群落的结构和功能，人们的了解却少得多。此外，随着海洋的酸化，温度上升，产生了多重压力。因此，物种间的相互作用，无论是直接的还是间接的，如何受到海洋酸化的影响？

阿尔斯特贝里及其同事研究了瑞典西海岸河口群落的食物网如何受海洋酸化和变暖的影响。研究人员选择专注于生活在沉积物中的单细胞微藻及其与大型藻类和消费者之间的相互作用。在这个河口系统的正常条件下，杂食动物（一群中型甲壳类动物和蜗牛，它们以两个营养级为食）通过两种方式增加底栖微藻的生产力：①捕食大型藻类，增加微藻上的光照；②捕食微藻的食草者（一群小型甲壳类动物、蜗牛和蠕虫）（见图16.19a）。为了评估海洋酸化和气候变暖对多种食物网的重要性，研究人员进行了一项实验，其中在隔网（大型水族箱）中操作了二氧化碳、温度和杂食动物。历时5周的实验表明，在二氧化碳浓度升高和温度升高的条件下，大型藻类和食草动物的生物量增加。存在杂食动物时，会消耗更多的生物量，导致它们与其食物来源之间更强的负相互作用（见图16.19b）。更强的负相互作用进一步加强了对底栖微藻的正间接影响。

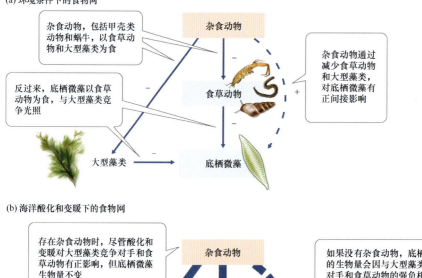

(a) 环境条件下的食物网

(b) 海洋酸化和变暖下的食物网

图16.19　酸化和变暖世界的食物网。(a)瑞典西海岸河口群落中的物种相互作用网；(b)海洋酸化和变暖对有（左）和无（右）杂食动物的相互作用网络的影响。底栖微藻的生物量未随杂食动物而改变（左），但无杂食动物时生物量下降（右）。较粗的箭头表示更强的相互作用

因此，尽管处于二氧化碳浓度升高和温度升高的条件下，底栖微藻的丰度并未改变。然而，当缺少杂食动物时，大型藻类和食草动物未能得到控制，它们与底栖微藻之间的负相互作用变得更加强烈，导致底栖微藻数量下降。因此，这个实验表明，在这个河口系统中，消费者能够通过提升二氧化碳浓度和温度对初级生产者产生负影响。这项研究强调了理解生物体在其食物网群落背景中如何获得对气候变化影响的韧性的重要性。

后续各章将详细介绍物理和生物因素对物种相互作用结果及群落多样性的影响。

案例研究回顾：海藻杀手

20世纪80年代初，鹿角藻被引入地中海，引发了一系列不幸事件，导致大片荧光绿藻覆盖了原本物种繁多的近海海域。鹿角藻之所以迅速扩散，是因为人类活动促进了其传播并提高了其对环境的生理适应能力。甚至在入侵的最初阶段，梅涅兹教授就已经记录到鹿角藻至少在三个不同的群落中存在，这些群落分别位于岩石、沙地和泥地上，具有不同的物种组成。这些群落加起来是数百种藻类、三种海洋开花植物以及众多动物种的家园。然而，一旦鹿角藻入侵，本地的竞争物种和食草动物就无法阻止其蔓延。

鹿角藻的入侵改变了本地物种间的相互作用方式，进而改变了本地群落的结构与功能。鹿角藻存在的一个明显后果是，以欧海神草为主的海草数量大幅减少（见图16.20）。这种海草因其寿命长和生长速度慢而被喻为水下森林。如森林一样，海草床支撑着大量以此为栖息地的物种。研究表明，海神草和鹿角藻具有不同的生长周期：海神草夏季失去叶片，而此时正是鹿角藻最繁茂的时期。随着时间的推移，这种不同步的生长模式导致鹿角藻逐渐覆盖原有的海草。进一步的研究表明，鹿角藻还扮演着生态系统工程师的

图 16.20　地中海海草草甸。以欧海神草为主的原生群落可被入侵的鹿角藻取代

角色，其根部比海神草更容易积累沉积物，而这可能改变在海底生活的小型无脊椎动物的物种组成。一些调查显示，在鹿角藻入侵的区域，使用这些栖息地的鱼类数量和尺寸均显著下降，暗示这些栖息地可能对某些具有商业价值的鱼类变得不那么适宜。

要对未来鹿角藻对这片可能消失水域的最终影响做出预测，需要一种结合理论与实际观察的科学方法。

16.5　复习题

1. 群落的正式定义是什么？为什么将物种相互作用纳入该定义很重要？
2. 物种多样性测量同时考虑了物种丰度和物种均匀度，为什么物种测量要优于仅考虑物种丰度？
3. 物种与其他物种相互作用的强度各不相同。与其他物种相互作用强的物种包括基础物种、关键物种和生态系统工程师。描述这三个物种之间的差异并给出一些例子。基础物种和关键物种也可成为生态系统工程师吗？

第17章　群落变化

山区自然实验：案例研究

圣海伦斯山喷发对自然灾难感兴趣的生态学家来说是决定性时刻。圣海伦斯山位于华盛顿州，是北美洲西北太平洋地区地质活跃的喀斯喀特山脉的一部分（见图17.1）。这座曾被冰雪覆盖的山顶拥有丰富的生态群落多样性。如果在夏天造访圣海伦斯山，那么可以看到遍布五彩野花和麋鹿的高山草甸。在较低的海拔处，可在古老巨树下覆盖着凉爽蕨类和苔藓的森林地面上徒步。你可在圣灵湖清澈湛蓝的水中游泳，或在岸边垂钓。然而，1980年5月18日上午8点30分后的几分钟内，圣海伦斯山上的一切生命都不复存在。山体北侧，一个巨大的充满岩浆的隆起已形成数月。当天早晨，这个隆起突然崩塌，引发了爆炸式喷发及有记录以来最大的山体滑坡（见图17.2）。喷发的照片显示，泥土和岩石沿着圣海伦斯山的山坡倾泻而下，在某些地区沉积了数十米厚。经过圣灵湖上空的碎石浪深达260米，且使湖水深度减少了60米。大部分雪崩在约10分钟内行进23千米后到达北福克图特尔河，在那里，火山物质冲刷了整个山谷，并在其尾部留下了一大堆纠缠在一起的植被。除了雪崩，爆炸还产生了一股热空气云，将附近的森林烧成灰烬，大片区域的树木被吹倒，留下的死树绵延数千米。爆炸产生的灰尘覆盖了数百千米外的森林、草原和沙漠。

图 17.1　曾经宁静的山。 在 1980 年 5 月 18 日火山喷发前，华盛顿州西南部的圣海伦斯山拥有多样化的群落，包括高山草甸、古老的森林以及湖泊和溪流

当日造成的破坏在圣海伦斯山创造了全新的栖息地，其中一些完全不含生物。甚至出现了一个名为"浮石平原"的地方，它位于火山下方，是宽阔、缓斜的地带，被炽热的浮石覆盖（见图17.2）。这个严酷且地质单调的环境缺乏任何形式的生命或有机物质。圣灵湖中的所有生命都已灭绝，大量木质残骸沉积于此，其中一些至今仍漂浮在湖面上。然而，不出意料，鉴于环绕山体的广阔森林，大部分景观由倒塌或裸露的树木构成，这些树木覆盖着岩石、砂砾和在某些地方深达数十米的泥土（见图17.2）。与浮石平原相比，这片被吹倒的区域在堆积的树木和灰烬之下仍然保留着一些生物遗骸。

火山喷发后不久，直升机将第一批科学家送到山上，开始研究这场堪称史诗规模的自然实验。几位幸运的生态学家记录了喷发后的生物变化序列。1980年和1981年的夏季组织了野外考察，并且收集了宝贵的基线数据。40年后，数百名生态学家研究了圣海伦斯山生命的重现。对许多人来说，这段经历改变了他们的生活，他们的职业生涯也围绕着这个迷人的研究体系展开。所学到的东西都是出乎意料的，改变了我们对群落恢复和地球上生命持续的看法。

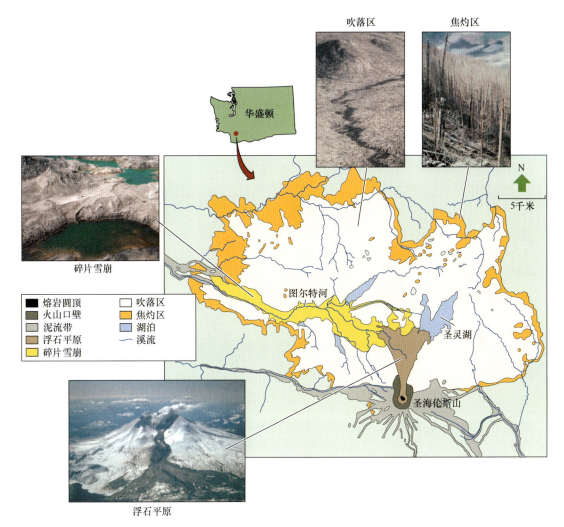

吹落区　　　　焦灼区

华盛顿

碎片雪崩

N

5千米

熔岩圆顶　　□ 吹落区
火山口壁　　焦灼区
泥流带　　　湖泊
浮石平原　　溪流
碎片雪崩

图尔特河

圣灵湖

圣海伦斯山

浮石平原

图17.2　已变形的圣海伦斯山。圣海伦斯山上的生物体被烧焦、被浮石击打、被泥土覆盖，并被火山喷发吹倒。火山喷发对不同地点的地质产生了不同的影响，创造了许多新的栖息地

17.1　引言

所有生态学家都认同群落总在变化。有些群落展现出了比其他群落更多的动态特性。例如，很难想象沙漠群落上巨大而坚韧的仙人掌会随时间发生很大的变化，尤其是当我们比较沙漠与高山溪流或潮间带时，发现后者的物种经常更迭。然而，群落变化是相对的，毫无疑问，即使是沙漠也在变化，尽管其变化速度很慢。

遗憾的是，人类的行为正日益成为改变群落的强大力量之一。本章探讨群落变化的驱动因素，从细微的变化到灾难性的变化，以及它们随着时间推移对群落结构的影响。

17.2　变化的动因

假设你能够回溯时间并追踪印度洋中典型珊瑚礁群落的变化（见图17.3）。在过去几十年间，你可能目睹从微小到灾难性的显著变化。微小变化可能包括某些珊瑚物种由于竞争、捕食和疾病的影响而缓慢成为优势种，而其他物种则逐渐衰落。灾难性变化可能包括过去十年间珊瑚因白化（共生

藻类的丧失）而导致的大面积死亡，以及2004年的大海啸，这些都导致某些珊瑚物种被其他物种替代，或者根本没有替代。这些变化造就了今天的群落：一个比几十年前拥有更少珊瑚种类的群落，这是自然和人为变化动因共同作用的结果。

物种相互作用（如竞争、捕食和疾病）导致物种随着时间的推移逐渐演替

非生物条件的变化（如海平面上升和水温升高）导致生理压力、珊瑚白化，最终导致死亡

海啸和爆破捕鱼等灾难性干扰导致珊瑚礁的大规模死亡

图17.3　变化发生。印度洋的珊瑚礁群落在过去几十年间经历了巨大的变化。变化的动因既是微小的又是灾难性的，既是自然的又是人为的

演替指群落物种组成随时间的变化。演替是多种非生物（物理和化学）和生物变化动因的结果。本节识别并定义推动演替进程的主要变化动因。

17.2.1　变化的因素既可以是非生物因素，又可以是生物因素

群落及群落中的物种会随着一系列非生物和生物因素的变化而变化（见表17.1）。前面介绍了其中的许多因素。第1单元说过，气候、土壤、养分和水等非生物因素在每天、每个季节、每10年甚至10万年的时间尺度上都发生变化。这种变化对群落变化有着重要影响。例如，在印度洋珊瑚礁群落中（见图17.3），大规模气候变化导致的高水温与最近珊瑚中共生藻的丧失有关。如果共生藻不恢复，那么珊瑚最终将死亡，进而为物种更替创造条件。同样，海平面上升也会减少到达珊瑚的光照。如果光照低于某些珊瑚物种的生理极限，那么它们就会慢慢被耐受力更强的物种甚至大型藻类（海藻）取代。最后，海洋酸化的加剧会溶解珊瑚的骨骼，阻碍其生长。由于这些非生物条件不断变化，生物群落也在以与环境一致的速度发生变化。

表17.1　群落压力、干扰和变化的非生物和生物因素的例子

变化的动因	例　子
非生物因素	
波浪、水流	风暴、飓风、洪水、海啸、海洋上升流
风	风暴、飓风和龙卷风，风力冲刷沉积物
供水	干旱、洪水、泥石流
化学成分	污染、酸雨、高盐度或低盐度、高营养或低营养供应
温度	结冰、冰雪、雪崩、过热、火灾、海平面上升或下降
火山活动	熔岩、热气、泥石流、飞石、碎屑、洪水
生物因素	
负相互作用	竞争、捕食、食草、疾病、寄生、踩踏、挖掘

引起变化的非生物因素分为两类（这两类因素既可以是自然因素，又可以是人为因素，但对物种的影响各不相同）：干扰和压力。**干扰**是一种非生物事件，可使一些个体受到物理伤害，并为其他个体的生长或繁殖创造机会。一些生态学家认为动物挖掘等生物事件也是干扰。以珊

瑚礁为例，2004年的海啸可视为一种干扰，因为水流冲过珊瑚礁的力量伤害并杀死了许多珊瑚个体。同样，已被取缔的使用炸药炸晕或炸死鱼类的捕鱼方式也会对珊瑚礁造成巨大的伤害。即使是蜗牛蛀蚀珊瑚或鹦鹉鱼捕食珊瑚等生物事件也可被视为干扰，因为它们会破坏珊瑚组织，削弱珊瑚骨骼。另一方面，当某些非生物因素降低个体的生长、繁殖或存活率，并为其他个体创造机会时，就会产生压力。在珊瑚礁中，水温升高或海平面上升对珊瑚生长、繁殖或生存的影响可能就是一种压力。其他压力和干扰的例子见表17.1。干扰和压力在推动演替方面都起着至关重要的作用。

生物因素如何影响群落变化？第4单元将介绍物种相互作用都通过压力和干扰导致一个物种被另一个物种取代。在珊瑚礁中（见图17.3），变化可能是由板状珊瑚和枝状珊瑚间的竞争引起的，随着时间的推移，板状珊瑚最终占主导地位。珊瑚疾病是物种相互作用的另一个例子，它可导致特定珊瑚物种生长缓慢或最终死亡，进而引发群落的变化。同样常见的变化因素还有生态系统工程师和关键物种的作用。这两个物种都对其他物种产生巨大影响，导致群落发生变化。

最后，要认识到非生物因素和生物因素往往相互作用，导致群落发生变化。我们可从生态系统工程师（如海狸）的案例中看到这种相互作用：海狸导致非生物条件变化，引起物种的更替。同样，风、波浪或温度等非生物因素也可通过改变物种间的相互作用来发挥作用，进而为其他物种创造机会。潮间带岩石区的海棕榈、高寒地区的植物和北加州的溪流昆虫就是这种影响的例子。

17.2.2　变化的动因在强度、频率和范围方面各不相同

演替的速度很大程度上取决于变化行为的强度、频率和范围。例如，当1980年圣海伦斯山喷发引起的雪崩席卷高山群落时，它产生的扰动比以往任何一年、十年或一个世纪产生的要大。这种扰动的强度或严重性（造成的破坏和死亡数量）是巨大的，因为涉及的力量巨大、覆盖范围广泛。相比之下，这种扰动的频率较低，因为这样的喷发事件非常罕见（每隔几百年发生一次）。像圣海伦斯山喷发这样的极度剧烈且不频繁的事件，处于生物体在群落中所经历的干扰频谱的远端（见图17.4）。在这种情况下，整个群落都会受到影响，恢复过程涉及群落随时间的完全重组。

干扰频谱的另一端是小且频繁的干扰，它们可能产生微小的影响或者影响较小的区域（见图17.4）。在圣海伦斯山喷发前，这类干扰可能包括风吹倒山体周围的老冷杉，供相同或不同物种的个体利用，进而提升群落中的物种多样性，但可能不会导致显著的演替变化。第19章将详细介绍这些较小的干扰及其对物种多样性的影响。下面介绍变化动因对群落演替的影响。

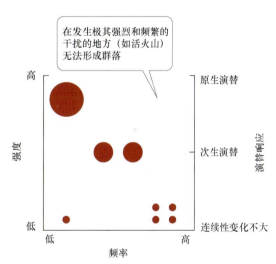

图17.4　干扰频谱。清除的生物量（干扰强度或严重程度）和清除的频率（干扰频率）会影响发生的变化量（由不同大小的红色圆圈表示）以及之后的演替类型（见图形的右侧）

17.3　演替基础

在最基本的层面上，演替一词是指群落的物种组成随时间发生变化的过程。从机制上讲，演替涉及非生物和生物变化因素导致的定居和灭绝。尽管对演替的研究通常侧重于植被的变化，但动物、真菌、细菌和其他微生物的作用同样重要。

理论上讲，演替会经历不同的阶段，其中包括高潮阶段（见图17.5）。高潮阶段被视为一个稳

定的终点，以后几乎不发生任何变化，直到一个强干扰将群落送回早期阶段。关于演替是否会导致稳定的终点还存在一些争论。

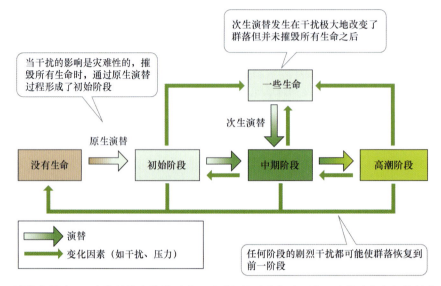

图17.5　演替的轨迹。一个简单的演替模型涉及随时间推移由物种更替驱动的阶段之间的转变。理论上讲，这些变化最终会导致一个几乎不变的高潮阶段。然而，关于演替是否能带来稳定的终点则存在一些争论

17.3.1　原生演替和次生演替在初始阶段是不同的

生态学家发现了初始阶段不同的两类演替。第一类称为原生演替，涉及对无生命栖息地的定居（见图17.5），这要么是灾难性干扰的结果，要么是因为它们是新形成的栖息地。可以想象，原生演替非常缓慢，因为第一批抵达者（称为初始或早期演替物种）通常面临极其恶劣的生存条件。即便是维持生命最基本的需求（如土壤、养分和水分）也可能缺失。因此，首批定居者往往是能够承受巨大生理压力并以有利于自身进一步生长和扩展的方式改变栖息地的物种。

另一类演替称为次生演替，涉及在多数但非所有生物或有机成分已被摧毁的群落中重建群落（见图17.5）。能够造成这种状况的变化动因包括火灾、飓风、采伐和食草。尽管圣海伦斯山喷发的影响是灾难性的，但仍有许多区域（如吹倒区）的一些生物得以幸存并且进行了次生演替。如预期的那样，原有物种的遗留及其与定居物种的相互作用在次生演替的过程中发挥着重要作用。

17.3.2　生态学的早期历史是对演替的研究

现代生态学的研究始于20世纪之交，当时该领域由对植物群落及其随时间变化感兴趣的科学家主导。其中的一位先驱是考尔斯，他研究了密歇根湖岸沙丘上植被的演替序列（见图17.6）。在这个生态系统中，沙丘随着新沙在岸边沉积而不断增长，在干旱期间，海岸线暴露，这些新沙被吹向陆地。考尔斯通过假设离湖岸最远的植物群落是最古老的而靠近湖岸新沙沉积的植物是最年轻的，推断出了沿沙丘的演替模式。他认为，当你从湖岸走向沙丘后方时，实际上是在时间上前进，因此能够想象所经区域几百年后的样子。初始阶段主要由一种顽强的生态系统工程师——沙茅草控制。沙茅草擅长捕捉沙子并形成沙丘，其背风面为不耐受海滩前沿持续掩埋和沙蚀的植物提供了避难所。

考尔斯假设在沙丘不同位置看到的不同植物组合（群落）代表着不同的演替阶段。这一假设

使得他能够预测群落随时间发生的变化，而不必真正等待这种模式的形成。这种思想被称为空间换时间，常作为研究超出生态学家生命周期时间尺度的群落的实用方法。它假设时间是导致群落变化的主要因素，而特定地点的独特条件无关紧要。这些假设都是重大的假设，引发了关于群落动态随时间可预测性的辩论。

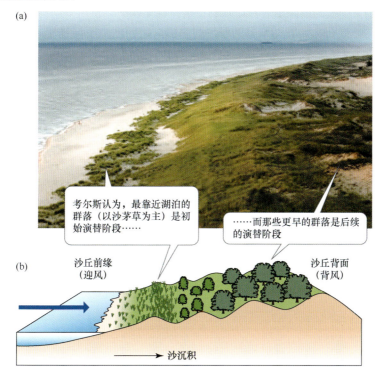

图17.6　空间换时间。(a)密歇根湖最靠近海岸的沙丘上覆盖着沙茅草；(b)当考尔斯研究这些沙丘的演替时，假设初始演替阶段发生在沙丘前缘新沉积的沙丘上，而后来的演替阶段则发生在沙丘背面

考尔斯并不是唯一对植物演替感兴趣的人，他的同行克莱门茨和格里森对驱动演替的机制持完全不同的观点。克莱门茨早在1907年就撰写了一本关于新兴生态科学的书籍，认为植物群落就像超级有机体，是物种群，它们相互协作，努力实现某种决定性的目标。演替类似于生物体的发育，有开始（胚胎期）、中期（成体期）和结束（死亡）。克莱门茨认为，每个群落都有自己可预测的生命史，如果不受干扰，最终会达到一个稳定的终点。这种高潮群落由占主导地位且持续多年的物种组成，并且提供了可能无限期维持的稳定类型。

格里森认为，将群落视为一个有机体（其中包含各种相互作用的部分）忽视了单个物种对当前条件的反应。在他看来，群落不是物种间协调互动的可预测和可重复的结果，而是波动的环境条件作用于单个物种的随机产物。每个群落都是特定地点和时间的产物，因此具有自身的独特性。

回过头来看，格里森和克莱门茨对演替的看法显然是极端的。如后所述，我们可从20世纪积累的研究成果中发现这两个理论的要素。不过，首先有必要提及生态学家埃尔顿（见图17.7a），他对演替的看法不仅受到在他之前的植物学家的影响，还受到他对动物的兴趣的影响。他在3个月内写出了自己的第一本书《动物生态学》，当时他只有26岁。该书论述了生态学的许多重要观点，包括演替。埃尔顿认为，生物与环境相互作用决定了演替的方向。他举了一个英国松树林被砍伐的例子。松树被砍伐后，演替的轨迹因环境的含水量而异（见图17.7b）。湿润的地区发展成泥炭藓沼泽，而稍微干燥的地区则发展成含有芦苇和盐沼草的湿地。最后，这些群落都变成了桦树灌丛，最终又分化成两类森林。通过这些观察，埃尔顿证明了预测演替轨迹的唯一方法就是了解发生演替的生物和环境背景。

埃尔顿对演替理解的最大贡献在于他承认动物的作用。在此之前，大多数生态学家认为植物驱动演替，而动物只是被动的跟随者。埃尔顿提供了许多例子，说明了动物如何通过啃食、传播、踩踏和破坏植被的方式极大地影响演替的顺序和时机，进而创造了演替模式。下一节将回顾一些由动物驱动的演替例子。显然，埃尔顿在90年前提出的观察和结论至今仍是有效的。

(a)

(b)
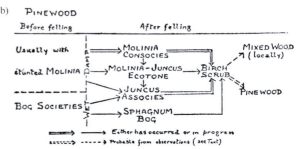

图17.7　埃尔顿的演替观。(a) 25岁的埃尔顿，一年前他出版了《动物生态学》一书。(b)埃尔顿的书中包含这张松林被砍伐后的演替图。演替轨迹因特定区域的含水量而异：较湿润的区域变成了泥炭藓沼泽，而稍微干燥的区域变成了含有芦苇和盐沼草的湿地。最终，这些群落都变成了桦树灌木丛，但它们最终会分化成松树林或混合树林

17.3.3　缺乏科学共识催生了多种演替模式

对演替机制的痴迷以及试图整合克莱门茨、考尔斯和埃尔顿等人有争议的理论，促使生态学家使用科学上更严谨的方法来探索演替，包括全面的文献综述和操控实验。康奈尔及其合作者斯莱蒂尔研究了大量文献，提出了三个重要的演替模型（见图17.8）。

- **促进模型**，受到克莱门茨启发，描述了最早定居者改变环境的情况，这些改变最终有益于后来到达的物种，但阻碍了自身持续的主导地位。这些早期演替物种具有使它们善于在开放栖息地中定居、应对物理压力、快速成熟并改善恶劣物理条件的特性。然而，最终一系列物种促进导致了一个顶级群落的形成，这个群落由不再促进其他物种且仅被干扰取代的物种组成。

- **耐受模型**同样假设最早的定居者改变了环境，但这种改变对后来的物种既无益又无碍。这些早期演替物种具有允许它们快速生长和繁殖的生活史策略。后期物种之所以能够持续存在，是因为它们具有缓慢生长、少量后代和长寿等生活史策略，使得它们能够忍受不断增大的环境或生物压力，而这些压力又会妨碍早期演替物种。

- **抑制模型**假设早期演替物种以阻碍后期演替物种的方式改变环境。例如，这些早期定居者可能垄断了后期物种所需的资源。只有当压力或干扰减少抑制性物种的数量时，下一个演替阶段的抑制才会被打破。与耐受模型一样，后期物种之所以能够持续存在，是因为它们拥有忍受那些本来会阻碍早期演替物种的环境或生物压力的生活史策略。

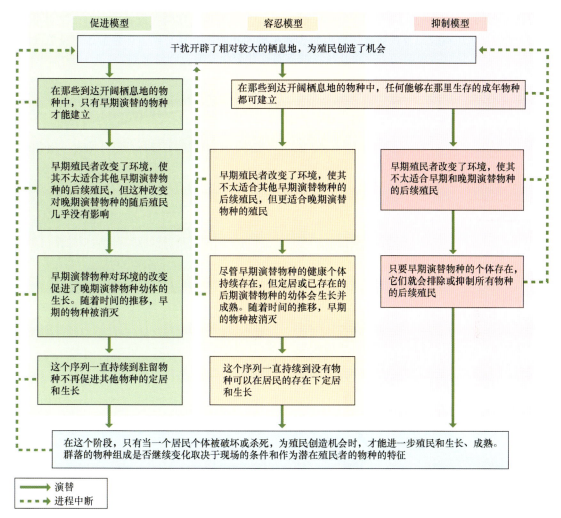

图17.8 三个演替模型。康奈尔和斯莱蒂尔提出了三个概念模型来描述演替

17.4 演替机制

自康奈尔和斯莱蒂尔撰写关于演替的论文以来，30多年过去了。从那时起，人们对他们的三个模型进行了大量的实验检验。这些研究表明，驱动演替的机制很少符合任何 一个模型，而取决于群落和实验环境。

17.4.1 没有一个模型适合任何一个群落

为了说明实验揭示的演替机制的类型，下面重点关注三项研究：①阿拉斯加冰川退缩后形成的群落；②新英格兰盐沼植被被干扰后形成的群落；③美国太平洋沿岸岩石潮间带被波浪干扰后形成的群落。

17.4.2 阿拉斯加冰川湾的原生演替

阿拉斯加冰川湾是原生演替研究得最好的地方之一，那里的冰川融化导致了一系列群落变化，反映了多个世纪以来的演替情况（见图17.9）。温哥华船长于1794年首次记录了那里的冰川位置，当时他正在探索北美洲西海岸。在过去200年间，冰川已退回到海湾上方，留下了裸露、破碎的岩石（称为冰碛）。缪尔在其《阿拉斯加游记》中首次注意到自温哥华时代以来冰川融化了多少。当他1879年访问冰川湾时，曾在被冰层覆盖的古老树桩间扎营，并且看到了在先前冰川覆盖区域生长起来的森林。他对景观的动态性质及植物群落对这些变化的响应印象深刻。

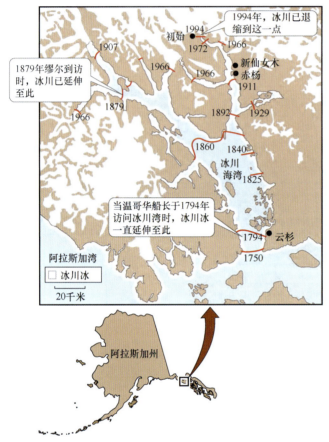

图17.9　阿拉斯加冰川湾的冰川退缩。200多年来，冰川融化使裸岩出露，为生物定居和演替创造了条件

　　缪尔的著作引发了库珀的兴趣，他从1915年开始对冰川湾进行研究。作为考尔斯的学生，库珀将冰川湾视为其导师在密歇根湖沙丘区充分记录的空间换时间实例。他建立了永久样方，使研究人员能够观察从温哥华时代至今沿海湾的群落变化模型。这一模型通常表现为植物物种丰度随时间和远离融冰前缘的距离增加而发生变化，以及植物物种组成的变化（见图17.10）。

　　在新栖息地暴露的最初几年，形成了以少数物种为主的初始阶段或先锋阶段，这些物种包括地衣、苔藓、木贼、柳树和杨树。暴露约30年后，形成了第二个群落，即以一种小型灌木命名的仙女木阶段。在这个阶段，物种丰度增加，柳树、杨树、赤杨和锡特卡云杉稀疏地分布在仙女木阶段。约50年后（距离冰川前缘约20千米），赤杨占主导，形成了第三个群落，即赤杨阶段。最后，在冰川退缩后一个世纪，成熟的锡特卡云杉林（云杉阶段）建立，孕育了丰富的地衣、低矮灌木和草本植物。赖泽尔等人记录了暴露200年后，随着锡特卡云杉林转变为寿命更长的西部铁杉林，物种丰度略有下降。

　　查平及其同事对该系统的演替机制进行了广泛研究。他们想知道在初始阶段大多数物种所经历的严酷物理条件下，促进模型是否能够解释库珀和赖泽尔等人观察到的演替模式。首先，他们分析了不同演替阶段的土壤，发现随着植物物种丰度的增加，土壤属性发生了显著变化（见图17.11）。不但土壤有机质和土壤湿度在演替后期阶段增加，而且从赤杨阶段到云杉阶段，氮含量增加了5倍以上。查平假设，每个演替阶段的物种组合对物理环境的影响很大程度上塑造了群落形成模式。然而，问题依然存在：这些影响是促进性的还是抑制性的？它们在不同的演替阶段是如何变化的？

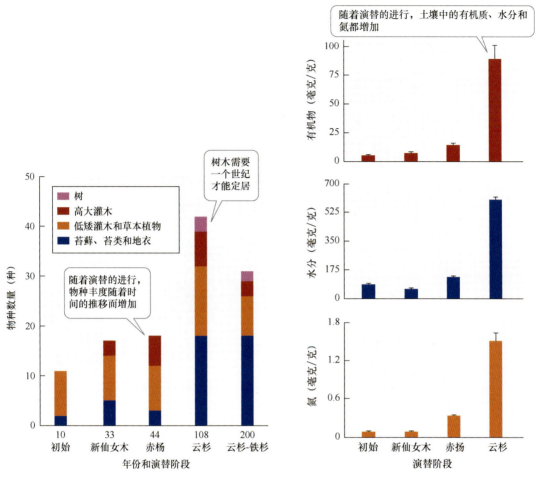

图17.10　阿拉斯加冰川湾的演替。群落植物物种丰度在冰川退缩后的200年里普遍增加

图17.11　土壤特性随演替变化。查平及其同事研究了冰川湾4个演替阶段的土壤特性。误差条显示的是均值的标准差

　　为检验促进假设，查平等人进行了操控实验。他们在每个演替阶段添加了云杉种子，并且观察了它们随时间的发芽、生长和存活情况。这些实验，加上对未被操控样方的观察，表明邻近植物对云杉幼苗既有促进作用又有抑制作用，但这些作用的方向和强度随演替阶段的变化而变化（见图17.12）。例如，在初始阶段，云杉幼苗的发芽率较低，但存活率高于演替后期。在仙女木阶段，由于种子捕食者的增加，云杉幼苗的发芽率和存活率都很低，但存活的个体生长得更好，这得益于仙女木相关共生细菌固定的氮。在赤杨阶段，氮素的进一步增加和土壤有机质的增加对云杉幼苗有正影响，但遮阴和种子捕食者导致总体发芽率和存活率较低。在这个阶段，赤杨对在赤杨能够占主导地位之前发芽的云杉幼苗产生了正影响。最后，在云杉阶段，成年云杉对云杉幼苗的影响主要是负的和持久的。由于与成年云杉在光照、空间和氮素上的竞争，生长率和存活率较低。有趣的是，成年树的种子生产得到增强，导致更多可供发芽的种子，幼苗数量相对较高。

　　因此，在冰川湾，至少在某些演替阶段，康奈尔和斯莱蒂尔模型中概述的机制正在运行。早期，促进模型的某些方面被观察到，因为植物为其他植物和动物改造了栖息地。诸如赤杨这样的物种对后期演替物种具有负影响，除非它们能够及早定居，这支持了抑制模型。最后，一些阶段（如云杉阶段，其优势地位是缓慢生长和长寿的结果）是由生活史特征驱动的，这是耐受模型的标志。

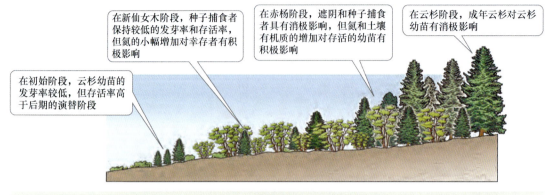

在新仙女木阶段，种子捕食者保持较低的发芽率和存活率，但氮的小幅增加对幸存者有积极影响

在初始阶段，云杉幼苗的发芽率较低，但存活率高于后期的演替阶段

在赤杨阶段，遮阴和种子捕食者具有消极影响，但氮和土壤有机质的增加对存活的幼苗有积极影响

在云杉阶段，成年云杉对云杉幼苗有消极影响

对云杉幼苗的影响	初始	新仙女木	赤杨	云杉
积极	存活率较高	氮含量较高 增长加快	土壤有机质含量较高 氮含量较高 更多菌根 增长加快	发芽率更高
消极	发芽率较低	发芽率较低 存活率较低 种子捕食和种子死亡率较高	发芽率较低 存活率较低 种子捕食和种子死亡率较高 根竞争 光竞争	增长放缓 存活率较低 种子捕食和种子死亡率较高 根竞争 光竞争 氮含量较低

演替阶段

图17.12 影响演替的正影响和负影响。 在阿拉斯加冰川湾，其他物种的正影响和负影响对云杉幼苗的相对贡献在不同的演替阶段发生变化。前三个阶段的正影响大于负影响，但云杉阶段的情形正好相反

17.4.3 新英格兰盐沼的次生演替

关于康奈尔和斯莱蒂尔的三个模型，其他研究表明了什么？伯特尼斯和舒梅威研究了促进作用与抑制作用在控制新英格兰盐沼次生演替中的相对重要性。盐沼在不同的潮汐高度具有不同的物种组成和物理条件。沼泽的海岸线边界主要由大米草构成，而灯芯草的密集群体则位于海岸线和陆地边界之间。盐沼栖息地中常见的自然扰动是潮汐运移的死亡植物物质沉积，这种沉积物被称为残骸（见图17.13）。这些残骸会覆盖并杀死植物，进而在次生演替发生的区域形成裸露的地块。这些地块没有植物的遮阴，水的蒸发量增加，留下盐沉积物，因此土壤盐度很高。这些地块的定居者最初是海滨盐草这种早期演替物种，但最终它们会在各自的区域内被大米草和灯芯草取代。

伯特尼斯和舒梅威假设，根据相互作用植物所经历的盐胁迫，盐草可能促进或抑制后续大米草或灯芯草的定居。为了验证这一

图17.13 残骸在盐沼中形成光秃秃的地块。 罗得岛朗姆斯蒂克湾的残骸潮汐沉积物。死去的植物扼杀了活植物，形成了土壤盐度高的地块

想法，他们在沼泽的两个区域创建了裸露的地块，并在这些地块被定居后不久就操控了植物的相互作用（见图17.14）。在低潮间带区域（靠近海岸线的大米草区域），他们从一半新定居的地块中清除了盐草，留下大米草，并从另一半中清除了大米草，留下盐草。在潮间带中部区域（靠近沼泽陆地边界的灯芯草区域），他们进行了类似的操控，以灯芯草和盐草为目标物种。在两个区域都保留了未受人为干预的对照地块。此外，他们用淡水浇灌每组的一半地块以减轻盐胁迫，另一半则作为对照组。

观察两年后，特尼斯和舒梅威发现，演替的机制取决于植物所经受的盐胁迫水平和涉及的物种相互作用。在低潮间带区域，无论盐草是否存在或者是否浇水，大米草总是定居并主导这些地块（见图17.14a）。

只有当从地块中清除大米草时，盐草才占主导地位，因此它明显受到占主导地位的大米草的抑制。在潮间带中部区域，灯芯草只在盐草存在或浇水时才能定居（见图17.14b）。土壤盐度的测量证实，盐草的存在有助于为土壤表面遮阴，减少盐的积累并减轻灯芯草的胁迫。然而，盐草只有在盐胁迫较高的情况下，即在对照条件下，才能在有灯芯草的地块上定居。如果地块被浇水，那么盐草很容易被灯芯草取代。

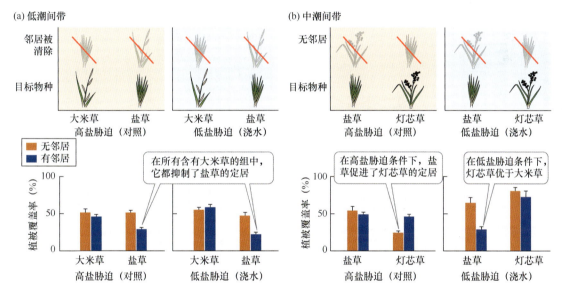

图17.14 **新英格兰盐沼的演替取决于环境**。盐沼的演替轨迹取决于土壤盐度和植物物种的生理耐受性。观察到的相互作用类型在(a)低潮间带和(b)中潮间带之间是不同的。误差条显示的是均值的标准差

这些实验性操控证实了演替的重要机制依赖于具体环境。没有一个模型能够充分解释演替的根本原因。在中潮间带，盐草是灯芯草定居的强大促进者。一旦发生这种促进作用，形势就会变得对灯芯草有利，使其取代盐草（见图17.14b）。在低潮间带，盐草和大米草同样能够在咸水地块中定居和生长。如果大米草先到达，那么它会抑制盐草的定居。如果盐草先到达，那么它只会在大米草没有到达并取代它的情况下持续存在（见图17.14a）。

17.4.4 岩石潮间带群落的原生演替

岩石潮间带的演替得到了广泛研究。在岩石潮间带，扰动主要由波浪造成，波浪可能从岩石上撕下生物体，或者将原木或巨石等物体推入大海。此外，低潮引起的压力会使得生物体暴露在过高或过低的气温下，很容易杀死它们或使它们无法附着在岩石上。由此产生的裸露岩石地块成为活跃的定居和演替区域。

关于岩石潮间带演替的首批实验工作，一部分由当时还是研究生的索萨在南加州的巨石场上

完成。索萨注意到，每次巨石被海浪掀翻时，巨石上以藻类为主的群落都会受到干扰。当他在巨石上清理出一些地块并随着时间的推移观察这些地块的演替时，发现第一个在一个地块上定居的优势物种总是鲜绿色的石莼（见图17.15a），紧随其后的是杉藻。为了了解控制这种演替顺序的机制，索萨对允许石莼定居的混凝土块进行了清除实验。他发现，如果清除石莼，那么杉藻的定居会加速（见图 17.15b）。这一结果表明，抑制是控制演替的主要机制，但仍然存在一个问题：如果石莼能够抑制其他海藻，那么它为何并不总占主导地位？通过一系列进一步的实验，索萨发现食草蟹更喜欢吃石莼，从而开始了从初始的石莼阶段向其他中期演替藻类的过渡。反过来，中期演替物种比晚期演替的杉藻更易受到压力和寄生藻类的影响。杉藻之所以占主导地位，是因为它最不容易受到压力和消费者的影响。

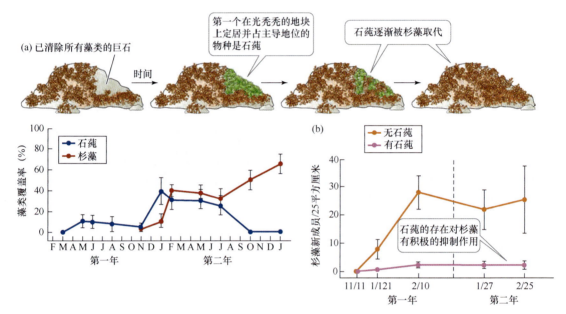

图17.15　南加州巨石上的藻类演替是由抑制驱动的。(a)研究南加州岩石潮间带巨石场裸露地块中藻类演替两年后的图形和数据；(b)在历时4个月的研究中，索萨在混凝土块上进行了清除实验，以了解该生态系统的演替机制。误差条显示的是均值的标准差

多年来，这种由抑制驱动的岩石潮间带演替观点一直是被广泛接受的范式。在一个空间竞争激烈的系统中，促进和耐受被认为是不太重要的。然而，近年来，法雷尔和其他人的研究表明，抑制的相对重要性可能要比以前认为的更依赖于环境。在生产力更高的俄勒冈海岸岩石潮间带，群落包括比索萨在南加州海岸研究的以海藻为主的群落更多的固着无脊椎动物，如藤壶和贻贝。在俄勒冈的高潮间带，法雷尔发现裸露地块上的第一个定居者是达利藤壶。随后它被更大的紫贻贝取代，再后又被三种大型海藻取代：石莼、岩藻和杉藻。

一系列清除实验表明，达利藤壶并未抑制紫贻贝的定居，但随着时间的推移，紫贻贝在竞争中胜过达利藤壶，进而支持了耐受模型。同样，紫贻贝并未阻碍大型海藻的定居，反而促进了它们的定居，这为促进模型提供了可信度。

但是，紫贻贝是如何促进大型海藻定居的呢？法雷尔怀疑紫贻贝以某种方式保护了海藻，可能是防止干燥胁迫或帽贝（食草海蜗牛）的啃食。为了验证这个想法，法雷尔创建了实验性地块，从中清除了紫贻贝、帽贝或两者，然后观察这些地块中大型海藻的定居情况。他发现，没有帽贝的地块上都有大型海藻定居，但在有藤壶的地块上，海藻的密度远高于没有藤壶的地块（见图17.16a）。这些结果表明，紫贻贝确实阻碍了帽贝对新定居的大型海藻孢子的啃食。

为何达利藤壶未对大型海藻产生与紫贻贝相同的促进作用？法雷尔怀疑原因是紫贻贝的体积

更大。通过使用石膏模具来模仿比紫贻贝稍大的藤壶，法雷尔发现，这些藤壶模仿物对大型海藻定居的正影响甚至超过两种体形较小的活藤壶（见图17.16b）。更小、更光滑的达利藤壶不像更大、更有造型感的紫贻贝（或模仿物）那样能够保留更多的水分或者阻挡更多的帽贝。

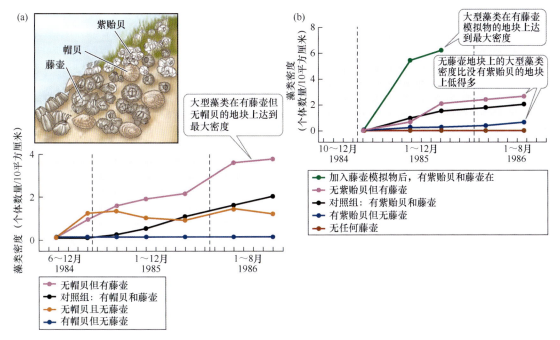

图17.16　俄勒冈海岸的藻类演替受促进作用驱动。(a)在清除藤壶、帽贝或两者的地块中测量大型藻类密度随时间的变化。结果表明，减少帽贝可促进大型藻类的生长。(b)为了了解促进作用的机制，将大型藤壶模拟物添加到一些地块中，并与去除了藤壶的地块进行比较。结果表明，藤壶越大，就越能保护大型藻类免受帽贝的啃食和干燥胁迫

17.4.5　实验表明促进在初始阶段很重要

康奈尔和斯莱蒂尔在1977年的论文中提出了许多实验研究，这些研究表明，任何群落的演替都是由一系列复杂的机制驱动的（见分析数据17.1）。没有一个模型适合所有群落；相反，每个群落都具有康奈尔和斯莱蒂尔的三个模型的特征。在大多数演替过程中，特别是在那些初始阶段暴露于物理压力条件下的演替过程中，促进相互作用是早期演替的重要驱动力。能够忍受和改变这些物理挑战性环境的生物将茁壮成长，并为其他缺乏这些能力的生物提供便利。随着演替的进行，生长缓慢、寿命较长的物种开始占主导地位。与早期演替的物种相比，这些物种往往体形更大，更具竞争优势。因此，在演替后期，人们可能认为竞争占主导地位。

分析数据 17.1　什么样的物种相互作用驱动了山林的演替？

演替模式通常是复杂物种相互作用的结果。这类相互作用在一项调查犹他州山林演替模式的研究中得到了印证，这一山林以白杨和冷杉为主。在某些情况下，白杨可以形成稳定的和自我维持的种群，但更常见的是这些树木与冷杉混生。

观察表明，在火灾或毁林导致的草甸中，白杨利用根芽开拓开阔的草地。随着时间的推移，随着冷杉的出现和数量的增加，形成了白杨-冷杉混合林。这些林地最终被冷杉占据，而冷杉林比纯白杨林更易受到火灾的影响，因此增大了重新开始演替周期的机会。

为了理解从一个演替阶段到另一个演替阶段的转变，考尔德和圣克莱尔在4个演替阶段（草地、

白杨、白杨–冷杉混合林和冷杉林）中对白杨和冷杉幼苗进行了计数，结果如图(a)所示。为了验证从一个阶段到另一个阶段的重要相互作用类型，研究人员随后测量了白杨和冷杉的死亡率。图(b)显示了这些结果。误差线显示的是均值的标准差。

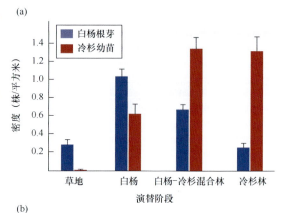

1. 根据图(a)中的数据，在4个演替阶段中，白杨的丰度模式是什么？冷杉的丰度模式有何不同？白杨和冷杉的丰度模式支持上面描述的演替序列吗？

2. 哪种物种间相互作用可解释图(a)中白杨阶段和草地阶段冷杉幼苗数量的差异？什么样的种间相互作用能够解释混合林阶段和冷杉林阶段白杨数量的差异？

3. 考虑图(b)。冷杉生活在白杨附近（小于0.5米）时会发生什么？当白杨生活在冷杉附近（小于0.5米）时，它们会怎么样？

4. 在康奈尔和斯莱蒂尔的三个模型中，哪个最符合这项研究的结果？为什么？

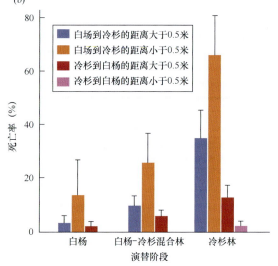

随着演替的进行，物种丰度通常增加；因此，在中后期演替阶段肯定存在大量的正和负相互作用。第19章将介绍控制物种多样性的机制，下面介绍演替是否可以预测。

17.5 替代性稳定状态

到目前为止，我们都假设演替轨迹是可重复的和可预测的。然而，如果南加州岩石潮间带的一块巨石翻过来后，不像索萨观察到的那样形成了海藻群落，而形成了一个固着无脊椎动物群落，情况会如何呢？如果冰川湾的仙女木灌丛未在冰川遗留的冰碛上定居，而被一种与之竞争而非促进后续演替物种（如云杉）的草类取代，云杉林还会形成吗？答案是可能不会。在相同的环境条件下，不同群落在同一地区发展的案例是存在的。生态学家将这类替代情景称为替代性稳定状态。列万廷是最早正式定义和模拟自然群落中替代性稳定状态的人之一。

一个群落被认为具有稳定性，当它受到扰动后仍能保持或恢复原有的结构和功能。自然群落的稳定性如何？这个问题困扰生态学家已久，部分原因是稳定性的概念取决于空间和时间尺度。在较小的空间尺度上，如中西部草原中1平方米的样方，随着时间的推移，可能有相当大的变化或不稳定性。如果将所有植物从样方中清除，那么相同的所有物种不太可能重新定居在某个样方，也不会精确地回到原来的位置。然而，如果考虑更大的区域（如100平方米的样方），那么找到相同物种的机会就会增加。同样，如果对样方进行较短时间的跟踪，其物种组成的改变可能性会很低。但是，观察的时间越长，群落改变的可能性就越大，进而显得不稳定。考虑到这些限制，下面来看一些群落的例子，这些群落一旦受到扰动，就不会恢复到以前的状态，而显示出替代性稳定状态。

17.5.1 替代性状态由强相互作用者控制

　　萨瑟兰研究了海洋污染生物群落中的替代性状态：海绵、水螅虫、被囊动物，以及其他在船舶、码头、海湾、河口的硬质表面上附着的无脊椎动物。他在北卡罗来纳州杜克大学海洋实验室的码头上悬挂了瓷砖，让浮游的无脊椎动物幼体附着在其上（见图17.17a）。两年后，尽管少数物种已在瓷砖上附着，但大多数物种都被一种独居的被囊动物海鞘占据。然而，海鞘的优势并不普遍。实际上，在第一个冬天，海鞘在瓷砖上数量减少了，并被筒螅替代。这种影响是由海鞘的年度特性造成的：它在冬天会死亡，而在幼虫开始定居的次年春天会迅速恢复优势。通过定期放置新瓷砖，萨瑟兰还发现，尽管存在其他潜在的定居者，但海鞘仍然能够持续存在。这些定居者会污染新瓷砖，但无法在被海鞘占据的瓷砖上定居。因此，萨瑟兰认为这个污染群落是稳定的。几个月后，他还发现了另一个他认为稳定的污染群落，但这一次附着的苔藓虫占主导地位（见图17.17a）。这个群落于夏末在码头上悬挂的新瓷砖上发展起来，且不受其他物种（包括海鞘）的定居影响。

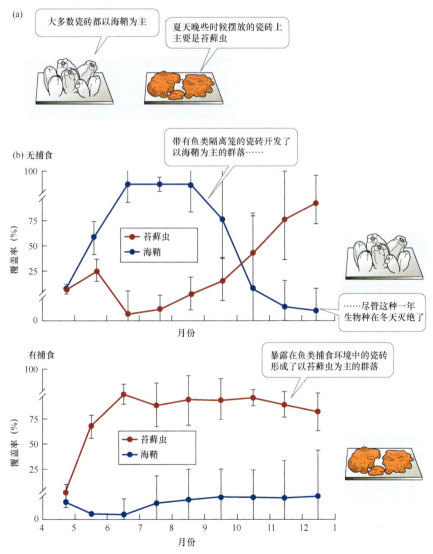

图17.17　污染群落显示替代性状态。萨瑟兰通过悬挂瓷砖并让无脊椎动物在其上定居，研究了污染群落的演替。(a)随着时间的推移，在瓷砖上形成了两个群落：一种以海鞘为主，另一种以苔藓虫为主；(b)根据瓷砖是否受到鱼类捕食保护发展出了不同的群落。误差条显示的是均值的标准差

为了理解是什么控制着这两种替代的演替结果，萨瑟兰在码头的同一位置放置了新瓷砖，但将其中一半的瓷砖用笼子围起来，以排除鱼类捕食者（见图17.17b）。一年后，萨瑟兰发现，受鱼类捕食保护的瓷砖上形成了以海鞘占优势的群落，而暴露在鱼类捕食下的瓷砖上则形成了以苔藓虫占优势的群落。他还发现，在冬天海鞘开始死亡时，受捕食者保护的瓷砖上两个物种的数量发生了逆转。这些结果表明，如果海鞘不受干扰，那么它在竞争中会占主导地位，但如果受到干扰，那么它会被苔藓虫超越。对于他最初观察到的海鞘占主导地位的现象，萨瑟兰解释说，鱼类的捕食是零星的，且被囊动物本身一旦达到一定的大尺寸，就可能起到一种天然"笼子"或捕食者排除机制的作用。

列文廷和萨瑟兰都相信，群落中存在多种稳定状态，且可由强相互作用物种的增加或排除驱动。如果这些物种缺失或无效，那么群落可能遵循不同的演替轨迹，这些轨迹可能永远不会回到原始的群落类型（状态），而形成一个新的群落类型。我们假设用不同状态表示为山谷、群落表示为球的景观来替代性稳定状态背后的理论（见图17.18a）。如球可从一个山谷移到另一个山谷那样，群落也可根据强相互作用物种的存在与否及其对群落的影响从一个状态移到另一个状态（见图17.18b）。例如，仅需轻微改变一个或多个优势物种的丰度就可迫使群落（球）进入一个替代性状态（山谷），或者可能需要完全清除一个物种来引发这种变化。如果以萨瑟兰的工作为例，那么我们可将海鞘和苔藓虫的群落类型想象为两个不同的山谷。球是停留在苔藓虫谷还是海鞘谷，取决于鱼类捕食者的存在。有趣的是，在这个系统中，如果恢复鱼类捕食者的接触（见图17.18c），那么球可能不会简单地回到苔藓虫谷。如萨瑟兰指出的那样，一旦达到一定的大小，海鞘就能逃避捕食。因此，这个系统可能表现出滞后性，即使原始条件得以恢复，也无法回到原始的群落类型。

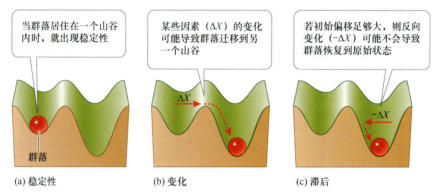

图17.18　替代性稳定状态模型。(a)用一个在群落状态（山谷）景观中移动的球来表示群落；(b)一些山谷可能比其他山谷深，表明群落从一种状态转换到另一种状态所需的变化幅度；(c)当逆变化不能使群落恢复到原来的状态时，就出现滞后现象

康奈尔和索萨对萨瑟兰的替代性稳定状态持怀疑态度，原因如下。首先，他们认为瓷砖群落持续的时间不够长，或者空间尺度不够大，不足以视为稳定状态。他们的问题是，如果瓷砖能被跟踪多年，难道它们最终不会由一个物种或另一个物种主导吗？此外，他们想知道在实验设置之外，即去除捕食者的情况下，污染群落能否持续存在。他们认为替代性稳定状态只能由物种相互作用驱动，而不由群落的物理变化驱动。他们争辩说，萨瑟兰用来强调替代性稳定状态重要性的许多例子都属于后一类别。他们要求物理环境不改变是有问题的，因为排除了所有通过改变物理环境与其他物种相互作用的物种，即所有生态系统工程师。我们知道生态系统工程师对群落会产生强烈影响，因此对大多数生态学家来说，排除它们是不现实的。

17.5.2　人类行为导致群落转向替代性状态

康奈尔和索萨提出的严格要求导致替代性稳定状态研究被推迟了20年。然而，最近人们对替代性稳定状态的研究兴趣重燃，因为越来越多的证据表明人类活动（如栖息地破坏、物种引进和过度捕杀野生物种）正在使群落向替代性状态转变。本书中介绍几个这种变化的例子，包括海獭的减少导致海带林变成海胆荒地、黑海的鳀鱼渔业因引入栉水母而崩溃，以及地中海、澳大利亚、日本和北美水族馆鹿角藻的入侵。导致这些转变的原因是清除或增加了强烈相互作用的物种，使得一种群落保持在其他群落之上。生态学家还不能确定的是，群落被人类活动操控后结果是否可以逆转，或者是否会出现滞后现象。海獭的重新定居是否会让海带林重新焕发青春？黑海停止营养富集是否会重振鳀鱼渔业？清除鹿角藻会恢复海草群落吗？

案例研究回顾：山地自然实验

2000年，在圣海伦斯山喷发20周年之际，一群生态学家聚集在这座曾浓烟滚滚的火山上，参加了为期一周的野营活动。他们带着卷尺、样方框和地图等，造访了他们20年前考察过的地点。这次造访是建立20年数据基准的机会，可与1980年和1981年首次收集的数据相媲美。在过去20年里，许多参与者研究了曾经遭受破坏的地貌的重新定居和演替模式。离开5年后，他们出现了《1980年圣海伦斯山喷发的生态响应》一书，以方便年轻生态学家的后续研究。

关于圣海伦斯山的演替，这本书告诉了我们什么？首先，火山喷发造成的扰动因到火山的距离和栖息地类型（如水生与陆生）不同而产生了不同的影响。尽管靠近山顶的地区（如浮石平原）因火山喷发的热量而几乎寸草不生，但生态学家还是惊讶地发现许多物种实际上在山上存活下来（见表17.2）。由于火山喷发发生在春季，许多物种在冬雪的覆盖下仍处于休眠状态。幸存的物种包括长有地下芽或根茎的植物、啮齿动物和昆虫，以及冰封湖泊中的鱼类和其他水生物种。在吹落区，大树和动物死亡，而较小的生物则在大树的保护下幸存。吹落区以外的地区，情形则正好相反：落石和火山灰窒息了较小的动植物，但未窒息较大的生物。

表17.2　火山喷发后几年内在圣海伦斯山上幸存的生物

干扰区	平均植被覆盖率（%）	平均植物种数/平方米	动　物					
			小型哺乳动物	大型哺乳动物	鸟类	湖鱼	两栖动物	爬行动物
浮石平原	0.0	0.0	0	0	0	0	0	0
泥石流区	0.0	0.0	0	0	0	N/A	0	0
吹落区			8	0	0	4	11	1
喷发前	3.8	0.0050						
无雪森林	0.06	0.0021						
有雪森林	3.3	0.0064						
焦灼区	0.4	0.0039	0	0	0	2	12	1

圣海伦斯山的第二个重要研究发现是幸存者在控制演替的速度和模式方面所起的作用。在许多情况下，这些物种被推到新的物理环境和物种组合中，没有时间适应进化时间尺度。一些物种茁壮成长，而另一些物种则表现不佳，但它们的适应性和不可预测性却令人吃惊。不可能形成的联盟加速了特定栖息地的演替。例如，两栖动物在新形成的孤立池塘和湖泊中定居的速度比人们想象的要快得多（见图17.19）。科学家发现，青蛙和蝾螈会利用北部袋鼠形成的隧道，从一个池塘到达另一个池塘，穿越干旱的地貌。地鼠在圣海伦斯山上尤其成功，一是因为它们在隧道中躲过了火山喷发，二是因为火山喷发后草地已大大扩展。有趣的是，地鼠还促进了植物的演替：它们的刨坑行为将深埋在火山岩和火山灰下的有机物、种子和真菌孢子带到了土壤表面（见图17.20）。

第三个重要发现是认识到多种机制导致了圣海伦斯山的主要演替。矮羽扇豆是浮石平原上的促进作用的例证，它是到达那里的第一种植物。同样，矮羽扇豆能够在火山喷发后利用其共生细菌产生的氮在圣海伦斯山的贫瘠浮冰平原上定居。多年来，矮羽扇豆是后续植物和食草昆虫的主要氮源。因此，矮羽扇豆及其共生细菌在控制圣海伦斯山初始演替速度方面发挥着重要作用。

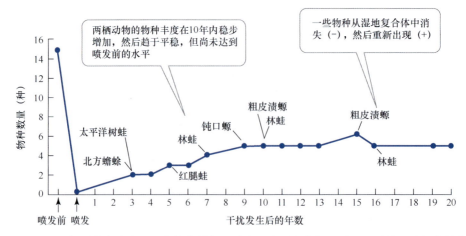

图17.19　**两栖动物快速定居。**青蛙和蝾螈迅速定居在圣海伦斯山浮石平原的湿地复合体中

图17.20　**地鼠的救援。**火山喷发后幸存地鼠将有机物、种子和真菌孢子带到土壤表面，创造了微栖息地

　　在一些原生演替栖息地，花旗松与一年生草本植物共同生存，耐受性非常明显。在此之前，生态学家主要以康奈尔和斯莱蒂尔的模型为指导。尽管拥有数十年的数据和新发现的宝库，对圣海伦斯山的研究才刚刚开始。那里的群落是否会沿着成功的道路前进，导致可预测和可重复的结果？还是会形成高度依赖其历史遗产的另一种状态？地质研究表明，圣海伦斯山大约每隔300年喷发一次。因此，我们要满足于从研究圣海伦斯山最有趣的演替阶段中获得的有限知识，并希望生态学家在未来的岁月里继续在那里开展研究。

17.6　复习题

1. 列出一些群落变化的非生物因素和生物因素，描述它们所采取行动的强度和频率。
2. 描述原生演替和次生演替的差异，这些差异对定居物种意味着什么？
3. 康奈尔和斯莱蒂尔提出了三不同的演替模型。选择一个假想群落，描述支持每种模型所需的情况。
4. 为何很难判断一个群落是否稳定？萨瑟兰能够在其瓷砖上展示替代性稳定状态吗？

第18章　生物地理学

地球上最大的生态实验：案例研究

地球上可能只有一个地方让人听到100种鸟的叫声、闻到1000种植物的花香，这个地方就是亚马孙雨林，世界上仅存的一半热带雨林和物种都在这里。亚马孙雨林中的1公顷土地上包含的植物物种比整个欧洲还多！当然，亚马孙雨林的物种多样性并不仅限于雨林本身。亚马孙河流域是世界上最大的流域，其1000多条支流中的淡水量占全球的五分之一。在巴西马瑙斯的一个鱼市上，就可发现这些支流中水生生物的多样性（见图18.1）。亚马孙河流域的鱼类数量超过了整个大西洋。

具有讽刺意味的是，当这些生态系统受到干扰时，令人难以置信的物种多样性可能遭受毁灭性的损失。亚马孙河流域的主要破坏来自森林砍伐，森林砍伐从20世纪60年代开始，随着道路的建设加剧。在此之前，该流域的大部分地区没有道路，与其他地区相对隔绝。然而，50年间，20%的雨林被改变为牧场、城镇、道路和矿区。这个百分比看起来不大，但具有欺骗性，因为涉及的物种

图18.1 **亚马孙丰富的多样性。** 在巴西马瑙斯的一个市场上展示的亚马孙河捕获的淡水鱼

数量非常庞大，而且森林砍伐的模式也很重要。伐木行为导致了极端的栖息地碎片化，有时会形成鱼骨状图案。这些森林碎片可被视为森林中的"岛屿"。如后所述，栖息地碎片化会将物种隔离开来，对物种多样性产生严重的后果。

亚马孙雨林的碎片化促使洛夫乔伊及其同事发起了有史以来规模最大、持续时间最长的生态实验——森林碎片生物动态项目（BDFFP），该项目始于1979年，当时洛夫乔伊想知道随着伐木清除越来越多的森林后，亚马孙流域的物种多样性发生什么变化。洛夫乔伊受到了《岛屿生物地理学理论》中一个典型模型的启发，这个模型解释了大岛屿上的物种比小岛屿上的多的原因。根据巴西法律要求土地所有者保留一半土地为森林的规定，洛夫乔伊划定了不同大小的森林地块，这些地块要么被森林覆盖（对照地块），要么已被砍伐（见图18.2）。对照地块和碎片是在砍伐前指定的，面积分别为1公顷、10公顷、100公顷或1000公顷。伐木后立即采集的基线数据显示，对照地块和碎片之间的物种多样性几乎没有差异。

20世纪80年代中期，生态学家以过去无法想象的规模进行了完全相同的实验。在过去的41年里，BDFFP已从提出问题"维持物种多样性所需的最小雨林面积是多少？"的研究，发展成为提出问题"森林片段的形状、结构和连通性在维持物种多样性方面发挥了什么作用？周围的栖息地如何影响物种多样性？对亚马孙雨林的陆地生物群落之一，其前景如何？

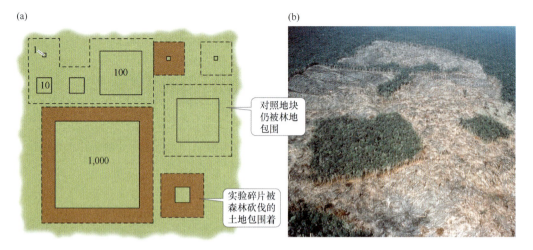

(a)

(b)

> 对照地块仍被林地包围

> 实验碎片被森林砍伐的土地包围着

图18.2　热带雨林中的栖息地碎片化。对西马瑙斯地区的BDFFP旨在研究栖息地碎片大小对物种多样性的影响。(a)砍伐前首先确定了不同大小（1公顷、10公顷、100公顷和1000公顷）的地块，然后通过砍伐隔离或保留森林作为对照地块；(b)1983年隔离的10公顷和1公顷碎片的航拍照片

18.1　引言

对北加州海岸岩石潮间带这样的群落来说，物种在海岸线上的分布不仅受到潮高、波浪作用等物理因素的影响，还受到各种生物相互作用的影响。海星食用潮间带低处的贻贝，进而将它们限制在高潮间带。在那些区域，不同贻贝之间的空隙为许多原本不存在的物种提供了栖息地。这些局部条件是物种分布的重要调节因素。然而，尽管这些条件对我们来说很重要，但必须认识到在更大地理尺度上运行的过程的影响。洋流和海洋上升流等海洋过程调节着无脊椎动物幼体向岩石海岸的输送。在全球尺度上，海洋环流模式控制着洋流的方向。通过限制扩散，这些模式可在生态和进化过程中隔离物种。因此，北加州海岸上本地物种的组合最终是建立在全球和区域过程基础上的。本章介绍这些大尺度地理过程对地球上物种的分布和多样性的影响。

18.2　生物地理学和空间尺度

地球上最明显的生态模式之一是不同地理位置的物种组成和多样性的变化。研究这种变化的学科称为**生物地理学**。假设你希望看遍地球上的所有森林生物群落，且假设使用谷歌地球你可飞到一个群落中，近距离地观察物种。你从赤道附近的南纬4°和西经60°热带开始飞入亚马孙雨林——地球上物种最丰富的森林。在20米的高空，你飞过潮湿的森林中部，每飞过1公顷，就会看到新的树种（见图18.3a）。你覆盖的面积越大，看到的树种就越多。丰富的树种几乎让人目不暇接，而炎热和潮湿的天气又让人窒息，因此你决定向北飞到更干燥的地方。

你到达了北纬35°、西经125°，这里是加州南部的海岸，森林是干旱的橡树林群落。大多数乔木和灌木都是常绿的，但不是针叶植物，而是开花植物，叶片小且硬。橡树林与草地交错分布（见图18.3b）。飞过植被后，你看到了许多乔木和灌木，它们都有小叶片和厚树皮。由于灌木和草本植物中含有挥发油，林地充满芳香。植物物种丰度很高，但只是亚马孙雨林的一小部分。

天气仍然很热，因此你决定继续向北飞行到北纬45°、西经123°，那里的森林凉爽湿润。你现在位于北美洲西北太平洋地区，这里的森林以大型针叶林为主。当你飞过时，发现森林郁郁葱葱，树冠上长满地衣，地面覆盖着蕨类植物（见图18.3c）。这些低地温带常绿林的树种丰度只是你之前去过的两个森林的一小部分。这里的树种屈指可数：花旗松、西部铁杉、西部红雪松、红桤木和大叶枫。然而，这些森林在物种丰度方面不足却被其巨大的生物量弥补。

你希望了解物种丰度的极端情况，于是下一站是位于北纬64°、西经125°的加拿大北方森林。飞过寒冷的景观，你看到一排排云杉，它们偶尔被大片的湿地隔开（见图18.3d）。俯瞰树冠，你被森林的茂密和单调震撼。云杉枝下一片漆黑，但低矮的灌木丛提醒你确实存在光照。继续向北飞行，森林越来越稀疏，直到眼前是一望无际的苔原。

图18.3　世界各地的森林。森林生物群落的物种组成和物种丰度差异很大。(a)巴西的热带雨林；(b)南加州的橡树林；(c)太平洋西北部的低地温带常绿林；(d)阿拉斯加州德纳里国家公园的云杉林

你的旅行本可到此结束，但你想去新西兰，因此你抽空飞回了南半球。大约8000万年前，新西兰与古老的冈瓦纳大陆分离，从那时起，不断的进化造就了独特的森林（见图18.4）。大约80%的物种是新西兰特有的，即它们在地球上的其他任何地方都不会出现。在新西兰南岛到南纬45°、东经170°，你将飞越相当于太平洋西北部的南半球。这里的森林以4种南方山毛榉为主，它们的枝干缠绕成波浪状（见图18.4a）。树冠下是分叉灌木，多角度的分支使得它们具有锯齿状外观。这种生长形式的植物在新西兰最丰富。虽然北半球和南半球的温带常绿林在某些方面相似（例如，与热带森林相比，每种森林的树种丰度都很低），但是它们由完全不同的物种组成，进化史也大相径庭。

即使是在新西兰境内，从南纬35°到南纬47°，树种丰度和组成也存在着很大的差异。北岛比南岛更温暖（更靠近赤道），森林的多样性也更高，由许多开花树种和一些高大的针叶树组成（见图18.4b）。

这些森林中有许多开花树种，还有大量的藤蔓和附生植物（生活在大型植物上的植物和地衣）。这里生长的树蕨与1亿年前恐龙时代占主导地位的树蕨类似。最奇特的树之一是卡里树，它是地球上最大的树种之一。有些卡里树高达60米，直径达7米。遗憾的是，像红杉一样，卡里树也被大量砍伐，它们只在两个小型保护区内形成了一个森林群落，总面积仅为100平方千米。考虑到卡里树的原始林需要1000年至2000年才能形成，这些森林几乎是无法替代的。如果将北岛森林的特有树

种丰度与南岛的森林进行对比，就会发现温暖的北部森林中有100多个树种，而南部森林的山毛榉林中只有10～20个树种。

图18.4　新西兰北岛和南岛的森林。新西兰的两个岛屿横跨较大的纬度范围（35°S～47°S），具有不同的森林类型。(a)南岛的森林以山毛榉为主；(b)北岛的森林具有更大的树种多样性和不同的物种组成

随着世界森林之旅结束，假设森林群落是全球代表性的生物地理模式，那么我们能得出什么结论呢？

- 第一，物种丰度和组成随纬度变化：热带低纬度地区比温带和极带拥有更多不同的物种。
- 第二，即使经度或纬度大致相同，各大陆上的物种丰度和组成也不相同。
- 第三，相同生物群落的物种丰度与组成可能不同，具体取决于其在地球上的位置。

如后所述，这些模式是可靠的，已在世界上许多地区和许多群落类型中被反复证明。几个世纪以来，困扰自然学家的是什么过程控制了这些生物地理模式。为什么有些地区的物种比其他地区的物种多？为什么有些地区拥有地球上其他地方没有的物种组合？

为了解释物种多样性和组成的生物地理变化，人们提出了许多假说。如后所述，这些假说很大程度上取决于对它们应用的空间尺度。

18.2.1　不同空间尺度下的物种多样性模式是相互关联的

在前面的世界森林之旅中，我们看到物种多样性和组成的模式在全球、区域和地方空间尺度上各不相同。我们可将这些空间尺度视为按分层方式相互关联的，一个空间尺度的物种多样性和组成模式为较小空间尺度的模式设置了条件。下面从最大的空间尺度开始向下进行分析。

全球尺度包括整个世界，是一个巨大的地理区域；随着纬度和经度的变化，其范围也发生很大的变化（见图18.5a）。在漫长的岁月中，物种之间往往被隔离在不同的大陆上或不同的海洋中。下一节将详细讨论的物种形成、灭绝和扩散这三个过程的速度差异有助于确定全球范围内物种多样性与组成的差异。

区域尺度包括较小的地理区域，在这些区域内，气候大致相同，物种受到扩散限制。区域物种库（也称该区域的 γ 多样性）包括一个区域内的所有物种（见图18.5b）。如上所述，由于全球范围内物种形成、灭绝和扩散的速度不同，地球上各区域的物种多样性和组成也不相同。例如，

与加拿大北方森林相比，亚马孙河流域拥有更多的物种，因此物种库更大。

一个地区的自然地理（如山脉、山谷、沙漠、岛屿和湖泊的数量、面积及彼此之间的距离）统称景观，其对区域内的生物地理学至关重要。一个区域内物种多样性和组成的变化取决于景观如何影响本地栖息地的灭绝速率、迁入速率和迁出率（见图18.5c）。生态学家以两种相关的方式来考虑区域内的生物地理学：

- 局部尺度，它基本上相当于一个群落，反映栖息地的非生物和生物特征是否适合区域物种库中的物种通过扩散到达这些栖息地（见图18.5d）。物种生理学及与其他物种的相互作用都会影响局部尺度的物种多样性（也称 α 多样性）。
- 物种多样性的局部尺度和区域尺度之间的联系由 β 多样性表示。β 多样性告诉我们，从一个群落类型到另一个群落类型，物种多样性和组成发生了什么变化（见图18.5c）。

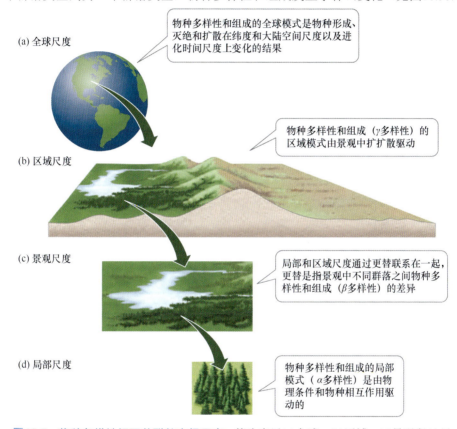

(a) 全球尺度

物种多样性和组成的全球模式是物种形成、灭绝和扩散在纬度和大陆空间尺度以及进化时间尺度上变化的结果

(b) 区域尺度

物种多样性和组成（γ多样性）的区域模式由景观中扩扩散驱动

(c) 景观尺度

局部和区域尺度通过更替联系在一起，更替是指景观中不同群落之间物种多样性和组成（β多样性）的差异

(d) 局部尺度

物种多样性和组成的局部模式（α多样性）是由物理条件和物种相互作用驱动的

图18.5　物种多样性相互关联的空间尺度。箭头表示(a)全球、(b)区域、(c)景观和(d)局部尺度上物种多样性和组成之间的关系，以及对物种多样性和组成来说很重要的过程

了解空间尺度以层次方式相互关联很重要，但是否有适用于局部和区域空间尺度的实际面积值？例如，一个区域或局部的面积是多大？答案很大程度上取决于感兴趣的物种和群落。例如，希米亚和威尔逊认为陆生植物的局部尺度为$10^2 \sim 10^4$平方米，区域尺度为$10^6 \sim 10^8$平方米。然而，对于细菌，局部尺度可能是10^2平方厘米。事实上，我们用于定义物种多样性测量值的实际区域对我们解释控制生物地理模式的过程来说至关重要。

18.2.2　局部和区域过程相互作用决定了局部物种多样性

图18.5表明物种多样性的模式及控制过程在不同空间尺度上是相互关联的。鉴于这些联系，生态学家希望了解局部尺度下的物种多样性变化有多少取决于更大的空间尺度。区域物种库为局

部物种组合提供"原料"，并为该区域的群落设定物种丰度的理论上限。但是，局部物种丰度是否也取决于本地条件，包括物种相互作用和自然环境？

我们可通过将一个群落的局部物种丰度与该群落的区域物种丰度画在一幅图上来定量地考虑这个问题（见图18.6）。在这样的图中，我们可以看到三种基本的关系。首先，如果局部物种丰度和区域物种丰度相等（斜率为1），那么一个区域内的所有物种都会出现在该区域的群落中。虽然这种模式理论上是可能的，但我们不期望在现实世界中找到它，因为所有区域都有不同的景观和栖息地特征，这就使得一些物种不能出现在一些群落中（如低地树种不会出现在高山森林中）。其次，如果局部物种丰度仅与区域物种丰度成比例（局部物种丰度随着区域物种丰度的增加而增加，但关系不是1∶1），那么我们可以假设局部物种丰度主要由区域物种库决定，而局部过程如物种相互作用和自然条件则起较小的作用。最后，如果局部物种丰度在区域物种库增加的情况下趋于平稳，那么可以假设局部过程限制了局部物种丰度。局部丰度趋于平稳的程度可以告诉我们一些关于物种相互作用和自然条件在为群落设定饱和点（物种丰度的限制）方面的重要性。

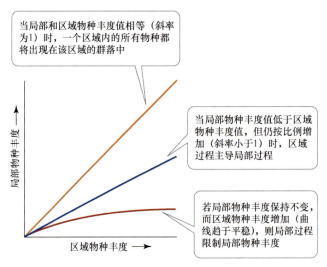

图18.6　是什么决定了局部物种丰度？一个群落中局部和区域过程的相对影响可通过画出局部物种丰度与区域物种丰度的关系图来确定

下面抛开这些理论，来看看哪些真实数据展示了局部和区域物种丰度之间的关系。威特曼及其同事考虑了生活在世界各地潮下岩壁上的海洋无脊椎动物群落的这种关系（见图18.7a）。在12个地区的49个地点，他们调查了水深10～5米岩壁上0.25平方米地块的物种丰度。然后，他们将在这些地点发现的局部物种丰度值与已发布的能在相似深度硬基质上生活的无脊椎动物的物种丰度值进行比较。所有地点的局部物种丰度与区域物种丰度图（见图18.7b）表明，局部物种丰度始终按比例低于区域物种丰度。此外，局部物种丰度从未趋于平稳，即群落从未饱和——区域丰度很高。相反，区域物种丰度解释了局部物种丰度变化的约75%。这项研究的结果表明，区域物种库很大程度上决定了海洋无脊椎动物群落中的物种数量。

这项研究和其他研究中检测到的饱和度不足是否表明局部过程在决定局部物种丰度方面并不重要？答案是否定的，至少有两个原因。首先，区域内的局部群落之间仍然存在大量的未能解释的变异，这可能要归因于局部过程的影响，如物种相互作用、非生物条件或扩散限制。其次，物种相互作用的影响尤其可能对所选的局部空间尺度高度敏感。虽然威特曼及其同事的研究使用的小空间尺度可能适合在潮下岩壁上相互作用的物种，但其他研究采用的尺度不合适（通常太大），不太可能检测到局部效应。尽管如此，区域尺度过程对局部物种丰度的强烈影响表明，海洋和陆地群落都可能比以前认为的更容易受到来自区域外的物种入侵等变化的影响。

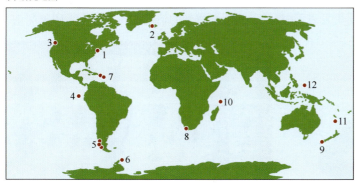

(a) 研究地点

1 缅因湾
2 冰岛
3 东北太平洋
4 加拉帕戈斯群岛
5 智利巴塔哥尼亚
6 南极半岛
7 东加勒比海
8 西南非洲
9 新西兰西南部
10 塞舌尔
11 诺福克岛
12 帕劳

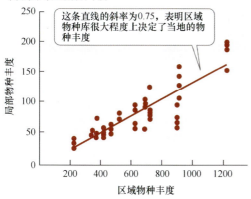

(b) 局部与区域物种丰度

这条直线的斜率为0.75，表明区域物种库很大程度上决定了当地的物种丰度

局部物种丰度 / 区域物种丰度

图18.7 **海洋无脊椎动物群落可能受到区域过程的限制。** 在浅水海洋无脊椎动物群落中，区域物种丰度约占局部物种丰度的75%。(a)49个采样点所在的12个区域；(b)局部物种丰度与区域物种丰度的关系图。每个点都代表49个采样点之一

下面介绍在全球和区域生物地理尺度上控制物种多样性变化的因素。第19章将详细探讨局部尺度上物种多样性差异的原因与后果。

18.3　全球生物地理学

200年前，欧洲的科学探险家一定会感到不可思议。你将离开安全的家园，乘船去一个几乎不为人知的目的地。你将不得不忍受晕船、疾病、各种各样的意外事故，远离家人、朋友和同事。除非你本身就很富有，或者能出售自己的收藏品，否则你可能需要很多年才能还清债务。但是，你会成为第一位记录和收集美丽、新奇和稀有动植物物种的科学家。正是在这种情况下，生物地理学应运而生，并且取得了许多重要发现。在那之前，欧洲科学家对世界其他地区的自然历史和生态学知之甚少，大多数是二手资料或传闻。这些早期的博物学家能够带回来的是标本，最重要的是，他们的理论能够帮助他们理解自己的观察结果。

尽管不是该领域的第一人，但华莱士当之无愧地被誉为生物地理学之父（见图18.8）。华莱士受到了洪堡、达尔文和胡克等博物学家的启发，在财富和教育程度都低得多的情况下崭露头角，但其智慧和积极性足以弥补他在财力和教育方面的不足。华莱士最著名的成就是与达尔文共同发现了自然选择原理，但一直处于达尔文的阴影之下。华莱士的主要贡献是对大空间尺度下物种分布的研究。

华莱士于1848年离开英国前往巴西，在亚马孙雨林中进行了长达4年的考察。在回程途中，他

乘坐的船在马尾藻海中着火，烧毁了他的所有标本以及大部分笔记和插图。在救生艇上度过10天后，他获救并返回英国，在那里发表了6篇关于其所观察到的情况的论文，令人印象深刻。

(a)

(b)

图18.8　华莱士及其收藏。(a)华莱士1862年在新加坡前往马来群岛期间拍摄的照片；(b)华莱士在马来群岛收集的部分稀有甲虫标本，这些标本在2005年被其孙子发现于阁楼上

尽管华莱士发誓不再旅行，但还是在1852年离开英格兰前往马来群岛（今印度尼西亚、菲律宾、新加坡、文莱、马来西亚和东帝汶）。在这里，他发现了一个令人费解的现象：菲律宾的哺乳动物与（5500千米以外）非洲的哺乳动物相比，与（750千米以外）新几内亚的哺乳动物更相似。华莱士是第一个注意到这两个动物群体之间明确分界线的人，这一分界线后来被称为华莱士线。事实证明，这两个不同的哺乳动物群体是在两个不同的大陆上进化而来的，而这两个大陆仅在最近的1500万年内才相互接近。

华莱士于1876年出版了《动物的地理分布》一书。在这本书中，华莱士将物种分布叠加在地理区域之上，揭示了两个重要的全球模式：

- 地球的陆块可分为6个可识别的生物地理区域，这些区域包含不同的生物群落，它们在物种多样性和组成方面有着明显的差异。
- 物种多样性随纬度梯度变化：物种多样性在热带最高，向两极递减。

这两个模式必然是相互关联的；纬度梯度叠加在生物地理区域之上。为便于解释，下面首先探讨华莱士所描述的生物地理区域及创建这些区域的基本力量，然后介绍一些可能导致物种多样性纬度梯度的过程。

18.3.1　生物地理区域的生物群落反映了进化隔离

华莱士描述的6个生物地理区域是新北区（北美洲）、新热带区（中美洲和南美洲）、古北区（欧洲以及亚洲和非洲的部分地区）、埃塞俄比亚区（非洲大部分地区）、东洋区（印度、中国和东南亚）和澳大拉西亚区（澳大利亚、印度-太平洋和新西兰）（见图18.9）。这些区域与地球的6大构造板块大致对应，而这并非偶然。

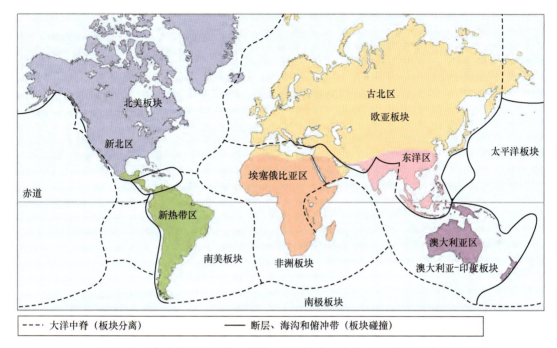

图18.9　6个生物地理区域。华莱士根据陆生动物的分布确定了6个生物地理区域，它们大致对应于地球的主要构造板块

板块是地壳的一部分，会在熔融地幔深处产生的洋流作用下于地球表面移动（见图18.10）。在科学家了解了驱动这些板块运动的过程之前，他们假设大陆在地球表面上漂移；因此，早期描述这些运动的理论称为**大陆漂移**。构造板块之间有三类边界。在被称为中央海脊的地区，熔岩从板块之间的缝隙流出并冷却，形成新的地壳并迫使板块分开，这个过程称为海底扩张。在一些称为俯冲带的地区，两个板块相遇时，一个板块被迫俯冲到另一个板块下面。这些地区与强地震、火山活动和山脉形成有关。在另一些两个板块交汇的地区，板块彼此横向滑动，形成断层。

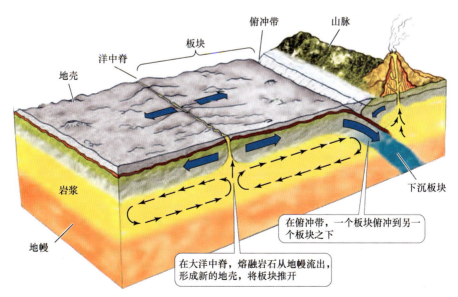

图18.10　大陆漂移机制。随着地质时间的推移，地球熔融地幔深处产生的熔岩流将地壳的一部分移至地表

由于海底扩张和俯冲等过程的影响，板块及其上的大陆的位置随着地质时间的推移发生了巨大变化。在三叠纪早期（2.51亿年前），地球上所有的陆地板块即盘古大陆开始解体（见图18.11a）。那时，发生了一次大规模的生物灭绝，导致了第一批古龙类（恐龙的前身）和犬齿兽类（哺乳动物的前身）的出现。大约在1亿年前，即白垩纪中期，盘古大陆分裂为北方的劳亚大陆和南方的冈瓦纳大陆。在那个时期，恐龙处于全盛时期，哺乳动物体形较小，在动物群落中的地位相对较低。白垩纪末期以另一次大规模灭绝为标志，导致了恐龙的消失。到了古近纪早期（6000万年前），冈瓦纳大陆分裂为今天的南美洲、非洲、印度、南极洲和澳大利亚大陆。劳拉大陆最终分裂为北美洲、欧洲和亚洲。这些运动中的大部分导致了大陆之间的分离，但有些大陆却汇聚在一起（见图18.11b）。例如，北美洲和南美洲在巴拿马地峡处相连，印度与亚洲相撞形成了喜马拉雅山脉，非洲和欧洲在地中海相连，而北美洲和亚洲在白令海峡处形成了一座陆桥。

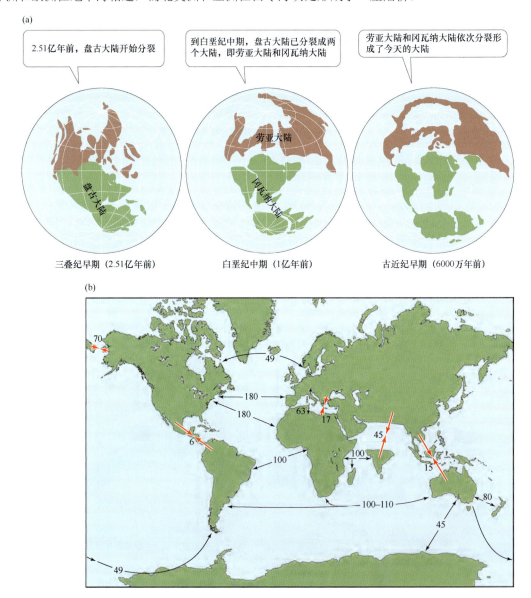

图18.11　大陆和海洋的位置随地质时间发生变化。由于大陆漂移，大陆和海洋的位置在过去2.51亿年间发生了巨大的变化。(a)盘古大陆的分裂；(b)导致如今大陆构造的运动。红色箭头处标有自陆块汇聚以来的时间（单位为百万年前）；黑色箭头处标有自陆块分离以来的时间

因此，地球构造板块的运动将盘古大陆的陆地生物群落从地理和系统发育中分离出来，并将它们隔离在不同的大陆上，形成了生物地理上不同的种群。大陆移动的顺序和速度导致一些生物地理区域的动植物群落与其他区域的截然不同。例如，新热带区、埃塞俄比亚和澳大拉西亚区都曾是冈瓦纳大陆的一部分，它们已与世隔绝了相当长的一段时间，并且拥有非常独特的生命形式。然而，在其他一些情况下，不同的物种已结合在一起。例如，新北区的生物群落与新热带区的生物群落有很大的不同，尽管它们的现代地理位置非常接近。北美洲是劳亚古大陆的一部分，而南美洲是冈瓦纳大陆的一部分，因此直到约600万年前北美洲和南美洲才开始接触。然而，在那段时间里，许多物种已从一个大陆迁移到另一个大陆（例如，美洲狮、狼和美洲驼迁移到南美洲，而犰狳和负鼠则迁移到北美洲），在某种程度上使这两个地区的生物群落趋于同质化。有趣的是，有证据表明，一旦两大洲合并，陆生哺乳动物的几个科就会灭绝，表明某些物种不可能实现生态共存。最后，新北区和古北区都是劳亚古大陆的一部分，其生物区系在跨越现在的格陵兰岛和白令海峡时具有相似性，在过去的1亿年里，那里的陆桥间歇性地允许物种之间的交流。

大陆运动的遗迹可在一些现有的分类群落及化石记录中找到。由大陆漂移等过程形成的物种进化分离称为隔离分化。在大地理区域和长时间内追踪隔离分化的线索为早期的进化理论提供了重要证据。例如，随着华莱士开始积累越来越多的物种分布的知识，并在它们之间建立地理联系，其关于物种起源的观点开始明确。在1855年发表的论文"论制约新物种出现的规律"中，他写道："每个物种在空间和时间上都是与先前存在的近缘物种同时出现的。"尽管生物地理学证明了物种之间的进化联系，但华莱士和达尔文还是花了几年时间才正式提出一种进化机制（自然选择）及其在新物种起源中的作用。

下面介绍对华莱士最初确定的生物地理区域进行的最新研究。最近的一项研究利用从DNA分析了全球物种分布模式，以检验华莱士最初提出的生物地理区域是否得到现代数据的支持。研究人员确定了更多的生物地理区域（共11个），其中一些与华莱士原来的6个区域相同，另一些则不同。这一新的分析表明，除了大陆漂移，还有其他的隔离机制导致出现了不同的区域。有趣的是，被华莱士线与菲律宾隔开的新几内亚和太平洋群岛成为一个新的生物地理区域，与澳大拉西亚区或东洋区完全分开。

最近对生物地理区域的另一项分析涉及绘制海洋物种分布图。毕竟，海洋面积占地球表面积的71%，而且是动态的，即海洋随着地球构造板块的运动产生、合并和毁灭（见图18.11）。于是，主要的问题是海洋之间是否存在像大陆之间那样的扩散障碍。尽管表面上看起来是连通的，但海洋确实是生物群落交换的重大障碍，包括大陆、洋流、温度、盐度和氧气梯度和水深差异。海洋学的不连续性使得物种彼此隔离，允许进化，并且创造了独特的海洋生物地理区域。遗憾的是，海洋生物地理区域的划分一直受到水深及我们对深海自然史和分类学基本知识的缺乏的阻碍。阿迪和斯坦尼克最近的一个模型确定了24个可识别的潮间带底栖海洋大型藻类的生物地理区域。尽管很难将这些大型藻类区域与陆地生物地理区域进行比较，但分析确实表明，海洋领域的生物地理变化要比以前认为的大得多。

18.3.2　物种多样性随纬度变化

植物多样性和群落组成会随纬度发生明显变化：物种多样性在热带最高，向两极则逐渐降低。华莱士和其他19世纪的欧洲科学探险家在热带收集了数以千计的物种，并将它们与他们在欧洲收集到的较少物种进行比较后，敏锐地发现了这一规律。随着过去200年间更多数据的积累，物种多样性的纬度梯度得到了更牢固的确立（见图18.12）。威立格及其同事统计了162项研究的结果，这些研究涉及广泛的空间尺度（纬度20°或以上）的各种分类群落，考虑了物种多样性和纬度是呈负相关（多样性向两极递减）、正相关（多样性向两极递增）、单峰相关（先向中纬度递增，后向两极递减）还是无关。到目前为止，负相关是最常见的。

除了纬度梯度，生物地理学家还观察到了重要的经度变化模式。加斯顿等人测量了沿多条由北向南、经度相隔10°的剖面线上的种子科的数量。在北半球和南半球，种子植物科、两栖动物科、爬行动物科和哺乳动物科的数量都随着向赤道方向移动而增加，而在高纬度地区则有所下降。然而，这些研究人员还发现，科的数量也取决于所选择的经度。他们的观察表明，在有些地点，物种丰度特别高，有时仅次于纬度。这些地区被称为生物多样性热点地区，因为它们受到人类的威胁。

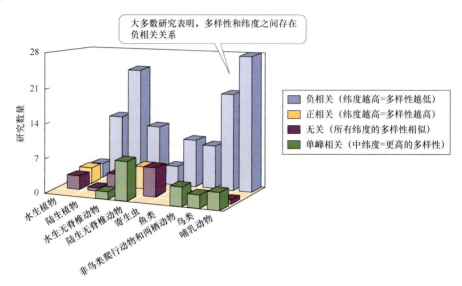

图18.12　**纬度和物种多样性的研究证实了传统观点**。物种多样性和纬度之间的关系大多数是负相关的

　　当然，并不是所有生物群落的物种丰度都会随着纬度的升高而降低，有些群落的情况恰恰相反。例如，海鸟在温带和极带的物种多样性最高（见图18.13a）。南极和亚南极的海鸟包括企鹅、信天翁、海燕和贼鸥（见图18.13b）。在北极和亚北极，海雀取代企鹅，海鸥、燕鸥则很常见。在热带和亚热带，海鸟多样性下降：主要由鹈鹕、鲣鸟、鸬鹚和军舰鸟组成。这种海鸟多样性模式与海洋生产力密切相关，温带和极带海洋的生产力远高于热带。在海洋底栖群落中也观察到了同样的多样性模式，高纬度地区的生产力则要高得多。

　　生产力差异是物种多样性纬度梯度的一个可能原因。

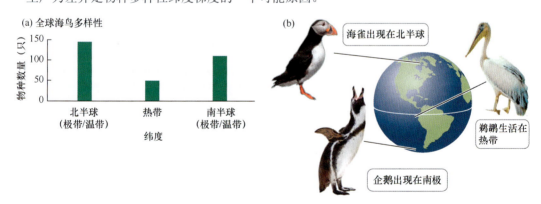

图18.13　**海鸟违背传统认识**。全球海鸟物种丰度显示出了与大多数动物群落相反的纬度模式。(a)海鸟的物种丰度在温带和极带很高，在热带则很低；(b)物种组成也显示出了纬度差异

18.3.3　纬度梯度有多种相互关联的原因

　　物种丰度的全球模式最终受控于三个过程的速率：形成、灭绝和扩散。为简单起见，我们假设物种扩散的速率在全球范围内大致相同。这样，我们就可预测任何特定地点的物种数量都将反

映两个基本过程（物种形成和物种灭绝）的速率之间的平衡。物种形成速率减去灭绝速率，得到物种多样化的速率，即物种多样性随时间的净增减。是什么最终控制了这一速率？

人们提出了数十个假说来解释物种多样化随纬度变化而发生分化的原因，但生物地理学家和生态学家之间几乎没有一致的意见。部分原因在于，面积、进化年龄和气候的纬度梯度与物种多样性梯度相关，而这些纬度梯度又是多重的、相互混淆的。此外，部分物种的形成和灭绝往往发生在全球空间尺度和进化时间尺度上，因此不可能通过操控实验来隔离各种因素，并将相关性与因果关系区分开来。

为了总结最有说服力的想法，米特尔巴赫及其同事提出，解释物种丰度纬度梯度的假说可分为三类。第一类假说基于热带物种多样化的速率大于温带的假设（见图18.14a）。第二类假说认为，热带和高纬度地区的物种多样化速率相似，但热带物种多样化的进化时间要长得多（见图18.14b）。第三类假说认为，热带生产力较高，资源更丰富，因此那里的物种具有更高的承载能力和更强的共存能力（见图18.14c）。

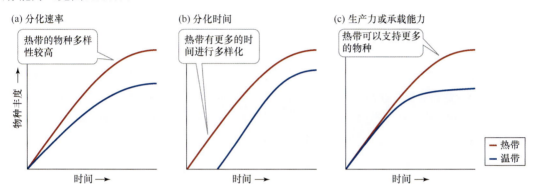

图18.14　用来解释物种丰度的纬度梯度的假说。(a)热带的多样化速率（物种形成速率减去灭绝速率）高于温带，因此积累了更多的物种；(b)热带有更多的时间进行多样化，因此积累了更多的物种；(c)由于生产力更高，热带比温带有更高的承载能力，能共存更多的物种

物种多样化速率　许多假设试图解释物种多样化在热带更高的原因。第一类假设将物种多样化与地理区域和温度联系起来。特尔伯格和罗森茨维格提出，热带陆生生物物种多样性最高，因为热带的陆地面积最大（见图18.15a）。罗森茨维格计算出北纬26°和南纬26°之间的陆地面积是地球上任何其他纬度范围的2.5倍。这一点很直观，因为这一纬度范围位于地球的中部，也是最宽的部分。有趣的是，数据显示这一巨大区域也是地球上温度最均匀的区域（见图18.15b）。特尔伯格绘制的年平均气温与纬度之间的关系图显示，在北纬25°和南纬25°之间的广阔地区内，陆地温度非常均匀，但在高纬度地区则迅速下降。

为什么更大的土地面积和更恒定的温度会促进更高的物种多样性？罗森茨维格认为，这两个因素相结合降低了热带的灭绝速率、增大了物种形成速率。他认为，一个面积更大、温度更稳定的区域应该通过两种方式降低灭绝速率：首先，增加物种的种群数量（假设其密度在世界范围内相同），降低物种因偶然事件而灭绝的风险；其次，扩大物种的地理范围，将风险分散到更大的地理区域来降低它们的灭绝速率。他进一步提出，在更大的区域内，物种形成应该会增加，因为物种应该有更大的地理分布范围，因此应该有更大的机会让种群生殖隔离。然而，罗森茨维格的理论由于多种原因而存在争议。

物种多样化时间　第二类假设认为，物种多样性的纬度梯度受进化史的影响，最早由华莱士提出。他认为，热带长期以来气候更稳定（见图18.15b），因此可能比温带或极带具有更长的进化史，而在温带或极带，恶劣的气候条件（如冰河时代）可能破坏了物种的多样化。因此，即使世界范围内物种形成和灭绝的速率相同，热带也应随着时间的推移累积更多的物种，因为那里的物种应该有更多不间断的时间来进化。

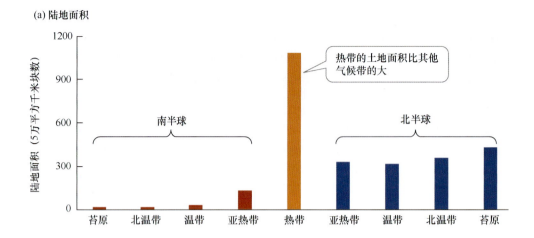

(a) 陆地面积

热带的土地面积比其他气候带的大

南半球

北半球

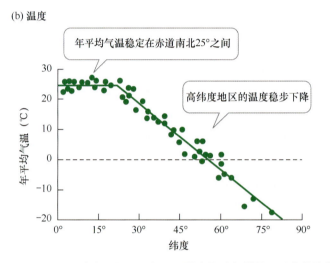

(b) 温度

年平均气温稳定在赤道南北25°之间

高纬度地区的温度稳步下降

图18.15 陆地面积和温度是否影响物种多样性？罗森茨维格假设热带的两个特征导致了物种高形成速率和低灭绝速率：(a)陆地面积；(b)稳定的温度

考虑到这些观点，我们可以考虑另一种可能性：大多数物种实际上起源于热带，然后在气候更温暖的时期扩散到温带。热带作为多样性摇篮的观点最初由斯特宾斯提出。亚布隆斯基等人最近通过比较现代海洋双壳类动物群落与距今1100万年前的海洋双壳类化石，对这一假说进行了检验。他们发现，现存的大多数海洋双壳类群落都起源于热带（见图18.16a），并向两极扩散（见图18.16b），但在热带并未消失。因此，在这种特殊情况下，我们可将热带视为物种多样性的摇篮，因为大多数现存的群落都起源于那里。但是，如亚布隆斯基及其同事指出的那样，热带既可作为摇篮，又可作为博物馆。如果热带的灭绝速率很低，那么多样化的物种往往会留在那里。亚布隆斯基及其同事认为，目前热带生物多样性的丧失可能产生深远影响，因为这不仅会损害今天的物种丰度，还可能切断未来向更高纬度地区供应新物种的途径。

生产力 第三类物种多样性梯度假设是基于资源的，尤其是生产力。生产力假设早在1959年就由哈钦森提出，他认为物种多样性在热带更高，因为那里的生产力最高，至少对陆地系统来说是这样。这种观点认为，生产力越高，种群规模就越大，物种的承载能力就越高。更高的生产力将导致更低的灭绝速率、更大的物种共存性及更高的物种丰度。生产力假设可以解释为何我们看到一些海洋生物（如海鸟）的纬度梯度会发生逆转，因为温带沿海海洋栖息地的生产力通常高于热带。但是，我们也知道，地球上一些生产力最高的栖息地（如河口）的物种多样性通常很低。

可以说，生产力假设在许多情况下都很复杂，且不能令人满意。第19章将介绍生产力如何影响局部范围内的多样性。

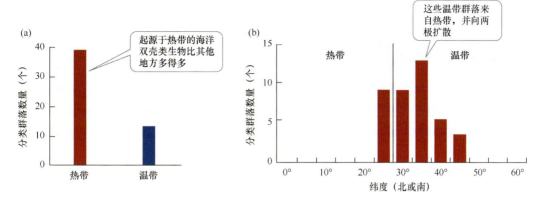

图18.16 **热带是物种形成的摇篮和博物馆**。对现代和化石海洋双壳类动物类群进行了研究，以评估热带更长的进化史是否有助于物种多样性纬度梯度的假说。(a)海洋双壳类动物群落首次出现的气候带；(b)具有热带起源的现代海洋双壳类动物群落的分布范围

气候变化联系：气候变化下多样性的纬度梯度

探索物种多样性纬度梯度潜在原因的一种方法是，从物种进化和气候发生重大变化的角度来考虑。我们可以提出疑问，物种多样性向热带增加的基本模式过去是否存在？如果不存在，为什么？曼尼恩及其同事使用化石记录和过去全球温度的波动作为了解纬度和物种多样性梯度及其潜在原因的窗口。他们的分析表明，物种多样性的热带高峰并不是一种普遍存在的模式，而仅限于显生宙的某些特定时期，当时地球处于较冷的"冰室"条件下（见图18.17）。

同样，他们发现在温暖的"温室"条件下，物种多样性在温带达到峰值，呈单峰相关。这些从温带到热带物种多样性峰值的转变与从温室到冰室气候条件的转变相对应，这为极带冰川到温带冰川可能将物种驱赶到灭绝速率较低的热带的观点提供了支持。相反，在温室条件下，热带可能变得对许多生物来说太热，导致灭绝速率增加并从热带扩散。事实上，人们可能推测，随着全球变暖，物种多样性的纬度梯度可能变得更浅或更单一，因为气候变暖将导致物种向极带扩散或在热带日益灭绝。

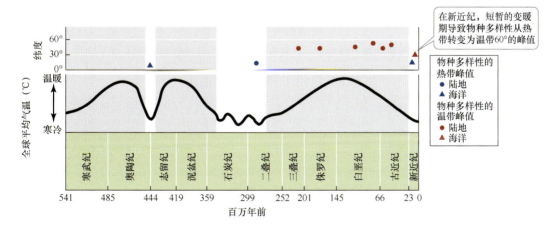

图18.17 **物种多样性纬度梯度随气候变化而变化**。在整个显生宙，全球温度波动下的物种多样性纬度梯度。热带物种多样性的峰值（蓝色符号）仅限于寒冷的"冰室"条件，而温带物种多样性的峰值（红色符号）发生在温暖的温室期。注意，在新近纪的"冰室"条件下，更新世间冰期的一个短暖期导致了温带的物种多样性峰值。圆圈是陆地例子，三角形是海洋例子

生物地理学的模式激发了一些优秀科学家，他们对全球范围内物种数量和差异的痴迷及对了解这些差异存在的原因的强烈驱动力，造就了一些有史以来最有影响力的科学理论，包括物种起源理论。下一节介绍另一个重要理论，它试图理解较小空间尺度上的物种多样性。

18.4 区域生物地理学

贯穿本章和整个生物地理学的一条重要线索是物种丰度与地理区域之间的关系。我们在案例研究中看到，亚马孙雨林的大片区域比小片区域具有更高的物种丰度。在对世界森林的全球考察中，我们发现热带的物种多样性最丰富，而该气候区的地理面积也最大。这种**物种-面积关系**，即物种丰度随着采样面积的增加而增加的关系，在各个空间尺度下都有记录，小到池塘，大到整个大陆。

物种-面积关系的大多数研究都是针对区域空间尺度的，这些关系往往能够很好地预测物种丰度的差异。

18.4.1 物种丰度随着面积增加而增加，随着距离增大而减少

1859年，沃特森绘制了第一条显示物种与面积关系的定量曲线，这条曲线显示的是英国境内的植物（见图18.18）。该曲线从萨里郡的一小块区域开始，扩展到越来越大的区域，最后涵盖整个萨里郡、英国南部，最后到整个英国。随着面积的增加，物种丰度随之增加，直到达到以最大面积为界的最大数量（生态学工具箱18.1和分析数据18.1进一步介绍了如何绘制和解释物种-面积曲线）。

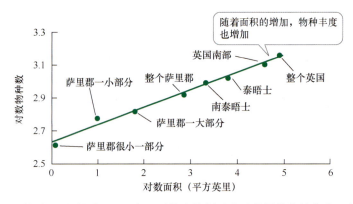

图18.18　物种-面积关系。1859年，沃特森绘制了关于英国植物的物种-面积曲线

生态工具包18.1　物种-面积曲线

物种-面积曲线是特定样本的物种丰度（S）与该样本的面积（A）的关系曲线。估计S和A之间关系的线性回归方程为

$$S = zA + c$$

式中，z是直线的斜率，c是直线的y截距。物种-面积数据通常是非线性的，生态学家需要将S和A转换为对数值，以使数据沿直线下降且符合线性回归模型。

图中显示的是海峡群岛（法国沿海）和法国本地植物的物种-面积曲线。对岛屿和大陆数据进行了对数转换，分别绘制了两个数据集，并且使用线性模型估算了每个数据集的最佳拟合曲线。

从图中可以明显看出物种-面积曲线的一个重要特征：直线的斜率越陡（z值越大），采样区域间的物种丰度差就越大。海峡群岛的斜率要比法国大陆地区的陡峭得多。

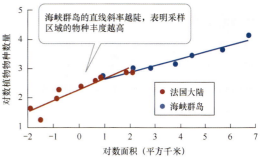

群岛与大陆地区的物种-面积关系。海峡群岛和法国本地植物物种的物种-面积曲线显示，群岛的线性回归方程的斜率大于陆地的斜率

分析数据18.1　物种入侵会影响物种-面积曲线吗？

如分析数据16.1所示，非本地物种的入侵与群落内物种多样性的增加和减少都有关系。在我们考虑的研究中，大多数非本地物种都在相对较小的尺度（16平方米）上对物种多样性有负影响。随着对物种多样性进行采样的空间尺度的增大，这种情况是否也成立？

鲍威尔及其同事通过比较本地和非本地植物在不同空间尺度上对森林群落的影响，考虑了这个问题。他们利用物种-面积曲线，绘制了美国三个不同地区的树木群落的植物物种数量与采样面积之间的关系：夏威夷正被火树入侵的热带森林，密苏里州正被金银花入侵的橡树-山核桃林，佛罗里达州正被蓝色剑叶百合入侵的阔叶林。在每片森林中，他们确定了多对位于入侵前沿两侧的地区，这些入侵已持续至少30年。在被入侵地区，90%以上的植被是入侵者，而第二个地区仍然未被入侵。鲍威尔等人对佛罗里达森林群落的研究结果如附图所示。

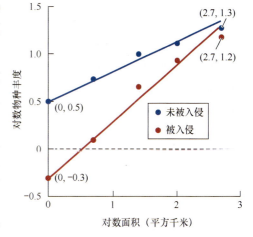

1. 被入侵和未被入侵地点的曲线斜率（z）和y截距（c）有何不同？这种差异说明入侵者对小空间尺度和大空间尺度物种丰度的影响是什么？

2. 将被入侵和未被入侵地点最小和最大空间尺度的对数面积（平方米）和对数物种丰度转换为非对数值。被入侵和未被入侵地点的空间大小和物种丰度的大致范围是多少？

3. 提出一个假设，解释被入侵和未被入侵地区物种-面积曲线之间的差异。

岛屿的大多数物种-面积关系都已记录（见图18.19）。在这种情况下，岛屿包括被不同栖息地（称为基质栖息地）的"海洋"包围的孤立区域。因此，"岛屿"可以包括被海洋包围的真实岛屿、被陆地包围的湖泊"岛屿"或被山谷包围的高山"岛屿"，还可以包括栖息地碎片，如亚马孙森林砍伐产生的碎片。尽管如此，所有这些岛屿和类似岛屿的栖息地都显示出了相同的基本模式：大岛屿比小岛屿拥有更多的物种。

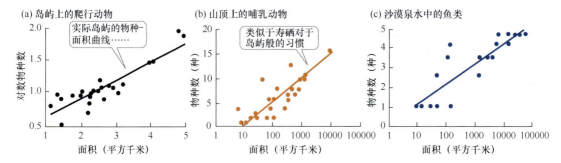

图18.19　岛屿和岛屿状栖息地的物种-面积关系。(a)加勒比海岛屿上爬行动物的物种-面积曲线；(b)美国西南部山顶上哺乳动物的物种-面积曲线；(c)澳大利亚沙漠泉水中鱼类的物种-面积曲线。这些曲线都显示了面积和物种丰度间的正相关关系

此外，由于岛屿的孤立性，岛屿上的物种多样性与主要物种来源地的距离呈强负相关关系。例如，罗莫利诺等人发现，美国西南部山顶的哺乳动物物种丰度随着与主要物种来源地（该地区的两座大山脉）的距离的增加而减少。这个例子和其他例子通常表明与距离物种来源地较近的大小大致相同的岛屿相比，距离物种来源地较远的岛屿（如大陆地区或未被分割的栖息地）的物种较少。

不过，岛屿的孤立性和大小几乎总令人困惑。麦克阿瑟和威尔逊通过绘制新几内亚附近太平洋上一组岛屿的鸟类物种丰度与岛屿面积之间的关系说明了这个问题（见图18.20）。在这里，岛屿的大小及与大陆的隔离程度各不相同，但有些模式是显而易见的。例如，如果比较同等大小的岛屿，那么距离源种群最远的岛屿（新几内亚）的鸟类种类要少于距离源种群最近的岛屿。

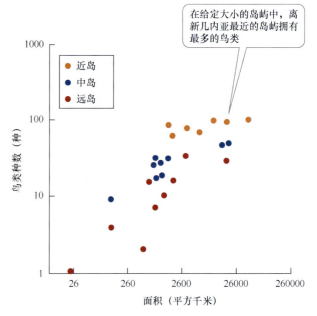

图18.20　面积和隔离影响岛屿上的物种丰度。 不同大小和距离的岛屿上鸟类的物种-面积关系

下面介绍岛屿面积和隔离程度如何共同作用，进而产生这些常见的物种多样性模式。

18.4.2　物种丰度是迁入和灭绝之间的平衡

《岛屿生物地理学理论》是自华莱士以来生物地理学领域最重要的突破之一。这本书源于两位科学家的共同兴趣：一位是生态学家麦克阿瑟，另一位是分类学家和生物地理学家威尔逊。威尔逊在其博士论文中研究了蚂蚁的生物地理学，对南太平洋岛屿做了一些关键的观察，当他在一次科学会议上遇到麦克阿瑟时，讨论了这些观察。第一个观察结果是，岛屿面积每增加十倍，蚂蚁物种丰度就大约增加一倍。第二个观察结果是，当蚂蚁物种从大陆地区扩散到岛屿时，新物种往往会取代现有物种，但物种丰度没有净增加。岛屿上似乎存在一个平衡的物种数量，具体取决于它们的大小和距离大陆的远近，但岛屿上的物种组成能够而且确实会随着时间的推移而变化。

麦克阿瑟是一位天才的数学生态学家，当他和威尔逊将这些观察结果发展成为一个简单而优雅的理论区域生物地理模型雏形时，他才31岁。这个模型在他们5年后出版的书中更为人所知，成为岛屿生物地理学的平衡理论。该理论基于这样一个观点，即岛屿上或类似岛屿的栖息地中的物

种数量取决于迁入速率或扩散速率与灭绝速率之间的平衡。该理论的原理如下：有一个空旷的岛屿，可供来自大陆或源种群的物种定居。随着新物种采取必要的手段到达岛屿，岛屿开始充满物种。随着时间的推移，迁入速率（新物种到达的数量）随着越来越多的物种加入而下降，最终当所有能够到达岛屿并在那里得到支持的新物种都耗尽时，迁入速率达到零。但是，随着岛屿上物种数量的增加，灭绝速率也加快。根据上面提到的简单平衡原理，这个假设是有道理的：物种越多，物种灭绝就越多。此外，随着物种数量的增加，每个物种的种群规模应该会变小。这可能有两个原因：首先，竞争可能加剧，进而减少物种的种群数量，因为它们争夺相同的空间和资源。

其次，随着岛屿上增加更多的消费物种，捕食可能增加。这两种相互作用的结果都是种群数量减少，进而增大物种灭绝的风险。如果将迁入速率与灭绝速率进行对比，岛屿上物种的实际数量应该落在两条曲线相交的地方，或者物种迁入和灭绝处于平衡的地方（见图18.21）。这个平衡数就是理论上适合在岛屿上的物种数量，它不受岛屿上物种更替的影响。

为了解岛屿大小和隔离度对岛屿物种丰度的影响，麦克阿瑟和威尔逊简单地上下调整曲线以反映这些影响（见图18.21）。他们假设岛屿的大小主要控制着灭绝速率。他们认为，小岛屿应该比大岛屿有更高的灭绝速率，导致小岛屿的灭绝曲线高于大岛屿，因此小岛屿的物种灭绝曲线应高于大岛屿。同样，他们还推断，岛屿与大陆的距离主要控制着迁入速率。远离大陆的岛屿的迁入速率应该低于靠近大陆的岛屿，导致远离大陆岛屿的迁入曲线低于靠近大陆岛屿的迁入曲线。

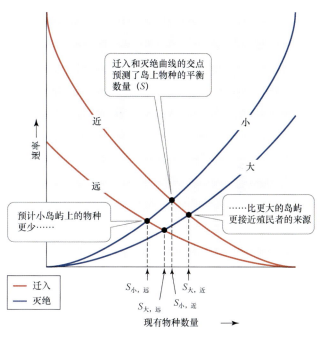

图18.21 岛屿生物地理学的平衡理论。这个理论强调了不同大小和到源种群不同距离的岛屿上的物种迁入速率和物种灭绝速率之间的平衡

为了验证他们的理论，麦克阿瑟和威尔逊将其应用于苏门答腊岛和爪哇岛之间的喀拉喀托火山岛的观测数据，该火山于1883年猛烈喷发，摧毁了岛屿上的所有生命（见图18.22）。令人惊讶的是，火山喷发后的一年内，动植物种群开始返回火山岛。麦克阿瑟和威尔逊使用火山喷发后不同时期的三次调查数据计算出了岛屿上鸟类的迁入速率和灭绝速率。

根据这些速率，他们预测该岛在平衡状态下应维持约30种鸟类，物种更替速率为1种。数据显示，在喷发后的40年内，岛屿上的鸟类物种丰度确实达到了30种，此后一直接近这一数字。然而，他们也发现物种更替速率要高得多，达到了5种。这一差异是由采样误差导致还是由模型问题导致尚不明确，但这个例子促使威尔逊和其他人开始使用操控实验来验证模型。

测试岛屿生物地理学平衡理论最著名的实验之一，由辛伯洛夫及其导师威尔逊在佛罗里达群岛的红树林岛屿及其节肢动物居民中进行。这些岛屿散布在离"大陆"红树林地带不同的位置（见图18.23a）。调查岛屿上的物种丰度后，辛伯洛夫和威尔逊在其中一些岛屿上喷洒了杀虫剂，以清除所有的昆虫和蜘蛛（见图18.23b）。然后，他们在长达一年的时间里调查了被除虫的岛屿（见图18.23c）。年底，岛屿上的物种数量与除虫前的相似；此外，离殖民者来源地最近的岛屿上物种最多，而最远的岛屿上物种最少（见图18.23d）。有趣的是，即使是在两年后，最远的岛屿也未完全恢复其原有的物种丰度。所有岛屿都显示出相当大的物种更替速率，这在预计灭绝速率较高的小岛屿上是可以预料到的。

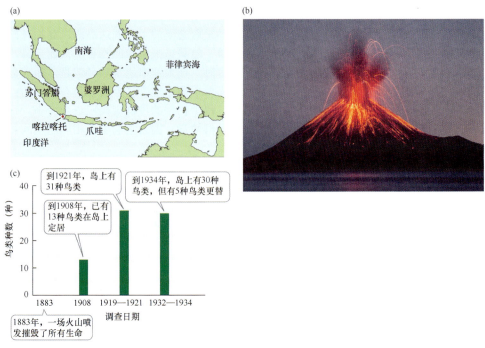

图18.22 喀拉喀托测试。(a)1883年靠近苏门答腊和爪哇的小型火山岛喀拉喀托喷发，为岛屿生物地理学平衡理论提供了自然测试；(b)喀拉喀托仍是一座活火山，近期的照片显示了这一点；(c)1921年鸟类物种数量达到31种，1934年达到30种，但物种更替速率要比理论预测的高5倍

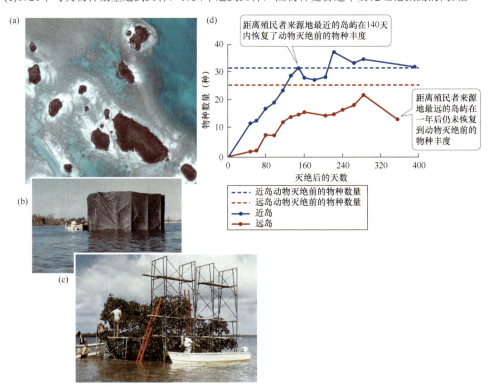

图 18.23 红树林实验。(a)为了验证岛屿生物地理学的平衡理论，辛伯洛夫和威尔逊调查了到较大红树林不同距离的红树林小岛；(b)他们用熏蒸帐篷对岛屿上的一些动物群落做了灭绝处理；(c)他们采样并记录了重新定居岛屿上的昆虫物种数量；(d)两个岛屿的结果，一个靠近殖民者来源地，一个远离殖民者来源地

18.4.3 岛屿生物地理学的平衡理论适用于大陆地区

面积和隔离是否影响大陆地区和岛屿上物种丰度的差异？如我们在威尔逊的英国植物物种丰度图中看到的那样，在岛屿上观察到的物种-面积关系也适用于大陆地区。那么，大陆地区的生物地理学与岛屿地区的生物地理学有何不同？

下面考虑法国大陆地区和海峡群岛的植物物种丰度图（见生态工具包18.1）。威廉姆斯的研究表明，两地的植物物种丰度都随着面积的增加而增加，但代表增加趋势直线的斜率在海峡群岛比在法国大陆更陡（岛屿上的z值更大）。如何解释这种差异？在大陆地区，就像在岛屿上一样，理论上物种丰度受迁入速率和灭绝速率的控制。然而，在大陆地区，这些速率可能与岛屿上的不同。大陆地区的迁入速率应该更高，因为扩散障碍更少。物种可从一个地区迁移到另一个地区，可能是通过连续的非岛屿栖息地实现的。此外，大陆地区的灭绝速率应该低得多，因为不断有新的个体从更大的大陆种群中迁入。这意味着物种总有很大的机会被其他种群个体从本地的灭绝中"拯救"出来。与岛屿地区相比，大陆地区较高的迁入速率和较低的灭绝速率的最终结果是，物种丰度随面积的增加而增加的速率较低，因此斜率比岛屿地区的更平缓。

地理面积在全球和区域空间尺度上对物种多样性有很大影响。随着越来越多的栖息地因人类影响而变得"像岛屿一样"，这种影响变得更加重要。如案例研究回顾所示，岛屿生物地理学的理论和实践与我们今天面对的保护问题密切相关。

案例研究回顾：地球上最大的生态实验

生态学家的一个目标是理解保护因栖息地破坏和碎片化而受到威胁的物种背后的科学。随着我们划出越来越多的保护区来保护物种多样性，保护区周围的区域不断受到人类活动的改造，使它们成为退化栖息地包围的"岛屿"，这些栖息地对其包含的物种来说是不适宜的。因此，要保护目标，就要了解保护区的设计。40多年前，当洛夫乔伊及其同事在亚马孙开展BDFFP时，目标之一就是研究保护区设计对维持物种多样性的影响。他们发现，栖息地碎片化的负影响比预期的还要复杂。他们首先了解到的一点是，森林破碎带必须面积大、距离近才能有效维持原有的物种多样性。例如，在对森林下层鸟类的研究中，费拉等人发现，即使是他们调查的最大森林碎片（100公顷）也在12年内失去了50%的物种。鉴于这些热带雨林的再生时间从几十年到一个世纪不等，他们预测，即使是100公顷的碎片在森林中再生，在能够"拯救"碎片内存活的物种之前，也无法有效维持鸟类的物种丰度。生态学家计算发现，在森林得以再生之前，需要超过1000公顷的面积来维持鸟类物种的丰度，远超过今天亚马孙雨林的平均面积。如果未发生森林再生，那么该碎片的面积必须为1万公顷或更大，才能在100多年间维持大部分鸟类的生存。

BDFFP的研究人员还惊讶地发现，即使是碎片之间的最小距离也会导致物种几乎完全隔离。即使是80米宽的空地，也会阻碍鸟类、昆虫和树栖哺乳动物在森林碎片中的重新定居。动物避免进入空地似乎有许多相互关联的原因，其中最明显的是它们天生就没有这样做的理由，因为它们是在大型、连续且气候稳定的栖息地中进化而来的，而这些栖息地并没有因为森林砍伐而变得支离破碎。此外，即使有些动物愿意冒险进入空地，它们所需的特定条件（如树栖哺乳动物所需的树木）也不存在，无法为它们前往其他森林碎片提供便利。

BDFFP的第二个主要发现是，栖息地碎片化使碎片内的物种面临多种潜在的威胁，包括恶劣的环境条件、火灾、狩猎、捕食者、疾病和入侵物种。这些边缘效应发生在森林和非森林栖息地之间的过渡地带，它们共同作用时会增大本地物种的灭绝风险。例如，树木可能因突然暴露在更亮的光、更高的温度、风、火和疾病中而死亡或受损（见图18.24）。

随着时间的推移，根据周围栖息地的不同，边缘效应的最终影响也会显现。如果栖息地未受干扰，就会发生次生演替，进而减少边缘效应。然而，如果栖息地继续受到干扰，那么受到边缘效应影响的区域可能增加。例如，加斯科涅等人描述了亚马孙南部的森林碎片，这些碎片嵌在巨大的非本地甘蔗和桉树种植园中，而这些种植园会定期采用燃烧的方式轮作农作物。

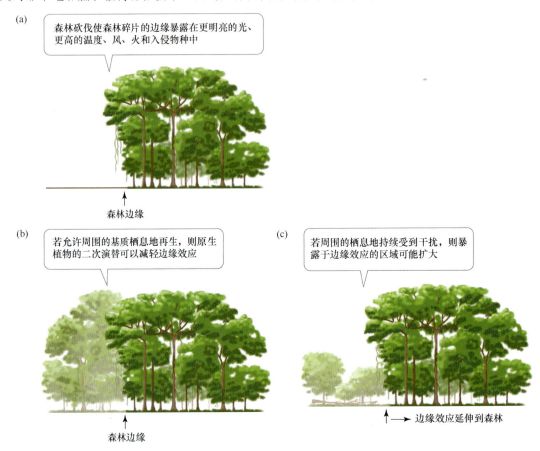

图18.24　边缘的热带雨林。BDFFP表明，砍伐森林会使剩余的森林碎片受到边缘效应的负影响

　　燃烧使得森林边缘持续受到干扰。许多耐火的植物（其中许多是非本地物种）在边缘会变得更加常见，并且作为更多火灾的通道。这种正反馈循环最终将减少森林碎片的有效范围，并不断增加受边缘效应影响的区域。一些边缘效应可延伸到一个碎片内1千米或更远的地方。

　　BDFFP的结果对我们理解森林碎片化做出了巨大而发人深省的贡献。如劳伦斯等人指出的那样，BDFFP是一项对照实验，提供了物种损失的保守估计。BDFFP表明，人类活动创造的大部分森林碎片都太小，无法维持所有的原始物种；因此，栖息地碎片化很可能导致许多物种消失。

18.5　复习题

1. 空间尺度对地球上物种多样性和组成的生物地理模式很重要。定义生物地理学中的各种空间尺度，描述它们如何相互关联。
2. 描述华莱士在陆地和海洋中创造的生物地理区域的因素。
3. 物种多样性和组成的纬度梯度是生物地理学的重要全球特征。描述提出的三个假设，解释为何大多数生物分类群落的物种多样性在热带较高，而向两极递减。

第19章　群落中的物种多样性

物种多样性能抑制人类疾病吗？案例研究

1993年5月14日，坐在自家汽车后座上的一位19岁越野田径明星呼吸困难。家人立即在一家便利店停车求助，随后这名年轻人被紧急送往新墨西哥州盖洛普的一家医院。救护人员试图对他进行抢救，但他在到达急诊室后不久就去世了。胸部X光检查显示，他的肺部充满了液体。盖洛普的副医学调查员被召集来进行调查，在随后两周的时间里，他确定该地区至少有五名其他居民［包括居住在四角地区（新墨西哥州、亚利桑那州、科罗拉多州和犹他州的交界处）的纳瓦霍族人］也因同样突然的方式离奇死亡。法医询问死者家属后，确定所有死者都出现了类似流感的症状，随后因肺部积液导致急性呼吸困难。这种疾病似乎具有传染性和病毒性。

1993年6月初，美国疾病控制与预防中心确定了病原体：罪魁祸首是一种以前未知的汉坦病毒，即一种由啮齿动物携带的病原体，被命名为无名病毒（SNV）。该病毒由啮齿动物携带，它们通过尿液、粪便和唾液传播病毒。如果这些来源受到干扰，病毒就通过气溶胶被人类吸入体内。随后确定，这种新毒株由一种鹿鼠携带，这种鹿鼠的数量最近在四角地区激增（见图19.1）。研究表明，鹿鼠的数量在某些地方增加了20倍，引发了SNV在人类中的传播。在过去70年里，影响人类的新疾病数量大幅增加，其中62%是人畜共患病，即由野生动物携带并传染给人类的疾病。寨卡病毒、埃博拉病毒和禽流感等都是过去几十年间出现的人畜共患病。影响人畜共患病的因素非常复杂，有时甚至具有疾病的特异性，但通常包

图 19.1　鹿鼠引发汉坦病毒感染人类。小型哺乳动物的种数是否会影响鹿鼠传播汉坦病毒？

括物种入侵、气候变化、污染和土地用途改变等人为因素。一个看似不太可能的因素（物种多样性下降）正开始被人们视为可能促进人畜共患病出现和传播的重要机制。

事实证明，汉坦病毒为研究物种多样性的丧失如何影响疾病的出现和传播提供了一个很好的模型系统。许多观察研究都将汉坦病毒在鹿鼠宿主群体中的感染率与小型哺乳动物物种多样性的减少联系起来。例如，在俄勒冈州的一项野外研究中，小型哺乳动物的物种多样性是与SNV感染率显著相关的一个变量，随着物种多样性的下降，SNV感染率从2%上升到14%。犹他州的一项类似研究也得出了同样的结论。这些研究人员还发现，小型哺乳动物多样性与SNV感染率之间存在负相关关系。巴拿马啮齿动物群落中汉坦病毒的一项实验研究也支持这些观察性结论。在他们的研究中，苏珊及其同事在野外地块中进行了小型哺乳动物清除的对照实验。通过捕获非病毒宿主的物种，降低了小型哺乳动物的多样性。他们发现，在小型哺乳动物多样性降低的地块中，啮齿动物宿主个体数量增加，而且这些个体中有更多的个体感染了汉坦病毒（见图19.2）。

这里的观察和实验证据表明，物种多样性在减缓人畜共患病病原体向野生动物乃至人类的传播方面起重要作用。但是，物种多样性在疾病传播中的作用又如何解释呢？宿主对物种多样性变化的反应对回答这个问题至关重要。

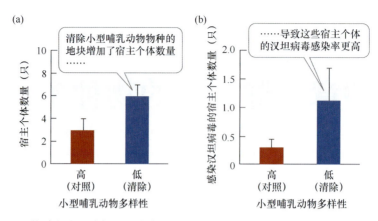

图19.2　物种多样性降低导致疾病传播增加。巴拿马的一个实验表明，已清除小型哺乳动物的地块（低多样性地块）与对照地块（高多样性地块）相比：(a)啮齿动物宿主个体数量增加；(b)感染汉坦病毒的宿主数量增加。误差条显示的是均值的标准差

19.1　引言

不同群落中的物种数量和种类差异很大。第18章对全球各地森林群落的考察表明，物种多样性在全球和区域范围内都存在巨大差异。热带的群落（如亚马孙雨林）比高纬度地区（如太平洋西北地区或新西兰的森林）拥有更多的树种。此外，区域物种库对群落内的物种数量的影响十分重要。

本章重点介绍局部尺度上的物种多样性。我们将提出两个重要问题：第一，控制群落内物种多样性的因素是什么？第二，物种多样性对群落的功能有什么影响？

19.2　群落组成

从山顶向下俯瞰时，可看到由森林、草地、湖泊、溪流和沼泽等不同群落组成的景观（见图19.3）。可以肯定的是，每个群落都有不同的物种丰度和组成。例如，草地主要由各种草类、草本植物和陆生昆虫构成；湖泊则充满了各种鱼类、浮游生物和水生昆虫，其物种数量可能与草地上的相当甚至更多。

尽管有些物种能够从一个群落迁移到另一个群落（如两栖动物），但这两个群落仍然是高度不同的。那么，物种是如何聚集在一起形成不同群落的呢？回答这个问题的一种方法是考虑控制群落中物种成员的因素。任何群落中共存的物种数量相当庞大，因此我们在那里发现的所有物种都不是由一个过程造成的。生物的分布和丰度取决于三个相互作用的因素：①区域物种库和扩散能力（物种供应）；②环境条件；③物种间的相互作用。我们可将这三个因素视为"过滤器"，它们的作用是将物种排除（或包含）在特定的群落之外（见图19.4）。下面简要介绍每个因素。

图19.3　蒙大拿州冰川国家公园。俯瞰这些山脉，很容易看出景观由不同类型的群落组成

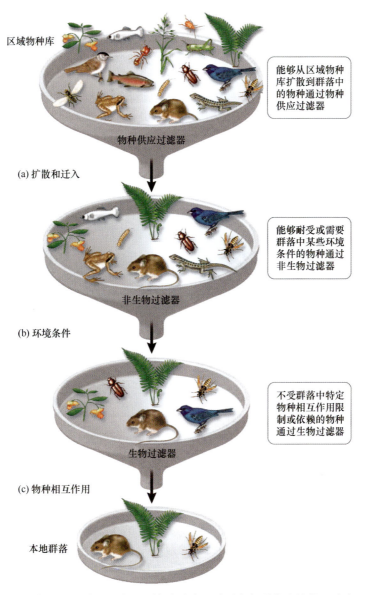

区域物种库

能够从区域物种库扩散到群落中的物种通过物种供应过滤器

物种供应过滤器

(a) 扩散和迁入

能够耐受或需要群落中某些环境条件的物种通过非生物过滤器

非生物过滤器

(b) 环境条件

不受群落中特定物种相互作用限制或依赖的物种通过生物过滤器

生物过滤器

(c) 物种相互作用

本地群落

图 19.4　群落成员：一系列过滤器。物种通过一系列决定群落成员的"过滤器"进入局部群落。每个过滤器都会损失一些物种，因此本地群落只包含区域物种库中的部分物种。实际上，所有过滤器是同时起作用的，而不像图中所示的那样按顺序起作用

19.2.1　物种供应是影响群落组成的"第一道关卡"

区域物种库为群落中的物种数量和类型提供了绝对上限。毫不奇怪，我们发现物种丰度高的地区往往具有物种丰度高的群落。导致这种关系的原因是区域物种库的作用，具体地说，是扩散在向群落"供应"物种方面的作用（见图19.4a）。其中，外来物种入侵群落的现象最能体现扩散对群落组成的控制效应。

如生态学家了解的那样，人类通过充当扩散媒介，极大地拓展了群落的区域物种库。例如，我们知道许多水生物种被船舶的压舱水带到原本无法达到的世界各地（见图19.5a）。世界各地的船舶都会将海水泵入/泵出压载舱，以平衡和稳定载货的船舶。大多数时候，水连同其中包含的生物体（从细菌到浮游幼虫再到鱼类）在港口附近被抽取和排放，其中一些生物体有机会在近岸群落

中定居。据估计，每天约有1万个海洋物种被远洋船舶的压舱水运输。在过去的几十年中，压舱水引入量大幅增加，原因是船舶越来越大，速度越来越快，因此可以携带更多的物种，更多的物种可在旅途中存活下来。1993年，卡尔顿和盖勒列出了过去20年间已知的46个由压舱水造成的入侵案例。其中一个物种是斑马贻贝，它于20世纪80年代后期通过排入五大湖的压舱水抵达北美洲（见图19.5b）。作为一个非本地入侵物种，它改变了内陆水道和本地物种的群落结构。另一个由压舱水造成的入侵案例是第11章的案例研究中介绍的在黑海引入栉水母。这些入侵案例凸显了扩散在允许非本地物种在群落中立足并对整个生物群落造成潜在影响方面的重要作用。下面介绍局部条件的作用，特别是那些有助于确定群落结构的无机环境和生物特征。

图 19.5　人类是入侵物种的扩散媒介。(a)大型远洋船舶的压舱水可将海洋物种运往世界各地；(b)斑马贻贝是美国内陆水道的破坏性入侵者

19.2.2　环境条件在限制群落组成方面起重要作用

一个物种可能进入一个群落，但由于生理上无法适应那里的环境或非生物条件而无法成为群落的成员（见图19.4b）。这种生理限制可能非常明显。例如，如果回到从山顶观察景观的思想实验，就有理由假设所看到湖泊的非生物属性会使其成为鱼类、浮游生物和水生昆虫的好去处，但不适合陆生植物。同样，湖泊可能是某些鱼类、浮游生物和水生昆虫的良好栖息地，但并非对所有物种都是如此。其中一些物种依赖湍急的水流，因此只能栖息在溪流中。非生物环境之间的这些差异是明显的限制条件，它们在很大程度上决定了特定物种在一个区域内能在哪里出现或不能在哪里出现。本书中的许多例子说明了生理限制如何控制物种的分布和丰度。

在前面关于压舱水引入物种的讨论中，人类运输的物种数量远超在新地点实际生存的物种数量。例如，大多数随压舱水释放的生物发现它们处于沿海水域，这些水域的温度、盐度或光照条件无法满足它们的生存或生长需要。所幸的是，其中的许多个体在对局部群落构成威胁之前就已死亡。但生态学家知道，根据地中海的鹿角藻入侵等例子，依靠生理限制将潜在入侵者排除在群落之外是不明智的。也许，通过多次引入，具有不同生理能力的特定个体可在曾被认为无法居住的环境中生存和繁殖。

19.2.3　相互作用对群落构成产生重大影响

即使物种可以扩散到一个群落中并适应其潜在的限制性非生物条件，决定其最终能否成为群落成员的还是能否与其他物种共存（见图19.4c）。显然，如果一个物种的生长、繁殖和生存依赖于其他物种，那么想要成为群落的成员，其他物种就必须存在。同样重要的是，有些物种可能因竞争、捕食、寄生或疾病而被排除在群落之外。例如，回到思想实验中，我们可能认为湖泊是许多鱼类的适宜栖息地，但考虑到资源有限，这些物种能否都能共同生活在一个湖泊中呢？一种简单的观点认为，最强的竞争者或捕食者应该占主导地位，从而排除较弱的竞争者，导致群落多样性降低。但是，我们知道，大多数群落中的物种都在互动和共存。那么是什么使得这种共存成为可能呢？有许多重要的机制使得物种得以共存，接下来的两节将重点介绍这些问题，首先探讨物种是如何通过生物相互作用被排除在群落之外的。

入侵物种文献提供了一些关于物种相互作用是否可将物种排除在群落之外的最佳验证。一些外来物种未能融入群落的原因是与本地物种发生了相互作用，而这种相互作用排斥了外来物种，或者减弱了外来物种的种群增长——生态学家称之为生物抗性。针对各个群落的研究表明，本地食草动物有能力减少非本地植物的扩散。马龙和维拉发现，本地食草动物造成的非本地植物死亡率很高（约60%），尤其是在幼苗阶段。但是，尽管本地食草动物可以杀死个别非本地植物，但目前尚不清楚本地物种在完全将非本地物种排除在群落之外方面的重要性。例如，费思富尔发现，在澳大利亚，本地紫花苜蓿种子网蛾的成虫和幼虫在入侵金雀花的种荚上繁殖和觅为食，但该植物仍在继续扩散（见图19.6）。

本地紫花苜蓿
种子网蛾

图19.6 **阻止金雀花入侵？** 澳大利亚本地紫花苜蓿种子网蛾的成虫和幼虫对非本地金雀花（带有黄色花朵的植物）的取食，减缓但未阻止其入侵

关于生物抵抗性的知识缺乏可能是生态学家倾向于研究某个非本地物种为何会或不会在成为群落的临时成员后扩散，而非研究所有因为与本地物种相互作用而无法立足的人为情况，因为大多数非本地物种的引入失败完全未被人们发现。

气候变化联系：气候变化如何加剧物种入侵

越来越多的证据表明，气候变化，尤其是气温上升，可能促进那些在较冷条件下无法生存的物种的入侵。你可能已经猜到，气候变化可能对物种通过图19.4中描述的三个过滤器的能力方面起重要作用，因此可能加剧入侵物种的到来、扩散、影响和管理。

赫尔曼等人概述了气候变化对入侵物种的五个潜在后果（见图19.7a）。第一个后果发生在气候变化改变非本地物种的扩散路径时（见图19.7a，后果1）。若气候变化使得原本在气候变化前地理上分隔的区域更好地连接起来，就可能发生此类变化。

例如，山田及其同事的研究表明，从北美洲东海岸引入旧金山湾的非本地欧洲青蟹（见图19.7b）在温暖的厄尔尼诺年份能够在北太平洋河口定居。这时，幼蟹被更强、更温暖的北向沿岸洋流输送到俄勒冈州和华盛顿州新的河口位置，并在那里以成年蟹形式生存。因此，全球变暖引起的沿岸洋流的变化可能为其他非本地物种创造新的扩散途径。

气候变化的第二个后果是改变对非本地物种的环境限制，使某些物种能够克服其在本地范围之外的持续存在的生理或生物限制（见图19.7a，后果2）。例如，在青蟹入侵的例子中，由于北部河口的青蟹不耐寒（无法在低于10℃的温度下蜕皮和繁殖），一旦厄尔尼诺现象消退，青蟹将在北部河口局部灭绝。事实上，研究人员发现，青蟹作为入侵者，在偶尔出现暖冬的地方持续存在，在此期间它们的存活率、生长和繁殖能力都大大提高。

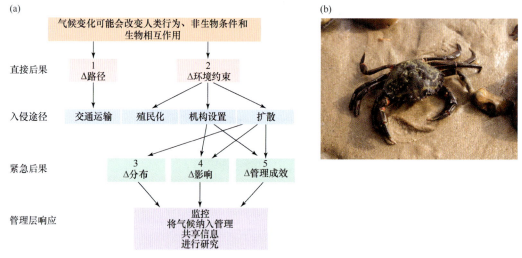

图19.7　气候变化对物种入侵的五个潜在后果。(a)后果1和后果2直接影响新的非本地物种的入侵途径。后果3、后果4和后果5是在入侵者已经建立并扩散后出现的，其中Δ表示"变化"；(b)欧洲青蟹已经入侵美国太平洋沿岸的河口

气候变化的第三个后果是改变现有入侵物种的分布（见图19.7a，后果3）。对于已在其生物地理范围之外站稳脚跟的非本地物种来说，气候变化可能以惊人的方式扩大（或缩小）其分布范围。例如，可以想象，当河口水温升高10℃以上时，青蟹将不仅仅以小种群的形式存在，还通过提高存活率和繁殖率来增加数量。

气候变化的第四个后果是非本地物种的影响发生改变（见图19.7a，后果4）。青蟹在当前气候条件下的影响是微乎其微的。亨特和山田观察到青蟹和体形较大的本地红岩蟹在分布与资源利用上的重叠非常少。红岩蟹在河口较冷和盐度较高的区域占主导地位，而入侵的青蟹则出现在较暖和盐度较低的区域。随着气候变化，气温升高或降雨增多可能导致河口条件变暖和盐度更低，进而有利于青蟹而非红岩蟹，并因此对河口群落产生更大的影响。

气候变化的第五个后果是它对非本地物种管理的影响（见图19.7a，后果5）。目前的管理，无论是涉及清除入侵物种还是恢复受这些物种影响的栖息地，都要以保持其控制和效力的方式适应不断变化的气候。在青蟹的例子中，除了在捕捞陷阱中发现青蟹并予以清除，管理措施并不多。然而，如果青蟹因气候变化而扩大其种群规模和分布范围，那么可能需要进行主动管理，以防止这种入侵物种为害贝类养殖业和水产养殖业。总之，气候变化会以多种难以预测的方式作用于入侵物种。

通过研究入侵，我们可以深入了解物种是如何被纳入或排除在群落之外的。接下来的两节将

探讨物种共存的理论及物种多样性问题。首先，我们将重新审视**资源划分**（也称**生态位划分**）的概念，它依赖于生态和进化的"权衡"，导致资源利用的差异，并以此作为共存的机制。随后，我们将探索其他替代理论和研究，这些理论和研究考虑了干扰、压力、捕食甚至正相互作用对物种共存的重要性，以及最终对群落物种多样性的重要性。

19.3　资源划分

一个简单的资源划分模型认为将群落中的每种可用资源沿"资源谱系"变化。例如，该谱系可以代表不同的营养物质、猎物大小或栖息地类型；注意，这样的谱系代表的是可用资源的可变性而非数量。可以假定，每个物种的资源利用都在该谱系的某个位置，并与其他物种在不同程度上存在资源利用的重叠（见图19.8a）。

假定重叠越多，物种之间的竞争就越激烈，极端情况下当资源完全重叠时会导致竞争排斥。重叠越少，意味着资源分配越充分，物种彼此之间的竞争越不激烈。

根据这个指导理论，我们可以考虑一些资源划分可能导致某些群落中的物种丰度高于其他群落的一些方式。首先，有些群落的物种丰度可能很高，因为物种在资源谱系上表现出高度的划分（见图19.8b）。如果物种之间资源利用的重叠较低，那么更多的物种可被"打包"到一个群落中，进而减少竞争，最终提高物种丰度。这种较低的重叠可能是由于专业化或特征取代的进化，这可能随着时间的推移而减少竞争。其次，某些群落中的物种丰度可能很高，因为资源谱系很宽（见图19.8c）。可以推测，更宽的资源谱系将为更多物种提供多样化的资源，进而提高物种丰度。

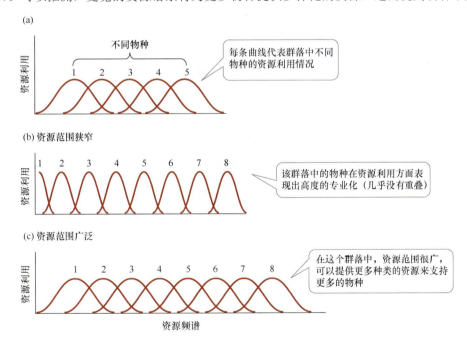

图19.8　**资源划分**。群落中物种的共存可能取决于物种如何划分资源。(a)沿着资源谱系进行资源划分的原理；(b)和(c)群落的两个特征可导致更高的物种丰度

下面将注意力从模型转移到一些真实的群落，看看资源划分在实践中是如何运作的。

19.3.1　早期研究表明资源划分是共存的主要机制

如在高斯对草履虫和康奈尔对藤壶的研究中了解到的那样，相互竞争的物种可使用略微不同的资源而共存。麦克阿瑟阐述了岛屿生物地理学的平衡理论，他在理解如何将该理论应用于同时

发生多个物种相互作用的整个群落方面发挥了先驱作用。

　　麦克阿瑟研究了鸣鸟：一种体形小、颜色鲜艳的鸟类，它们共同生活在北美洲北部的森林中。麦克阿瑟研究的新英格兰森林是许多莺的家园，它们每年春天从热带迁徙而来，以昆虫为食并繁殖。通过1956年和1957年夏天在缅因州与佛蒙特州进行的一系列自然历史观察，麦克阿瑟记录了五种莺的觅食习性、筑巢位置和繁殖领地，以了解它们在面对相似的资源需求时如何共存。

　　麦克阿瑟开始绘制树冠中莺的活动位置图，发现莺以不同方式使用栖息地的不同部分（见图19.9）。例如，黄腰莺在从树的中间部分到森林地面的范围内觅食，而湾胸莺和黑喉绿莺则更多地在树的中间部分进食，即树冠内部和外部觅食。橙胸林莺和栗颊林莺都在树冠的顶部觅食。麦克阿瑟发现，这五种莺的筑巢高度和繁殖领地的使用也各不相同。综合来看，这些观察结果支持了他的假设，即虽然莺使用相同的栖息地和食物资源，但它们能够以略微不同的方式划分这些资源而生存。麦克阿瑟的这项工作是其博士学位论文的一部分，该论文为他赢得了著名的默瑟奖。

图19.9　莺的资源划分。麦克阿瑟研究了新英格兰森林中五种莺的栖息地和食物选择。他发现莺通过在同一棵树的不同部分觅食来划分资源。每棵树中的彩色阴影区域代表了每种莺最常觅食的部分

麦克阿瑟及其兄弟在一项关于鸟类物种多样性（使用香农指数计算）和植被高度多样性（衡量一个群落中植被层数的指标，可作为栖息地复杂性的指标，也用香农指数计算）之间关系的研究中，扩展了这些关于资源划分的观点。他们在从巴拿马到缅因州的13个热带和温带鸟类栖息地中发现了两者之间存在正相关关系（见图19.10）。有趣的是，除了植被高度差异的影响，鸟类物种多样性与植物多样性本身无关，表明树种特性不如栖息地的结构复杂性重要。

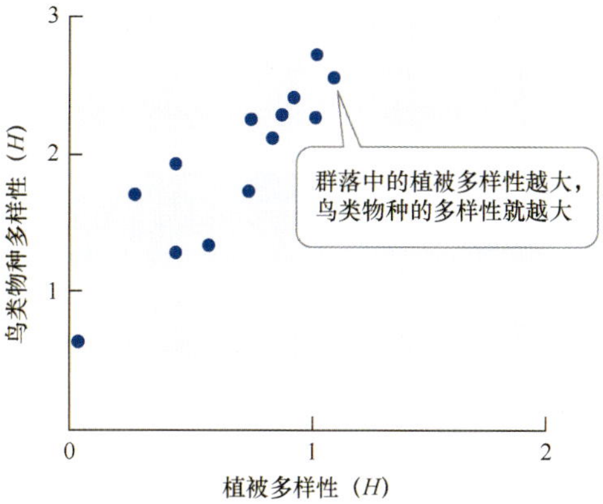

另一项重要的资源划分研究来自浮游植物群落。根据蒂尔曼及其同事关于两种硅藻竞争硅质的研究，当两种硅藻在实验室环境下共同培养并且硅质供应有限时，其中一个物种在竞争中胜出并排斥另一个物种。那么，自然界中的硅藻物种是如何共存的呢？蒂尔曼提出了后来称为资源比例假说的观点，他认为物种通过以不同比例或比例关系利用资源来实现共存。他预测，尽管硅藻使用同一组限制性营养物质，但通过以不同的比例获取这些营养物质，就能实现共存。通过

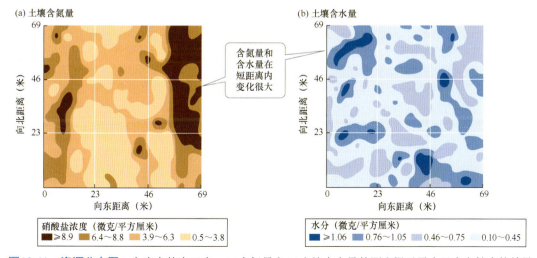

图19.10　鸟类物种多样性在更复杂的栖息地中更高。麦克阿瑟针对13个不同群落绘制了一张图表，将鸟类物种多样性与植被高度多样性（一种衡量栖息地复杂性的指标）进行了对比。在这幅图表中，对每个群落分别使用香农指数（H）计算了两个物种的多样性。结果显示，鸟类物种多样性在植被高度多样性更高即栖息地更复杂的环境中普遍较高

（图表标注：群落中的植被多样性越大，鸟类物种的多样性就越大）

（纵轴：鸟类物种多样性（H）　横轴：植被多样性（H））

在实验室环境中培养两种硅藻——环纹藻和星杆藻，并在环境中设置不同的硅与磷的比例，蒂尔曼发现，只有当硅与磷的比例比较低（约1∶1）时，环纹藻才占主导地位。而当硅与磷的比例较高（接近1000∶1）时，星杆藻在竞争中胜过环纹藻。只有当硅和磷的比例对两个物种都构成限制（在100∶1到10∶1的范围内）时，它们才能共存。尽管这两个物种都需要相同的营养物质，但正是它们分配这些资源的方式使得它们能够共存。

在非实验室环境下，这种资源划分的方式在环境中自然存在资源差异时表现得最有效。对于这一可能性，实地研究提供了哪些支持证据呢？罗伯逊及其同事在1988年进行了一项详细的调查，他们测绘了密歇根州一片被草原植物占据的废弃农田中的资源分布情况。他们发现，在1米或更小的空间尺度上，土壤中的含氮量和含水量存在相当大的差异（见图19.11）。这些氮和水资源的分布地块并不一定与地形差异相对应，彼此之间也不存在相关性。如果将含氮量地图叠加在含水量地图上，就会发现对应于这两种资源比例的小地块。关于植物资源分区的最佳证据来自一些实验，它们通过操控物种丰度并测量生产力来探索这一现象。

图19.11　资源分布图。在废弃的农田中，(a)含氮量和(b)土壤含水量的测定揭示了小尺度上较大的差异

资源划分理论基于这样的假设：物种已进化出以不同但互补的方式使用资源的机制，从而提高它们共存的能力。如第4单元所述，还有许多其他过程可以改变物种相互作用的结果并且允许共存。下一节探讨这些过程是如何控制局部尺度上的物种多样性的。

19.4 资源调节和物种多样性

如前所述，干扰、压力和捕食可以改变物种相互作用并允许物种共存。当两个物种为争夺同一资源而相互竞争（如海棕榈和贻贝在岩石潮间带中争夺空间）时，如果优势物种的种群增长受到干扰，就可实现共存。在这个例子中，贻贝是主要的竞争者，只有在贻贝被波浪作用足够频繁地扰乱以允许海棕榈获得空间的情况下，海棕榈才能与它们共存。在这个例子和本书的许多其他例子中，只要干扰、压力或捕食使得占主导地位的竞争者无法达到其自身的承载能力，就不会发生竞争排斥，从而维持共存状态（见图19.12）。

我们也探讨了物种间正相互作用在改善极端条件和允许共存方面的作用。例如，在盐沼植物和高海拔地区植物的案例中，我们观察到，原本可能无法忍受恶劣环境条件的物种，由于其他物种的有益作用，仍能维持可行的种群数量。在这些情况下，物种间的互助作用能够帮助彼此适应并共存于极端环境中。

下面将这些关于改变物种相互作用的想法扩展到整个群落，探讨调节资源的过程是如何影响物种多样性的。

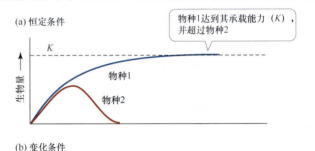

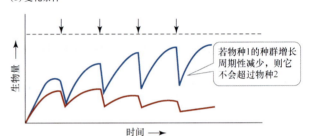

图19.12　恒定条件和变化条件下竞争的结果。(a)在恒定条件下，物种1（优势竞争者）在达到自身的承载能力（K）时，会排挤物种2。(b)如果干扰、压力或捕食等破坏性过程（用箭头表示）降低了物种1的种群增长，就不会达到自身的承载能力，也不会排挤物种2，进而允许共存

19.4.1 调节资源的过程可以让物种共存

生态学家之间流传着这样一句格言："如果你认为这是一个新想法，就去查查达尔文的著作，他可能是第一个提出这个想法的人。"事实上，在解释共存理论方面，达尔文是首个正式承认干扰是维持物种多样性的机制的人。在《物种起源》中，他在一次即兴实验后记录了以下结果——在实验中，他留下了一片草地，没有通过割草来干扰它："在一小块割过草的草地上生长的20个物种中，9个物种灭绝，其他物种被允许自由生长。"如果不割草，草地群落中的主要竞争者就会竞争性地排除杂草，并将物种丰度减少近一半。达尔文用这个例子和许多其他例子来支持这样的论点，即自然界对物种数量增加和在竞争中胜过其他物种的趋势施加了限制。他的假设是物种为生存而竞争，这是他的自然选择理论必不可少的第一部分。

1961年，哈钦森在其论文"浮游生物悖论"中重新探讨了这一理论。哈钦森是耶鲁大学一位极具影响力的群落生态学家，他在文中给出了在波动环境条件下如何维持共存的第一个机制性描述。他专注于温带淡水湖泊中的浮游植物群落（见图19.13）。哈钦森模型背后的核心是一个看似矛盾的现象，即在相对有限的资源下，湖水中竟然存在30～40种浮游植物。他指出，所有浮游植物都在争夺同一系列资源，包括二氧化碳、氮、磷、硫和微量元素，这些资源很可能均匀分布在湖泊中。在如此简单的湖泊环境下，这么多物种是如何凭借如此少的资源实现共存的？哈钦森推测，

湖泊中的环境条件会随着季节及更长的时间跨度发生变化，这些变化阻止了任何单个物种彻底淘汰其他物种。只要湖泊环境条件在竞争力较强的物种消灭其他物种之前发生改变，共存就是可能的。

哈钦森的模型有两个组成部分，它们相互作用以控制物种间的共存。第一个组成部分是某个物种通过竞争排斥另一个物种所需的时间（t_c），它取决于两个竞争物种的种群增长率。第二个组成部分是环境变化对两个竞争物种的种群增长产生作用所需的时间（t_e）。哈钦森预测，当竞争排斥的发生速度远快于环境条件变化的速度（$t_c \ll t_e$）时，物种共存就无法实现。

图19.13　淡水湖泊浮游植物的悖论。来自淡水湖泊的浮游植物。这么多物种如何利用同一套基本资源共存呢？哈钦森认为答案是环境变化对时间的影响

这种情况可能出现在环境变化很小或者优势竞争者拥有极快增长率的群落中。反之，在竞争者已经适应的波动环境中（$t_c \gg t_e$），环境变化不会影响竞争相互作用，并且会发生竞争排斥。此时竞争排斥依然发生。在频繁出现低强度环境波动且物种寿命较长的环境中，可以想象会出现这样的模式。哈钦森认为，只有当竞争排斥发生所花的时间大致等于环境变化中断竞争互动所花的时间（$t_c = t_e$）时，竞争排斥才受到阻碍，从而实现物种共存。哈钦森认为，这种情况很可能在湖泊浮游植物群落中经常发生，否则就只有很少而非几十个物种共存。

哈钦森提出了自然界中竞争排斥现象的罕见观点，但并未对其进行验证。佩恩于20世纪60年代后期对北美洲西海岸岩石潮间带的研究为通过诸如捕食或干扰等破坏性过程维持共存提供了严谨且令人信服的证据之一。佩恩操控了捕食性海星的数量，这种海星优先捕食加州贻贝。在没有海星的地块中，随着贻贝排除藤壶和其他竞争力较弱的物种，物种丰度下降。

而在有海星的地块中，物种丰度得到提升。佩恩的工作有几个重要方面，其中包括基石物种概念和间接相互作用的影响。下面介绍由达尔文、哈钦森和佩恩的工作衍生出的一个观点：中等干扰假说。

19.4.2　中等干扰假说探讨了变化条件下物种多样性的问题

中等干扰假说是为了解释干扰梯度（尽管在此模型中也很容易包含压力和捕食因素）如何影响群落中的物种多样性（见图19.14）。这个假设首先由康奈尔提出，他是与佩恩同时代的人，也是关于藤壶竞争的经典著作的作者。康奈尔认识到，特定群落经历的干扰水平（包括干扰频率和强度）会对群落的物种多样性产生显著影响。他假设在中等水平的干扰下，物种多样性最大，而在低水平和高水平的干扰下物种多样性则最低。为什么会这样呢？在低水平干扰下，竞争会调控物种多样性，因为优势物种能够自由地排除竞争劣势物种。另一方面，在高水平干扰下，物种多样性会下降，因为许多个体将死亡，一些物种甚至会在本地灭绝。而在中等水平的干扰下，物种多样性通过竞争中断与干扰导

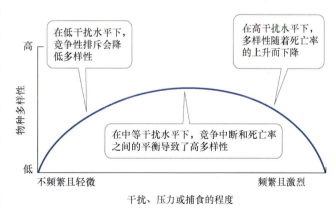

图19.14　中等干扰假说。物种多样性预计在中等干扰、压力或捕食水平下最大

致的死亡率之间的平衡最大化。

中等干扰假说非常适合进行验证。其中一项验证由索萨完成,他研究了南加州潮间带卵石场中的演替过程。

在另一项相关但不同的研究中,索萨测量了生活在卵石上的群落受到的干扰速率,并且记录了它们的物种丰度(见图19.15)。小卵石常被海浪掀翻,构成了生活在其上的海洋藻类和无脊椎动物的高干扰环境。相比之下,大卵石很少遭受到足以移动其的巨浪的冲击。当然,中卵石被掀翻的频率介于二者之间。

经过两年的研究,索萨发现大多数小卵石上只有一个物种(早期演替阶段的物种——大型藻类或藤壶),而大部分大卵石上有两个物种(晚期演替阶段的物种——大型藻类和其他物种)。在中卵石上有4个物种,但也有一些卵石上有7个物种(包含了早期、中期和晚期演替阶段的各个物种)。索萨的研究只是众多证明在中等水平干扰下物种多样性最高的研究之一。

19.4.3　中等干扰假说已有多种阐述

中等干扰假说是一个简单的模型,它依赖于干扰水平的变化来解释群落中的物种多样性。一些生态学家以此为基础,增加了更多的复杂性和现实性来发展他们的理论。休斯敦是最早详细阐述该模型的人之一,他承认干扰对竞争的影响,但推断第二个过程——**竞争替代**可能是一个重要的调节因素。竞争替代是指最强的竞争者利用较弱竞争者所需的限制性资源,最终导致较弱竞争者的种群增长下降至灭绝的程度。休斯敦的动态平衡模型考虑了干扰的频率或强度以及竞

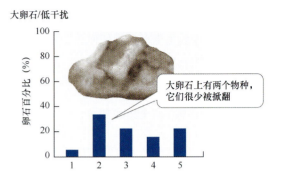
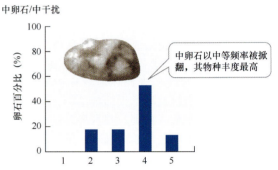
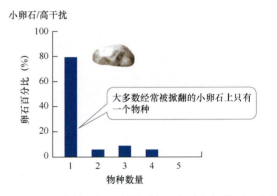

图19.15　**中等干扰假说的验证**。海洋潮间带巨石上的群落因波浪作用受到的干扰程度不同

争替代速率如何结合起来决定物种多样性(见图19.16)。就像哈钦森模型一样,休斯敦模型预测当干扰水平和竞争替代速率大致相当时,物种多样性最高。当干扰的频率或强度以及竞争替代速率都处于低到中等水平时,物种多样性最低(见图19.16,LL点)。此外,当干扰高且竞争替代低(HL点)或竞争替代高且干扰低(LH点)时,物种多样性最低。当两个过程都很高且大致相似(HH点)时,预计物种多样性相对较低,因为高死亡率和竞争替代都会降低物种多样性。由于复杂性增强,动态平衡模型的观察或实验研究很少,其中一个例子来自波洛克等人对阿拉斯加河岸湿地的观察研究。

哈克和盖恩斯对中等干扰假说进行了另一种阐述,他们在模型中加入了正相互作用。回顾第15章~第17章可知,物种相互作用高度依赖于环境,只是某些自然和生物因素在方向和强度上有所不同。

理论和实验都表明,在相对较高的干扰、压力或捕食水平下,正相互作用应该更常见,因为在这些情况下,物种之间的关联可以增大它们的生长和生存率。哈克和盖恩斯认为,在中等到高水平的干扰(或压力或捕食)下,正相互作用可能在促进物种多样性方面尤为重要,原因有二(见图19.17)。第一,在强干扰下,正相互作用应该通过缓解恶劣条件和关联防御来增大相互作用物种

个体的存活率。第二，在中等水平的干扰下，物种将摆脱竞争束缚，更有可能参与正相互作用，这一效应将进一步增加物种多样性。

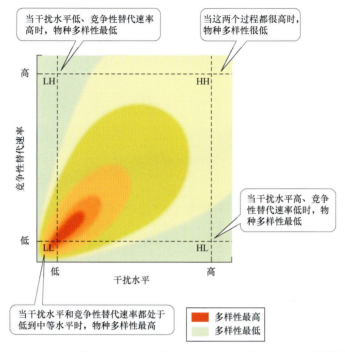

图19.16 **动态平衡模型**。动态平衡模型预测，当干扰水平和竞争性替换速率都处于低到中等水平时，物种多样性最高

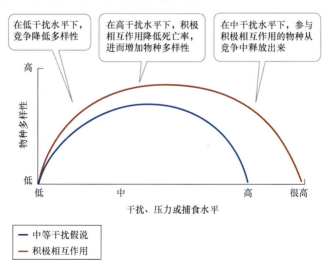

图19.17 **正相互作用和物种多样性**。中等干扰假说已被详细阐述以包括正相互作用

哈克和盖恩斯利用对新英格兰盐沼的研究来支持他们的理论。在这一群落中，由于海水淹没形成了强物理压力梯度，最高压力发生在靠近海岸线的地方，那里潮汐频繁地淹没植物。对整个沼泽地的植物、昆虫和蜘蛛进行调查后，发现了三个不同的潮间带区域，每个区域都有不同的物种组成，结果显示，中潮间带的物种丰度高于高潮间带或低潮间带（见图19.18a）。研究人员随后进行了移植实验，将所有植物种类移植到三个区域，有的含有最丰富的植物：高潮间带的高大豚草、中潮间带的莎草和低潮间带的黑鳞灯芯草。结果显示，在高潮间带，无论黑鳞灯芯草是否存

在，与豚草的竞争导致了大多数移植到那里的植物种类被竞争排斥。在低潮间带，生理压力是控制种群数量的主要因素，因为许多个体无论黑鳞灯芯草是否存在都会死亡。然而，在中潮间带，黑鳞灯芯草促进了其他植物种类。没有黑鳞灯芯草，大多数种类在夏季结束时的死亡率为100%。黑鳞灯芯草通过缓解缺氧和盐分压力起到了促进作用。此外，黑鳞灯芯草间接地促进了一个依赖豚草生存的食草蚜虫。事实证明，这样的间接相互作用影响了许多食草昆虫，它们以黑鳞灯芯草在沼泽中促进的各种其他植物为食。

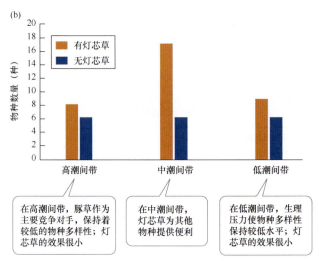

图19.18　正相互作用。盐沼群落多样性的关键是什么？(a)对新英格兰盐沼中植物和节肢动物多样性的调查显示，多样性在中潮间带最高；(b)实验表明，这个区域中植物和节肢动物的高多样性是由促进黑鳞灯芯草的直接和间接效应以及由物理压力导致的优势竞争者豚草效应减弱控制的

哈克和盖恩斯基于这些研究得出结论：正相互作用对于维持物种多样性至关重要，尤其是在中等水平的物理压力环境下（见图19.18b）。他们认为，新英格兰盐沼中潮间带的物理压力既降低了豚草的竞争效应，又增强了黑鳞灯芯草的促进效应（以及它对昆虫的间接效应），从而为物种的共存和多样性提供了理想条件。

19.4.4　门格-萨瑟兰模型区分了捕食与干扰和压力的影响

中等干扰假说认为干扰、压力和捕食对物种间竞争（进而对物种多样性）具有相似的影响。特别地，它将干扰和捕食视为相似的过程，即那些杀死或损害主导竞争者的过程，从而为从属物种创造了机会。这种将干扰和捕食等同的做法忽视了它们之间的一个重要区别：干扰是一个物理过程，而捕食是一个生物过程。门格和萨瑟兰认为，由于捕食是一种生物相互作用，它受到物理干扰和压力的独立影响，因此应该单独考虑。

门格-萨瑟兰模型预测，在压力（或干扰）水平较低时，捕食在维持物种丰度方面相对重要，因为在这种情况下，捕食者能够更容易地以竞争优势的物种为食，从而限制它们的丰度（见图19.19）。随着压力的增加，捕食的效果减弱，因为捕食者在较低营养级上对其猎物造成的损害减少。门格-萨瑟兰模型预测，这些猎物更能耐受物理压力或干扰，因此更可能在中等压力或干扰水平下争夺资源。但是当环境压力增加到较高的水平时，由于越来越多的物种受到生理限制而被排除出群落，捕食和竞争都变得不那么重要。与中等干扰假说一样，对捕食或物理压力两极化状态下尤为重要的正相互作用的影响已纳入门格-萨瑟兰模型，导致了与哈克和盖恩斯相似的结论。

门格和萨瑟兰在他们的模型中考虑的另一个重要因素是称为招募的一种特殊扩散形式的影响，招募的定义为年轻个体加入种群。他们预测，如果招募率低，竞争在决定物种多样性方面可能不是特别重要，因为资源不太可能受到限制。相反，良性环境条件下的捕食与极端条件下的物理压力之间的相互作用将是调节群落成员构成的关键因素。然而，如果招募增加，竞争的作用也会随之增强，最终导致类似于图19.19所示的情况。因此，门格和萨瑟兰认为，扩散（以补充的形式）可能是对物种多样性和物种组成的另一个重要影响因素，这一点在图19.4中得到了展示，并在分析数据19.1中得到了验证。

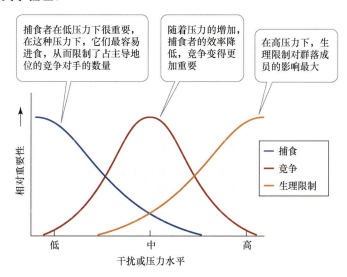

图19.19　门格-萨瑟兰模型。门格和萨瑟兰的群落多样性影响模型与中等干扰假说类似，但它分别考虑了捕食、压力或干扰的影响

中等干扰假说与门格-萨瑟兰模型假设物种之间存在潜在的竞争等级，也就是说，某些物种相较于其他物种是更强的竞争者，如果不受到破坏性过程的约束，它们将主导群落。然而，如果假

设物种之间没有竞争等级会怎样？如果物种对彼此具有同等的影响，那么任何一个物种能否在一个群落中生存，将更多地取决于机遇而非"冲突解决"。下面讨论这个关于物种多样性的替代理论。

19.4.5 彩票模型和中性模型依赖于平等与机会

最后一组用来解释物种共存的模型称为彩票模型和中性模型。顾名思义，这些模型强调了机遇在维持物种多样性方面的作用。彩票模型和中性模型假设，由干扰、压力或捕食造成的群落中的资源被来自更大的潜在殖民者随机获得。要使这种机制起作用，物种之间必须具有相当相似的相互作用强度和种群增长率，而且它们必须能够通过扩散来快速应对释放资源的干扰。如果物种之间存在很大的竞争能力差异，那么优势竞争者将有更大的机会获取资源并最终垄断这些资源。在彩票模型和中性模型中，正是所有物种获得资源的平等机会使得物种可能共存。

分析数据19.1　捕食和扩散的相互作用如何影响物种丰度？

本章的一个突出主题是，干扰、压力和捕食等过程可以调节资源可用性，进而促进物种共存和物种多样性。本章和上一章的另一个重要主题是，区域物种库和物种的扩散能力在向群落提供新物种方面起着重要作用。当我们把这些概念结合起来，试图解释对局部群落中物种共存有重要影响的因素时，会发生什么呢？这是舒林针对浮游动物群落研究设定的目标，他探索了捕食和扩散对局部浮游动物群落物种多样性的影响。他使用塑料饮水槽制作了实验池塘，在其中引入了多个本地浮游动物物种，以构建各个浮游动物群落。

接下来，他将池塘分为4组：①无捕食者、②只有鱼类捕食者（幼年蓝鳃太阳鱼）、③只有昆虫捕食者（水虿）、④鱼类和昆虫捕食者都有。最后，舒林进行了第二组处理：要么池塘接收来自地区池塘的大量浮游动物物种的扩散者，要么不接收扩散者。实验持续了一个夏天，之后舒林统计了每个池塘群落中浮游动物物种的数量，结果如附图所示。

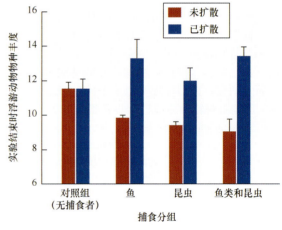

1. 捕食本身如何影响池塘内浮游动物的物种丰度？对发生这种情况的原因给出合理的解释。鱼类和昆虫捕食者对局部物种丰度有不同的影响吗？

2. 随着浮游动物扩散到池塘中，物种丰度如何变化？在不了解池塘物种组成的情况下，你能根据这些结果推测捕食和扩散对局部物种丰度的双重影响是什么吗？

3. 假设在这个实验中增加一种额外的处理，即加倍捕食者的数量。假设结果显示浮游动物丰度下降（无扩散时为6个物种，有扩散时为10个物种）。这些结果对在严重捕食下的池塘群落中扩散的角色意味着什么？考虑到整个捕食强度范围，从无捕食到中等捕食再到严重捕食，这些结果是否符合中等干扰假说？为什么？

彩票模型和中性模型最常用于高度多样化的群落。赛尔在澳大利亚大堡礁对鱼类进行了最早且最著名的彩票模型验证。这片珊瑚礁的鱼类物种多样性从北部的1500种到南部的900种不等。在任何一片小型珊瑚礁区域（直径约为3米），可能记录到多达75种鱼类。在珊瑚礁生态系统中，栖息地保真度高，空间受限严重，许多鱼类个体的整个成年阶段都在珊瑚礁上大致相同的地点度过。鉴于这些条件，赛尔提出了一个显而易见的问题：这么多物种如何能在如此狭小的空间里长时间共存呢？

赛尔推断，这些鱼类之间只有一部分共存可以用资源划分来解释，因为这些物种的饮食往往非常相似。他指出，空置的栖息地或领地是非常理想的，且会由于个体的死亡（如由于捕食、干扰、饥饿或疾病等原因）而难以腾出领地。为了详细研究这个系统，赛尔观察了三种雀鲷（腋斑雀鲷、珠点棘雀鲷和黄胸雀鲷）中居住者的丧失及对新腾出领地的占领模式。他发现占领模式是随机的（见图19.20）——之前占据某个领地的物种身份并不影响哪个物种在领地空出后的补入。

图19.20 **彩票模型验证**。赛尔使用生活在澳大利亚大堡礁上的珊瑚礁鱼类来验证彩票模型。通过计算占据空置领地的三种鱼的个体数量，他发现新占据者的物种是随机的，与先前占据该领地的物种无关。图形代表了空置领地的原始占据者，指向每个图形的彩色箭头显示了当这些领地变为空置时接管它们的每个物种的个体数量

黄胸雀鲷失去和占据领地的速度都高于其他两个物种，但这并不影响它与其他两个物种的共存。赛尔指出，这个彩票系统的一个关键组成部分是鱼类能产生大量可移动的幼鱼，它们可充斥整个珊瑚礁并利用释放出的。如赛尔所说："同一功能群落中的物种正在参加一场争夺生活空间的竞赛，其中幼鱼就是彩票，最先到达空置领地的物种将赢得那个领地。"

机会在维持物种多样性方面的作用（尤其是在不可预测的环境中）具有吸引力。只要物种偶尔赢得竞赛，就能继续繁殖（即购买更多的彩票），再次进入这场竞赛。不难看出，这种机制在热带雨林和草原等高度多样化的群落中尤其相关，因为许多物种在资源需求上重叠。然而，在物种相互作用强度差异很大的群落中，相关性会降低。似乎"伟大的均衡器"是那些减少竞争排斥（如干扰、压力或捕食）或增加包容性（如正相互作用）的过程。

生态学家们还未就任何单一理论达成一致，以解释为何某些物种最终能在时间和空间上共存。相反，他们仍在努力地寻找一般规律，同时认识到不同物种多样性的机制的重要性可能取决于所研究群落的特性。

到目前为止，本章主要关注了群落层面物种多样性的成因。为何及如何在不同的群落间出现物种多样性的差异？下面探讨这个问题的另一面。考虑到群落间物种多样性的变异（及当前由人类活动导致的物种多样性丧失），物种多样性是否重要？换句话说，物种在群落中扮演什么角色？物种多样性是否具有功能性意义？

19.5 多样性的后果

在本章开头的案例研究中，我们观察到与物种多样性较低的小型哺乳动物群落相比，物种多样性较高的群落中汉坦病毒的流行率有所降低。这些结果支持物种多样性可以控制群落的某些生态功能的观点。这些群落功能或控制群落结构的过程很多，不仅包括疾病抑制，还包括植物生产力、水质和可用性、大气气体交换、抗干扰（及之后的恢复）。群落的这些功能为人类提供了宝贵的生态系统服务，如食物和燃料生产、水净化、氧气和二氧化碳交换，以及防止洪水或海啸等灾难性事件。千年生态系统评估是在联合国主持下进行的综合研究，其详细介绍了这些生态系统服务务对人类的重要性。该评估预测，如果当前物种多样性的丧失继续，人类将因丧失这些物种及其

所在群落提供的服务而受到严重影响。

　　有什么证据支持这些可怕的预测呢？最近的研究试图探讨物种多样性和群落功能之间的联系，不仅是为了寻求对群落生态学的基本见解，也出于对物种丧失及其可能导致的受影响服务的关注。

19.5.1　物种多样性与群落功能之间的某些关系是正相关的

　　物种多样性对群落的影响这一概念最初由麦克阿瑟和埃尔顿共同提出，他们认为物种丰度应该与群落稳定性正相关。一个群落被认为具有稳定性，当它在经历某种程度的干扰后，能够保持或恢复到原来的结构和功能状态。多样性-稳定性理论一直被视为"传统共识"，直至20世纪70年代中期，人们开始采用数学方法，通过改变物种丰度和复杂性的食物网模型对其进行验证。不过，直到40年后，这一理论才首次得到实验证实。

　　蒂尔曼及其同事在明尼苏达州雪松溪一处废弃农地上设置了一系列试验样地，以此来研究植物物种丰度与群落功能指标之间的关系（见图19.21a）。在初步研究中，蒂尔曼和唐宁注意到他们设置在雪松溪的某些试验样地在面临干旱时的反应似乎不同于其他样地。对他们的地块进行的调查表明，物种丰度较高的样地比物种丰度较低（但植物密度相同）的样地更能抵御干旱（见图19.21b）。在物种丰度高的样地中，干旱导致的总植物生物量的减少幅度小于物种丰度低的样地，这就形成了物种丰度与抗旱性（以干旱前后生物量差值衡量）之间的曲线关系。蒂尔曼和唐宁推断，若超过某个阈值（曲线趋于平缓的点，研究中为10～12个物种）后，额外增加的物种对提高抗旱性的影响不大。这些物种在某种意义上可视为冗余，因为它们对干旱抵抗力的影响实质上与其他物种的相当。然而，蒂尔曼和唐宁同时指出，一旦样地内的物种数量下降至这个阈值以下，每丧失一个物种，都将使得干旱对群落造成的负面影响逐步加剧。

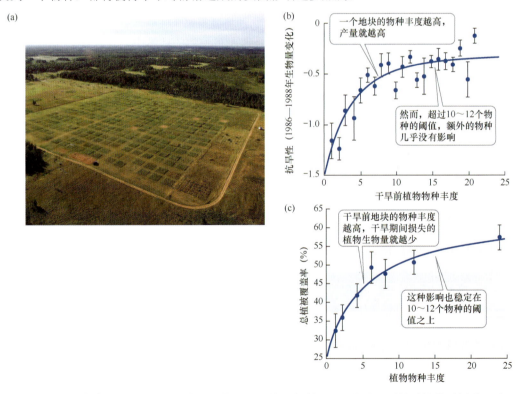

图 19.21　**物种多样性和群落功能。**(a)蒂尔曼及其同事利用明尼苏达州雪松溪的草原样地，验证了物种丰度对群落功能的影响；(b)首先，他们测量了干旱对不同物种丰度的样地中植物生物量的影响；(c)然后，他们创建了物种丰度不同的样地，但所有样地都有相同密度的植物，并在生长两年后测量了这些样地中的生物量。误差条显示的是均值的标准差

为了验证这个想法，蒂尔曼等人实施了一项设计精密且可复制的实验，该实验直接操控物种多样性。在同一草原生态系统中，通过从24个物种的集合中随机选择物种组合，创建了一系列在植物物种丰度上有差异但在单种植物数量上并无区别的样地。每个样地都得到了相同数量的水分和养分供给。经历两年的生长后，对样地内的生物量进行测量，结果确认了物种丰度对生物量的曲线效应（见图19.21c），此外还显示出随着物种丰度的增加，氮的利用效率更高。

19.5.2 关于物种多样性与群落功能关系及其解释的争议

尽管记录物种多样性与群落功能之间关系的实验越来越复杂，但生态学家一直在争论这种关系的普遍性及其潜在机制。纳伊姆及其同事总结了至少三种可能的物种多样性与群落功能之间的关系及相应的假设。两个变量区分了这些假设：物种生态功能的重叠程度，以及物种生态功能强度的变化。

第一个假说称为互补假说，该假说认为随着物种丰度的增加，群落功能线性增加（见图19.22a）。在这种情况下，加入群落的每个物种都对群落功能产生独特且等量递增的影响。如果假设物种在一个群落内部均匀分配其功能，那么我们可能期待这种模式。例如，随着越来越多的物种加入群落，每个独特的功能都会积累并增加整体群落的功能。

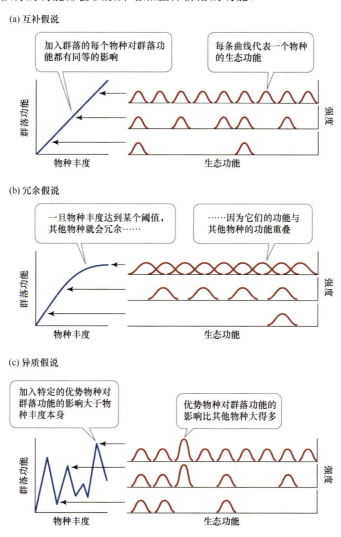

图19.22 物种丰度和群落功能的假说。至少有三种物种多样性和群落功能之间的关系及其相应的假说被提出。两个变量区分了这些假说：物种生态功能的重叠程度，以及物种生态功能强度的变化

第二个假说称为冒余假说，它基于与互补性假说相似的假设，但设定了物种丰度对群落功能影响的上限（见图19.22b）。这个模型最符合蒂尔曼及其同事的结果，其中额外物种的功能贡献达到了一个阈值。之所以出现这个阈值，是因为随着向群落中加入更多的物种，它们之间的功能出现了重叠——实际上物种之间存在冒余。在这个模型中，可将物种视为属于特定的功能组。只要所有重要的功能组都得到体现，群落的实际物种组成对整体功能的影响就不大。

第三个假说称为异质假说，该假说认为某些物种的生态功能比其他物种具有更强的影响，并且它们之间的差异很大（见图19.22c）。一些物种对群落功能的影响很大，而其他物种的影响很小。

因此，向群落中加入优势物种会对群落功能产生重大影响，形成如图19.22c所示的独特曲线。如果群落是以只包含少数几个优势物种（如基石物种或基础物种）的方式组合而成的，那么群落功能将随物种丰度的巨大变化而波动，即群落功能有峰谷之分，具体取决于优势物种是否存在。然而，随着物种丰度的增加，优势物种存在的可能性随之增大。因此，群落功能的变动最终应趋于稳定。

尽管这些模型为理解物种如何促进群落功能提供了理论基础，但由于涉及的物种数量众多以及可能考虑的各种群落功能，逻辑上对其加以验证颇具挑战性。在许多方面，这些模型和验证是现代群落生态学的核心。

案例研究回顾：物种多样性能抑制人类疾病吗？

当我们考虑群落为人类提供的服务时，了解物种多样性如何控制群落功能的潜在价值是无限的。这些服务数量和种类繁多。物种多样性在传染病的出现和传播中所起的作用一直被人们忽视。苏珊及其同事的研究显示，小型哺乳动物多样性减少的地块不仅宿主鼠类物种数量增多，而且感染SNV病毒的鼠类个体数量也有所增加。物种多样性如何对疾病传播产生这种影响？人们提出了几个假设。第一，如果在群落中消失的物种与宿主物种竞争或捕食，那么它们的消失将导致宿主和病原体的种群密度增加。第二，在物种多样性更高的情况下，宿主可能倾向于接触非同种（异种）个体，进而降低在同种间传播的概率。第三，更具多样性的群落使得宿主能够建立更强的抗病能力，因为在群落内部宿主能够接触到其他物种携带的相似病原体。

迄今为止，关于物种多样性对汉坦病毒传播影响的研究最好地支持了前两个假设。就巴拿马的试验田而言，数据支持第一个假设；啮齿动物个体数量的增加导致SNV病毒感染宿主数量增加。据推测，随着小型哺乳动物竞争者数量的减少，啮齿动物宿主物种能够利用更多的资源，且它们的数量增加。更多的宿主个体会导致更强的汉坦病毒病传播。然而，犹他州和俄勒冈州的观察结果显示了一种不同的模式，更接近于支持第二个假设。在这两项研究中，小型哺乳动物多样性的降低通过增加同种宿主个体的遭遇率而非密度提高了感染率。

将更高密度的影响与物种多样性减少的影响区分开来可能很困难。一项研究使用曼氏血吸虫及其蜗牛宿主，在保持密度不变的同时控制物种丰度。研究人员表明，即使宿主的密度保持不变，其他蜗牛物种的存在也会减少寄生虫的传播。在这种情况下，多物种处理通过提供替代但并非最佳的宿主物种降低了蜗牛宿主与其血吸虫寄生虫的遭遇率。

其他研究表明了群落内哪些物种消失会影响疾病传播，这支持了异质假说。显然，物种多样性丧失和疾病传播的例子正在增多，但从这些例子中得出的一般规律仍在发展中。通过将生态学基本原理应用于人畜共患病的传播，可以看到我们不能低估物种多样性在调节群落完整性中的作用。我们必须考虑看似无关紧要和深奥的细节，比如群落内共存的物种数量。在这种情况下，物种丰度起决定性作用，不仅有助于保护人类免受疾病传播的影响，还能在未来阻止新兴和潜在危险疾病的爆发。

1. 假设你是一名正在研究明尼苏达州草地群落的生态学家。在实地考察中，带有钩状刺的草籽附着在你的鞋上。之后，你前往新西兰南岛研究那里的草地。抵达奥克兰机场入关时，海关工作人员询问你最近是否参观过自然区域或农场。在你回答"是"后，他们要求你脱鞋，等待他们用漂白剂对鞋进行消毒处理。根据你了解的关于影响群落成员机制的知识，花时间和费用对所有的鞋进行消毒，以允许其进入新西兰的做法是否值得？

2. 物种多样性在不同群落中存在巨大差异，这种差异的一些模型在涉及的机制方面有何不同？

3. 假设你正在研究巴拿马的一个热带雨林群落，并且得到了一个长达50年的森林数据集，其中记录了成年树木的死亡情况及新树苗的出现情况。分析数据时，你试图确定是否存在物种替代模式，即在一个地点通常是一个物种的个体替代另一个物种的个体，而不是其他物种的个体在那里建立种群。经过大量工作后，你确信这片森林不存在替代模式——相反，地点的定居完全是随机的，没有任何一个物种具有优势。哪组关于物种多样性的通用模型最适合描述你的观察结果，为什么？

4. 最近对群落开展的实验表明物种多样性与群落功能之间存在正相关关系。我们知道关于这种关系及其控制机制存在较大的争论，并且至少开发了三个假说来解释它们。以下是三幅关于物种丰度-群落功能关系的图表，它们的曲线形状各异。描述哪种假说最适合解释每条曲线，说明原因。

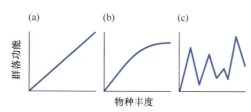

第 6 单元　生态系统

第20章 生 产

深蓝海洋中的生命何以存在？案例研究

生态学家曾认为深海相当于海洋中的沙漠。在1500～4000米的深度，物理环境似乎并不利于我们所知生命的生存。那里完全黑暗，光合作用无法进行。水压达到海平面压力的300倍，类似于废车场压碎车辆的压力。生活在深海海底的生物被认为只能从上层海洋稀疏降落的死亡物质中获取能量，这些上层海洋的光照充足，足以让浮游植物进行光合作用。已知的大多数深海生物都以碎屑为食，如棘皮动物（如海星）、软体动物、甲壳类动物和多毛纲蠕虫。

1977年，由伍兹霍尔海洋研究所巴拉德领导的一个探险队使用潜水器阿尔文号潜入加拉帕戈斯群岛附近的洋中脊（见图20.1），彻底改变了我们对深海生命的看法。阿尔文号上的团队正在寻找沿洋中脊分布的深海热泉。洋中脊位于板块交界处，随着来自地幔的熔岩向上推挤，海底在洋中脊扩张（见图18.10）。由于洋中脊存在火山活动，地质学家和海洋学家假设海水渗入洋中脊附近海底的裂缝时会被岩浆库加热，化学性质会发生改变，并且作为热泉喷出。尽管假设它们是存在的，但从未有人找到过这样的热泉。

巴拉德的团队确实发现了称为深海热液喷口的热泉。然而，这一地质化学发现与他们的生物学发现相比黯然失色：热液喷口周围的区域生机勃勃。在喷口周围发现了密集的管虫、巨型蛤蜊、虾、蟹和多毛纲蠕虫（见图20.2）。生物的密度对深暗的海底来说是前所未有的。

图20.1 黑烟口。热液喷口会喷出高达400℃的富含硫化铁的热水（称为黑烟口）。尽管水温很高且有毒，但这些地貌周围却生活着丰富的生命

图20.2 热液喷口周围的生物。贻贝散布在热液喷口附近，一些螃蟹的外壳中没有色素

对于这些多样且生产力高的热液喷口生物群落，人们立即提出了一个问题：这些生物如何获取维持如此丰富生态所需的能量？来自海洋上层区域的死亡生物在海底积累的速率很低（0.05～0.1毫米/年）。热泉所在的海底区域只有几十年历史，积累的有机物应该不足以维持这些高密度的生物。因此，表层水域的光合作用似乎并不是支持这些热液喷口生物群落的能量来源。热液喷口排放的水对生命也构成问题：其化学成分对大多数生物是有毒的。喷口排放的水中富含有毒硫化物以及铅、钴、锌、铜和银等重金属。

于是，热液喷口生物群落导致了两个谜团：首先，维持它们的能量来源是什么？其次，这些生物是如何耐受水中高浓度有毒硫化物的？我们将看到，这两个谜团的答案是紧密相关的。

20.1　引言

1942年，《生态学》杂志发表了一篇由林德曼撰写的争议性论文，描述了水生生态系统中能量流动的本质。林德曼研究了明尼苏达州湖泊中生物与非生物组分之间的能量关系。林德曼未根据分类学类别对湖泊中的植物、动物和细菌进行分组，而根据它们获取能量的方式进行分组（见图20.3）。

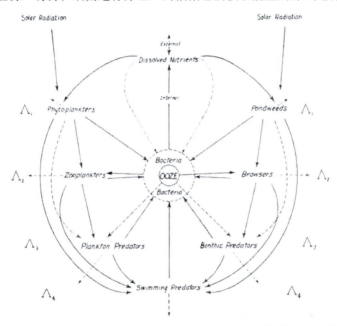

图20.3　雷蒙德湖中的能量流动。林德曼在图中描述了明尼苏达州雪松沼泽湖生物群落之间的能量流动。注意林德曼所用生物的功能类别及渗出物（有机物）在图的中心位置。希腊大写字母旁的下标代表营养级

林德曼对系统能量基础——有机质泥浆（颗粒和溶解的死有机物质）的重要性以及系统生物组成部分之间能量转移效率的观点是开创性的。当时，林德曼对湖泊中能量流动的看法被认为过于理论化，因此论文最初被拒绝发表。后来，在其导师、著名湖泊生态学家哈钦森的支持下，杂志社重新考虑并接受了这篇论文。林德曼的论文是生态系统科学领域的首批论文之一，现被视为该学科的基础性文献。

生态系统一词由植物生态学家坦斯利提出，指影响能量和元素流动的生态系统的所有生物和非生物成分。生态系统研究中考虑的元素主要是养分，但也包括污染物；这些元素在生态系统中的运动是第22章的主题。生态系统概念现已确立，成为结合生态学与其他学科（如地球化学、水文学和大气科学）的有力工具。

第5章介绍了自养生物通过光合作用和化学合成捕获能量的生理基础，以及异养生物如何通过消耗自养生物来获取这些能量。本章回到能量话题，介绍能量如何进入生态系统、如何测量，以及是什么控制着能量流过生态系统的速率。

20.2　初级生产力

自养生物产生的化学能（称为**初级生产力**）来自光合作用和化学合成过程中对碳的吸收。在

某些罕见的情况下，化学合成可能是能量的主要来源，我们将在本章末尾看到这一点。不过，地球上的大部分能量都来自光合作用，因此本节重点讨论光合作用产生的初级生产力。初级生产力代表一种重要的能量转换：将来自太阳的光能转换为可被自养生物利用及被异养生物消耗的化学能。从细菌到人类，初级生产力是所有生物的能量来源，甚至我们今天使用的化石燃料也来自初级生产力。通过对温室气体浓度的影响，初级生产力对全球气候有着重要影响。

自养生物吸收的能量以碳化合物的形式存储在植物和浮游植物组织中，因此碳（C）是衡量初级生产力的"货币"。

20.2.1 总初级生产力是总生态系统光合作用

生态系统中自养生物吸收的碳量称为**总初级生产力**（GPP）。大多数陆地生态系统的GPP相当于所有植物光合作用的总和。

生态系统的GPP受气候控制，气候影响光合作用的速率，而植物的叶面积（用叶面积指数表示，指一定面积地面上的叶面积）也控制着GPP。叶面积指数会因生物群落的不同而不同，从苔原的小于0.1（叶面积小于地面面积的10%）到北方和热带雨林的12（树冠和地面之间平均有12层树叶）。每增加一层树叶，最上层下方树叶的遮光度就会增加，光合作用的增量就会减少（见图20.4）。最终，建立和维持额外树叶层的呼吸成本超过光合作用的收益。为了获得最大的碳收益，植物的叶面积指数通常与气候条件和资源（尤其是水和养分）相匹配。

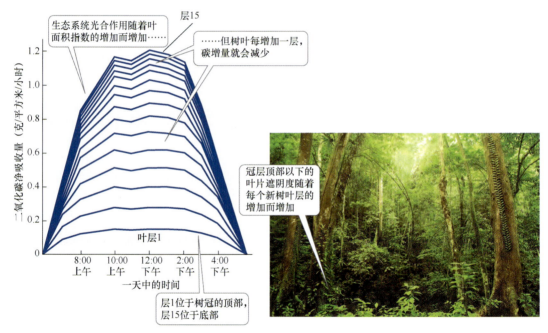

图20.4 增加树叶层数的递减收益。热带雨林的光合作用速率（表示为二氧化碳吸收）随着树叶层数或叶面积指数的增加而增加，但增幅较小

植物通过光合作用固定的碳中，约有一半用于细胞呼吸，以便支持生物合成和细胞维持。所有有生命的植物组织都会通过呼吸作用消耗碳，但并非所有组织都能通过光合作用获得碳。因此，与草本植物相比，非光合作用茎组织比例较大植物（如乔木和灌木）的总体呼吸碳消耗往往较高。植物呼吸速率随温度的升高而增加，因此热带雨林的呼吸碳消耗高于温带森林和北方森林。

20.2.2 净初级生产力是呼吸消耗后剩余的能量

并非光合作用中吸收的所有碳都可用于植物的生长和其他功能。如上所述，呼吸过程会消耗一些碳。未用于呼吸作用的碳可用于生长、繁殖、存储和抵御食草动物。可用于这些功能的碳由GPP与自养呼吸之间的平衡决定，称为**净初级生产力**（NPP）：

$$NPP = GPP - 呼吸作用$$

陆地生态系统的NPP指自养生物捕获的、导致植物活体或生物量增加的能量。NPP是植物生长、繁殖、防御以及食草动物和食腐动物消耗的剩余能量，也代表生态系统中碳的总净输入量。

植物通过为不同组织的生长分配碳来应对不同的环境条件。植物内部的碳分配会因物种、可用资源和气候的不同而有很大差异。将碳分配给光合组织是对未来潜在净生产力的投资，但植物对其他资源（尤其是水和养分）的需求以及生物相互作用（如食草动物）都会影响这种投资是否有回报。

植物在叶、茎和根的生长过程中分配的NPP通常是平衡的，以保持水分、养分和碳，满足植物的需求。例如，生长在沙漠、草原和苔原生态系统中的植物经常面临缺水或缺少养分的情况。与生长在土壤水分和养分较为充足的生态系统中的植物相比，这些生态系统中的植物可能会将更大比例的NPP分配给根而非芽（叶和茎）的生长（见图20.5）。对根生长的更多分配有利于它们获取短缺的资源。相反，在密集群落中生长的植物，其邻居可能会遮挡阳光，因此可能会优先将NPP分配给茎和叶，以获取更多的阳光进行光合作用。换句话说，植物倾向于将最多的NPP分配给那些获取限制其生长的资源的组织。

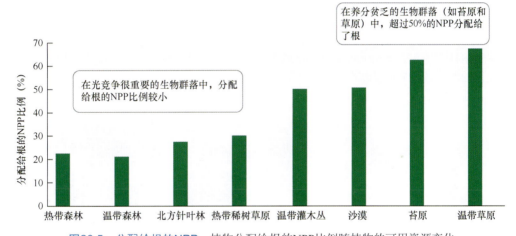

图20.5　**分配给根的NPP**。植物分配给根的NPP比例随植物的可用资源变化

将NPP分配给淀粉和碳水化合物等储藏化合物可以补偿食草动物、火灾等干扰和霜冻等天气造成的组织损失。这些化合物通常存储在木本植物的茎或草本植物的地下茎和根中。在放牧水平较高的地方，植物可能将大量的NPP（高达20%）分配给防御性次生化合物，以便抑制放牧。

20.2.3　生态系统发展过程中的 NPP 变化

随着生态系统在原生或次生演替过程中的发展，NPP会随着植物丰度和相关叶面积指数、光合作用组织与非光合作用组织的比例以及植物物种组成的变化而变化。因此，干扰和演替会影响生态系统中的二氧化碳，进而影响大气中的二氧化碳浓度。

大多数生态系统在演替中期阶段的净生产力是最高的。导致这种情况的因素有很多，包括光合作用组织的比例、植物多样性和养分在演替中期阶段趋于高水平。在森林生态系统中，老龄森林的叶面积指数和叶片光合作用速率都下降，从而降低GPP，进而降低NPP。在一些草地上，如美国中部的高草草原，地表附近枯叶的积累和上部叶冠的形成会减少矮小植物的光照，降低生态系统的光合增碳量。不过，草地的净生产力随时间推移而下降的情况远没有森林生态系统那么明显。

虽然在演替晚期NPP可能降低，进而降低从大气中吸收二氧化碳的能力，但这些古老的生态系统包含大量的碳和养分，并为演替晚期的动物物种提供栖息地。

可以通过多种方法估算NPP　测量生态系统的净生产力很重要的原因有多个。如前所述，NPP是生态系统中所有生物的最终能量来源，因此决定了用于支持该生态系统的总能量。它在空间和时间上的变化很大。初级生产力的变化可能是出现干旱或酸雨的征兆，因此NPP的逐年变化为检查生态系统的健康状况提供了衡量标准。最后，净生产力与全球碳循环密切相关，因此对全球气候变化有重要影响。基于上述原因，过去30年来，科学家在改进NPP估算技术方面付出了巨大努力。

陆地生态系统　由于森林和草原生态系统在木材和饲料生产方面很重要，估算这些生态系统的净初级生产力（NPP）的方法发展得最完善。传统方法包括在实验地块中收获植物组织来测量生长季节植物生物量的增量。在森林中，要将木材的径向生长纳入NPP的估算。在热带，植物可能全年都在生长，而死亡组织会迅速分解，因此使用收获技术很困难。尽管存在这些缺点，收获技术仍然提供了地上NPP的合理估算，特别是对食草动物和死亡造成的组织损失进行了校正。

测量NPP向地下生长的分配更难，因为根的生长比叶和茎的生长更具动态性，而且土壤使得观察这种动态生长模式变得困难。在一些生态系统中，根中的NPP比例超过了地上组织。例如，在草原生态系统中，根的生长可能是地上叶、茎和花的总和的2倍。最细的根在生长季节的周转速率比茎和叶快，即在生长季节中有更多的根"出生"和死亡。此外，根可能向土壤渗出大量碳，还可能将碳转移给菌根或细菌共生体。因此，用于测量根生物量的收获必须更频繁，且在估算地下NPP时使用额外的校正因子。一些森林和草原生态系统已开发了地上与地下NPP的比例关系，以便可用地上NPP的测量值来估算整个生态系统的NPP。使用带摄像机的地下观察管（微根管）可以详细了解地下生产过程（见图20.6）。

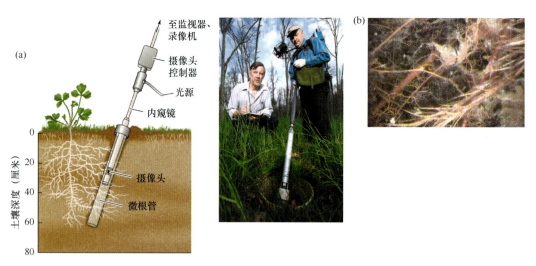

图20.6　观察地下动态的工具。(a)微根管可使研究人员观察地下根的生长和死亡；(b)用安装在明尼苏达州北部沼泽生态系统中的微根管观察根的情况。在分解的泥炭藓和泥炭背景下，可以看到前景中杜鹃花科灌木的细根

收获技术的劳动密集型和破坏性使得它不适合估算大面积或生物多样性丰富的生态系统的NPP。人们已开发几种非破坏性技术，可在更大的空间尺度上频繁地估算NPP，但精度要低于收获技术。这些技术中的一些（包括遥感和大气二氧化碳测量）提供了NPP的定量指标而非绝对测量值。一些技术使用植物生理和气候过程的数据收集和建模组合来估算与NPP相关的实际碳通量。植物冠层中叶绿素的浓度为光合生物量提供了替代指标，可用来估算GPP和NPP。叶绿素的浓度可用依赖于

太阳辐射反射的遥感技术来估算（见生态工具包20.1）。遥感技术允许使用星载传感器在全球尺度上频繁测量NPP（见图20.7）。植被生理上不活跃时（如冬季的北方森林），基于叶绿素浓度的NPP指标可能高估NPP，但遥感技术通常可以最佳估算从区域到全球尺度的NPP。

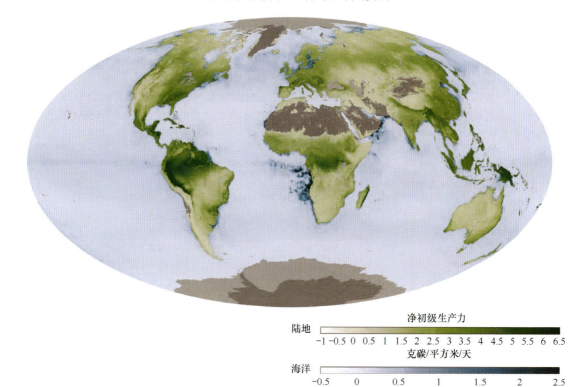

净初级生产力

陆地　-1 -0.5 0 0.5 1 1.5 2 2.5 3 3.5 4 4.5 5 5.5 6 6.5

克碳/平方米/天

海洋　-0.5 0 0.5 1 1.5 2 2.5

千克碳/平方米/年

图20.7　使用遥感技术测量NPP。使用星载传感器估算的全球NPP。注意NPP中对应气候带的纬度模式

　　NPP也可通过直接测量其组分——GPP和植物呼吸来估算。这种方法通常涉及在封闭系统中测量二氧化碳浓度的变化，系统可通过围绕茎和叶、整株植物或整个植物群落放置一个罩子来创建。例如，奥杜姆通过在波多黎各的热带雨林中围绕树木建立一个200平方米×20米的透明塑料帐篷来估算NPP。在这样的封闭系统中，排放到大气中的二氧化碳来自植物和异养生物的呼吸，包括土壤中的微生物和森林中的动物。从大气中吸收的二氧化碳则来自光合作用。因此，系统内部二氧化碳的净变化来自GPP与植物和异养生物总呼吸释放之间的平衡。这种二氧化碳的净交换称为**净生态系统交换**（NEE）（见图20.8）。要从NEE中减去异养呼吸才能得到NPP；因此，NEE为生态系统碳存储提供了比NPP更精确的估算值。生态系统中的碳流入和流出，如通过土壤淋溶或通过干扰（如火灾或砍伐，见分析数据20.1）损失的碳，可能影响NEE和NPP的估算。

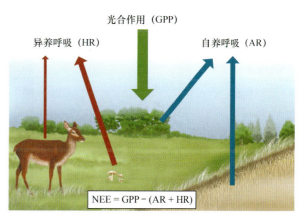

光合作用（GPP）

异养呼吸（HR）　　　　　　　　　自养呼吸（AR）

NEE = GPP − (AR + HR)

图20.8　净生态系统交换（NEE）的组成。净生态系统交换包括生态系统中吸收CO_2（自养生物）或释放CO_2（自养生物和异养生物）的所有组成部分

生态工具包20.1　遥感

　　阳光照射到物体上时，会被吸收或散射，从而改变物体反射的光量。例如，当阳光照射在清澈的湖面上时，约有5%的可见光被反射，而浅色沙土（如沙漠中的沙土）的反射率则高达40%。反射的光量取决于光的波长：不同物体对某些光的吸收或反射比对其他光的吸收或反射多。大气层散射的蓝光多于红光或绿光，因此人眼看到的天空是蓝色的。然而，湖水呈蓝色是因为大部分红光和绿光在散射回人眼之前就被水吸收。浮游植物高度集中的湖泊呈绿色，因为大部分蓝光被浮游植物吸收，只剩下绿光散射回人眼。

　　遥感是一种利用光的反射和吸收来估算地球表面、水体和大气中物体密度与组成的技术。生态学家利用遥感技术，通过含叶绿素植物、藻类和细菌的独特反射模式来估算氮、磷、钾（见图A）。叶绿素吸收蓝光和红光，因此具有独特的光谱特征。此外，与裸露土壤或水体相比，植被吸收的红光更多。

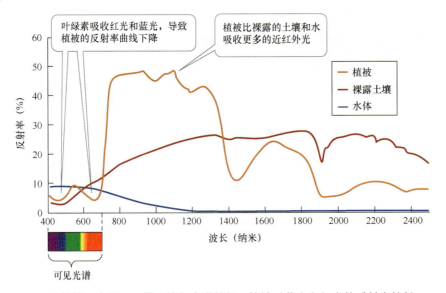

图A　植被、水体和裸露土壤的光谱特征。植被对蓝光和红光的反射率较低

　　测量陆地或水面对特定光的反射后，生态学家可以使用已开发的几个指数估算净植被覆盖率。最常用的指数之一是归一化差异植被指数（NDVI），它使用近红外光和红光的反射率之差来估算叶绿素密度：

$$NDVI = \frac{NIR - red}{NIR + red}$$

式中，NIR是近红外光（700～1000纳米）的反射率，red是红光（600～700纳米）的反射率。注意，图A中植被的光谱特征显示，相对于水体和土壤的光谱特征，红光和近红外光的反射率差异很大，因此植被的NDVI值较高，而水体和土壤的NDVI值较低。

　　利用卫星（见图B）可在大空间尺度上对地球表面和大气层的光反射进行遥感，且卫星会将测量结果传送到接收站。根据地表测量的空间分辨率和测量波长的数量，卫星遥

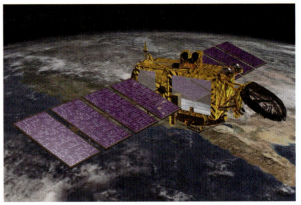

NASA/JPL-Caltech

图B　卫星遥感。星基遥感设备测量地球对太阳辐射的反射率，为生态学家提供宏观区域的NPP和其他现象的观测数据

感会产生大量需要处理的数据。计算能力的提高增强了遥感的空间和时间能力，成为测量净生产力以及森林砍伐、荒漠化、大气污染和生态学家感兴趣的许多其他现象的有力工具。

另一种估算NEE的非侵入方法是在植物冠层的不同高度以及冠层上方的空气中频繁测量二氧化碳和微气候。这些区域中的空气运动很复杂，但可建模为空气涡旋。这些涡旋可用不同高度的高频测量值来模拟。这种技术（称为涡度协方差或涡度相关）利用了光合作用和呼吸作用在植物冠层与大气之间形成的二氧化碳浓度梯度。白天，当植物进行光合作用时，植物冠层中的二氧化碳浓度低于植物冠层上方空气中的二氧化碳浓度。夜晚，当光合作用停止但呼吸作用继续时，冠层中的二氧化碳浓度高于大气中的浓度。建在森林、灌木丛和草原冠层中的设备塔已被用于长期测量二氧化碳的NEE（见图20.9）。根据设备塔的高度，涡度协方差可提供周围数平方千米区域的综合NEE。

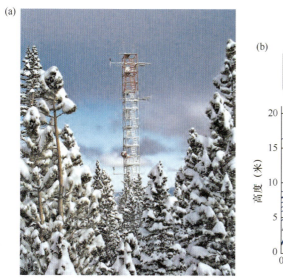

(a)

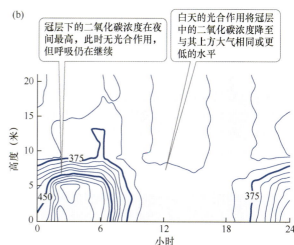

(b)

冠层下的二氧化碳浓度在夜间最高，此时无光合作用，但呼吸仍在继续

白天的光合作用将冠层中的二氧化碳浓度降至与其上方大气相同或更低的水平

图20.9　NEE的涡度协方差估算值。(a)科罗拉多州尼沃特山脊上亚高山森林上方的设备塔。塔上的设备定期测量微气候（温度、风速、辐射）和大气中的CO_2浓度，以估算CO_2的净生态系统交换；(b)在夏季24小时内测量的西伯利亚北方森林从地表到树冠上方的CO_2浓度（毫克/升）。平均树冠高度为16米

分析数据20.1　森林砍伐会影响大气中的CO_2浓度吗？

森林每年从大气中吸收大量的二氧化碳，通过光合作用将其转化为固定的碳。然而，偶尔会有大量森林因火灾、昆虫捕食、疾病和人类活动而死亡。下面的两项研究揭示了这一问题。

在过去十年间，山松甲虫在整个北美洲西部杀死了数百万棵树。库尔茨等人研究了加拿大不列颠哥伦比亚省大规模甲虫肆虐的影响。研究小组在甲虫肆虐前后测量和估算了NPP与异养呼吸作用。使用他们的数据（如下）回答问题1和问题2。

	NPP（克碳/平方米/年）	异养呼吸（克碳/平方米/年）
肆虐前	440	408
肆虐后	400	424

1. 在山松甲虫肆虐前，森林吸收的CO_2是否比释放的多？换言之，森林是大气中CO_2的汇还是源？
2. 在山松甲虫肆虐后，森林是大气中CO_2的汇还是源？这种与大气的净碳交换趋势在未来100年内发生变化吗？

热带雨林生物群落中的树木也在迅速减少，因为土地用途发生了变化。人类正在将热带雨林转变为牧场，而这改变了这个生物群落的NEE。沃尔夫等人在一项将巴拿马热带牧场的NEE与热带次生林的NEE进行比较的研究中得到了以下数据，使用这些数据回答问题3和问题4。

	GPP（克碳/平方米/年）	总呼吸（自养+异养）（克碳/平方米/年）
热带牧场	2345	2606
热带次生林	2082	1640

3. 热带牧场的NEE是多少？热带次生林的NEE是多少？

4. 如表20.1所示，如今热带雨林生物群落占陆地NPP的35%。地球总陆地表面的NEE每年净吸收3拍克碳。考虑这些因素，使用问题3得到的NEE数据确定将一半现有热带雨林改为牧场后，全球年碳吸收量会减少多少。

水生生态系统　淡水和海洋生态系统中的主要自养生物是浮游植物。浮游植物的生命周期比陆地植物的生命周期短，给定时间内的积累生物量低，因此不使用收获技术来估算浮游植物的NPP，但可以使用收获技术来估算海草和大型藻类的NPP。估算NPP的一种方法涉及测量瓶内水样中光合作用和呼吸的速率，并在收集地点使用光照（光合作用）和不使用光照（呼吸作用）进行培养。

使用星载设备对海洋中的叶绿素浓度进行遥感可以估算出海洋NPP。与陆地遥感一样，可以基于不同波长光吸收和反射的指数来指示叶绿素吸收了多少光，然后使用光利用率系数将光吸收与NPP相关联。

如图20.7所示，北极和热带生态系统之间的NPP差异可能高达50倍。下一节将介绍影响不同生态系统之间NPP差异的非生物和生物因素的作用。

20.3　NPP的环境控制

如前所述，NPP在空间和时间上有着很大的差异，而这种差异的很大一部分与气候差异有关。本节介绍限制NPP速率的因素。

20.3.1　陆地生态系统中的 NPP 受气候控制

从大陆尺度到全球尺度，陆地NPP的变化与温度和降水的变化相关。随着年平均降水量的增加，NPP增加，直到降水量每年约为2400毫米时达到最大值，然后在某些生态系统（如高山热带雨林）中下降，但在其他生态系统（如低地热带雨林）中不下降（见图20.10a）。NPP在极高降水量下可能下降，原因有多个。长时间的云层覆盖会减少光照，大量降水会从土壤中浸出养分，而高土壤含水量会导致缺氧，对植物和分解者都造成压力。

NPP随着年平均气温的增加而增加（见图20.10b）。然而，这并不意味着生态系统碳存储也有同样的作用。由于异养生物的呼吸作用，生态系统中的碳损失会随着温度的升高而增加，因此NEE可能减少。多项证据表明，过去几十年的气候变化已改变某些生态系统的NEE。例如，曾经是碳汇（GPP大于因呼吸作用导致的碳损失）的苔原地区现在变成了碳源（呼吸作用导致的碳损失大于GPP）。这些变化正在增加向大气中排放的CO_2。

NPP与气候的这些相关性表明NPP与降水量和温度直接相关。考虑水通过气孔的开闭对光合作用的直接影响以及温度对促进光合作用的酶的影响时，这种联系是有意义的。在沙漠和一些草原生态系统中，水对NPP有很大的影响。在其他不缺水的生态系统中，降水和NPP之间的因果关系不太明显。

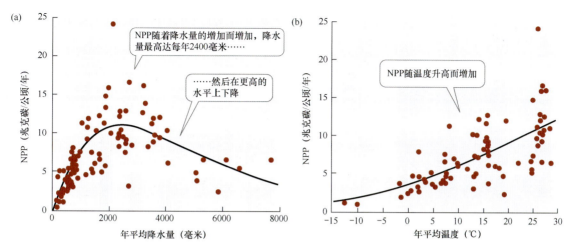

图20.10 全球陆地NPP模式与气候相关。图中显示了全球陆地生态系统NPP与(a)降水量和(b)温度的关系

气候和NPP之间的联系也可能是间接的，受到诸如气候对可用养分或特定生态系统内植物物种的影响等因素的调节。如何检测气候对NPP的影响是直接的还是间接的？生态学家使用了多种观察和实验方法。劳恩罗斯和萨拉研究了矮草草原生态系统中NPP是如何响应降水的年际变化的，还研究了美国中部不同地区多个草原生态系统的年平均NPP和降水量。当他们比较两个分析中NPP和降水量之间的相关性时，发现与矮草草原生态系统中的年际比较相比，在地点间的比较中，随着降水的增加，NPP增加得更多（见图20.11）。他们将NPP对降水量的响应差异归因于草原间植物物种组成的差异。一些草种比其他草种具有更大的内在能力来增加生长，以响应更大的降水量，这与它们产生新芽和花的能力更大有关。劳恩罗斯和萨拉还建议，矮草草原生态系统对降水量增加的响应存在时间滞后，即NPP对降水量增加的响应并未发生在同一年，而是延迟了一年到几年。在草原生物群落中，不同物种对气候变化的响应能力差异可能导致地点间NPP的差异，进而影响不同地点间气候和NPP之间的相关性。

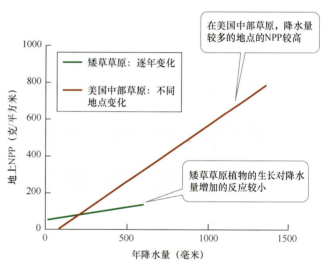

图20.11 NPP对降水量变化的敏感性因草原生态系统而异。地上NPP与降水量之间的关系显示了矮草草原生态系统和美国中部不同地点的几种不同类型的草原生态系统

操控水、养分、二氧化碳和植物物种组成的实验验证了这些因素对NPP的直接影响。大量实验的结果表明，养分（特别是氮）控制着陆地生态系统的NPP。例如，鲍曼、西奥多斯及其同事在落基山脉南部的高山群落中进行了施肥实验，以确定养分是否限制了NPP。他们知道，高山群落之间NPP的空间差异与上述草原生态系统中的土壤含水量差异相关。鲍曼及其同事的施肥实验在两个群落中进行，一个是养分贫瘠的干草地，另一个是养分丰富的湿草地。他们试图确定：养分是否影响NPP，如果影响，两个群落之间的响应是否有所不同。他们在两个群落的不同地块中加入了氮或磷，或者氮和磷，并将未加入养分的地块作为对照地块。结果表明，在干草地中氮限制了NPP，而在湿草地中氮和磷都限制了NPP（见图20.12）。另一个实验表明，尽管各群落间NPP与土壤湿度

正相关，但向干草地中加入水并未增加NPP。这些结果表明，高山群落中土壤湿度与NPP的相关性并不表示直接的因果关系。

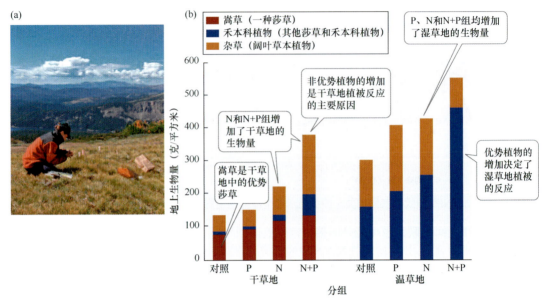

图20.12 养分影响高山群落的NPP。(a)科罗拉多落基山脉高山干草地群落中的施肥地块，以莎草、牧草和禾本科植物为主；(b)对资源贫乏的干草地和资源丰富的湿草地中的地块施加氮、磷及氮和磷，结果表明养分限制了净生产力

仔细观察图20.12b可以发现，所有植物物种分组的净生产力增加幅度并不一致。高山干草地的主要植物高寒蒿草的生物量增加幅度不及不常见的莎草和禾本科植物。干草地净生产力变化主要是由于实验地块内植物物种组成发生了变化。而湿草地的情况并非如此，在湿草地上，优势莎草比次优草本植物的生长量增加得多。这些结果与许多施肥实验结果的总体趋势一致，即资源贫乏群落的植物物种对施肥的生长反应低于资源丰富群落的物种。这种明显的矛盾是由植物物种对施肥的反应不同造成的。资源贫乏群落的植物往往具有较低的内在生长率，而这会降低它们对资源的需求。资源丰富群落的植物往往具有较高的生长率，因此能更好地竞争资源，尤其是光照。虽然养分贫乏的群落在施肥后NPP增加，但许多此类实验中植物物种组成的变化表明，当资源增加时，植物物种组成将决定生态系统增加NPP的内在能力（见图20.13）。

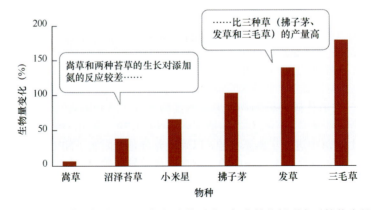

图20.13 高山植物对添加氮的生长反应。氮含量从低到高对植物生长的影响表明，高山植物物种对氮含量增加的反应能力有很大的差异

在非沙漠陆地生态系统中，NPP通常受养分的限制。通过资源操控实验及对植物和土壤化学性质的测量，发现陆地生态系统类型之间存在一些普遍差异。在低地热带雨林中，净生产力通常受到磷的限制，因为相对于其他养分而言，相对古老的淋溶热带土壤的磷含量较低。其他养分（如钙和钾）也会限制低地热带生态系统。山地热带生态系统及大多数温带和北极生态系统受氮的限制，有时也受磷的限制。

20.3.2 水生生态系统中的 NPP 受养分的控制

湖泊生态系统中的初级生产者是浮游植物和根生大型植物。湖泊生态系统的NPP经常受磷和氮的限制，这不仅可从实验操控的结果得知，还可从废水排入湖泊引发的不经意"实验"得知。

确定湖泊NPP对养分变化的影响的一种方法是，在湖泊中放置半透明的或顶部开口的容器（称为湖泊围栏），容器内的湖水中添加了一种或多种养分（见图20.14）。通过测量叶绿素浓度或浮游植物细胞数量的变化，可以测量NPP的响应。

关于养分对湖泊NPP影响的最有说服力的研究之一是席德勒进行的一系列全湖施肥实验。这些实验始于1969年安大略省的实验湖泊区：由58个小湖组成的区域。北美洲和欧洲湖泊水质下降的担忧促使席德勒及其同事开展了几项实验，以确定废水中的养分输入是否与观察到的浮游植物生长显著增加有关。他们向几个单独湖泊的全部或一半添加了氮、碳和磷。这些实

图20.14　湖泊围栏。一名研究人员在阿拉斯加科尔多瓦附近麦金利湖的湖泊围栏内浮潜，该区域进行了施肥实验，以研究养分对NPP的影响

验的结果为磷限制NPP提供了有力证据（见图20.15）。在对磷添加的响应中，蓝藻丰度的大量增加是NPP增加的原因。当然，也存在基于小规模施肥实验和水中氮磷比测量的高海拔湖泊NPP的氮限制证据。

溪流和河流中的NPP通常较低，这些生态系统中的大部分能量源自陆地有机物。水流限制了浮游植物的丰度，除非水速相对较低。溪流和河流中的大部分NPP来自浅水区底部附着的大型植物和藻类的光合作用，这些地方有充足的光照进行光合作用。河流中的悬浮沉积物限制光线穿透的水深，因此浑浊度通常控制着NPP。氮和磷等养分也可能限制溪流和河流中的NPP。海洋NPP通常受到养分的限制，但具体的限制性养分因海洋生态系统类型而异。河口相对于其他海洋生态系统而言富含养分。河口之间NPP的变化与来自河流的氮输入量的变化相关联。农业和工业活动增加了河口氮输入，导致藻类周期性爆发（藻华）。藻华与全球400多个近岸生态系统中"死亡区"的形成有关，死亡区的特征是鱼类和浮游动物的死亡率高。

开阔海洋中的NPP主要来自浮游植物，包括称为微微型浮游生物的一组细胞（直径小于1微米）。微微型浮游生物贡献了海洋NPP总量的50%，马尾藻之类的漂浮海藻垫的贡献较小。在近岸区域，海带林的叶面积指数和NPP速率可能与热带雨林的一样高。海草甸（如大叶藻）在浅近岸区域也是NPP的重要贡献者。

在大部分开阔海域，NPP受氮的限制。然而，在赤道太平洋，即使是在NPP峰值期间也能检测到氮，表明有其他因素限制NPP。马丁及其同事测量了太平洋开阔水域的营养盐浓度，且进行了添加营养盐的培养实验，发现向瓶中添加铁会增加NPP。

图20.15　湖泊对磷肥的实验响应。作为席德勒关于养分对净生产力影响的实验的一部分，226号实验湖泊被分成两部分

　　基于铁在某些海洋区域限制NPP的证据，马丁提出亚洲风尘（铁的重要来源）可能通过影响海洋NPP来影响大气中的二氧化碳浓度，在全球气候系统中扮演重要角色。在冰川期，大片缺乏植被的大陆地区可能提供了能够肥沃海洋的风尘。随着海洋生态系统NPP的增加，这些生态系统可能从大气中吸收更多的二氧化碳。马丁建议将这些发现用于应对全球变暖，当时他说道："给我半船铁，我给你一个冰河时代。"他建议进行大规模实验来调查铁对海洋NPP的影响。遗憾的是，马丁于1993年去世而未能实施其宏伟实验。

　　马丁的同事随后在1993年进行了首次实验：向加拉帕戈斯群岛西部赤道太平洋的表层水添加硫酸铁。这次实验也称IronEx I。在IronEx I期间，445千克的铁肥沃了64平方千米的区域，导致浮游植物生物量翻倍，NPP增加4倍（见图20.16）。随后又进行了三次实验：第一次是在1995年（IronEx II），浮游植物生物量增加10倍；第二次是在1999年，地点是南大洋；第三次是在2002年，地点也是南大洋。虽然铁限制假说得到了这些和其他实验的支持，但肥沃大面积海洋不太可能提供解决大气二氧化碳浓度上升和全球气候变化的方案。浮游植物吸收的部分二氧化碳最终通过消耗浮游植物的浮游动物和细菌呼吸重新排放到大气中。此外，铁会相对较快地从表层光合区沉降到较深处，无法支持浮游植物的光合作用和生长。大规模施加铁还可能对海洋生物多样性产生不利影响，导致形成类似于河口氮输入导致的大型死亡区。遥感和涡度相关技术的发展提高了我们识别全球模式的能力，详见下一节的讨论。

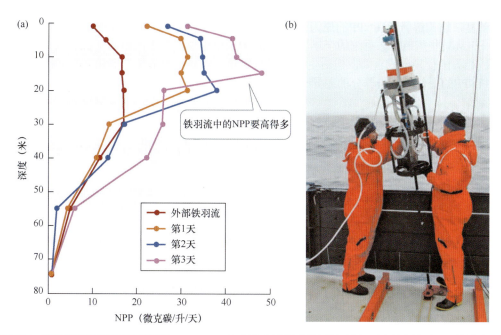

图20.16　施铁肥对海洋NPP的影响。IronEx I向赤道太平洋释放了铁羽流，以研究铁对NPP的影响。(a)垂直剖面图显示铁羽流内外不同深度于三个特定日期的净初级生产力；(b)研究人员用泵向海洋中添加铁

图中文字：铁羽流中的NPP要高得多

图例：
外部铁羽流
第1天
第2天
第3天

纵轴：深度（米）
横轴：NPP（微克碳/升/天）

20.4　NPP的全球格局

　　哪些生物群落和海洋生物区的NPP最高，进而对大气CO_2动态的影响最大？了解NPP在全球尺度上的变化是理解生物因素如何影响全球碳循环，以及未来生物群落的变化如何影响气候变化的关键。

　　全球净初级生产力的最初估算方法如下：比较不同生物群落的地块测量结果，然后利用这些生物群落空间分布的估算值进行放大。估算值存在误差，这与不同生物群落实际覆盖面积的不确定性有关，而且如果用未受干扰的年老森林实验地块来代表一个生物群落，那么也可能高估净初级生产力。现在，遥感数据可让我们快速测量净初级生产力，进而估算出地球吸收二氧化碳的能力及其对气候变化的响应。

20.4.1　陆地和海洋 NPP 几乎相等

　　菲尔德及其同事根据多年收集的遥感数据，估算出地球上的NPP总量为10^5拍克碳/年（1拍克 ＝ 10^{15}克）。他们认为，54%的碳被陆地生态系统吸收，剩余46%的碳被海洋中的初级生产者吸收。他们对海洋NPP的估算值（达到48拍克碳/年）大大高于之前的估算值。尽管陆地和海洋对全球总净初级生产力的贡献相似，但陆地表面的平均净初级生产速率（426克碳/平方米/年）高于海洋（140克碳/平方米/年），但海洋的较低净初级生产速率可被其覆盖地球表面71%的较大百分比补偿。

　　海洋和陆地的大部分表面都是NPP相对较低的区域。陆地上最高的NPP出现在热带（见图20.17）。这种模式源于纬度上气候和生长季节长度的差异。较高纬度的生长季节较短，植物矮小、稀疏，低温通过降低养分的分解速率限制了NPP。热带生长季长，降水量大，因此会提升NPP。NPP在热带北侧和南侧约25°处下降，反映了与哈德利环流下沉空气产生的高压带相关的干旱增加。另一个陆地NPP峰值出现在中纬度地区，这里有温带森林生物群落。中高纬度的NPP显示出强季节趋势，夏季达到峰值，冬季下降。相比之下，热带的NPP季节性趋势通常较小，与湿-干周期相关联。

　　陆地生物群落间NPP的大部分变异与叶面积指数的差异有关。类似地，海带林等海洋大型植

物群落的复杂结构解释了高NPP的原因（见表20.1）。此外，生长季节的长度在陆地生物群落间显著不同——从某些热带生态系统的全年到苔原的100天或更少。与不同植物生长形式（如草本植物与灌木）相关的变异也很重要，但对生物群落间变异的贡献不如生长季节和叶面积指数大。水生生态系统NPP的变化主要与养分的差异有关。

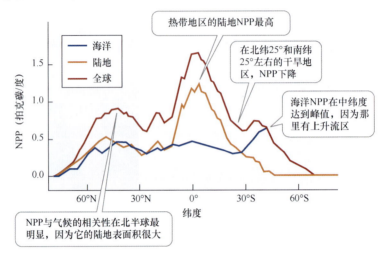

图20.17　NPP的纬度变化。NPP是根据卫星遥感数据估算的，注意陆地模式与全球年平均温度和降水模式的强相关性

表 20.1　陆地生物群落和海洋省之间 NPP 的变化

	NPP（克碳/平方米/年）	总 NPP（拍克碳/年）	占全球 NPP 的百分比（%）
生物群落			
热带雨林	2500	21.9	22.7
热带稀树草原	1080	14.9	15.4
温带森林	1550	8.1	8.4
温带草原	750	5.6	5.8
针叶林	390	2.6	2.7
温带灌丛	500	1.4	1.4
苔原	180	0.5	0.5
沙漠	250	3.5	3.6
农作物	610	4.1	4.2
陆地合计		62.6	64.8
海洋省			
贫营养（如公海）	91	14.5	15.0
中营养（如浅海）	132	15.7	16.3
富营养（如上升流区、珊瑚礁）	422	2.8	2.9
大型植物（如海带林、海草）	1500	1.0	1.0
海洋合计		34.0	35.2

　　所有这些NPP会发生什么？下一节介绍与次级生产力相关的概念。第21章将介绍生物之间的能量流动及其对种群增长、群落动态和生态系统功能的影响。

　　海洋NPP在纬度40°至60°达到峰值（见图20.17）。这些峰值与上升流区有关，上升流区是洋流将富含养分的深水带到地表的区域。高NPP也与这些纬度的河口有关。海洋NPP的季节性趋势也存在，但幅度小于陆地表面。

20.4.2 不同生物群落间 NPP 的差异反映了气候和生物变异

鉴于生物群落与纬度气候变异相关，NPP在不同生物群落间的差异并不令人惊讶。例如，热带的高NPP与热带雨林、草原和稀树草原相关，高纬度的低NPP与寒带森林和苔原相关。热带雨林和稀树草原贡献了约60%的陆地NPP和全球约38%的NPP（见表20.1）。在海洋中，上升流区（富营养区）具有高NPP，但它们覆盖的海洋面积不到5%。尽管覆盖的海洋面积比开阔海洋小，但浅海（中营养区，大型植物）NPP几乎占海洋NPP的一半。尽管开阔海洋的NPP低，但面积广阔，因此构成了海洋NPP的大部分以及约40%的全球NPP。

20.5　次级生产力

通过消耗其他生物产生的有机化合物所获得的能量称为**次级生产力**。以这种方式获得能量的生物称为**异养生物**，包括古细菌、细菌、真菌、动物甚至少数植物。

异养生物根据其消耗的食物类型进行分类。最一般的类别是：**食草动物**，消耗植物和藻类；**食肉动物**，消耗活动物；**食腐动物**，消耗死有机物（碎屑）。既消耗活植物有机物又消耗动物有机物的生物称为**杂食动物**。有时会将进一步的取食偏好细化到用来描述异养生物的术语中。例如，以昆虫为食的动物称为**食虫动物**。下面简要介绍一些次级生产力的概念。第21章将详细讨论次级生产力，以及次级生产力与营养级之间能量转移的数量和效率、陆地和水生生态系统中次级生产力规模的控制以及食物网的概念之间的关系。

20.5.1　从食物来源的同位素组成可以确定异养生物的取食偏好

化学成分是异养生物从食物中获益的重要决定因素，特别是碳与氮、磷等养分的比例会影响异养生物的生长速度和繁殖能力，进而影响它们的次级生产力。

确定异养生物吃什么可能很简单，一种方法是观察它们的进食。不过，这种观察既费时又不精确。另一种方法是检查它们的排泄物，这也可能不精确，且工作起来不愉快。还有一种确定异养生物食物的方法是测量稳定同位素。碳、氮和硫的天然稳定同位素比值（$^{13}C/^{12}C$、$^{15}N/^{14}N$和$^{34}S/^{32}S$）会因潜在食物的不同而不同。测量异养生物及其潜在食物来源的同位素组成可以确定其食物来源。

骨骼标本的同位素测量被用于研究灭绝动物及现代动物的饮食。使用同位素测量解决的喂养生态学之谜之一是欧洲洞熊的饮食。洞熊约在2.5万年前即最后一个冰河时代的高峰期灭绝。洞熊比今天温带的熊大得多，几乎是北美洲现代灰熊体形的3倍。对洞熊牙齿和颌骨结构的检查，使得一些哺乳动物学家假设它们主要是食草动物。然而，植物是一种质量较差的食物，这就使得人们怀疑啃食植物能否充分维持体形庞大的熊。希尔德布兰德及其同事测量了世界各地博物馆提供的骨骼样本的碳和氮同位素组成。这些样本包括洞熊和与洞熊同时出现的食草动物（长毛犀牛、长毛猛犸象、马和现代牛的祖先——瘤牛）。希尔德布兰德及其同事发现，洞熊骨骼的同位素组成与更新世食草动物的不同（见图20.18）。利用食物来源的同位素组成信息，研究人员推测洞熊的食物由58%的肉类组成。这一发现推翻了洞熊主要是食草动物的假设，表明它们的食物主要是肉类。在这项研究

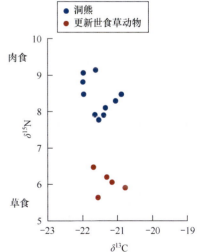

图20.18　同位素组成与饮食。洞熊和食草动物博物馆标本骨骼的碳和氮同位素组成。同位素组成用较重同位素与较轻同位素或标准同位素之比表示，数字越大，表示重同位素越多

和其他研究中，同位素测量为确定动物的饮食提供了有用的工具，因为它比其他技术更准确、更全面，也更省时。

20.5.2 净次级生产力等于异养生物生长

非异养生物消耗的所有有机物并不都被整合到异养生物的生物量中：一部分用于呼吸，一部分被排泄（通过尿液和粪便损失）。净次级生产力是摄入、呼吸损失和排泄之间的平衡：

净次级生产力 = 摄入 − 呼吸损失 − 排泄

异养生物的净次级生产力取决于食物的质量，即与食物的可消化性和养分含量有关。此外，异养生物的生理机能影响其食物摄入量转化为生长的效率。呼吸速率高的动物（如恒温动物）分配给生长的能量较少。

由于捕食食草动物、植物防御以及许多植物的低养分含量，在大多数陆地生态系统中，净次级生产力只是NPP的一小部分，详见第21章。与陆地生态系统相比，水生生态系统中净次级生产力占NPP的比例更大。在大多数生态系统中，净次级生产力的大部分与食腐动物有关，主要是细菌和真菌。

案例研究回顾：深蓝海洋中的生命何以存在？

本章强调了光合自养生物作为生态系统能量来源的重要性，因为进入生态系统的绝大部分能量来自太阳辐射。然而，生态系统的另一种能量来源是化学合成。一些细菌可用硫化氢（H_2S 和相关化学形式HS^-和S^{2-}）等化学物质作为电子供体来吸收二氧化碳，并将其转化为碳水化合物：

$$S^{2-} + CO_2 + O_2 + H_2O \rightarrow SO_4^{2-} + (CH_2O)_n$$

通过化学合成为生态系统提供能量的细菌称为化能自养细菌。在发现热液喷口之前，化能自养细菌的存在至少已被人们所知一个世纪，但它们在为喷口生物群落提供能量方面的作用尚不确定。最初，有假说认为热液喷口周围的高速水流有助于将光照区的有机物直接输送给滤食性无脊椎动物。然而，多个证据表明化能自养生物是这些生态系统的主要能量来源。首先，喷口无脊椎动物体内的碳同位素比值（$^{13}C/^{12}C$）与光照区浮游植物体内的碳同位素比值不同（见生态工具包5.1）。其次，从热液喷口收集到的管虫缺乏口部和消化系统。这些无肠管虫还具有称为滋养体的结构，滋养体由高度血管化的组织组成，其中包含大量含有细菌的专门细胞（见图20.19）。在滋养体中发现有元素硫，表明硫化物在管虫体内发生了化学转化。在滋养体中还发现了与卡尔文循环相关的酶，卡尔文循环是自养生物用于合成碳水化合物以及与硫代谢相关的酶的生化途径。此外，从喷口生物群落中收集的蛤蜊和其他软体动物缺乏一些用于滤食的关键组织，

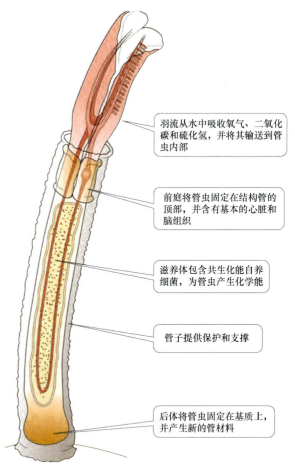

羽流从水中吸收氧气、二氧化碳和硫化氢，并将其输送到管虫内部

前庭将管虫固定在结构管的顶部，并含有基本的心脏和脑组织

滋养体包含共生化能自养细菌，为管虫产生化学能

管子提供保护和支撑

后体将管虫固定在基质上，并产生新的管材料

图20.19　管虫解剖。管虫的许多特殊结构使得它能很好地适应热液喷口环境

它们还在专门的组织中含有大量细菌，以及与卡尔文循环相关的酶。

所有这些证据都表明，深海热液喷口生物群落的能量来自化能自养细菌。这些细菌还有助于水中硫化物的解毒。许多丰富的海洋热液喷口生物与细菌有共生关系，也就是说，它们会将化能自养细菌安置在体内。

这种相互作用是第15章中描述的那种互利共生关系吗？存储细菌的管虫和蛤蜊通过获得碳水化合物来为其代谢、生长和繁殖提供能量，以及通过解毒硫化物而受益。细菌是否从无脊椎动物身上获得任何益处？答案是肯定的：无脊椎动物为其提供了与周围水域不同的化学环境，如更多的二氧化碳、氧和硫化物，这比其在水域或喷口周围的沉积物中自由生活所能获得的多得多。因此，细菌和无脊椎动物之间的共生关系是互惠的，因此其生产力比单独生活生物的生产力更高。

20.6　复习题

1. 为什么了解生态系统中的初级生产力很重要？
2. 植物将通过光合作用获得的能量分配给不同的功能，包括生长和新陈代谢。对生长能量的分配可优先针对特定的器官，如叶、茎、根或花。当陆地生态系统的NPP增加时，植物器官之间的能量分配如何变化？
3. 一些对控制苔原NPP变化的潜在因素感兴趣的生态学家测量了多个地点多年来的植物生长情况，还测量了空气和土壤温度、风速、太阳辐射和土壤湿度。分析数据时，他们发现NPP与所测量物理环境因素最相关的是土壤温度。由此，研究人员得出结论：苔原的NPP受控于土壤温度对根的生长的影响。这个结论正确吗？
4. 使用收获技术和遥感技术测量NPP有哪些优缺点？

第21章　能量流和食物网

偏远地区的毒素：案例研究

北极被认为是地球上最原始的地区之一。相对于大多数人居住的温带和热带，人类对其环境的影响被认为是相对轻微的，因此北极是最不可能发现生物体内高浓度污染物的地方之一。

20世纪80年代中期，毒理学家杜韦利正在研究魁北克南部地区母亲母乳中多氯联苯（PCB）的浓度。PCB是一类称为持久性有机污染物（POP）的化合物，因为它们在环境中的留存时间很长。POP源自工业和农业活动，以及工业、医疗或市政废物的燃烧。接触PCB已与癌症发病率增加、抗感染能力下降、儿童学习能力下降以及新生儿出生体重降低相关联。

杜韦利正在寻找一个来自原始地区的群体作为其研究的对照组。他招募了一些来自加拿大北极的因纽特母亲作为对照。因纽特人主要是自给型猎人，不直接接触产生POP的发达工业或农业（见图21.1）。因此，杜韦利假设因纽特母亲的母乳中几乎没有或根本没有PCB，以便为比较工业化程度较高的地区人口提供基准。

图21.1　维持生计狩猎。 因纽特猎人正在剥海豹皮，海豹是他们在人烟稀少的北极成功猎捕的

杜韦利发现的结果令人震惊：因纽特妇女母乳中的PCB浓度是魁北克南部地区女性的7倍之多（见图21.2）。库恩莱茵同期的研究加强了这一令人担忧的发现——在加拿大东北部的一个因纽特社区，约三分之二的儿童血液中的PCB水平超过了加拿大的健康指南标准。更广泛的调查显示，POP在因纽特人群中普遍存在。格陵兰岛因纽特社区多达95%的人的血液中的PCB水平超过了健康标准。

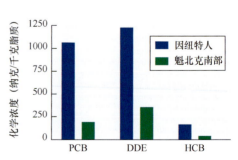

图21.2　加拿大女性体内的持久性有机污染物。 研究发现，加拿大北极因纽特母亲的母乳中的PCB和另外两种持久性有机污染物——二氯二苯基二氯乙烯（DDE）和六氯苯（HCB）的浓度远高于魁北克南部地区母亲的母乳

21.1　引言

为了讨论生态系统中的能量流动，下面从北极转移到一个温暖的地方：北美洲沙漠。沙漠中包含多样性的植物、动物和微生物组合。这种多样性体现在构成沙漠动物群落的动物的大小、形状和生理变化上——从土壤中的线虫到植物冠层中的蚱蜢，再到天空中的鹰。在生态功能的背景下，将这些动物联系在一起的不一定是它们的物理外观或进化关系。相反，它们的生态角色是由它们吃什么及什么吃它们——它们的取食或营养级相互作用来决定的。换句话说，一种生物对生态系统中能量和养分流动的影响是由它消费的食物类型及消费它的生物决定的。例如，蚱蜢和蝎子都是节肢动物，具有类似的形态和生理学特征，但它们对沙漠生态系统中能量流动的生态影响截然不同。在能量流动的语境中，蚱蜢与黑尾鹿而非蝎子更相似。蚱蜢和黑尾鹿都是广义上的食草动物，消费多种沙漠植物物种。相比之下，蝎子是一种主要以昆虫为食的食肉节肢动物，因此其生态角色与红隼而非蚱蜢更相似。

这些毒素是如何进入因纽特人生活的北极环境的？在因纽特人的组织中发现的POP在多数环境温度下呈气态。这些化合物在低纬度的工业区产生，并在较高的温度下进入大气，但当被风携带到寒冷的北极时，它们凝结成液态并从大气中落下（有时以雪花的形式）。自20世纪70年代以来，北美洲大部分POP的生产和使用已被禁止，但一些发展中国家仍在生产POP，它们是北极发现的这些化合物的重要来源。虽然POP的排放已经减少，但这些化合物可能在北极的雪和冰中存留数十年，每年春季和夏季随着冰雪融化而缓慢释放。

虽然POP的来源已知，但它们在因纽特人体内的高浓度仍是一个谜。他们的饮用水中的POP浓度不足以解释这一现象。一个线索来自毒素在人体内的水平与他们的饮食偏好之间的相关性。那些传统上以海洋哺乳动物为食的群体往往具有最高的POP水平，而以驯鹿为食的群体则具有较低的POP水平。随着在本章追踪能量和物质通过生态系统流动的路径，我们将揭示这种差异的生态基础。

本章继续讨论从第20章开始的能量问题，描述能量在生态系统中的流动以及控制能量在不同营养级中流动的因素。本章还将生态系统中的取食关系视为物种间错综复杂的相互作用网络，这一视角对能量流动、生态系统功能以及物种相互作用和群落动态有着重要意义。

21.2　取食关系

第20章介绍了林德曼根据生物如何获取能量来分类生态系统中生物群体的简化方法。他不是根据它们的分类学身份进行分组的，而是根据它们在生态系统中如何获取能量进行分组的。本节深入了解这些取食分类。

21.2.1　生物可以划分出不同营养级

每个取食类别或营养级都基于其与自养生物之间隔着的取食步骤数量（见图21.3）。第一营养级由自养生物组成，即从阳光或无机化合物中生成化学能的初级生产者。第一营养级也产生了生态系统中大部分的死亡有机物，这也为生态系统中的生物提供了能量。在沙漠生态系统中，第一营养级包括所有植物，我们将其合并为一个群落，而不考虑它们的分类学身份。在林德曼的湖泊生态系统中，第一营养级主要由死亡有机物及浮游植物和池塘植物等自养生物组成。第二营养级由消费自养生物的食草动物组成——在沙漠生态系统中包括蚱蜢和黑尾鹿，以及消费死亡有机物的食腐动物。剩下的营养级（第三级及以上）包含消费下一级动物的食肉动物。在沙漠生态系统中，第三营养级的主要食肉动物包括小型鸟类和蝎子，构成第四营养级的次级食肉动物的例子则是狐狸和猛禽。大多数生态系统有四个或更少的营养级。

有些生物并不方便归入这里定义的营养级。例如，土狼是机会主义者，会食用植物、老鼠、其他食肉动物，甚至是旧皮靴。在营养级研究中，跨多个营养级取食的异养生物称为**杂食动物**。这类异养生物挑战了我们试图将生物简单地归类到取食类别中的努力。然而，它们的饮食可被划分，以反映它们在每个营养级消耗了多少能量。这种划分可使用稳定同位素来追踪食物来源（见生态工具包5.1）。因此，杂食动物占据中间营养级，具体取决于它们消耗的食物比例。杂食动物在许多生态系统中都很常见。

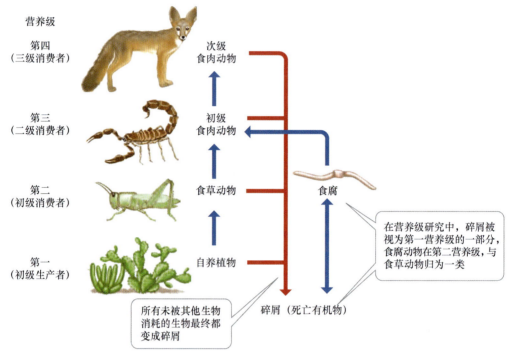

图21.3　沙漠生态系统中的营养级

21.2.2　所有生物要么被消费，要么最终变成碎屑

生态系统中的所有生物要么被更高营养级的生物所消费，要么成为死亡有机物的组成部分，即碎屑。在大多数陆地生态系统中，较小比例的生物量被消费，大部分能量则流经碎屑（见图21.4）。大部分能量流动发生在土壤中，因此我们并不能总是意识到其规模和重要性。死亡的植物、微生物和动物以及粪便被大量的食腐动物（主要是细菌、古细菌和真菌）在分解过程中消费。第22章将详细描述分解过程，特别是在营养循环的背景下。碎屑是第一营养级的一部分，因此食腐动物与食草动物都放在第二营养级。尽管基于自养生物和基于碎屑的营养级有时被视为是独立的，但它们通过初级生产、营养循环以及许多从植物和碎屑中获取能量的生物紧密相连。

通过碎屑的能量流动在陆地和水生生态系统中都很重要。陆地生态系统中的碎屑主要来自生态系统内部的植物。另外，流入溪流、湖泊和河口生态系统的大量碎屑源自外部的陆地有机物质。外部能量输入称为**外源性输入**，而系统内自养生物产生的能量称为**自源性能量**。进入水生生态系统的外源性输入包括植物的叶片、茎、木材和溶解有机物。这些输入从相邻的陆地生态系统落入水中，或者通过地下水流入。外源性输入在溪流和河流生态系统中往往比在湖泊和海洋生态系统中更重要。例如，在新罕布什尔州的熊溪中，99.8%的能量源于外源性输入，其余的能量源于溪流中底栖藻类和苔藓的净初级生产力（NPP）。相比之下，在旁边的镜湖中，自源性能量约占80%。然而，外源性能量质量通常较低。因此，实际被利用的外源性能量比例低于输入量所显示的比例。自源性能量输入的重要性通常从河流源头向中游增加，伴随着水流速度的减慢和养分浓度的增加。

炫蓝蘑菇

豹参

图21.4 通过碎屑的生态系统能量流动。碎屑被包括真菌在内的多种生物消费，如默特尔森林中的炫蓝蘑菇和大堡礁中的豹参

将生物分为不同的营养级可更容易地追踪生态系统中的能量流动，详见下面的介绍。

21.3 营养级之间的能量流动

热力学第二定律表明，在任何能量转移过程中，由于熵的增加，一些能量会作为不可用的能量散失。因此，可以预期，随着从第一营养级向上移动，累积的可用能量将随着营养级的增加而减少。从第5章和第20章关于初级生产力的介绍可知，自养生物和异养生物通过细胞呼吸失去化学能量，进而减少被它们消费的生物可以获得的能量。

本节详细介绍影响营养级间能量流动的因素。

21.3.1 营养级之间的能量流动可用能量或生物量金字塔描绘

将生态系统中的营养级关系概念化的一种常见方法是构建一堆矩形，其中的每个矩形都代表一个营养级中的能量或生物量。从低营养级到高营养级，这些矩形组合成了一个营养金字塔。通过描绘每个营养级的能量或生物量的相对数量，这些金字塔展示了能量如何在生态系统中流动。

如前所述，每个营养级的一部分生物量未被消耗，且每个营养级的能量有一部分在转移到下一个营养级时散失。因此，在营养能量金字塔中，随着我们从一个营养级移至上一个营养级，矩形的大小减小。在陆地生态系统中，能量金字塔和生物量金字塔通常是相似的，因为生物量通常是能量的良好替代（见图21.5a）。然而，在水生生态系统中，初级生产者（主要是浮游植物）的高消耗率和相对较短的寿命在某些情况下可能导致生物量金字塔相对于能量金字塔发生倒置（见图21.5b）。换句话说，在任何给定的时间，异养生物的生物量可能大于自养生物的生物量。但是，自养生物产生的能量仍然大于异养生物产生的能量。

在生产力最低的地方，如开阔海域的营养贫乏区域，这种生物量金字塔倒置的趋势最明显（见图21.5c）。这些营养贫乏区域中初级消费者生物量相对于生产者生物量的较高比例是由浮游植物周转率的加快造成的，这些浮游植物比营养丰富水域中的浮游植物具有更高的生长率和更短的寿命。因此，营养贫乏区域的浮游植物在单位时间内提供更大的能量供应。此外，在这些营养贫乏的水域中，碎屑对能量流动的贡献比例高于营养丰富的水域。

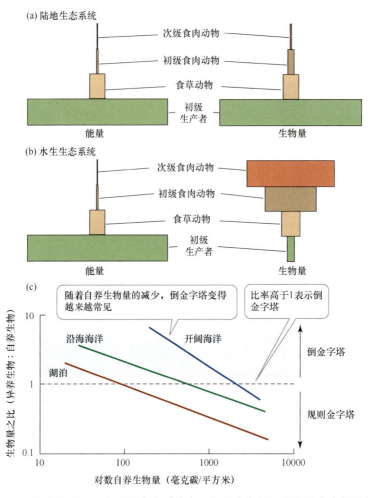

图21.5　营养金字塔。(a)在陆地生态系统中，能量金字塔和生物量金字塔是相似的；(b)在许多水生生态系统中，生物量金字塔相对于能量金字塔是倒置的；(c)水生生态系统中的倒置生物量金字塔在自养生物量低的营养贫乏水域中最常见

21.3.2　营养级之间的能量流动因生态系统类型而异

　　哪些因素决定了从一个营养级流向下一个营养级的能量大小？前面评估了影响陆生和水生生态系统NPP的因素，强调了非生物因素（如气候和养分供应）以及自养物种产生生物量的固有能力差异。我们有理由认为，流向较高营养级的能量与食物网底部的NPP有关。然而，我们将看到，情况并非如此简单。每个营养级被其上一个营养级消耗的比例，自养生物、碎屑和猎物的营养含量，以及能量转移的效率，也对营养级之间的能量流动起着决定作用。

　　比较陆地生态系统和水生生态系统中消耗的自养生物量的比例，可深入了解影响营养级之间能量流动的因素。从太空中观察，地球陆地表面的某些部分呈绿色，而海洋则呈蓝色。为什么陆地表面是绿色的而海洋是蓝色的？此外，富饶的湖泊也呈绿色。这些绿色区域的共同点是初级生产力远超食草动物的取食速度。与大多数水生生态系统中的食草动物相比，陆地上的食草动物消耗的自养生物量比例要低得多。平均而言，陆地的净生产力约13%被消耗，而水生生态系统中净生产力平均约35%被消耗。

　　NPP与食草动物消耗的生物量之间正相关（见图21.6）。这种关系在大多数生态系统类型中都成立，表明食草动物的数量受可用食物量的限制。为何陆地生态系统消耗的自养生物量比例相对较低？如果食草动物的净生产力受到植物提供的能量和养分的限制，为何陆生食草动物不消耗更大比例的生物量？

人们提出了几个假设来解释陆地生态系统中自养生物量消耗比例较低的原因。第一个假设是，海尔斯顿认为，与陆地生态系统相比，水生生态系统中食草动物的种群增长受到捕食的限制更大，因为水生生态系统中的高营养级更发达。捕食者可通过影响食草动物的数量来有效地影响自养生物的生物量。

第二个假设是，对食草动物的防御，次生化合物和结构防御可降低被消耗的自养生物量。资源贫乏环境（如沙漠和苔原）中的植物往往比资源丰富环境中的植物具有更强的防御能力。这种更强的防御能力可以解释为什么在资源贫乏的陆地环境中植物生物量的消耗比例较低。在水生生态系统中，单细胞藻类占自养生物量的大部分，它们通常缺乏陆生多细胞藻类的化学和结构防御能力。

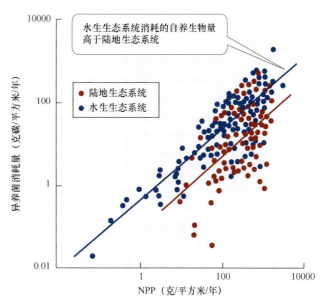

图21.6　**自养生物量的消耗与NPP相关**。陆地和水生生态系统中自养生物量的消耗随可用NPP的增加而增加

第三个假设是，浮游植物的化学成分使其对食草动物来说比陆生植物更有营养。陆生植物含有茎和木质等营养贫乏的结构材料，而水生自养生物通常不含这些材料。食草动物通常需要大量的养分（如氮和磷）来满足其结构生长、新陈代谢和蛋白质合成的需要。因此，养分与碳（碳代表能量）的比率是衡量食物质量的重要标准。陆地生态系统和水生生态系统中的自养生物之间的碳养分比有明显差异。与陆生植物相比，水生浮游植物的碳养分比更接近食草动物的碳养分比，因此更能满足食草动物的营养需求。这些因素（捕食、植物防御和食物质量）造成了生态系统中消耗的NPP比例的差异，尤其是水生生态系统中消耗的自养生物量更大。

21.3.3　能量转移效率因消费者而异

异养生物消耗的食物能量并不都转化为异养生物的生物量。有些能量会在再蒸发和排泄过程中损失。我们可用能量效率的概念来描述营养级之间的能量转移，即单位能量输入的能量输出。在研究营养系统中的能量转移时，使用了营养效率的概念，其定义是一个营养级的能量除以其下一个营养级的能量。营养效率包括可利用能量被消耗的比例（消耗效率）、摄入食物被消费者同化的比例（同化效率）以及同化食物用于产生新消费者生物量的比例（生产效率）（见图21.7）。

如上所述，并非一个营养级的所有生物量都被上一个营养级消耗掉。被摄取的生物量占可用生物量的比例就是消耗效率。水生生态系统的消耗效率通常高于陆生生态系统（见图21.6）。食肉动物的消耗效率也往往高于食草动物，尽管还未对这两类动物进行系统的调查比较。

生物质被消费者摄入后，必须经过消化系统的处理，才能利用其中的能量产生新生物质。摄入的食物被同化的比例就是同化效率。摄入但未被同化的食物会以粪便进入残渣池或以尿液的形式流失到环境中。同化效率取决于食物的质量（化学成分）和消费者的生理机能。

食草动物和食腐动物的食物质量通常低于食肉动物的食物质量。植物和碎屑由相对复杂的碳化合物（如纤维素、木质素和腐殖酸）组成，不易消化。此外，植物和碎屑中的养分浓度较低。另外，动物体的碳养分比通常与食用动物的碳养分比相似，因此更易被同化。食草动物和食腐动物的同化效率为20%～50%，而食肉动物的同化效率约为80%。

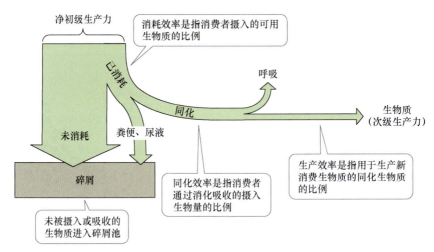

图21.7　能量流动和营养效率。营养级之间转移的能量比例取决于消耗、同化和生产的效率

食物消化的彻底程度受消费者的热生理学和消费者消化系统的复杂性影响。由于较高的热稳定性和倾向于拥有更发达的消化系统，恒温动物倾向于更完全地消化食物，因此具有更高的同化效率。此外，一些食草动物还拥有帮助它们消化纤维素的互利共生体。例如，反刍动物有一个改造过的胃室，其中包含细菌和原生生物，这些细菌和原生生物增加了富含纤维素食物的分解。这种互利共生体，加上较长的消化时间，使得反刍动物比非反刍食草动物具有更高的同化效率。

同化食物可用于以消费者增长和新消费者个体生产（繁殖）的形式生产新生物量。然而，同化食物的一部分必须用于与维持现有分子和组织相关的呼吸，以及与构建新生物量相关的呼吸。同化食物中用于产生新消费者生物量的比例是**生产效率**。

生产效率与消费者的热生理学和体形密切相关。恒温动物将大部分吸收的食物分配给新陈代谢产生的热量，因此与变温动物相比，用于生长和繁殖的剩余能量较少（见表21.1）。

表 21.1　消费者的生产效率

消费者	生产效率（%）	消费者	生产效率（%）
恒温动物		食草动物	38.8
鸟类	1.3	食腐动物	47.0
小型哺乳动物	1.5	食肉动物	55.6
大型哺乳动物	3.1	非昆虫无脊椎动物	25.0
变温动物		食草动物	20.9
鱼类和群居昆虫	9.8	食腐动物	36.2
非社会性昆虫	40.7	食肉动物	27.6

因此，变温动物的生产效率显著高于恒温动物。在恒温动物中，体形是热损失和生产效率的重要决定因素。如果体形和保温（脂肪、羽毛和毛皮）保持不变，那么随着动物体形的增大，表面积与体积之比降低。像鼩鼱这样的小型恒温动物通过其体表散失的热量比例，大于灰熊这样的大型恒温动物，因此小型恒温动物的生产效率往往低于大型恒温动物。

21.3.4　营养效率影响种群动态

食物数量和质量的变化及随之而来的营养效率变化，决定了能够维持的消费者种群规模以及消费者种群个体的健康状况。下面探讨食物质量变化对阿拉斯加海狮数量减少的影响。

从20世纪70年代后期到90年代，阿拉斯加湾和阿留申群岛的海狮总数减少了约80%，即从

1975年的约25万头减少到2000年的5万头（见图21.8）。自那时以来，该物种在其东部范围内的种群数量已有所恢复，且于2013年被移出濒危物种名单。然而，在其西部范围内，沿阿拉斯加南部海岸的种群数量持续下降。特里特斯和唐纳利根据现有资料试图确定海狮数量下降的可能原因。他们发现，在衰退期采集到的海狮个体比衰退前采集到的同龄海狮个体要小。在此期间，每只雌性海狮所产幼崽的数量也有所减少，导致年龄结构向年长个体转变。没有发现疾病或寄生虫爆发的证据。体形变小和出生率下降表明，可获得的猎物减少，或者可获得的猎物不能提供足够的营养来维持海狮的生存，换句话说，营养效率下降了。其他数据表明，海狮获得猎物（主要是鱼类）的规律性与下降前的一样。与其他未出现衰退的种群中的哺乳雌性海狮相比，衰退种群中的哺乳雌性海狮花在捕食相同数量鱼类上的时间实际上更短。因此，猎物的可用性或海狮捕捉猎物的能力似乎并未限制它们的生长和繁殖。

图21.8 **阿拉斯加的海狮数量下降**。阿拉斯加湾和阿留申群岛的海狮数量25年内减少了约80%

特里特斯和唐纳利认为，猎物鱼类种类的变化可能是海狮数量减少的原因。他们和其他人认为，海狮数量减少可能与猎物质量下降有关，他们将这种观点称为垃圾食物假说。在数量下降之前，海狮的食物主要是鲱鱼（一种脂肪含量相对较高的鱼类）以及少量青鳕、银鳕等。在种群数量下降期间，海狮的食物从鲱鱼转向更多的青鳕和银鳕（见表21.2）。这种食物变化反映了从20世纪70年代到90年代鱼类群落中银鳕占主导地位的转变。鱼类群落组成变化的原因尚不确定，但可能与过度捕捞、漏油、疾病和长期气候变化有关。青鳕和银鳕单位质量的脂肪和能量比例约为鲱鱼的一半。人工饲养的海狮以鲱鱼为食，然后改以青鳕为食，即使无限量供应青鳕，它们的体重和脂肪也会降低。

表 21.2 **海狮粪便和胃中包含的五种猎物的比例**

年 份	鳕鱼（银鳕、青鳕、无须鳕）	三文鱼	小型鱼群（鲱鱼、毛鳞鱼、细齿鲑、玉筋鱼）	头足类（乌贼）	比目鱼（偏口鱼、鳎）
1990—1993	85.2	18.5	18.5	11.1	13.0
1985—1986	60.0	20.0	20.0	20.0	5.0
1976—1978	32.1	17.9	60.0	0.0	0.0

研究现有信息后，特里特斯和唐纳利得出结论：营养压力可能是海狮种群数量下降最可能的原因。对海狮来说，可获得的猎物数量似乎没有改变，但是猎物质量的变化以及由此引起的营养效率变化，通过影响个体的生长速度和出生率，导致了种群数量的下降。其他人还提出，海狮数量下降也可能与北太平洋食物链结构的变化有关。如第9章案例研究回顾所述，20世纪中叶人类大规模捕捞大型鲸鱼可能迫使它们的捕食者——虎鲸转而捕食其他猎物，包括海狮。如下一节所述，捕食者对猎物的这种自上而下的效应对生态系统的能量流动有着重要的影响。

21.4 营养级联

有两种可能的方法来看待生态系统中的能量流控制。一种方法认为，流经营养级的能量大小可能取决于有多少能量通过NPP进入生态系统，而NPP又与资源供应有关。进入生态系统的NPP越多，传递给较高营养级的能量就越多。这种观点通常称为能量流的自下而上控制，认为限制NPP的资源决定了生态系统中的能量流动（见图21.9a）。另一种方法认为，能量流动可能受最高营养级的消耗效率（及其他非消耗性相互作用）控制，而最高营养级的消耗效率会影响其下多个营养级的丰度和物种组成。这种观点通常称为能量流的自上而下控制（见图21.9b）。在现实中，生态系统中自下而上和自上而下的控制同时起作用，但自上而下的控制对生态系统中能量流动的影响具有重要意义。

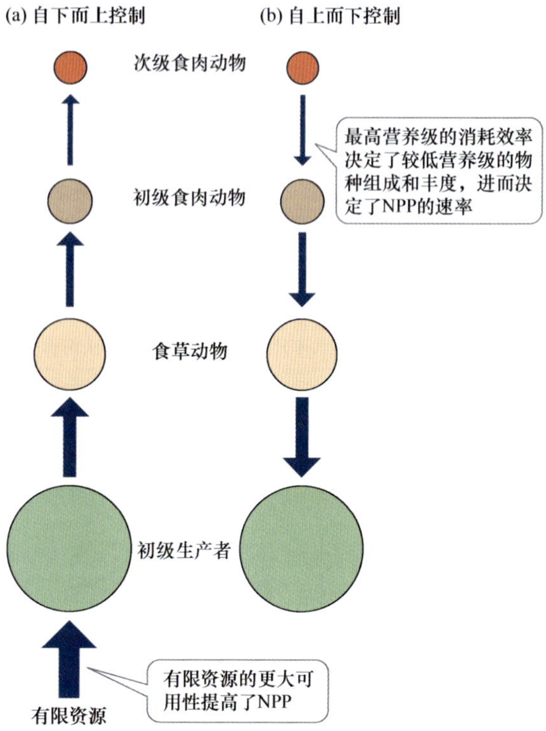

21.4.1 营养相互作用可通过多个营养级向下渗透

一个营养级丰度或物种组成的变化会导致其他营养级丰度和物种组成的重大变化。例如，第四营养级食肉动物对第三营养级食肉动物捕食率的增加会导致第二营养级食草动物消耗率

图21.9 NPP自下而上和自上而下的控制。生态系统中的生产可视为受(a)有限资源控制或(b)较高营养水平消耗对物种组成和自养生物丰度的控制

的降低。更多的食草动物会减少自养生物的数量，降低净生产力。非消耗性物种之间的相互作用也会对较低营养级的丰度和物种组成产生类似的自上而下的影响。这种丰度和物种组成的一系列变化称为营养级联。

我们对营养级联的理解主要来自水生生态系统，但陆地生态系统中也有实例。通过对这些相互关系的研究，我们得出了一些概括性的结论。首先，营养级联通常与顶级专业捕食者数量的变化有关。其次，杂食动物可能通过消耗多个营养级的猎物来缓冲营养级联的影响。最后，营养级联被认为在相对简单、物种稀少的生态系统中最重要。然而，最近的一些实验证明，在物种多样性相对较高的生态系统中也存在营养级联。

水生营养级联　许多营养级联的例子来自非本地物种引入或本地物种接近灭绝所引发的实验。后者的一个经典例子是北美洲西海岸海獭、海胆和虎鲸之间的相互作用，见第9章中的案例研究。遗憾的是，与有意或无意引入非本地物种相关的营养级联例子并不少见。在新西兰的溪流和湖泊中放养褐鳟就是这样一个例子（见图21.10）。欧洲定居者在新西兰水域中养鱼始于19世纪60年代，到1920年，估计整个新西兰已放养了6000万条鱼。本地鱼类数量因此减少，有些鱼种已从现在以鳟鱼为主的溪流中消失。

弗莱克和汤森研究了褐鳟对其猎物（主要是溪流中的昆虫）物种组合的影响，以及对沙格河初级生产者的相关影响。褐鳟最初由奥塔哥适应协会于1869年放生到沙格河。沙格河是新西兰少数几条仍在同一河段放养本地鱼类和鳟鱼的河流之一。本地鱼类包括常见的银河鱼。银河鱼的形态和取食行为与鳟鱼的相似，其俗名是毛利鳟鱼。

弗莱克和汤森比较了褐鳟和银河鱼对溪流无脊椎动物种类组成和丰度的影响，以及对藻类初级生产者的影响。为了操控鱼类的存在，他们在自然溪道旁建造了人工溪流通道，使用5米长的半圆柱形PVC管制成。PVC通道两端设有网，可阻止鱼类进出，但允许溪流无脊椎动物和藻类自由移动。研究人员在通道底部放置了干净的碎石作为无脊椎动物和藻类的基质。通道允许积累藻类和无脊椎动物10天后，再加入鱼类。实验设置了三组通道：引入褐鳟的通道、加入银河鱼的通道以及无鱼的对照通道。每种鱼类添加8条大小和质量相似的鱼。实验运行10天后，收集样本以确定无脊椎动物的种类组成、丰度及藻类生物量。

弗莱克和汤森原本预期褐鳟会比本地银河鱼更能降低无脊椎动物的多样性，但实际上鱼类对无脊椎动物多样性的影响相对较小，且两种鱼类之间并无显著差异。然而，褐鳟使得无脊椎动物的总密度相比对照通道减小了约40%，而银河鱼造成的减幅较小（见图21.10a）。藻类的丰度在两种鱼类存在的情况下都有所增加，但在褐鳟通道中的影响更明显（见图21.10b）。

戴尔和勒图诺验证了潜在营养级联对哥斯达黎加低地热带雨林林下胡椒树产量的影响。胡椒树是林下植物中较常见的一种，被数十种不同的食草动物食用。大头蚁属的蚂蚁生活在瓜蒌树叶叶柄的腔室中。蚂蚁吃树木提供的食物，也吃攻击树木的食草动物。这些蚂蚁又被甲虫吃掉。因此，在这个系统中有四个不同的营养级（见图21.11）。戴尔和勒图诺以前注意到，当甲虫的密度较高时，植物的生物量较低，雌蚁的食肉率较高。他们进行了实验，以验证甲虫、蚂蚁和食草动物的营养级联是否影响胡椒树的产量，以及这种影响与光照和土壤肥力等自下而上因素的影响相比有多大。

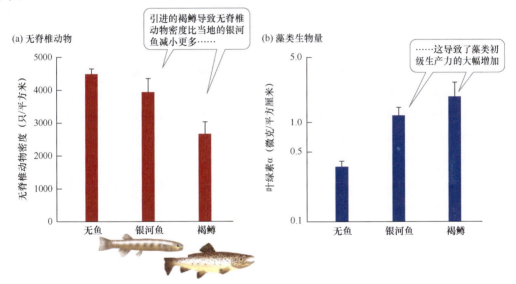

图21.10 **水生营养级联**。弗莱克和汤森利用人工河道研究了新西兰沙格河中的非本地褐鳟和本地鱼类对溪流中无脊椎动物和藻类的影响。(a)对无脊椎动物密度的影响；(b)根据溪水中的叶绿素浓度估算的对藻类生物量的影响。误差条显示的是均值的标准差

图21.11 **陆地营养级联**。哥斯达黎加低地热带雨林林下生态系统中的营养相互作用。胡椒树被食草动物啃食，但为蚂蚁提供了栖息地，而蚂蚁则吃攻击这些树的食草动物。蚂蚁被甲虫取食。蚂蚁和甲虫还消耗树木产生的食物

弗莱克和汤森认为，藻类生物量的变化是由于营养级联效应，其中鱼类捕食不仅减小了溪流中无脊椎动物的密度，还迫使它们更多时间躲在溪底避难所而非进食藻类。褐鳟对无脊椎动物密度的影响比对初级生产者的影响要大得多，而本地银河鱼的影响较小。这些结果表明，与非本地鱼类放养相关的食物链级联效应不仅可能对本地生物多样性产生影响，还可能对溪流生态系统的功能产生影响。

陆地营养级联　如前所述，营养级联在水生生态系统中最常见，且其发生频率和影响强度均高于陆地生态系统。一般认为，陆地生态系统比水生生态系统更复杂。此外，人们曾认为，在陆地生态系统中，一个物种数量的减少更可能被未被大量捕食的相似物种数量的增加补偿。因此，在热带雨林等多样性的陆地生态系统中，营养级联被认为是不可能发生的。

戴尔和勒图诺通过在林下层种植大小均匀的胡椒树来建立实验地块。他们对两组地块使用杀虫剂杀死任何存在的蚂蚁，然后向其中一组地块添加甲虫幼虫。这一过程建立了三组地块：一组喷洒了杀虫剂的地块（有甲虫）、一组喷洒了杀虫剂的对照地块（无甲虫）和一组未喷洒杀虫剂的对照地块。在有甲虫的地块中，杀虫剂处理通过防止蚂蚁攻击甲虫幼虫来促进甲虫的生长。此外，一半的地块位于相对肥沃的土壤上，另一半位于相对贫瘠的土壤上。地块内的自然光照水平也有所不同，使得一半的地块被分配到高光照处理组，一半被分配到低光处理组。18个月后，戴尔和勒图诺持续测量了每个地块内的食草率和树叶生产力。

这个实验提供了营养级联效应胡椒树生产的有力证据。然而，值得注意的是，在对照组中，土壤肥力和光照水平对低草食率没有影响，表明实际上限制生产的资源可能并未在该实验中被调控。另一个使用严格控制的光照水平和土壤养分操作（而非依赖自然水平的变异性）的附加实验发现了这些资源对胡椒树生长有显著影响，但也发现对食草率仍有强烈影响。因此，尽管可能需要捕食者与猎物之间强烈的特化互动，营养级联确实发生在多样性的陆地生态系统中。

如果胡椒树的生长主要受资源供应（自下而上的控制）限制，那么添加甲虫预计对胡椒叶生产力的影响不大。如果这些影响比与甲虫、蚂蚁和食草者相关的营养级联效应（自上而下的控制）更重要，那么土壤肥力和光照水平预计将对树叶生产力有更大的影响。然而，戴尔和勒图诺却发现，营养级联是唯一对树叶生产力有显著影响的因素。甲虫捕食者的加入使蚂蚁数量减少为原来的1/5，草食率增加了3倍，每棵树的叶面积减少到对照地块的一半（见图21.12）。

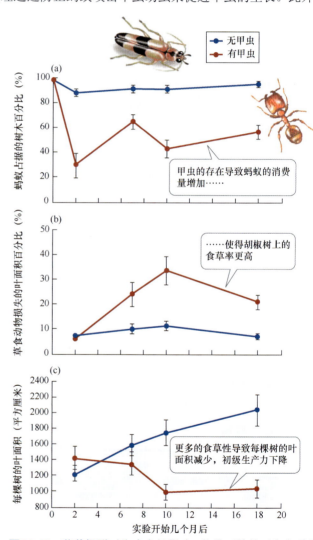

图21.12　营养级联对生产力的影响。热带雨林林下生态系统中的营养级联对(a)捕食、(b)食草率和(c)生产力具有重要影响。误差条显示的是均值的标准差

21.4.2 什么决定了营养级数

是什么决定了不同生态系统中营养级数的差异，为何很少有生态系统拥有五个或更多的营养级？这些问题不仅仅是学术问题。通过营养级联效应，生态系统中营养级的数量可以影响能量和养分的流动，以及环境中毒素在更高营养级聚集的潜力。营养级数的变化可能是由于食物链顶端的捕食者的增多或减少、食物链中间捕食者的加入或丧失，或者是杂食动物对不同营养级食物的取食偏好变化（见图21.13）。

几个相互作用的生态因素控制生态系统中营养级的数量。首先，通过初级生产力进入生态系统的能量被提出作为决定营养级数的因素。因为在从一个营养级到下一个营养级的能量转移中，相

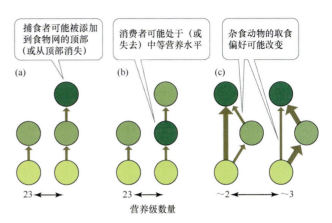

图21.13　营养级数的变化。圆圈表示处于不同营养级的物种，箭头的粗细代表两个物种之间的能量流动。生态系统之间营养级数的差异可能是由于(a)顶级消费者的增多或减少、(b)中间级消费者的加入或丧失，或者是(c)杂食动物对不同营养级食物的取食偏好变化

对大量的能量丢失，导致进入系统的能量越多，用于支持更高层捕食者种群存活的能量越多（见分析数据21.1）。然而，这种解释似乎在资源可用性较低的生态系统中更重要。其次，干扰或其他变化因素的频率可以决定较高级捕食者种群是否能够维持。由于较低营养级需要维持较高营养级，因此干扰后较高营养级的重建需要较长的时间。如果干扰频繁发生，那么无论有多少能量进入系统，较高营养级都可能无法建立。虽然这一假设得到了一些支持，但一些生物适应频繁干扰的能力以及在受干扰地点快速定居的潜力导致干扰对营养级数的影响比预期的小。最后，生态系统的面积会影响营养级的数量。较大的生态系统支持较大的种群规模，不易发生局部灭绝。

分析数据21.1　生物的身份影响营养级之间的能量流动吗？

生态学家注意到，某些物种（称为关键物种）的个体和种群比其他物种更能影响营养级之间的能量流动。特别是，我们已经看到一些入侵物种极大改变能量传递及群落内部的多样性的例子。人们的注意力主要集中在物种的行为特征上，如物种个体捕食或放牧的效率，或其种群动态（如种群是否呈指数增长）。此外，组成一个营养级的物种的热生理学和大小也会影响从一个营养级到下一个营养级的能量。

使用正文和表21.1中的信息，粗略估计如下食物链中有多少能量可以达到第一、第三和第四营养级。从每个食物链（植物或藻类）的自养基础中的100单位能量开始。假设恒温动物的生产效率不随饮食变化。

1. 植物→非昆虫无脊椎食草动物→小型哺乳动物→大型哺乳动物。
2. 藻类→水生非昆虫无脊椎食草动物→昆虫捕食者→鱼。
3. 植物→大型哺乳动物食草动物→大型哺乳动物捕食者→大型哺乳动物捕食者。
4. 植物→昆虫食草动物→昆虫捕食者→昆虫捕食者。

营养级间的能量传递影响生态系统可维持的营养级数，而更大的能量传递通常会促进更高营养级的建立，在食物链1~4中，哪个最可能维持最高营养级，哪个最不可能维持最高营养级？

生态系统大小对营养级数影响的支持主要来自对湖泊和海洋岛屿这些具有离散边界的生态系

统的研究。例如，泷本岳及其同事在巴哈马群岛的36个岛屿上验证了干扰和岛屿大小对营养级数的相对影响。通过研究33个较小的岛屿，验证了干扰的影响，这些岛屿有的受到风暴潮的影响（19个岛屿），有的受到风暴潮的保护（14个岛屿）。利用顶级捕食者、蜘蛛和蜥蜴组织中碳和氮的同位素比值估算了营养级的数量。泷本岳及其同事发现，遭受风暴潮对营养级的数量没有影响。然而，干扰确实会影响顶级捕食者的身份：在暴露的岛屿上，圆球蜘蛛更常成为顶级捕食者，而在受保护的岛屿上，蜥蜴则处于食物网的顶端。然而，岛屿的大小与营养级的数量密切相关（见图21.14），这表明生态系统的大小会影响陆地生态系统中营养级的数量。

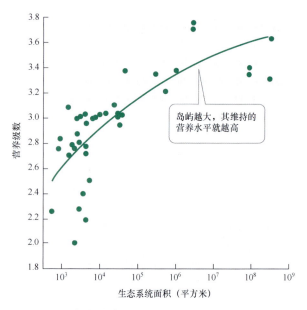

图21.14 **生态系统的大小与营养级数相关**。在巴哈马的岛屿上，泷本岳及其同事发现，随着岛屿面积的增加，营养级数也增加

下面介绍生态系统中的营养关系，探讨能量流动如何影响群落和生态系统的多样性与稳定性。

21.5 食物网

自从达尔文出版《物种起源》以来，物种之间的相互依存关系就一直是生态学的核心。当我们以取食关系为重点来研究物种之间的这些联系时，可用食物网来描述它们，食物网是显示生物之间的联系及它们所消耗食物的图表。对本章开头讨论的沙漠生态系统，我们可以构建一个简化的食物网，显示昆虫和地鼠消耗植物，而这些食草动物又是蝎子、鹰和狐狸的食物（见图21.15a）。这样，我们就可开始定性地了解能量如何从生态系统的一个组成部分流向另一个组成部分，以及能量流动如何影响种群数量和群落物种组成的变化。

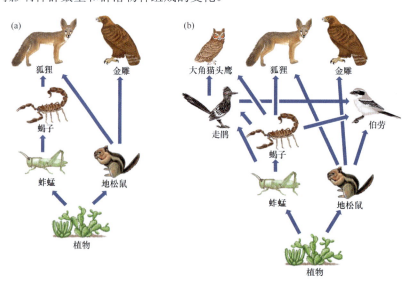

图21.15 **沙漠食物网**。食物网可能简单也可能复杂，具体取决于其用途。(a)由6个成员组成的简单食物网，适用于具有代表性的北美洲沙漠；(b)将更多的成员加入食物网增加了真实感，但将更多的物种包括在内增加了复杂性

21.5.1　食物网是复杂的

图21.15a中的沙漠食物网并不完整。根据目的的不同，我们可能希望在食物网中添加其他生物和环节，以增加复杂性。例如，蝎子捕食蚱蜢等昆虫，但与蚱蜢一样，它也可能是鸟类的食物，如伯劳和大角猫头鹰（见图21.15b）。随着我们不断向食物网中添加更多的生物，食物网的复杂性增加（见图21.16）。为了增加真实性，必须认识到动物的取食关系可能跨越多个营养级（杂食），甚至可能包括食人（见图21.16中的半圆箭头）。

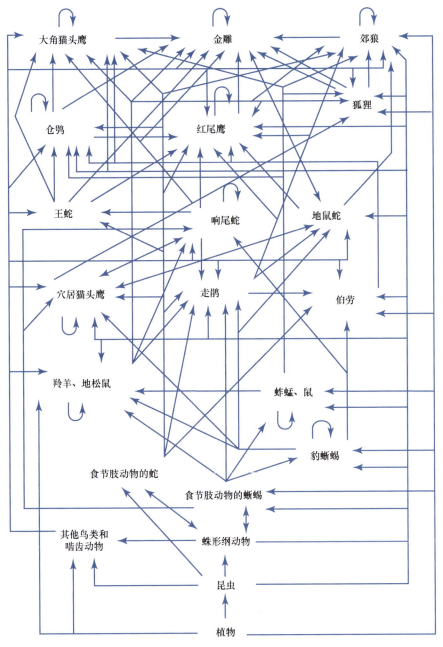

图21.16　食物网可能很复杂。在北美洲沙漠食物网中，复杂性压倒了对成员之间相互作用的任何解释。然而，即使是这个食物网，也缺乏生态系统中的大部分营养相互作用

虽然食物网是有用的工具，但即使是简化的食物网，也只是静态地描述一个时间动态生态系统中的能量流动和营养相互作用。实际的营养相互作用会随着时间的推移而改变。有些生物会随着年龄的增长而改变其取食模式。例如，从杂食的水生蝌蚪过渡到食肉的成蛙。有些动物（如候鸟）具有相对的流动性，因此是多个食物网的组成部分。此外，大多数食物网未考虑生物之间影响种群和群落动态的其他生物相互作用，如相互授粉（在群落研究中，这个问题可用相互作用网来解决，见图16.5）。微生物的重要作用也常被忽视，尽管它们处理了生态系统中流动的大量能量。那么，食物网到底有什么用呢？尽管存在这些明显的缺陷，食物网仍是了解生态系统中物种相互作用和能量流动的重要工具，也是了解其组成生物的群落和种群动态的重要工具。

21.5.2　营养相互作用的强度是可变的

生态学思想的一个核心是"万物相互联系"。然而，生态系统中物种之间的联系对能量流动和物种种群动态的重要性各不相同；换句话说，并非所有联系都同样重要。在决定能量如何在生态系统中流动方面，有些营养关系比其他关系发挥的作用更大。相互作用强度衡量的是一个物种的种群数量对另一个物种的种群数量的影响。确定相互作用强度是生态学家的一个重要目标，因为它可帮助我们简化复杂的食物网，以将注意力集中在对基础研究和保护最重要的环节上。

如何确定相互作用强度？人们采用了多种方法：可以采用清除实验，来确定竞争或促进作用，但要对食物网中的每个联系进行这样的清除实验来量化其强度，逻辑上是难以承受的。因此，目前的许多生态研究致力于发现更简单且不那么直接的方法，这些方法仍然可为我们提供不同联系的相对重要性的可靠估计。例如，简单的食物网可以与捕食者的取食偏好以及捕食者和猎物种群规模随时间的变化相结合，以估计哪些相互作用是最强的。类似地，比较两个或多个食物网，其中一个捕食者或猎物物种在某些食物网中存在而在其他食物网中不存在，可能为联系的相对重要性提供证据。捕食者和猎物的体形已被用来预测捕食者-猎物相互作用强度，因为已知取食率与代谢率有关，而代谢率又受体形控制。食物网中相互作用强度的最佳估计通常来自这些方法的组合。

佩恩在太平洋西北部岩石潮间带进行了一系列经典研究，以验证食物网中的相互作用强度。佩恩观察到，随着捕食者密度的降低，岩石潮间带生物的多样性下降。他推断，其中一些捕食者可能在控制这些群落多样性方面发挥着比其他捕食者更大的作用。佩恩的一个关键观察结果是，一种贻贝有能力过度生长并窒息许多与其竞争空间的其他固着无脊椎动物。佩恩假设，捕食者可能通过捕食这些贻贝并防止它们通过竞争排除其他物种，在维持该群落多样性方面发挥关键作用。

为了验证这些假设，佩恩在华盛顿州进行了一项实验，在该实验中，他从实验地块中清除了系统中的顶级捕食者——海星。海星主要以双壳类和藤壶为食，较少以其他软体动物为食，包括多板纲动物、帽贝和一种捕食性海螺（见图21.17）。从16平方米的地块中连续清除海星后，橡果藤壶变得更加丰富，但随着时间的推移，它们被贻贝和鹅颈藤壶排挤。两年半后，群落中的物种数量从15种减少到8种。实验开始5年后，当不再清除海星时，由于个体贻贝长到了海星无法捕食的大小，贻贝仍占主导地位，实验地块的多样性仍然低于邻近的对照地块。

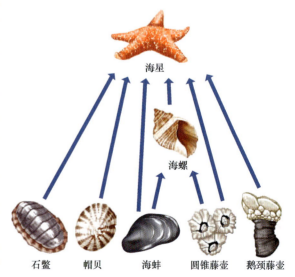

图21.17　**潮间带食物网**。佩恩利用华盛顿州潮间带岩石上的食物网来研究海星与其猎物之间的相互作用强度

石鳖　　帽贝　　海蚌　　圆锥藤壶　　鹅颈藤壶

海螺

海星

在其他潮间带，包括新西兰的一个潮间带进行的更高级捕食者的清除实验也导致了多样性的类似降低。因此，这些潮间带生态系统中的捕食者是通过防止竞争排斥来维持物种多样性的关键。这些物种在食物网中的重要性比它们的数量所表明的要大得多。

佩恩和其他人的实验研究是生态学领域的一个鼓舞人心的进步，因为它表明，尽管物种之间的营养相互作用可能非常复杂，但能量流动和群落组成的模式可能受这些物种中的一小部分控制。佩恩将这种物种称为关键物种，并将它们定义为对能量流动和群落组成的影响大于其丰度或生物量所预测的物种。关键物种概念已成为生态学和保护生物学的重点，因为它意味着保护这类物种对于保护依赖它们的许多其他物种是至关重要的。许多关键物种是较高营养级的捕食者，它们对猎物种群的影响往往相对较大，而自身的丰度则相对较低。

有些物种仅在部分地理范围内充当关键物种，表明相互作用强度取决于环境背景。一些研究发现，物种作为关键物种的程度随环境变化。因此，虽然关键物种的概念很简单，但预测某个物种何时何地表现为关键物种仍是一个挑战。

难以预测营养相互作用强度的一个原因是，像海星这样的关键捕食者的生态重要性不仅通过像海星和贻贝之间的一个强大联系来体现，还通过强大的间接影响来体现，如海星通过减少贻贝数量对其他物种的影响。如果海星只捕食那些空间竞争力较差的物种（如藤壶），就不会在岩石潮间带群落中发挥关键作用。因此，预测物种丧失对剩余群落的影响不仅需要了解单个联系的强度，还需要了解间接影响的强度。

21.5.3　复杂性会增加食物网的稳定性吗

生态学家一直在思考拥有更多物种和更多物种间联系的复杂食物网是否比物种多样性较低、联系较少的简单食物网更加稳定。在此背景下，稳定性通常由食物网中生物种群规模随时间变化的幅度来评估。稳定性也可通过初级生产等生态系统过程来表达。如第11章所述，种群规模随时间的大幅波动增加了物种局部灭绝的易感性。因此，一个不太稳定的食物网意味着其组成物种更可能灭绝。随着全球生物多样性丧失速率的增加和外来物种入侵的显著影响，稳定性问题正日益显得重要，这对生态系统功能有着重大意义。

食物网的复杂性会增加稳定性，这一观点的早期支持者基于对实际营养相互作用的观察和直觉。埃尔顿和奥德姆等生态学家认为，较简单、较少多样性的食物网更容易受到干扰，物种种群密度的变化更大，物种损失更多。然而，更严格的食物网数学分析提出了相反的观点。梅使用由随机组合生物组成的食物网，证明多样性更高的食物网比多样性更低的食物网更不稳定。梅的模型中的不稳定性源于强营养相互作用对种群波动的加剧：相互作用的物种越多，种群波动越有可能相互加强，导致一个或多个物种灭绝。

梅的工作颠覆了更复杂系统本质上比更简单系统更稳定的观点。然而，任何到过热带雨林或珊瑚礁的人都可证明，高度多样化、高产和复杂的群落确实在自然界中持续存在。因此，许多生态逻辑研究都致力于发现使自然复杂食物网保持稳定的因素。例如，最近的模型中加入了更接近自然界中相互作用强度的分布。这些模型和实验表明，虽然更复杂的系统不一定更稳定，但一些自然食物网可能具有特殊的结构或组织，使物种多样性的增加产生稳定作用。其他研究表明，弱相互作用和猎物选择的行为或进化的缓冲作用有助于减少与复杂食物网相关的种群波动。此外，食物网中物种的特性对其行为也很重要，一些物种对稳定性的影响更大，而另一些物种则更容易灭绝。

一个营养级的多样性如何影响其他营养级种群的稳定性也一直是生态学家关注的问题，尤其是在生物多样性丧失的背景下。埃尔顿指出，植物多样性会影响更高营养级的多样性，植物多样性越高，动物种群就越稳定。在多样性较高的群落中，植物产量通常较高，且多样性较高的植物群落能够更好地从干扰中恢复。这些特性会给更高营养级带来更大的稳定性吗？哈达德及其同事利用蒂尔曼在明尼苏达州锡达溪生态系统科学保护区建立的实验草原地块，开始验证这一假设。

在11年的时间里，他们研究了有1种、2种、4种、8种或16种植物物种的地块中节肢动物（主要是昆虫和蜘蛛）群落的丰度和物种组成。在此期间，共采集了733种不同节肢动物的样本。这些节肢动物按其取食偏好分为不同群落，包括食腐动物、食肉动物、捕食者和寄生虫。稳定性是通过种群和群落中个体数量的变化量来评估的。

哈达德等人发现，一般来说，植物多样性较高的地块中节肢动物群落更稳定。然而，并非所有节肢动物群落都表现出植物多样性与稳定性之间的相同关系。随着植物多样性的增加，专性食草动物（只吃一种或几种植物）群落的稳定性较低。相反，随着植物多样性的增加，所有食草动物群落表现出更大的稳定性。研究人员认为，植物多样性影响节肢动物群落稳定性的潜在机制包括植物生物量的增加和稳定，以及节肢动物群落多样性的增加（见图21.18）。通过对栖息地多样性的影响，植物多样性越高，捕食者的丰度和多样性就越高。这些捕食者可能对食草动物和植物的丰度产生自上而下的影响（营养级联）。哈达德等人还认为，群落的稳定性会因组合效应而增强，在组合效应中，一个物种数量的变化会抵消另一个物种数量的变化，使群落的总体丰度保持不变。节肢动物的多样性越高，组合效应发生的概率就越大。研究人员的结论是，草原生态系统中的植物多样性不仅能以潜在生物燃料的形式为人类提供服务，还能使节肢动物群落更稳定，防止昆虫爆发，进而避免对农作物和森林造成危害。

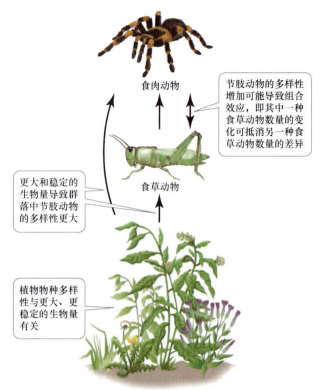

节肢动物的多样性增加可能导致组合效应，即其中一种食草动物数量的变化可抵消另一种食草动物数量的差异

更大和稳定的生物量导致群落中节肢动物的多样性更大

植物物种多样性与更大、更稳定的生物量有关

食肉动物

食草动物

植物生物量

图21.18　食物网中的植物多样性和稳定性。 植物多样性的增加提高了实验地块上节肢动物群落的稳定性。这种影响的潜在机制包括植物生物量更大、更稳定。植物多样性与更高的栖息地复杂性有关，可能与捕食者的数量和多样性更多地相关，而这可能导致对食草动物和植物的自上而下的更大影响（营养级联）。此外，植物多样性还能提高整个节肢动物群落的多样性，增强组合效应，保持整体丰度的稳定

案例研究回顾：偏远地区的毒素

了解能量如何在生态系统的营养级中流动，是理解本章案例研究中描述的持久性有机污染物对环境影响的关键。生物从环境中直接吸收或与食物一起摄入的某些化学物质会在其组织中积聚。由于各种原因，这些化合物不会被代谢或排出体外，因此在生物的一生中，它们在体内的浓度会逐渐增加，这一过程称为生物累积。生物累积会导致营养级依次提高的动物组织中这些化合物的浓度不断增加，因为每个营养级的动物都会捕食含有较高浓度化合物的猎物。这一过程称为生物放大作用（见图21.19）。本章开头讨论的持久性有机污染物特别容易受到这些过程的影响。

卡森在1962年出版的《寂静的春天》一书中描述了杀虫剂，特别是滴滴涕（DDT）对非目标鸟类和哺乳动物种群造成的破坏性影响。在20世纪40年代和50年代，DDT被认为是一种神奇的杀虫剂，当时它被广泛用于控制各种农作物和花园害虫。然而，由于生物放大作用，DDT也在高级捕食者体内积累，导致游隼和秃鹰等一些捕食鸟类濒临灭绝。在《寂静的春天》一书中，卡森描述了DDT在环境中的持久性、在包括人类在内的消费者组织中的累积及其对健康的危害。由于卡森仔细记录并以一种大众都能理解的方式传达信息，《寂静的春天》促使人们加强了对化学杀虫剂使用的审查，最终导致美国禁止生产和使用DDT。

生物放大的概念使得研究人员怀疑，在因纽特人体内发现的高浓度持久性有机污染物是因为他们处于北极生态系统的最高营养级。通过比较不同因纽特人社区的毒素浓度，这一猜测得到了证实。在食用鲸鱼、海豹和海象等海洋哺乳动物的族群中，毒素浓度最高，这些动物占据了第二、第三或第五营养级。在以食草性驯鹿（第二营养级）为主要食物的社区，居民体内的毒素浓度较低。因纽特人偏爱富含脂肪的食物（如鲸脂），这也是一个问题，因为许多持久性有机污染物会优先存储在动物的脂肪组织中。

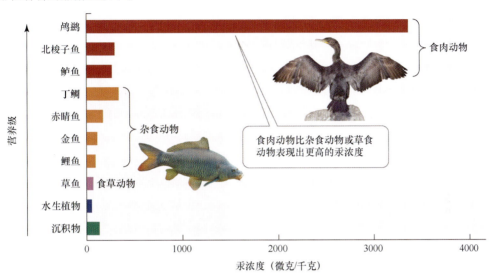

图21.19　生物累积和生物放大。汞含量显示了池塘生态系统中的生物累积和生物放大作用

尽管随着人们对持久性有机污染物和其他污染物影响的认识不断提高和相关法规的出台，这些污染物在全球范围内的排放量正在减少，但这些化合物在北极环境中长期存在的可能性意味着它们的影响可能不会很快消失。虽然北极的低温和相对较低的光照水平限制了持久性有机污染物的化学分解，但其在湖泊沉积物中的浓度已逐渐下降。因纽特人血液中某些持久性有机污染物和重金属的浓度也在逐渐下降，但新出现的持久性有机污染物和汞仍然是公众健康的一个担忧。虽然改用其他食物来源似乎是解决该问题的潜在办法，但因纽特人的文化与其狩猎传统和饮食习惯密切相关，他们不太可能轻易做出这种改变。

21.6　复习题

1. 假设一个土狼种群（种群A）比另一个种群（种群B）表现出了更大程度的杂食性。种群A依赖动物尸体、植物和垃圾箱中的腐烂食物，而种群B则以小型啮齿动物为食。哪个种群的同化效率更高？
2. 占据相似营养级的温带陆地和温带海洋生态系统中的哺乳动物可能具有不同的生产效率。假设物质质量、食物丰度和食物捕获率相似，解释为何海洋生态系统和陆地生态系统中这些哺乳动物的生产效率不同。
3. 你认为哪个生态系统通过其营养级的能量总量更大：是湖泊还是湖泊附近的森林？在这些生态系统中，森林和湖泊中哪个生态系统的NPP在所有营养级中的迁移比例更高？

第22章 营养供应和循环

北美西部科罗拉多高原包括广阔的孤立山脉、错综复杂的砂岩以及深邃多彩的峡谷。然而，这片地区上最不寻常的特征是在很小的尺度上发现的（见图22.1）。仔细观察，土壤看起来像微型的丘陵和山谷景观，覆盖着黑色、深绿色和白色斑点，类似地衣。这种比较恰如其分，因为这种位于土壤表面的外壳（简称生物土壤壳或生物壳）是由数百种蓝藻、地衣和苔藓混合而成的。科罗拉多高原约70%的土壤都有某种程度的生物壳发展。类似的壳层（含有相似的物种组合）覆盖全球约12%的陆地生态系统。土壤的壳质特性很大程度上归功于丝状蓝藻，它们在雨后经由土壤移动时产生黏液。当土壤干涸时，蓝藻返回到更深的土层中而留下黏液质壳，有助于结合粗土壤颗粒（见图22.2）。

尽管科罗拉多高原人口稀少，但人类对其产生了巨大且持久的影响。自19世纪80年代引进牛群以来，放牧一直是该地区土地的重要用途。大部分土地都在一定程度上受到了放牧的影响，导致生物壳被践踏和植被被过度放牧。直到最近，放牧一直

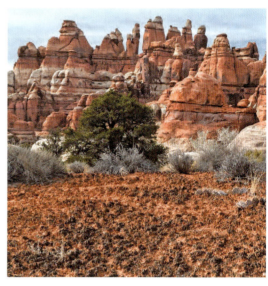

图22.1 科罗拉多高原上的生物土壤壳。生物土壤壳是科罗拉多高原沙漠中的常见特征之一

(a)

15微米

(b)

150微米

图22.2 蓝藻生成的土壤壳。(a)当蓝藻在土壤中移动时，周围环绕着一层黏液质；(b)黏液质壳有助于结合土壤颗粒，保护土壤免遭侵蚀。科罗拉多高原的土壤面临着强侵蚀，地表温度可从冬季的−20℃变化到夏季的70℃。高蒸发、蒸腾率常使土壤干涸，稀疏的植被使得强风吹走小土壤颗粒。春季和夏季的降水常以短暂而强烈的雷暴形式出现，因此，生物壳对于在强风和暴雨下固定土壤至关重要

是该地区与人类相关的重要干扰。然而，近年来，越野车辆大量涌入该地区。例如，在2005年的吉普车狩猎活动中，估计有3万～4万名参与者涌入了一个常住人口仅5000人的小镇。全地形车的使用也在急剧增加。虽然大多数荒野地区的驾驶员遵守联邦和地方法律，但也有少数驾驶员将车辆开离指定道路，驶过覆盖着生物壳的土壤。随着新技术（如水力压裂法）的出现，化石燃料的开采量在过去几十年间也大幅增加。

虽然与使用越野车、开采化石燃料和放牧牲畜有关的土壤表面干扰的空间范围还未得到量化，但很明显，在过去的150年间，大部分地貌都受到了干扰，且干扰的速度还在加快。在干旱环境中，干扰后的生物群落的恢复极为缓慢：蓝藻的重建需要数十年时间，地衣和苔藓的重新定居则需要长达数百年的时间。

生物壳的损失对沙漠生态系统功能有何影响？对这些生态系统中养分的供应有多重要？鉴于与科罗拉多高原上放牧相关的长期性干扰，我们还能否找到可作为已发生干扰研究对照的区域？

22.1　引言

除能量外，所有生物都需要特定的化学元素来发挥功能和生长。生物通过从环境中吸收这些元素或者通过消耗其他生物来获取这些元素。例如，铁是所有生物进行几种重要代谢功能所必需的，但这些生物如何获取铁以及铁的来源差异很大。大西洋中的浮游植物可能吸收从撒哈拉沙漠吹来的尘埃中的铁。非洲大草原上的狮子通过猎杀和消耗猎物来获取铁。蚜虫从植物吸取的汁液中获取铁，而植物则从土壤中吸收溶解在水中的铁。然而，这些铁的最终来源都是地壳中的固体矿物，在通过生态系统的不同物理和生物组成部分时，它们会经历化学转化。

针对影响元素移动和转化的物理、化学和生物因素的研究称为**生物地球化学**。了解生物地球化学对于确定养分的可用性至关重要，养分定义为生物代谢和生长所需的化学元素。养分必须以特定的化学形式存在才能被生物吸收。物理和化学转化的速率决定了养分的供应。生物地球化学还涵盖了对非养分的研究。生物地球化学是集成了土壤科学、水文学、大气科学和生态学的学科。

本章介绍控制生态系统中养分供应可获得性的生物学、化学与物理学因素，重点介绍自养生物对养分的需求和获取，因为反过来它们又是异养生物养分的主要来源。此外，本章将介绍最重要的养分、它们的来源，以及它们是如何进入生态系统的，并回顾一些重要的化学和生物转化过程。

22.2　营养需求和来源

从细菌到蓝鲸，所有生物都有相似的营养需求。养分的获得方式、被吸收养分的化学形式以及所需养分的量因生物而异。然而，所有养分都有着共同的来源：地壳中的无机矿物或大气中的气体。

22.2.1　生物有特定的营养需求

生物对养分的需求与其生理机能有关。因此，所需养分的量和特定养分会因生物获取能量的方式（自养生物与异养生物）、可移动性和热生理学（变温动物与恒温动物）而异。例如，与植物或细菌相比，动物的代谢活动速率通常更高，因此对氮（N）和磷（P）等养分的需求更高，以支持与运动相关的生物化学反应。养分需求的差异体现在生物的化学组成中（见表22.1）。碳通常与植物细胞和组织中的结构化合物有关，而氮则主要位于酶中。因此，生物体内的碳氮比（C∶N）能够给出细胞内生物化学机制的相对浓度。动物和微生物的碳氮比通常低于植物，例如，人类和细菌的碳氮比分别为6.0和3.0，而植物的碳氮比为10～40。这种差异是食草动物必须比食肉动物消耗更多食物才能获得足够营养以满足其营养需求的原因之一。

表 22.1　有机体的元素组成（以干质量百分比表示）

元素（符号）	细菌（一般）	植物（玉米）	动物（人类）
氧（O）	20	44.43	14.62
碳（C）	50	43.57	55.99
氢（H）	8	6.24	7.46
氮（N）	10	1.46	9.33
硅（Si）		1.17	0.005
钾（K）	1～4.5	0.92	1.09
钙（Ca）	0.01～1.1	0.23	4.67
磷（P）	2.0～3.0	0.20	3.11
镁（Mg）	0.1～0.5	0.18	0.16
硫（S）	0.2～1.0	0.17	0.78
氯（Cl）		0.14	0.47
铁（Fe）	0.02～0.2	0.08	0.012
锰（Mn）	0.001～0.01	0.04	—
钠（Na）	1.3	—	0.47
锌（Zn）	—		0.01
铷（Rb）	—		0.005

注：表中的长画线表示元素的数量可忽略不计，空格表示未对该元素进行测量。

表22.2列出了所有植物必需的养分及其相关功能。有些植物物种对表22.2中未列出的其他养分有特殊要求。例如，许多（但非全部）C_4和CAM植物需要钠，而大多数植物则不需要。相反，钠是所有动物的必需养分，对维持pH值和渗透平衡至关重要。一些寄生固氮共生体的植物需要钴（本节稍后介绍）。硒对大多数植物有毒，但少数生长在富硒土壤上的植物可能需要硒。相比之下，硒是动物和细菌的必需养分。

一方面，植物和微生物通常以相对简单的可溶性化学物质形式从环境中吸收养分，并从中合成新陈代谢和生长所需的较大分子。另一方面，动物通常通过消耗生物或碎屑来摄取营养，以较大、较复杂的化学物质形式获取营养。动物会分解其中的一些化合物，重新合成新的分子；另一些化合物则被完整吸收，直接用于生物合成。例如，在人类和其他哺乳动物新陈代谢所需的20种氨基酸中，有9种必须完整吸收，因为人类自身无法合成它们。

表22.2　植物养分及其主要功能

养　分	主要功能
碳、氢、氧	有机分子的成分
氮	氨基酸、蛋白质、叶绿素、核酸的成分
磷	ATP、NADP、核酸、磷脂的成分
钾	离子/渗透压平衡、pH值调节、保卫细胞膨胀调节
钙	细胞壁强化和功能离子平衡、膜渗透性
镁	叶绿素成分，酵素活化
硫	氨基酸、蛋白质的成分
铁	蛋白质的成分（如血红素基团）、氧化还原反应
铜	酶的成分

养　分	主要功能
锰	酶的成分，酶的活化
锌	酶的成分，酶的活化，核糖体的成分，膜完整性的维持
镍	酶的成分
钼	酶的成分
硼	细胞壁合成、膜功能
氯	光合作用（水分解）、离子和电化学平衡

22.2.2　矿物质和大气中的气体是营养的最终来源

所有养分都有两种无机来源：岩石中的矿物质和大气中的气体。随着时间的推移，当养分被生物吸收并整合时，它们会以有机形式（与碳和氢分子相结合）在生态系统中累积。养分可能在生态系统内循环，反复通过生物体及散件生存的土壤或水。它们甚至可能在生物体内部循环，根据特定营养需求的变化进行存储或使用。下面描述矿物质和大气作为养分输入生态系统的过程。

养分的矿物质来源　岩石中矿物质的分解为生态系统提供了钾、钙、镁和磷等养分。矿物质是具有特征化学性质的固态物质，源自多种地质过程。岩石是由不同矿物质组成的集合体。营养元素和其他元素通过一个称为风化的两步过程从矿物质中释放。第一步是物理风化，即岩石的物理破碎。冻融和干湿循环等膨胀收缩过程将岩石破碎成越来越小的颗粒。重力机制（如滑坡）和植物根系的生长也促进了物理风化。物理风化将矿物颗粒的更多表面积暴露给第二步即化学风化，在此过程中矿物质经受化学反应作用，释放出可溶形式的养分。

风化是涉及土壤发育的过程之一。土壤正式定义为矿物颗粒、固体有机物（主要是分解的植物质）、含有溶解有机物/矿物质和气体的水（土壤溶液）以及生物的混合物。土壤具有几种重要的特性，这些特性会影响向植物和微生物输送养分。一个特性是其质地由构成土壤的颗粒大小定义。最粗的土壤颗粒（0.05~2毫米）称为沙。中等大小的颗粒（0.002~0.05毫米）称为粉沙。细土壤颗粒（小于0.002毫米）称为黏土，其表面具有微弱的负电荷，可吸附阳离子并与土壤溶液交换。因此，黏土是养分阳离子（如Ca^{2+}、K^+和Mg^{2+}）的储库。土壤的阳离子交换能力，即土壤保持这些阳离子并与土壤溶液交换它们的能力，取决于土壤中所含黏土的数量和类型。土壤质地还影响土壤的持水能力，进而影响土壤溶液中养分的移动。沙质比例高的土壤颗粒间的空隙大。这些空隙（称为大孔隙）允许水从土壤中排出，并限制其可以持有的水量。

影响土壤质地和化学的另一个重要特性是其母质，即通过风化形成该土壤的岩石或矿物质材料。土壤的母质通常是下层的基岩，但也可能包括冰川（冰碛）、风（黄土）或水沉积的厚层沉积物。母质的化学性质、结构以及物理环境决定了风化的速率以及释放的养分数量和类型，进而决定了影响土壤的肥力。例如，石灰石富含养分阳离子Ca^{2+}和Mg^{2+}。在来源于酸性母质（如花岗岩）的土壤中，这些元素的浓度较低。此外，来源于花岗岩的土壤的较高酸度（较低的pH值）降低了植物对氮和磷的利用率。母质的化学性质和pH值对生态系统中植物的丰度、生长和多样性会产生重要影响。例如，高夫及其同事证明，母质酸度的变化与阿拉斯加北极生态系统之间植物物种丰度的差异有关。他们对与富含钙的黄土差异分布相关的自然土壤酸度梯度上的北极植被进行了调查，这种黄土的酸度比其他母质的低。他们发现，随着酸度的降低，植物物种数量增加（见图22.3）。这种多样性的变化要归因于土壤酸度对养分可用性的负面影响以及其对植物的抑制作用。

随着时间的推移，土壤经历与风化、有机物积累、化学和淋溶（溶解有机物及细矿物颗粒从上层到下层的移动）相关的变化。这些过程形成了层次分明的土壤层，可通过颜色、质地和渗透性来区分（见图22.4）。土壤科学家利用土壤层次的变化来表征不同的土壤类型。

气候影响与土壤发育相关的许多过程的速率，包括风化、生物活动[如净初级生产力（NPP）输入的有机物及其在土壤中的分解]和淋溶。一般来说，这些过程在温暖、湿润的条件下发生得最快。因此，经历了长时间高风化速率和淋溶速率的低地热带雨林生态系统的土壤在矿物质衍生的养分（如钙和镁）方面很贫瘠。与大多数其他陆地生态系统相比，低地热带雨林生态系统中的大部分养分都在树木的活生物量中，而在这些生态系统中，这些养分主要在土壤中。当低地热带雨林被砍伐和焚烧而作为牧场或耕地时，大部分养分在烟雾和灰烬及火灾后的土壤侵蚀中流失。因此，这些生态系统可能变得养分严重贫乏，需要数百年才能恢复到以前的状态。较高纬度生态系统的土壤淋溶率较低，通常富含矿物质衍生的养分。

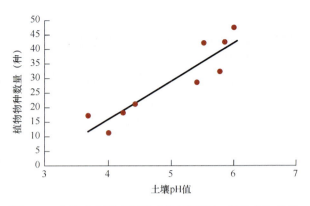

图22.3　物种丰度随土壤酸度降低而增加。阿拉斯加北极苔原的维管植物物种的丰度随土壤酸度的变化而变化。土壤酸度的梯度主要由母质的差异造成：酸度较低的土壤（pH值较高）与较多的黄土沉积有关

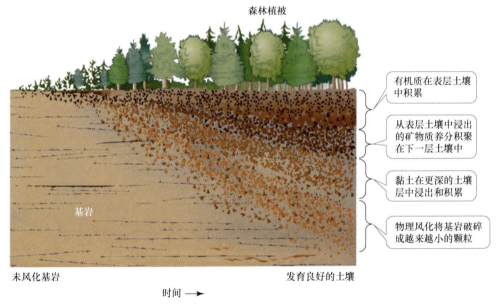

图22.4　土壤层发育。土壤随着时间的推移而发育，因为母质被风化并分解成了越来越细的土壤颗粒，土壤中积累的有机质越来越多，物质被沥滤并沉积在更深的土层中。土壤发育的速度取决于气候、母质及与土壤相关的生物

生物（主要是植物、细菌和真菌）通过贡献有机物来影响土壤发育，有机物是氮和磷等养分的重要储库。生物还通过释放有机酸（来自植物和碎屑）和CO_2（来自代谢呼吸）来增加化学风化速率。因此，生物活动的速率对土壤的发育有很大的影响。

养分的大气来源　大气由78%的氮（N_2）、21%的氧、0.9%的氩、日益增加的二氧化碳（2018年为0.041%）和其他痕量气体组成，其中一些气体是天然的，另一些气体是人类活动产生的污染物。大气是生态系统中碳和氮的最终来源。这些养分在被生物从大气中吸收并经化学转化或固定后，变得对生物来说可以利用。然后，它们可在生物之间转移，最终返回大气。

碳通过光合作用被自养生物吸收为CO_2。碳化合物在其化学键中存储能量，也是自养生物（如纤维素）的重要结构成分。

尽管大气层是一个巨大的氮储库，但氮以化学惰性的形式（N_2）存在，打破两个原子之间的三键需要高能量，因此大多数生物无法利用它。将N_2吸收并转化为化学可利用形式的过程称为**固氮**。生物固氮是在某些细菌的酶——固氮酶的帮助下完成的。只有某些细菌能合成固氮酶。一些固氮细菌是自由生活的，另一些则是共生的伙伴。固氮共生包括植物根与土壤细菌之间的关联，最著名的是豆科植物与根瘤菌科细菌之间的关联。豆科植物在称为**根瘤**的特殊根结构中容纳根瘤菌，并向它们提供碳化合物作为能量，以满足固氮所需的高能量需求（见图22.5）。作为回报，植物获得细菌固定的氮。固氮共生的其他例子包括：赤杨等木本植物与弗兰克氏菌属之间的关联（称为**放线菌根关联**）、蕨类与蓝藻之间的关联、包含真菌和固氮共生体的地衣，以及肠道内有固氮细菌的白蚁。人类还通过哈伯-博施法合成化肥来固定大气中的氮，该过程使用铁催化剂在高温高压下由大气中的氮和氢生产氨。哈伯-博施法需要大量的能源输入，形式为化石燃料。

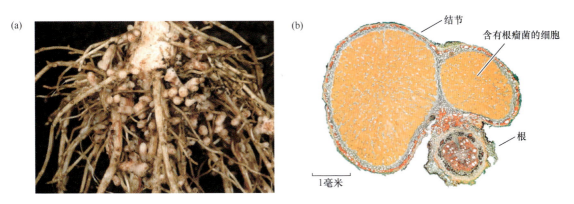

图22.5　豆科植物形成固氮的根瘤。(a)红三叶草根部的根瘤中含有固氮细菌；(b)大豆根瘤内的细胞中充满了根瘤菌

自然固氮也需要大量的能量。它消耗植物与固氮共生伙伴所获得的光合能的25%。因此，固氮为这些植物提供了氮源，但代表了与其他需要能量的过程（如生长、防御和繁殖）之间的权衡。将能量分配给固氮而非生长降低了固氮植物在除氮外的资源上的竞争能力。如第17章所述，固氮在初级演替的早期阶段尤为重要。

除了碳和氮，大气中还含有细壤颗粒（灰尘）和许多悬浮的固体、液体和气体颗粒，统称气溶胶。由于重力或降水，部分颗粒降落到生态系统中，这一过程称为**大气沉降**。大气沉降对某些生态系统来说是一个重要的自然养分来源。例如，含有海洋飞沫阳离子的气溶胶可能是沿海地区养分的重要来源。撒哈拉沙漠尘埃的大气沉降是大西洋和亚马孙盆地磷的重要来源。另一方面，一些生态系统受到与人类工农业活动相关的大气沉降的负面影响。例如，酸雨是一种大气沉降过程，它与美国东部和欧洲森林生态系统的下降有关。

了解养分如何进入生态系统后，下面介绍它们在生态系统内被吸收和转化的过程。

22.3　营养转化

养分进入生态系统后，会因微生物的吸收和化学反应而发生进一步的变化，进而改变其形态并影响其在生态系统中的移动和保留。这些变化中最重要的是有机物的分解，它将养分释放回生态系统。

分解是一个关键的营养循环过程　在生态系统中（死亡植物、动物、微生物和排泄物）不断积累后，碎屑成为越来越重要的养分来源，尤其是氮和磷，这些元素经常限制陆地和水生生态系统的生产力。分解过程使得碎屑中的养分变得可利用，分解过程是指食腐生物分解有机物以获取能量和养分的过程（见图22.6）。分解过程将养分释放为可溶有机/无机化合物，这些化合物可被其他生物吸收。

垃圾输入包括叶子、茎、根和死去的动物

碎片化

生活在土壤中的动物将垃圾分解成越来越小的碎片，增大其表面积

小有机化合物和无机养分被释放到土壤溶液中，植物和微生物可以从中吸收它们

矿化作用

细菌和真菌释放酶，作用于碎片的暴露表面，将有机大分子转化为可溶性养分

图22.6　分解。土壤中有机物的分解为陆地生态系统提供了重要的养分

　　土壤中的有机物主要来自植物，这些植物来自土壤表面的上方和下方。土壤表面未分解的新鲜有机物称为凋落物，它通常是分解过程中最丰富的基质。凋落物被动物、原生生物、细菌和真菌用作能量和养分的来源。当蚯蚓、白蚁和线虫等动物消耗凋落物时，会将其分解成越来越细的颗粒。这种物理破碎增大了凋落物的表面积，促进了它的化学分解。

　　分解的最后一步是有机物转化为无机养分（不与碳分子结合的养分），这一过程称为矿化作用。它是异养微生物释放的酶分解土壤中有机大分子的结果。由于植物通常依赖于无机养分，生态学家通过测量矿化作用来估计养分供应速率。了解分解和矿化作用的非生物与生物控制对于理解自养生物对养分的可利用性至关重要。

　　分解速率受气候的极大影响。分解在温暖的环境下进行得最快。土壤湿度也通过影响食腐生物的水分和氧气供应来控制分解速率。干燥土壤可能不能为这些生物提供足够的水分，而湿润土壤的氧气浓度较低，会降低有氧呼吸和生物活动的速率。因此，食腐生物在中等土壤湿度和温暖环境下的活动最活跃（见图22.7）。

　　在分解过程中，一些养分被食腐生物消耗，因此并非在矿化过程中释放的所有养分都能被自养生物吸收。分解过程中从有机物中释放的养分数量取决于分解者的养分需求和有机物所含的能量。这些因素可通过有机物中的碳（代表能量）与氮（氮是食腐生物最常缺乏的养分）之比（C∶N）来近似。有机物中较高的C∶N会导致分解过程中较低的净养分释放量，因为异养微生物的生长更多地受到氮供应而非能量的限制。例如，大多数异养微生物每吸收1个氮分子就需要约10个碳分子。在它们吸收的碳中，约60%通过呼吸作用损失。因此，微生物生长的最佳C：N约为25：1。C：N大于25：1的有机物在分解过程中会被微生物吸收所有氮，C：N小于25：1的有机物的分解会导致部分氮释放到土壤中，供植物使用。

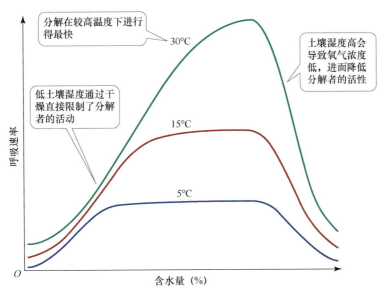

图22.7　气候控制分解者的活动。土壤微生物呼吸作用的变化可用于估算分解情况，其模型是不同温度下土壤湿度的函数

并非所有凋落物中的碳都可作为分解者的能源：碳的化学性质决定了物质的分解速率。木质素是一种结构碳化合物，可增强植物细胞壁，土壤微生物难以分解它，因此分解得非常缓慢（见图22.8和分析数据22.1）。含有高浓度木质素的植物（如橡树或松树叶）的养分释放速率低于含有低浓度木质素的植物（如枫树和杨树叶）。此外，植物凋落物可能含有次级化合物，这些化合物不直接用于生长（如与防御食草动物和过量光照相关的化合物），在分解过程中会降低养分释放。次级化合物通过抑制异养微生物的活动和它们释放到土壤中的酶，或在某些情况下通过刺激它们的生长来减缓分解，导致微生物对养分的吸收增加。

通过改变凋落物的化学性质和数量，植物可以影响土壤中的分解速率。降低分解速率会降低土壤的肥力。对植物而言，降低自身的养分供应会有什么后果？对生长速率本来就较低的植物来说，降低土壤肥力可使它们免受生长和资源吸收速率较高的邻居的竞争排斥。因此，低土壤养分浓度可通过植物化学方式得以维持，这对植物本身是有益的。

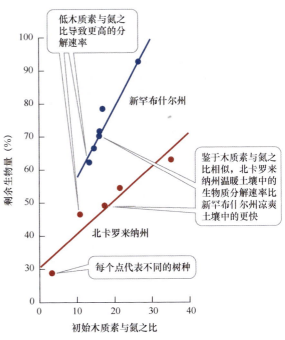

图22.8　木质素降低分解速率。叶凋落物的分解速率随着凋落物中木质素与氮之比的增加而降低。这一比例因森林树种而异。注意，气候对分解速率也有重要影响

分析数据22.1　木质素总是抑制分解吗？

木质素是一种存在于树叶和茎中的结构化合物，可降低分解速率，因为木质素是微生物较差的碳基质。例如，在干旱的生态系统中，阳光可分解土壤表面的有机物，它可能比生物分解更重要。与纤维素相比，木质素能吸收更多的太阳辐射，因此有可能增加生物分解。为了验证这一假设，奥斯汀和巴拉雷进行了一项实地实验，以研究木质素的浓度如何通过非生物光降解和生物活动影响分解。他们使用了均匀的纤维素薄片（滤纸），添加了稀释的营养液，以模拟叶片基质。他们在薄片中添加了不同量的木质素，然后通过滤光（生物）或将基质与土壤隔离（非生物），将它们置于非生物或生物分解条件下。然后，测量每个薄片的质量损失，以估计分解速率。奥斯汀和巴拉雷的实验结果如下表所示。

生物分解		非生物分解	
木质素浓度（%）	质量损失（%/天）	木质素浓度（%）	质量损失（%/天）
0	0.29	0	0.01
5	0.15	5	0.07
8	0.13	9	0.10
13	0.11	14	0.13
17	0.10		

1. 画出生物分解和非生物分解的木质素浓度与质量损失之间的关系图。

2. 你的结论如何支持木质素含量高的植物组织比含量低的植物组织分解得更慢？

3. 在什么环境和生物群落中，木质素降低分解速率的假设不成立？

22.3.1　微生物改变养分的化学形式

土壤、淡水和海洋生态系统中的微生物能够转化矿化过程中释放的一些无机养分。这对于氮来说尤为重要，因为它们可以决定植物对氮的可利用性及氮从生态系统中流失的速率（见图22.11）。某些化能自养细菌（称为**销化细菌**）通过硝化作用将矿化过程中释放的氨（NH_3）和铵（NH_4^+）转化为硝酸盐（NO_3^-）。硝化作用在好氧条件下发生，因此主要限于陆地环境。在低氧条件下，一些细菌使用硝酸盐作为电子受体，通过反硝化作用将其转化为氮（N_2）和一氧化二氮（N_2O）。这些气态形式的氮会排放到大气中，代表生态系统中的氮损失。

植物生态学家和生理学家曾经认为，植物对氮的可利用性完全取决于无机氮——硝酸盐和铵的供应。因此，传统上通过测量这些无机形式的氮来估算土壤肥力。20世纪90年代，人们投入了大量精力来了解是什么控制氮矿化的速率，特别是在施肥实验表明氮供应限制初级生产力并影响群落多样性的生态系统中。森林和草原土壤中无机氮产量的测量值通常接近植物吸收量的估计值。然而，北极和高山生态系统中的无机氮供应速率远低于植物的实际吸收速率。氮供应不足使人们意识到，一些植物正在使用有机形式的氮来满足其营养需求。早期在海洋生态系统中的研究表明，浮游植物可直接从水中吸收氨基酸，菌根已被证明可从土壤中吸收有机氮并将其供应给植物。然而，查平及其同事和拉布及其同事证明，一些植物物种（特别是莎草）可在没有菌根的情况下吸收有机氮。北极莎草可能以有机形式吸收多达60%的氮。在其他生态系统（北方森林、盐沼、稀树草原、草原、沙漠和雨林）的植物中，也观察到了有机氮的吸收。因此，分解过程中的矿化步骤对植物营养的作用可能并不像人们通常认为的那样重要。植物对可溶性有机氮的利用对植物之间及植物与土壤微生物之间的竞争有重要影响。有证据支持这样的假设，即一些北极和高山群落中的植物通过优先吸收特定形式的氮来避免竞争。麦凯恩及其同事研究了阿拉斯加北极苔原上生长在一起的几种植物吸收氮的形式。他们测量了每个物种对无机氮和有机氮转化形式的吸收，以及吸收氮的土壤深度和吸收氮的时间。他们发现，所有三个要素在不同物种之间都存在差异。此外，研究人员还发现，群落中的优势植物往往是利用土壤中最丰富的氮形式的物种（见图22.9）。因此，在氮限制生长的群落中，物种的优势可能部分取决于其吸收特定形式氮的能力。

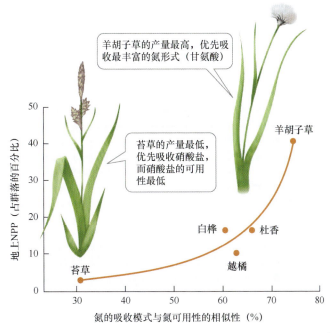

图22.9 **群落优势物种和氮的吸收**。阿拉斯加北极苔原植物群落中某个物种的优势，与植物偏好的氮形式和土壤中该形式的氮的可用性之间的相似性有关

22.3.2 植物可在内部循环中利用养分

在所有植物器官中，叶、根和花中的营养浓度最高。在叶片的季节性衰老过程中，多年生植物中的养分和非结构碳化合物（如淀粉和碳水化合物）会被分解成更简单、更易溶的化学形式，并且转移到茎和根中存储起来。这种现象在中高纬度生态系统中最明显，因为落叶中的叶绿素分子会被分解，以恢复氮和其他养分，而其他色素（如类胡萝卜素、黄绿素和花青素）则会保留，为人类带来绚丽的秋色。部分秋色是由于色素的分泌增加，目的可能是保护叶片免受强光或食草动物的侵害。春天恢复生长后，养分被输送到生长组织中用于生物合成。植物在落叶前可能吸收叶片中高达60%～70%的氮和40%～50%的磷。这种循环减少了植物在下个生长季节吸收新养分的需要。

追踪陆地生态系统中养分的化学转化过程后发现，它们会在生态系统的各个组成部分间迁移。下面介绍这些迁移，并追踪养分在生态系统中迁移时的命运。

22.4 营养循环和流失

上一节介绍了养分是如何经历生物、化学和物理转化的，而转化包括养分被生物吸收、分解，最终回到其原来的形式（或类似的形式）。养分在生态系统内的这种运动称为**养分循环**（见图22.10）。例如，我们追踪了氮从氮固定微生物进入并穿过生态系统的路径，它被转化为植物可用的化学形式。植物将氮结合到有机化合物中（如蛋白质和酶），而这些化合物最终可能被异养生物消耗。最终，植物、异养生物和微生物都变成碎屑。通过分解从碎屑中释放的无机和有机氮再次被植物和微生物吸收，从而完成氮循环（见图22.11）。

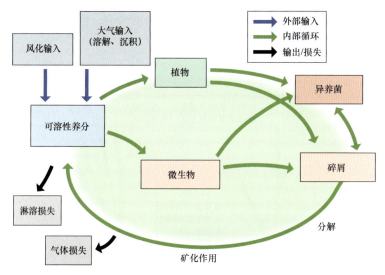

图22.10　养分循环。广义的养分循环，显示了养分在生态系统组成间的运动及输入和损失的潜在途径

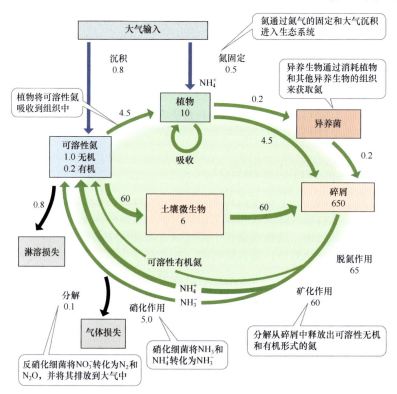

图22.11　科罗拉多州高山生态系统的氮循环。方框代表氮池，单位为克/平方米；箭头代表氮流量，单位为克/平方米/年。注意大量的氮通过土壤微生物，表明在小氮池中氮的周转率很高

22.4.1　养分循环速率随元素特性和生态系统类型的不同而不同

营养分子在生态系统中循环的时间，即从生物吸收到释放再到后续吸收的时间，会因相关元素和发生循环的生态系统的不同而有很大差异。一般来说，初级生产力的限制性养分比非限制性养分的循环速率快。例如，氮和磷可在几小时或几天内于开阔海洋的光照区内循环，而锌则可在与沉积过程、造山运动和侵蚀过程相关的地质时间尺度内循环。温度和湿度会影响与养分的生产、

分解和化学转化有关的生物的新陈代谢率，因此养分的循环速率也随着气候的变化而变化。

生物地球化学家通过估算元素在生态系统某些组成中的平均停留时间来衡量养分循环速率：

$$平均停留时间 = 元素总量/输入速率$$

平均停留时间是一个元素的平均分子在离开一个生态库之前在其中停留的时间。一个元素的生态库是该元素在生态系统的一个物理或生物组分中发现的总量，如土壤或生物量。输入包括该生态系统组分所有可能的元素来源。这种估算平均停留时间的方法假设养分库不随时间变化，平均停留时间反映的是养分循环的总速率。平均停留时间最常用于估算土壤有机物中养分的周转率，反映了养分的输入速率和随后的分解速率。分解速率与气候和植物凋落物的化学性质有关。

鉴于植物凋落物的输入和分解速率都控制着土壤中养分的平均停留时间，且两者都受气候控制，在不同气候条件下具有相似植物生长形式（如森林）的生态系统之间会看到什么差异？相对于北方森林和温带森林，热带雨林具有更高的净初级生产力，因此具有更高的凋落物输入速率。这种差异是否导致了养分平均停留时间的差异？对有机物和几种养分的平均停留时间的比较表明，热带雨林土壤中养分库的大小远小于北方森林（见表22.3）。热带雨林土壤中氮和磷的周转率比北方森林土壤的快100倍。温带森林和灌木丛的周转率介于二者之间，但更接近热带。平均停留时间出现这种趋势的主要原因是气候对分解速率的影响大于对初级生产力的影响。北方森林土壤通常有永久冻土层，这会冷却土壤并降低生物活动速率。永久冻土还会阻止水分对土壤的渗透，形成潮湿、缺氧的土壤条件。此外，北方森林的凋落物富含减缓土壤中分解速率的次生化合物。

表 22.3　森林和灌木丛生态系统中土壤有机物和养分的平均停留时间

生态系统类型	平均停留时间（年）					
	土壤有机物	氮	磷	钾	钙	镁
针叶林	353	230	324	94	149	455
温带针叶林	17	18	15	2	6	13
温带落叶林	4	5	6	1	3	3
丛林	4	4	4	1	5	3
热带雨林	0.4	2	2	1	1.5	1

特定养分之间平均停留时间的差异与其化学性质（如溶解度）有关。一些养分（如钾）以更可溶的形式存在，因此比其他养分（如氮）从土壤有机物中流失得更快。

第24章将在更大的空间尺度上介绍养分循环问题，到时将结合人类对碳、氮、磷和硫循环的改变来考虑这些循环。

22.4.2　流域研究用于测定生态系统中的养分损失

是什么决定了养分在生态系统中停留的时间长短？养分在生态系统中的保留与其被生物和自然生态库吸收以及它们的形式的稳定性有关。例如，氮作为不溶性有机分子（如蛋白质）的一部分时，比作为硝酸盐时更稳定，硝酸盐更易从土壤中淋溶。当养分通过淋溶移动到根系层以下，并从那里进入地下水和溪流时，就会从生态系统中流失。养分还会以气体或小颗粒的形式流失到大气中，以及转化为生物无法使用的化学形式。考虑生态系统中的养分输入和流失时，我们一直将生态系统视为具有明确空间单位的实体，但是什么定义了生态系统的边界？研究陆地生态系统的生态学家通常关注单个流域。这个研究单位称为流域，包括被单条河流及其支流的陆地区域（见图22.12）。通过测量流域中元素的输入和输出，并计算它们之间的平衡，生态学家可推断出养分在生态系统中的使用情况及其对生态系统过程（如初级生产力）的重要性。

图22.13显示了一个流域的概念模型。流域中的养分输入包括大气沉降和固氮作用。进入流域的养分可能存储在土壤中（在阳离子交换位点或土壤溶液中）或被生物吸收。它们通过消耗、分解和风化过程在生态系统组分内部和之间转移。假设养分主要从流域经由溪流流失，因此经常使

用测量流域溪流中溶解物质和颗粒物质的方法来量化这些流失。然而，实际情况通常更复杂，因为养分也以气态形式（如反硝化产生的N_2和N_2O）和粗颗粒物质（凋落物）及离开生态系统的生物的形式流失到大气中。但是，使用生态工具箱22.1中描述的方法测量不同养分的输入/输出平衡，有助于确定它们的生物重要性。

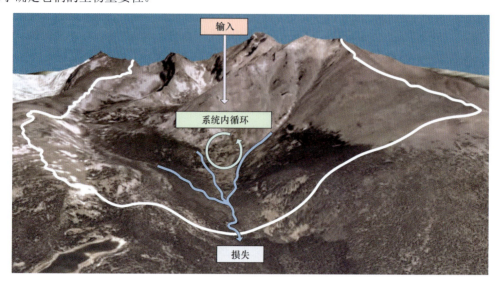

图22.12 流域是生态系统研究的常用单位。 与单条溪流系统（蓝线）相关的流域（流域），其边界由地形分界线（白色轮廓）确定，是陆地生态系统研究中的常用单位，用于测量养分的输入和输出

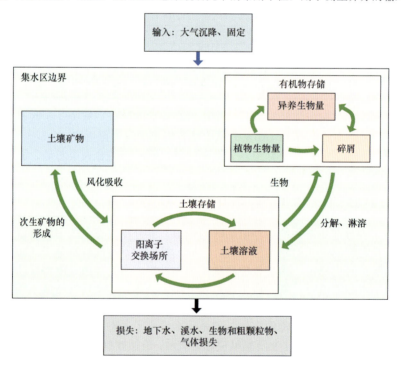

图22.13 流域的生物地球化学。 这个概念模型描述了养分进入、通过和流出流域的主要途径

最著名的流域研究是在新罕布什尔州的哈伯德布鲁克实验森林中进行的，该森林被视为美国北方落叶林的代表。从1963年起，研究人员就对哈伯德布鲁克流域进行了持续监测。这些研究提供了关于生物和土壤在养分保留中的作用、生态系统如何响应伐木和火灾等干扰，以及与酸雨和

气候变化相关的养分流动趋势的信息。

22.4.3　生态系统的长期发展影响养分循环并制约初级生产力

随着陆地生态系统在新基质上的发展（如在新火山流的原生演替中），土壤风化、固氮作用以及土壤中有机物的积累决定了植物的养分供应。在生态系统发展的早期，土壤中的有机物很少，因此分解产生的氮供应量很低。风化作用产生的矿物质养分供应量也很低，但相对于氮的供应量要高。因此，在原生演替早期，氮的供应初级生产力和植物群落组成的一个重要制约因素。随着土壤有机质中氮的增加，氮对初级生产力的限制减少。

生态工具包22.1　流域监测

通过大气沉降测量流域中养分的输入量，以及通过溪水测量养分的流失量，需要知道水中元素的浓度以及进入和离开流域的水量（降水量和溪流流量）。二者的乘积（浓度乘以体积）给出了进入或离开流域的元素总量。这些值常以一周到一年的时间间隔进行平均，以提供特定元素的输入/输出平衡。

大气沉降包括：①降水落到地表时捕获的元素（湿沉降），②通过重力沉降或空气运动转移到地表的颗粒，包括气溶胶和细尘（干沉降）。总大气沉降可通过在周围植被上方放置水桶来收集沉积物样本。然而，水桶会成为鸟类的栖息处，它们可能将自身对生态系统养分输入的贡献沉积到水桶内部。在水桶边缘放置尖刺防止鸟类落在上面，可避免这个问题。另一个问题是，开口的水桶会因蒸发而损失水分，进而增大水桶内元素的浓度。此外，在多风、寒冷的天气下，由于空气动力学特性，水桶不是收集雪的好工具。

人们已开发出湿沉降收集器，这种收集器仅在降水期间打开，在其他时间则关闭以防止蒸发（见图A）。一个对湿度敏感的表面控制打开和关闭收集器的开关。在雪和风同时出现的地方，挡风板有助于防止雪从水桶中流失。也可使用单独的雨量计来准确地估计进入生态系统的降水量。定期分析水桶或收集器中的降水，以检测感兴趣的元素。许多发达国家已建立湿沉降采样器网络，以提供大气沉降的空间估计。

图A　测量沉降。 科罗拉多州尼沃特岭的一台湿沉降收集器正在维修。除了降水期间，右边的桶是盖着的

干沉降的测量更复杂，通常涉及收集大气样本以测量大气颗粒的大小及其化学成分。将这些测量结果与风速和风向测量相结合，可以估算元素向地表的移动。由于采样难度大，且不确定性大，干沉降的测量频率低于湿沉降或总沉降（湿沉降和干沉降的总和）。然而，在一些地区，如沙漠或地中海型生态系统，干沉降是总沉降的最大组成部分。

测量溪流中的养分流失相对简单：定期收集水样并分析其化学成分，测量离开流域的溪流水的化学成分。溪流中水的体积常通过建造堰坝来估算，堰坝是呈V形的小溢流坝，由混凝土或木材和金属制成，用于控制渠道的大小，并放置一个深度计来计算流量（见图B）。可以使用自动化系统测量水深，以给出连续的流量值。

图B　测量流量。 科罗拉多州实验森林愚人溪上的堰坝

磷通过单一岩石矿物（磷灰石）的风化进入生态系统，在演替早期，其供应量相对于氮来说较高。然而，随着风化磷供应的耗尽，分解作为植物磷源的重要性日益增加。此外，可溶性磷可能与铁、钙或铝结合形成作为养分不可用的次生矿物，这个过程称为封闭。随着时间的推移，封闭式的磷的数量增加，进一步降低了其可用性。因此，磷应在演替后期对初级生产力产生更大的限制。

这些对生态系统发展过程中养分循环变化的观察为我们提供了一个假设框架，以考虑这些变化应如何影响限制初级生产力的特定养分。氮在演替早期对初级生产力的决定作用最大，氮和磷在演替中期都很重要，磷在演替晚期最重要。维托塞克及其同事在夏威夷群岛对这一假设进行了验证。太平洋构造板块经过数百万年的运动，形成了火山岛链。最古老的岛屿位于火山岛链的西北部，最年轻的岛屿位于东南部（见图22.14a）。维托塞克的研究小组研究了年龄从300万年到400多万年不等的土壤上的夏威夷生态系统，以确定哪些养分对初级生产力的限制最大。每个研究地点的植被和气候都很相似，这对研究很有帮助。维托塞克及其同事在3个不同年龄的生态系统的地块中添加了氮、磷或氮和磷，测量了这些组对优势树种铁心木生长的影响。与他们的假设一致，在最年轻的生态系统中，氮对树木生长的限制最大，而在最古老的生态系统中，磷对树木生长的限制最大（见图22.14b）。氮和磷的结合增加了中等树龄生态系统中树木的生长。与这些热带土壤不同，温带、高纬度和高海拔地区生态系统中的土壤经常受到重大干扰（如大规模冰川作用、山体滑坡），不太可能达到磷成为限制性元素的年龄。

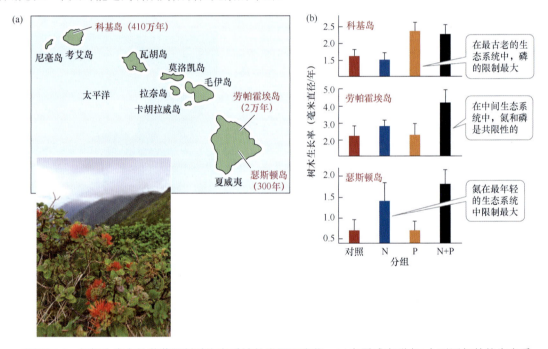

图22.14　初级生产力的营养限制随生态系统的发展而变化。(a)在夏威夷群岛3个不同年龄的生态系统中进行了施肥实验：瑟斯顿（300年）、劳帕霍埃（2万年）和科基（410万年）。这三个地点的植被都以单一树种多型铁心木为主；(b)在三个生态系统中，多型铁心木的生长速率对氮、磷和氮磷的反应。添加的养分对树木生长的促进作用越大，其限制作用就越大。误差条显示的是均值的标准差

从陆地生态系统中流失的养分最终进入溪流、湖泊和海洋。它们是水生生态系统养分的重要来源，但也可能产生负面影响。

22.5　水生生态系统中的养分

在淡水和海洋生态系统中，养分的转化和转移因发生在移动的水中而更加复杂。与陆地生态

系统相比，来自生态系统外部的养分输入重要得多。此外，氧气浓度通常低于陆地生态系统，从而限制了生物活动及与之相关的生物地球化学过程。

22.5.1 溪流和河流中的养分在顺流而下的过程中不断循环

溪流和河流中的养分供应很大程度上依赖于陆地生态系统的外部输入。陆地输入的有机物、周围土壤中化学风化和分解产生的溶解养分以及微粒矿物质是河流生物的主要养分来源。河流和溪流将这些物质带入海洋，但它们不仅仅是陆地和海洋生态系统之间物质流动的通道。溪流中的生物地球化学过程会改变所含元素的形态和浓度。例如，溪流和河流中的反硝化作用和生物吸收作用可能导致氮在溪流中大量流失。这些过程可以解释为何河流从氮污染严重的地区输出的硝酸盐比预期的要少（见图22.15a）。

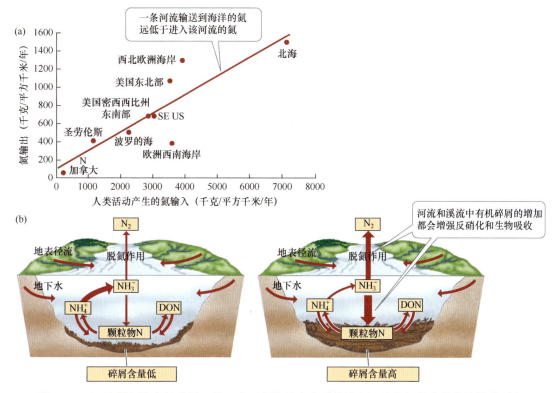

图22.15　河流是氮输出的重要调节因素。从陆地生态系统进入河流的氮并非简单地被带到海洋。(a)主要流域向北大西洋输出氮的速率与人类活动向河流输入氮的速率相关。然而，由于对河流中的氮进行了生物地球化学处理，输出率远低于输入率。(b)反硝化和生物吸收是降低流域氮输出的两个主要过程。当底栖沉积物较多时，这两个过程都会加强。DON：溶解有机氮

当溪流底部有大量的残渣时，反硝化作用和生物吸收作用会增强（见图22.15b）。河流和溪流中的养分随着水流向下游反复循环。真菌、细菌和浮游植物等生物会吸收溶解的无机养分，并将其转化为有机分子。这些生物可能被其他生物消耗，并通过食物网最终进入溪流的残渣池。碎屑分解后，矿化的养分又以溶解的无机形式释放回水中。这种与水流运动相关的反复吸收和释放可视为养分的螺旋式上升（见图22.16）。养分完全螺旋式上升所需的时间（从吸收、融入有机物到以无机物形式释放）与溪流中的生物活动量、水流速度和养分的化学形态有关。这些变量对营养污染物（硝酸盐和磷酸盐）在河流中的滞留有重要影响。更强的生物滞留能力（更长的营养螺旋）有助于缓冲营养污染对下游污染源（湖泊、河口）的影响。如螺旋长度增加所表明的那样，河流中硝酸盐的周转率往往在下游增加，磷酸盐在上游和下游的截留率相同，而磷酸盐在上游和下游的停留时间相同。

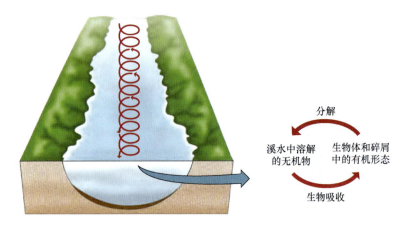

图22.16　溪流和河流生态系统中的养分循环。随着水流向下游移动，营养物质的循环导致营养物质的吸收和释放反复螺旋式上升。

22.5.2　湖泊中的养分在水体中高效循环

湖泊生态系统从溪流、大气沉降和固氮作用以及邻近陆地生态系统的落叶中获得养分。在光照区，浮游植物悬浮在水体中，对养分的生物需求最高，在湖泊边缘的浅水区，有根水生植物也对养分有较高的需求。磷（有时还有氮）限制了湖泊的初级生产力。湖泊中营养级间的养分转移就像能量转移一样非常高效。一些残渣在水体和浅水区的沉积物中被分解和矿化，提供了内部养分输入。蓝藻的固氮作用发生在光照区，尤其是当生物对氮的需求大于对磷的需求时。湖泊生态系统的固氮速率与陆地生态系统的类似。

随着时间的推移，湖泊光照区的养分逐渐流失。死亡生物在水体中下沉，在底栖带形成沉积物。这些沉积物的特点是，缺氧条件限制了分解，还原性化学环境可能改变某些养分的化学形态。例如，铁通常从Fe^{3+}还原为Fe^{2+}，导致湖泊沉积物呈深色。沉积物中的低氧浓度也促进了反硝化作用，细菌可能将硫酸盐（SO_4^{2-}）还原为硫化氢（H_2S）。

除非水体发生混合，否则底栖沉积物中的分解物无法为光照区提供养分。在温带分层湖泊中，这种混合发生在秋季和春季，此时整个湖泊的水体是等温的，风会促进水体的翻转。这种季节性更替会将溶解的养分从水体底层水带到表层，同时带来随后可能被细菌分解的残渣。在热带湖泊中，水层混合并不常见，因此外部输入的养分对维持这些湖泊的生产可能更重要。

湖泊生态系统通常根据其养分状况进行分类。养分贫瘠、初级生产力低的水域称为贫营养水域，而养分丰富、初级生产力高的水域称为富营养水域。中营养水域在养分状况上介于贫营养水域和富营养水域之间。湖泊的养分状况是气候、湖泊大小和形状等自然过程的结果。例如，高山地区的湖泊通常是贫营养的，因为它们的生长季节短、温度低，且倾向于深而表面积与体积比低，这限制了大气沉降输入的养分速率。相比之下，低海拔或热带地区的浅水湖泊由于温度较高和养分可用性较高而倾向于富营养化。

湖泊的养分状况往往随着时间的推移自然地从贫营养向富营养转变。这一过程称为富营养化，它发生在湖泊底部沉积物积累时（见图22.17）。随着湖泊变浅，夏季温度升高，分解增加，养分库和混合量增加，湖泊生产力提高。人类活动通过排放含有高浓度氮和磷的污水、农用肥料和工业废物，加速了许多湖泊的富营养化过程。例如，内华达州和加州交界处的太浩湖，由于来自溪流、地下水和邻近社区的地表径流的磷和氮的输入量增加，湖水的透明度大大降低。作为湖泊营养状况指标的水体透明度，主要由水体中浮游生物的密度决定。可以使用塞奇盘进行密度测量，这是一个黑白相间的圆盘，逐渐将它放入水中，能够看到圆盘的最大深度称为透明度深度。在过去30年间，太浩湖的平均透明度深度增加了10米。自2000年以来，水体透明度下降的速度有所放缓，部分原因是降水量减少以及排入湖中的营养污染物浓度降低。

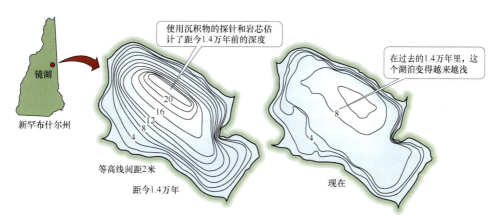

图22.17 **湖泊沉积物和深度**。随着时间的推移，沉积物在湖底堆积，使湖水逐渐变浅，导致富营养化。新罕布什尔州镜湖深度轮廓线的变化显示了过去1.4万年间沉积物的积累情况

　　如果减少向地表水排放废物，人为富营养化现象是可以逆转的。20世纪六七十年代，西雅图附近的华盛顿湖就出现了这种典型的逆转。从20世纪40年代末开始，经过处理的含有高浓度磷的污水被排放到华盛顿湖中，因为当时在湖岸附近修建了居民区和相应的污水处理厂。20世纪50年代，随着浮游植物密度的增加和蓝藻的大量繁殖，湖水的透光度开始下降。公众的担忧与日俱增，当地政府也在讨论应采取何种应对措施。当地著名的湖沼学家埃德蒙森认为，这一问题与处理后的污水中的磷含量有关，其中包括含有含磷洗涤剂的洗衣机废水。根据埃德蒙森的建议，西雅图在1968年完全停止了向华盛顿湖排放污水。很快，人们就发现湖水的透光度有所提高，到1975年，华盛顿湖被认为已从富营养化中恢复（见图22.18）。埃德蒙森的建议对华盛顿湖的恢复至关重要，该案例也促成了美国目前对洗涤剂中磷酸盐使用的限制。

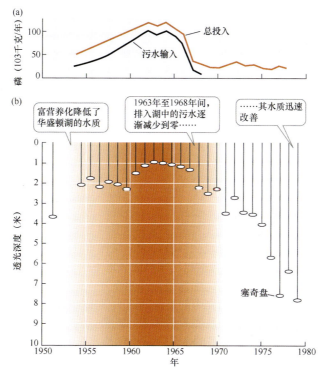

图22.18 **华盛顿湖：命运的逆转**。20世纪40年代至60年代，经过处理的污水流入华盛顿湖，导致湖水富营养化；1963年至1968年，污水流入停止，湖水透光度增加。(a)磷的输入；(b)使用塞奇盘测量的水体透光度

22.5.3 河流输入和上升流是海洋生态系统中养分的重要来源

河流在河口与海洋生态系统汇合。在这些淡水与海水交汇的区域，盐度是变化的。这种变化会影响水体的混合和某些养分的化学形态。例如，当河水与海水混合时，由于pH值的变化，土壤颗粒中结合的磷可能以更易被浮游植物利用的形式释放。

当水流速度向河口方向减慢时，悬浮沉积物开始在水中沉降。这些沉积物是河口地区食腐动物的基质和浮游植物的养分。河口通常与盐沼有关，盐沼富含养分，因为它们既能吸附河流沉积物，又能吸附海洋沉积物。与湖泊底栖沉积物一样，河口和盐沼沉积物的氧气浓度也很低，限制了分解。

开阔海洋的初级生产力受到多种营养元素的限制，包括氮、磷以及某些地区的铁和硅。海水中镁、钙、钾、氯和硫的浓度相对较高。海洋生态系统中氮的来源包括河流和大气沉积物的输入，以及通过分解进行的内部循环。海洋中蓝藻的固氮速率低于淡水湖中的固氮速率，这可能是因为这些生物受到钼的限制，而钼是氮酶的组成之一。磷、铁和二氧化硅主要以溶解和微粒形式从河流中进入海洋生态系统；大气中沉积的灰尘对海洋生态系统的贡献较小，但也很重要。由于人类活动，包括大规模的荒漠化和森林砍伐，这两种陆地来源的输入量都在增加。

深层沉积物（厚达10千米）已在开阔海域的海底区域堆积。这些沉积物由海洋废弃物和陆地侵蚀沉积物混合而成，是重要的潜在养分来源。硫酸盐还原和反硝化作用发生在这些缺氧沉积物中，有机物的某些分解和矿化也发生在这些沉积物中。在这些沉积物中发现了深达500米的细菌。由于温度低、盐度高，深海层密度大，通常不与表层水混合。洋流将深层水带到海面的上升流区时，富营养的深层海水会与营养贫乏的表层海水混合（见图22.19）。这些上升流区的产量很高，因此是渔业的重要区域。

图22.19 上升流区增强了海洋生态系统的养分供应。从这张卫星图片中可以看到，在阿拉斯加州普里比洛夫群岛沿岸，浮游植物（绿色区域）在营养丰富的深层海水上升流的滋养下大量繁殖

在每个地点都采集了土壤和基岩样本，并对土壤的质地和养分含量进行了比较。此外，通过测量土壤的磁性估计了大气中细粉尘的保留情况。远距离吹来的尘土含有比本土土壤更高的氧化铁，因此粉尘越多，磁信号越强。保留这些尘土很重要，因为它是一种矿物质养分的来源；此外，这些尘土的损失也表明了本地土壤被侵蚀的可能性。

研究发现，历史上被放牧的土壤比未被放牧的土壤拥有更少的细粒土壤，以及更少的镁和磷（见图22.20）。这些差异要归因于更好的生物壳保持了更多的尘土和更低的侵蚀速率。生物壳还通过改变pH值、加速释放矿物养分的化学反应以及增大土壤保水性来提高风化速率。历史上被放牧地点的土壤中碳（来自有机物）和氮的含量也比未被放牧地点的低60%～70%。这些差异同样与生物壳有关。虽然在历史上被放牧的地点，生物壳已开始恢复，但与未被放牧的地点相比，放牧期间土壤中碳和氮的累积损失很高。生物壳中的蓝藻固定大气中的N_2，代表在春季即生长季节没有水分限制的情况下限制植物生长的一个重要养分输入。此外，与无生物壳的土壤相比，有生物壳的土壤能吸收更多的太阳辐射，保留更多的水分，从而创造出有利于分解和矿化的条件。

案例研究回顾：脆弱的地壳

前面说过，陆地生态系统中植物的养分供应取决于土壤中岩石矿物的风化和碎屑的分解，以及大气中的氮。沙漠土壤中生物壳的流失如何影响这些过程？生物壳有助于将土壤颗粒黏结在一起，防止土壤流失。构成壳的生物的活动还可能影响养分的输入，进而影响沙漠生态系统的生产力及其抵御沙漠气候的能力。

内夫及其同事进行了一项研究，以评估放牧对科罗拉多高原土壤侵蚀和养分的影响。他们在峡谷地国家公园选择了三个研究地点：一个从未放牧过，两个历史上曾放牧过但在1974年后被禁止放牧（恢复了30年）。公园内的牛群放牧始于19世纪80年代，其大部分地表都受到了影响。未放牧的研究地点被岩石包围，阻止了牛群进入该区域。所有研究地点都有相同的母质和相似的植物群落，且彼此相距不到10千米。三个地点都存在生物壳，尽管历史上放牧地点的生物壳明显受损，但与从未放牧过的地点的生物壳相比，它们显得发育不良。

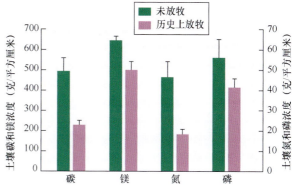

图22.20　生物壳的损失导致养分供应减少。峡谷地国家公园历史上放牧的土壤比从未放牧的土壤含有更少的碳、镁、氮和磷。误差条显示的是均值的标准差

22.6　复习题

1. 描述岩石中的固体矿物质转化为土壤中可溶性养分的过程。哪些生物因素会影响这种转化的速率？
2. 氮是大气中含量最高的元素，与植物所需的其他养分相比，为何氮常常供不应求？在陆地生态系统的发育过程中，氮的供应是如何变化的？
3. 在陆地生态系统中，哪个因素对控制土壤有机物中养分的平均停留时间和养分库更重要：是输入速率（初级生产力）还是分解速率？热带雨林土壤中的养分库比热带雨林土壤中的养分库大吗？
4. 为什么来自陆地和溪流生态系统的养分输入对热带湖泊比温带湖泊更重要？

第 7 单元　应用和宏观生态学

第23章　保护生物学

鸟类和炸弹可以共存吗？案例研究

军事行动有利于生态环境的保护工作？这种结论听起来有些奇怪，但几十年来在北卡罗来纳州沙山堡布拉格军事基地的相关军事行动却无意中保护了数千英亩的长叶松稀树草原，拯救了濒临灭绝的红顶啄木鸟（见图23.1）。

一个世纪以来，布拉格的森林常被用于军事训练和演习，区域内的土地常被车辆和施工机械设备破坏，并被炸药产生的火焰燃烧。这些破坏性活动发生在一个曾经常见但现在却罕见的生态系统中。为什么说军事行动有利于生态环境的保护呢？首先，长叶松稀树草原的持久性依赖于火，因此爆炸引起的火灾反而对区域的生态系统有益。其次，军事基地将大片林地划定为军事用途，使得土地利用方式无法转变为农田、人工林和住宅。

虽然在布拉格和其他军事基地均保留了一些长叶松稀树草原，但总体而言，这类生态系统的总面积已减少97%（见图23.2）。各种因素导致了这种生态系统的衰落，包括人口的快速增长、为种植其他树种（如火炬松等）进行的土地清理、区域的人工灭火等。随着长叶松稀树草原生态系统的衰退，依附于其的数种植物、昆虫和脊椎动物数量也大幅下降。

©威廉·利曼/阿拉米 库存照片

图23.1　红顶啄木鸟：濒危物种。一只雌性红顶啄木鸟正在其巢穴旁。该物种曾在美国的长叶松稀树草原大量存在，但栖息地的丧失导致其数量严重下降

其中一个物种是红顶啄木鸟，这是一种小型食虫鸟类，需要大片开阔的长叶树稀树草原。红顶啄木鸟过去的数量约为260万只，目前只有约7500只。其他啄木鸟在死树上筑巢，而红顶啄木鸟需要在活松树尤其是长叶松上筑巢。

周期性的火灾有助于长叶松稀树草原的维持。如果没有这些大火，长叶松群落很快就会演替。随着橡树和其他硬木植物在林下生长，啄木鸟失去了它们的巢穴，这显然是由食物资源减少导致的。过去，鸟类会迁往最近被烧毁的部分森林，但随着长叶松面积的减少，鸟类可去的地方越来越少。栖息地的丧失减少了啄木鸟的数量，使得它们易受小规模、孤立种群相关问题的影响。证据表明，啄木鸟之间存在近亲繁殖，1989年的飓风甚至导致一个种群内70%的啄木鸟死亡。

啄木鸟近期的物种演化反映了世界上成千上万个其他濒危物种所经历的相似过程，随着栖息地的大量丧失，这些种群数量下降到极低的水平。需要特定栖息地环境的物种因人类活动的影响而逐渐退化，种群数量逐渐减少，直到在某些情况下完全消失。我们可以做些什么来保护像啄木鸟这样的物种呢？我们是否有责任保护并恢复自然环境中的生物多样性？如果这些工作是必要的，那么怎么做才能最好地分配有限的资源以达到最佳效果呢？

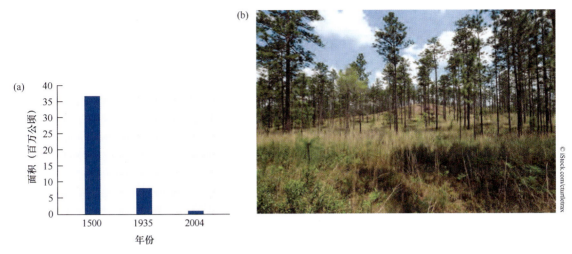

图23.2　长叶松稀树草原群落的衰退。(a)不同时期长叶松稀树草原覆盖面积的估算值。从2004年至今，该群落的覆盖面积无变化。(b)从这张美国东南部的照片可以看出，长叶松稀树草原由带有草丛的疏林组成

23.1　引言

在过去的几个世纪里，随着人口的增长和对资源利用强度的增加，许多物种的栖息地面积因受到破坏或其生物和物理特性的改变而明显下降。这些变化导致了物种灭绝和多样性丧失的速率大幅加快。国际自然及自然资源保护联盟（IUCN）2019年编制的《濒危物种红色名录》中指出，约有27159个物种正面临灭绝威胁，约占全球所有物种的1%（见表23.1）。然而，这个数字被低估了，因为只有5%的已知物种得到了评估，而其他物种尚未进行分类学描述。

表 23.1　全球有记录濒危物种的数量

类　　别	已知物种的估计数量	2019 年评估的物种数量	2019 年濒危物种的数量	2019 年濒危物种的百分比
脊椎动物				
哺乳动物	6495	5850	1244	25%
鸟类	11147	11147	1486	14%
爬行动物	10793	7829	1409	*
两栖动物	8104	6794	2200	41%
鱼类	35315	19199	2674	*
小计	71854	50819	9013	
无脊椎动物				
昆虫	1053578	8696	1647	*
软体动物	87975	8749	2250	*
甲壳动物	80604	3181	733	*
珊瑚	2175	864	237	*
蛛形纲动物	110615	344	197	*
天鹅绒蠕虫	183	11	9	*
马蹄蟹	4	4	2	100%
其他	164209	839	146	*
小计	1499343	22688	5221	
植物				
苔藓	21925	281	164	*
蕨类植物	11800	641	261	*
裸子植物	1113	1014	402	40%

类　　别	已知物种的估计数量	2019 年评估的物种数量	2019 年濒危物种的数量	2019 年濒危物种的百分比
植物				
开花植物	369000	36623	14938	*
绿藻	11551	13	0	*
红藻	7294	58	9	*
小计	422683	38630	15774	
真菌与原生生物				
地衣	17000	27	24	*
蘑菇	120000	253	140	*
褐藻	4263	15	6	*
小计	141263	295	170	
合计	2135143	112432	30178	

注：星号（*）表示覆盖范围不足，无法进行准确评估。

生态学家一直致力于寻找减缓物种及其栖息地衰退的方法，在评估和分析物种损失及其潜在原因方面发挥着重要作用。下面介绍致力于扭转这种衰退趋势的生物学领域：保护生物学。

23.2　保护生物学

在法律保护和人们的努力下，美国各地的长叶松稀树草原得到了有效保护，使得红顶啄木鸟的数量保持稳定并处于缓慢恢复状态。这种缓慢的恢复需要生物学科（如种群生物学、遗传学和病理学）的专业知识以及其他学科（法律、经济学、政治学、传播学和社会学）的贡献，还需要与农民、土地所有者、军方和商界合作。达成管理目标不仅需要相关数据的收集和分析，还需要创造力及与对长叶松稀树草原生态系统感兴趣的各方人士（利益相关者）合作。这种综合方法是保护生物学的特征。

保护生物学是研究生物多样性（包括遗传多样性、物种丰度和景观多样性）、人类活动对其产生的影响以及如何最好地维持生物多样性并防止其丧失的科学。生物多样性包括物种内的遗传多样性、物种多样性和跨景观的群落多样性。保护生物学运用本书中介绍的许多生态原理和方法来阻止或逆转生物多样性的下降。本章后面将探讨生物多样性下降的原因以及保护生物学家解决保护问题的策略。下面介绍为何防止和逆转生物多样性下降如此重要。

23.2.1　保护生物多样性在实践和道德上都很重要

人类依赖于自然的多样性。除了数百种已驯化物种的支撑，人类还大量利用野生物种来获取食物、燃料和纤维。

人类收集野生物种来获取药物、建筑材料、香料和装饰品。许多人依赖这些自然资源来维持生计。生物群落的自然功能为人类提供了宝贵的服务。所有人都依赖于这些生态系统服务，如水的净化、土壤的形成和维护、作物的授粉、气候调节和洪水控制。这些维持生命的功能本身依赖于自然群落和生态系统的完整性。此外，许多人需要花时间沉浸在自然中，寻求精神上的慰藉。

然而，除了对生物多样性的物质依赖，我们是否对地球上的其他物种负有某种道德义务？对许多人来说，生物多样性仅仅因为具有价值就应得到保护。对其他人来说，精神信仰导致了监护感，认为其他物种和人类一样有生存的权利。

23.2.2　保护生物学领域是为应对全球生物多样性的丧失而兴起的

科学家很早就意识到，人类活动会影响生物的数量和分布。早在19世纪，生物地理学之父华莱士就预见到了当前的生物多样性危机，他在1869年警告说，人类有可能通过造成物种灭绝来掩盖过去的进化记录。在美国，公众对西方野牛数量迅速下降、旅鸽因被大量捕杀而灭绝（见图23.3）、女士帽子上大量使用羽毛等行为提出了越来越强烈的抗议。

©North Wind 图片档案馆/Alamy Stock Photo

图23.3　旅鸽：从丰富到灭绝。旅鸽曾是北美洲数量最多的鸟类之一，但在19世纪遭到了大量猎杀。最后一只旅鸽于1914年死于辛辛那提动物园。旅鸽的灭绝（与美洲板栗树的消失同时发生）对东部落叶林的生态影响难以估计

20世纪上半叶，美国的生态学家对在保持科学客观性的同时大力倡导保护自然的问题上出现了分歧。1945年以前，美国生态学会经常游说国会建立国家公园或更好地管理现有的公园。然而，1948年，该学会决定将"纯粹"的科学与倡导活动分开：生态学家联盟作为一个专注于保护自然的独立实体从中分离出来。1950年，这个分支组织被更名为大自然保护协会。

保护生物学作为一门学科兴起于20世纪80年代初，因为生态学家和其他科学家认为有必要将他们的知识应用于保护物种和生态系统。为应对生物多样性危机，1985年成立了保护生物学会。20世纪80年代和90年代，保护生物学专业期刊不断涌现，培养研究生和专业人员的学术项目也持续增加，这些都表明人们对这一专业学科的接受度越来越高，需求也越来越大。

23.2.3　保护生物学是一门以价值为基础的学科

科学方法要求客观性，即保证数据的收集和解释不受先入为主的观点的影响。然而，科学并非摒弃人类价值观，它不可避免地会在一个更大的社会背景下发生。保护生物学家不得不面对工作中隐含和明确的价值观。

许多生态学家了解到地球上发生的变化对生物造成的后果后，选择大声疾呼或调整研究计划的重点。例如，1986年，一直致力于研究热带植物-昆虫相互作用的热带生物学家简森写道："如果生物学家想要在热带进行生物研究，就要用精力、努力、战略、战术、时间和现金来购买。"这种动机不一定会削弱保护生物学家所做的科学研究的客观性，因为他们知道，保护生物多样性需要在合理、可信的分析基础上做出决定，并权衡保护与资源开采间的得失。此外，这些分析还要接受其他科学家严格的科学审查。

下一节首先介绍一位将保护生物学的价值观付诸实践的生态学家，然后探讨当前生物多样性下降的程度和原因。

23.3　生物多样性下降

热带植物学家金特里毕生致力于鉴定、分类和绘制中美洲与南美洲植物的巨大多样性。由于该地区森林砍伐迅速，他也成为植物物种灭绝的目击者。在厄瓜多尔或秘鲁考察期间，他发现了一个新的植物物种（在某个特定地理区域出现而在其他地方没有的物种），但几年后回到同一地点时却发现森林被砍伐，这个物种消失了（见图23.4）。为了保护稀有物种免遭这种命运，金特里带着越来越强烈的紧迫感开展工作。1993年，他在厄瓜多尔森林对拟议保护的土地进行空中勘查时，因飞机失事而丧生。

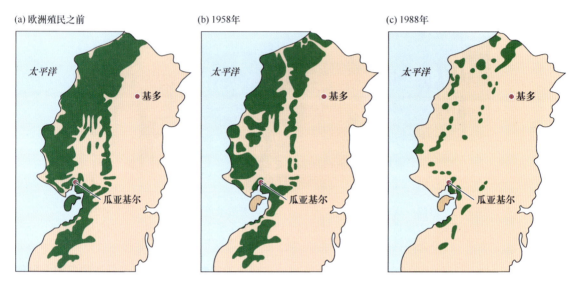

图23.4　厄瓜多尔西部森林覆盖面积下降。1958年至1988年间，不断增长的人口和旨在刺激经济快速发展的政府政策导致厄瓜多尔西部森林被迅速砍伐。绿色表示森林覆盖区域。据估计，该地区森林栖息地的大量丧失导致1000多个特有物种消失

金特里只是众多分类学家中的一员，他们在发现和描述物种的同时，也目睹了物种因栖息地被破坏、疾病或气候变化而迅速消失。尽管我们认识到这个问题已有数十年，但热带植物物种的灭绝在整个热带仍在继续。通过加大对地球生态系统的探索力度，生态学家正在以更快的速度了解世界生物区系，将新物种记录在案。

23.3.1　地球物种消失的速度正在加快

物种消失的速度有多快？这是一个很难回答的问题，部分原因是我们不知道有多少物种不为我们所知。大多数研究估计，地球上约有500万到1000万（或300万到5000万）个真核生物物种，在考虑微生物多样性的情况下，物种数甚至更多。

尽管存在这种不确定性，但灭绝率仍可通过几种间接方法来估算。例如，化石记录中的灭绝率估计值可用于确定"背景"灭绝率，并将当前灭绝率与之进行比较（第一种方法）。据古生物学家估计，哺乳动物和鸟类的背景灭绝率约为每200年灭绝一次，相当于物种平均寿命为100万至1000万年。相比之下，在20世纪，哺乳动物和鸟类大约每年灭绝一次，相当于物种的平均寿命仅为1万年。因此，总体而言，20世纪的物种灭绝率要比化石记录估计的背景灭绝率高100~1000倍。

估算灭绝率的第二种方法是使用物种-面积关系，即利用特有物种数量与面积之间的关系来估算特定数量的栖息地丧失将导致灭绝的物种数量。在第三种方法中，生物学家利用物种保护状况评估随时间的变化（如从濒危到极危）来预测物种灭绝的速度。最后，第四种方法基于常见物种

的种群下降率或分布范围收缩率。所有这些方法都存在不确定性，会影响对灭绝率的估计，但它们是我们记录生物多样性损失的最佳方法。

确定一个物种确实灭绝也颇具挑战性。我们对许多物种的了解仅来自单个标本或地点，重新定位它们可能非常困难。即便对极度稀有物种进行详尽搜寻，也可能检测不到某些残余种群。然而，宣布一个物种灭绝往往会加大生物学家的搜寻力度，且近年来无人机的使用为此提供了帮助。例如，在1990年发表的一份关于夏威夷植物的植物志中，列为灭绝的35个物种已被重新发现，尽管只找到了少数个体。重新发现它们的喜悦因意识到这些极小种群无法发挥较大种群同样的生态功能而有所打折，且夏威夷本地植物群落的1342个物种中有8%现在被认为已经灭绝。

尽管人类不断增长的生态足迹在20世纪加快了生物多样性的丧失速度，但人类对地球生物群的实质性影响已有数千年。斯蒂德曼在太平洋岛屿上发现的骸骨显示，在波利尼西亚人殖民这些岛屿后，多达8000种鸟类已在史前灭绝，其中大多数物种都是岛屿的特有物种，在某些情况下，灭绝的物种涵盖了整个生态系（见图23.5）。生态学家只能推测这些消失的食果动物和食蜜动物在维持特有树木种群方面发挥的作用。斯蒂德曼的发现提醒我们，物种灭绝不仅会消灭单个物种，会导致生态群落发生巨大变化。

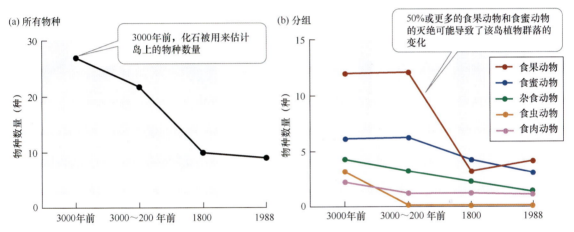

图23.5　几千年来人类一直在造成物种灭绝。在汤加的太平洋龙亚岛上发现的(a)鸟类物种数量(b)按觅食分类的物种数量随时间变化的趋势。史前时期，由于狩猎及老鼠、狗和猪的引入，许多太平洋岛屿上的鸟类灭绝

23.3.2　灭绝是生物逐渐衰退的终点

1954年，安德烈沃斯和伯奇写道："一个地方种群的灭绝与一个物种的灭绝之间并没有根本的区别，区别仅在于：随着最后一个地方种群的灭绝，该物种也随之灭绝。有时，一个物种的种群会逐渐消失；有时，它们会以惊人的崩溃方式消失，旅鸽就是一个例子。"

保护生物学家以多种方式探讨了生物衰退和灭绝的过程。例如，小种群特别容易受到遗传、数量和环境随机性的影响，这些因素都会降低种群增长率，并随着种群规模进一步减小而增加局部灭绝的风险。这种模式称为灭绝旋涡，一旦种群规模降至某个临界点以下，就注定会走向灭绝。基于此，考格利认为，确定特定物种种群减少的原因至关重要，目的是在灭绝旋涡形成之前识别可以抵消这些减少的行动。

生态学家还可通过跟踪物种地理分布的变化从空间角度研究物种的减少。塞巴洛斯和埃利希研究了全球173种正在减少的哺乳动物物种的分布范围收缩模式。他们发现，在过去100～200年间，这些物种的分布范围共缩小了68%，其中亚洲的缩小幅度最大（83%）。在一项类似的研究中，夏娜尔和洛莫利诺考察了309种衰退物种的分布范围收缩模式，发现衰退往往像波浪一样从一端向另一端穿过物种的历史分布范围。例如，如果入侵物种从一端进入物种分布范围，然

后蔓延到整个分布范围，逐个消灭衰退物种，就会出现这种情况。这种模式与从生态区域的所有边缘向中心撤退的模式形成了鲜明对比，如果小种群规模的影响占主导地位，那么很可能出现这种情况。

当一个种群从生态群落中消失时，不仅会对衰退物种本身产生影响，还会对其捕食者、猎物和共生伙伴产生影响。例如，鸟类授粉者的丧失可能降低依赖这些授粉者的植物的繁殖成功率（见图23.6），进而导致植物密度下降。群落水平上的这些变化可能带来二次灭绝，最终影响生态系统过程。前面的例子包括由于两栖甲壳动物泥虾、沼泽植物灯芯草和海星等物种的丧失或清除而引起的局部灭绝和其他变化。建模结果还表明，尽管食物网对物种的清除具有一定的恢复力，但某些物种的丧失可能引发一系列二次灭绝。如预料的那样，一个物种在食物网中的相互作用越强，其清除的影响就越大。总体而言，实证和建模结果都表明，物种的渐进性灭绝可能产生广泛的生态后果。

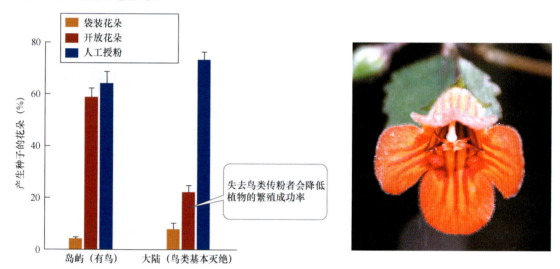

图23.6　鸟类授粉者的消失降低了新西兰灌木的繁殖成功率。为纹木岩桐授粉的鸟类在新西兰大陆几乎绝迹，但在附近的岛屿上，这些鸟类的密度仍然很高。研究人员记录了三种处理方式下在岛屿和大陆上成功繁殖的纹木岩桐花朵的百分比：袋装花朵（只允许自花授粉）、开放花朵（允许鸟类授粉）和人工授粉的开放花朵。误差条表示均值的标准差

23.3.3　地球上的生物群落正变得越来越同质化

生物自然具有移动性，这会影响它们在其地理范围内的扩散，尽管它们仍然受到海洋和山脉等扩散屏障的限制。然而，在过去的一个世纪，人们携带生物以前所未有的速度在地球表面上移动，极大地提高了全球各地新物种引入的速率（见图23.7）。

虽然非本地物种的引入可以增加局部多样性，但它们通常对本地物种多样性有消极影响。例如，非本地物种的引入可以促进因栖息地丧失等因素而数量减少的本地物种范围缩小。通常，最大的"输家"往往是那些具有形态、生理或行为适应特定栖息地的特有物种，而"赢家"往往是具有较宽松栖息地要求的广普种。非本地物种的扩散和本地广普种的增加，加上本地特有物种数量和分布的减少，是地球生物分类同质化趋势的一部分。在极少数情况下，外来物种也能带来保护方面的益处，如为稀有物种提供栖息地或食物。例如，非本地柽柳灌木为濒危的西南部柳莺提供了筑巢栖息地。物种引入也在世界上的许多地区增加了区域生物多样性（见图23.8），但通过增加非本地物种来增加多样性的价值值得怀疑，因为它通常是以牺牲本地多样性为代价的。

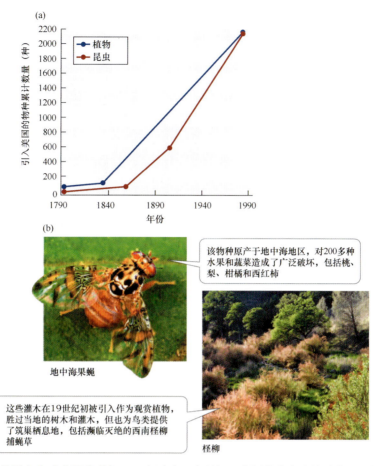

(a)

图中纵轴：引入美国的物种累计数量（种）

图例：植物、昆虫

横轴：年份

(b)

该物种原产于地中海地区，对200多种水果和蔬菜造成了广泛破坏，包括桃、梨、柑橘和西红柿

地中海果蝇

这些灌木在19世纪初被引入作为观赏植物，胜过当地的树木和灌木，但也为鸟类提供了筑巢栖息地，包括濒临灭绝的西南柽柳捕蝇草

柽柳

图23.7 物种引入数量在全球范围内增加。 (a)在过去一个世纪，美国的非本地物种数量增加了约5倍，包括软体动物、鱼类、陆生脊椎动物以及植物和昆虫，其他国家也出现了类似的情况；(b)两个引入物种的例子

岛屿生物群落特别容易受到入侵和灭绝的影响。岛屿特有物种的减少往往因更广泛物种的引入而加速。考伊对美属萨摩亚调查后发现，在该群岛历史上已知的42种陆生蜗牛中只发现了19种，另外5种以前未在那里发现过，但他认为是本地蜗牛。他还发现岛上有12个非本地物种。这些非本地物种的出现率很高，约占所采集个体的40%。考伊的结论是，大多数本地物种的数量正在减少，而许多非本地物种的数量正在增加。此外，导致本地陆地蜗牛物种减少的天敌也是非本地物种，如捕食性蜗牛和家鼠。考伊发现，陆地蜗牛物种的这种同质化趋势在太平洋岛屿上十分普遍。

同质化现象在美国淡水鱼类中也有所观察到，也发现了同质化现象，这主要是广泛引入游钓鱼类所导致的结果。拉海尔通过研究美国48个州之间所有可能的物种对之间共有物种数量的变化，对美国鱼类动物物种的同质化进行了量化。他发现，与欧洲殖民时期相比，各州之间的物种共有数量平均增加了15种（见图23.9）。

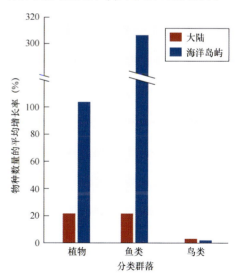

图例：大陆、海洋岛屿

纵轴：物种数量的平均增长率（%）

横轴：分类群落（植物、鱼类、鸟类）

图23.8 引入非本地物种可以增加区域生物多样性。 将非本地物种引入新区域导致海洋岛屿和大陆地区植物与鱼类物种数量大幅增加，但鸟类物种数量未增加

在全球范围内，由于人类对地球的影响，生物多样性正在丧失。下面详细地介绍导致物种多样性丧失的原因及应对措施。

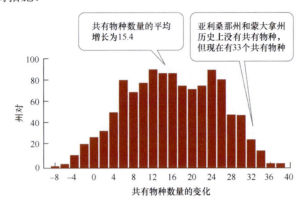

图23.9　**美国的鱼类正在经历分类同质化。**自欧洲殖民时代以来，美国本地48个州的共有鱼类物种数量有所增加

23.4　对多样性的威胁

　　了解多样性丧失的原因是扭转这种状况的第一步。任何特定物种的减少和最终灭绝都可能是由多种因素造成的。例如，虽然最后一只比利牛斯山羊在2000年被一棵倒下的树砸死，但14世纪后，由于过度开发及与驯化牲畜的竞争，其数量下降并最终灭绝。多样性丧失的多种因素在高等分类群落中也很明显。例如，目前有超过1223种哺乳动物濒临灭绝（见表23.1）。在全球范围内，哺乳动物面临的主要威胁是栖息地丧失、过度开发、意外死亡和污染，但这些因素的相对重要性在陆地哺乳动物和海洋哺乳动物之间有所不同（见图23.10）。有些哺乳动物还受到疾病等其他因素的威胁。多种威胁导致一个种群衰退和灭绝的情况很常见。

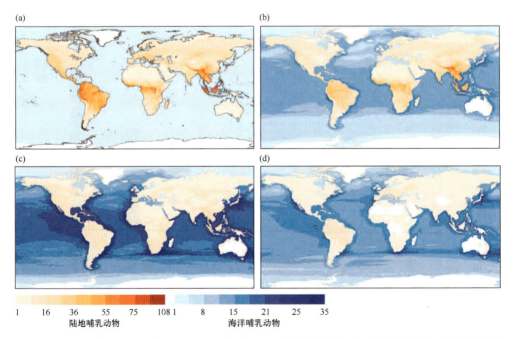

图23.10　**全球约有22%的哺乳动物物种濒临灭绝。**地图显示了全球不同地区受以下因素影响的陆地和海洋哺乳动物物种数量：(a)栖息地丧失；(b)过度开发；(c)意外死亡；(d)污染

23.4.1　栖息地丧失和退化是对多样性最重要的威胁

下次当你乘坐飞机飞越地球表面时，请往下看并问自己：在农场和城市出现之前，这里生活着哪些物种？这里的原生物种现在生活在哪里？从万米的高空俯瞰，你会发现自己正面临着多样性危机的根源：人类对地球的影响如此之大。地球上60%的陆地表面已被改变，所有海洋生态系统都受到了人类的影响。智人这一物种目前占用了约25%的地球初级生产力。

人类活动对自然栖息地的影响是导致全球生物多样性减少的最重要的因素。有些地区受到人类的极端影响，如农业区和某些沿海水域；有些地区则很少受到人类的影响，如沙漠和某些极带海域。总体而言，地球上的大部分陆地和水域至少受到人类的中度影响。解决人类活动造成的栖息地丧失、碎片化和退化是保护工作的核心。**栖息地丧失**是指将栖息地完全转为他用，如城市发展或农业，而**栖息地碎片化**是指在以人类为主的景观中，曾经连续的栖息地被分割成一系列栖息地斑块。**栖息地退化**是指降低了许多物种（而非所有物种）栖息地质量的变化。本节和下一节介绍栖息地丧失和栖息地退化。

在大陆范围内，一些栖息地的丧失程度令人震惊。在更局部的范围内也可观察到类似的丧失，如厄瓜多尔西部的森林（见图23.4）。另一个例子是巴西的大西洋森林。这片潮湿的热带雨林有许多特有的物种，也许是因为数百万年来它一直与亚马孙雨林隔绝。在南美洲的904种哺乳动物中，有73种是这片森林的特有物种，其中25种濒临灭绝。这片森林的位置也与巴西70%的人口相吻合。因此，为了给农业和城市发展腾出空间，超过92%的栖息地被砍伐，剩下的栖息地被高度分割，许多物种濒临灭绝。

大西洋森林栖息地的丧失对生物多样性有何影响？布鲁克斯及其同事提出了这样一个问题：为什么没有关于该地区鸟类灭绝的报道？他们提出了三种可能的解释，这些解释可能也适用于其他地区的生物衰退模式。第一种是，鸟类可能正在适应生活在碎片化的森林栖息地中。第二种是，最脆弱的物种可能在被生物学家发现之前就已灭绝。他们认为最有可能的第三种解释是，森林砍伐和物种灭绝之间的时间差尚未结束。虽然目前还没有关于鸟类灭绝的报道，但鸟类种群数量已减少到无法维持其种群数量的程度。除非采取严厉措施，否则这些物种将注定灭绝。此外，鸟类物种的消失还会对其他物种产生消极影响。巴西大西洋森林中的鸟类数量已减少到很低的水平，依赖这些鸟类传播种子的植物种群的种子大小和幼苗存活率也有所下降。

栖息地退化极为普遍，原因多种多样，包括入侵物种、过度开发和污染。下面介绍入侵物种。

23.4.2　入侵物种可以取代本地物种并改变生态系统特性

如前所述，引入非本地物种通常会对多样性产生消极影响。下面介绍这些入**侵物种**的到来是如何导致多样性下降的：引入的非本地物种能够维持不断增长的种群，对群落产生巨大影响。全世界20%的濒危脊椎动物，特别是岛屿上的脊椎动物，会因入侵物种而面临危险。

入侵物种特别令人担忧的是，它们与濒危本地物种竞争、捕食或改变物理环境。欧亚斑马贻贝对北美洲淡水贻贝的影响就是一个典型例子。北美洲是淡水贻贝的多样性中心，拥有297种，占世界总数的三分之一。在20世纪80年代末欧亚斑马贻贝入侵之前，北美洲的淡水贻贝就已面临困境。这些物种中的大多数在全球范围内都处于濒危状态，许多是特有物种，因而天然稀少，而且全都受到水污染和河流渠道化的威胁。与欧亚斑马贻贝的竞争导致了本地淡水贻贝种群的急剧下降，包括一些区域性的灭绝。

外来捕食者也会导致物种灭绝。在维多利亚湖，尼罗河鲈鱼的引入减少了本地慈鲷的多样性和丰度，本次慈鲷呈现出适应性辐射现象，许多物种适应了特定的栖息环境。历史上记录的慈鲷约有600种，其中大部分是维多利亚湖的特有物种。尼罗河鲈鱼是一种大型捕食者，自20世纪60年代初作为人类食物引入湖中以来，已导致约200种丽鱼科鱼类灭绝。在尼罗河鲈鱼引入之前，丽鱼科鱼类占湖中鱼类生物量的80%；现在尼罗河鲈鱼占生物量的80%。通常，不止一个因素驱动着丽鱼科鱼类数量的下降：污染和过度捕捞加剧了尼罗河鲈鱼捕食的负面影响。

在许多生态系统中，栖息地的丧失和退化增加了非本地物种入侵的脆弱性，反过来这又可能进一步导致恶化生态系统。例如，夏威夷的热带干旱森林中栖息着超过25%的夏威夷濒危植物物种。自人类定居以来，热带干旱森林的面积已减少90%。外来野猪、老鼠和植物的入侵使情况变得更糟。入侵的草除了淘汰和取代本地植物，还是极好的火源。因此，火灾的频率增加，进一步加剧了夏威夷干旱森林的衰退，但却有利于适应火灾的外来植物的蔓延。

氮循环等生态系统特性会因某些入侵物种而改变。葛根就是其中之一，这种入侵藤本植物在美国东南部的面积超过300万公顷。这个物种会与其他植物争夺光照，进而破坏群落。此外，葛根每年每公顷可固氮235千克，远超美国东部大气中的氮沉降量。

为了研究葛根固氮对氮循环的影响，希克曼等人测量了有无葛根地块中的氮矿化率（氮矿化率是估算植物氮供应速率的一种方法）。平均而言，在有葛根地块中，氮矿化率增加了7倍以上（见图23.11），表明对土壤氮供应有重大影响。此外，有葛根地块释放的一氧化氮（NO）量是无葛根地块的2倍以上（见分析数据23.1）。在大气中，NO参与化学反应产生臭氧，这是一种影响人类健康和农业生产的污染物。模型结果显示，葛根可能使美国东南部大范围地区的夏季高臭氧事件天数增加7天。此外，土壤氮供应的增加促进了入侵植物的进一步扩散。

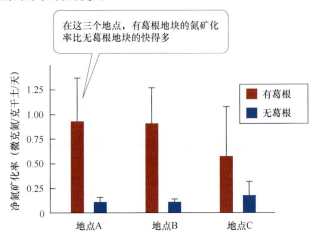

图23.11 入侵物种可以改变氮循环。在佐治亚州的三个地点，有葛根地块的氮矿化率远高于生长着本地植被的土壤。误差条表示均值的标准差

分析数据23.1 有葛根和无葛根地块之间的一氧化氮排放量是否存在统计差异？

希克曼等人在佐治亚州的三个研究地点研究了入侵物种葛根对一氧化氮（NO）排放的影响。一氧化氮是污染物臭氧形成的重要贡献者。在每个地点，记录了4个有葛根地块和4个无葛根地块的NO排放。

来自某个研究地点的数据列于右表中。下面进行统计检验（t检验），以确定有葛根地块中NO的排放量与无葛根地块中NO的排放量是否存在显著差异。

NO 排放量（纳克/平方厘米/小时）	
有葛根地块	无葛根地块
4.1	2.0
1.7	0.9
6.1	1.1
2.8	0.9

1. 有葛根地块的样本量（n）是多少，无葛根地块呢？使用如下定义计算有葛根地块和无葛根地块NO排放量的均值$\bar{x}$与标准差s。

2. t检验是确定两种地块的差异是否显著不同的标准方法。

均值：n个数据点$x_1, x_2, x_3, \cdots, x_n$的均值$\bar{x}$为

$$\bar{x} = \frac{(x_1 + x_2 + x_3 + \cdots + x_n)}{n} = \frac{1}{n}\sum_{i=1}^{n} x_i$$

标准差：n个数据点$x_1, x_2, x_3, \cdots, x_n$的标准差$s$为

$$s = \sqrt{s^2} = \sqrt{\frac{1}{n-1}\sum(x_i - \bar{x})^2}$$

T统计量：比较样本量为n的两个样本的均值时，T统计量为

$$T = \frac{\bar{x}_1 - \bar{x}_2}{\sqrt{\frac{1}{n}(x_1^2 + x_2^2)}}$$

控制或根除入侵物种耗费人力且成本高昂，但有时为了保护具有经济或文化价值的本地物种或自然资源，可能需要这样做。对抗入侵物种的最佳策略是在国境仔细筛查生物。

23.4.3 物种过度开发对生态群落有很大影响

过度开发也会导致多样性丧失。例如，世界上许多人的部分食物仍是直接从自然生态系统中获取的。问题是，随着人口的增加和自然栖息地的缩小，从野外捕获许多物种已变得不可持续。在全球范围内，过度开发导致许多物种濒临灭绝，其中包括许多鱼类、哺乳动物、鸟类、爬行动物和植物。过度开发已成为至少一种灵长类动物——沃尔德伦红疣猴灭绝的原因，后者是加纳和科特迪瓦特有的一个亚种，最后一次被证实看到它是在1978年。

过度开发对热带雨林的影响很大，造成了雷德福德所说的"空洞森林"。这句话指的是在卫星图像上看起来很健康的森林，其中大型脊椎动物的数量和多样性却下降了。随着道路的修建，森林的可达性增加，为过度捕猎野生动物提供了便利，枪支的普及同样如此。从热带雨林中捕获的大量"丛林肉"令人唏嘘不已。据雷德福德计算，在巴西的亚马孙热带雨林中，每年有1300万只哺乳动物被猎人捕杀，在非洲西部和中部，每年有100万吨森林动物被作为食物被捕获。还有大量动物从热带雨林、珊瑚礁和其他生态系统中被捕获，然后合法出口到其他国家。例如，政府记录显示，从2000年到2006年，仅美国就进口了15亿只动物，其中大部分用于宠物贸易。

在海洋中，顶级捕食者的数量（见图23.12）和大小（见图23.13）迅速下降。商业拖网捕获1吨鱼时，可能还有1~4吨其他海洋生物被带上船。一些生物可能幸存并被放回海中，其余的则构成了所谓的副渔获物。对于某些濒危物种，如海洋哺乳动物、海鸟和海龟的副渔获物，渔业管理者已注意到，因此在某些情况下通过改变渔具设计降低了损失。然而，副渔获物仍然普遍，人们担心这种不必要的死亡对海洋食物网的生态影响。此外，反复在沿海海底拖网作业会影响珊瑚和海绵等底栖物种，进而破坏其他物种的底栖生境。研究表明，拖网作业后的底栖生境恢复非常缓慢。

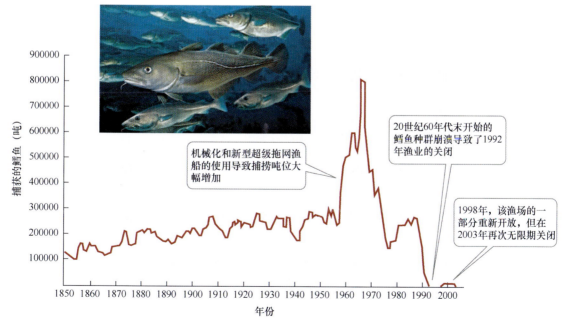

图23.12　鳕鱼渔业的崩溃。在加拿大纽芬兰海岸捕捞的鳕鱼数量随时间变化。过度捕捞导致鳕鱼数量锐减，至今仍未恢复

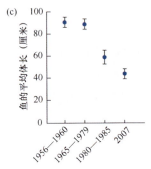

图23.13　过度捕捞导致顶级海洋捕食者的体形下降。(a)1957年和(b)2007年），在佛罗里达州基韦斯特的包租渔船上捕获的鱼类照片。在商业和休闲渔业中，最大的鱼常是首选猎物。从1960年到2007年，所捕获的鱼的平均体长下降了50%以上(c)。误差条显示的是均值的标准差

　　只要一个物种具有市场价值，就很可能被过度利用。许多科学家和政策制定者认为，保护过度开发物种的最佳方法是确定可持续的采伐量，并建立监管机制。布拉德肖和布鲁克描述了一些管理方案，这些方案既能通过狩猎白臀野牛获得收入，又不危及该稀有物种的恢复前景。

23.4.4　污染、疾病和气候变化削弱了种群的生存能力

　　人类活动带来的更为隐蔽的影响（如空气和水污染及气候变化）正导致许多物种的数量下降。我们还目睹了新疾病的出现及家养动物疾病向野生动物的传播。所有这些因素的影响加剧了因栖息地丧失、物种入侵或过度利用而本已减少的物种数量的下降。

　　人类活动释放的污染物在空气和水中无处不在。当这些污染物达到引起生理压力的水平时，就会成为栖息地退化和多样性丧失的促成因素。

　　新兴污染威胁的一个例子是持久性内分泌干扰污染物（EDC）浓度的增加，特别是在海洋环境中。持久性有机污染物［如DDT、多氯联苯（PCB）、阻燃剂和农业杀虫剂］中的有机磷酸酯（其中一些是EDC）最终进入海洋食物网，在那里被生物累积和生物放大，特别是在顶级捕食者中。过去40年来，在海洋哺乳动物中发现化学物质的量、受影响个体数量和浓度显著上升。由于体内发现极高水平的阻燃化学物质（多溴联苯醚，PBDE），不列颠哥伦比亚省的虎鲸被描述为"防火虎鲸"（见图23.14）。这些EDC被观察到会干扰哺乳动物的繁殖、神经发育和免疫功能。EDC还会干扰其他物种的繁殖，包括圣路易斯下游密西西比河中濒危的白鲟种群。对数量稀少的物种来说，这样的问题并未改善它们的未来前景。

　　疾病也导致了许多濒危物种的减少。一个突出的例子是，由真菌引起的一种新疾病导致全球两栖动物数量锐减。20世纪30年代，一种不明疾病加速了塔斯马尼亚狼最终走向灭绝。塔斯马尼亚狼似乎也因面部肿瘤疾病的传播而受到类似的威胁，塔斯马尼亚一些地区的种群数量每年减少50%。在北美洲大草原，犬瘟热加剧了黑脚雪貂的濒危状况。

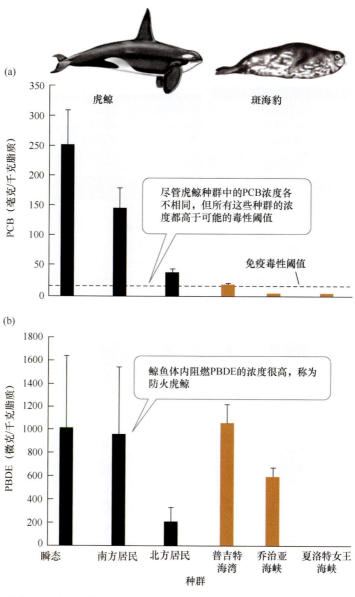

图23.14　扰乱内分泌系统的持久性有机污染物对海洋哺乳动物的威胁与日俱增。在不列颠哥伦比亚省，虎鲸和斑海豹体内发现的(a)PCB和(b)PBDE浓度非常高。误差条表示均值的标准差

气候变化联系：对多样性的影响

尽管数百个物种已转移到更高的纬度或海拔以应对全球变暖，但只有少数已知的物种直接受到气候变化的威胁。然而，与气候变化相关的物种灭绝数量预计会增加。温度升高会直接影响生物的生理活动和行为，进而影响个体的繁殖和死亡率。前面介绍了蜥蜴活动时长因气候变暖而变化的例子。由于气候变化，蜥蜴觅食时间受限，种群灭绝的可能性随之增加，这可能解释了墨西哥某些蜥蜴种群的局部灭绝。气候变化可能影响物种相互作用的方式及这些相互作用的强度，在更温暖的环境中，一些水生生态系统的食物网连接增加。生物相互作用类型（对抗性与促进性）和强度的变化使得预测物种在温暖环境中的变化趋势更具有挑战性。

生物的分布和群落中的多样性会受到捕食的影响。如果捕食者和猎物对气候变化的反应不同，那么捕食对多样性的影响可能是积极的，也可能是消极的，具体取决于哪个物种更敏感。如果猎

物比捕食者对更高的温度更敏感，那么气候变化将加剧捕食对多样性的消极影响。哈里在岩石潮间带的研究支持了这一假设。结合使用空间和时间变化的实验与观察研究来考察气候变化，哈里证明了岩石潮间带贝类群落（藤壶和贻贝）多样性的降低与气候变化导致的捕食增加和栖息地限制是相关的。主要的捕食者海星对变暖的敏感性低于藤壶和贻贝，而栖息地的减少增大了被捕食者对捕食者的敏感性，导致某些物种在温暖条件下局部灭绝。

随着人口突破70亿大关，我们对环境的影响已使世界上的所有生物群落受到了前述威胁的影响。不过，这些威胁在不同生物群落中的重要性不尽相同（见图23.15）。例如，热带的栖息地丧失比极带严重，但气候变化对极带的影响比热带更大。面对如此多的威胁，保护生物学家能提供什么解决方案？

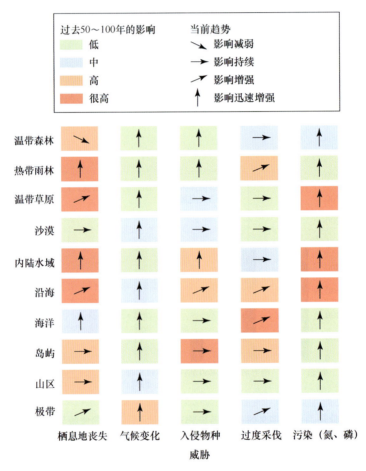

图23.15　不同生物群落面临不同的主要威胁。"千年生态系统评估"研究了过去50～100年间不同威胁对不同生物群落的影响，千年生态系统评估是联合国委托1000多名生态学家开展的一项国际合作。每个方框的颜色表示迄今为止威胁的影响，箭头方向表示该威胁的趋势

23.5　保护方法

防止物种减少的重点是放在物种上还是放在栖息地上？保护生物学家对该问题进行了辩论，他们普遍认为保护栖息地是最重要的，但了解物种也很重要，二者并不对立。美国《濒危物种法》是通过将濒临灭绝的特定物种列入名录来发挥作用的，但对其中的每个物种都要求确定和保护重要的栖息地。在世界范围内，许多其他保护生物多样性的法律也采取了类似的方法。

23.5.1　遗传分析是保护物种的重要工具

遗传漂变和育种降低了遗传变异，增加了有害等位基因的频率，小种群比大种群更容易灭绝。遗传变异的减少会限制种群应对环境变化的进化程度。有害等位基因频率的增加也令人担忧，因为它会导致出生率或存活率下降，进而降低种群增长率。

种群规模过小导致的遗传问题通过这些方式增加了物种灭绝的风险，进而阻碍了保护物种的努力。在某些情况下，保护生物学家试图通过"遗传拯救"种群来正面应对这一威胁，否则这些种群似乎注定会灭绝。这种努力已被用来帮助保护佛罗里达美洲豹。20世纪90年代初，佛罗里达美洲豹的数量已减少到不足25只。与其他美洲豹种群相比，佛罗里达美洲豹种群的遗传多样性较低，且出现心脏缺陷、尾巴扭结、精子质量差、隐睾的频率较高。这个种群在20年内灭绝的概率为95%。

1995年，为了挽救佛罗里达美洲豹，使其免于遗传衰退和可能灭绝的命运，生物学家从得克萨斯美洲豹种群中捕获了8只雌性美洲豹，并将它们放归佛罗里达州南部。之所以选择得克萨斯州的雌性美洲豹，是因为历史上佛罗里达州和得克萨斯州的美洲豹种群之间曾发生过遗传漂变。结果令人震惊：到2007年，美洲豹的数量增加了2倍，遗传变异水平增加了1倍，遗传异常的频率大幅下降（见图23.16）。美洲豹数量的增加无疑得益于其他保护工作，包括栖息地保护和修建高速公路地下通道以减少与车辆碰撞造成的死亡，但遗传对佛罗里达美洲豹的恢复明显做出了贡献。种群数量持续增加，到2017年已达到约200只。遗传拯救成功的另一个例子是草原榛鸡。

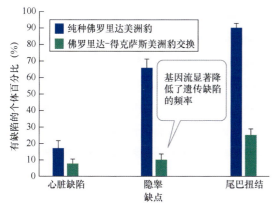

图23.16　佛罗里达美洲豹的遗传拯救。由于遗传多样性枯竭、遗传缺陷频繁发生以及种群规模极小（少于25只），佛罗里达美洲豹似乎注定要灭绝。来自得克萨斯州的8只雌性美洲豹交换产生的基因流动扭转了这一趋势。误差条显示的是均值的标准差

然而，遗传拯救并非没有风险。从其他地方引入种群以帮助增加濒危物种的种群数量，有可能引入对新地点不适应的基因，进而产生与预期相反的效果。例如，20世纪50年代，人们将中东的山羊引入当时捷克斯洛伐克的塔特拉山，以帮助拯救当地不断减少的山羊种群。遗憾的是，引入的山羊在秋季交配，而不像当地种群那样在冬季交配，导致小羊在食物稀缺的冬季出生而存活率低，进而导致种群无法维持。

如佛罗里达美洲豹的例子所示，遗传分析可揭示物种存在的遗传多样性，在极端情况下指导拯救种群或物种免受遗传衰退问题的努力，进而为保护决策提供信息。遗传技术还可用于与保护生物学相关的法医应用。例如，分子遗传分析识别了在日本出售的海豚或小须鲸，对苏铁也进行了遗传"指纹"分析。生态工具包23.1中将探讨如何进行这种"法医保护生物学"，以及它是如何用于追踪走私象牙的。分子遗传工具增强了我们理解小种群面临的遗传问题的能力，并且可以帮助我们解决其中的一些问题。下面介绍种群水平上的保护方法。

23.5.2　种群数量统计学模型可以指导管理决策

第10章和第11章中介绍了种群数量统计学特征（如出生率和死亡率），以及使用这些特征来预测种群增长的模型。种群数量统计学模型已用于解决以下问题：黄石公园的灰熊种群增长率是否足以维持其生存？在哪些生命阶段，海龟最容易受到捕食者的威胁，采取何种管理决策最能确保它们的持续生存？必须保留多少片古老森林栖息地才能确保北方斑点猫头鹰的生存？

人们正在使用数百种定量种群数量统计学模型，这些模型是针对特定物种的特定生物特性的。最广泛用于预测种群未来状况的定量方法称为种群存活分析（PVA）。这种方法可使生态学家评估灭绝风险并为稀有或濒危物种的种群管理选择进行评估。PVA是一个过程，生物学家可通过它计算各种情况下种群在一定时间内持续存在的概率。

PVA为保护生物学家提供了在假设未来条件下某些结果发生的概率。因此，PVA是生态学家用来综合野外收集的数据、评估种群灭绝风险、识别特别脆弱的年龄组或发育阶段、确定释放多少动物或繁殖多少植物以确保新种群的建立，或者确定安全捕捞动物数量的一种工具。

PVA已被用于做出关于如何最好地管理稀有物种的决策。在佛罗里达州，通过模拟不同时间的燃烧，PVA确定了有利于稀有植物科氏鸡冠草种群增长的火情管理模式。在澳大利亚，通过PVA建模并结合长期监测，确定了有利于两种濒危树栖有袋类动物——大袋鼯和负鼠的森林砍伐方案。这类分析在许多物种的管理决策中发挥了关键作用。

生态工具包23.1　保护生物学中的法医学

过度捕杀野生动物会导致整个大陆和海洋的种群数量减少。在某些情况下，保护生物学家或野生动物管理部门可能知道受保护种群中的个体正被捕杀，但如果没有进一步的信息，那么他们可能无法确定此类非法活动的范围或源头。这种信息的缺乏会使保护濒危物种的法律难以被执行。所幸的是，现在分子遗传技术已经可用于监测非法捕杀野生动物的程度或者追踪非法捕杀的野生动物来源。

下面以象牙贸易为例加以说明。对象牙的高需求导致了对非洲象的大规模屠杀，它们的数量从1979年至1987年已从130万头降至60万头。作为对这一问题的回应，国际象牙贸易禁令于1989年制定。最初禁令取得了一定的成功，但很快非法象牙贸易兴起，导致大象数量进一步下降。

事实证明，非法象牙贸易很难被打击，因为即使截获了一批货物，也很难确定象牙的来源。2002年6月，新加坡没收了超过5900千克的象牙（见图A）。执法人员怀疑这些象牙来自非洲多个地区被杀的大象。他们的判断准确吗？

图A　2002年在新加坡查获的象牙

与一些人类法医案件一样，DNA证据被用来回答这个问题。首先，专家从2002年6月缴获的象牙中提取了DNA。生物学知识告诉我们，聚合酶链式反应（PCR）可以扩增DNA的特定区域，这些区域通常因人而异。这些高度可变的DNA片段可在计算机扫描中可视化，如图B所示。通过放大这些高度可变的片段，研究人员可以创建一个DNA档案，以表征生物个体的基因组成。

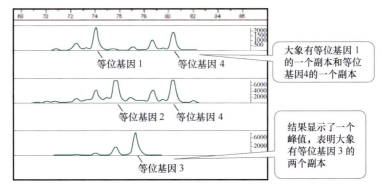

图B　识别大象个体。 象牙的DNA可用分子遗传技术来分析，这种技术能够检测个体特异性等位基因。图中显示了3头大象的结果；每幅图上的峰值表示特定的等位基因

为了确定被没收象牙的来源，瓦塞尔及其同事扩增了7个高度可变的DNA片段，并用它们为37根被没收的象牙生成了DNA图谱。然后通过将DNA图谱与从已知地理位置收集的大象DNA参考数据库中的DNA图谱进行比较，以估计每根象牙的来源地。

与执法官员最初的怀疑相反，结果表明所有象牙都来自南部非洲一个以赞比亚为中心的相对较小的区域（见图C）。这些发现使得野生动物主管部门能够将调查重点放在更小的区域和更少的贸易路线上，促使赞比亚政府加强反偷猎工作。瓦塞尔及其同事使用的方法在限制野生动物非法贸易的法医应用中显示出了广阔的应用前景。

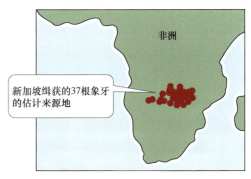

图C　跟踪违禁品象牙。 DNA方法表明，图A中所示的象牙来自一个较小的地理区域。图中的每个红点都表示一头大象的来源地

然而，一些保护生物学家警告不要过分依赖基于PVA结果的结论，因为小种群动态高度不确定、许多濒危物种的种群统计和环境数据匮乏，以及模型可能遗漏了关键因素。为了有效使用，PVA模型需要不断由不同研究人员细化和改进。

23.5.3　迁地保护是拯救濒危物种的最后手段

当一个物种的剩余种群数量降到某个数量以下时，可能需要直接开展行动，包括将个体引入濒危种群（如佛罗里达美洲豹）或进行大规模的栖息地改造，以提高个体成功繁殖的机会（如红顶啄木鸟）。然而，在某些情况下，保存一个物种的唯一希望可能是将剩余的部分或全部个体从它们的栖息地中移出并在人类庇护下繁衍（迁地保护）。

迁地保护近年来对约25%的濒危脊椎动物种群起到了重要作用。加州秃鹫的救援是这种策略的主要例子（见图23.17）。这种大型鸟类曾遍布北美洲大部分地区，到19世纪，其分布范围从不列颠哥伦比亚省延伸到了下加利福尼亚州。然而，20世纪60年代至80年代，秃鹫数量急剧下降，到1982年只剩22只。1987年，该物种在野外灭绝，最后几只被捕捉并带到加州的迁地设施中进行繁殖。

现在的加州秃鹫超过450只，有些在野外，有些仍在圈养中。将种群增加到这个程度需要仔细的遗传分析、手工喂养雏鸟，以及动物园、自然保护区管理者、猎人和牧场主之间的合作。维持当前种群需要继续将迁地繁殖的个体引入野外种群，但最终目标是在野外建立自给自足的秃鹫种群。剩余的最大威胁之一是秃鹫食用腐肉后出现了弹药铅中毒。秃鹫恢复的其他障碍包括摄入

塑料和其他垃圾的消极健康影响、西尼罗河病毒以及遗传漂变。考虑到所有这些风险和成本，加州秃鹫的恢复是否值得投入这么多努力？如果没有这些努力，该物种现在已灭绝。

(a)

(b)

(c)

(d)

图23.17　迁地保护可以拯救濒危物种。加州秃鹫的迁地保护工作包含多个步骤。(a)为了减少近亲繁殖及增加孵化率，生物学家从野外取蛋并用圣地亚哥动物园的蛋代替它们；(b)在圣地亚哥动物园，秃鹫幼崽正在由木偶喂养；(c)释放时的两只秃鹫（2000年春）；(d)这只成年秃鹫的翼展达3米

　　迁地保护项目正在世界各地的动物园、特殊繁殖设施、植物园和水族馆中进行。这些项目使许多濒危物种的数量足以重新引入野外。虽然迁地保护项目在防止濒危物种灭绝及宣传物种困境方面发挥着重要作用，但成本高昂，且可能引发一系列问题，如疾病、遗传适应和行为变化。此外，如加州秃鹫的例子所示，很难在野外恢复自给自足的种群。用于迁地努力的资金是否能够更好地用于管理野外物种或购买土地建立新保护区？答案有时是否定的。

23.6　保护物种排名

　　保护工作是可以取得成功的。事实上，一项分析指出，保护行动将受威胁脊椎动物的损失率降低了20%以上。然而，持续威胁的严重性抵消了这些成功。该如何分配用于物种保护的有限资源？是保护那些濒危物种，还是重点保护那些在生态方面发挥重要作用的物种？保护生物学家和政策制定者该如何决定哪些地区需要重点保护？

23.6.1　最稀有和衰退最快速的物种是优先保护对象

　　由于人为威胁，许多物种已经变得稀有，其他物种可能一直都很稀有。不管哪种情况，有了

衡量物种受威胁程度的标准后,我们就可将工作重点放在那些受威胁最严重的物种——最稀有和衰退最快速的物种。我们也许可以推迟关注那些自然数量少但不濒危的物种。

稀有性指的是什么?为了澄清稀有性的不同概念,我们可用一个矩阵来区分一个物种是否具有广泛的地理分布范围、是否在栖息地特异性上广泛或受限,以及当地种群是否倾向于小还是倾向于大(见图23.18)。有些稀有物种分布在广泛的地理范围内,且栖息地相对广泛,但往往以小种群的形式出现。其他稀有物种在狭窄的地理范围内的特定栖息地中栖息,但在这些特定地点可能有大量种群。保护这些不同类型的稀有物种需要不同的方法。一些物种需要小型保护区来保护已建立的种群,其他物种则需要通过管理措施创造适合稀有但地理分布广泛的物种的栖息地条件。

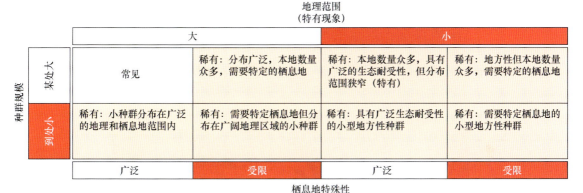

图23.18　七种稀有形式。对稀有物种采取适当的保护措施取决于其地理分布范围的大小、种群数量及其栖息地的特殊性

对物种保护状况的重要科学评估始于1963年,当时建立了《国际自然保护联盟(IUCN)红色名录》(见表23.1)。美国大自然保护协会也开展了类似的工作,于20世纪70年代初建立了自然遗产计划,以评估美国物种的保护状况。这两个组织都制定了一个排名,以表明物种的濒危程度,还制定了一个评估协议来确定其排名。评估协议不仅考虑了种群或个体数量,还考虑了物种占据的总地理面积、下降速度及所面临的威胁。由于建立一个同样适用于蛱蝶、苏铁或鲨鱼的系统的挑战以及关于稀有物种的信息往往不完整,这两个系统都允许评估人员选择不同的标准集合来确定一个物种是极度濒危、濒危、易危还是处于某种较低程度的威胁之下。这种保护状况的评估可用于定位濒危物种的集群,进而确定需要保护的关键区域。规划开发项目时,人们经常参考这些评估。这些数据库是动态的,因为随着科学信息的更新,它们可能发生变化:如果一个物种的数量增加,那么其保护状况可能被降级;如果其数量下降,那么其保护状况可能被升级。

23.6.2　保护替代物种可为具有类似栖息地要求的其他物种提供保护

如果如案例研究中所述,我们保护了红顶啄木鸟所需的栖息地,那么是否会同时为依赖长叶松草原生态系统的地鼠、巴克曼麻雀、米肖漆树等其他稀有物种提供保护呢?物种之所以成为保护优先事项,不仅仅是因为它们自身的保护状况,还因为它们有能力充当替代物种,其保护将服务于保护许多具有重叠栖息地需求的其他物种。一些替代物种可以帮助我们为保护项目赢得公众支持;这类旗舰物种的例子包括山地大猩猩等动物(见图23.19)。其他替代物种称为伞护种,我们选择它们的假设是保护它们的栖息地将作为"保护伞",保护许多具有相似栖息地需求的其他物种。伞护种通常是具有大面积需求的物种(如灰熊)或栖息地专家(如红顶啄木鸟),但也可能包括相对容易计数的动物(如蝴蝶)。一些研究者通常不选择单一物种,而选择几个焦点物种,即根据它们不同的生态需求或对不同威胁的敏感性进行选择。

人们制定了方法和标准，以便战略性地选择一个或几个最符合保护目标的替代物种。然而，保护生物学家认识到，替代物种方法并非没有问题，任何一个物种的分布或栖息地要求都不能涵盖所有保护目标。

图23.19　旗舰物种。极度濒危的山地大猩猩栖息在非洲中部的高原森林中。野外仅剩下两个种群，共300只成年大猩猩。对它们生存的威胁包括栖息地丧失、狩猎和人类传播的疾病

案例研究回顾：鸟类和炸弹可以共存吗？

在过去的几百年里，长叶松生态系统失去了97%的面积，过去在广阔长叶松草原上表现良好的红顶啄木鸟的生物特性在变化的环境中变得不利。优质啄木鸟栖息地变得支离破碎，成为不适宜景观中可用的栖息地岛屿。因此，红顶啄木鸟在活树上筑巢的异常习性使得巢穴的可用性成为限制啄木鸟种群增长的因素。

沃尔特斯及其同事通过建造成组的人工巢穴并观察啄木鸟的行为，验证了高质量栖息地缺乏限制啄木鸟种群增长的假设。他们尝试这种策略的原因有两个。第一，他们将巢穴分组放置，因为红顶啄木鸟是合作繁殖的鸟类（往年出生的雄性帮助亲代抚养幼鸟），且每只鸟都要有自己的巢穴。第二，这些鸟通常在巢穴使用几年后就放弃巢穴，原因主要是其他物种导致巢穴入口扩大或树木死亡，因此对巢穴的需求是持续的。研究人员建造的人工巢穴很快就被合作鸟占据。

这些结果表明，人们可以通过携带钻头、木材、铁丝和胶水在长叶松上安装成组的巢穴来帮助红顶啄木鸟增加数量（见图23.20）。事实上，这些活动已经证明对啄木鸟的恢复大有裨益。在人工巢穴的帮助下，红顶啄木鸟种群的数量从1992年的238个繁殖群增加到2006年的368个繁殖群。在其他军事基地，巢穴建设也有助于增加红顶啄木鸟的数量。除了军事基地，其他地方也取得了类似的成功。例如，1989年飓风雨果袭击了南卡罗来纳州海岸，弗朗西斯马里恩国家森林公园的红顶啄木鸟种群数量严重减少，该森林中此前拥有344个繁殖群。飓风导致63%的鸟类死亡，另有18%在随后的冬天死亡。然而，在风暴发生后的两年内，国家森林公园的工作人员安装了443个人工巢穴。这一策略避免了种群数量的严重下降；到1992年，种群数量已恢复到332个繁殖群。

现在，管理者已将巢穴的建造和维护确定为红顶啄木鸟恢复的关键因素，根据《濒危物种法》，他们有义务继续这样做。这一策略劳动密集且昂贵，但目前对红顶啄木鸟的持续存在是必要的。我们能维持这种努力多久？我们是否会达到这样一个阶段，即有足够的长叶松草原，啄木鸟能够在没有人类帮助的情况下维持自己的数量？我们不知道这些问题的答案。

在沃尔特斯和其他人研究红顶啄木鸟的几十年里，他们使用了本章中介绍的许多工具。种群

动态模型有助于识别红项啄木鸟生命周期中的脆弱阶段。遗传研究和建模将注意力集中在近亲繁殖的威胁上。经济和社会学分析促成了"安全港"计划的制定，使得濒危物种管理更易被私人土地所有者接受。

(a)

(b)

图23.20　人工巢穴的安装使红顶啄木鸟的数量增加。(a)对树取芯以确定是否适合安装人工巢穴；(b)安装人工巢穴

23.7　复习题

1.　生物多样性面临的主要威胁是什么？描述一些多重威胁导致物种减少的例子。
2.　描述保护生物学家用来在基因和种群层面上保护生物多样性的工具。
3.　被自然遗产/自然保护计划确定为濒危的物种与被美国列为濒危的物种有什么区别？
4.　找出生活在你所在地区的5个濒危物种：一种植物、一种哺乳动物、一种鸟类、一种鱼类和一种无脊椎动物。其中是否有你所在地区的特有物种？对你确定的每个物种，尝试了解在人类定居该地区之前，它们是否是稀有物种。该物种如今面临哪些威胁？正在采取哪些措施来保护该物种？根据你掌握的生态知识，你认为应该研究哪些问题来帮助该物种恢复？

第24章 全球生态学

史无前例的沙尘暴：案例研究

沙尘对大多数城市居民来说通常都是麻烦。居住在由沥青和混凝土构成的孤岛上的多数城市居民很少见到裸露的土壤，更不用说天空中飘荡的沙尘。然而，在1934年晚春，巨大的沙尘暴将美国的芝加哥和纽约笼罩在前所未有的黑暗中，让当地居民窒息。芝加哥落下了1200万吨的沙尘，据估计，风暴将3.5亿吨尘土带到了大西洋。尽管这一事件对城市居民来说极其恐怖，但大平原南部的农民在整个20世纪30年代经历了多年的沙尘暴（见图24.1）。在此期间，该地区的许多人都患上了由沙尘引发的肺炎，这种肺炎与导致煤矿工人死亡的黑肺病相似。

图24.1 **巨大的沙尘暴**。1937年5月29日，沙墙逼近新墨西哥州的克莱顿镇

自20世纪90年代中期以来，大范围的沙尘暴影响了亚洲部分地区。过去十年间，中东地区发生了更强、更频繁的沙尘暴。2015年8月的一场风暴非常严重，导致该地区所有港口和机场关闭，数人死亡，数千人受伤。除了沙尘对人类呼吸系统的直接影响外，它还会传播疾病，如脑膜炎。

城市地区的大规模沙尘暴被视为罕见事件，可能与不可持续的土地利用方式有关，如过度放牧或在贫瘠土地上耕作。在上述例子中，干旱地区的耕作和放牧在沙尘暴之前就已增加。不过，有证据表明，无论人类活动如何，大规模沙尘暴都会定期发生，但并不频繁，它们会将大量土壤带到整个大陆。在过去的一个世纪里，这些事件都与长期干旱有关。20世纪30年代美国的城市沙尘暴与长达十年的干旱有关（见图24.2）。中东沙尘暴频发的原因是气候变化和河流改道用于农业。

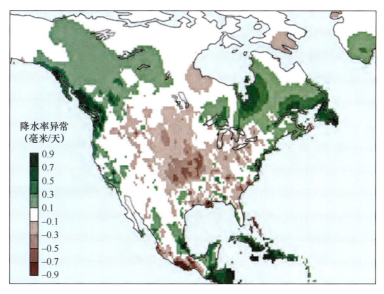

图24.2 南部平原的干旱。 20世纪30年代，美国南部大平原经历了有记录以来最干旱的天气。干旱与植被覆盖面积的减少相结合，创造了有利于沙尘进入大气的条件。显示的值是异常值

24.1 引言

　　大气中的沙尘由从缺乏植被保护的地区吹来的土壤颗粒组成。土壤是重要的养分来源、陆地水分供应的决定因素和生物栖息地。因此，土壤从一个地区重新分布到另一个地区有可能导致生态变化。这些生态影响的范围有多广？人类在20世纪的沙尘暴中扮演了什么角色？沙尘运动是全球范围内元素运动的重要组成部分。

　　本章首先介绍全球范围内的化学元素循环，这些循环受到生态系统尺度的循环的影响，但又与之不同。了解这些循环对于理解全球环境变化非常重要。人类对这些元素循环产生了深远的影响；例如，人类活动目前主导着全球氮循环。

24.2 全球生物地球化学循环

　　本节介绍全球范围内碳、氮、磷和硫的生物地球化学循环。之所以强调这些元素，既是因为它们对生物活动的重要性，又是因为它们作为污染物的作用。这些循环是按集合或库（生物圈各组成部分中的元素数量）以及集合之间的通量（或移动速度）来讨论的。例如，陆生植物是一个碳库，而光合作用则是一种通量（在这种情况下，碳从大气库转移到陆生植物库）。

24.2.1 全球范围内动态的碳循环

　　碳（C）对生命至关重要，因为它在能量转移和生物质构建中发挥着重要作用。在全球范围内，活跃循环的碳是相对动态的，在大气、陆地和海洋碳库之间的移动相对较快。我们必须了解全球碳循环，因为这些碳库之间碳通量的变化会影响地球的气候系统。大气中的碳主要以二氧化碳（CO_2）和甲烷（CH_4）的形式存在，这两种温室气体都会影响大气对红外辐射的吸收以及红外辐射从地球表面的辐射。因此，这些气体在大气中的任何浓度变化都会对全球气候产生深远影响。

　　全球有四大碳库：大气、海洋、陆地表面（包括土壤和植被）以及沉积物和岩石（见图24.3），其中最大的碳库是沉积物和岩石的组合，该碳库中的碳主要以碳酸盐矿和有机化合物的形式存在。它是最稳定的主要碳库，可在地质时间尺度上吸收和释放碳。

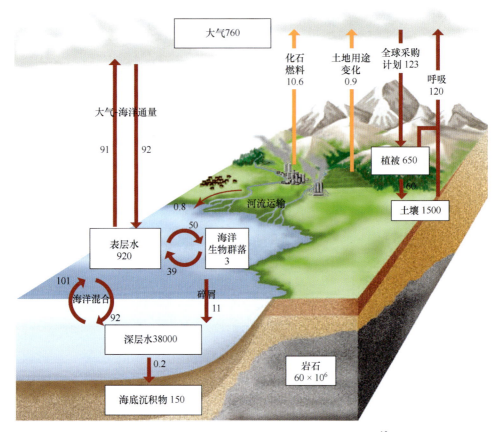

图24.3 全球碳循环。方框表示主要的碳库，以拍克为单位（1拍克 = 10^{15}克）。箭头代表碳的主要通量，单位为拍克/年；人为通量显示为橙色。注意，最大通量是陆地初级生产总值（GPP）和呼吸作用

海洋库由两个主要部分组成：表层水（75～200米）和深层水，前者是大多数海洋生物活动的场所。由于大气（浓度较高）和海洋（浓度较低）之间的浓度梯度，二氧化碳会溶解在海水中。海洋表层水和深层水之间的混合相对较少，但由于海洋生物的碎屑和碳酸盐壳的下沉及极地洋流的下沉，碳会在表层水和深层水之间转移。海洋中的大部分碳（大于90%）位于深海中。当上升流将富含碳的水带到海面、将二氧化碳释放到大气中时，深海中的碳会发生流动。

陆地碳库包括有植被和无植被的陆地表面及其相关土壤，它是最大的生物活性炭库。陆地碳库主要通过植物光合作用吸收二氧化碳以及植物和异养生物呼吸作用释放二氧化碳与大气进行碳交换。在19世纪初开始的工业革命之前，这两个碳库之间的交换量大致相等。

由于过去200年人口的快速增长以及相关工业和农业的发展，陆地碳库向大气中释放的二氧化碳有所增加。这种人为的碳释放是土地用途变化和化石燃料燃烧的结果。19世纪中期以前，砍伐森林是人为向大气释放碳的最大来源。清除林冠会使土壤表面升温，增加分解率和异养呼吸作用。燃烧树木也会向大气中释放二氧化碳以及少量的一氧化碳（CO）和甲烷。20世纪后半叶，为发展农业而砍伐森林的现象从北半球的中纬度地区转移到了热带。

近几十年来，人为将碳排放到大气中的速率持续增加。1970年，人为排放的二氧化碳以4.1拍克/年的速率向大气中添加碳；到2018年，这一数值达到11.5拍克/年。如今，化石燃料燃烧产生的二氧化碳约占大气中人为二氧化碳通量的92%；其余8%与森林砍伐有关。这些人为排放的二氧化碳约有一半被海洋和陆地生物群落吸收。然而，随着时间的推移，这一比例将下降，因为陆地和海洋生态系统吸收二氧化碳的速率跟不上向大气中排放二氧化碳的速率。

在过去的两个世纪中，由于人类活动，陆地向大气排放的甲烷也有所增加。虽然甲烷在大气

中的浓度比二氧化碳低得多，即使甲烷的浓度略有增加，也会影响全球气候，因为甲烷作为温室气体的单分子本地是二氧化碳的25倍。甲烷是由生活在湿地和浅海沉积物中的厌氧古细菌排放的。反刍动物胃中的甲烷古细菌也是大气中甲烷的来源之一。自19世纪初以来，由于化石燃料的加工和燃烧、农业发展、森林和农作物的燃烧以及畜牧业生产，人为的甲烷排放量翻番。因此，在过去两个世纪中，大气中的甲烷浓度增加了一倍多。

　　光合作用过程对大气中的二氧化碳浓度非常敏感。因此，随着人为二氧化碳排放量的增加，光合作用可能增加，主要是因为存在C_3光合途径的植物。然而，实验表明，对某些草本植物来说，这些增加可能是短期的，因为植物可能适应二氧化碳浓度的升高。

　　深入了解森林生态系统对二氧化碳浓度升高的响应极为重要。由于地球上大部分净初级生产力（NPP）及碳吸收都发生在这些生态系统中，它们的响应将对人为二氧化碳排放的命运产生深远影响。然而，在完整的森林中实验性地操控大气二氧化碳浓度是很困难的。一种成功的方法称为自由空气二氧化碳富集（FACE），研究人员通过树丛周围的垂直管道将二氧化碳注入空气，同时监测树丛内的二氧化碳浓度。二氧化碳的注入速度受到控制，以保持相对恒定的高浓度。

　　德卢西亚及其同事启动了一项早期的FACE实验，以调查北卡罗来纳州一片年轻火炬松林在高二氧化碳浓度下的生态系统本地（见图24.4）。该实验于1997年启动，当时建立了3个暴露于高二氧化碳浓度的地块和3个暴露于环境二氧化碳浓度的对照地块。德卢西亚及其同事发现，升高的二氧化碳浓度使森林的整体NPP增加了25%。通过地上凋落物和地下细根周转输入土壤的碳也相应增加。该实验的结果表明，森林可能是人为二氧化碳的重要储库。然而，德卢西亚等人认为他们的幼林代表了潜在二氧化碳吸收的上限，而老林和水分、养分供应较低的森林可能没有这么大的吸收二氧化碳的能力。森林生态系统中其他FACE实验的结果发现，它们对二氧化碳浓度升高的反应相似（NPP平均增加23%）。过去50年来，北半球森林生产力的显著提高可能部分与大气二氧化碳浓度升高有关，这验证了FACE实验的预测。

图24.4　FACE实验。航拍照片中的圆圈是北卡罗来纳州火炬松林中的FACE实验环。二氧化碳从实验地块周围的塑料管道中释放，释放速率可将二氧化碳浓度提高到比环境大气二氧化碳浓度高200毫克/升

　　大气中二氧化碳浓度的变化会影响二氧化碳扩散到海水中的速度，进而改变海洋的酸度（pH值）。二氧化碳扩散到海水中的速度加快会促进碳酸的形成，进而降低海水的pH值：

$$CO_2 + H_2O \ \rightleftharpoons \ H_2CO_3（碳酸）\rightleftharpoons \ H^+ + HCO_3^-（碳酸氢盐）\rightleftharpoons \ 2H^+ + CO_3^{2-}（碳酸盐）$$

　　在过去的一个世纪里，海洋酸度增加了约30%。使用模型模拟预测，在21世纪预期的人为二氧化碳排放量增加的情况下，未来海洋酸度将进一步上升。预测的增加将对依赖碳酸钙形成保护

性外壳的海洋生物（包括珊瑚、软体动物和许多浮游生物）产生两个消极影响。第一，酸度的增加会溶解生物现有的外壳。第二，海水中碳酸盐浓度的降低会降低生物合成外壳的能力。从1990年到2009年，澳大利亚大堡礁珊瑚的碳酸钙形成速率下降了14%，这与观测到的海水pH值下降一致（见图24.5）。这两种本地都将增大这类海洋生物的死亡率，减少它们的数量，改变海洋生态系统的多样性与功能（分析数据24.1中预测了海洋pH值的未来及影响）。

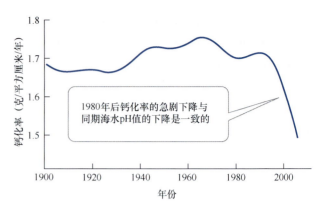

图24.5　澳大利亚大堡礁珊瑚的钙化率。1980年后钙化率的急剧下降与pH值降低和海水温度升高的综合影响有关

地球历史上，大气中碳的浓度随着地质和气候的变化而动态变化。二氧化碳浓度从6000万年前的3000毫克/升以上下降到14万年前的不到200毫克/升。在过去的40万年间，南极层冰中微小气泡的测量结果表明，二氧化碳和甲烷浓度的变化遵循了冰期-间冰期周期。这段时间内最低的二氧化碳浓度与冰川期相关联（见图24.6）。在过去的1.2万年间，大气二氧化碳浓度大多保持相对稳定，波动范围为260～280毫克/升。然而，自19世纪中叶以来，二氧化碳浓度的增速超过了过去40万年间的任何时候，2019年达到了408毫克/升。即使我们从今天开始大幅减少二氧化碳排放，由于海洋吸收的时间滞后（几十年到几个世纪），大气中的二氧化碳浓度在未来很长的一段时间内仍将持续升高。二氧化碳和甲烷对气候变化的影响将在本章后面介绍。

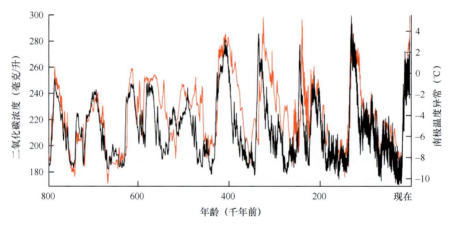

图24.6　大气中二氧化碳浓度随时间的变化。在过去80万年间，二氧化碳浓度随温度变化。这些气体浓度是在南极冰层中的气泡中测量的，且使用氧同位素分析了估算温度。二氧化碳浓度2019年为408毫克/升

24.2.2　生物通量主导全球氮循环

氮（N）作为蛋白质和酶的成分在生物过程中起关键作用，且是最常限制初级生产力的资源之一。因此，氮和碳的循环是通过光合作用和分解过程紧密联系在一起的。

分析数据24.1　21世纪海洋pH值会下降多少？

海洋酸化是人为二氧化碳排放增加的后果。大量证据表明，海水的pH值正在下降（见图A）。海洋地球化学家利用有关海水化学和大气中二氧化碳扩散的信息预测，假设21世纪的二氧化碳排放量照旧（排放增长率持续增加），海洋的pH值到2050年将降至7.9，到2100年将降至7.75。

1. 使用图A中的数据，推出简单的线性数学关系或绘制图表，得出你对2050年和2100年海洋pH值

的预测。你的预测与IPCC根据海水化学性质和大气中二氧化碳的持续增加所做的预测吻合程度如何？造成这种差异的原因是什么？

2. 海洋pH值的下降影响到了海洋生物的钙化率，如图24.5中的珊瑚所示。为了了解未来二氧化碳更富集的情况，西克等人研究了海洋中天然二氧化碳渗漏点周围沉积物中有孔虫（形成碳酸盐壳的浮游动物）的丰度和多样性（见图B）。利用问题1中你和IPCC对海洋pH值变化的预测及图B中显示的关系，估算从2000年（pH值为8.10）到2050年以及从2000年到2100年有孔虫的丰度（密度）和物种丰度的下降百分比。

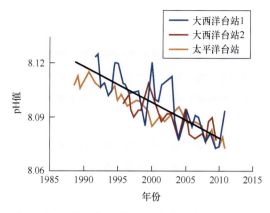

图A　大西洋两个台站和太平洋一个台站的海洋pH值测量趋势

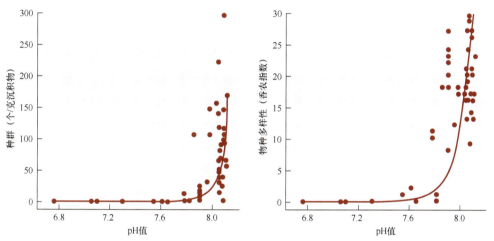

图B　海洋pH值对天然二氧化碳渗漏点附近有孔虫丰度和多样性的影响

最大的氮库（大于90%）是大气中的氮气（见图24.7）。这种形式的氮化学上非常稳定，不能被大多数生物利用，但固氮细菌除外，它们能将其转化为化学上更可用的形式。这些固定化合物称为活性氮，因为与氮气不同，它们可在大气、土壤和水中参与化学反应。陆地细菌的氮气固定每年提供约128太克（1太克 $= 10^{12}$克）活性氮，满足了每年生物需求的12%。剩余的88%通过从土壤中吸收分解释放的氮形式得到满足。海洋氮气固定每年向生物圈贡献另外120太克的活性氮。与含有有机质的沉积物相关的地质库占全球氮的比例远小于全球碳，但某些富含氮的沉积源在某些地点可能是重要的来源。

虽然陆地和海洋表面的氮库相对较小，但它们在生物学上非常活跃，并且被内部生态系统循环过程紧密控制。来自这些库的流动相对于内部循环速率而言很小，通常不到10%。

虽然陆地与海洋库之间通过河流自然发生的氮流动微乎其微，但它通过促进河口和盐沼的初级生产力发挥着重要的生物学作用。厌氧土壤和海洋中发生的反硝化作用，导致氮从陆地和海洋生态系统转移到大气中。海洋和陆地生态系统还通过有机质在沉积物中的沉积及生物质燃烧损失氮。

人类活动极大地改变了全球氮循环，甚至比改变全球碳循环更显著。人为流动现在是氮循环的主要组成部分（见图24.8）。人类现在对大气中的氮气的固定速率超过了自然陆地生物固定的速率。与工业和农业活动相关的氮排放正在引起广泛的环境变化，包括酸雨。三个主要过程解释了这些人为效应。第一个过程是哈伯-博施法制造农业肥料。人体组织中约80%的氮来自此过程中氮气的固定。第二个过程是种植豆类、紫花苜蓿和豌豆等固氮作物增加了生物氮气固定。为种植水稻等其他作物而淹灌农田，增加了蓝细菌的氮气固定。第三个过程是某些氮气态形式的人为排放大大增加了这些化合物在大气中的浓度。与氮气不同，这些化合物包括含氧氮化物（NO、NO_2、HNO_3和NO_3^-，统称NO_x和N_2O）、氨（NH_3）和过氧乙酰硝酸酯（PAN），能在大气中进行化学反应，并可能被生物吸收。化石燃料燃烧是这些含氮气体排放的主要来源。其他贡献者包括与森林砍伐相关的生物质燃烧、化肥的反硝化和挥发、畜牧业饲养场和人类污水处理厂的排放。所有这些活性氮都通过大气沉降过程返回到陆地和海洋生态系统中。

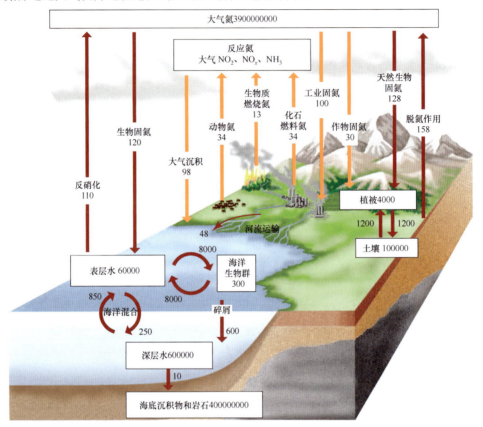

图24.7　全球氮循环。方框表示主要的氮库，单位为太克。箭头表示氮的主要通量，单位为太克/年；人为通量显示为橙色。由活性氮组成的总大气氮库的百分比很小

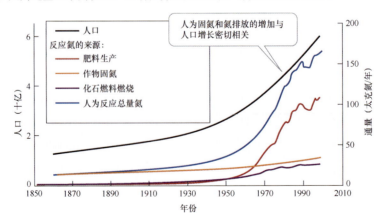

图24.8　全球氮循环中人为通量的变化。通过哈伯-博施过程增大肥料产量、种植固氮作物和燃烧化石燃料都会导致生物可用氮的大幅增加

24.2.3　全球磷循环由地球化学通量主导

磷（P）限制了一些陆地生态系统以及许多淡水和海洋生态系统的初级生产力。生物可用磷来自某些矿物的风化和分解。磷作为肥料被全球性地添加到农作物中。磷的可获得性还可控制生物固氮的速率，因为该过程对磷有高代谢需求。因此，碳、氮和磷循环通过光合作用、NPP、分解和固氮作用相互关联。

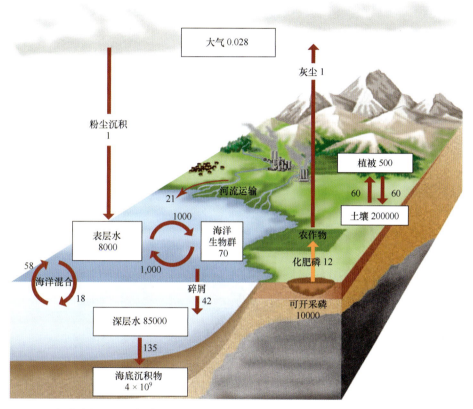

图24.9　**全球磷循环**。方框表示主要的磷库，单位为Tg；箭头表示磷的主要通量，单位为太克/年。主要的人为通量（农作物施肥）显示为橙色

与碳和氮不同，磷在大气中基本上没有储库（见图24.9）。磷的气态形式极为罕见。磷的最大储库位于陆地土壤和海洋沉积物中。磷的最大通量发生在内部生态系统循环中，这些循环在植物和微生物的生物吸收与分解释放之间形成了一个循环回路。通常，通过陆地和水生生态系统循环的磷损失极少。在陆地生态系统中，大多数磷损失与闭蓄过程相关。磷从陆地生态系统转移到水生生态系统时，主要通过侵蚀和颗粒有机物的移动进入溪流。约90%从陆地转移到海洋生态系统的磷在沉积到深海沉积物时损失。最终，陆地和海洋生态系统沉积物中的磷在数百万年的时间尺度上与地壳隆起和岩石风化过程相关联而再次循环。

对全球磷循环的影响与农业肥料的使用、污水和工业废物的排放以及陆地表面侵蚀的增加有关。磷肥通常来自古代海洋沉积物的开采。土壤和海洋沉积物中的磷是一种不可再生资源。开采每年释放的磷是自然岩石风化释放的磷的4倍。在全球范围内，作为肥料使用的磷大约相当于通过陆地生态系统自然循环的磷的20%。虽然土壤中的钝化态磷能最大限度地减少人为钝化态磷从陆地到水生生态系统的通量，但这种通量仍有可能对环境产生消极影响。湖泊富营养化就是其中一种影响。

24.2.4　生物和地球化学通量共同决定全球硫循环

硫（S）是某些氨基酸的组成成分，但生物生长很少缺硫。硫在大气化学中发挥着重要作用。与碳循环、氮循环和磷循环一样，全球硫循环的人为变化也对环境产生消极影响，主要是通过产生酸雨。

全球主要的硫库位于岩石、沉积物和海洋中，海洋中含有大量溶解的硫酸盐（见图24.10）。这些全球储库之间的硫通量可以按气态、溶解态或固态形式发生。含硫矿物（主要是沉积型黄铁矿）的风化释放出可溶形式的硫，进入大气或海洋。硫从陆地储库移动到海洋储库与河流运输和大气尘埃相关。火山喷发向大气中排放大量二氧化硫。然而，由于它们是偶发性事件，在数百年时间尺度上，火山喷发向大气中排放的硫与裸土作为尘埃吹入大气的硫大致相同。海洋以风成飞沫和气态排放物的形式向大气中释放硫，这些气态排放物与微生物活动相关。厌氧土壤中的细菌和古细菌也排放含硫气体，如硫化氢（H_2S）。大气中的大多数气态硫化物会氧化成SO_4^{2-}和H_2SO_4（硫酸），这些物质可由降水相对较快地去除。

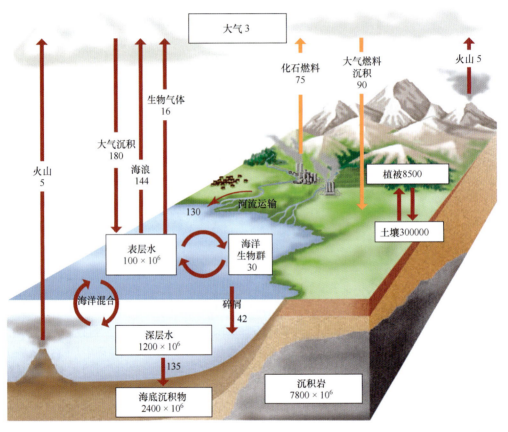

图24.10　全球硫循环。方框表示主要的硫库，单位为Tg。箭头表示硫的主要通量，单位为太克/年；人为通量显示为橙色

自工业革命以来，人类向大气中排放的硫（如尘埃、气溶胶）增加了4倍。这些排放大多与燃烧含硫的煤和石油以及冶炼含金属的矿石有关。上升的物质最终以大气沉降的形式落下，且通常排放在同一地区。尘埃的长距离飘移偶发于干旱和大风天气。与植被清除和过度放牧相关的侵蚀加剧，导致人为地将硫以粉尘的形式输入大气。过去200年间，河流中硫的迁移量翻了一番。

人类活动已导致四种全球生物地球化学循环发生变化，其中一些变化对环境产生了重要影响。

24.3 全球气候变化

本书一直强调气候在生态过程中的作用，包括生物的分布和生理表现、资源供应的速率以及生物相互作用（如竞争）的结果。因此，气候变化，尤其是极端事件（如大面积干旱、猛烈风暴或极高/极低温度）发生频率的变化，对生态模式和过程有着深远的影响。这些极端事件会作为干扰因素导致种群内出现大量死亡，它们往往在决定物种的地理分布范围方面起着关键作用。

天气是任何给定时间周围大气的当前状态。气候是对天气的长期描述，包括平均状况和变化范围。气候变化发生在多个时间尺度上，从与白天太阳加热和夜间冷却相关的日常变化，到与地轴倾斜相关的季节变化，以及与洋流和大气相互作用相关的十年变化。气候变化指气候的方向性变化。

24.3.1 气候变化的证据是充分的

根据对众多气候监测站记录的分析，大气科学家确定地球目前正在经历显著的气候变化（见图24.11a）。1880—2018年，全球年平均地表温度上升了0.97℃±0.2℃，其中最大的变化发生在过去50年。这种全球温度的迅速上升在过去1万年内是前所未有的，尽管在一些冰川期开始和结束时可能发生了类似速率的温度变化。21世纪前十年是过去1000年中最温暖的十年，而2016年是自有记录以来最温暖的一年。与这种变暖趋势相关的是，山地冰川的广泛退缩、极地冰盖的变薄和永久冻土的融化以及海平面上升的速度超过了过去3000年的任何估计，对沿海地区构成了严重威胁。

这种变暖趋势在全球范围内是不均匀的，大多数地区变暖，其他地区变化不大，甚至一些地区变冷（见图24.11b）。变暖趋势在北半球中纬度至高纬度地区最显著。陆地降水也发生了变化，北半球高纬度地区部分地区的降水增加，而亚热带和热带的天气变得干燥（见图24.11c）。此外，一些极端天气事件如飓风的频率也有所增加，包括2005年的卡特里娜飓风和2012年的桑迪飓风等，这些飓风可能由更温暖的海水、干旱和热浪推动。

24.3.2 观察到的气候变化原因

气候变化可能由地球表面吸收的太阳辐射量的变化或大气中气体对红外辐射的吸收和再辐射量的变化引起。太阳辐射吸收的变化可能与太阳发射的辐射量、地球相对于太阳的位置有关，或者与云层或具有高反照率的表面（如雪和冰）对太阳辐射的反射有关。

地球表面发射的红外辐射被大气吸收和再辐射导致的地球变暖称为温室效应。这一现象与大气中具有辐射活性的温室气体有关，主要是水气、二氧化碳、甲烷和一氧化二氮。这些气体吸收辐射的有效性取决于它们在大气中的浓度及其化学性质。水气对温室效应的贡献最大，但其在大气中的浓度因地区而异，平均浓度的变化很小。在分布相对均匀的剩余温室气体中，二氧化碳对变暖的贡献最大，其次是甲烷和一氧化二氮。

大气中二氧化碳、甲烷和一氧化二氮的浓度正在显著增加，主要是由于化石燃料的燃烧和土地用途变化（见图24.12）。这些温室气体人为排放量的增加是否导致了全球气候变化？为了评估气候变化的根本原因、其对生态和社会经济系统的潜在影响，制定我们限制与人类活动相关的气候变化的计划，世界气象组织和联合国环境规划署于1988年成立了政府间气候变化专门委员会（IPCC）。IPCC召集大气和气候科学领域的专家来评估气候趋势及观察到的任何变化的可能原因。这些专家使用复杂的模型和对科学文献数据分析相结合的方法来评估观察到的气候变化的根本原因，并预测未来的气候变化情景。IPCC定期发布评估报告，以增强科学家、政策制定者和公众对气候变化的了解。为表彰他们在传播人为气候变化知识方面的努力，IPCC于2007年被授予诺贝尔和平奖。

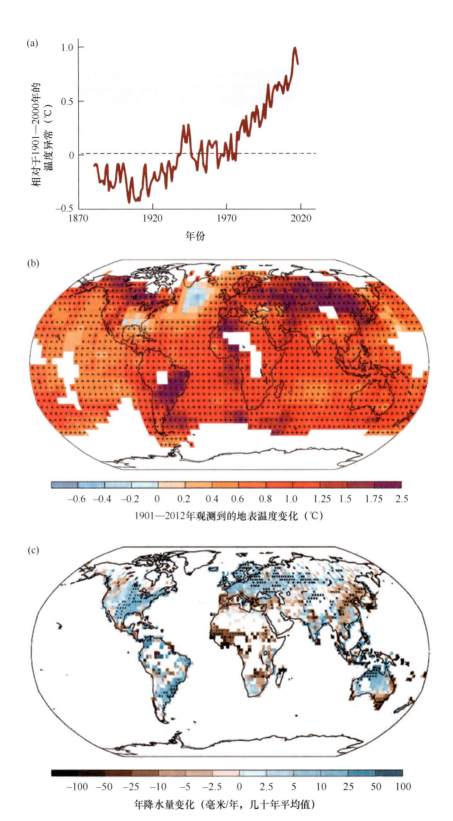

图24.11　全球温度和降水的变化。(a)1880年和2019年间全球年平均温度异常（相对于1961—1990年的全球平均气温），已根据大量空气和海面温度记录取平均值并归一化到海平面；(b) 1901—2012年平均地表温度的区域趋势；(c)1951—2010年全球降水趋势

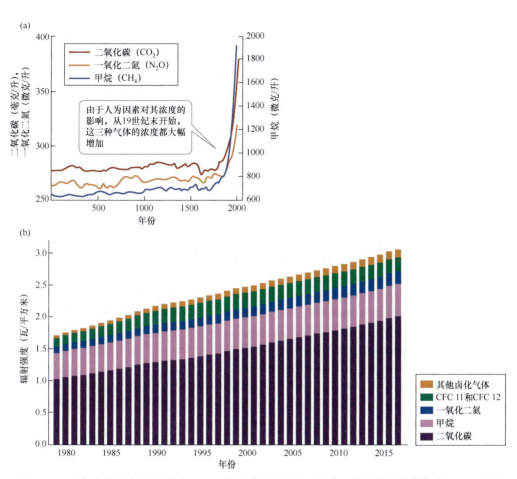

图24.12　大气中温室气体的浓度。(a)二氧化碳、甲烷和一氧化二氮浓度的长期趋势。1958年前的浓度是根据冰芯确定的；自1958年以来，深度一直是直接测量的；(b)温室气体对变暖的贡献，表明二氧化碳是时间变化的主要贡献者

在2001年发布的第三次评估报告中，IPCC认为观察到的全球变暖大部分可归因于人类活动（见图24.13）。尽管这一结论在政治领域仍然偶尔受到质疑，但得到了世界上大多数权威大气科学家的支持。随着IPCC每次发布新报告，人为气候变化的原因确定性都在增加，2013年报告指出："自20世纪中叶以来观察到的变暖极有可能是由人类影响主导的。"因在平流层臭氧损耗方面的工作而获得诺贝尔化学奖的克鲁岑建议，我们已进入一个新的地质时期——人类世，以表明人类对环境的广泛影响，特别是对气候系统的影响。

气候会继续变暖吗？IPCC的模型预测，到21世纪，全球平均气温将再增加1.1℃～4.8℃。这一估计的变化范围与未来人为温室气体排放速率的不确定性及陆地-大气-海

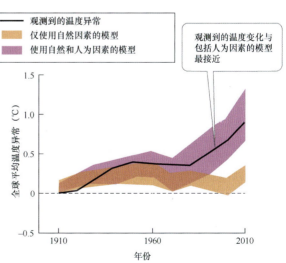

图24.13　全球温度变化的贡献者。IPCC科学家将1910—2010年观察到的全球温度变化与计算机模型的结果进行了比较，并预测了温度变化。人为因素在观测到的变暖中发挥了重要作用

洋系统行为的不确定性有关。纳入不同经济发展情景的模型预测了截然不同的未来排放速率。大气中的气溶胶是模型预测的另一个不确定性来源。气溶胶反射太阳辐射，对全球温度有冷却效应。例如，与主要火山喷发相关的大量气溶胶排放已在全球范围内产生了显著的冷却效应。虽然一些气溶胶在大气中增加（如与土地用途变化和荒漠化相关的尘埃），但其他气溶胶却在减少（如人为SO_2排放量减少）。大气中的水可能起到相互矛盾的作用：云层可能有冷却效应，而由于蒸散作用增强，水汽含量可能增加，加剧温室效应导致变暖。尽管在预测未来气候变暖幅度方面存在这些不确定性，但全球气温继续上升的可能性很高。即使人为二氧化碳排放完全停止，由于海洋吸收热量的能力降低，全球温度也可能在未来几十年甚至几个世纪内继续上升。

24.3.3　对气候变化的生态反应正在发生

如前所述，自1880年以来全球变暖了0.97℃。同期，发生了一些物理环境变化，包括冰川消退、海冰融化加剧和海平面上升。生物系统是否也对这种变暖做出了反应？许多关于生物变化的报告与最近的全球变暖一致。这些变化包括鸟类提前迁徙、两栖动物和爬行动物局部灭绝、珊瑚礁白化、湖泊鱼类死亡以及植物提景萌发。

虽然这些变化更难直接与气候变化联系起来，但物种地理范围的变化与变暖是一致的。例如，格雷伯及其同事研究了欧洲阿尔卑斯山山顶的维管植物群落。他们将当前这些群落的物种丰度与18世纪和19世纪初的记录进行了比较，发现当物种从较低海拔向上移动到山顶时，物种丰度呈现出一致的增加趋势（见图24.14）。

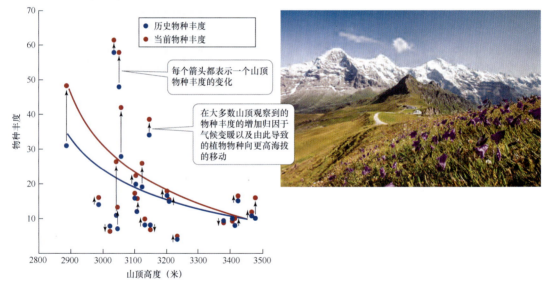

图24.14　植物正在向阿尔卑斯山上移动。格雷伯及其同事将欧洲阿尔卑斯山山顶维管植物种丰度的历史记录与20世纪90年代初的记录进行了比较。蓝色曲线表示历史记录中物种丰度与山顶高度之间的关系，红色曲线表示现在的关系

同样，帕梅森及其同事记录了欧洲非迁徙蝴蝶种群范围的北移。在所研究的35个物种中，63%的物种向北移动了，而只有3%的物种向南移动了。在被调查的一半以上的植物和动物物种中，已出现与气候变化一致的地理范围变化。

气候变化可能导致某些物种的种群灭绝。西内尔沃及其同事发现，1975—2009年，墨西哥12%的蜥蜴种群已灭绝。种群灭绝可能是物种灭绝的最初步骤。蜥蜴种群的灭绝与气温升高的关系比与栖息地丧失的关系更密切。令人惊讶的是，与夏季的极端气温相比，春季变暖与物种灭绝的相关性更高。西内尔沃及其同事得出结论：春季气温升高限制了蜥蜴在繁殖季节的觅食时间。体温过高的蜥蜴在气温过高时必须转移到阴凉处并停留在那里以避免过热，在此期间它们无法觅食。

在低海拔和低纬度地区，动物灭绝的可能性最大，因为那里的动物最有可能处于热耐受的极限，这一观察结果与上述解释是一致的。

西内尔沃及其同事还利用蜥蜴热生理学模型评估了气候变化对蜥蜴种群当前和未来的全球影响。他们估计，气候变化已导致全球4%的蜥蜴种群灭绝。根据对未来气候变化的预测，他们认为到2050年，全球39%的蜥蜴种群和20%的蜥蜴物种可能灭绝。

迁徙动物也可能受到气候变化的不利影响。例如，包括鲸鱼在内的海洋迁徙物种可能需要更长的旅程，因为随着海洋温度的升高，猎物物种的分布发生了显著变化。由于春季气温变暖和融雪速度加快，一些在英国和北美洲繁殖的迁徙鸟类比30年前提前多达3周到达筑巢地点。然而，植物和无脊椎动物猎物物种对气候变化的响应比迁徙鸟类更快，导致鸟类到达与猎物可用性之间的不匹配。另一方面，更长的繁殖季节可能增加一些鸟类物种的后代数量，尤其是在高纬度生态系统中。

群落组成的变化也可能是气候变化的指标。这些影响在一些固着海洋物种中可能特别明显。海洋有孔虫的丰度变化也反映了过去一个世纪的全球气候趋势。有孔虫物种具有特征性的外壳。检查从底栖沉积物中收集的岩芯，可以确定有孔虫物种组成随时间的变化。由于不同物种的环境耐受性是已知的，这些变化提供了一种重建过去海洋环境的手段。自20世纪70年代中期以来，北太平洋东部热带和亚热带有孔虫物种增加，而温带和极带物种减少，表明那里的海水已变暖。

气候变化正通过改变树皮甲虫攻击的频率和强度以及森林火灾来影响北美洲西部的森林组成。无霜期延长使一些地区的山松甲虫从每年完成一个生命周期过渡到完成两个生命周期，极大地促进了其种群增长和潜在爆发。此外，这些甲虫现在出现在比过去更高的海拔和纬度地区，攻击缺乏防御能力的树木。由于气候变化对天气和燃料湿度的影响，自1984年以来，森林火灾数量翻了一番。气候变化将继续加剧森林火灾。

全球NPP的变化也表明了生物对气候变化的响应。内马尼及其同事利用遥感数据验证了18年的全球NPP模式。他们发现，在研究期间，全球NPP增加了6%（见图24.15）。热带生态系统NPP增加最多，这与研究期间热带云量减少导致太阳辐射增加有关。然而，在21世纪前十年里，NPP增加的趋势发生了逆转，全球NPP的下降归因于干旱，特别是在南半球。

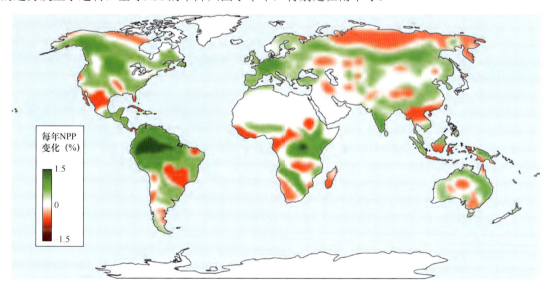

图24.15　陆地NPP的变化。内马尼及其同事计算了1982—1999年的NPP变化，单位为每年的百分比变化。热带NPP增加的趋势是由于长期干旱，这里显示的南美洲地区在21世纪前十年发生了逆转

过去30年，北纬高纬度地区的净生态系统交换量显著下降，这与北极部分地区从大气中净吸收二氧化碳（作为碳汇）转变为净排放二氧化碳（作为碳源）的情况相吻合。由于分解受到低温限制以及自最后一个冰期以来长期的碳积累，大量碳存储在北方森林和苔原生态系统的土壤中。

然而，20世纪的变暖增加了北极土壤二氧化碳的排放量，以至于现在的损失超过NPP的增加。这些高纬度陆地生态系统的变暖可能通过增加二氧化碳和甲烷的排放来对气候变化产生正反馈。自20世纪90年代初以来，北极生态系统二氧化碳的损失率有所下降，这可能是由于养分循环速率的变化以及植物生理和组成的变化。然而，冬季由于异养消耗土壤有机质而导致的二氧化碳损失增加，可能抵消夏季生产力增加带来的收益。

24.3.4　气候变化将继续产生生态后果

未来80年预计全球平均气温将升高1.1℃～4.8℃，这对生物群落意味着什么？我们可通过将其与山地海拔相关的气候变化进行比较，来感受这种温度变化可能意味着什么。预计的温度变化中位数（2.9℃）对应于海拔升高500米。在落基山脉，这种气候变化大致对应于植被区的完全变化，从亚高山森林（主要由云杉和冷杉组成）变为山地森林（主要由黄松组成，见图3.11）。因此，如果假设当前植被能够完美追踪气候变化，那么21世纪的气候变化将导致植被区海拔上移动200～860米。对纬度气候变化的类似预测表明，生物群落将向极带移动500～1000千米。

气候-生物群落相关性对展示气候变化可能发生什么是有用的，但用它们来预测生物群落实际会发生什么是幼稚的。我们知道，生物组成受到包括气候（特别是气候极端事件）在内的多种因素（物种相互作用、演替动态、扩散能力和扩散障碍）的影响。持续的气候变化相对于塑造当前生物群落的气候变化仍将迅速，因此不太可能形成相同的生物群落。

古生态记录表明，过去一些植物群落与现代植物群落大不相同，强化了气候变化可能出现新群落的观点。奥弗佩克及其同事使用花粉记录重建了北美洲东部自最近一次冰期盛期（1.8万年前）以来的大规模植被变化。他们发现，随着气候变暖，群落类型不仅在纬度上发生了迁移，还在独特的气候下存在没有现代类似物的群落类型（见图24.16）。奥弗佩克及其同事得出结论：鉴于预测的全球变暖速度很快，而且有可能出现目前没有类似物的独特气候模式，未来的植被组合也将遵循类似的趋势。

气候变化的速度需要快速进化或转移到新环境的能力。证据表明，生命周期较快的生物经历了进化，以应对气候变化。对于寿命较长的物种，进化不太可能发生，因此对这些物种来说，植物平均扩散速率

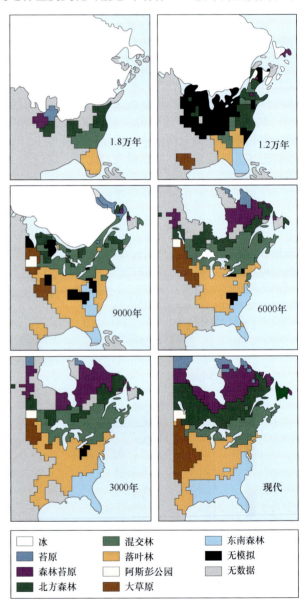

图例：

冰	混交林	东南森林
苔原	落叶林	无模拟
森林苔原	阿斯彭公园	无数据
北方森林	大草原	

图24.16　过去植物群落的变化。 自1.8万年前的最后一次冰川盛期以来，北美洲东部的植被类型发生了变化。植被组成是根据保存在沉积物中的花粉确定的

远低于预测的气候变化率。为了追踪21世纪预计的气候变化，植物种群需要每年移动5～10千米。那些种子由动物散播且在较短时间内建立有生存能力的种群并成长到生殖成熟期的植物物种，可能迅速扩散，以跟上气候变化的步伐。不过，这种传播策略主要常见于杂草草本植物。灌木和树木的扩散速度要慢得多，它们对气候变化的反应可能有明显的时间差。

对大多数动物来说，移动性不是问题，但它们的栖息地和食物需求与特定植被类型的存在密切相关。此外，扩散障碍可能阻止所有类型的生物因气候变化而迁移。例如，大坝可能阻止鱼类迁移到温度更适宜的水域。人类开发导致的栖息地碎片化可能对某些物种的扩散构成重大障碍。如果没有栖息地走廊供物种扩散，物种在气候变化的情况下面临局部灭绝的可能性会更大。基于多项已发表研究的预测表明，多达17%的地球物种可能因气候变化而消失。

除了影响物种的地理范围，气候变化还影响生态系统过程，如净初级生产力（NPP）、分解以及养分循环。光合作用和呼吸作用都对温度敏感，它们的平衡决定了NPP，因此气候变化对NPP的直接影响可能相对较小。然而，NPP的变化与水分和养分的可用性以及植被类型有关，所有这些都可能受到气候变化的影响。气候变化导致的降水模式和蒸发、蒸腾率的变化可能强烈影响水分和养分的可用性。由于气候变化的异质性及由此产生的植被类型变化，NPP可能既增加又减少。因此，气候变化对NPP的影响可能不均匀。变暖对养分供应的影响在中纬度至高纬度陆地生态系统中最显著，那里的低温限制了养分循环的速率，土壤中含有大量养分。因此，气候变化可能导致一些温带森林生态系统的NPP增加。

全球气候变化的生物指标多种多样，且随着时间的推移而增加。实验、建模以及与历史和古生态记录的比较为地球生物群如何应对气候变化提供了线索。然而，在预测气候变化的影响方面仍然存在着巨大的不确定性，其中许多不确定性与同时发生的其他环境变化有关。下一节将探讨对生态系统产生深远影响的两种人为变化：大气中硫和氮的排放。

24.4 酸沉降和氮沉降

至少从古希腊时代起，人们就知道空气污染的消极影响，当时法律通过气味保护空气质量。自工业革命以来，空气污染主要与城市工业中心、发电厂以及石油和天然气炼油厂有关。这些固定的大气污染源主要影响附近的地区，通常被视为区域性问题而非全球性问题。然而，20世纪，有效的排放扩散策略（如高大的烟囱）、广泛的工业发展以及来自移动源（如汽车）的污染物排放增加，极大地扩大了空气污染的空间范围。

化石燃料燃烧、农业以及城市和郊区的发展对氮和硫的通量影响比对碳的通量影响更大。氮和硫向大气的排放导致了两个相关的环境问题：酸沉降和氮沉降。氮和硫的排放只是多种空气污染类型中的一小部分，但它们的影响深远。受酸沉降和氮沉降影响的地点现在包括国家公园和荒野地区（见图24.17）。

图24.17 塞拉国家森林的空气质量监测。定期收集空气样本以监测空气化学和微粒随时间的变化。国家公园和荒野地区的空气质量受到污染物排放的影响，包括氮氧化物和硫酸盐气溶胶。这些污染物不仅降低能见度，还对与其接触的生物（包括人类）的健康造成危害

24.4.1 酸沉降导致营养失衡和铝中毒

几个世纪以来，人们就知道酸性空气污染对

附近植被、建筑物和人类健康的有害影响，但尚未理解其机制。19世纪中叶的英国，工业过程的释放酸性化合物（主要是盐酸）进入大气，因此被认为是主要的有害污染源。1863年颁布了法律以减少这些酸性物质的排放。尽管有这样的法律，酸沉降在19世纪和20世纪的大型工业化城市中心仍是一个问题。20世纪60年代，人们认识到酸沉降的广泛影响，包括它对附近原始生态系统和农业的影响。

硫酸（H_2SO_4）和硝酸（HNO_3）是在大气中发现的主要酸性化合物。大气中的硫酸是由气态硫化合物的氧化形成的。同样，硝酸来自其他NO_x化合物的氧化。硫酸和硝酸可以溶解在水蒸气中，并随着降水（湿沉降）降落到地面。自然发生的降水由于二氧化碳的自然溶解和碳酸的形成而具有略呈酸性的pH值（范围为5.0～5.6）。酸沉降的pH值范围为5.0～2.0。当酸性化合物形成太大而无法悬浮的气溶胶或者附着在尘埃颗粒表面时，也可能沉降在地表（干沉降）。

研究集中在确定与酸沉降相关的环境退化的原因上，包括植物和两栖动物死亡率的增加以及多样性的减少。最初，酸性被视为主要罪魁祸首。然而，在大多数情况下，雨水和地表水的pH值并不能低到引起观察到的生物反应。一个例外是在高纬度或高海拔地区形成季节性积雪的地区。冬季，酸性化合物在雪中积累。当春季温度升高时，水渗透过积雪，浸出所有积累的可溶化合物。因此，春季的第一场融水比冬季的降水更具酸性。

土壤、溪流和湖泊中的生物对酸沉降输入的脆弱性取决于其化学环境抵消酸性的能力，即其酸中和能力。土壤和水的酸中和能力通常与其碱金属离子（包括Ca^{2+}、Mg^{2+}和K^+）的浓度有关。由含有这些阳离子的母质衍生的土壤（如石灰岩）比由酸性母质（如花岗岩）衍生的土壤更能中和酸沉降。

酸沉降对植物和水生生物的有害影响与土壤中的生物地球化学反应有关，这些反应会减少养分供应，增大有毒金属的浓度。随着H^+通过土壤渗透，它取代了黏土颗粒表面阳离子交换位点的Ca^{2+}、Mg^{2+}和K^+。这些阳离子释放到土壤溶液中，然后从植物的根系区淋溶。这些碱金属离子的损失导致土壤pH值降低，即土壤酸化。在欧洲森林中，20世纪七八十年代树木大规模死亡与钙和镁的缺乏有关，有时与其他压力因素有关（见图24.18）。在土壤酸化的高级阶段，金属阳离子铝（Al^{3+}）和锰（Mn^{3+}）从阳离子交换位点释放到土壤中。铝和锰对植物根系、土壤无脊椎动物和水生生物（包括鱼类）是有毒的。降水的酸度增加和陆地径流中铝浓度的增加与北欧和北美洲东部湖泊与溪流中的鱼类死亡有关。

图24.18　空气污染已经破坏了欧洲的森林。在捷克共和国伊泽拉山脉的云杉林中，树木死亡率很高，这与酸性降水和由此导致的养分失衡有关，尤其是碱阳离子的损失

认识到酸沉降对森林和湖泊生态系统生物群落的消极影响后，促使人们加强了对大气沉降的监测，并最终通过立法限制了酸性物质的排放。北美洲和欧洲对硫排放的限制已导致降水的酸度显著降低（见图24.19）。由于限制硫排放的立法以及工业活动的减少，中欧的森林正在从酸沉降的影响中恢复。溪流化学测量也反映了降水酸度的降低和水生生态系统的恢复。

图24.19 酸降水减少。在(a)1990年和(b)2017年测量的美国不同地区降水的pH值

24.4.2 氮沉降：物极必反

化石燃料燃烧和农业活动向大气中排放的活性氮极大地改变了全球氮循环。活性氮在大气中被输送到远离排放源的地方后，可通过干沉降和湿沉降返回地球。在全球范围内，人为排放和活性氮化合物的沉积现在是1860年的3倍多（见图24.20）。随着工业的发展，预计2000—2050年活性氮的排放和沉降将翻番。氮的更大沉降将增加生物活动的氮供应，但会增大环境成本。

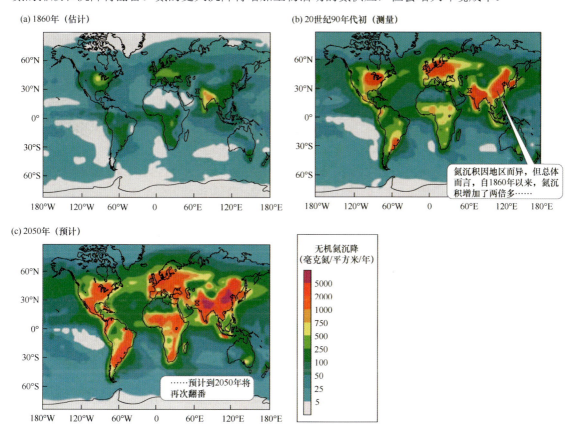

图24.20 氮沉降的历史和预测变化。(a)1860年无机氮化合物（NH_4^+ 和 NO_3^-）的估计沉降速率；(b)20世纪90年代初测量的沉降速率；(c)2050年的预计沉降速率

氮在光合作用中起着重要作用，光合作用是为所有其他生物提供能量的食物网的基础。自20世纪初以来，氮肥的制造和广泛使用给人类带来了巨大的好处。因此，我们可能期望增加的氮供应来促

进生态系统中植物的生长。由于氮沉降的增加，一些生态系统的初级生产力确实增加（如斯堪的纳维亚的森林）。氮沉降可能是在北半球陆地生态系统中观测到的大气二氧化碳吸收增加的部分原因。

　　虽然由于氮沉降，一些生态系统的初级生产力正在增加，但也有强有力的证据表明，氮沉降与环境退化、生物多样性丧失、初级生产力下降以及土壤和地表水酸化有关。虽然氮限制了许多陆地生态系统的初级生产力，但植被、土壤和土壤微生物吸收更多氮的能力可能被超过。这种情况称为氮饱和，它对生态系统有多种影响（见图24.21）。土壤中无机氮化合物（NH_4^+ 和 NO_3^-）浓度的增加导致微生物过程（硝化和反硝化）的速率增强，这些过程会释放温室气体一氧化二氮。

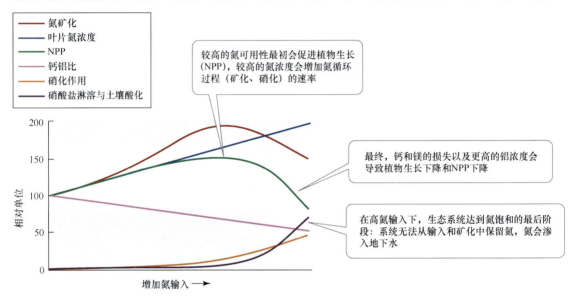

图24.21　氮饱和度的影响。艾贝及其同事设计了一个概念模型，以说明森林生态系统对无机氮输入增加导致氮饱和的响应

　　硝酸盐（NO_3^-）容易从土壤中淋溶，进入地下水，最终进入水生生态系统。当硝酸盐在土壤中移动时，会在溶液中携带阳离子（包括K^+、Ca^{2+}和Mg^{2+}）以维持电荷平衡。与酸沉降的情况一样，这些阳离子的损失会导致养分缺乏，最终导致土壤酸化。农业区附近地表水和地下水中的硝酸盐浓度非常高，蓝婴综合征与其有关。

　　大多数水生生态系统都受到磷的限制，因此从陆地生态系统进入的人为硝酸盐的生物吸收可能相对较小（尽管氮的生物处理比预期的要大，见图22.15）。随着氮肥输入的增加，河流向近海水生生态系统的氮输送也增加。河口和沼泽群落的初级生产力通常受氮限制，因此来自陆地的氮流入这些生态系统导致了富营养化。富营养化导致藻类大量生长，在近海水域底部造成缺氧条件。由此产生的大量有机物输入导致微生物分解速率加快，消耗大部分可用的氧气。由此产生的缺氧条件对大多数海洋生物都是致命的，包括鱼类。缺氧条件可能发生在大片区域，形成"死亡区"。每年会在墨西哥湾形成高达1.8万平方千米的死亡区，在包括波罗的海、黑海和切萨皮克湾在内的世界各地形成了超过400个死亡区。

　　在养分贫乏的生态系统中，许多植物具有降低养分需求的适应能力，这会降低它们吸收额外氮输入的能力。酸化和可溶性铝的增加可能导致不耐盐碱的物种减少。最终，竞争的加剧和毒性的增加会导致多样性降低和群落组成的改变。在荷兰，适应低养分条件的物种丰富的草原群落已被物种贫乏的草原群落取代，这是由于这里有着非常高的氮沉降率。在英国，史蒂文斯及其同事在全国范围内调查了具有不同氮沉降率的草原群落（见图24.22a）。在68个地点，他们测量了多个研究地块的平均植物物种丰度及几个环境变量，试图解释地点之间植物多样性的变化。这些环境变量包括9个土壤化学因素、9个物理环境因素、放牧强度以及是否存在放牧围栏。在可能影响研究地点物种丰度差异的20个可能因素中，氮沉降量解释了最大的变异（55%）：较高的氮输入与较低的物种丰度相关（见图24.22b）。这一研究结果得到了美国一项类似大规模研究的支持，该研究发现至少25%的调查地点因氮沉降增加而物种丰度降低。一般来说，稀有物种似乎最可能从植物群落中消失。高氮沉降率还促进了某些入侵植物物种的成功传播。

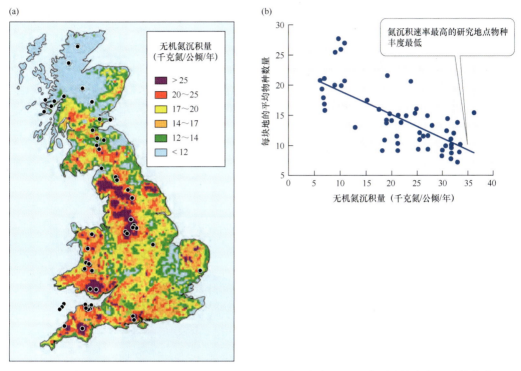

图24.22　**氮沉积降低物种多样性**。(a)英国部分地区的无机氮沉积。地图上的点表示测量草地生态系统中植物物种丰度的研究地点；(b)无机氮沉降速率与植物物种丰度之间的相关性

当大气沉积将人为排放物送回地球表面时，就会产生硫和氮的生态效应。下一节介绍一些在大气中停留时产生消极影响的人为化合物。

24.5　大气臭氧

臭氧对生物系统是有益的，但仅在它不与生物系统直接接触的时候。在大气上层（平流层），臭氧提供了保护地球免受有害紫外线辐射的屏障。然而，当臭氧与低层大气（对流层）中的生物接触时，会对它们造成伤害。由于人为排放的空气污染物，平流层（损失）和对流层（增加）的臭氧浓度都发生了有害变化。

24.5.1　平流层臭氧的丧失增加了有害辐射的传播

大约23亿年前，当原核生物首次进化出进行光合作用的能力时，地球大气中的氧气开始积累，从而导致了一系列变化，促进了生理和生物多样性的进化。大气中氧气（O_2）的增加还导致在平流层（海拔10～50千米）形成了一层臭氧（O_3）。这个臭氧层就像一个防护罩，保护地球表面免受高能紫外线B（UVB）辐射（0.25～0.32微米）的伤害。UVB辐射对所有生物都是有害的，会损害植物和细菌的DNA和光合色素，进而损害免疫反应。

平流层臭氧浓度随大气环流模式的变化而季节性变化，特别是在极带，春季时平流层臭氧浓度下降。测量南极臭氧浓度的英国科学家首次记录到从1980年开始春季平流层臭氧浓度异常大幅

下降。1980—1995年，春季最低臭氧浓度下降达70%（见图24.23）。同时，南极地区经历臭氧减少的区域面积也在增加，称为臭氧洞。臭氧洞被定义为每平方厘米臭氧浓度低于220多布森单位（$2.7×10^{16}$个臭氧分子）的区域；在1979年前，平均年臭氧浓度从未低于这一水平。在25°S到南极极点之间记录了臭氧减少的情况。北极（从50°N到北极极点）也记录了类似的臭氧减少，但减少的幅度不大（称为北极臭氧凹陷，因为臭氧浓度未下降到220多布森单位以下）。

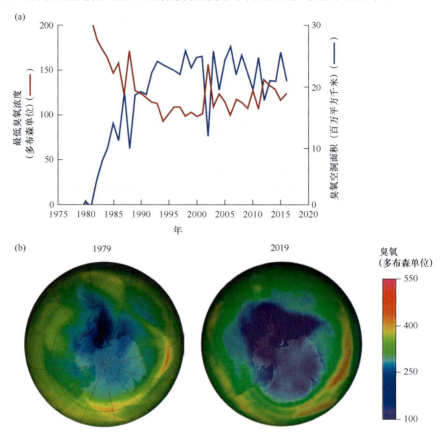

图24.23　南极臭氧洞。(a)自1980年以来，南极地区春季臭氧浓度急剧下降，1984年后该地区的浓度降至臭氧空洞状态阈值（220多布森单位）以下；(b) 1979年和2019年9月南极洲上空的平均臭氧浓度表明，臭氧浓度急剧下降。最低臭氧浓度显示为深蓝色

　　20世纪70年代中期，莫利纳和罗兰预测了平流层臭氧的减少，他们发现某些氯化物，特别是氯氟烃（CFC），可以破坏臭氧分子。CFC在20世纪30年代被开发用作制冷剂，后来被发现可用于喷雾罐中，作为喷发胶、油漆、除臭剂和其他产品的推进剂。到20世纪70年代，每年生产多达100万吨的CFC。莫利纳和罗兰发现CFC在对流层中不会降解。CFC可以从对流层缓慢进入平流层，在那里与其他化合物反应，特别是在冬季的极带，产生破坏臭氧的反应性氯分子。其他具有相同本地的人为化合物包括用作溶剂和漂白剂的四氯化碳，以及用作工业溶剂和脱脂剂的甲基氯仿。一个反应性的氯原子有可能破坏10万个臭氧分子。因此，莫利纳和罗兰清楚地认识到了氯化物对平流层臭氧层的危害。随着平流层臭氧浓度的降低，地球表面的UVB辐射增加。

　　地球表面UVB辐射的增加与人类皮肤癌发病率的增加相吻合，现在皮肤癌的发病率约是20世纪50年代的10倍。UVB辐射在人类色素沉着的进化中发挥了重要作用。生活在低纬度地区的人们选择了黑色素这种保护性皮肤色素，因为那里的臭氧水平最低，UVB辐射到达地球表面的水平最高。然而，随着人类从赤道非洲迁移到阳光较少的地区，皮肤中大量的黑色素限制了维生素D的产生，导致较高纬度地区的人们选择了较低的黑色素。随后，这些肤色较浅的人类迁移到UVB辐射

水平较高的环境中，他们的肤色并不适应这种环境，因此增加了患皮肤癌的风险。这在南半球高纬度地区的人群中尤为明显，包括澳大利亚、新西兰、智利、阿根廷和南非。在澳大利亚，近30%的人口被诊断出患有某种形式的皮肤癌，这特别令人担忧。

UVB辐射的增加对生态有重要影响。一个群落内不同物种对UVB辐射的敏感性不同，因此UVB辐射的增加可能导致群落组成发生变化。低纬度地区对UV辐射的大气过滤较低，因此平流层臭氧损失导致的UVB有害影响潜力最大。认识到平流层臭氧浓度的迅速下降及其可能的人为原因后，20世纪80年代召开了几次关于臭氧破坏的国际会议，推出了《蒙特利尔议定书》，呼吁减少并最终结束CFC和其他破坏臭氧的化学品的生产与使用。《蒙特利尔议定书》已有150多个国家签署。自1989年《蒙特利尔议定书》生效以来，大气中CFC的浓度已有所下降（见图24.24）。预计臭氧层将在未来几十年内逐渐恢复，因为对流层与仍然含有CFC的对流层的缓慢混合将导致平流层臭氧浓度上升之前的时间滞后。图24.23所示的平流层臭氧浓度趋势表明，随着CFC排放量的减少，臭氧破坏正在下降，但臭氧层要到2050年才能完全恢复。2019年南极臭氧洞是自1985年发现以来最小的。《蒙特利尔议定书》的推出，估计避免了约2.8亿例皮肤癌和160万例皮肤癌导致的死亡。

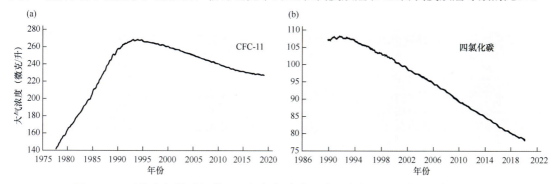

图24.24 **对抗臭氧杀手的进展**。在全球5个监测点对大气中破坏臭氧的氯化合物浓度的测量表明，自签署《蒙特利尔议定书》以来，一些监测点的浓度已开始下降

24.5.2 对流层臭氧对生物有害

地球臭氧的90%存在于平流层中，剩下的10%出现在对流层中。对流层（包括地面层）臭氧由一系列涉及阳光、NO_x和挥发性有机化合物（如烃类、一氧化碳和甲烷）的反应产生。在某些地区，自然植被可能是挥发性有机化合物的重要来源，这些化合物包括萜烯和异戊二烯。在自然大气条件下，对流层中产生的臭氧量非常小，但人为排放的臭氧前体分子大大增加了其产生量。产生臭氧的空气污染物可以长距离传输，因此对流层臭氧产生是一个普遍关注的问题。

对流层臭氧对环境有害的两个主要原因如下。第一，臭氧是一种强氧化剂；也就是说，臭氧中的氧很容易与其他化合物反应。臭氧会对人类和其他动物的呼吸系统造成损害，并对眼睛产生刺激。儿童哮喘发病率的增加与接触臭氧有关。臭氧会破坏植物的膜，降低它们的光合作用速率和生长。臭氧还会增加植物对其他胁迫的敏感性，如水分可用性低。农作物产量的降低与接触臭氧有关。自20世纪40年代和50年代以来，在城市附近的植物中发现了臭氧污染的症状，但最近在远离污染源的国家公园和荒野地区也注意到了这些症状。例如，加州内华达山脉的植物受到中央山谷以及旧金山和洛杉矶地区产生的臭氧的消极影响，美国东部森林树木的生长率比没有臭氧的情况下低10%。

第二，臭氧是一种温室气体，会导致全球气候变化。然而，与其他温室气体相比，臭氧在大气中的寿命较短，且其浓度因地而异。因此，人为臭氧对气候变化的影响难以估计。

限制对流层臭氧产生的策略主要集中在降低人为排放的NO_x和挥发性有机化合物上。在大多数发达国家，降低臭氧产生化合物排放的努力已取得成效。例如，在美国，挥发性有机化合物的排放量在1970年至2004年间下降了50%，NO_x的排放量下降了30%以上，大城市附近的对流层臭氧浓度也正在下降。然而，一些发展中国家对臭氧化合物排放的监管并不严格。

案例研究回顾：史无前例的沙尘暴

全球生态学的许多方面（如温室气体和气候变化、氮和硫的排放和沉降，以及平流层臭氧层的破坏和对流层臭氧的产生）都涉及大气中的传输和化学过程。沙尘移动也受大气过程的影响，包括降雨模式和风。人类通过向大气排放温室气体和污染物在全球范围内改变环境。土地用途变化改变了植被覆盖的数量和类型，通常会对局部环境产生影响。然而，严重干旱地区的土地用途变化会产生全球性影响。

20世纪初，美国西南部的大平原被开垦用于农业发展。该地区的自然植被由耐旱和耐放牧的牧草组成。几个世纪以来一直在这片土地上放牧的野牛在19世纪末被牛取代。由于第一次世界大战期间欧洲农业用地损失导致的对小麦的需求，以及最近人口向南部大平原的扩张，鼓励了农业的发展。尽管这个地区以周期性干旱著称，但农民们受到"雨随犁来"的观念和最近农业技术发展的鼓舞，开垦了大片土地，将本地草原牧草翻耕，代之以小麦。有段时间，天气是有利于农业的。然而，20世纪30年代出现了长期干旱现象。田地干涸，土壤开始被风吹走。大规模的沙尘暴将土壤带到了北美洲大陆各地，一直吹到了大西洋。沙尘暴事件仍被认为是美国经历过的最严重的环境灾难。亚洲类似的情况加剧了沙尘暴的严重程度。自20世纪90年代中期以来，毁林、在边缘地带发展农业、过度放牧都被认为加剧了沙尘暴。

虽然城市地区的沙尘暴很少见，但沙漠地区经常出现大规模的沙尘暴（见图24.25）。然而，无论是美国的沙尘暴还是亚洲的沙尘暴都表明，虽然沙尘暴是一种自然现象，但边缘土地的农业开发和严重干旱加剧了这些事件。在全球范围内，极端干旱和土地用途变化贡献了大气中三分之一到一半的沙尘输入（见图24.26）。自20世纪70年代以来，土地用途变化增加了沙尘暴的全球影响。例如，亚洲沙尘已被检测到出现在阿尔卑斯山。在地质时间尺度上，主要的沙尘重新分布时期与间冰期大型冰盖的退缩相关。

(a)

巴丹吉林沙漠
黄河
腾格里沙漠

2006年4月

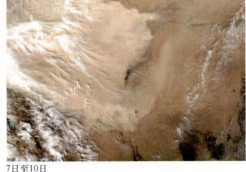

7日至10日

(b)

戈壁
夏季
撒哈拉
萨赫勒地区
冬季

图24.25　全球沙尘暴的沙漠起源。沙漠是可传播很远距离并对遥远地区产生重要生态影响的沙尘的来源地。(a)左边的照片是2006年4月上旬戈壁沙漠的卫星图像，右边的照片是3天后同一地区的卫星图像；(b)沉积在加勒比地区的尘埃来源包括北美洲和亚洲的沙漠。沙尘流动的主要方向用箭头表示

(a)

(b)

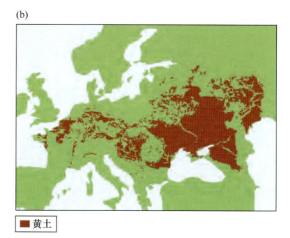

■ 黄土

图24.26　黄土的分布。随着大陆冰川在最近一次冰川最大期后消退，风从暴露区域带走了松散的土壤。(a)北美洲和(b)欧洲的大片地区被黄土覆盖

24.6　复习题

1. 对全球碳循环的主要生物影响是什么？在过去的两个世纪，人类如何影响与这些生物影响相关的二氧化碳通量及随后的大气二氧化碳浓度？
2. 陆生动物能够迁移到气候最适宜的地区。尽管动物具有移动性，但生态学家仍预测，随着气候变化，许多动物物种将面临局部灭绝。动物对气候变化的反应为何取决于除生理耐受性和扩散率外的其他因素？
3. 大气中的臭氧为何对生物既有利又有害？